Leitfaden zum Berechnen und Entwerfen von
Lüftungs- und Heizungs-Anlagen

Ein Hand- und Lehrbuch
für Ingenieure und Architekten

Von

Dr. Ing. H. Rietschel
Geheimer Regierungsrat und Professor

unter Mitwirkung von

Dr. techn. K. Brabbée
Professor an der Kgl. Technischen Hochschule zu Berlin

Fünfte, neubearbeitete Auflage

Erster Teil

Mit 84 Textfiguren

Berlin
Verlag von Julius Springer
1913

ISBN-13: 978-3-642-89275-2 e-ISBN-13: 978-3-642-91131-6
DOI: 10.1007/978-3-642-91131-6

Softcover reprint of the hardcover 5th edition 1913

Vorwort zur fünften Auflage.

Mein vorgerücktes Alter und der Umstand, daß ich aus diesem Grunde meine Tätigkeit an der Königl. Technischen Hochschule zu Berlin und somit auch die Stellung als Vorsteher der Prüfungsanstalt für Heizungs- und Lüftungseinrichtungen aufgegeben habe, waren für mich entscheidend, bei weiteren Auflagen meines „Leitfadens" die Mitwirkung des Herrn Professor Dr. techn. Brabbée — meines früheren ersten Assistenten und Amtsnachfolgers — zu erbitten. Seine Zusage gibt mir die Zuversicht, daß die spätere Fortführung meines Werkes in meinem Sinne und nach wie vor auf Grund wissenschaftlicher Forschungen erfolgen wird.

In dieser, der fünften Auflage meines Leitfadens — tatsächlich der siebenten, da die zweite und die vierte Auflage zweimal gedruckt werden mußten — hat Dr. techn. Brabbée im Kapitel „Warmwasserheizung" die Neubearbeitung der Berechnung der Rohrleitungen geliefert, da er nicht nur die noch von mir angeordneten und bereits vor 3 Jahren begonnenen umfangreichen Versuche über die Reibung und Einzelwiderstände in Warmwasserheizungen in großzügiger Weise geleitet und zu Ende geführt und dadurch die Unsicherheit und Fehler, die auf diesem Gebiet bislang noch herrschten, beseitigt hat, sondern auch hierdurch zu einer für die Praxis vereinfachten Anwendung meiner Theorie der Berechnung der Warmwasserheizungen gelangt ist. Zur Erleichterung der Berechnung hat er die im zweiten Teil des Leitfadens enthaltenen neuen Tabellen aufgestellt und diesen — um allen Gepflogenheiten der Praxis zu entsprechen — auch noch Kurventafeln beigefügt.

Die „Lüftung" hat durch mich in den Kapiteln: Notwendigkeit und Größe des Luftwechsels eine von mir nötig erachtete Neubearbeitung erfahren; der übrige Inhalt des Leitfadens ist einer genauen Durchsicht unterzogen und mit erforderlichen Verbesserungen und Ergänzungen versehen worden. Den zeitigen Bestrebungen der Wärmetechnik zu entsprechen, sind für einzelne fremdsprachliche Bezeichnungen die angenommenen deutschen Ausdrücke, so z. B. für Transmission „Wärmedurchgang", für Transmissionskoeffizient „Wärmedurchgangszahl" eingeführt worden.

Charlottenburg, im Juni 1913.

Dr. Ing. Rietschel.

Vorwort zur ersten Auflage.

Wenn ich den auf Anregung Seiner Exzellenz des Herrn Ministers der öffentlichen Arbeiten von mir verfaßten Leitfaden zum Berechnen und Entwerfen von Lüftungs- und Heizungsanlagen hiermit der Öffentlichkeit übergebe, so geschieht es, weil mir ein für den unmittelbaren Gebrauch in der Praxis bestimmtes und nicht zu umfangreiches Werk zu fehlen scheint.

Die auf dem Gebiete des Lüftungs- und Heizungswesens vorhandenen Lehrbücher sind wohl geeignet, dem Ingenieur zum Studium und als Ratgeber, nicht aber bei seinen Ausführungen als Führer dienen zu können, da die allgemeine Behandlung des Stoffes und die theoretischen Entwicklungen die Übersichtlichkeit vermindern und die für die leichte Benutzung erforderliche knappe Form verbieten.

Der Leitfaden soll der Praxis dienen; er enthält theoretische Entwicklungen nur insoweit, als solche für die richtige Anwendung des Gebotenen unbedingt erforderlich schienen.

Zwischen dem Angebot und der Ausführung von Lüftungs- und Heizungsanlagen besteht zurzeit, wie ich aus meinen zahlreichen Fällen gutachtlicher Tätigkeit weiß, kein richtiges Verhältnis. Für das Angebot sind meist die Ansprüche an die Arbeitslast der ausführenden Ingenieure infolge der Forderung einer unnötig großen Anzahl von Zeichnungen, Beschreibungen, Rechnungsbelegen usw. sehr bedeutend, für die Ausführung dagegen wird sowohl in hygienischer als technischer Beziehung häufig ein zu geringer Anspruch an die Ausführenden gestellt und somit dem Entstehen mangelhafter Anlagen der beste Vorschub geleistet.

Auf dem Gebiete des Lüftungs- und Heizungswesens gibt es noch viele Punkte, die sich zurzeit einer wissenschaftlichen Behandlung entziehen; soweit aber eine solche möglich ist und in dem Rahmen praktischer Verwertbarkeit liegt, sollte die Anwendung derselben zum Vorteile für die Anlagen und zum Erstehen einer segensreichen Konkurrenz jederzeit verlangt werden. Wissenschaftliche Behandlung allein gibt die Gewähr, daß man sich auf hellen Pfaden bewegt, und daß der Schritt, den man oft in der Praxis vom streng richtigen Wege tun muß, nicht zum Fehler wird.

Die Aufgabe, welche ich mir bei Bearbeitung des Leitfadens gestellt habe, ging dahin, die Auftraggeber und bauleitenden Architekten mit den zu erhebenden Forderungen bekannt zu machen, den Ausführenden aber die erforderlichen Berechnungsweisen an die Hand zu geben. Sowohl für das Angebot, als für die Ausführung war ich bemüht, die Arbeit der Berechnung nach Möglichkeit zu verringern und zu erleichtern — die ganze Behandlung des Stoffes und die im II. Teil enthaltenen Tabellen werden dies bestätigen. Zahlreiche Beispiele zeigen die Anwendung des Gebotenen in der Praxis.

Die dem Leitfaden beigegebenen Zeichnungen geben über eine große Anzahl und zum Teil der wichtigsten zurzeit in der Praxis Anwendung findenden Konstruktionen Aufschluß. Um unnötige Erweiterungen des Textes zu vermeiden, sind den Zeichnungen nur die allernötigsten Erläuterungen beigefügt worden — sie setzen somit eine gewisse Bekanntschaft mit dem Gebiete, dem sie zugehören, voraus. Am Schlusse des I. Teiles haben noch die neuesten Vorschriften über Herstellung und Unterhaltung von Zentralheizungs- und Lüftungsanlagen in den unter Staatsverwaltung stehenden Gebäuden Preußens Aufnahme gefunden.

Berlin, im April 1893.

Der Verfasser.

Inhaltsverzeichnis.

(Die in Klammern befindlichen Zahlen sind ebenfalls Seitenzahlen.)

Erster Teil.

Lüftung.

Erstes Kapitel.

Zweites Kapitel.

Drittes Kapitel.

Viertes Kapitel.

Fünftes Kapitel.

Sechstes Kapitel.

Seite

Heizung.

Siebentes Kapitel.

Achtes Kapitel.

Neuntes Kapitel.

Zehntes Kapitel.

Elftes Kapitel.

Zwölftes Kapitel.

Dreizehntes Kapitel.

Vierzehntes Kapitel.

Fünfzehntes Kapitel.

Sechzehntes Kapitel.

Siebzehntes Kapitel.

Achtzehntes Kapitel.

Neunzehntes Kapitel.

Zwanzigstes Kapitel.

Anhang.

Lüftung.

Erstes Kapitel.

Einige Eigenschaften der Luft.

1. Zusammensetzung der Luft.

Die Luft im reinen Zustande ist der Hauptsache nach ein Gemenge von Sauerstoff, Stickstoff, Wasserdampf und Kohlensäure. Von den letzteren beiden abgesehen, besteht die Luft dem Volumen nach aus 21 Teilen Sauerstoff und 79 Teilen Stickstoff, dem Gewichte nach aus 24 Teilen Sauerstoff und 76 Teilen Stickstoff. Der Wasserdampfgehalt schwankt innerhalb weiter Grenzen; der Kohlensäuregehalt beträgt in bewohnten Gegenden im Mittel etwa 0,4‰.

2. Ausdehnung der Luft.

Die Luft dehnt sich bei Erwärmung von 0° auf 1° der hundertteiligen Thermometerskala — auf die in der Folge alle Temperaturen bezogen werden — um $0{,}003\,665 = \frac{1}{273}$ ihres Volumens aus. Dieser Wert wird mit dem Buchstaben α bezeichnet und heißt die Ausdehnungszahl der Luft. Das Volumen L_0 bei 0° ist daher nach Erwärmung auf $t°$ übergegangen in das Volumen:

$$L = L_0(1 + \alpha t) \,. \tag{1}$$

Ist das Volumen L bei $t°$ gegeben, so ist es auf 0° reduziert:

$$L_0 = \frac{L}{1 + \alpha t} \,. \tag{2}$$

$\frac{1}{1 + \alpha t}$ ist also allgemein die Dichte der Luft bezogen auf Luft von 0°.

Ist das Volumen L in der Temperatur t gegeben und wird auf $t_1°$ erwärmt (bzw. gekühlt), so geht es in das andere über:

$$L_1 = L \frac{1 + \alpha t_1}{1 + \alpha t} \,. \tag{3}$$

(Die Werte von $1 + \alpha t$ und $\frac{1}{1 + \alpha t}$ sind aus Tabelle 1, die von $\frac{1 + \alpha t_1}{1 + \alpha t}$ aus Tabelle 2 zu entnehmen.)

3. Druck der Luft.

Der Druck der Luft wird gemessen durch die Höhe einer Flüssigkeitssäule im leeren Raume, die der Luft das Gleichgewicht hält (Barometer). Der normale (mittlere) Barometerstand gemessen über dem Meeresspiegel beträgt 760 mm Quecksilbersäule oder 10,333 m (für die Praxis rund 10 m) Wassersäule.

Der mittlere Druck der Atmosphäre über dem Meeresspiegel stellt sich somit auf 10 333 kg/qm (für die Praxis rund 10 000 kg/qm) oder auf rund 1 kg/qcm.

In der Praxis gibt man den Druck auch vielfach statt in kg in der Höhe einer Wassersäule an, und da eine Wassersäule von 1 mm Höhe und 1 qm Fläche 1 kg wiegt, so bezeichnet „ein Druck von x mm Wassersäule“ einen Druck von x kg/qm.

4. Gewicht der Luft.

1 cbm trockene Luft von 0° bei 760 mm Barometerstand wiegt (n. Regnault) 1,293 187 kg, abgekürzt 1,293 kg.

1 cbm trockene Luft von $t°$ bei 760 mm Barometerstand wiegt, da sich bei gleichem Druck die Gewichte wie die Dichten verhalten:

$$\frac{1{,}293}{1+\alpha t},$$

1 cbm trockene Luft von $t°$ bei S mm Barometerstand wiegt, da sich bei gleichen Temperaturen die Gewichte wie die Spannungen (Drücke) verhalten:

$$\frac{1{,}293\,S}{(1+\alpha t)\,760},$$

1 cbm mit Wasserdampf gesättigte Luft von $t°$ bei S mm Barometerstand und bei einer Spannung des Dampfes von S_1 mm Quecksilbersäule wiegt infolge des Gewichts des in ihm enthaltenen Dampfes (siehe Gl. 9):

$$\frac{1{,}293\,(S-0{,}377\,S_1)}{(1+\alpha t)\,760}.$$

Da bei gleichem Barometerstande feuchte Luft somit leichter ist als trockene Luft, in der Lüftungstechnik aber stets mit den ungünstigsten Verhältnissen gerechnet werden muß, so soll für die Berechnung von Anlagen trockene Luft angenommen, also allgemein das Gewicht von L cbm Luft bei $t°$ gesetzt werden:

$$G=\frac{1{,}293\,L}{1+\alpha t}\ \text{kg}. \qquad (4)$$

(Das Gewicht eines Kubikmeters Luft bei verschiedenen Temperaturen ist aus Tabelle 1 zu entnehmen.)

5. Erwärmung oder Kühlung der Luft.

Die spezifische Wärme der Luft bei konstantem Druck ist 0,237, mithin ist einer Luftmenge von G kg $= L$ cbm von der Temperatur t° behufs Erwärmung von t° auf $t_1{}^\circ$ $(t < t_1)$ die Wärmemenge:

$$W = 0{,}237\, G\, (t_1 - t) = \frac{0{,}306\, L}{1 + \alpha t}\, (t_1 - t)\ \mathrm{WE} \qquad (5)$$

zuzuführen, behufs Kühlung von t° auf $t_1{}^\circ$ $(t > t_1)$ die Wärmemenge:

$$W = 0{,}237\, G\, (t - t_1) = \frac{0{,}306\, L}{1 + \alpha t}\, (t - t_1)\ \mathrm{WE} \qquad (6)$$

zu entziehen.

WE bezeichnet die Abkürzung für „Wärmeeinheiten".

Unter einer „Wärmeeinheit" ist die erforderliche Wärmemenge zur Erwärmung von 1 kg Wasser von 0° auf 1° zu verstehen. Da die Dichte des Wassers bei verschiedenen Wärmegraden sich nicht bedeutend ändert, wird aber allgemein in der Praxis mit „Wärmeeinheit" die Wärmemenge bezeichnet, die 1 kg Wasser um 1° zu erwärmen vermag.

Ist die geforderte Luftmenge L zwar in der Temperatur t gegeben, sie soll aber von einer Temperatur t_0 auf die Temperatur t_1 erwärmt, bzw. von der Temperatur t_1 auf die Temperatur t_0 gekühlt werden, so ist die zuzuführende bzw. abzunehmende Wärmemenge:

$$W = \frac{0{,}306\, L}{1 + \alpha t}\, (t_1 - t_0)\,. \qquad (7)$$

(Die Werte von W nach Ausdruck (7) für die in der Praxis am häufigsten vorkommenden Temperaturen t und für verschiedene Temperaturunterschiede $(t_1 - t_0)$ sind Tabelle 3 zu entnehmen.)

6. Mischung verschiedener Luftmengen.

Werden G kg $= L$ cbm Luft von t° mit G_1 kg $= L_1$ cbm Luft von $t_1{}^\circ$ gemischt, so ist die Mischtemperatur:

$$t_x = \frac{G t + G_1 t_1}{G + G_1} = \frac{L t (1 + \alpha t_1) + L_1 t_1 (1 + \alpha t)}{L (1 + \alpha t_1) + L_1 (1 + \alpha t)}\,. \qquad (8)$$

7. Wassergehalt der Luft.

Die in einem Kubikmeter bzw. einem Kilogramm gesättigter Luft von t° enthaltene Menge Wasser in kg bei 760 mm Barometerstand und einer Dampfspannung von S_1 mm Quecksilbersäule beträgt, wenn die Dichte des Dampfes bezogen auf Luft zu 0,623 angenommen wird:

$$g = \frac{1{,}293\, S_1}{(1 + \alpha t)\, 760}\, 0{,}623 = \frac{0{,}00106\, S_1}{1 + \alpha t} \quad \text{bzw.} = \frac{0{,}623\, S_1}{760 - 0{,}377\, S_1}\,. \qquad (9)$$

(Die Werte von g und S_1 bei verschiedenen Temperaturen sind Tabelle 1 zu entnehmen.)

Unter „absoluter Feuchtigkeit“ ist die Gewichtsmenge Wasser zu verstehen, die die Luft tatsächlich enthält; unter „relativer Feuchtigkeit“ das Verhältnis der Menge Wasser, die in der Luft enthalten ist, zu der, die sie im gesättigten Zustande enthalten würde, also ein Prozentsatz der Sättigung. Die absolute Feuchtigkeit bleibt auch nach Erwärmung und — sofern der Taupunkt nicht unterschritten wird — auch nach Abkühlung der Luft die gleiche; die relative Feuchtigkeit ändert sich mit der Zunahme oder bis zum Eintritt des Taupunktes mit der Abnahme der Temperatur.

Enthält 1 cbm Luft von t° im gesättigten Zustande g kg Wasser, ist aber nur auf $p\%$ gesättigt und wird auf $t_1{}^\circ$ erwärmt oder abgekühlt, so stellt sich alsdann der Prozentsatz p_1 der Sättigung, wenn 1 cbm von $t_1{}^\circ$ im gesättigten Zustande g_1 kg Wasser aufnehmen kann, zu:

$$p_1 = \frac{p\,g(1+\alpha t)}{g_1(1+\alpha t_1)}\,. \tag{10}$$

Ergibt sich bei der Abkühlung $p_1 > 100$, so ist die Luft gesättigt, der über 100 hinausgehende Prozentsatz aber als Niederschlagswasser, d. h. als ausgeschieden zu betrachten.

Zweites Kapitel.

Notwendigkeit des Luftwechsels.

Das Wohlbefinden der Menschen erfordert in den ihnen zum Aufenthalt dienenden Räumen eine möglichst reine, weder zu trockene noch zu feuchte und innerhalb bestimmter Temperaturgrenzen erwärmte Luft. Die Luft erfährt jederzeit, teils durch die Lebensvorgänge der Menschen, teils durch andere Ursachen eine Güteverminderung, die einen den jeweiligen Verhältnissen entsprechenden Austausch der Raumluft mit der Außenluft nötig macht.

Da die Außenluft besonders durch Produkte der Stätten menschlicher Tätigkeit eine Einbuße ihrer Reinheit erfährt, auch in sehr wechselndem Maße erwärmt und mit Wasserdampf erfüllt ist, so sind für sie vielfach Einrichtungen erforderlich, die sie in hygienischer Beziehung erst einwandfrei befähigen, als Ersatz der Raumluft zu dienen.

Die in geschlossenen, zum Aufenthalt von Menschen dienenden Räumen jederzeit eintretenden und nicht etwa von Fall zu Fall zu behandelnden Ursachen der Güteverminderung der Luft sind im wesentlichen folgende.

1. Wärmeabgabe der Menschen und der Beleuchtung.

Die Wärmeabgabe der Menschen und der Beleuchtung muß, sofern sie eine über ein gewisses Maß hinausgehende Temperatursteigerung hervorruft, in erster Linie als Ursache für die Güteverminderung der Luft angesehen werden*), da durch eine zu hohe Temperatur der Luft eine die Gesundheit schädigende Wärmestauung im menschlichen Körper herbeigeführt wird. Bestätigt wird diese Annahme durch die Untersuchungen von Flügge, Paul und Ercklentz**).

Die Wärmeabgabe des menschlichen Körpers ist innerhalb gewisser Grenzen nennenswerten Schwankungen nicht unterworfen.

Nach Pettenkofer gibt ein erwachsener Mensch bei Ausschluß besonderer körperlicher Arbeit stündlich 100 WE ab, nach Rubner in Ruhe 96 WE, bei mittlerer Arbeit 118,5 $\backsim$ 120 WE, bei schwerer Arbeit 140 WE, ein Säugling 15,3 WE und ein $2^1/_2$ Jahre altes Kind 40,2 WE.

Die stündliche Wärmeabgabe erstreckt sich auf:

a) die Wärmeabgabe durch den Atmungsprozeß,

b) die Wärmeabgabe durch die Haut,

c) die Wärmeabgabe durch Speisen und Getränke, die aber hygienischen Angaben entsprechend sehr gering, d. h. nur mit 2 WE/Std. in Ansatz zu bringen ist.

Ein Teil der abgegebenen Wärme wird durch Leitung und Strahlung unmittelbar an die Luft übertragen, ein Teil dagegen findet zur Wasserverdunstung Verwendung, wird somit latent, d. h. für die Erhöhung der Raumtemperatur unfühlbar. Bei Verminderung (Rückstrahlung) oder Aufhebung (Kleidung, Bad) der Wärmestrahlung übernimmt (n. Rubner) die Wärmeleitung und Wasserverdunstung die Wärmeabgabe.

Bei vollbesetzten Räumen wird die Wärmestrahlung infolge bedeutender Rückstrahlung wesentlich beeinträchtigt. Über die Größe dieses Einflusses fehlen zurzeit noch Versuche. Nach den Berechnungen des Verfassers***) können — voraussichtlich ohne nennenswerte Fehler zu begehen — für die unmittelbar an die Luft übertragene Wärmemenge eines Erwachsenen

bei mäßig besetzten Räumen (Wohnräume, Bureaus usw.) . . . . 75 WE

bei vollbesetzten Räumen (Theater, Konzertsäle usw.) . . . . 50 „

angenommen werden.

Für Kinder von 8—12 Jahren ist bei gleichen Voraussetzungen etwa die Hälfte, für ältere Kinder etwa $^3/_4$ der angegebenen Werte in Ansatz zu bringen.

Unter einem „vollbesetzten Raum" wird man einen solchen zu rechnen haben, bei dem etwa auf 1 bis 1,25 qm Bodenfläche eine Person anzunehmen ist.

*) S. a. Deutsche Vierteljahrsschrift f. öffentl. Gesundheitspflege, Bd. 22, 1890.

**) Zeitschrift für Hygiene und Infektionskrankheiten, 49. Band, 1905.

***) Gesundheits-Ingenieur 1913, Nr. 3.

Die Wärmeabgabe durch die Beleuchtung*) geht aus folgender Aufstellung hervor:

Beleuchtungsart	Lichtstärke in Kerzen	Stündlicher Verbrauch	Stündl. aufgewendete Wärme in WE	
			im ganzen	für 1 Kerze
Gasbeleuchtung:				
Braybrenner.	30	400 Liter	2000	66,7
Argandbrenner . . .	20	200 „	1000	50
Regenerativbrenner .	111	408 „	2042	18,4
Gasglühlicht.	50	100 „	500	10
Lucaslicht.	500	500-600 „	2500—3000	5—6
Spiritusglühlicht	30	0,057 „	336	11,2
Petroleumlicht.	30	0,108 „	862	28,7
Acetylenlicht	60	36 „	328	5,5
Elektrische Beleuchtung:				
Kohlefadenglühlicht .	16	48 Watt	41,5	2,59
Nernstlicht	25	38 „	32,8	1,3
Bogenlicht	600	258 „	222	0,37

In der stündlich aufgewendeten Wärme ist sowohl die zur Lichtbildung und die eventuell zur Wasserverdunstung erforderliche, als die frei werdende enthalten. Die zur Lichtbildung erforderliche ist zurzeit noch nicht genau festgestellt, beträgt aber nur für die gewöhnliche Leuchtgasflamme etwa $^1/_3$% der Gesamtenergie, bei elektrischem Glühlicht etwa 3%, bei elektrischem Bogenlicht etwa 13% der gesamten aufgewendeten Wärme. Der Lüftungstechniker kann somit, ohne ungebührlich sicher zu rechnen, die gesamte aufgewendete Wärmemenge als frei werdende in Ansatz bringen, bei Gas, Spiritus usw., infolge ihrer schwankenden Zusammensetzung, auch die zur Wasserbildung verwendete unberücksichtigt lassen. Selbstverständlich ist bei offenen Brennern hierbei vorauszusetzen, daß sich die Verbrennungsprodukte mit der Luft mischen.

2. Ausscheidung von Wasserdampf durch die Menschen.

Die Ausscheidung von Wasserdampf durch die Menschen ist wechselnd mit dem Wassergehalt und der Temperatur der umgebenden Luft, sowie mit dem Alter, der Kost und der körperlichen Beschäftigung. Die stündliche Wärmeentziehung eines Erwachsenen**) kann bei mittlerer Kost und gewöhnlicher Zimmertemperatur

in mäßig besetzten Räumen (Wohnräume, Bureaus usw.). . . . . zu 42 g = 0,042 kg,

---

*) W. Wedding, Deutsche Vierteljahrsschrift f. öff. Ges.-Pflege 1901.

**) Gesundheits-Ingenieur 1913, Nr. 3.

in vollbesetzten Räumen (Theater, Konzertsäle usw.), auch in Räumen, in denen schwere körperliche Arbeit verrichtet wird . . . . zu 80 g = 0,080 kg

angenommen werden.

Für Kinder von 8—12 Jahren ist bei gleichen Verhältnissen etwa die Hälfte, für ältere Kinder etwa $^3/_4$ der angegebenen Werte in Ansatz zu bringen.

Wissenschaftlich ist noch nicht erwiesen, welcher Feuchtigkeitsgehalt der den Menschen umgebenden Luft für die Gesundheit am zuträglichsten ist, oder richtiger (n. Flügge), welches Sättigungsdefizit die Luft an Feuchtigkeit besitzen soll*). Diesem Umstand ist es zuzuschreiben, daß über den zweckmäßigsten Feuchtigkeitsgehalt bewohnter Räume noch unklare und widersprechende Ansichten herrschen. Es ist zweifellos, daß die in der Luft enthaltene Wassermenge auf die Wärmeökonomie des Körpers einen nicht zu unterschätzenden Einfluß hat. Zu trockne und zu feuchte Luft rufen belästigende Wirkungen hervor, weniger (n. Flügge) infolge Differenzen der Wasserdampfabgabe, als infolge Störungen der Wärmeregelung des Körpers. Die Zunahme der Luftfeuchtigkeit bei niedrigen Temperaturen um 12,8 % erzeugt eine ähnliche Vermehrung des Wärmeverlustes durch Leitung, wie eine Verminderung der Temperatur um 1° (Rubner).

Als sicher ist anzunehmen, daß niedrige Sättigungsgrade im allgemeinen angenehmer empfunden werden und — in Anbetracht der Tatsache, daß die Lebensfähigkeit und die Vermehrung der Mikroorganismen vielfach durch feuchte Luft begünstigt werden — der Gesundheit zuträglicher sind, als hohe Sättigungsgrade.

In hermetisch abgedichteten und einer Lüftungsanlage entbehrenden Räumen würde bei Anwesenheit von Personen der Feuchtigkeitsgehalt mit der Zeit eine für das Wohlbefinden unzulässige Höhe erreichen, in mäßig besetzten Räumen gewöhnlicher Bauweise dagegen wird infolge der bei ihnen stets vorhandenen Luftdurchlässigkeit und des durch diese bedingten Luftwechsels die Überschreitung eines zulässigen Feuchtigkeitsgehalts auch bei fehlender Lüftungsanlage nicht eintreten. Besitzen diese Räume aber eine künstliche Lüftungsanlage oder kommt nicht allein das Wohlbefinden der die Räume benutzenden Personen in Frage, so kann sogar eine künstliche Befeuchtung der Luft im Winter angezeigt erscheinen. Die eventuelle Notwendigkeit einer solchen wird durch den Umstand bedingt, daß die von außen mit niedrigerer Temperatur entnommene Luft auch im gesättigten Zustande nur eine verhältnismäßig geringe Menge Feuchtigkeit enthält (s. Tabelle 1) und daß infolge ihrer Erwärmung die Feuchtigkeitskapazität, also auch das Sättigungsdefizit wächst. Die Feuchtigkeitsentziehung durch die Luft ist vom technischen Standpunkte aus

*) Gesundheits-Ingenieur 1888, Nr. 1.

wie ein Trocknungsvorgang zu betrachten, zu dem jederzeit Wärme und Luftwechsel gehören — Wärme, um ein Sättigungsdefizit in der Trocknungsluft hervorzurufen, Luftwechsel, um die infolge Entziehung von Feuchtigkeit von den zu trocknenden Gegenständen bereits höher gesättigte Luft durch trocknere Luft zu ersetzen.

Es kann angenommen werden, daß ein Feuchtigkeitsgehalt der Luft zwischen 40 bis 50% absoluter Sättigung am angenehmsten empfunden wird, daß aber bei niedrigster Wintertemperatur ein Herabgehen auf 30%, bei einer Wintertemperatur von etwa +10° ein Heraufgehen auf 70% absol. Sättigung noch zulässig erscheint, daß aber ein höheres Ansteigen durch einen verstärkten Luftwechsel unmöglich gemacht werden muß. Kommt lediglich die Erhaltung wertvoller Kunstgegenstände (Bilder, Möbel usw.) in Frage, so wird eine möglichst gleichmäßige Sättigung der Luft auf etwa 50 bis 60% anzustreben sein.

3. Ausscheidung organischer Produkte durch Ausatmung und Ausdünstung der Menschen. Beseitigung von Gerüchen durch Ozon.

Die Ausscheidung organischer Produkte ist zurzeit noch gar nicht oder unzulänglich bestimmbar; die organischen Produkte sind teils gas-, teils dunstförmig, teils an Staub gebunden und geben die Ursache des Zimmergeruchs. Pettenkofer nimmt an, daß sie die Widerstandsfähigkeit gegen krankmachende Agenzien herabsetzen.

Wer sich in einem nicht oder mangelhaft gelüfteten Raum längere Zeit aufzuhalten hatte, wird häufig — besonders wenn sich in ihm eine größere Anzahl nicht an besondere Sauberkeit gewöhnte Menschen befanden — noch nachträglich unter den Folgen dieses Aufenthalts zu leiden haben. Hierfür bilden (n. Flügge) in erster Linie die thermischen Einflüsse die Ursache, da sich in einem derartigen Raum meist der Gesundheit unzuträgliche Temperaturen einstellen. Sicher sind aber auch — neben einem etwa zu hohen Feuchtigkeitsgehalt der Luft — die Produkte der Ausatmung und Ausdunstung bzw. Beleuchtung mitschuldig zu machen, da sie durch ihren widerlichen oder ekelerregenden Geruch Unbehagen, Kopfschmerzen, Übelkeit usw. erzeugen können.

Seit einer Reihe von Jahren hat zur Beseitigung von Gerüchen in der Raumluft die Beimengung von Ozon — das in genügender Konzentration mit Wasser in Berührung gebracht, auf dieses bekanntermaßen einen bedeutenden sterilisierenden Einfluß ausübt — Empfehlung und Anwendung gefunden.

Die Praxis hat ergeben, daß, nach dem Geruchssinn zu urteilen, in einzelnen Fällen während des Ozonisierens alle Gerüche der Luft verschwanden und daß auch bei fortgesetzt regelrechtem Betrieb der Ozonanlage mit der Zeit das Haften von Gerüchen an Teppichen, Vorhängen, Möbelstoffen usw. nicht mehr wahrgenommen werden konnte, daß ferner das Ozonisieren der Luft für die Haltbarkeit von Fleisch usw. z. B. auf Schiffen sich vorzüglich bewährt hat. Die wissenschaftlichen Untersuchungen*) haben ergeben, daß bei den Mengen Ozon, die man ohne Schädigung für Menschen und Tiere der Luft beimengen darf (0,2 bis höchstens 0,5 mg/cbm) eine Verbesserung der Luft durch etwaiges Abtöten der in der Luft enthaltenen trockenen Bakterien und ein Vernichten aller Riechstoffe, also eine desodorisierende Wirkung nicht erreicht wird und daß nur ein Überdecken mancher Gerüche oder (n. Konrich) eine „Parfümierung" der Luft anzunehmen ist. Aus den zum Teil widersprechenden Ansichten der Praxis und der Theorie geht hervor, daß noch manche Fragen der Klärung bedürfen. Wenn durch das Ozonisieren das Haften von Gerüchen an Wollstoffen usw. vermindert wird, so mag das vielleicht daher kommen, daß diese Stoffe eine Art Akkumulator für das Ozon bilden, und wenn Fleisch usw. durch das Ozon eine größere Haltbarkeit erfährt, so mag die Ursache darin zu suchen sein, daß durch die Feuchtigkeit der Produkte das Ozon bei dauernder Einwirkung eine innerhalb gewisser Grenzen bakterientötende Einwirkung auszuüben vermag, zumal wenn in solchen Räumen, da Menschen sich in ihnen nur vorübergehend und kurze Zeit aufzuhalten haben, eine größere Menge Ozon der Luft einverleibt werden kann.

Sofern nach den neuesten Untersuchungen auch nur ein Überdecken der durch Ausatmung und Ausdunstung der Menschen hervorgerufenen Gerüche durch Ozon angenommen werden kann, so ist das für die Praxis immerhin von nicht zu unterschätzendem Wert, denn es ist als große Annehmlichkeit zu bezeichnen, wenn diese Gerüche nicht empfunden werden. Andererseits ist aber zu betonen, daß das Ozon, da es weder auf die Wärmeabgabe der Menschen, noch auf die Ausscheidung von Kohlensäure, Wasserdampf usw. einen Einfluß auszuüben vermag, niemals eine Lüftungsanlage ersetzen kann und daß es ein großer Fehler sein würde, Lüftungsanlagen für Räume, in denen sich nur Menschen aufzuhalten haben, von Haus aus mit Ozonapparaten auszustatten. Nur in Fällen, in denen eine Lüftungsanlage versagt, sei es aus Gründen fehlerhafter baulicher Anordnungen, anderer Benutzungsweise der Räume als ursprünglich vorgesehen war usw. oder in Fällen, in denen es sich um Konservierung von feuchten organischen Produkten handelt oder in denen eine Lüftungsanlage allein für Beseitigung von Gerüchen, z. B. aus Räumen zur Aufbewahrung tierischer Produkte, wie Felle, Häute usw. nicht ausreichen würde, kann die Anwendung von Ozon in Frage kommen.

Die Ozonisatoren können in den betreffenden Räumen selbst Aufstellung finden oder mit der Lüftungsanlage in der Weise verbunden werden, daß den Räumen das Ozon mit der Ventilationsluft zugeführt wird. Die erstere Anordnung kann nur bedingt — d. h. wenn eine Zuluftanlage nicht vorhanden ist — empfohlen werden, da die stärkere Konzentration des Ozons in der Nähe seiner Erzeugungsstelle leicht unangenehm

*) S. Zeitschrift für Hygiene und Infektionskrankheiten 1913, Bd. 73; Gesundheits-Ingenieur 1912, Nr. 52, S. 965.

empfunden wird. Jedenfalls empfiehlt sich bei lokaler Aufstellung eines Ozonisators zur tunlichsten Vermeidung von Anhäufungen des Ozons an einzelnen Stellen im Raum geeignete Vorrichtungen für möglichst schnellen Umlauf der Raumluft vorzusehen. Bei Verbindung der Ozonanlage mit der Lüftungsanlage ist Vorsorge zu treffen, daß vor Eintritt der Ventilationsluft in die betreffenden Räume bereits eine innige Mischung mit dem Ozon stattgefunden hat. Bei Drucklüftung und Vorhandensein nur eines Ventilators kann der Einbau gitterförmiger Ozonisatoren an einer Stelle des Hauptluftkanals in Anwendung kommen, bei Vorhandensein mehrerer Ventilatoren empfiehlt sich dagegen, die Ozonerzeugung zu zentralisieren und durch besondere Rohranlage das Ozon nach den gewählten Stellen für die Zumischung zur Ventilationsluft zu führen. Am zweckmäßigsten erscheint es, das Ozon der Luft behufs guter Vermischung unmittelbar hinter den Ventilatoren zuzuführen. Das Zumischen kurz vor den Ventilatoren erscheint weniger ratsam, da möglicherweise ein Angreifen der Ventilatoren durch das Ozon nicht ausgeschlossen ist.

Für den Betrieb der Ozonisatoren kann nach den Angaben der Firma Siemens & Halske für 1000 cbm stündlich zu ozonisierende Luft ein Energieverbrauch von etwa 30 Watt gerechnet werden.

4. Ausscheidung von Kohlensäure.

a) Ausscheidung von Kohlensäure durch die Menschen. Der Mensch entzieht beim Atmen der Luft Sauerstoff und ersetzt ihn durch Kohlensäure. Fortgesetztes Einatmen bedeutender Mengen Kohlensäure führt den Tod des Menschen herbei. Die ausgeatmete oder durch Beleuchtung erzeugte Kohlensäure erreicht infolge Durchlässigkeit der Baumaterialien, besonders aber infolge Undichtheit der Fenster und Türverschlüsse selten eine der Gesundheit nachteilige Höhe. Die ausgeatmete Kohlensäure gewinnt aber unter gewissen Verhältnissen, die spätere Besprechung finden, eine Bedeutung für die Notwendigkeit des geatmete Kohlensäure gewinnt aber eine Bedeutung für die Notwendigkeit des Luftwechsels, insofern als nach Pettenkofer anzunehmen ist, daß die Ausscheidung organischer Produkte beim Menschen proportional der ausgeatmeten Kohlensäure gesetzt, die letztere daher als Maßstab der Luftverunreinigung durch Ausatmung und Ausdünstung angesehen werden kann.

Die Kohlensäure hat ein spez. Gewicht bezogen auf Luft von 1,529; trotzdem ist infolge von Diffusion und der beständigen Luftbewegung in einem geschlossenen, von Menschen benutzten Raume der Kohlensäuregehalt über dem Fußboden und unter der Decke nahezu der gleiche.

Die Kohlensäureentwicklung beim Menschen ist verschieden je nach Alter, Geschlecht, Beschäftigung und Kost. Die stündliche Kohlensäureentwicklung geht aus folgender Tabelle hervor:

	Alter Jahre	Körpergewicht kg	Stündliche Kohlensäureentwicklung cbm	
Kräftiger Arbeiter bei der Arbeit	28	72,00	0,0363	nach Pettenkofer*)
Kräftiger Arbeiter bei der Ruhe	28	72,00	0,0226	
Mann	28	82,00	0,0186	nach Scharling**)
Frau	35	65,00	0,0170	
Jüngling	16	57,75	0,0174	
Jungfrau	17	55,75	0,0129	
Knabe	9,75	22,00	0,0103	
Mädchen	10	23,00	0,0097	

Zufolge vorstehender Beobachtungswerte wird man sich in der Praxis auf folgende Annahmen für die stündliche Kohlensäureentwicklung einigen können:

Arbeiter bei der Arbeit	0,036 cbm,
Arbeiter bei der Ruhe	0,023 ,,
Erwachsene, im Mittel	0,020 ,,
Halb-Erwachsene, im Mittel	0,016 ,,
Kinder	0,010 ,,

Diese Werte gelten für normale Raumtemperatur.

b) Ausscheidung von Kohlensäure durch die Beleuchtung. Sofern Räume durch Verbrennen von Gas oder einem anderen Beleuchtungsmaterial erhellt werden, betrachtet Pettenkofer die hierbei entwickelte Kohlensäure ebenfalls als Maßstab der Verunreinigung der Luft durch sämtliche Produkte der Beleuchtung.

Nach F. Fischer***) beträgt die bei der Verbrennung entwickelte Kohlensäure reduziert auf 0° von

1 cbm Leuchtgas	0,57 cbm,
1 kg Petroleum	1,57 ,,
1 kg Stearin	1,42 ,,

*) Zeitschrift für Biologie, Bd. II.

**) C. S. Lehmann, Handb. d. physiol. Chemie, Leipzig 1854.

***) Fischer, Jahresbericht der chem. Technologie 1883.

Drittes Kapitel.

Größe des Luftwechsels.

Aus der Notwendigkeit des Luftwechsels heraus ist in erster Linie seine erforderliche Größe — bezogen auf die Stunde als Einheit — zu bestimmen. Jede nicht berechenbare Güteverminderung der Luft kann für die Größenbestimmung des Luftwechsels nicht in Frage kommen.

Nach dem vorigen Kapitel sind nur die Wärmeabgabe der Menschen und der Beleuchtung, die unzulässige Steigerung des Feuchtigkeitsgehalts der Luft durch die Wasserverdunstung der Menschen und für einzelne Fälle die durch die Menschen ausgeatmete oder durch die Beleuchtung der Luft hervorgerufene Kohlensäure — und letztere nur als Maßstab für die Verunreinigung der Luft durch sämtliche Produkte der Ausatmung und Ausdunstung bzw. durch die Produkte der Beleuchtung — für die Bestimmung des Luftwechsels geeignet.

Sofern ein Luftwechsel für Räume erforderlich erscheint, bei denen zurzeit noch die Grundlagen für dessen Größenbestimmung fehlen, müssen Erfahrungswerte in Anwendung gebracht werden.

I. Berechnung des Luftwechsels.

1. Berechnung des Luftwechsels unter Zugrundelegung einer nicht zu überschreitenden Temperatur.

Die erfahrungsgemäß der Gesundheit und dem Wohlbefinden der Menschen bei den verschiedenen täglichen Lebensverhältnissen angemessensten Temperaturen, die somit in Räumen einzuhalten sind, werden im 5. Kapitel unter V, A. 2b angegeben. Vorweg sei nur bemerkt, daß (n. Flügge) die Wärmegrade beheizter Räume für den Durchschnittsmenschen bei üblicher Kleidung und ruhigem Verhalten zu 17 bis 19° ermittelt worden sind und daß sie niemals über 21° hinausgehen sollten. Letztere Grenze wird bei vollbesetzten Räumen nicht immer einhaltbar sein und es dürfte wohl auch bei verhältnismäßig kurzer Benutzung dieser Räume eine etwas höhere Temperatur als zulässig erklärt werden können, zumal bei enger Besetzung für eine belästigende Wärmestauung weniger die Temperatur der Luft, als die Beeinträchtigung der Wärmeausstrahlung — deren Einfluß durch Steigerung des Luftwechsels nicht behoben werden kann — verantwortlich zu machen ist.

Im Sommer ist eine Temperautr von 22 bis 23° als angemessene Raumtemperatur zu bezeichnen, da niedrigere Wärmegrade bei hoher Außentemperatur unter Umständen als zu kühl empfunden werden.

Bedeutet W_1 die Wärmemenge, die durch die Anwesenden, W_2 die durch die Beleuchtung stündlich einem Raume zugeführt wird, W_3 die

Wärmemenge, die stündlich von den Wänden, Fenstern usw. des Raumes bei der im Raume herrschenden zulässigen Temperatur aufgenommen bzw. im Winter nach außen abgegeben, im Sommer nach innen übergeführt wird, so ist die stündlich wegzuschaffende Wärmemenge:

$$W = W_1 + W_2 \mp W_3 \,. \tag{11}$$

Bei W_3 gilt für den Winter das obere, für den Sommer das untere Vorzeichen. Wird W_3 im Winter durch Erwärmung (Heizungsanlage), im Sommer durch Kühlung der Räume während ihrer Benutzung ausgeglichen, so entfällt es naturgemäß für die Lüftung.

Im Beharrungszustande und bei angenommener gleichmäßiger Verteilung der Wärme im Raume muß der stündliche Luftwechsel in cbm, ausgedrückt in der zulässigen Temperatur t, gemäß Gl. (6), betragen, wenn t' die Temperatur der eingeführten kühleren Luft bezeichnet:

$$L = \frac{W(1 + \alpha t)}{0{,}306(t - t')} \,. \tag{12}$$

(Zur bequemeren Berechnung dieses Ausdrucks dient Tabelle 4.)

Die Gleichung ist für Lüftungsanlagen in Anwendung zu bringen, bei denen die Luft über den anwesenden Personen (unter der Decke) eingeführt und am Fußboden abgeleitet wird, also eine Lüftung von oben nach unten stattfindet.

Steigt die Temperatur im Raume mit dem Abstand vom Fußboden, was bei allen Lüftungsanlagen eintreten wird, bei denen der Lufteintritt über Fußboden, der Luftaustritt unter der Decke stattfindet, die also eine Lüftung von unten nach oben besitzen, so ist, wenn t_m die mittlere Temperatur von der über Fußboden und der unter Decke herrschenden bedeutet, der Luftwechsel gegeben in der in Kopfhöhe zulässigen Temperatur t:

$$L = \frac{W(1 + \alpha t)}{0{,}306(t_m - t')} \,. \tag{13}$$

(Vgl. Tabelle 4.)

Sind die einzuhaltenden Temperaturen in den zu lüftenden Räumen verschieden und ist L_1 der Luftwechsel eines Raumes in cbm gegeben in der Temperatur t_1, L_2 der in der Temperatur t_2 usw., so ist die Luftmenge, die von außen mit der Temperatur t_0 zu entnehmen ist

$$L_0 = \left(\frac{L_1}{1 + \alpha t_1} + \frac{L_2}{1 + \alpha t_2} + \ldots + \frac{L_n}{1 + \alpha t_n}\right)(1 + \alpha t_0) \,. \tag{14}$$

Hat nicht nur Lüftung, sondern auch gleichzeitige Erwärmung der Räume im Winter durch die einzuführende Luft stattzufinden (Luftheizung), so muß bei Einhaltung einer nicht zu überschreitenden Eintrittstemperatur der Luft häufig der Luftwechsel behufs genügender Erwärmung des Raumes im Winter zeitweise größer als die Hygiene fordert, angenommen werden, d. h. wenn der Ausdruck [s. Gl. (11)] $W_1 + W_2 - W_3$ negativ ist.

Es ist somit alsdann

$$W = W_3 - W_1 - W_2 \tag{15}$$

zu setzen, worin W die einzuführende Wärmemenge darstellt, W_1, W_2 und W_3 für die niedrigste Außentemperatur anzunehmen sind.

Bezeichnet alsdann t' die höchste zulässige Einströmungstemperatur der Luft, so muß nach Gl. (5) der stündliche Luftwechsel in cbm, ausgedrückt in $t°$, betragen:

$$L = \frac{W(1 + \alpha t)}{0{,}306(t' - t)}. \tag{16}$$

Der Berechnung der Kanalquerschnitte ist dieser Luftwechsel indes nicht zugrunde zu legen, er kommt nur für den Heizapparat in Frage. Ist ein bestimmter Luftwechsel nach hygienischer Forderung vorgeschrieben und soll zur Erwärmung der Räume Luftheizung unter Einhaltung einer nicht zu überschreitenden Eintrittstemperatur der Luft dienen, so ist auch nicht ohne weiteres zwischen dem hygienisch notwendig werdenden und dem nach Gl. (16) zur Erwärmung der Räume erforderlichen Luftwechsel der größere Wert für die Berechnung der Kanalquerschnitte zu wählen, sondern es muß für diesen Zweck jederzeit der in Rechnung zu ziehende Luftwechsel nach Maßgabe des im Kapitel „Luftheizung", Abschnitt II, Gesagten bestimmt werden.

2. Berechnung des Luftwechsels unter Zugrundelegung eines nicht zu überschreitenden Feuchtigkeitsgehalts.

Mäßig besetzte Räume (Wohnräume, Bureaus usw.) bedürfen im Winter lediglich wegen eines etwa zu hohen Feuchtigkeitsgehalts keines Luftwechsels, der bei ihnen auf die einzelne Person ein relativ großer Rauminhalt und ein relativ großer natürlicher Luftwechsel entfallen und für einen Erwachsenen nur mit einer stündlichen Feuchtigkeitsabgabe von 0,042 kg zu rechnen ist. Eine Ausnahme hiervon machen Räume, die für die Feuchtigkeitsabgabe noch andere Quellen als die anwesenden Personen besitzen und für die der Luftwechsel alsdann nach Maßgabe der weiter unten folgenden Berechnungsweise zu bestimmen ist.

Voll besetzte Räume (Theater, Versammlungssäle usw.) erfordern, da bei diesen mit einer stündlichen Feuchtigkeitsabgabe eines Erwachsenen von etwa 0,080 kg (s. S. 9) zu rechnen ist, zur Erhaltung der Annehmlichkeit des Aufenthalts eine ausgiebige Lüftung.

Bezeichnet:

- L den stündlichen Luftwechsel in cbm, zu bestimmen in der vorgeschriebenen Raumtemperatur t,
- J den Luftinhalt des Raumes in cbm,
- A die stündliche Feuchtigkeitsabgabe einer Person in kg,
- n die Anzahl der für den Raum anzunehmenden Personen,

m_1 den bei Beginn, m_2 den am Ende der Raumbenutzung in 1 cbm Raumluft enthaltenen Wasserdampf in kg,

a den in 1 cbm der Außenluft von der Temperatur t_0 enthaltenen Wasserdampf in kg,

z die Zeit der Raumbenutzung in Stunden,

so ist, da die Feuchtigkeitszunahme der Raumluft gleich dem zugeführten vermindert um den in gleicher Zeit abgeführten Wasserdampf sein muß und da die von außen entnommene Luftmenge die Größe $L \frac{1 + \alpha t_0}{1 + \alpha t}$ hat;

$$J\,dm = \left(L a \frac{1 + \alpha t_0}{1 + \alpha t} + n A\right) dz - L m\,dz\,.$$

Diese Gleichung läßt sich schreiben:

$$\frac{dz}{J} = \frac{-\,dm}{L m - L a \frac{1 + \alpha t_0}{1 + \alpha t} - n A}\,.$$

Für $z = 0$ ist $m = m_1$, für $z = z$ ist $m = m_2$, somit

$$\frac{z}{J} = \frac{1}{L} \ln \frac{L m_1 - L a \frac{1 + \alpha t_0}{1 + \alpha t} - n A}{L m_2 - L a \frac{1 + \alpha t_0}{1 + \alpha t} - n A}\,. \tag{17}$$

Den ln in eine Reihe aufgelöst und nur das erste Glied benutzt, gibt:

$$L = \frac{\frac{J}{z}(m_1 - m_2) + n A}{\frac{m_1 + m_2}{2} - a \frac{1 + \alpha t_0}{1 + \alpha t}}\,. \tag{18}$$

Ist bei Beginn der Raumbenutzung $m_1 = a \frac{1 + \alpha t_0}{1 + \alpha t}$, was in der Regel angenommen werden kann, so ergibt sich:

$$L = \frac{2 n A}{m_2 - a \frac{1 + \alpha t_0}{1 + \alpha t}} - \frac{2 L}{z}\,. \tag{19}$$

Die in diese Gleichungen für m_1, m_2 und a einzusetzenden Werte sind zu bestimmen mit dem Ausdruck $\frac{p g}{100}$, in dem p den anzunehmenden oder vorgeschriebenen Prozentsatz der Sättigung der Außen- bzw. Innenluft, g den aus Tabelle 1 für die betreffenden Temperaturen zu entnehmenden Werte des Gewichts des bei voller Sättigung in 1 cbm Luft enthaltenen Wasserdampfes bedeutet. Der Wert von $\frac{1 + \alpha t_0}{1 + \alpha t}$ kann aus Tabelle 2 entnommen werden.

3. Berechnung des Luftwechsels unter Zugrundelegung der Kohlensäureentwickelung der Menschen und der Beleuchtung.

Wie bereits erwähnt (s. S. 12), setzt Pettenkofer*) die Verunreinigung der Luft durch die Produkte der Ausatmung und Ausdünstung der in einem Raume versammelten Personen proportional der Anreicherung an Kohlensäure durch den Atmungsprozeß. Hiervon ausgehend hat er beobachtet und mit Hilfe des Geruchssinnes festgestellt, daß sich ein Mensch bei einer durch die Ausatmung hervorgerufenen Steigerung des Kohlensäuregehalts auf 0,0007 cbm, bezogen auf 1 cbm Luft, dauernd wohlbefindet und daß ein Ansteigen des Kohlensäuregehalts auf 0,001 cbm noch als sanitär zulässig erklärt werden kann.

Für den Einfluß der Verbrennungsprodukte der Beleuchtung auf die Luftbeschaffenheit gibt Pettenkofer die gleichen Grenzen an.

Die Annahme Pettenkofers, daß die Atmungs- und Ausdünstungsprodukte einen unmittelbaren und schädigenden Einfluß auf das Wohlbefinden der in geschlossenen Räumen gewöhnlicher Bauweise versammelten Personen ausüben, ist durch die bereits erwähnten Untersuchungen von Flügge u. a. (s. S. 7) überholt. Für verschiedene Verhältnisse aber, die im Abschnitt II dieses Kapitels gekennzeichnet sind, dürfte infolge der zurzeit noch fehlenden besseren Grundlagen die Kohlensäureentwicklung für die Bestimmung der Größe des Luftwechsels noch beizubehalten sein.

Die Berechnung des Luftwechsels kann wie die auf S. 17 zur Bestimmung der Größe des Luftwechsels unter Zugrundelegung eines nicht zu überschreitenden Feuchtigkeitsgehalts angegebene erfolgen und zwar unter der Annahme, daß sich die an die Luft abgegebene Kohlensäure sofort gleichmäßig im Raume verteilt.

Bezeichnet also:

L den stündlichen Luftwechsel in cbm, zu bestimmen in der vorgeschriebenen Raumtemperatur t,

J den Inhalt des Raumes in cbm,

p_1 bzw. p_2 den Kohlensäuregehalt eines cbm Luft im Raume bei Beginn der Lüftung bzw. nach z Stunden in cbm,

a den Kohlensäuregehalt in cbm eines cbm der Außenluft von der Temperatur t_0,

n die Anzahl der Kohlensäurequellen im Raume,

k die stündliche Produktion einer Kohlensäurequelle in cbm,

z die Zeit der Raumbenutzung in Stunden,

so erhält man die Gleichungen:

$$\frac{z}{J} = \frac{1}{L} \ln \frac{L p_1 - L a \dfrac{1 + \alpha t_0}{1 + \alpha t} - n k}{L p_2 - L a \dfrac{1 + \alpha t_0}{1 + \alpha t} - n k}, \tag{20}$$

*) Pettenkofer, Über den Luftwechsel in Wohngebäuden, München 1858.

nach Auflösung des ln in eine Reihe und Benutzung des ersten Gliedes:

$$L = \frac{\frac{J}{z}(p_1 - p_2) + n\,k}{\frac{p_1 + p_2}{2} - a\frac{1 + \alpha\,t_0}{1 + \alpha\,t}} \tag{21}$$

und wenn $p_1 = a\frac{1 + \alpha\,t_0}{1 + \alpha\,t}$ ist, was meist angenommen werden kann:

$$L = \frac{2\,n\,k}{p_2 - a\frac{1 + \alpha\,t_0}{1 + \alpha\,t}} - \frac{2\,J}{z}. \tag{22}$$

Für den Beharrungszustand ist in Gl. (21) $p_1 = p_2$ zu setzen und ergibt sich dann:

$$L = \frac{n\,k}{p_2 - a\frac{1 + \alpha\,t_0}{1 + \alpha\,t}}. \tag{23}$$

Die Berechnung des Luftwechsels ist jederzeit für Personen und Beleuchtung getrennt anzustellen und ihre Ergebnisse sind zu addieren.

Sofern man in einem auf gleichmäßige Temperatur erhaltenen Raume auf künstlichem Wege eine reichliche Menge Kohlensäure entwickelt und im Raume gleichmäßig verteilt, den Kohlensäuregehalt alsdann (am besten mit der Pettenkoferschen Methode*) ermittelt und nach einer bestimmten Zeit seine eingetretene Abnahme feststellt, so kann man mit Hilfe der Gl. (20) den stattgefundenen Luftwechsel im Raume bestimmen. Nach vollendeter Kohlensäureentwicklung und Entfernung aller Kohlensäurequellen aus dem Raume muß in Gl. (20) alsdann $n\,k = 0$ gesetzt werden und es ist dann

$$L = \frac{J}{z}\ln\frac{p_1 - a\frac{1 + \alpha\,t_0}{1 + \alpha\,t}}{p_2 - a\frac{1 + \alpha\,t_0}{1 + \alpha\,t}}. \tag{24}$$

Ist z. B. der Kohlensäuregehalt nach Einstellung der Kohlensäureentwicklung $p_1 = 0{,}0052$, nach Verlauf von 2 Stunden auf $p_2 = 0{,}001$ gesunken, der Rauminhalt 100 cbm, so ergibt sich der stattgehabte Luftwechsel innerhalb der 2 Stunden, wenn die Raumtemperatur $+20°$, die der Außenluft $-10°$ und der Kohlensäuregehalt der Außenluft 0,0004 beträgt, zu 101 cbm.

(Der Wert von $\frac{1 + \alpha\,t_0}{1 + \alpha\,t}$ ist Tabelle 2 zu entnehmen.)

Eine Feststellung des Luftwechsels mit Hilfe der beschriebenen Methode kann in der Praxis von Bedeutung sein, wenn infolge mangelhafter,

*) C. Flügge, Lehrbuch der hygienischen Untersuchungsmethoden.

der Zusage nicht entsprechenden Bauausführung mit der gelieferten Lüftungs- oder Heizungsanlage der gewährleistete Effekt nicht zu erzielen ist.

4. Berechnung des Luftwechsels unter Zugrundelegung von Erfahrungssätzen.

Die unter 1, 2 und 3 angegebene Berechnung des Luftwechsels setzt gleichmäßig wiederkehrende Verhältnisse und vor allem die Bekanntschaft der Benutzung der Räume in bezug auf Anzahl der Personen und die Art, Stärke und Anordnung der Beleuchtung voraus. Sofern Angaben nach dieser Richtung nicht gemacht werden können, müssen Erfahrungssätze angewendet werden. Gewöhnlich drückt man dann den stündlichen Luftwechsel im Vielfachen des Rauminhalts aus.

In der Regel wird ein einmaliger Luftwechsel bei Räumen mit geringer Besetzung ausreichen, ein größerer Luftwechsel mit Steigerung der Benutzung einzutreten haben. Bei Räumen, in denen sich Gerüche entwickeln, wie z. B. in Küchen, Laboratorien, Aborten usw., ist eine Steigerung des Luftwechsels auf das Vier- bis Fünffache des Rauminhalts anzustreben.

II. Anwendung der Berechnung des Luftwechsels in der Praxis.

Die erste Bedingung der Lüftung ist die Erzielung des Luftwechsels ohne Zugerscheinungen. Bei den meisten Gebäuden ist die Anzahl und Anordnung der künstlichen Luftwege eine beschränkte und hat sich alsdann bei gewöhnlichen Bau- und Temperaturverhältnissen in der Praxis ergeben, daß, ohne Zugerscheinungen hervorzurufen, der stündliche Luftwechsel nicht leicht über das Fünffache des Rauminhalts gesteigert werden kann. In fast allen Lehrbüchern der Hygiene findet sich noch immer die Angabe, daß eine zugfreie Lüftung nur mit Einhaltung des nicht über das Dreifache des Rauminhalts hinausgehenden Luftwechsels hervorgerufen werden kann. Diese Angabe ist, wie Verfasser nachgewiesen hat*), nicht zutreffend. Bei sehr verteilter Zu- und Abströmung der Luft oder bei sehr hoher Temperatur des Raumes und der Zuluft läßt sich der Luftwechsel sogar über den fünffachen des Rauminhalts steigern, z. B. kann für die Schwitzräume der römisch-irischen Bäder ein sieben- bis achtfacher Luftwechsel unbedenklich vorgesehen werden.

Infolge Notwendigkeit der Annahme einer bestimmten Lüftungsgrenze muß jedesmal der nach Maßgabe der hygienischen Forderung berechnete Luftwechsel mit dem Inhalte des betreffenden Raumes in Vergleich gebracht werden. Beträgt der berechnete Luftwechsel mehr als der zulässige, also in der Regel fünffache des Rauminhalts, so ist entweder der Raum bei der gleichen Anzahl Personen größer (höher) zu machen, oder es sind andere Grundbedingungen zu schaffen.

---

*) Siehe Rietschel, Lüftung und Heizung von Schulen, Berlin 1886.

Nach dem Gesagten ist es jederzeit fehlerhaft, für bestimmt bemessene Räume einen Luftwechsel ohne Berücksichtigung des Rauminhalts vorzuschreiben.

Der nach Maßgabe der unter I gegebenen Berechnungsweisen ermittelte Luftwechsel ist im Winter bei Räumen ohne künstliche oder mit elektrischer Beleuchtung bzw. Gasglühlichtbeleuchtung, sofern ein Teil der Wände von der Außenluft bespült wird, durch geschickte Anordnung der Lüftungsanlage fast immer zu erzielen; bei Gasbeleuchtung mittels gewöhnlicher Gasflammen sind dagegen auch im Winter meistens nur dann einigermaßen zufriedenstellende Ergebnisse zu erreichen, wenn die Räume eine beträchtliche Höhe besitzen, die Anwesenden sich nicht im Bereiche der Beleuchtungszone befinden, die Beleuchtung in angemessener Entfernung von den Personen angebracht ist (da kein Luftwechsel die Belästigung durch strahlende Wärme beseitigen kann) und die warme Luft über der Beleuchtungszone möglichst kurzerhand abgeführt wird.

In solchen Fällen ist es zweckmäßig, den Luftwechsel für die Menschen und die Beleuchtung getrennt zu bestimmen und auch die Anordnung der Zuluft- und Abluftkanäle ebenfalls in getrennter Weise für die Menschen und die Beleuchtung nach Maßgabe der Zonen zu treffen. Die Berechnung des Luftwechsels geschieht wie angegeben, nur daß für den Raum über der Beleuchtung eine höhere zulässige Temperatur anzunehmen ist. Befinden sich die Anwesenden in dem Bereiche einer Gasbeleuchtung, so muß auf Einhaltung einer behaglichen Temperatur verzichtet werden.

Im Sommer oder wenn der zu lüftende Raum von warmen Räumen eingeschlossen wird, ist die Einhaltung der äußeren oder einer niedrigeren Temperatur nur mittels Kühlanlagen und auch dann nur bedingt zu erzielen.

1. Die Berechnung des Luftwechsels unter Zugrundelegung einer nicht zu überschreitenden Temperatur

ist — da über die normale Grenze hinausgehende Wärmegrade auf das Wohlbefinden des Menschen einen nachweisbaren schädigenden Einfluß ausüben können — in allen Fällen anzustellen, in denen sich bei fehlender Lüftung oder bei einer Lüftung nach den anderen Berechnungsweisen eine Überwärmung der Räume nicht vermeiden lassen würde. Dies gilt also für Räume mit geringer Abkühlung oder künstlicher Beleuchtung, vor allem aber für Räume, in denen sich eine größere Anzahl Menschen versammeln (Theater, Konzertsäle, Schulen, Gerichtsräume usw.).

Zur Erleichterung der Berechnung des Luftwechsels dient Tabelle 4.

2. Die Berechnung des Luftwechsels unter Zugrundelegung eines nicht zu überschreitenden Feuchtigkeitsgehalts

ist jederzeit für vollbesetzte Räume neben der unter 1 angegebenen anzustellen und das größere Ergebnis von beiden für die Ausführung der

Anlage beizubehalten. Für mäßig besetzte Räume, in denen sich außer den Menschen noch andere besonders einflußreiche Quellen bestimmbarer Feuchtigkeitsabgabe befinden (Schwimmbäder usw.), hat die Berechnung lediglich nach der zulässigen Grenze der Sättigung der Luft stattzufinden. Für mäßig besetzte Räume ohne derartige Sonderquellen (Wohnräume usw.) entfällt für den Winter der Feuchtigkeitsgehalt für die Berechnung des Luftwechsels.

Bei Räumen, in denen die Einhaltung einer bestimmten Temperatur auch für den Sommer verlangt wird und deren Lüftungsanlage infolgedessen mit einer Kühlungsanlage verbunden werden muß, ist — gleichgültig, ob die Räume als mäßig oder vollbesetzte Räume anzusehen sind — die Berücksichtigung des Feuchtigkeitsgehaltes von größter Bedeutung. Die Berechnung des Luftwechsels hat dann unter den im Kapitel „Kühlung der Räume“ niedergelegten Bedingungen zu erfolgen.

Tabelle 5 enthält die Werte des erforderlichen Luftwechsels bei vollbesetzten Räumen für verschiedene Innen- und Außentemperaturen unter der Annahme, daß die Außenluft eine Sättigung von 80% und die Innenluft eine Sättigung von 70% besitzt.

Die Werte sind als sichere zu betrachten, da bei ihnen die natürliche Lüftung, die Feuchtigkeitsaufnahme der Wände bei nicht wasserdichtem Anstrich oder nicht wasserdichter Verkleidung und der eventuelle Niederschlag an den Fenstern unberücksichtigt bleiben mußte.

3. Die Berechnung des Luftwechsels unter Zugrundelegung der Kohlensäureentwicklung der Menschen und der Beleuchtung

ist für Räume anzuwenden, bei denen zwar einer Überwärmung durch den jeweiligen Betrieb der Heizanlage begegnet werden kann, auch die Überschreitung einer zulässigen Grenze des Feuchtigkeitsgehalts nicht zu befürchten ist, für die aber nach Maßgabe und Art ihrer Besetzung ein Luftwechsel erwünscht oder erforderlich erscheint, sei es, um die Beschaffenheit der Raumluft möglichst der der Außenluft zu nähern oder eine gewisse Luftbewegung in den Räumen zu erzielen oder der zu bedeutenden Anreichung an widerlichen Gerüchen durch die Atmung und Ausdunstung der anwesenden Personen usw. zu begegnen. (Siehe auch auf das über die Anwendung von Ozon auf S. 10 Gesagte.)

Es kommen also für diese Berechnungsweise vorwiegend Räume mit einer bestimmten, aber verhältnismäßig geringen Belegschaft in Frage, bei denen die Berechnungsweise nach 1 und 2 kleinere Werte ergibt (Krankensäle, Bureaus für eine größere Anzahl Beamte usw.). In der Regel wird sich dann empfehlen, den Luftwechsel für den Beharrungszustand, d. h. nach Gl. (23) zu bestimmen, bzw. der Tabelle 6 zu entnehmen.

Bei Krankenräumen muß als höchster zulässiger Kohlensäuregehalt die untere Grenze (0,7‰), bei Räumen, in denen sich gesunde Menschen aufzuhalten haben, kann die obere Grenze (1‰) angenommen werden.

In Fällen, in denen nach diesen Annahmen der stündliche Luftwechsel den fünffachen Rauminhalt übersteigen sollte, wird man bei Kranken oder Genesenden anzustreben haben, daß der Raum größer gestaltet oder die Belegschaft verringert wird, bei Gesunden dagegen kann man sich mit einem etwas höheren Kohlensäuregehalt von etwa 1,5‰ einverstanden erklären. Wenigstens hat Verfasser bei seinen zahlreichen Untersuchungen gefunden, daß die Luft dem Geruchssinne nach zu urteilen — und mit dessen Hilfe hat, wie bereits erwähnt, auch Pettenkofer die von ihm vorgeschlagene Grenze bestimmt — durchaus zufriedenstellend war, wenn ein Kohlensäuregehalt von 1,5‰ nicht überschritten wurde.

4. Die Berechnung des Luftwechsels unter Zugrundelegung von Erfahrungssätzen hat bei Räumen stattzufinden, in denen sich nur wenige Personen in unbestimmter oder wechselnder Anzahl aufzuhalten haben (Wohnräume, Geschäftsräume, Wartezimmer, vielfach benutzte Korridore usw.) und bei Räumen, aus denen aus anderen als den bisher angeführten Gründen Gerüche zu entfernen sind (Küchen, Garderoben, Aborte usw.). Über die Größe des anzunehmenden Luftwechsels gibt Tabelle 7 Aufschluß.

III. Beispiele für Bestimmung der Größe des Luftwechsels.

Aufgaben.

Es ist ein Saal zu lüften, dessen Länge 25 m, Breite 14 m, Höhe 10 m, dessen Rauminhalt somit 3500 cbm beträgt und in dem sich 350 Personen versammeln. Der Saal ist also als ein vollbesetzter Raum anzusehen (s. S. 7). Die Größe des stündlichen Luftwechsels soll bei einer Außentemperatur von +10°

1. nach Maßgabe einer nicht zu überschreitenden Innentemperatur von 22° und einer Einströmungstemperatur der Luft von 20°,
2. nach Maßgabe eines nicht zu überschreitenden Feuchtigkeitsgehalts von 70% abs. Sättigung

bestimmt werden.

Die Berechnung für Fall 1 ist sowohl unter Annahme von Tagesbeleuchtung als unter Annahme von Gasglühlichtbeleuchtung anzustellen. Der stündliche Wärmeverlust durch die Wände usw. beträgt 4800 WE.

Die weiteren für die Berechnung maßgebenden Bedingungen werden bei den verschiedenen Lösungen angegeben.

Lösung der Aufgaben.

1. Bestimmung des stündlichen Luftwechsels nach Maßgabe einer nicht zu überschreitenden Temperatur von 22°.

a) Benutzung des Saales nur am Tage. Der Aufgabe gemäß ist die in Kopfhöhe herrschende Temperatur $t = 22°$, die Einströmungstemperatur 20°, die Außentemperatur 10°. Die Temperatur unter der Decke [s. Gl. (30)] ist zu 26,6°, somit die mittlere Temperatur zwischen Fußboden und Decke zu rund 24° anzunehmen. Für die Gl. (11) ist somit, da stündlich von einer Person 50 WE abgegeben werden (s. S. 7), $W_1 = 350 \cdot 50 = 17\,500$, $W_2 = 0$, $W_3 = 4800$ zu setzen, also $W = 17\,500 - 4800 = 12\,700$. Der erforderliche Luftwechsel stellt sich somit nach Gl. (11) zu:

$$L = \frac{12\,700\ (1 + \alpha\, 22)}{0{,}306\ (24 - 20)} = (\text{n. Tabelle 4})\ \frac{12\,700 \cdot 883}{1000} = 11\,214 \text{ cbm von } 22°,$$

unter der Voraussetzung daß die Luft von 20° unten eingeführt und oben abgeleitet wird. Dieser Luftwechsel ist einhaltbar, da er nur dem 3,2fachen Rauminhalt entspricht.

Auf die Person entfällt ein Luftwechsel von rund 32 cbm.

Einzuführen sind in den Saal:

$$L' = \frac{11214\,(1+\alpha\,20)}{1+\alpha\,22} = (\text{n. Tabelle 2}) = 11214 \cdot 0{,}993 = 11135 \text{ cbm von } 20^\circ,$$

aus dem Saale sind unterhalb der Decke zu entfernen:

$$L'' = \frac{11214\,(1+\alpha\,26{,}6)}{1+\alpha\,22} \backsim \frac{11214\,(1+\alpha\,27)}{1+\alpha\,22} = 11214 \cdot 1{,}017 = 11405 \text{ cbm von } 27^\circ.$$

Soll die Luft unter der Decke ein- und über Fußboden abgeführt werden, so kann selbstverständlich im Saal nicht mit der mittleren Temperatur (24°), sondern muß mit der in Kopfhöhe vorgeschriebenen (22°) gerechnet werden. Der Luftwechsel stellt sich alsdann auf das Doppelte, d. h. 22428 cbm und übersteigt den fünffachen Rauminhalt. Es muß somit die Luft kühler als 20° eingeführt werden. Bei 19° würde sich ein einhaltbarer Luftwechsel von 14 948 cbm, bei 18° ein gleicher wie oben berechnet, ergeben. Wie weit diese kühlere Luft zugfrei eingeführt werden kann, hängt von den baulichen Verhältnissen und der Möglichkeit ab, eine angemessene Verteilung der eintretenden Luft erzielen zu können.

Bei diesem Beispiel konnte die Wärmeaufspeicherung (Absorption) der Umfassungswände, da sie sich zurzeit noch der Berechnung entzieht, nicht berücksichtigt werden, statt dessen ist aber der volle Wärmedurchgang im Beharrungszustand (Transmission), der tatsächlich nicht eintreten wird, in Ansatz gebracht worden.

b) Benutzung des Saales bei Gasglühlichtbeleuchtung. Die Beleuchtung soll durch zwei unterhalb der Decke befindliche Kronen erfolgen. Der Gasverbrauch sei 2,8 cbm = 2800 l. Die Wärmeentwicklung (s. S. 8) beträgt somit $\frac{2800 \cdot 500}{100}$ = 14 000 WE.

Wie bereits auf S. 21 gesagt, eignet sich in diesem Fall die ideelle Zerlegung des Raumes in eine Menschen- und eine Beleuchtungszone. Angenommen werde, daß die Flammen bis 4 m von der Decke herabreichen; alsdann hat die Menschenzone eine Höhe von 10 — 4 = 6 m, die Beleuchtungszone eine solche von 4 m.

Die mittlere Temperatur in der Menschenzone ist unter Berücksichtigung von Gl. (30) zu $\frac{22+24}{2} = 23^\circ$ anzunehmen. Da aus der Menschenzone 12700 WE abzuführen sind, die Einströmungstemperatur der Luft 20° und die Raumtemperatur 22° betragen soll, so ergibt sich ein Luftwechsel von:

$$L = \frac{12700\,(1+\alpha\,22)}{0{,}306\,(23-20)} = 14948 \text{ cbm von } 22^\circ.$$

Dieser Luftwechsel ist einhaltbar und entfallen auf die Person $\backsim$ 43 cbm.

In der Beleuchtungszone wird alsdann die Luft von 24° durch weitere Zufuhr von 14 000 WE auf t_1° erwärmt und ergibt sich t_1 aus der Gl. (11):

$$14000 = \frac{0{,}306 \cdot 14948}{1+\alpha\,22}\,(t_1 - 24) \text{ zu } t_1 = 27{,}3^\circ.$$

Da t_1 als mittlere Temperatur der Beleuchtungszone anzusehen ist, so wird unter der Decke, von der aus die Luft entweicht, eine Temperatur von $\backsim$ 30° anzunehmen sein.

Einzuführen sind somit in den Saal:

$$L' = \frac{14948\,(1+\alpha\,20)}{1+\alpha\,22} = 14843 \text{ cbm von } 20^\circ,$$

abzuführen dagegen von der Decke:

$$L'' = \frac{14948\,(1+\alpha\,30)}{1+\alpha\,22} = 15352 \text{ cbm von } 30^\circ.$$

2. Bestimmung des stündlichen Luftwechsels nach Maßgabe eines nicht zu überschreitenden Feuchtigkeitsgehalts von 70 % absoluter Sättigung.

Da der Inhalt des Saales 3500 cbm beträgt und im Höchstfall 350 Personen aufzunehmen hat, so entfällt auf eine Person ein Rauminhalt von 10 cbm. Beträgt die Benutzungsdauer des Saales 6—8 Stunden, so ist nach Tabelle 5 ein Luftwechsel von

23 cbm für die Person bei einer Raumtemperatur von 22°,
31 „ „ „ „ „ „ „ „ 20°

erforderlich. Da nach einer nicht zu überschreitenden Temperatur von 22° (s. Beispiel 1, a) ein Luftwechsel von 32 cbm sich als nötig erweist, so wird durch diesen auch die Forderung bezüglich des Feuchtigkeitsgehalts sicher erfüllt. Würde aber der Saal infolge seiner Lage und Bauart einen stündlichen Wärmeverlust von z. B. $2 \cdot 4800 = 9600$ WE bei $+10°$ Außentemperatur haben, so würde der Luftwechsel nach Maßgabe einer nicht zu überschreitenden Raumtemperatur von 22° sich nur auf 20 cbm für die Person stellen und müßte alsdann der Forderung eines nicht zu überschreitenden Feuchtigkeitsgehalts Rechnung getragen werden. Da aber nicht nur bei 22°, sondern auch bei 20° Raumtemperatur der zulässige Feuchtigkeitsgehalt einzuhalten wäre, so müßte der Luftwechsel auf 31 cbm für die Person bemessen werden. Alsdann würde auch bei einer Außentemperatur von 10° und einer Einströmung der Zuluft mit 19° die Raumtemperatur in Kopfhöhe nicht über 20° ansteigen unter Voraussetzung einer Lüftung von unten nach oben.

Viertes Kapitel.

Erzielung des Luftwechsels.

Jeder Luftwechsel bedingt Zu- und Ableitung von Luft, d. h., da durch die Lüftung möglichst reine Luft im Raume erhalten werden soll, Zuleitung reiner und Ableitung verbrauchter Luft. Luftwechsel erfordert Luftbewegung, Luftbewegung Störung des Gleichgewichts. Die Innenluft steht mit der Außenluft im Gleichgewichte bei gleichen Druckverhältnissen. Das Gleichgewicht kann gestört werden entweder durch Verminderung oder durch Vermehrung des Druckes der inneren oder äußeren Luftsäule. Verminderung des Druckes der inneren Luftsäule wird in Räumen, deren Umflächen gegen die Außenluft nicht hermetisch abgeschlossen sind, erreicht durch Erwärmen, Vermehrung durch Abkühlen; Verminderung des Druckes der äußeren Luftsäule wird mittelbar erzielt durch Absaugen der inneren Luft, Vermehrung unmittelbar durch Einpressen der äußeren Luft.

Zu Zwecken der Luftbewegung finden in der Praxis — da Abkühlen zu unökonomisch sein würde — nur Erwärmen, Absaugen und Eindrücken, und zwar bei einer Anlage entweder einzeln oder vereinigt, Verwendung. Im ganzen sind also sieben verschiedene Ausführungsformen möglich, deren Wahl hauptsächlich von den Druckverhältnissen abzuhängen hat, die in

Hinsicht des geforderten Effekts in den zu lüftenden Räumen herrschen müssen.

Druckverhältnisse in einem geschlossenen Raume (Neutrale Zone) *). Ist ein Raum *ABCD* (Fig. 1) vollständig fest geschlossen, von undurchdringlichem Materiale gebildet, so wächst bei Steigerung der Temperatur die Spannung der Luft, somit auch der innere Druck; es herrscht jedoch auf jeder Flächeneinheit der gleiche Überdruck von innen nach außen. Verbindet man an einer Stelle *m* durch eine Öffnung die Innen- mit der Außenluft, so wird zunächst entsprechend der Spannung eine bestimmte Menge Luft ausströmen, alsdann aber an dieser Stelle wieder Gleich-

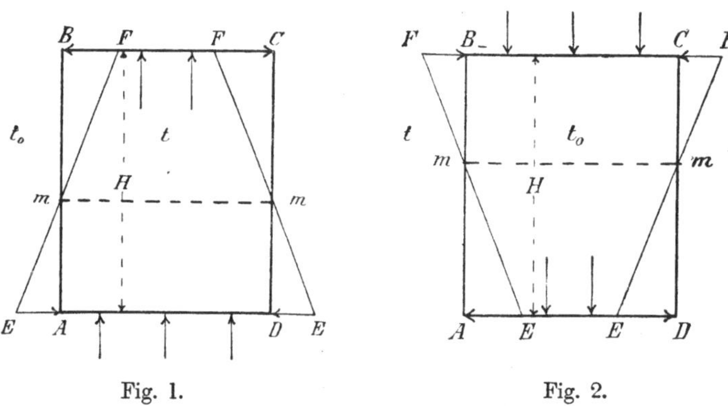

Fig. 1. Fig. 2.

gewicht zwischen Druck und Gegendruck sich einstellen. Von der Öffnung nimmt außerhalb des Raumes, nach abwärts gerechnet, der Druck der Luft infolge ihrer geringeren Temperatur, also größeren Dichte, schneller zu als innerhalb des Raumes, und es wird somit ein Überdruck von außen nach innen (innen also ein Unterdruck gegen außen) eintreten, der mit der Entfernung von der Öffnung *m* wächst. Das Umgekehrte findet über der Öffnung statt, d. h. mit der Entfernung von der Öffnung nach oben gerichtet, tritt eine Druckzunahme (Überdruck) von innen nach außen ein.

Die Größe der Druckunterschiede an jeder Stelle hängt von der Größe des Unterschieds zwischen der inneren und äußeren Temperatur und von der senkrechten Entfernung von der Öffnung *m* ab und wird in Fig. 1 durch die Länge der horizontalen Pfeile gekennzeichnet. Die Begrenzungslinie *EF* dieser Pfeile ist eigentlich eine logarithmische Kurve, indessen bei der verhältnismäßig geringen Höhe selbst der größten unserer Gebäude gegenüber der Höhe der Atmosphäre kann die Begrenzungslinie als einfache Gerade angenommen werden. Die Gerade *EF* zeigt somit den Verlauf der Druckverhältnisse in dem Raume *ABCD* bei höherer Innen- als Außentemperatur.

*) Siehe Recknagel, Lüftung des Hauses, erster Teil, zweite Abteil., 4. Heft des Handbuchs der Hygiene von von Pettenkofer und von Ziemssen, Leipzig 1894.

Bei Verminderung der Innentemperatur nähert sich die Gerade der Begrenzungsfläche AB bzw. CD und überschreitet diese unter Beibehaltung des Drehpunkts m, also in umgekehrter Richtung bei Eintritt einer niedrigeren Innen- als Außentemperatur (Fig. 2).

Selbstverständlich ist in der Horizontalebene der Öffnungen $m\,m$ überall Gleichgewicht mit der Außenluft vorhanden und kann man somit diese Horizontalebene als die „neutrale Zone“ des Raumes bezeichnen. Diese neutrale Zone läßt sich durch Verlegen der Öffnung m oder durch eine künstliche Steigerung bzw. Verminderung der Spannung im Raume in jede beliebige Lage bringen.

Verlegt man die Öffnung m in die Nähe des Fußbodens des Raumes, so stellt sich hier die neutrale Zone ein, bringt man aber gleichzeitig auch in der Nähe der Decke des Raumes eine zweite gleich große Öffnung an, so stellt sich die neutrale Zone in die Mitte des senkrechten Abstandes der beiden Öffnungen. Da nunmehr bei höherer Innen- als Außentemperatur auf die untere Öffnung ein Überdruck von außen nach innen, auf die obere Öffnung ein Überdruck von innen nach außen stattfindet, so wird durch die untere Öffnung Luft in den Raum einströmen, durch die obere Öffnung Luft ausströmen. Solange somit ein Temperaturunterschied zwischen innen und außen vorhanden ist, wird auch ein Luftwechsel in dem Raume stattfinden.

Sind die Öffnungen über Fußboden und unter der Decke des Raumes nicht gleich groß, so erfährt die Luft bei dem Durchgange durch die größere Öffnung einen geringeren Widerstand als bei dem Durchgange durch die kleinere Öffnung, infolgedessen entfernt sich die neutrale Zone aus der Mittellage und nähert sich der größeren Öffnung.

Die Widerstände für die Luftbewegung kann man auch statt durch Verkleinerung der Öffnungen durch Anschließen von Kanälen steigern. Ist bei gleich großen Öffnungen an die eine ein längerer, an die andere ein kürzerer Kanal angeschlossen, so wird ebenfalls die neutrale Zone die Mittellage verlassen und der Öffnung mit dem kürzeren Kanale sich nähern.

Das bisher Gesagte galt alles nur unter Annahme des Vorhandenseins eines dichten Raumes. Sind die Wände des Raumes von einem durchlässigen Materiale gebildet, so wird, sofern die Durchlässigkeit eine gleichmäßige ist, die neutrale Zone sich ebenfalls in die Mitte des Raumes stellen. Infolge des Überdrucks von außen bzw. von innen wird, wie bei dem vorigen Falle, durch die Öffnungen, jetzt durch die durchlässigen Wandungen, ein Luftwechsel stattfinden, und nimmt dieser ebenfalls mit der Entfernung von der neutralen Zone zu.

Bringt man bei einem derartigen Raume nun auch über Fußboden und unter der Decke eine Öffnung oder anschließende Kanäle an, so wird ebenfalls nach der Größe der Widerstände, die der Luftbewegung in den Öffnungen bzw. in den Kanälen entgegenstehen, die neutrale Zone sich aus der Mittellage des Raumes entfernen. Die Einstellung der neutralen Zone hängt aber nun sowohl von der Lage der beiden Öffnungen und deren

Widerständen als auch von der Durchlässigkeit des Materials, aus dem die Wände gebildet sind, ab.

Besteht daher bei einer Lüftungsanlage der Wunsch, die neutrale Zone einer bestimmten Stelle im Raume zu nähern, so hat man für möglichst undurchlässige Umfassungswände des Raumes und der Wandungen der Kanäle Sorge zu tragen.

Erhöht man den Druck im Raum durch Einpressen von Luft, so verteilt sich dieser im Raum gleichmäßig, der Überdruck vergrößert sich, der Unterdruck vermindert sich und somit rückt die neutrale Zone bei wärmerer Innen- als Außenluft nach unten. Vermindert man den Druck im Raum durch Absaugen von Luft oder Erwärmen der Abluft, so rückt die neutrale Zone nach oben. Beide Vorgänge sind gleichbedeutend mit der Verringerung der Widerstände im Zuluft- bzw. Abluftkanal. Ist die Innenluft kühler als die Außenluft, so findet sinngemäß das Umgekehrte statt.

Die Gesetze für Bildung und Lage der neutralen Zone, die Recknagel zuerst behandelt hat, sind für die richtige Wahl und Ausführung der Lüftungsanlage ausschlaggebend (s. später).

Die Druckverhältnisse in einem geschlossenen Raume lassen sich berechnen, sofern die Lage der neutralen Zone bekannt ist.

Bezeichnet:

h die Lage der neutralen Zone über Fußboden in m,

t die Innentemperatur,

t_0 die Außentemperatur,

so ist nach dem Gesagten der Überdruck in kg/qm von außen nach innen in einer Entfernung von n Metern vom Fußboden

$$P = 1{,}293\,(h - n)\left(\frac{1}{1 + \alpha\, t_0} - \frac{1}{1 + \alpha\, t}\right). \tag{25}$$

Ergibt sich P negativ, was eintreten wird, wenn $h < n$ oder $t < t_0$ ist, so herrscht an dieser Stelle Überdruck nicht von außen nach innen, sondern von innen nach außen.

Die Lage der neutralen Zone in einem Raume läßt sich nur mit Hilfe von Differentialmanometern auf experimentellem Wege bestimmen. Im allgemeinen kann jedoch angenommen werden, daß die neutrale Zone in einem Raume ohne besondere Lüftungseinrichtungen bei tiefliegenden Fenstern (Wohnräume usw.), infolge der niemals ganz dicht schließenden Fugen, etwas unter der halben Höhe, bei hochliegenden Fenstern oder bei dünner, durchlässiger Decke (Kirchen, Versammlungssäle usw.) etwas über der halben Höhe liegt.

I. Natürliche Lüftung.

Infolge der Durchlässigkeit der meisten Baumaterialien, besonders aber infolge der nie zu vermeidenden Undichtheiten in den Fugen, vor allem der Tür- und Fensterverschlüsse, herrscht in fast allen Räumen bei verschiedener Innen- und Außentemperatur Luftwechsel — sogenannte „natürliche Lüftung“.

Die Durchlässigkeit der Baumaterialien ist hauptsächlich von Lang und Gosebruch*) untersucht worden. Die von dem ersteren angestellten Versuche sind allerdings Laboratoriumsversuche und gestatten für die Wirklichkeit nicht unmittelbare Anwendung, zumal da die Einwirkung der durch die Verbindung der Baumaterialien entstehenden Fugen Berücksichtigung nicht gefunden hat. Die Luftmenge, die in der Zeiteinheit durch eine Wand hindurchgeht, ist nach Lang proportional der Fläche, dem Unterschiede zwischen dem Drucke auf der einen und anderen Seite und einem Durchlässigkeitskoeffizienten, umgekehrt proportional der Stärke der Wand zu setzen.

Bedeutet also:

L die durch eine Wand stündlich hindurchfließende Luftmenge in cbm,
F die Fläche der Wand in qm,
e die Stärke der Wand in m,
$p - p_0$ den Unterschied zwischen dem Drucke auf der einen und der anderen Seite der Wand in kg/qm,
c die Durchlässigkeitszahl, d. h. die Luftmenge, die in einer Stunde bei einem Druckunterschiede von 1 kg/qm durch eine Wand von 1 qm Oberfläche und 1 m Stärke hindurchgeht,

so ist:

$$L = \frac{F c (p - p_0)}{e}. \tag{26}$$

Im Mittel ist für c nach den Versuchen von Lang zu setzen bei:

Bruchstein	0,000124,
Ziegel	0,000201,
Klinker, glasiert	0,000000,
„ unglasiert	0,000145,
Luftmörtel	0,000007,
Beton	0,000258,
Portland-Zement	0,000137,
Gips, gegossen	0,000041,
Eichenholz über Hirn	0,000007,
Fichtenholz „ „	0,001010.

Aus den Werten für c geht hervor, daß der Luftwechsel durch die Baumaterialien sehr gering ist. Der Luftwechsel wird noch durch Tapete oder Anstrich bedeutend vermindert, auch von der Feuchtigkeit der Wand wesentlich beeinflußt. Da in gewöhnlichen Wohnräumen ein stündlicher Luftwechsel bis zur Größe des Rauminhalts beobachtet worden ist, so ist

*) Siehe Literaturverzeichnis.

dieser hauptsächlich den zufälligen Undichtheiten, weniger der Durchlässigkeit der Baumaterialien zuzuschreiben; die zufälligen Undichtheiten entziehen sich der Beurteilung und somit ist der auf natürlicher Lüftung beruhende Luftwechsel rechnerisch nicht zu ermitteln. Experimentell kann er in einem Raume durch die in einer bestimmten Zeit erfolgende Abnahme eines künstlich erzeugten Kohlensäuregehalts ermittelt werden (s. S. 19). Da außerdem der Luftwechsel von Witterungseinflüssen, besonders vom Wind abhängig, also sehr schwankend und im Hinblick auf die Forderungen der Hygiene meist unzureichend ist, so soll auf die natürliche Lüftung nicht weiter eingegangen werden. Zweck einer jeden Lüftungsanlage bildet die Erzielung eines unter bestimmten Verhältnissen geforderten Luftwechsels.

Immerhin ist die natürliche Lüftung von großer Bedeutung für alle Räume, die einer Lüftungsanlage entbehren; bei dieser ist möglichst zu vermeiden, die Durchlässigkeit der Wände und die zufälligen Undichtheiten absichtlich so weit als möglich aufzuheben. Wollte man in der Praxis Räume, z. B. aus Eisenwänden, mit dicht schließenden Fenstern und Türen und ohne Lüftungseinrichtungen errichten, so würden die Einwohner die schwerste Schädigung ihrer Gesundheit, bei längerem Aufenthalte in den Räumen infolge Zunahme des Kohlensäure- und Wassergehalts unweigerlich den Tod erfahren. Aber auch bei Errichtung von Lüftungsanlagen ist die Kenntnis der Durchlässigkeit der Baumaterialien und der ganzen Bauweise des Gebäudes für den ausführenden Ingenieur von Wichtigkeit. (S. a. Schlußsatz, Abschnitt 3, Seite 19.) Muß in den Räumen ein Über- oder Unterdruck von bestimmter Größe herrschen, so wird zu dieser bei der Berechnung ein entsprechender — allerdings leider nur zu schätzender — Sicherheitszuschlag zu machen sein, da andernfalls die Erzielung des beabsichtigten oder geforderten Effektes in Frage gestellt werden kann. Bei umfangreichen Lüftungsanlagen für große Räume (Säle, Theater usw.) wird man gut tun, die Durchlässigkeit der Baumaterialien möglichst zu vermindern und Undichtheiten tunlichst zu vermeiden, um während der Benutzung die neutrale Zone dem Fußboden nähern, womöglich unter Fußboden verlegen zu können. Die Durchlässigkeit der Baumaterialien vermindert sich (n. Lang) in folgender Reihenfolge:

Kalkstein,
Fichtenholz über Hirn (Faserrichtung),
Luftmörtel,
Beton,
stark gebrannte Handziegel,
Klinker (Verblendsteine) unglasiert,
Portland-Zement,
Sandstein,
schwach gebrannte Handziegel,

Eichenholz (Faserrichtung),
Gips (gegossen),
glasierte Klinker (undurchlässig).

Die Reihenfolge der Verminderung der Durchlässigkeit durch die Wandbekleidung ist folgende:

Anstrich von Kalkfarbe,
Anstrich von Leimfarbe,
Ölfarbenanstrich (neu undurchlässig),
Wasserglas (mit der Zeit undurchlässig).

Erfüllung mit Wasser vermindert die Durchlässigkeit bei:

Sandstein und Ziegel um etwa 80%,
Luftmörtel um etwa 93%,
Beton und Zement um 100%.

II. Künstliche (absichtliche) Lüftung.

Unter den Begriff der künstlichen oder absichtlichen Lüftung fallen alle Anlagen, bei denen besondere Wege (Kanäle) für Leitung der Luft vorgesehen werden. Unter dem Ausdrucke: „Luftungsanlage“ wird im folgenden stets eine Anlage mit künstlicher Lüftung verstanden.

Allgemeine Anordnung und Einteilung der Lüftungsanlagen.

a) **Zuleitung reiner Luft.** Die einfachste Anordnung der Luftzuleitung besteht in einer unmittelbaren Verbindung des zu lüftenden Raumes mit der Außenluft. Sie ist jedoch nicht zu empfehlen, da im Winter Zugerscheinungen unausbleiblich sind, Staub in die Räume eindringt, Wind, Regen und Schnee störende Einflüsse geltend machen und bezüglich der Entnahmestellen der Luft freie Wahl nicht möglich ist.

Zugerscheinungen lassen sich vermindern, unter Umständen auch ganz beseitigen, sofern die Luft vor Eintritt in den Raum an einem Heizkörper vorübergeführt, also vorgewärmt wird. Regen und Schnee lassen sich abhalten durch geeigneten Schutz der äußeren Entnahmeöffnung für die Luft, Einflüsse des Windes sind nicht, auch bei Anwendung von Klappen, Schiebern usw. nur in ungenügendem Maße zu beseitigen, höchst selten auch der Eintritt von Staub, da Filtervorrichtungen in entsprechender Größe meist nicht angebracht werden können und sich rasch verstopfen. Steht der Heizkörper entfernt von der äußeren Entnahmestelle, so dienen horizontale Kanäle in, über oder unter dem Fußboden für Zuführung der Luft nach dem Heizkörper und Ablagerung eines Teiles des Staubes, doch ist diese Anordnung vom hygienischen Standpunkte niemals zu empfehlen, selbst wenn die Kanäle genügend reinigungsfähig hergestellt werden. Nur in Notfällen soll man zu derartigen Einrichtungen greifen.

Besser ist schon die mittelbare Einführung frischer Luft, d. h. durch einen anderen größeren Raum, z. B. Korridor, Flur usw. hindurch, in den frische Luft von außen eintritt. Es setzt diese Anordnung die geringe Benutzung des Durchgangsraumes, auch die Gestattung von Schallübertragungen voraus. Anwendung kann die Anordnung der Einfachheit halber mitunter finden, sofern die Luft vor Eintritt in den Vorraum vorgewärmt wird und unter oder über den Heizkörpern in die zu lüftenden Räume tritt.

Zweckmäßiger ist es, die in die Vorräume verschiedener Stockwerke tretende Luft an gemeinsamer Stelle in einem tiefer gelegenen Stockwerke zu erwärmen; eine derartige Anlage kann unter Umständen Empfehlung verdienen.

Die vollkommenste Zuluftanlage ist die, bei der zunächst gemeinsame Entnahme der Luft und deren Vorwärmung an einem Heizapparate innerhalb eines besonderen in einem möglichst tief liegenden Stockwerke (Keller) befindlichen Raumes (Heizkammer) erfolgt und bei der ferner — entweder unmittelbar von der Heizkammer oder erst nach Verteilung durch einen horizontalen Verteilungskanal — die Zuführung nach den einzelnen Räumen in getrennten aufsteigenden Kanälen stattfindet. Es ist dann möglich, die meisten der vorgenannten Übelstände zu vermeiden und in gesicherter Weise den erforderlichen Luftwechsel zu erzielen.

Lüftung der Gebäude, bei der Ventilatoren die Bewegung der Luft veranlassen oder unterstützen, belegt man in der Praxis mit dem Namen: „Pulsions-“ oder „Drucklüftung“, auch, sofern in den Räumen ein Überdruck gegen die Außenluft erzielt werden soll, mit „Überdrucklüftung“.

b) Ableitung verbrauchter Luft. Die einfachste Anordnung besteht wie bei der Zuleitung in einer unmittelbaren Verbindung des zu lüftenden Raumes mit der Außenluft, doch kann sie ebensowenig wie diese, da die Wirkung eine ganz wechselnde und zum größten Teile negative ist, empfohlen werden. Ableitung nach einem Nebenraume, Korridor usw., wenn dieser mit der Außenluft unmittelbar in Verbindung steht, ist nicht viel besser; nur sofern eine gesicherte Ableitung aus dem Nebenraume erfolgt, kann die Anordnung in manchen Fällen, d. h. wenn die Sammlung verbrauchter Luft im Nebenraume statthaft ist und Schallübertragungen nicht störend wirken, zulässig erscheinen.

Als die beste Anlage muß eine solche bezeichnet werden, bei der die verbrauchte Luft durch besondere Kanäle in sicherer Weise nach außen abgeleitet wird.

Lüftung der Gebäude, bei der die Abluft zur Sicherung des Effekts noch eine besondere Erwärmung erfährt, bzw. bei der ein Ventilator (Exhaustor) Verwendung findet, bezeichnet man mit dem Namen „Aspirations-“ oder „Saugelüftung“, und zwar unter „Erwärmung der Abluft“ bzw. „unter Anwendung von Exhaustoren“.

Fünftes Kapitel.

Anordnung, Ausführung und Bestimmung der einzelnen Teile bzw. Größen einer Lüftungsanlage.

I. Entnahme der frischen Luft.

(Siehe Tafel 2.)

Die Entnahme der frischen Luft hat an einer vor Wind, Staub, Rauch und Ruß möglichst geschützten Stelle zu erfolgen; die Schöpfstelle braucht nicht unmittelbar über Terrain zu liegen, sondern kann auch in irgendeiner Höhe des Gebäudes sich befinden. Erwägungen über die beste Anordnung, die unter Berücksichtigung der Vermeidung aller störenden Einflüsse und der Erzielung reinster Luft zu erfolgen hat, können nicht allgemein erledigt werden, sie sind von Fall zu Fall anzustellen.

Zweckmäßig ist es, zwei in entgegengesetzter Richtung liegende Entnahmestellen anzunehmen, um den Einflüssen des Windes durch Benutzung der einen oder der anderen nach Möglichkeit vorbeugen zu können. Die Öffnung für die eintretende Luft ist vor Eintritt von Regen und Schnee in geeigneter Weise zu schützen, zum Fernhalten von Blättern, Tieren usw. mit entsprechendem Gitterwerk zu versehen. Um bei gewünschter Unterbrechung der Lüftung der Staublagerung in den Kanälen vorzubeugen und eine gemeinsame Regelung des Lufteintritts zu besitzen, erscheint es meist zweckmäßig, unmittelbar hinter der Entnahmestelle entsprechende Vorrichtungen (Schieber, Klappe usw.) anzuordnen, deren Betätigung durch geeignete Ausführungen möglichst vom Heizerstande zu erfolgen hat.

II. Reinigung der Luft.

(Siehe Tafel 2.)

Wenngleich auch Staub durch die Fensterfugen in die Räume eintritt und durch die Besucher (Schuhwerk, Kleidung) eingeführt wird, ist ein Reinigen der Luft nach der Entnahme von außen stets wünschenswert. Außer der Annehmlichkeit über möglichst staubfreie Zuluft zu verfügen, muß nach Fodor die Nützlichkeit des Reinigens in der Reinheit der Luft bei der Berührung mit den Flächen des zur Erwärmung der Luft bestimmten Heizkörpers, sofern sie eine hohe Temperatur besitzen, erblickt werden. Bei 100° Temperatur der Heizflächen bewirken diese ein Freiwerden von Riechstoffen, bei 150° eine trockene Destillation bzw. Verbrennen der organischen Staubteile der Luft*); die hierdurch der Luft zugeführten Produkte reizen die Atmungsorgane und erwecken in ihnen

*) Vgl. deutsche Vierteljahrsschrift für öffentl. Gesundheitspflege, Bd. XIV, Heft 1.

leicht das Gefühl von Trockenheit. Die Klagen bei Lüftungs- und Luftheizungsanlagen über Trockenheit der Luft können häufig auf die vorstehend erwähnten Ursachen zurückgeführt werden.

Die Hygiene fordert daher von der Gestaltung und Aufstellung der Heizkörper, daß eine Ablagerung von Staub tunlichst vermieden wird und ein leichtes Reinigen der Heizflächen und ihrer Umgebung zu erzielen ist, von dem Heizsysteme dagegen, daß die Heizflächen möglichst keine höheren Temperaturen als 70 bis 80° besitzen. Die in der vorigen Auflage des „Leitfadens“ gemachte Annahme, daß mit der Steigerung der Geschwindigkeit der an den Heizkörpern vorüberströmenden Luft eine Abnahme der Oberflächentemperatur zu erwarten ist, hat sich nach den neuesten Untersuchungen*) nicht bestätigt. Dampfheizkörper mit einer Dampftemperatur von 100° und mehr Graden stehen daher in der zuletzt angeführten hygienischen Forderung den Warmwasser-Heizkörpern wesentlich nach.

Die Vorrichtungen zum Reinigen der Luft sind vorwiegend folgende.

1. Staubkammern.

Eine Staubkammer stellt weiter nichts als eine Erweiterung des Kanals in Gestalt eines großen Raumes dar, in dem die Luft eine sehr geringe Geschwindigkeit annimmt und somit dem Staube Zeit läßt, sich vermöge seiner Schwere abzulagern. Je größer die Staubkammern angelegt werden, je besser erfüllen sie ihren Zweck. Dafür, daß die eintretende Luft schnell ihre Geschwindigkeit verliert und nicht kurzerhand in einem fast geschlossenen Strome durch die Staubkammern fließen kann, muß naturgemäß Vorsorge getroffen werden. Möglichst große Staubkammern sind für alle Lüftungsanlagen auf das dringendste zu empfehlen.

Selbstverständlich dürfen die Staubkammern nicht selbst Veranlassung zur Staubbildung oder sonstigen Güteverminderung der Luft geben, sie dürfen somit niemals auch noch zu wirtschaftlichen Zwecken Verwendung finden oder als Durchgänge dienen, müssen aus glattem, fein gefugtem, jedenfalls nicht mit leicht abbröckelndem Putze versehenem Mauerwerke bestehen, gegen Eintritt von Grundwasser und Grundluft sicher geschützt und behufs leichten und bequemen Reinigens hell, begehbar, mühelos zugänglich sein.

2. Staubfänger.

Staubfänger haben den Zweck, der sie berührenden Luft Staub zu entziehen, ohne dadurch einen nennenswerten Druckverlust hervorzurufen. Sie bestehen aus Körpern mit möglichst großer Oberfläche, an der der Staub leicht haftet, und werden derartig aufgestellt, daß der langsam sich an ihnen vorüberbewegende Luftstrom öftere Ablenkung erfährt, somit tunlichst viele Luftteilchen mit der Oberfläche in Berührung kommen.

*) S. Mitteilungen der Prüfungsanstalt für Heizungs- und Lüftungseinrichtungen 1910, Heft 3.

Am besten eignen sich für Staubfänger faserige Woll- und Baumwollstoffe (Barchent usw.), die auf Rahmen gespannt in der Staubkammer aufgestellt werden. Selbstverständlich muß die Aufstellung derartig erfolgen, daß der Zweck der Staubkammer, der Luft durch möglichst geringe Geschwindigkeit Zeit zu geben, den mitgeführten Staub absetzen zu können, nicht aufgehoben wird.

3. Filter.

Filter haben den Zweck, die feineren Staubteilchen, die in den Staubkammern oder an den Staubfängern nicht zur Ablagerung gelangen, auszuscheiden und bestehen in der Lüftungstechnik aus aufgespannten Geweben, Watteschichten zwischen feinmaschige Netze gebettet, Schichten gewaschener Koksstücke, Torfstreu usw., durch die die zu reinigende Luft hindurchgepreßt wird. Für die Berechnung sind sie also lediglich als Widerstände gegen die Luftbewegung anzusehen. Je feinmaschiger sie sind bzw. je feinverteiltere Wege sie der Luft anweisen, desto besser werden sie ihren Zweck zwar erfüllen, desto größer ist aber auch der Widerstand, den sie der Luft darbieten. Der Widerstand wächst mit der Gebrauchsdauer, da sich die Luftwege zum Teil durch den Staub usw. zusetzen. Die Anordnung der Filter kann in der Praxis aus dem Bestreben, eine möglichst große Filterfläche in verhältnismäßig kleinen Räumen unterzubringen, die mannigfaltigste Gestaltung erfahren, sie hat jedoch derartig zu erfolgen, daß die Filterfläche nicht eine Unterlage für Staubansammlung bildet, d. h. daß der Staub, der nicht in das Gefüge des Filters unmittelbar eindringt, äußerlich herabfallen kann.

Bei Lüftungsanlagen, die nur auf Temperaturunterschieden beruhen, wie solche der Winter mit sich bringt, ergibt sich die Filterfläche für den geforderten Luftwechsel meist so groß, daß sie nicht unterzubringen ist; in diesen Fällen muß auf ein Filtern der Luft verzichtet oder mit einem geringeren Luftwechsel fürlieb genommen werden. Im allgemeinen sind daher Filter nur bei Drucklüftung zu empfehlen. Bei Anwendung von Filtern wird die Anordnung von Staubkammern nicht überflüssig, selbstverständlich hat die Staubkammer vor der Filterfläche zu liegen.

Die leichte Beseitigung der Filter zu Zwecken des Reinigens oder zur Einlage neuer Filterkörper ist vorzusehen.

Da das Verstauben des Filters stets eine Verminderung des zur Bewegung der Luft erforderlichen Überdrucks der äußeren über die innere Luft bedingt, so ist ein öfteres Reinigen oder Ergänzen der Filterkörper anzuraten. Bei Gewebefiltern soll das Reinigen nur durch Ausklopfen des Staubes, nicht aber durch Waschen, da hierdurch ein Verfilzen eintritt, erfolgen. Bei größeren Anlagen empfiehlt sich für das Reinigen eine besondere Vakuumreinigungsmaschine vorzusehen, da die Abnahme und Aufbringung großer Filtertücher umständlich und zeitraubend ist.

Es ist zweckmäßig, den Einfluß des Verstaubens bzw. den Zeitpunkt des erforderlichen Reinigens durch ein mit der Luft vor und hinter dem

Filter in Verbindung stehendes Differentialmanometer (schwach geneigte Glasröhre mit entsprechender Sperrflüssigkeit) kenntlich zu machen.

(Über Berechnung des durch ein Filter hervorgerufenen Widerstandes gegen die Luftbewegung siehe fünftes Kapitel unter VI, 5, d.)

4. Waschen der Luft.

Ein gewisses Waschen der Luft findet statt, wenn bei Anwendung von Filtern diese angefeuchtet werden. Die Anordnung ist jedoch meistens nicht zu empfehlen, da der Druckverlust sehr gesteigert wird, auch im Winter das Wasser gefriert. Organische Gewebefilter gehen leicht in Fäulnis über.

Austritt der Luft in fein verteiltem Zustande unter Wasser*) erfordert bedeutenden Kraftaufwand und ist nicht zuverlässig, weil bei weitem nicht alle Staubteile mit dem Wasser in Berührung kommen.

Langsames Durchführen der Luft durch einen Wasserstaubregen von bedeutender Ausdehnung ist am zweckmäßigsten für das Reinigen, hat aber den Nachteil, daß die Luft leicht zu feucht wird, besonders da sie leicht noch mechanisch Wasserteilchen mit fortführt, die allmählich verdunsten.

Dieser Nachteil ist zu beseitigen durch Vorrichtungen für Abscheiden des fortgeführten Wassers, am besten in Verbindung mit einer Einrichtung zur Erzielung einer Temperatur während des Waschens, bei der die Luft im gesättigten Zustande nur so viel Wasser enthalten kann, als bei der im Raume geforderten Temperatur in der Luft enthalten sein soll. Gesättigte Luft von 9° gibt z. B. auf 20° erwärmt, Luft von nahezu halbgesättigtem Zustande. Hierauf gestützte Einrichtungen verbinden Waschen mit Befeuchten, erfordern aber für den Winter zwei getrennte Heizapparate, den einen zur erstmaligen entsprechenden Anwärmung, den zweiten zur Weitererwärmung der Luft auf die vorgeschriebene Temperatur. Die Anordnung ist meist nur für größere Anlagen und besonders dann zu empfehlen, wenn gleichzeitig für den Sommer eine Kühlung der Luft durch Wasser vorgesehen werden soll. (S. Kapitel „Kühlung der Räume“ I, 3 α.)

III. Befeuchtung der Luft.

(Siehe Tafel 3.)

Die Empfindsamkeit der Menschen in bezug auf die Feuchtigkeit der ihn umgebenden Luft ist individuell verschieden. Der Laie läßt sich sehr häufig in seiner Ansicht über die Notwendigkeit der künstlichen Luftbefeuchtung seiner Wohnräume von dem Umstande leiten, daß sich bei deren Erwärmung besonders durch Zentralheizung an den Pflanzen und an dem Mobiliar Einflüsse von Trockenheit der Luft bemerkbar machen. Die Richtigkeit dieser Beobachtung ist innerhalb gewisser Grenzen zuzugeben, keinesfalls aber der Schluß, daß infolgedessen auch für die in

*) S. a. Gesundheits-Ingenieur 1880, Seite 64.

den Räumen sich aufhaltenden Personen ein Befeuchten der Luft stets notwendig wird oder gar, daß das Heizsystem an sich für die Trockenheit der Luft schuldig zu machen ist. Würden in einer Wohnung mit gewöhnlichen Öfen diese sämtlich und täglich ebenso lange in Wärme gehalten, wie es bei den Heizkörpern einer Zentralheizung in der Regel geschieht, so würden genau die gleichen Trockenheitsverhältnisse eintreten. An was für einer Heizfläche die Luft erwärmt wird, ist vollkommen gleichgültig, da die Luft durch Erwärmung nur relativ, niemals absolut trocken, ihr also keine Feuchtigkeit entzogen wird. Lediglich der in jedem erwärmten Raume gewöhnlicher Bauweise — auch bei Fehlen einer künstlichen Lüftungsanlage — stattfindende Luftwechsel ist Ursache der Feuchtigkeitsentziehung.

Somit ist bei Räumen — besonders freistehender Gebäude —, die von wenigen Personen benutzt oder gar tageweise nicht besucht werden, zur Erhaltung des Mobiliars und besonders der Bilder (Bildergalerien) eine Anreicherung der Luft mit Wasserdampf im Winter erwünscht, bei Vorhandensein künstlicher Lüftungsanlagen sogar erforderlich. Bei Wohnräumen oder diesen nach Art der Besetzung und Benutzung gleich zu stellenden Räumen ist für das Gedeihen der Pflanzen oder das Wohlbefinden der Menschen die Befeuchtung der Luft höchstens bei Vorhandensein ausgiebig wirkender Lüftungsanlagen erwünscht, da bei den Pflanzen es jederzeit möglich ist, sie bedarfsgemäß zu befeuchten und die Menschen die Zuführung erforderlicher Feuchtigkeit sich jederzeit gewähren können. Bei größeren Neuanlagen, insonderheit bei Kranken- und Heilanstalten, ist aber zu empfehlen, auch wenn — wie dies nach den vielfachen Erfahrungen des Verfassers häufig der Fall ist — ärztlicherseits eine Befeuchtung der Luft nicht verlangt wird, der Möglichkeit Rechnung zu tragen, später noch entsprechende Vorrichtungen einfügen und betreiben zu können, da nicht vorauszusehen ist, ob nicht ein nachfolgender Anstaltsleiter im Gegensatz zu seinem Vorgänger die Befeuchtung als eine für Kranke erforderliche Notwendigkeit erachtet. (Siehe auch S. 9.)

Für vollbesetzte Räume (Theater, Versammlungssäle usw.) hat eine Befeuchtung der Luft nicht nur zu unterbleiben, sondern es hat zur Vermeidung eines zu hohen Feuchtigkeitsgehalts eine ausgiebige Lüftung stattzufinden.

Der ausführende Ingenieur hat in jedem einzelnen Falle zu prüfen, ob und eventuell in welchem Maße eine Befeuchtung der Luft erforderlich ist.

Über die bei Befeuchtung der Luft einzuhaltenden Grenzen ist bereits auf S. 10 das Erforderliche gesagt worden.

1. Einrichtungen zur Befeuchtung.

Da nach der jeweiligen Besetzung der Räume und nach dem Feuchtigkeitsgehalt der Außenluft die Anreicherung der Raumluft an Wasserdampf bemessen werden muß, so sind bei Auswahl der Befeuchtungsvorrichtungen in erster Linie den regelbaren und den von dem Wärmebedarf der Räume unabhängigen Apparaten der Vorzug zu geben.

Die Befeuchtung der Luft kann in den zu lüftenden Räumen selbst oder gemeinsam an einer Stelle der Zuluftanlage erfolgen.

A. Örtliche Befeuchtung.

Die örtliche Befeuchtung wird bei örtlicher Erwärmung der Räume meist durch offene, mit Wasser gefüllte, auf die Heizkörper gestellte Gefäße bewirkt, ist aber dann bei einigermaßen kräftiger Lüftung, was eine einfache Rechnung zeigt, vielfach unzureichend. Außerdem hängt die Wasserverdunstung lediglich von dem Wärmebedürfnisse ab. Ausgiebiger wird die Befeuchtung bei Anordnung von Wassergefäßen in den Mündungen der Zuluftkanäle, da alsdann die Anzahl der Wassergefäße größer genommen werden kann, auf die Wasserverdampfung auch die Bewegung der vorüberströmenden Luft fördernden Einfluß hat. Besser als Gefäße sind die Einrichtungen, bei denen durch Benutzung von Flächen (Stoffen) oder durch Zerstäubung von Wasser der Luft eine größere Wasseroberfläche dargeboten wird, am ausgiebigsten ist direkter Dampf.

Sofern gewöhnliche Verdampfungsgefäße angewendet werden, müssen diese nicht nur leicht füllbar, sondern vor allem auch leicht reinigungsfähig angeordnet werden, da durch Ansammlung von Staub, Einwurf von Gegenständen usw. Gerüche und sonstige Güteverminderung der Luft entstehen können. Das gleiche gilt bei Berieselung von Flächen bzw. Benetzung von Stoffen. Das unmittelbare Einführen von Dampf kann nur empfohlen werden, wenn für die Dampfbereitung eine besondere Anlage angeordnet werden soll, da bei Entnahme des Dampfes aus gewöhnlichen Dampfkesseln Gerüche kaum zu vermeiden sind.

Die Unzulänglichkeit örtlicher Befeuchtung oder die Schwierigkeit, die sie sowohl der Anordnung als der Bedienung entgegensetzt, sind Ursache ihrer seltenen Anwendung bei Lüftungsanlagen.

B. Gemeinsame Befeuchtung.

Bei der gemeinsamen Befeuchtung ist für ihr Maß zu beachten, ob die befeuchtete Luft unmittelbar den zu lüftenden Räumen zugeführt oder ob ihr vorher noch unbefeuchtete Mischluft beigegeben wird.

a) Apparate, abhängig von der Wärme des Heizapparates für Erwärmung der Zuluft. α) Verdunstungsgefäße. Diese stehen meist über dem Heizapparate und bestehen aus flachen mit Wasser gefüllten Gefäßen, in denen der Wasserspiegel entweder jederzeit der gleiche bleibt oder innerhalb gewisser Grenzen veränderlich gehalten werden kann; letztere sind vorzuziehen.

Der Wasserstand muß außerhalb der Heizkammer kenntlich und ergänzbar sein. Für bequemes und öfteres Reinigen und für Möglichkeit des Abflusses ist Sorge zu tragen. Bei Vernachlässigung des Reinigens bildet sich bei kalkhaltigem Wasser eine auf ihm schwimmende feste Schicht, die die Verdunstung erheblich vermindert. Zweckmäßig ist es, geeignete Ablenkungen für die Luft anzuordnen, durch die sie eine möglichst entlang der Oberfläche des Wassers gerichtete Bewegung erhält. Der Sauberkeit wegen ist zu empfehlen, die innere Seite der Gefäße mit einem Emailleüberzug zu versehen. Als ein Mangel der Verdunstungsgefäße ist anzuführen, daß ihre Wirkung vom Wärmebedarfe in den Räumen, d. h. vom Heizbetriebe abhängig ist, die Notwendigkeit der Befeuchtung aber von dem Feuchtigkeitsgehalte der äußeren Luft; beides deckt sich nur in weiten Grenzen.

β) Zerstäubungsapparate. Diese beruhen auf dem Zerstäuben eines sehr dünnen mit großer Geschwindigkeit gegen eine feste Fläche geführten Wasserstrahls (Druckwasser).

Sie lassen jeden Grad der Befeuchtung zu, geben daher leicht bei Unaufmerksamkeit der Bedienung zu große Feuchtigkeit; der Heizapparat bzw. die an ihm erwärmte Luft hat die Aufgabe, das zerstäubte Wasser in Dampfform überzuführen.

Die Apparate erhalten Fangschalen mit Ableitung zum Auffangen bzw. Abführen des Tropfwassers. Vorsichtige Aufstellung zur Vermeidung ungleicher Verteilung des Wassers ist geboten. Die kleinen Öffnungen der Düsen setzen sich leicht zu und erfordern daher öfteres Reinigen, somit Aufmerksamkeit in der Bedienung. Bei einer größeren Anzahl Düsen sind diese gruppenweise absperrbar einzurichten, auch ist auf eine derartige Anordnung der Düsen zu achten, daß auch bei Absperrung einzelner Gruppen eine gleichmäßige Befeuchtung der Luft bestehen bleibt.

b) Apparate, unabhängig von der Wärme des Heizapparates für Erwärmung der Zuluft. Die hauptsächlichsten sind folgende:

α) Besonders geheizte Verdunstungsgefäße. Diese finden in der Praxis wegen Umständlichkeit im Betriebe selten Anwendung.

β) Dämpfer. Diese bestehen aus Gefäßen, angefüllt mit kleinen Steinen, Glaskugeln usw., durch die Dampf mit ganz geringer Geschwindigkeit geleitet wird. Sie sind nur anwendbar bei vorhandener Dampfleitung. Der austretende Dampf gibt der Luft leicht einen unangenehmen waschküchenartigen Geruch, daher ist die Anwendung nicht sonderlich zu empfehlen.

γ) Apparate zur Verdampfung von Wasser durch Dampfheizkörper. Diese Apparate sind als die besten zu bezeichnen, jedoch nur bei vorhandenem Dampfe für andere Zwecke anzuwenden.

Die Verdampfung erfolgt in Gefäßen (am besten aus Eisen, innen emailliert oder aus Kupfer, innen verzinnt), in denen meist geneigte Dampfröhren liegen. Je nach dem Wasserstande befindet sich viel oder wenig Wasser in Berührung mit den Dampfröhren, so daß jeder Grad der Verdampfung erzielt werden kann. Das in den Dampfröhren sich bildende Niederschlagswasser ist abzuleiten. (Siehe auch S. 36 „Waschen der Luft".)

2. Bestimmung der erforderlichen Wassermenge.

Es bedeute L den stündlich geforderten Luftwechsel in cbm, gegeben in der Raumtemperatur $t°$ in Kopfhöhe, p_0 den anzunehmenden Prozentsatz der absoluten Sättigung der äußeren Luft bei der niedrigsten Temperatur t_0, bei der der volle Lüftungseffekt erzielt werden soll, p den gewünschten Prozentsatz der Sättigung der Innenluft, g_0 den Wassergehalt eines cbm Luft von der Temperatur t_0 bei voller Sättigung in kg, g den eines cbm Luft von t bei voller Sättigung, A die erforderliche Menge Wasser in kg, die zu verdampfen ist.

A muß gleich sein der Differenz zwischen der Wassermenge, die die Luftmenge L von der Temperatur t besitzen soll und der Wassermenge, die in ihr bei Entnahme von außen enthalten ist. L cbm von $t°$ sind $\frac{L(1+\alpha t_0)}{1+\alpha t}$ von t_0. Die Raumluft soll Wasser besitzen:

$$\frac{Lpg}{100},$$

sie enthält Wasser bei der Entnahme von außen:

$$\frac{L(1+\alpha t_0)}{1+\alpha t}\,\frac{p_0 g_0}{100},$$

somit ist:

$$A = \frac{Lpg}{100} - \frac{L(1+\alpha t_0)}{1+\alpha t}\,\frac{p_0 g_0}{100} = \frac{L}{100}\left(pg - \frac{1+\alpha t_0}{1+\alpha t}\,p_0 g_0\right). \tag{27}$$

In der Regel kann $p_0 = 80$, $p = 50$ (s. S. 10) angenommen werden. (Bezüglich g und g_0 siehe Tabelle 1, bezüglich $\frac{1+\alpha t_0}{1+\alpha t}$ Tabelle 2, bezüglich des Ausdrucks $pg - \frac{1+\alpha t_0}{1+\alpha t}\,p_0 g_0$ Tabelle 8.)

A ist also die Wassermenge, die der Luft zugeführt werden muß, damit den Anwesenden nicht mehr Wasser als dienlich entzogen wird, der Prozentsatz p bezieht sich somit auf den Zustand der Nichtbenutzung des Raumes, bei Gegenwart von Personen steigt der Wassergehalt.

Ist Q die stündliche Wassermenge in kg, die die anwesenden Personen durch Verdunstung an die Luft abgeben (s. S. 8), so stellt sich, wenn andere Quellen der Wasserdampfabgabe nicht vorhanden sind und keine Temperatursteigerung eingetreten ist, der Prozentsatz der Sättigung der Innenluft p', da

$$\frac{Lpg}{100} + Q = \frac{Lp'g}{100}$$

zu setzen ist:

$$p' = p + \frac{100\,Q}{Lg}. \tag{28}$$

Beispiel.

Aufgabe. Ein Raum erfordert stündlich einen Luftwechsel von 1000 cbm, die Temperatur des Raumes beträgt 20°. Es wird gefordert, daß, wenn keine Personen anwesend sind, die Luft auf 50% gesättigt sein soll, sofern die Außenluft eine Temperatur von —20° und eine absolute Sättigung von 80% besitzt. Wieviel Wasser (A) muß stündlich verdampft werden und wie stellt sich der Prozentsatz (p') der Sättigung im Beharrungszustand, wenn alsdann 40 Erwachsene in dem Raume sich aufhalten?

Lösung der Aufgabe. Es ist zu setzen: $L = 1000$, $t = +20$, $t_0 = -20$, $p = 50$, $p_0 = 80$, g (nach Tab. 1) $= 0{,}0172$, $g_0 = 0{,}0011$, Q (da ein Erwachsener im Mittel stündlich 0,040 kg Wasser durch Verdunsten abgibt, s. S. 9) $= 40 \cdot 0{,}040 = 1{,}6$. Somit ist:

$$A = \frac{1000}{100}\left(50 \cdot 0{,}0172 - 80 \cdot 0{,}0011\,\frac{1 - \alpha\, 20}{1 + \alpha\, 20}\right) = 7{,}84 \text{ kg},$$

$$p' = 50 + \frac{100 \cdot 1{,}6}{1000 \cdot 0{,}0172} = 59{,}3\,\%.$$

IV. Trocknung der Luft.

Die Notwendigkeit der Entziehung von Feuchtigkeit der Luft (siehe zweites Kapitel, Abs. 2) tritt im Sommer bei Kühlanlagen — die leider in der Praxis noch viel zu wenig Berücksichtigung finden hervor; sie soll daher mit diesen behandelt werden.

V. Mittel für die Bewegung der Luft.

Die Mittel für die Bewegung der Luft bestehen in der Praxis in der Erwärmung der Luft, oder in Benutzung von Druck- oder Saugapparaten (s. auch S. 23).

Die zweckmäßigste Wahl der Heizkörper, deren Gestaltung, Berechnung usw. gehört unter den Abschnitt „Heizung“, für die Lüftung der Räume kommen nur die Einrichtungen zur Erwärmung der Luft, soweit von ihnen der Lüftungseffekt oder das Güteverhältnis der Luft abhängig zu machen ist, ferner die Temperaturen der Luft, da diese für die Bewegung der Luft maßgebend sind und die Bestimmung der Wärmemengen bei gegebener Heizfläche in Frage.

A. Erwärmung der Luft.

(Siehe Tafel 4.)

1. Einrichtungen zur Erwärmung.

Die Erwärmung der Luft muß, sofern sie Zuluft ist, an Heizkörpern erfolgen, die eine Güteverminderung der Luft ausschließen; für die Abluft braucht diese Forderung nicht gestellt zu werden.

Die Erwärmung der Zuluft ist für die Bewegung der Luft in den senkrechten Kanälen um so wirksamer, je tiefer sie gegen die zu lüftenden Räume erfolgt; die Erwärmung im Keller ist daher vor der Erwärmung in den zu lüftenden Räumen an und für sich vorzuziehen.

Die Erwärmung der Abluft bei der Saugelüftung findet entweder wie bei der Zuluft durch besondere Heizkörper statt, oder unter Benutzung der Wärme abziehender Rauchgase durch die Schornsteinwandungen, ferner durch Gasflammen oder direktes Feuer.

Bei Benutzung der Wärme abziehender Rauchgase für Erwärmung der Abluft einzelner Kanäle wird in der Regel der Abluftkanal neben den betreffenden Schornstein gelegt und die Wange zwischen beiden aus einer Eisenplatte hergestellt, dagegen bei gemeinsamer Erwärmung der Abluft der Schornstein einer vorhandenen Zentralheizung oder der einer besonderen Feuerung (Lockfeuerung) in Form eines gußeisernen Rohres ausgebildet und in den Schacht für Ableitung der Luft über Dach eingebaut.

Die Erwärmung der Abluft durch Gas kommt des teueren Betriebs halber hauptsächlich nur bei Einzelkanälen in Verwendung, die Erwärmung durch ein offenes Feuer ist wegen der Möglichkeit des Rückschlagens von Rauch und Ruß nicht zu empfehlen.

Alle selbständigen Lockfeuerungen sind zu vermeiden, sofern nicht ihre spätere gewissenhafte Benutzung vorausgesetzt werden kann, ebenso alle mittelbar wirkenden Einrichtungen (Benutzung abziehender Wärme), sofern der Luftwechsel jederzeit der gleiche sein soll. Es ist z. B. bei Zentralheizungen, deren Abgase zur Ablufterwärmung benutzt werden sollen, wohl zu bedenken, daß der Wärmebedarf von der Temperatur der Außenflut abhängt, also ein schwankender ist, der Lüftungsbedarf aber bei gleichbleibender Anzahl der Personen einem Wechsel nicht unterliegen soll, daß ferner der tägliche größte Wärmebedarf beim Anheizen, also vor Benutzung der Räume stattfindet, der Lüftungsbedarf nur während Benutzung der Räume vorhanden ist. Bei einer Küchenherdheizung dagegen liegen bei Benutzung der Wärme der abziehenden Rauchgase die Verhältnisse durchaus günstig, da Koch- und Lüftungsbedarf sich annähernd zeitlich und nach Umfang decken.

2. Temperaturen der Luft.

a) Temperatur der Außenluft. Bei jeder Lüftungsanlage ist die höchste und niedrigste Temperatur der äußeren Luft anzunehmen bzw. vorzuschreiben, bei denen der erforderliche Luftwechsel erzielt werden soll. Ihre Wahl hat unter Berücksichtigung der Bestimmung der Räume zu erfolgen.

α) Die höchste äußere Temperatur ist im allgemeinen anzunehmen zu:

+25°, sofern der Luftwechsel durch die Anlage sowohl im Winter als im Sommer erzielt werden soll. (Mehrstöckige Krankenhäuser, Theater, Parlamente usw.)

+5 bis 10°, sofern nur während der Heizperiode die volle Lüftung verlangt wird. (Einstöckige Krankenhäuser, Schulen, Gerichtsgebäude,

Gesellschafts-, Konzert-, Versammlungs-, Verhandlungs-, Kassenräume usw.)

0° bis 5°, sofern die volle Lüftung nur durchschnittlich im Winter erzielt zu werden braucht. (Wohnräume, gering besetzte Geschäftsräume usw.)

Die höchste äußere Temperatur ist, sofern die Räume nicht gleichzeitig durch die einzuführende Luft erwärmt werden (Luftheizung), jederzeit der Berechnung der Kanalanlage zugrunde zu legen. Bei Luftheizung ist die Temperatur für die Kanalberechnung nicht unbedingt gleich der höchsten äußeren Temperatur zu setzen, bei der der volle Luftwechsel erzielt werden soll. Die Bestimmung der betreffenden Temperatur erfolgt nach Kapitel 16, II, 2.

β) Die niedrigste äußere Temperatur ist jederzeit maßgebend für die Größenverhältnisse des Heizapparates behufs Erwärmung der Zuluft.

Soll der volle Luftwechsel auch an den kältesten Wintertagen erzielt werden oder wird die Erwärmung der Räume an den Luftwechsel geknüpft (Luftheizung), so ist die Temperatur gleich der niedrigsten äußeren Temperatur, für die die Heizanlage bestimmt ist, anzunehmen (—20 bis —25°). Da jedoch sehr selten die niedrigste äußere Temperatur anhaltend eintritt, kann für diese Fälle, mit Ausnahme bei Luftheizung, meist eine Beschränkung des Luftwechsels zugelassen und daher als niedrigste äußere Temperatur für Lüftungsanlagen —10° in Ansatz gebracht werden.

b) Temperatur der zu lüftenden Räume. Für diese ist — gemessen in einer Höhe von etwa 1,5 m über Fußboden (Kopfhöhe) — anzunehmen für:

Wohn- und Geschäftsräume	+18—20° C
Säle und Auditorien	18° „
Schlafräume	15° „
Korridore, Flure, Treppenhäuser (je nach Benutzung)	13—18° „
Gefängnisräume zum Aufenthalte von Gefangenen bei Tage	18° „
Gefängnisräume zum Aufenthalte von Gefangenen bei Nacht	10° „
Gewächshäuser:	
Kalthäuser	15° „
Warmhäuser	25° „
Kirchen	10—12° „
Baderäume für gewöhnliche warme Bäder .	22° „
Römisch-irische Bäder:	
Auskleide- und Nachschwitzraum . . .	22° „
Erster Schwitzraum (Tepidarium) . . .	45° „
Zweiter Schwitzraum (Sudatorium) . . .	65° „
Wasch- und Brauseraum (Lavacrum) . .	25° „

Garderoben . . . . 16° C
Küchen . . . . 17° „
Aborte . . . . gleich der Temperatur ihrer Vorräume
Ställe. . . . . 15° „

In größerer Höhe als angegeben, besonders unter der Decke, herrscht, wenn der Raum geheizt ist, keine außergewöhnliche Höhe und keine besonders große Deckenabkühlung besitzt, eine gesteigerte Temperatur.

In der Praxis kann erfahrungsgemäß bis zu einer Höhenlage von 3 m vom Fußboden an gerechnet, die Temperaturzunahme vernachlässigt, über 3 m die Temperatur bei vollem Heizbetriebe und bei einer nicht über das gewöhnliche Maß hinausgehenden Beleuchtung mittels elektrischen oder Gasglühlichts im Mittel gesetzt werden:

$$t'' = t + 0{,}1\, t(h - 3)\,, \quad \text{jedoch } t'' \text{ höchstens } 1{,}5\, t\,, \tag{29}$$

von etwa $+10°$ Außentemperatur an gerechnet ohne Beleuchtung oder mit Beleuchtung durch elektrisches Bogenlicht:

$$t'' = t + 0{,}03\, t(h - 3)\,, \tag{30}$$

worin bedeutet:

t die aus der obigen Aufstellung entnommene Temperatur in Kopfhöhe,
h die Höhenlage vom Fußboden an gerechnet in m.

Bei vorhandener Gasbeleuchtung mit gewöhnlichen Brennern, auch bei besonders glanzvoller, über das gewöhnliche Maß hinausgehender Beleuchtung mittels Gasglühlichts oder elektrischen Glühlichtes ist unter h nur die Höhe vom Fußboden bis zur Beleuchtung zu verstehen; die Temperatur über dieser ist die, die nach früherem (s. S. 24) zur Bestimmung des Luftwechsels für den Raum über der Beleuchtung angenommen werden muß.

c) Temperatur der Zuluft. Sofern die Zuluft den zu lüftenden Raum weder zu erwärmen, noch zu kühlen hat, ist für diese die gleiche Temperatur anzunehmen, die im Raume herrschen soll.

Sofern die Zuluft dem zu lüftenden Raume Wärme entziehen soll, ist ihre für die Berechnung der Kanalanlage in Frage kommende Temperatur gemäß der Gl. (12):

$$t' = t - \frac{W(1 + \alpha t)}{0{,}306\, L}\,, \tag{31}$$

worin bedeutet:

t die verlangte Temperatur in Kopfhöhe,
W die der Raumluft bei der angenommenen höchsten Außentemperatur abzunehmende Wärme,
L der stündliche Luftwechsel des Raumes in cbm, ausgedrückt in der Temperatur t.

Die niedrigste zulässige Einströmungstemperatur bei benutzten Räumen ist etwa zu 2 bis 4°, höchstens 5° unter Raumtemperatur anzunehmen, doch setzen niedrige Grenzen naturgemäß für die Lage, Führung und Verteilung der Zuluft ganz besondere und oft schwer ausführbare Nachnahmen voraus, damit die anwesenden Personen nicht von Zugerscheinungen belästigt werden. Bei senkrechter Einströmung der Zuluft durch Deckenöffnungen werden Zugerscheinungen sogar meist nur dann vermieden, wenn die Einströmungstemperatur nicht niedriger als die Raumtemperatur gehalten wird. (Siehe auch VI, 2.)

Sofern die Zuluft dem zu lüftenden Raume Wärme zuführen soll (Luftheizung), ist die für die Berechnung der Kanalanlage in Frage kommende Temperatur nach Kapitel: „Luftheizung", II, 2 zu bestimmen.

Die höchste zulässige Einströmungstemperatur, die also nicht für Berechnung der Kanalanlage, sondern lediglich für die des Luftwechsels bei Erwärmung der Räume durch die Zuluft behufs Größenbestimmung des Heizapparates in Frage kommt, soll während der Benutzung der Räume $t' = 35$ bis 40°, bei Feuerluftheizung vor Benutzung der Räume $t' = 50°$ nicht übersteigen (s. a. Luftheizung).

d) Temperatur der Abluft. Die Temperatur der unmittelbar aus dem Raume abziehenden Luft ist die in der betreffenden Höhenlage des Raumes herrschende.

Soll zur Sicherung oder Erhöhung des Lüftungseffekts die Abluft noch besonders erwärmt werden, so ist, wenn

Δ_1 die Temperatur der Abluft vor der Erwärmung,

Δ_2 die Temperatur der Abluft nach der Erwärmung

bedeutet, die für den Abluftkanal in Rechnung zu ziehende Temperatur Δ, wenn

die Wärmequelle am Fuße des Kanals steht:

$$\Delta = \Delta_2 , \tag{32}$$

die Heizfläche gleichmäßig den Kanal durchzieht (Rohr, Schornstein):

$$\Delta = \frac{\Delta_1 + \Delta_2}{2} , \tag{33}$$

die Heizfläche nur auf die Höhe h_1 vom Fuße des Kanals gerechnet, dessen Höhe h beträgt, den Kanal durchzieht:

$$\Delta = \Delta_2 - \frac{(\Delta_2 - \Delta_1)\, h_1}{2h} , \tag{34}$$

die Heizfläche, die den Kanal durchzieht, erst in der Höhe h_1 des Kanals von der Höhe h beginnt:

$$\Delta = \frac{\Delta_1 + \Delta_2}{2} - \frac{(\Delta_2 - \Delta_1)\, h_1}{2h} . \tag{35}$$

Da Δ_1 stets gegeben ist, so ist Δ_2 für Δ ausschlaggebend.

Die Temperatur $\varDelta_2$ kann angenommen werden und zwar entweder unmittelbar, wenn die Größenbestimmung der Kanalquerschnitte nach Maßgabe der baulichen Verhältnisse, sowie die Größe und Leistung der Wärmequelle, bzw. diese selbst dem Ermessen des Konstrukteurs überlassen sind, oder nur mittelbar, wenn zwar die Größenbestimmung der Kanalquerschnitte freigestellt, die Wärmequelle aber vorgeschrieben ist und diese sich in Abhängigkeit von einer anderen Anlage befindet.

Die Temperatur $\varDelta_2$ muß dagegen aus den Gleichungen für die Luftbewegung berechnet werden, sofern die Kanalquerschnitte bestimmte Abmessungen zu erhalten haben. Dieser Fall kann erst später bei Berechnung der Kanäle Erörterung finden (s. sechstes Kapitel, IV, B, 5, b, Fall 3).

Die unmittelbare Annahme der Temperatur $\varDelta_2$, sowie die Wahl bzw. Anordnung der Wärmequelle hat unter Berücksichtigung des Umstandes zu erfolgen, daß für die Ökonomie des Betriebes eine niedrige Temperatur und — wie aus dem über die Temperatur $\varDelta$ Gesagten hervorgeht —, die Aufstellung der Wärmequelle möglichst am Fuße des Kanals erwünscht ist. Welche Temperatur die empfehlenswerteste ist, muß im einzelnen Falle nach der in Anwendung gebrachten Wärmequelle und nach der Temperatur $\varDelta_1$ Entscheidung finden. Unter Berücksichtigung des Gesagten setze man etwa, wenn $\varDelta_1 = 20°$ und darunter beträgt, bei Anwendung

eines Warmwasserheizkörpers . . . . $\varDelta_2 = 25°$

eines Heißwasser- oder Dampfheizkörpers oder eines eisernen Rauchrohres, dessen Temperatur- und Querschnittsverhältnisse freiem Ermessen überlassen sind . . . . $\varDelta_2 = 30°$

eines Feuerheizkörpers . . . . $\varDelta_2 = 40°$

Diese Temperaturen lassen sich, besonders die für Feuerheizkörper, noch steigern, doch stets auf Kosten der Ökonomie. Einem Betriebe mit einer in bezug auf die gewählte Wärmequelle als hoch zu bezeichnenden Temperatur ist meist ein Betrieb mit Ventilatoren vorzuziehen, sofern deren sachkundige Wartung, auch schnelle Hilfe bei erforderlichen Reparaturen, angenommen werden kann.

Die mittelbare Annahme der Temperatur $\varDelta_2$ kommt hauptsächlich in Frage, wenn sich die Luft im Abluftkanale an einem in ihm aufsteigenden Rohr (Standrohr, Schornstein) von bestimmter Heizfläche erwärmen soll. Die Temperatur $\varDelta_2$ ist alsdann erst aus der zur Verfügung stehenden Wärmemenge zu bestimmen (s. unter e).

e) Wärme zur Erwärmung der Abluft. Bedeutet

L die Luftmenge in cbm, gegeben in der Temperatur t, die durch den Kanal abgeleitet werden soll,

W die Wärmemenge, die dieser Luft zugeführt werden muß, um sie von $\varDelta_1$ auf $\varDelta_2$ zu erwärmen, so ist gemäß Gl. (7):

$$W = \frac{0{,}306\,L}{1+\alpha t}(\Delta_2 - \Delta_1)\,. \tag{36}$$

(Die Werte für diesen Ausdruck sind Tabelle 3 zu entnehmen.)

Bei Erwärmung der Abluft durch ein Standrohr von gleichmäßiger Temperatur tritt zu der Gl. (36), wenn ferner bedeutet:

- F die Wärme abgebende Fläche des Rohres in qm,
- ϑ die Temperatur des wärmeabgebenden Mediums (meist Dampf),
- k die stündliche Wärmeabgabe von 1 qm Rohrfläche bei 1° Temperaturunterschied zwischen dem wärmeabgebenden Medium und der wärmeaufnehmenden Luft (s. Tabelle 15),

die weitere Gleichung hinzu:

$$W = F\,k\left(\vartheta - \frac{\Delta_1 + \Delta_2}{2}\right). \tag{37}$$

Die Gl. (37) setzt voraus, daß die Luftmenge an der Heizfläche gleichmäßige Erwärmung von Δ_1 auf Δ_2 erfährt; tatsächlich erwärmt sich aber stets die die Heizfläche unmittelbar berührende Luft auf eine höhere Temperatur als Δ_2 und erst durch Mischen mit der übrigen Luft erhält die gesamte Luftmenge die Temperatur Δ_2. Bei Heizkörpern, die am Fuße des Abluftschachts aufgestellt werden, kann dieser Umstand unberücksichtigt bleiben, nicht aber ist dies bei einer im Abluftkanale gleichmäßig verteilten Heizfläche zu empfehlen. Jedenfalls ist durch Einschaltung von Ablenkungsvorrichtungen in dem Abluftkanale für ein schnelles Mischen der wärmeren und kühleren Luft Sorge zu tragen, außerdem ist aber anzuraten, den besagten Umstand auch in der Rechnung zu berücksichtigen und in den bezeichneten Fällen unmittelbar die zur Erwärmung gelangende Luftmenge geringer, ihre Temperatur aber daher entsprechend höher anzunehmen. Bezeichnet man die höhere Temperatur mit Δ_3, so muß sein, wenn der Wert für W in der früheren Gl. (36) sich nicht ändern soll:

$$\frac{0{,}306\,L}{1+\alpha t}(\Delta_2 - \Delta_1) = \frac{0{,}306 \cdot n\,L}{(1+\alpha t)\,n}(\Delta_3 - \Delta_1)\,,$$

also:

$$\Delta_3 = n(\Delta_2 - \Delta_1) + \Delta_1\,,$$

sofern angenommen wird, daß nur der n-te Teil der Luft an der Heizfläche unmittelbare Erwärmung findet. Gl. (37) geht alsdann über in die andere:

$$W = F\,k\left(\vartheta - \Delta_1 - \frac{n(\Delta_2 - \Delta_1)}{2}\right). \tag{38}$$

Diese Gleichung ist also anstatt Gl. (37) bei Anwendung einer im Abluftkanale gleichmäßig verteilten Heizfläche in Anwendung zu bringen.

In der Regel wird man Sicherheit erzielen, wenn man $n = 1{,}5$ bis 2 setzt. Für $n = 2$ ergibt sich alsdann:

$$W = F\,k(\vartheta - \Delta_2)\,. \tag{39}$$

Mit Hilfe von Gl. (36) und (38) bzw. (39) lassen sich zwei Größen berechnen; gegeben werden stets sein: L, t, Δ_1, ϑ und k, so daß, wenn noch F vorgeschrieben ist, W und Δ_2, wenn F gewählt werden kann und Δ_2 vorgeschrieben ist, W und F berechnet werden müssen.

Ist das Standrohr nicht gleichmäßig erwärmt (Wasserstandrohr, Schornstein), sondern das wärmeabgebende Medium hat unten die Temperatur ϑ_1, oben die Temperatur ϑ_2, so ist statt ϑ in Gl. (38) bzw. Gl. (39) $\frac{\vartheta_1 + \vartheta_2}{2}$ zu setzen.

Für k ist der Wert bei einem Schornstein aus Mauerwerk aus Tabelle 14, bei einem Schornstein aus Eisen aus Tabelle 15, IV zu entnehmen. Bei gerippter Eisenfläche ist k etwa 25% kleiner als für glatte Fläche zu setzen.

Bei Erwärmung der Abluft durch einen Schornstein tritt zu den Gl. (36) und (38) [bzw. Gl. (39)], wenn außer den bereits bekannten Bezeichnungen

G das Gewicht der Rauchgase von 1 kg Brennmaterial in kg,
p die Menge des stündlich verbrauchten Brennmaterials in kg,
c die spezifische Wärme der Rauchgase

bedeutet, noch die dritte Gleichung hinzu:

$$W = G\,p\,c(\vartheta_1 - \vartheta_2)\,. \tag{40}$$

(Über die Werte von G und c siehe siebentes Kapitel, Abschn. I.)

Mit Hilfe der Gl. (36), (38) bzw. (39) und (40) können somit drei Werte berechnet werden, die übrigen müssen durch die Aufgabe gegeben sein.

Bei Erwärmung der Abluft durch die Wärme der abziehenden Rauchgase einer anderen Zwecken dienenden Feuerungsanlage hängt von ihrem Betriebserfordernisse der Effekt der Lüftungsanlage ab (s. S. 42). Soll bei Einstellung oder Verringerung des Betriebs der Feuerungsanlage trotzdem der Lüftungseffekt durch Erwärmen der Abluft gesichert bleiben, so macht sich eine besondere Feuerung (sogenannte Sommerfeuerung) nötig, deren Rauchgase in der Regel dem eisernen Rauchrohre behufs seiner erforderlichen Erwärmung zugeführt werden. Für die Rauchgase dieser Sommerfeuerung ist stets das Rauchrohr zu weit, insofern diese wärmer in den Schornstein eintreten, als die ausgenutzten der Hauptfeuerung. Um Zugstörungen zu vermeiden, empfiehlt es sich, das Brennmaterial der Sommerfeuerung mit einem entsprechenden Luftüberschusse zu verbrennen, um dadurch die bei der Hauptfeuerung vorgesehene Ein- und Austrittstemperatur der Rauchgase annähernd erzielen zu können. Bedeutet

p die Menge Brennmaterial in kg, die die vorhandene Feuerungsanlage stündlich bei der niedrigsten Außentemperatur erfordert,

p' die Menge Brennmaterial in kg, die die Sommerfeuerung benötigt,

t_0 die Temperatur der Luft, die als Überschuß in das Rauchrohr geschickt wird, also meist die Temperatur im Heizraume,

ϑ' die Temperatur, mit der die Heizgase die Sommerfeuerung ohne Luftüberschuß verlassen würden (etwa 1000°),

Q die Luftmenge in kg von der Temperatur t_0, die als Überschuß der Sommerfeuerung zugeschickt werden soll,

so muß zunächst:

$$Q = G(p - p')$$

sein.

Die Wärme der Heizgase der Hauptfeuerung ist $Gpc\vartheta_1$, diese soll gleich der Wärme der Abgase der Sommerfeuerung sein. Die Wärme der Rauchgase der Sommerfeuerung ist $Gp'c\vartheta'$, die in der zugeführten Luft enthaltene Wärme $0{,}237\,Q\,t_0$, folglich ergibt sich der Ausdruck:

$$G\,p\,c\,\vartheta_1 = G\,p'c\,\vartheta' + 0{,}237\,Q\,t_0\,,$$

woraus unter Einsetzung des Wertes von Q folgt:

$$p' = \frac{p(c\,\vartheta_1 - 0{,}237\,t_0)}{c\,\vartheta' - 0{,}237\,t_0}\,. \tag{41}$$

Beispiele für Bestimmung der Ablufttemperatur.

Fall 1. *Die Temperatur $\varDelta_2$ der Abluft nach der Erwärmung kann unmittelbar gewählt werden.*

Beispiel 1. Lüftung eines Gebäudes unter Erwärmung der Abluft am Fuße eines gemeinsamen Abluftschachtes. Der Querschnitt des Abluftschachtes und die Temperatur der Abluft können gewählt werden.

Aufgabe. Es beträgt der gesamte stündliche Luftwechsel in den zu lüftenden Räumen, deren Temperatur $t = 20°$ ist, 5440 cbm. Die Luft tritt mit Raumtemperatur in den Abluftschacht ein, so daß $\varDelta_1 = 20°$ ist. Eine Abkühlung der Luft im Schachte findet nicht statt, so daß $\varDelta = \varDelta_2$ wird.

Lösung der Aufgabe. Als Heizfläche zur Erwärmung der Abluft werde ein Warmwasserheizkörper angeordnet. Nach dem Gesagten (s. S. 46) möge $\varDelta = \varDelta_2 = 25°$ gewählt werden. Die zur Erwärmung der Abluft erforderliche Wärmemenge ist dann nach Gl. (36):

$$W = \frac{0{,}306 \cdot 5440}{1 + \alpha\,20}(25 - 20) = 7757 \text{ WE.}$$

Kann der Abuftschacht aus baulichen Rücksichten keinen so großen Querschnitt erhalten, als sich bei 25° Ablufttemperatur ergibt, so muß diese gesteigert werden; für jeden Grad höherer Erwärmung sind 155,144 WE erforderlich, für die sich die Kosten leicht ausrechnen lassen. Auch die Grenze ist leicht zu bestimmen, bei der Ventilatorbetrieb der Erwärmung vorzuziehen ist.

Wird als Heizfläche zur Erwärmung der Abluft ein eiserner Ofen und $\Delta = \Delta_2 = 40°$ gewählt, so ist:

$$W = \frac{0{,}306 \cdot 5440}{1 + \alpha\, 20}(40 - 20) = 31\,029 \text{ WE.}$$

Beispiel 2. Lüftung eines Gebäudes unter Erwärmung der Abluft im gemeinsamen Abluftschachte durch eine vom Fuße des Schachtes bis auf eine bestimmte Höhe gleichmäßig verteilte Heizfläche. Der Querschnitt des Abluftschachtes und die Temperatur der Abluft können gewählt werden.

Aufgabe. Es beträgt wie im vorigen Beispiele $L = 5440$ cbm, $t = 20°$, ebenso $\Delta_1 = 20°$, auch sei die mittlere Temperatur, d. h. Δ wie im vorigen Beispiele 25°. Eine beachtenswerte Abkühlung der Luft im Schacht findet nicht statt; der Schacht selbst hat eine Höhe von 17 m.

Lösung der Aufgabe. Als Heizfläche zur Erwärmung der Abluft möge eine bis auf 10 m Höhe vom Fuße des Schachtes an gerechnet gleichmäßig verteilte Dampfrohrleitung (Standröhren) dienen. Da als mittlere Schachttemperatur $\Delta = 25°$ vorgeschrieben worden ist, so ist zunächst die Endtemperatur der Abluft Δ_2 aus dem Ausdrucke 34 zu berechnen. Nach diesem wird:

$$30 = \Delta_2 - \frac{\Delta_2 - 20}{2} \cdot \frac{10}{17},$$

da $h = 17$ und $h_1 = 10$ m der Aufgabe gemäß zu setzen ist. Es berechnet sich alsdann:

$$\Delta_2 \backsim 34°$$

und

$$W = \frac{0{,}306 \cdot 5440}{1 + \alpha\, 20}(34 - 20) = 21\,720 \text{ WE.}$$

Die Bestimmung der Heizflächengröße gehört unter das Kapitel: „Heizung".

Wird statt Dampfheizfläche Feuerheizfläche, aber in Gestalt eines eisernen den ganzen Schacht durchziehenden Rauchrohres gewählt und $\Delta = 30°$ gesetzt, so berechnet sich, da $h_1 = h = 17$ ist, aus Gl. (33):

$$\Delta_2 = 40°$$

und somit aus Gl. (36):

$$W = \frac{0{,}306 \cdot 5440}{1 + \alpha\, 20}(40 - 20) = 31\,029 \text{ WE.}$$

Es geht aus den Beispielen 1 und 2 hervor, wie wichtig das Bestreben ist, die Heizfläche möglichst am tiefsten Punkte des Abluftkanals zu vereinigen, eiserne Schornsteine, lediglich zur Erwärmung der Abluft, nicht in Anwendung zu bringen.

Fall 2. *Die Temperatur Δ_2 der Abluft nach der Erwärmung kann für Bestimmung des Querschnitts des Abluftkanals nur mittelbar gewählt werden, d. h. sie hängt von einer gegebenen Heizfläche mit bestimmter Leistungsfähigkeit ab.*

Beispiel 3. Lüftung einer Küche unter Erwärmung der Abluft durch die abziehenden Rauchgase des Küchenherdes.

Aufgabe. Die wärmeabgebende Schornsteinwand besteht aus glatten gußeisernen Platten, die gleichzeitig die Begrenzung des Abluftkanals bilden (s. Fig. 3). Die Menge der im Küchenherde stündlich zu verbrennenden Steinkohle beträgt $p = 6$ kg, die Höhe des Schornsteins $h = 16$ m, die Breite der eisernen Schornsteinwange $a = 0{,}2$ m, also die wärmeabgebende Schornsteinfläche $F = 16 \times 0{,}2 = 3{,}2$ qm.

Es soll die Temperatur, mit der die Rauchgase des Küchenherdes in den Schornstein treten, in Anbetracht, daß diese noch zur Erwärmung der Abluft ausreichen müssen, $\vartheta_1 = 250°$ gesetzt werden; die Herdfeuerung ist unter Berücksichtigung dieses Umstandes konstruiert. Der Schornsteinquerschnitt beträgt 0,04 qm.

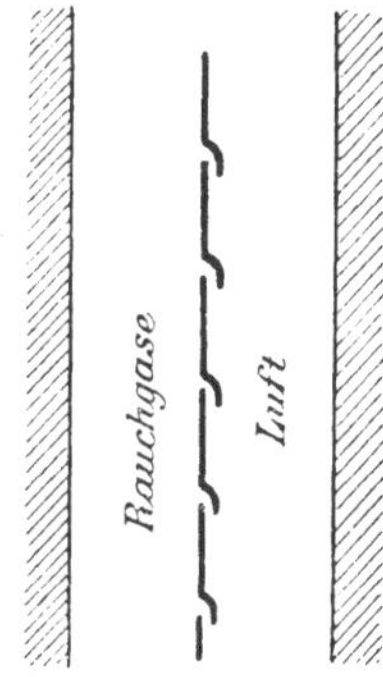

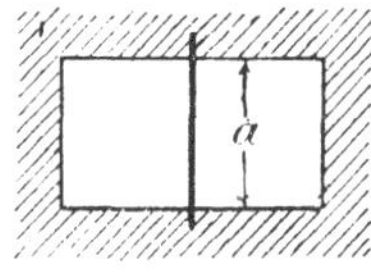

Fig. 3.

Lösung der Aufgabe. Da F gegeben ist, müssen W, Δ_2 und ϑ_2 berechnet werden. Es kommen hierfür die Gleichungen (36), (38) bzw. (39) und (40) in Betracht. Zur Entnahme der Wärmedurchgangszahl k für Gl. (38) bzw. (39) aus der Tabelle 15, IV ist es nötig, die kleinste Geschwindigkeit der Rauchgase im Schornsteine zu kennen. Da 1 kg Steinkohlen bei doppelter theoretischer Luftmenge 16,88 cbm Rauchgase von 0° entwickeln, die mittlere Temperatur der Rauchgase im Schornsteine zu mindestens 200° geschätzt werden kann, der Schornsteinquerschnitt 0,04 qm beträgt, so ist die geringste Geschwindigkeit im Schornsteine (s. siebentes Kapitel, III, 2) zu setzen:

$$v = \frac{16{,}88 \cdot 6\,(1 + \alpha\, 200)}{3600 \cdot 0{,}04} = 1{,}22 \text{ m.}$$

Da die Temperaturdifferenz zwischen den Rauchgasen und der zu erwärmenden Luft mehr als 60° beträgt, so ist nach Tabelle 15, IV zu setzen: $k \backsim 3$.

Wird ferner in Gl. (38) $n = 2$ gesetzt, also Gl. (39) benutzt, so ergibt sich nach Einsetzung der bekannten Werte aus

$$\text{Gl. (36):}\quad W = \frac{0{,}306 \cdot 500}{1 + \alpha\, 20}\,(\Delta_2 - 20) = 142{,}6\,\Delta_2 - 2852\,, \tag{a}$$

$$\text{Gl. (40):}\quad W = 22{,}3 \cdot 6 \cdot 0{,}245\,(250 - \vartheta_2) = 8195 - 32{,}78\,\vartheta_2\,, \tag{b}$$

$$\text{Gl. (39):}\quad W = 3{,}2 \cdot 3\left(\frac{250 + \vartheta_2}{2} - \Delta_2\right) = 1200 + 4{,}8\,\vartheta_2 - 9{,}6\,\Delta_2\,, \tag{c}$$

$$\text{Gl. (a)} = \text{Gl. (b) gesetzt gibt: } 337 = \vartheta_2 + 4{,}35\,\Delta_2\,, \tag{d}$$

$$\text{Gl. (b)} = \text{Gl. (c) gesetzt gibt: } 186 = \vartheta_2 - 0{,}26\,\Delta_2\,. \tag{e}$$

Durch Subtraktion der Gl. (e) von Gl. (d) folgt:

$$151 = 4{,}61\,\Delta_2\,,$$

woraus sich ergibt:

$$\Delta_2 = 32{,}75 \backsim 33°.$$

Diesen Wert in Gl. (d) oder (e) eingesetzt, folgt:

$$\vartheta_2 = 193{,}5 \backsim 194°,$$

und alsdann aus einer der 3 Grundgleichungen

$$W = 1845 \text{ WE.}$$

Es ist somit:

die mittlere Temperatur im Abluftkanale $\Delta = \frac{20 + 33}{2} = 26{,}5°$,

die mittlere Temperatur im Schornsteine $\vartheta = \frac{194 + 250}{2} = 222°$,

die mittlere Wärmeabgabe eines Quadratmeters eiserner Schornsteinfläche

$$W_m = \frac{1845}{3{,}2} \backsim 577 \text{ WE.}$$

Würde sich bei einer derartigen Berechnung ϑ_2 so niedrig ergeben haben, daß die Zugverhältnisse des Schornsteins in Frage gestellt erscheinen, so müßte F kleiner angenommen oder aus schlechter leitendem Materiale hergestellt werden.

Beispiel 4. Lüftung eines Gebäudes unter Erwärmung der Abluft durch die Rauchgase einer Zentralheizung und unter Einhaltung eines bestimmten Temperaturabfalls dieser Rauchgase.

Aufgabe. Es beträgt wie in Beispiel 1 und 2 der stündliche Luftwechsel $L = 5440$ cbm, gegeben in der Temperatur $t = 20°$. Die Abluft soll auf dem Dachboden des Gebäudes gesammelt und durch einen gemeinsamen Schacht über Dach geleitet werden. Zur Erwärmung der Abluft dient der Schornstein der Zentralheizung, der auf dem Dachboden vom Abluftschachte umschlossen und auf dieser Strecke aus Gußeisen hergestellt werden soll. Der Schornstein hat die Rauchgase von stündlich 15 kg Steinkohle bei doppelter theoretischer Luftmenge abzuleiten und ist sein lichter Durchmesser von 0,30 m unter der Voraussetzung berechnet worden, daß die Rauchgase mit 250° in den Schornstein eintreten sollen und innerhalb des Abluftschachtes keine größere Abkühlung als auf 150° erfahren dürfen. Es ist anzugeben, auf welche Temperatur die Abluft erwärmt werden kann und welche Höhe der gußeiserne Teil des Schornsteins erhalten muß. Die Abkühlung der Rauchgase im gemauerten Teile des Schornsteins soll vernachlässigt werden, da der Abluftschacht als genügend geschützt vor Abkühlung anzusehen ist.

Lösung der Aufgabe. Nach der Aufgabe ist die Temperatur der Abluft vor der Erwärmung $\Delta_1 = 20°$, die Temperatur der Heizgase am Fuße des gußeisernen Teils des Schornsteins $\vartheta_1 = 250°$, an seinem Ende $\vartheta_2 = 150°$. Die stündlich zu verbrennende Menge Brennmaterial beträgt $p = 15$ kg Steinkohlen, dementsprechend ist G (s. siebentes Kapitel) $= 22{,}3$, $G_1 = 16{,}88$ und die spezifische Wärme der Rauchgase $c = 0{,}245$. Bei 1 cm Wandstärke des Schornsteinrohres wird der äußere Durchmesser 0,32 m, daher hat 1 laufendes Meter Schornsteinrohr eine äußere, wärmeabgebende Fläche von 1 qm.

Die zur Erwärmung der Abluft zur Verfügung stehende Wärme berechnet sich aus Gl. 40 zu:

$$W = 22{,}3 \cdot 15 \cdot 0{,}245\,(250 - 150) = 8195 \text{ WE}.$$

Die Endtemperatur der Abluft (Δ_2) dagegen ergibt sich nun aus Gl. (36).

$$8195 = \frac{0{,}306 \cdot 5440}{1 + \alpha\, 20}\,(\Delta_2 - 20)$$

zu:

$$\Delta_2 = 25{,}28°.$$

Diesen Wert in Gl. (39) für die Wärmeabgabe des Schornsteinrohres eingesetzt, gibt:

$$8195 = Fk\left(\frac{250 + 150}{2} - 25{,}28\right),$$

somit ist:

$$Fk = 46{,}9.$$

Für die Wärmedurchgangszahl k dient Tabelle 15, IV. Die geringste Geschwindigkeit der Rauchgase im Schornsteine muß sein, da ihre mittlere Temperatur 200°, der Schornsteinquerschnitt $f = 0{,}0707$ qm beträgt (s. siebentes Kapitel, III, 2):

$$v = \frac{16{,}88 \cdot 15\,(1 + \alpha\, 200)}{3600 \cdot 0{,}0707} = 1{,}72 \text{ m}.$$

Bei glatter Schornsteinfläche wird somit k mit genügender Sicherheit nach der Tabelle 15, IV zu 3,5, bei gerippter 25% niedriger, also zu rund 2,6 anzunehmen sein.

Bei glatter Fläche ist somit:

$$F = \frac{46{,}55}{3{,}5} = 13{,}3$$

und da 1 qm im vorliegenden Falle eine Länge von 1 m besitzt, die Höhe des gußeisernen Schornsteins:

$$h = 13{,}3 \text{ m}.$$

Beispiel 5. Lüftung eines Gebäudes unter Erwärmung der Abluft durch die Rauchgase einer Zentralheizung auf eine vorgeschriebene Temperatur und Bestimmung der Temperatur der Rauchgase bei Eintritt in den Schornstein, da ihre Endtemperatur zur Berechnung der Feuerungsanlage und des Schornsteins vorgeschrieben werden muß.

Aufgabe. Wie im vorigen Beispiel beträgt $L = 5440$ cbm, $t = 20°$, also auch $\Delta_1 = 20°$. Die Endtemperatur der Abluft soll zu $\Delta_2 = 30°$ angenommen werden, die Endtemperatur der Rauchgase zu $\vartheta_2 = 100°$. Der Brennmaterialverbrauch betrage wie im vorigen Beispiele stündlich $p = 15$ kg Steinkohlen, somit ist wieder $G = 22{,}3$, $G_1 = 16{,}87$ und $c = 0{,}245$.

Lösung der Aufgabe. Da $\Delta_1 = 20°$, $\Delta_2 = 30°$, so ist die zur Erwärmung der Abluft zur Verfügung stehende Wärme nach Gl. (36) (s. a. zur Berechnung Tabelle 3):

$$W = \frac{0{,}306 \cdot 5440}{1 + \alpha\, 20}(30 - 20) = 15514.$$

Diese Wärme müssen die Rauchgase abgeben, somit ist nach Gl. (40):

$$15514 = 22{,}3 \cdot 15 \cdot 0{,}245\,(\vartheta_1 - 100),$$

also:

$$\vartheta_1 = 189{,}3 \sim 190°.$$

Die erforderliche wärmeabgebende Fläche des Schornsteins berechnet sich nach Gl. (39) aus dem Ausdrucke:

$$15514 = Fk\left(\frac{190 + 100}{2} - 30\right),$$

somit aus dem Werte:

$$Fk = 135.$$

k ist nach Maßgabe der Geschwindigkeit der Rauchgase der Tabelle 15, IV zu entnehmen. Für die Zentralheizung ist daher zunächst der Schornsteindurchmesser unter der Annahme zu berechnen, daß für den wärmeabgebenden Teil des Schornsteins die Anfangstemperatur der Rauchgase 190°, die Endtemperatur 100° beträgt. Aus dem lichten Durchmesser ergibt sich der äußere Durchmesser des eisernen Teils des Schornsteins, aus diesem der Umfang. Mit Hilfe der Gl. (81) ist die geringste Geschwindigkeit der Rauchgase zu berechnen, nach dieser k aus Tabelle 15, IV, sodann F und aus diesem endlich die Höhe des wärmeabgebenden Teils des Schornsteins zu bestimmen.

Beispiel 6. Die gleiche Aufgabe wie in Beispiel 5, nur soll die Lüftung für die höheren Außentemperaturen durch eine Sommerfeuerung sichergestellt werden (s. S. 48).

Aufgabe. Im vorigen Beispiele war $p = 15$ kg. Die Temperatur ϑ', mit der die Heizgase die Sommerfeuerung ohne Luftüberschuß verlassen würden, sei 1000°, die Temperatur des Heizraums $t_0 = 15°$. Anzugeben ist die Menge Brennmaterial p', die die Sommerfeuerung benötigt.

Lösung der Aufgabe. Nach dem vorigen Beispiele ist zu setzen $p = 15$, $c = 0{,}245$, $\vartheta_1 = 190$, und gemäß der Aufgabe: $t_0 = 15$, $\vartheta' = 1000$, somit ergibt sich der Brennmaterialverbrauch in der Stunde für die Sommerfeuerung nach (Gl. 41) zu:

$$p' = \frac{15\,(0{,}245 \cdot 190 - 0{,}237 \cdot 15)}{0{,}245 \cdot 1000 - 0{,}237 \cdot 15} = 2{,}67 \text{ kg}.$$

B. Druck- oder Saugeapparate.

(Siehe Tafel 5, 6 und 7.)

1. Apparate zur Nutzbarmachung des Winddrucks.

Für die Lüftung von Gebäuden ist im allgemeinen mit der Kraft des Windes, also mit seiner Geschwindigkeit zur Erhöhung des Effekts, nicht zu rechnen, da auch für den ungünstigsten Fall — also bei Windstille — der geforderte Luftwechsel erzielt werden soll. Nur in einzelnen Industriezweigen kann der Wind für den Luftwechsel z. B. zum Trocknen von Gegenständen in wirksamer Weise nutzbar gemacht werden.

An Bedeutung gewinnt jedoch der Winddruck für die Lüftung bei in Fahrt befindlichen Räumen (Eisenbahnwagen, Schiffe), da durch ihn mit Hilfe geeigneter Konstruktionen der Luftwechsel wesentlich gefördert werden kann.

Die Apparate zum Eindrücken von Luft bezeichnet man mit dem Namen: Preßköpfe, die zum Absaugen mit dem Namen: Sauger oder Deflektoren. Bei Schiffen werden die Apparate allgemein — nicht zum Vorteil der Deutlichkeit — mit „Ventilatoren" bezeichnet.

Die Anwendung der Preßköpfe und der Sauger bei Gebäuden sollte nur in solchen Fällen stattfinden, in denen — wie bereits angedeutet — ein in weiten Grenzen wechselnder Lüftungseffekt statthaft und somit der Wind als dessen kostenloser Förderer erwünscht ist, oder in denen ohne Schutzeinrichtungen der Wind einen störenden Einfluß auf die angestrebte Luftbewegung in den Kanälen auszuüben imstande ist. Letzteres tritt hauptsächlich bei frei über dem Gebäude mündenden Kanälen ein, sofern der Wind durch benachbarte Körper in seiner meist nahezu horizontalen Richtung abgelenkt und gegen diese unter einem Winkel von über 18°*), also als Oberwind, die Kanalöffnung trifft. Diesen Oberwind für den Kanal in Unterwind umzusetzen, ist die Aufgabe der Sauger. Ist die Wirkung eines Kanals dadurch gehemmt, daß der Wind nur einen Überdruck auf die Kanalluft ausüben, aber keine nennenswerte Bewegung der Luft außen an der Kanalmündung hervorrufen kann, z. B. wenn die Mündung des Kanals (Schornsteins) tiefer liegt, als andere ihn unmittelbar einseitig und ungünstig begrenzende Gebäudeteile, so schafft die Anordnung eines Saugers keine Hilfe. Bewegung der äußeren Luft ist Bedingung für die Wirkung eines Saugers. Bei Unter- oder horizontalem Winde ist die Saugkraft eines Kanals größer, wenn keine Sauger vorhanden sind; für freistehende und durch die Umgebung nicht beeinflußte Kanäle (Schornsteine) sind daher Sauger unnötig. Zum Schutze gegen Sonne, Regen und Schnee, wenn ein solcher überhaupt erforderlich erscheint, kann ein einfaches in entsprechender Entfernung von der Kanalmündung angebrachtes Dach dienen.

*) S. auch Gesundheits-Ingenieur 1906, Nr. 29.

Die Wahl der Sauger für Gebäude — deren es eine mehr als nötig große Zahl gibt — ist ziemlich gleichgültig, sofern nur die Konstruktion mit Sicherheit jeden Oberwind in Unterwind umwandelt und einigermaßen den Kanal gegen Regeneinlaß schützt. Die auf Tafel 5 gegebenen Konstruktionen erfüllen sämtlich den Zweck.

Drehbare Sauger sind tunlichst zu vermeiden, da sie sich durch widrige Verhältnisse festsetzen und alsdann gegenteilig, d. h. pressend statt saugend wirken können.

Für die Preßköpfe bewegter Räume gibt es zurzeit noch keine Konstruktionen, die ohne Veränderung der Aufstellung bei jeder Richtung des Windanfalls für Einführung von Luft wirksam sind. Die Köpfe müssen daher bei Schiffen stets in den Wind gedreht werden. Da die Drehung, von Hand bewirkt, nur in Zwischenräumen erfolgen kann, die Wind- und Fahrtrichtungen aber vielfach wechseln, so ist bei Wahl der Konstruktion darauf zu achten, daß diese noch bei möglichst großem Ausschlag der Richtung des Windanfalls eine pressende und keine saugende Wirkung ausübt.

Die Wahl der Sauger für Schiffe und Eisenbahnwagen ist vorsichtiger als die für Gebäude zu treffen, falls die Erwartungen erfüllt werden sollen.

Sie haben nicht nur die Aufgabe, Oberwind in Unterwind umzusetzen, sondern gleichzeitig einen möglichst großen Unterdruck im Kanal hervorzurufen.

Jeder Aufsatz auf einer Kanalmündung bedingt Widerstände für die Luftbewegung, diese müssen von der fördernden Kraft des Windes mit überwunden werden. Die Preßköpfe, die meist eine ziemlich einfache Gestaltung besitzen und in dieser dem Winde durch Ablenkung und Wirbelbildungen verhältnismäßig geringere Widerstände darbieten, als die sehr verschiedenartig gestalteten Sauger mit ihren vielen auf das mannigfachste geformten Ablenkungsflächen, weichen somit auch in ihren Leistungen weniger voneinander ab als die Sauger. Je größer die Widerstände in einem Kanal sind, desto geringere Luftmengen können natürlich sowohl die Preßköpfe als die Sauger fördern; bei den letzteren zeigt sich aber in viel erhöhterem Maße als bei den ersteren, daß häufig Konstruktionen, die bei kleinen Widerständen nur geringe Luftmengen liefern, bei großen Widerständen anderen nicht unbedeutend überlegen sind, die ebenfalls bei kleinen Widerständen eine bei weitem bessere Leistung aufweisen. So hat sich z. B. bei den Versuchen, die in der „Prüfungsanstalt für Heizungs- und Lüftungseinrichtungen" an der Technischen Hochschule vorgenommen worden sind*), ergeben, daß der Sauger Fig. 7 auf Tafel 5 und demnächst der Sauger Fig. 8 für kleine Widerstände in der Saugeleitung, dagegen der Sauger Fig. 9 für große Widerstände die beste Wirkung

*) S. Mitteilungen der Prüfungsanstalt für Heizungs- und Lüftungseinrichtungen 1910, Heft 3.

besitzt. Die Versuche konnten allerdings nur mit Saugern für Kanäle von 100 mm Durchmesser angestellt werden; die Versuchsergebnisse haben daher nur einen Vergleichswert für die Wahl der Konstruktion. Es genügt dies für die Praxis, da mit der Wirkung sowohl der Preßköpfe als der Sauger doch keine Rechnung angestellt werden kann.

Die auf Tafel 5 in Fig. 1 bis 5 gegebenen Konstruktionen von Preßköpfen können als zweckentsprechend angesehen werden und sind in der Reihenfolge abnehmender Wirksamkeit zur Darstellung gebracht. Von den gegebenen Saugern sind die in Fig. 11 bis 17 dargestellten auch auf ihre Saugwirkung bei großen und kleinen Widerständen untersucht worden. Es darf von ihnen gesagt werden, daß Einwände gegen ihre Anwendung in der Praxis nicht erhoben werden können.

Aus den angeführten Untersuchungen sind noch folgende allgemeine Ergebnisse hervorzuheben:

1. Die Wirkung von Saug- und Preßköpfen ist wesentlich abhängig von dem Windanfall.
2. Die von ihnen geförderte Luftmenge ist linear proportional der ersten Potenz der Windgeschwindigkeit.

   Der erzeugte Unter- bzw. Überdruck ist proportional der zweiten Potenz der Windgeschwindigkeit.

   Die Leistung ist proportional der dritten Potenz der Windgeschwindigkeit und nimmt wesentlich ab, wenn der zu überwindende Widerstand zunimmt.
3. Die „relative Wertigkeit“ der einzelnen Modelle ist unabhängig von der Windgeschwindigkeit.
4. Die relative Wertigkeit der Saugköpfe ändert sich — was für die Auswahl der Konstruktion von Wichtigkeit ist — wesentlich mit der Größe des angeschlossenen Widerstandes; bei den Preßköpfen ist dies — wenigstens bei den untersuchten — nicht der Fall.

2. Ventilatoren.

a) Strahlapparate. Strahlapparate werden betrieben durch Druckwasser (Wasserleitung), Dampf oder Preßluft. Die Strahlapparate mit Wasserbetrieb bringen nur geringe Druckhöhen bei verhältnismäßig großem Verbrauche an Wasser hervor und arbeiten meist nicht geräuschlos, so daß sie nur in seltenen Fällen Empfehlung verdienen.

Dampfstrahlapparate sind, da sich der Dampf mit der geförderten Luft mischt, nur zum Absaugen zu gebrauchen und verursachen bedeutendes Geräusch, so daß sie nur in einzelnen Fällen des Gewerbebetriebes, nicht aber für Wohnräume usw. Anwendung finden können. Preßluft-Strahlapparate bedingen Verfügung über Preßluft, sind daher bislang als beliebig anzuwendende Apparate nicht anzusehen.

b) Schraubenventilatoren. Die Schraubenventilatoren werden ausgeführt für Feder-, Wasser- oder Maschinenbetrieb.

Schraubenventilatoren mit Federbetrieb sind für Lüftungszwecke ohne Bedeutung, da die durch die Spannung der Feder zur Verfügung stehende Antriebskraft, sofern die Feder nicht eine sehr bedeutende Größe erhält und nicht lediglich durch Handbetrieb innerhalb längerer Zwischenräume gespannt werden soll, zu gering ist, um durch den Ventilator eine nur nennenswerte Überdruckhöhe erzeugen zu können. Zur periodischen Umwälzung der Luft innerhalb eines kleineren Raumes mögen sie vielleicht in vereinzelten Fällen, in denen elektrische Energie für Betriebszwecke nicht zur Verfügung steht, Verwendung finden können.

Steht elektrische Energie zur Verfügung, dann erfüllen den gleichen Zweck aber in vollkommener Weise die im Handel befindlichen kleinen Tisch- oder Wandventilatoren, besonders aber die an der Decke anzubringenden Fächerventilatoren (s. Tafel 7). Bei in Fahrt befindlichen Räumen (Eisenbahnwagen) werden diese Fächerventilatoren auch vielfach durch den Druck der Außenluft mittels geeigneter Vorrichtungen (Schalenkreuze usw.) betätigt.

Der Zweck der Luftumwälzung besteht in der Erzielung einer gesteigerten Wärmeentziehung von den Personen, die von der bewegten Luft getroffen werden. Die Apparate verdienen bei sehr warmer und feuchter Luft durchaus Empfehlung. Für Schiffe, die in die Tropen fahren, sind sie von besonderer Bedeutung.

Schraubenventilatoren mit Wasserbetrieb werden durch die Kraft des Stoßes unter Druck ausfließenden Wassers bewegt. Bei den in den Preislisten als Lieferung angegebenen Luftmengen bei freiem Ausblasen ist die hervorgerufene Überdruckhöhe eine sehr geringe, meist weniger, aber selten mehr als 0,4 m Luftsäule in Luft von 0°. Sie sind daher nur bei verhältnismäßig kurzen und im Querschnitt weiten Kanalstrecken anzuwenden. Passende Anordnungen können sie für unmittelbar aufsteigende Abluftkanäle bei Aborträumen, Küchen usw. finden, zumal da in diesem Falle das abfließende Wasser zu weiteren Zwecken zu benutzen ist.

Schraubenventilatoren mit Maschinenbetrieb werden gefertigt im Durchmesser bis etwa 3 m. Sie lassen sich bequem in die Kanäle einbauen und können mit Vorteil in allen Fällen Anwendung finden, in denen nur geringe Drucke erforderlich werden (s. Tafel 6). Die Umfangsgeschwindigkeit soll möglichst nicht über 25 m/sek. gesteigert werden, weil sonst leicht störende Geräusche (Brummen) eintreten. Bauart verschieden.

Als eine neue Art von Schraubenventilatoren sind die „Schlottergebläse“ (Siemens-Schuckert-Werke) zu bezeichnen, die voraussichtlich demnächst auf dem Markt erscheinen werden.

c) Zentrifugalventilatoren. Zwei der bekanntesten Bauarten sind auf Tafel 7 dargestellt. Derartige Ventilatoren bestehen im allgemeinen aus Schaufelkränzen verschiedener Form und Länge, in deren Inneres die Luft aus einem Saugstutzen achsial eintritt. Sie wird durch die

Flügel radial in ein Schneckengehäuse geworfen und tritt schließlich, um 90° gegen die Eintrittsrichtung verdreht, durch einen Druckstutzen aus. Die für die Lüftung von Gebäuden verwendeten Zentrifugalventilatoren weisen Flügelraddurchmesser bis zu 1,5 m auf. Zur Vermeidung störender Geräusche soll die Umfangsgeschwindigkeit der Flügel 30 m/sek nicht wesentlich übersteigen. Anwendung finden die Zentrifugalventilatoren bei erforderlichen größeren Druckhöhen, also bei Förderung der Luft mit großer Geschwindigkeit und innerhalb einer ausgedehnteren Kanalanlage.

d) Anordnung der Ventilatoren. Die Ventilatoren für gemeinschaftliche Luftbeförderung sind jederzeit hinter der Staubkammer und sofern ein Filter vorhanden, auch hinter diesem anzuordnen, damit die Lager usw. der Ventilatoren dem Verschleißen durch Staub tunlichst entzogen werden. Ob der Ventilator vor oder hinter der Heiz- bzw. Mischkammer aufzustellen ist, muß besonderer Erwägung und den baulichen Verhältnissen anheimgestellt bleiben. Die Aufstellung vor der Heizkammer hat den Vorteil, daß die Sicherheit gegen die Übertragung der durch den Betrieb der Ventilatoren etwa hervorgerufenen Geräusche gefördert wird, die Aufstellung hinter der Heiz- bzw. Mischkammer dagegen den Vorteil, daß die Bedienung der Ventilatoren in warmer Luft erfolgt und ein besonders gutes Mischen der warmen mit der dieser etwa zugegebenen kalten Luft erzielt wird.

Zur Vermeidung der Übertragung von Geräuschen ist es ratsam, bei Anordnung der Ventilatoren im Keller ihnen ein bis auf den gewachsenen Boden reichendes nicht mit dem Erdreiche des Kellers in Berührung stehendes Fundament zu geben, bei Anordnung über einer Decke die Lagerung auf besonders kräftigen, nicht mit der Decke in Verbindung stehenden, sondern auf Tragwänden ruhenden Trägern zu bewirken, gebotenenfalls auch noch eine Zwischenlage von Filz in Anwendung zu bringen.

Für den Antrieb der Ventilatoren empfiehlt sich stets, also auch bei Verwendung elektrischer Energie, der Riemenbetrieb und nicht eine Kuppelung des Ventilators mit dem Elektromotor, da sonst etwaige Geräusche des letzteren durch die Kanäle nach dem Raum sich fortpflanzen können, ferner lebhafte Luftströmungen für den Elektromotor nicht vorteilhaft sind, auch sein schnellerer Verschleiß durch Staubteilchen, besonders wenn Filter nicht vorhanden sind, zu erwarten steht. Bei großen Anlagen, bei denen eine Luftverteilung vom Ventilator aus nach verschiedenen Seiten des Gebäudes stattfinden muß, ist es zur Vermeidung störender Wirbel usw. in der Luft zweckmäßig, hinter dem Ventilator eine gegen Luft undurchlässige, nicht zu klein bemessene Druck- und Verteilungskammer anzuordnen.

Die Ventilatoren müssen bei großen Anlagen darauf eingerichtet sein, sie mit verschiedener Umfangsgeschwindigkeit laufen zu lassen, um bei teilweiser Ausschaltung einzelner Räume den Lüftungsbetrieb entsprechend regeln zu können. Da es bei der Lüftung der Räume jederzeit auf Einhaltung des vorgeschriebenen Lüftungseffekts ankommt, so sind Einrichtungen erforderlich, durch die die jeweilig geförderte Luftmenge gemessen werden kann. Am sichersten ist dies durch Stauscheiben oder Staurohre zu erreichen, die entweder mit einem auf Kubikmeter geeichten Differentialmanometer (Pneumometer System Recknagel-Krell) oder mit einem Volumeter (z. B. System Brabbée) verbunden sind. Ferner sind zur Kontrolle der Druckverhältnisse geeignete Manometer (Differentialmanometer) hinter dem Ventilator (Druckkammer) und ein Schieber zu empfehlen, um gebotenenfalls durch diesen und nicht allein durch die Umdrehungszahl des Ventilators die geförderte Luftmenge regeln zu können.

e) Wahl der Größe des Ventilators. Die mit der Ausführung von Lüftungsanlagen sich beschäftigenden Firmen fertigen in den seltensten Fällen die von ihnen verwendeten Ventilatoren, sondern beziehen sie von Sonderfabriken.

Für den Kostenanschlag hat somit die Wahl eines Ventilators nach Preislisten zu erfolgen. In diesen sollen neben den Hauptabmessungen usw. Angaben enthalten sein über geförderte Luftmenge, Umdrehungszahl und Kraftverbrauch nicht nur bei freiem Ausblasen, sondern auch unter verschiedenen Gesamtdrücken oder statischen Drücken, da nur mit Hilfe solcher Angaben die richtige Wahl eines Ventilators erfolgen kann. Während früher diese Angaben in den Preislisten fast immer fehlten, sind sie neuerdings in ihnen meistens enthalten.

Bezeichnet

M den zu überwindenden Gegendruck, d. h. den Gesamtdruck in der Kanalanlage, ausgedrückt in einer Luftsäule von 0° (Berechnung von M siehe Abschnitt VI, 5, Fall 11 und 12),

v_a die Austrittsgeschwindigkeit der Luft am Ventilator,

h_s die im Ausblasequerschnitt erzeugte statische Druckhöhe in mm Wassersäule,

t die Temperatur der vom Ventilator geförderten Luft,

so besteht die Beziehung:

$$\frac{1{,}293\, v_a^2}{2g\,(1 + \alpha\, t)} + h_s = 1{,}293\, M\,. \tag{42}$$

Für die Ausführung einer Anlage ist zu empfehlen, die Bestellung des Ventilators nicht allein nach den Angaben der Preislisten vorzunehmen, sondern der betreffenden Firma genaue Angaben über die zu fördernde Luftmenge, den zu überwindenden Widerstand, sowie über die Art des Einbaus zu machen und von ihr Garantien für den zugesicherten Wirkungsgrad des Ventilators und die Geräuschlosigkeit des Betriebes zu fordern. Zweckmäßig ist es, die Erfüllung der ersteren Forderung durch eine Prüfung des Ventilators nach den vom Verein deutscher Ingenieure herausgegebenen „Regeln für Leistungsversuche an Ventilatoren und Kompressoren"*) festzustellen.

*) Zu beziehen von der Geschäftsstelle des Vereins deutscher Ingenieure, Berlin.

Ein fehlerhaft gewählter oder gelieferter Ventilator kann dahin führen, daß, wie man z. B. mehrfach bei Krankenhäusern beobachten kann, die hohen Betriebskosten zum Stillegen des Ventilators führen. Bei der Bedeutung des Ventilatorbetriebes für die weitere erfolgreiche Entwicklung der Lüftungstechnik ist es daher von großer Wichtigkeit, daß die ökonomische Seite mehr als bisher Beachtung findet. Das kann aber nicht nur dadurch geschehen, daß dem Lieferanten des Ventilators die vorstehenden Angaben gemacht, sondern auch die mitgeteilten Forderungen gestellt werden. Erst nachdem die Erfüllung der bedingten Garantie durch Versuche nachgewiesen ist, sollte die Abnahme des Ventilators seitens des Bestellers erfolgen.

f) Bestimmung der Betriebskraft eines Ventilators.

Bedeutet:

L die stündlich zu fördernde Luftmenge in cbm von der Temperatur t,

M (wie unter e) den Gesamtwiderstand in der Kanalanlage, ausgedrückt in einer Luftsäule von 0°,

η den Wirkungsgrad des Ventilators,

so ist bei unmittelbarem Anschluß der Ausblaseöffnung des Ventilators an eine gleich weite Kanalleitung:

$$N = \frac{L}{(1+\alpha t)\,3600} \cdot \frac{1{,}293\,M}{75\,\eta} = \frac{0{,}0000048\,L\,M}{(1+\alpha t)\,\eta}\ \text{PS.} \qquad (43)$$

Schließt sich der Ventilator durch ein allmählich sich erweiterndes Übergangsstück (Diffusor) an die Kanalanlage an, so daß sich die Austrittsgeschwindgikeit der Luft von der Geschwindigkeit v_a auf v_{a_1} ermäßigt, ist infolge des Verlustes an Druckhöhe im Diffusor noch ein Zuschlag zu M von der Größe

$$p\,\frac{(v_a^2 - v_{a_1}^2)}{2g\,(1+\alpha t)} \qquad (44)$$

zu machen. p kann im Mitetl mit 0,2 in Ansatz gebracht werden.

Tritt die Luft nach Verlassen des Ventilators zunächst in eine Druckkammer ein, so geht je nach deren Größe und Ausführung ein Teil oder die ganze Geschwindigkeitshöhe verloren — sicherheitshalber kann letzteres stets angenommen werden. Zu M ist alsdann bei Berechnung der Betriebskraft noch der Wert $\frac{v_a^2}{2g(1+\alpha t)}$ hinzuzufügen. (S. a. VI, 5, Fall 8.)

Der Wirkungsgrad η schwankt je nach Ausführung und den jeweiligen Betriebsverhältnissen etwa zwischen 0,3 und 0,7, woraus die Wichtigkeit der unter e) angegebenen von dem Verfertiger zu fordernden Angaben und Garantien hervorgeht. Es ist, wenn stets sämtliche Räume und stets unter gleichen Verhältnissen zu lüften sind, natürlich von Vorteil, einen Ventilator mit einem hohen Wirkungsgrad zu wählen, wenn aber ein sehr schwankender Lüftungsbetrieb vorausgesetzt werden muß, ist nicht ein Ventilator zu wählen, der bei dem größten Luftbedarf einen großen, bei dem geringsten Luftbedarf einen sehr kleinen Wirkungsgrad besitzt, sondern besser einen solchen, der einen mittleren, aber bei allen Schwankungen des Luftbedarfs möglichst gleichbleibenden Wirkungsgrad gewährleistet.

g) Beispiele für Wahl der Größe eines Ventilators und für Bestimmung der Betriebskraft.

Aufgabe. Durch eine Kanalanlage sollen 40 000 cbm Luft von 23° gefördert werden. Der Widerstand der Kanalanlage betrage $M = 7{,}6$ m Luftsäule von 0°. Der Wirkungsgrad des Ventilators werde mit $\eta = 0{,}4$ angenommen. Die Ausblasegeschwindigkeit sei $v_a = 10$ m/sec.

Lösung. Bei unmittelbarem Anschluß der Ausblaseöffnung an die Kanalanlage ergibt sich gemäß Gl. (43):

$$N = \frac{40000}{(1 + \alpha\, 23)\, 3600} \cdot \frac{1{,}293 \cdot 7{,}6}{75 \cdot 0{,}4} = 3{,}4 \text{ PS.}$$

Bei Vorhandensein eines Diffusors, der die Geschwindigkeit $v_a = 10$ m auf $v_{a_1} = 5$ m ermäßigt, ergibt sich, wenn in dem Ausdruck (44) $p = 0{,}2$ gesetzt wird, als Zuschlag von M:

$$0{,}2 \frac{(10^2 - 5^2)}{2\, g\, (1 + \alpha\, 23)} = 0{,}7, \text{ und somit:}$$

$$N = \frac{40000}{(1 + \alpha\, 23)\, 3600} \cdot \frac{1{,}293\, (7{,}6 + 0{,}7)}{75 \cdot 0{,}4} = 3{,}7 \text{ PS.}$$

Bei Vorhandensein einer Druckkammer, in die der Ventilator einbläst und an die sich erst die Kanalanlage anschließt, ist zu dem für die Kanalanlage berechneten M noch $\frac{10^2}{2\, g\, (1 + \alpha\, 23)} = 4{,}7$ hinzuzufügen, und ergibt sich dann:

$$N = \frac{40000}{(1 + \alpha\, 23)\, 3600} \cdot \frac{1{,}293\, (7{,}6 + 4{,}7)}{75 \cdot 0{,}4}\, 5{,}5 \text{ PS.}$$

VI. Kanäle.

(Siehe Tafel 8.)

1. Anordnung der Zuluftkanäle.

Von der Entnahmestelle aus ist die Luft durch die Staubkammer, Filter usw. auf möglichst kurzem Wege nach der Heizkammer zu leiten. Der Eintritt der Luft in diese und ihre Führung an dem Heizapparate vorüber hat unter Berücksichtigung einer möglichst gleichmäßigen Erwärmung zu erfolgen. Nach der Erwärmung findet in der Regel die Befeuchtung der Luft statt und alsdann deren Abgabe nach den einzelnen aufsteigenden Kanälen.

Bei Lüftung mittels Temperaturdifferenz ohne besondere Erwärmung der Abluft steht nur ein geringer Überdruck für Bewegung der Luft zur Verfügung, es müssen daher die aufsteigenden Kanäle möglichst in oder doch in unmittelbarer Nähe der Heizkammer unter Decke beginnen. Wieweit eine horizontale Führung der Luft von der Heizkammer nach den aufsteigenden Kanälen überhaupt statthaft ist, kann nur die Berechnung ergeben; folgt Führung nach Gutdünken, so kommt es häufig vor, daß weiter abliegende Kanäle nicht nur von der Luftzufuhr ausgeschlossen bleiben, sondern rückläufige Bewegung der Luft möglich machen. Liegt der Wunsch vor, weiter abliegende Räume an die Lüftung anzuschließen, so kann er mitunter dadurch erfüllt werden, daß die erforderliche horizontale Kanalführung nicht von der Heizkammer abzweigt, sondern in die Höhe des zu lüftenden Raumes verlegt wird, von der Heizkammer aus aber der steigende Kanal unmittelbar beginnt.

Soll die Möglichkeit erzielt werden, den einzelnen Räumen verschieden warme Luft zuführen zu können, so ist es am zweckmäßigsten, die aufsteigenden Kanäle rückwärts zu verlängern, sie mit dem unter dem Heizapparate liegenden Kanale für Zuführung frischer Luft zu verbinden und mit einer außerhalb der Heizkammer zu regelnden Wechselklappe zu versehen, die gestattet, nur erwärmte, kalte oder gemischte Luft in die Kanäle eintreten zu lassen. Wenn — wie meist — die Erfordernisse für die Mischung warmer mit kalter Luft von der Temperatur der betreffenden Räume abhängen, so ist in diesen die Anordnung von Fernthermometern erwünscht, deren Anzeigen sich alsdann grundsätzlich an der Regelungsstelle der Luftmischung befinden sollen.

Bei Drucklüftung und bei Sauglüftung unter besonderer Erwärmung der Abluft oder unter Anwendung von Exhaustoren steht für Bewegung der Luft ein größerer Überdruck zur Verfügung, somit ist die Horizontalführung der Kanäle bei derartigen Anlagen nicht in so enge Grenzen gebannt. Es werden dann meist von der Heizkammer aus horizontale, mit den aufsteigenden Kanälen in Verbindung stehende Verteilungskanäle angeordnet. Allerdings sind, sofern der geforderte, der Berechnung der Anlage zugrunde gelegte Lüftungseffekt mit Sicherheit erzielt werden soll, dichte Wandungen der Kanäle, besonders der horizontal geführten, Bedingung. Horizontalkanäle, innerhalb deren sich die Luft mit großer Geschwindigkeit zu bewegen hat, also in ihnen ein größerer Anfangsdruck erforderlich ist, sind daher am besten aus Eisenblech herzustellen, gemauerten dagegen ein solcher Querschnitt zu geben, daß die Möglichkeit vorliegt, sie nach ihrer Herstellung mit einem undurchlässigen Anstrich versehen zu können.

Bei größeren Anlagen wird zweckmäßig vor Verteilung der Luft zunächst hinter der Heizkammer noch eine Mischkammer angelegt, in der durch Einführen frischer Luft eine genaue Herstellung der erforderlichen Temperatur erzielt werden kann. Auf richtige Mischung der kalten und warmen Luft ist zu achten und diese Mischung durch geeignete Vorrichtungen herbeizuführen; wenn möglich trete die kalte Luft über der warmen in die Mischkammer ein. Eine gute Durchmischung der Luft wird, wie bereits erwähnt (s. S. 58), bei Drucklüftung erzielt, sofern der Ventilator hinter der Mischkammer Aufstellung findet, allerdings ist dann in erhöhtem Maße auf Anwendung eines geräuschlos laufenden Ventilators zu achten.

Da die Kanalquerschnitte möglichst dem Mauermaße angepaßt werden müssen, so entspricht die Ausführung meist nicht der genauen Berechnung.

Zur Ausgleichung der unvermeidlichen Fehler empfiehlt sich, jeden aufsteigenden Einzelkanal an passender Stelle mit einer einfachen Regelungsvorrichtung zu versehen, die nach Fertigstellung der Anlage mit Hilfe geeigneter Messungen dem geforderten Effekte entsprechend unveränderlich eingestellt wird. Außerdem hat noch jeder aufsteigende Einzelkanal eine vom zugehörigen Raume oder von einer sonst passenden Stelle aus beliebig regelbare Verschlußvorrichtung zu erhalten.

Alle Kanäle sind vor Wärmeübertragung tunlichst zu schützen, die aufsteigenden Kanäle möglichst senkrecht zu führen und in Mittel- oder Scheidewände zu legen. (Über die Wärmeverluste bei ausgedehnter Horizontalführung der Kanäle siehe Heizung, Abschnitt Luftheizung.)

2. Einströmung der Luft in die Räume und Abströmung der Luft aus den Räumen.

Die richtige Anordnung für die Einströmung der Luft in die Räume und für die Abströmung der Luft aus den Räumen ist von größter Bedeutung für die Erzielung einer einwandfreien Lüftung. Ein- und Abströmungen hängen unmittelbar voneinander ab, so daß sie auch gemeinschaftliche Behandlung finden müssen.

Die Zahl, Größe und Lage der Ein- und Abströmungsöffnungen sowie die Geschwindigkeit der ein- und abströmenden Luft haben sich — abgesehen von den baulichen Verhältnissen — im wesentlichen nach der Größe und Bestimmung der zu lüftenden Räume, nach der Größe des Luftwechsels, nach der einzuhaltenden Temperatur in den Räumen und nach der erforderlichen Lage der neutralen Zone zu richten. Bei der großen Verschiedenartigkeit der Gebäude und ihrer Bestimmung ist es nicht möglich, allgemein gültige Regeln für den Luftein- und -austritt zu geben. Allgemein kann nur gesagt werden, daß das Ideal einer Lüftungsanlage sein würde, an jeder Stelle, an der eine Güteverminderung der Luft oder eine der Gesundheit nicht wohltuende Temperatur- oder Feuchtigkeitszunahme eintritt, Zu- und Ableitungen von Luft vorzusehen, und daß der ausführende Ingenieur darauf bedacht sein soll, seine Anlage diesem Ideal nach Möglichkeit zu nähern. In gewissem Sinne wird dies auch bei einer richtig angelegten Lüftungsanlage erreicht, denn die Verteilung der in einen Raum eingeführten Frischluft hängt nicht allein von der verhältnismäßig geringen Anzahl von Einströmungsöffnungen, die man in der Lage ist, anordnen zu können, sondern von den in einem Raume jederzeit eintretenden sekundären Luftströmen, auch von der Durchlässigkeit der Wandungen ab. Es wäre ein Irrtum, die Luftbewegung durch einen Raum hindurch mit der in einer geschlossenen Kanalleitung von geringem Querschnitt herrschenden vergleichen zu wollen, wennschon in der Praxis, je nach der Lage der Ein- und Ausströmungsöffnungen, von der Lüftung der Räume von unten nach unten, von unten nach oben, von oben nach oben und von oben nach unten gesprochen wird. Es findet niemals ein gleichmäßiges Verdrängen der abzuleitenden Luft durch die eingeführte, sondern jederzeit ein Mischen der eingeführten Luft mit der Raumluft statt, d. h. es bilden sich, wie bereits erwähnt, stets sekundäre Luftströme, die für die Verteilung der Frischluft im Raum, für ein durch sie bewirktes Auswaschen der verbrauchten oder der infolge Temperatursteigerung oder Feuchtigkeitszunahme lästigen Luft sorgen. Die sekundären Ströme sind daher für die einwandfreie Lüftung eines Raumes von ganz besonderer, bisher in der Praxis viel zu wenig beachteter Bedeutung, ihr richtiges Erkennen und Beurteilen bilden eine sehr wichtige, allerdings auch die schwierigste Aufgabe für den Ingenieur.

Luftwechsel ohne Luftbewegung ist nicht möglich, niemals darf aber die Luftbewegung als lästiger Zug empfunden werden. Zugerscheinungen werden eintreten, wenn die Luft bei normaler Temperatur die Anwesenden mit einer zu großen Geschwindigkeit oder bei geringer Geschwindigkeit mit zu niedriger Temperatur trifft. Die Größe der zulässigen Geschwindigkeit anzugeben, ist kaum möglich, da die Luftströme in sehr verschiedenem Maße als „Zugluft" empfunden werden. Personen, die leicht transpirieren, sind naturgemäß besonders empfindlich, da die Luftbewegung gesteigerte Verdunstung und diese wiederum Wärmeentziehung des Körpers verursacht. Bei einer Temperatur, die niedriger als die der Raumluft ist, dürfte die zulässige Grenze schon bei oder sogar unter 0,1 m liegen.

Unzulässig ist daher natürlich eine Anordnung, bei der die Anwesenden unmittelbar von einem mit größerer Geschwindigkeit eintretenden Luftstrom getroffen werden können, oder bei der Sitzplätze in unmittelbarer Nähe einer Abströmungsöffnung vorgesehen sind.

Die sekundären Luftströme werden durch verschiedene, der Hauptsache nach folgende Ursachen hervorgerufen.

a) Vorhandene Wärmequellen im Raum. Als solche sind Heizkörper, Beleuchtung und die anwesenden Personen zu betrachten.

Den ersten beiden Wärmequellen sind feste Plätze angewiesen, somit hat es der Ingenieur oder der ausführende Architekt in der Hand, die richtige Anordnung dieser treffen zu können.

Die Heizkörper werden jederzeit am besten an den Orten des größten Wärmebedarfs aufzustellen sein, also hauptsächlich an den Fenstern. Bei richtiger Verteilung und gebotenenfalls durch sachgemäße Verkleidung können die Heizkörper somit einen wirksamen Schutz gegen störende Einflüsse von sekundären, durch die Abkühlung der Luft an den kalten Außenwänden bedingten Luftströmen bilden (s. unter b).

Bei der Beleuchtung, ganz besonders bei Gasbeleuchtung, wird Bedacht zu nehmen sein, daß die durch sie erzeugte Wärme nicht in den Bereich der Anwesenden gelangen kann, somit kurzerhand abgeführt wird, jedenfalls aber, daß innerhalb der Beleuchtungszone Personen sich nicht aufzuhalten haben. Ist letzteres nicht möglich, dann wird man in dieser Zone, wenigstens bei Gasbeleuchtung, auf die Einhaltung einer angenehmen Temperatur verzichten müssen.

Die Wärmeabgabe der dritten Wärmequelle, der anwesenden Personen, hat auf die Luftbewegung in einem Raum einen ähnlichen Einfluß wie die Heizkörper, nur mit dem Unterschiede, daß diese Einflüsse nach der jeweiligen Aufstellung der Anwesenden und nach der jeweiligen Besetzung der Räume von wechselnder Wirkung sind. Die durch die Wärmeabgabe der Anwesenden bedingten sekundären Luftströme werden selten belästigend wirken, wenn für ihre Bildung nicht noch andere Ursachen hinzutreten, also z. B. die durch Abkühlung der Luft an den Außenwänden hervorgerufene oder die durch eingeführte kühlere Luft bedingten Luftströme, das Öffnen von Türen nach Nebenräumen mit anderen Druckverhältnissen usw. Es ist Sorge zu tragen, daß die Einwirkung primärer oder nicht beabsichtigter sekundärer Luftströme von den Anwesenden ferngehalten werden — wie dies zu machen ist, wird zum Teil aus den folgenden Betrachtungen hervorgehen.

b) Abkühlung der Luft an den Außenwänden. Wie bereits unter a) erwähnt, wird die Aufstellung von Heizkörpern an den Außenwänden besonders den Fenstern gegen Bildung störender sekundärer Luftströme gute Dienste leisten können. Allerdings muß die Aufstellung in der richtigen Weise erfolgen, d. h. die an den Umfassungswänden, sofern sie der Außenluft ausgesetzt sind, sich abkühlende und herabsinkende Luft muß, soll sie nicht seitlich in die Räume abströmen, aufgefangen und zwangsweise den Heizkörpern zu erneuter Erwärmung zugeführt werden. Besonders an großen und einfachen Fenstern ist dies von Wichtigkeit, weniger an gemauerten Wänden, sofern bei diesen nicht auf eine bedeutende Abkühlung infolge seltnerer Benutzung des betreffenden Raumes zu rechnen ist. Vielfach wird man allerdings gezwungen sein, zur Einhaltung nicht zu hoher Raumtemperaturen die Wände geradezu als Kühlkörper zu benutzen, besonders wenn eine Lüftung von oben nach unten vorgesehen werden soll (s. unter d). Voraussetzung gegen Eintritt von störenden sekundären Luftströmen ist alsdann, daß, wenn auch die Wände nur eine geringe Eigenwärme besitzen, die Temperatur der Wandoberfläche keine zu niedrige sein darf, besonders wenn in der Nähe der Wände Personen sich aufzuhalten haben. Eine kräftige aber entsprechend kurze Vorwärmung der Räume vor ihrer Benutzung wird alsdann am Platze sein.

c) Mitreißen von Luft durch die eingeführten Luftströme. Wenn Luft mit nennenswerter Geschwindigkeit in einen Raum strömt, wird die den Luftstrom umgebende Luft in Mitbewegung versetzt, was an sich für die Verteilung der Frischluft und ihre gleichmäßige Mischung mit der Raumluft nur von Vorteil ist. Die hierdurch hervorgerufenen sekundären Luftströme werden aber Belästigungen bedingen, wenn sich in ihnen Personen aufzuhalten haben. Die Stärke, Ausdehnung und Fühlbarkeit dieser Luftströme hängt natürlich von der Geschwindigkeit, Mächtigkeit und Richtung der einströmenden Luft ab.

Muß an den Umfassungswänden Luft von unten und etwas kühler als Raumtemperatur eingeführt werden, so sind Zugerscheinungen zu vermeiden, wenn der Luft eine senkrechte und nicht zu langsame Aufwärtsbewegung angewiesen wird und der Eintritt in den Raum in einer breit ausgedehnten Schicht von geringer Tiefe erfolgt. Es kann dies durch Anordnung von nicht zu niedrigen Wandverkleidungen erreicht werden, hinter denen die Luft hochgeführt wird. Der Austritt der Luft etwa 2 m über Fußboden hat alsdann meist keine Zugerscheinungen zur Folge.

Tritt die Luft wagerecht und als eng umgrenzter Luftstrom ein, so ist eine höher gelegene Einströmung zu empfehlen, auch die Temperatur nur dann unter Raumtemperatur anzunehmen, wenn gegen das schnelle und unvermittelte Herabsinken der Luft durch geeignete Vorrichtungen Sorge getragen wird (s. unter d).

d) Eintritt kälterer Luft über der wärmeren Raumluft. Es ist zurzeit fast Mode geworden, bei großen Räumen (Theatern, Versammlungssälen, Konzertsälen usw.) lediglich der Lüftung von oben nach unten oder von oben nach oben das Wort zu reden. So gute Erfolge bei dieser Lüftung auch in manchen Fällen erzielt worden sind, hält für ihre Anwendung Verfasser doch Vorsicht für dringend geboten. Bei Lüftung von unten nach oben wird bei Einführung kühlerer Luft als die Raumluft ein mehr schichtweises Abdrücken der Abluft erfolgen, da die wärmere Luft über der kälteren, also schwereren, Luft sich befindet. Bei Eintritt kälterer Luft über der wärmeren Raumluft wächst die Schwierigkeit, Zugerscheinungen zu vermeiden, es bilden sich, da sich kalte Luft mit warmer nur schwer mischt, sekundäre, d. h. die Raumluft durchdringende, nach unten fallende und nach der jeweiligen Besetzung der Räume sich leicht örtlich verschiebende Luftströme.

Die wichtigste Aufgabe für den Ingenieur ist es daher, die kühlere Luft in ganz fein verteiltem Zustand und in möglichst großer Entfernung von den Anwesenden dem betreffenden Raum zuzuführen, oder, falls dieses aus baulichen Gründen nicht möglich ist, durch besondere Vorrichtungen die größtmögliche Verteilung der Luft sofort nach ihrem Eintritt zu bewirken.

Hierzu dient bei seitlichem Eintreten der Luft in die Räume die Einführung mit großer Geschwindigkeit unmittelbar unter der Decke und mit geringer Neigung gegen diese gerichtet. Die Luft adhäriert alsdann an der Decke, wälzt sich an ihr entlang, gewinnt an Ausbreitung und verliert an Geschwindigkeit, ehe sie eine abwärtssinkende Bewegung annimmt. Die Geschwindigkeit der einströmenden Luft kann, ohne störende Geräusche hervorzurufen, bis zu etwa 2,5 m angenommen werden.

Bei jeder Austrittsöffnung sind Vorrichtungen anzuordnen, die, ohne zu große Widerstände der Luftbewegung entgegenzusetzen, ein horizontales Verteilen der Luft nach den hierfür möglichen Richtungen bewirken. Da die lebendige Kraft der eintretenden Luft rasch aufgebraucht wird, so ist auch trotz dieser angegebenen Vorkehrungen geboten, die Querschnitte der Kanäle möglichst klein zu bemessen, also eine entsprechend große Anzahl von Eintrittsöffnungen vorzusehen. Hindernisse, besonders

Unterzüge an der Decke, die ein freies Fortbewegen der Luft hemmen, ehe sie eine ganz geringe Geschwindigkeit angenommen hat, dürfen nicht vorhanden sein, da sonst der Luftstrom abgelenkt wird und einmal in fallende Bewegung gebracht, sich sehr leicht ungeteilt nach dem Fußboden herabsenken kann.

Soll die Decke zum Eintritt der Luft benutzt werden, dann muß ebenfalls die Luft durch Vorrichtungen, z. B. durch kleine horizontale, unter den Eintrittsöffnungen angeordnete, parallel zur Decke verschiebbare Scheiben zunächst seitlich und parallel zur Decke abgeleitet werden, sofern die Eintrittsgeschwindigkeit keine ganz geringe und die Anzahl der Eintrittsöffnungen keine große ist.

Soll Wärme abgeleitet werden, so wird eine Lüftung von oben nach oben vorzusehen und somit selbstverständlich bei den Anordnungen der Austrittsöffnungen Vorsorge zu treffen sein, daß die Zuluft nicht unmittelbar den Abluftöffnungen zuströmen kann.

Das vorstehend Gesagte gilt sinngemäß auch, wenn kühlere Luft in halber Höhe des Raumes, also z. B. bei Vorhandensein von Logen, in diese eingeführt werden soll. Kühlere Luft unmittelbar durch die Brüstungen der Logen in einen Saal oder Theater treten zu lassen, ist stets infolge der hierdurch bewirkten unausbleiblichen Zugerscheinungen zu vermeiden.

Von wesentlichem Einfluß auf die Entscheidung, ob von oben nach unten oder von unten nach oben gelüftet werden soll, bilden die baulichen Verhältnisse, die Größe der Besetzung des Raumes und die Höhe der geforderten, nicht zu überschreitenden Temperatur. Bei großer Besetzung und verlangter Einhaltung einer Temperatur von etwa 22—23° im Bereiche der Anwesenden ist es nach den Erfahrungen des Verfassers in den meisten Fällen nur dann möglich, von oben nach unten zu lüften und bei Einführung kühlerer Luft den Forderungen der Zugfreiheit zu entsprechen, wenn es gelingt, die vorstehend angegebene feine Verteilung der Frischluft, ehe sie in den Bereich der Anwesenden gelangen kann, unbedingt sicherzustellen. In sehr vielen Fällen wird dies nicht möglich und alsdann eine Lüftung von oben nach unten nur dann am Platze sein, wenn die Zuluft nicht kälter als die Raumluft zu sein braucht und zur Einhaltung der geforderten Temperatur lediglich die Umfassungswände ausschließlich der Fenster Verwendung finden können.

Bei Räumen, deren Umfassungswände der Außenluft ausgesetzt sind, ist dies im Winter, infolge des Wärmeverlustes, leicht möglich, bei eingebauten, d. h. von warmen Räumen umgebenen Räumen dagegen nur dann, wenn vor ihrer Benutzung den Wänden durch Einführung kälterer Luft Wärme entzogen wird. Die Wärmeentziehung soll sich auf eine möglichst große Tiefe und nicht nur auf eine dünne Schicht der Wände erstrecken, da die Temperatur der Wandoberfläche, um der Bildung störender sekundärer Luftströmungen an diesen vorzubeugen, keine zu niedrige sein darf. Somit muß mit der Wärmeentziehung möglichst lange vor Benutzung des Raumes mittels nicht zu kühler Luft begonnen werden. Ist die ausgiebige Kühlung der Wände vor Benutzung der Räume nicht zu erzielen, so ist in den meisten Fällen von der Lüftung von oben nach unten abzuraten.

Von weiterer Wichtigkeit für die Entscheidung der Wahl des Lüftungssystems bildet die Frage, ob bei Benutzung der Räume nicht nur mit der Ableitung von Wärme, sondern auch auf die Entfernung von Tabaksrauch zu rechnen ist. Ist letzteres der Fall, dann ist die Lüftung von oben nach unten oder von oben nach oben zu verwerfen. Nach Ansicht des Verfassers ist Tabaksrauch nichts weiter, als die an der fast mit Körpertemperatur ausgeatmeten, nahezu mit Wasserdampf gesättigten Luft haftenden Ascheteilchen. Trotz der letzteren ist die Luft infolge ihrer höheren Temperatur und des größeren Wassergehaltes leichter als die Raumluft und wird rasch bis zu einer gewissen Höhe im Raume emporsteigen, nach kurzem Aufsteigen aber sich abkühlen und infolge des Wassergehaltes in Verbindung mit den Ascheteilchen das spezifische Gewicht der Raumluft annehmen. Es fehlt ihr alsdann an und für sich jede Tendenz des weiteren Aufsteigens, und so kann man in allen Räumen bei möglichster Abwesenheit sekundärer Luftströme eine Lagerung von Tabaksrauch in Gestalt einer dicken Schicht in einigen Metern über den Köpfen der Anwesenden beobachten. Für die Entfernung des Tabaksrauches muß daher eine Lüftung von unten nach oben vorgesehen werden. Da jedoch bei einem Saal nur an den Umfassungswänden Luft eingeführt werden kann, so wird, trotz ihrer tiefgelegenen Einführung, die Tabakswolke nicht zu beseitigen sein, falls der Saal eine bedeutende Grundfläche besitzt, somit die durch die Einführung der Luft oder Abkühlung an den Wänden bedingten sekundären Luftströme ihre Wirkung bis in den Saal hinein nicht ausüben können. Verfasser hat daher für einen solchen Saal in Vorschlag gebracht, in Höhe der Tabakswolke, also etwa 2—3 m über Fußboden, um 5° höher als Raumluft erwärmte Luft in verteiltem Zustand aber mit großer Geschwindigkeit seitlich einzuführen, um hierdurch die Tabaksschicht nicht nur in ihrer Ruhe zu stören, sondern ihr teils durch die erneute Erwärmung, teils durch die hierdurch bedingten sekundären Luftströme eine weitere aufsteigende Bewegung zu geben. Der Erfolg dieser Anordnung war ein vollkommener.

In Räumen von verhältnismäßig kleiner Grundfläche, z. B. in einem Restaurant, bei denen die Lufteinführung — wie unter c) empfohlen — stattfindet, werden die durch diese Anordnung hervorgerufenen sekundären Luftströme meist genügen, um die Lagerung einer Tabaksschicht zu verhindern. Ist die Anordnung aber nicht in der angegebenen Weise in diesen Räumen zu treffen und liegt nur die Möglichkeit vor, an wenigen Stellen von unten, außerdem aber noch in größerer Höhe Frischluft zuführen zu können, so erwärme man auch in diesem Fall die oben eingeführte Luft auf Raumtemperatur oder möglichst noch höher und lasse sie mit großer Geschwindigkeit eintreten. Empfehlenswert ist in allen diesen Fällen auch noch die Anordnung von Fächerventilatoren von der Decke herab, deren Zweck lediglich darauf hinausläuft, sekundäre Luftströme im Raum zu erzeugen und durch sie die Bildung von Luftinseln, die an der Luftbewegung nur geringen Anteil nehmen, zu verhüten (s. auch S. 57).

e) Eintritt von Zuluft mit höherer Temperatur als die Raumluft. Bei Eintritt der Zuluft mit höherer Temperatur als die Raumluft ist mit der Lüftung eine Erwärmung der Räume verbunden. Für diesen Fall empfiehlt sich die Einführung und Ableitung der Luft möglichst nahe dem Fußboden vorzusehen, Ableitung aber für den Fall, daß auch gelegentlich Wärme zu entfernen ist, auch unter der Decke anzuordnen. Bei Räumen mit festen Sitzen (Theatern, Parlamentssälen, Hörsälen usw.), denen wärmere Luft nur vor ihrer Benutzung zugeführt werden muß, ist die Einführung ebenfalls durch den Fußboden angezeigt.

Zugerscheinungen durch Eintreten sekundärer Luftströme infolge der Einführung wärmerer Zuluft sind meist ohne besondere Schwierigkeit zu vermeiden. Soll während der Benutzung des Raumes die Temperatur der einströmenden Luft zufolge der Wärmeentwicklung durch die anwesenden Personen Verminderung erfahren oder gar unter die Temperatur der Raumluft herabgesetzt werden, so empfiehlt sich für diesen Fall zunächst eine ganze getrennte Lüftungsanlage unter Berücksichtigung der hierfür weiter oben angegebenen Gesichtspunkte zu entwerfen und nachher zu versuchen, diese Anlage mit der zur Einführung wärmerer Luft erforderlichen passend zu vereinigen. Bei festen Sitzen in einem Raum wird man alsdann meist auch während der Benutzung der Räume zu einer Lüftung von unten nach oben gelangen.

f) Öffnen von Türen nach Räumen mit anderen Druckverhältnissen. Wie bereits erwähnt (s. S. 28), kann die neutrale Zone innerhalb eines Raumes durch die Lüftungsanlage eine Verschiebung nach unten oder nach oben erfahren, bei Anlagen auf Temperaturunterschied beruhend in verhältnismäßig geringem, bei Anlagen mit Ventilatorenbetrieb in meist genügendem Maße. Sind die Druckverhältnisse in einem Raume nicht die gleichen mit seinen Vorräumen, so findet beim Öffnen einer Tür ein Ausgleich der Druckverhältnisse und dadurch eine Luftbewegung durch die Tür statt. Bei der Größe einer Türöffnung kann der durch sie sich ergießende Luftstrom die störendsten Zugerscheinungen bewirken. Auch bei gleichen Druckverhältnissen können durch das Öffnen von Türen Zugerscheinungen eintreten, sofern die Temperatur des zu lüftenden Raumes eine andere als die seiner Vorräume ist.

In Räumen, bei denen darauf geachtet werden muß, daß, abgesehen von Zugerscheinungen, kein Austritt der Luft nach den Vorräumen stattfinden darf, z. B. bei Küchen, Aborten usw., ist, außer auf die Erzielung des für diese zu fordernden Unterdrucks, jederzeit auf gleiche Temperatur mit den Vorräumen zu halten.

Der ausführende Ingenieur hat nach dem Gesagten die Druckverhältnisse einer genauen Berechnung zu unterziehen, bzw. sie derartig zu wählen, daß durch das Öffnen der Türen Zugerscheinungen vermieden werden. In Räumen, in denen sich eine große Anzahl Personen versammeln, wird ein Überdruck gegenüber den Vorräumen einzuhalten sein, in diesen wiederum ein Überdruck gegen die weiter vorgelegenen Treppenläufe. Wenn beim Kommen und Gehen der Personen die Türen bis hinaus in das Freie als geöffnet anzusehen sind, werden Luftströme freilich nicht zu vermeiden sein. Der Architekt wird daher durch schnell sich schließende Pendeltüren, wenn möglich durch Drehtüren (Tourniquets), dem unangenehmen Ausgleich der Druckverhältnisse tunlichst vorzubeugen haben.

Bei dem Betrieb der Anlage ist darauf zu achten, daß bei Vorhandensein von Ventilatoren diese auch während des Kommens und Gehens der Personen in voller Tätigkeit gehalten werden. Überhaupt ist es zur Erzielung einer zugfreien Lüftung geboten, eine jede Anlage nicht erst dann in vollen Betrieb zu nehmen, wenn sich bereits ein fühlbares Bedürfnis, besonders nach Herabsetzung der Temperatur, bemerkbar macht. Diese Forderung sollte in der Praxis mehr als bisher erfüllt werden, denn es ist jederzeit durch Lüftung leichter, in zugfreier Weise ein Anwachsen der Temperatur zu verhüten, als das Herabsetzen einer zu hohen Temperatur zu erreichen.

Aus allem bisher Gesagten geht hervor, daß Räume mit geringer Besetzung meist ohne Schwierigkeit zugfrei gelüftet werden können, daß dagegen Räume, in denen sich eine große Anzahl Personen versammeln, sehr eingehende und jedem einzelnen Fall — ganz besonders auch in Beziehung auf die eintretenden und für jede Art Lüftung äußerst wichtigen sekundären Luftströme — angepaßte Behandlung finden müssen.

Die Lüftung von unten nach oben, besonders wenn bei festen Plätzen im Raum die Zuluft in fein verteiltem Zustand durch den Fußboden eingeführt werden kann, erfordert den verhältnismäßig geringsten Luftwechsel, um angenehme Verhältnisse im Bereiche der Anwesenden zu schaffen und hat den verhältnismäßig geringsten Einfluß auf die Bildung sekundärer Luftströme, da die sich an Menschen, Heizkörpern und Beleuchtung erwärmende Zuluft nicht nur eine aufsteigende Bewegung hat, sondern eine solche auch stets haben soll. Die Schwierigkeit der Ausführung einer solchen Anlage besteht jedoch darin, daß einesteils eine gleichmäßige und regelbare Verteilung der Zuluft unter dem Fußboden angeordnet werden muß — was nicht unbedeutende Raumverhältnisse erfordert —, anderenteils die Zuluft eine kaum merkbare Geschwindigkeit und eine von der Raumluft nur sehr wenig abweichende Temperatur besitzen darf, da sonst Belästigungen für die Anwesenden allein durch die geschickte Anordnung der Eintrittsöffnungen kaum zu vermeiden sind.

Die Lüftung von oben nach oben erfordert den größten Luftwechsel, da trotz vorsichtigster Anordnung ein großer Teil der notwendigerweise kühler als Raumluft einzuführenden Frischluft, noch ehe sie in den Bereich der Anwesenden gelangt ist, mit der Abluft abgeführt wird. Die Schwierigkeit der Ausführung dieser Anlage besteht in der Erzielung feinster Verteilung der Frischluft und in dem, auch bei verschiedener Gruppierung der Anwesenden geforderten sicheren Vermeiden von Zugerscheinungen durch die herabsinkenden kühleren Luftströme. Wesentlich erleichtert wird die Ausführung, wenn die Möglichkeit besteht, die Wände als Kühlkörper benutzen und auf die Einführung kühlerer Luft als die Raumluft im Bereiche der Anwesenden verzichten zu können.

Zwischen den angeführten beiden Lüftungssystemen steht in Hinsicht auf die erforderliche Größe des Luftwechsels die Lüftung von oben nach unten. Die Schwierigkeit der Ausführung ist etwa der bei der Lüftung von oben nach oben angegebenen gleichzusetzen.

Bezüglich des Betriebes bedingt die Lüftung von unten nach oben die geringsten Kosten, wie dies auch aus den Gleichungen (12) und (13) hervorgeht.

Vielfach wird es nötig sein, verschiedene Möglichkeiten der Luftzu- und -abführung miteinander zu verbinden, um der verschiedenen Benutzungsweise und Besetzungsstärke eines Raumes gerecht werden zu können. Z. B. bei einem Saale, in dem teils große Konzerte oder Versammlungen, teils Feste verschiedener Art abgehalten werden, in denen zeitweise auch mit Tabaksrauch zu rechnen ist, wird man eine unter allen Verhältnissen zugfrei und ausgiebig wirkende Anlage meist nur dann schaffen können, wenn sich der Betrieb den jeweiligen Bedürfnissen sicher anpassen läßt. Es wird bei geringer Besetzung des Saales meist eine Lufteinführung seitlich in der Nähe des Fußbodens, die Luftabführung — je nach der Abkühlung des Saales durch Fenster und Wände — über Fußboden oder unter Decke genügen, bei einem großen Festmahl aber, bei dem auch stets mit Tabaksrauch zu rechnen ist, die zusätzliche Einführung von wärmerer Luft mit möglichst großer Geschwindigkeit in einigen Metern über Fußboden und Ableitung von Luft über Fußboden und vorwiegend unter der Decke sich nötig erweisen, bei voller Besetzung des Saales und festgelegten Sitzplätzen dagegen (Konzerte), die Einführung von Luft vorwiegend unter der Decke und die Abführung der Luft oberhalb der Anwesenden erforderlich werden.

Bei Anwendung von Drucklüftung wird fast jederzeit die Absicht bestehen, die neutrale Zone dem Fußboden möglichst zu nähern oder sie gar unter ihn zu verlegen. Bei dem hierdurch benötigten Überdruck im Raum müssen naturgemäß die Querschnitte der Abluftkanäle gegenüber denen der Zuluftkanäle entsprechend klein, und zwar um so kleiner gemacht werden, als Türen und Fenster niemals dicht schließen und die Wände, falls nicht dagegen besondere Vorsorge getroffen worden ist, für Luft durchlässig sind.

Bei genügend kräftigem Überdruck im Raum kann man unter Umständen sogar auf Abluftkanäle verzichten, d. h. die Abluft sich selber ihre Ausgangswege suchen lassen, sofern es nur darauf ankommt, die geforderte Luftmenge dem Raume zuzuführen.

Es ist zweifellos, daß hierdurch der Wärmeaufwand für die Lüftung bzw. Heizung eines Raumes verringert wird, da die Wände bei dem Durchgang der Luft die in ihr enthaltene Wärme aufnehmen.

Empfohlen aber kann eine solche Ausführung nach Ansicht des Verfassers nicht werden. Bei dem Luftdurchgang durch die Wände werden diese zu Filtern und Akkumulatoren für die in der Luft enthaltenen Unreinigkeiten. In Theatern, Konzertsälen ohne Tabaksrauch usw. mögen die Wände für Entfernung der Abluft ausnahmsweise Benutzung finden können, in Krankenräumen, Schulräumen, Räumen mit Tabaksrauch usw. dagegen nicht, in diesen ist im Gegenteil für Undurchlässigkeit der Wände durch Anstrich mit Ölfarbe od. dgl. Sorge zu tragen und den Abluftkanälen entsprechend große Querschnitte zu geben.

Überläßt man in einem Raume der Abluft, ihre eigenen Wege zu nehmen, so werden sich auch leicht Luftinseln bilden, die an der Luftbewegung nur geringen Anteil nehmen, am wenigsten allerdings, wenn kühlere Luft über der wärmeren eintritt, weil alsdann die sekundären Luftströmungen von einflußreicherer Bedeutung für die Luftverteilung werden.

3. Anordnung der Abluftkanäle.

An die Abluftöffnungen schließen sich zunächst jederzeit kürzere oder längere Einzelkanäle, die entweder für sich oder gesammelt mit der Außenluft in Verbindung gebracht werden. Die Entscheidung, ob Räume durch Einzelkanäle unmittelbar mit der Außenluft verbunden werden müssen, hängt von dem Zwecke ab, dem die Räume zu dienen haben.

Bei Anlagen, deren Wirkung lediglich auf dem Temperaturunterschied zwischen der Raumluft und der Außenluft beruhen, tritt im Sommer in den Kanälen, sofern die Regelungsvorrichtungen nicht sorgfältig geschlossen gehalten werden, rückläufige Bewegung der Luft ein, da während dieser Jahreszeit die Innenwände kühler als die Außenluft sind. Diese rückläufige Bewegung, die sich auch auf die Zuluftanlage übertragen kann, ist von wesentlicher Bedeutung bei Räumen für Kranke mit ansteckenden Krankheiten, indem alsdann Krankheitserreger nach anderen Räumen übertragen werden können. Auch bei Räumen mit Gerüchen (Küchen, Aborten) kann durch die rückläufige Bewegung der Luft in den Kanälen ein Ausbreiten der Gerüche im Gebäude hervorgerufen werden.

In allen diesen Fällen sind unmittelbar über Dach führende Einzelkanäle geboten, außerdem für den Betrieb in wärmerer Jahreszeit Vorrichtungen am Fuße der Kanäle zur Erwärmung der Abluft oder die Anordnung von Exhaustoren zu empfehlen.

Auch bei erforderlicher Sicherheit gegen jede auch nur durch Anlegen des Ohres an die Abluftöffnung wahrnehmbare Schallübertragung (Untersuchungsgefängnisse) sind Einzelkanäle erforderlich, deren Mündungen, falls mehrere Kanäle dicht nebeneinander liegen, nach verschiedener Richtung oder in verschiedener Höhe liegen sollen.

Bestehen keine Bedenken gegen eine Sammlung der Abluftkanäle und deren alsdann folgenden gemeinsamen Verbindung mit der Außenluft, dann ist es, um Schallübertragungen und einer Beeinträchtigung des Effekts tunlichst vorzubeugen, ratsam, die Abluftöffnungen nicht unmittelbar in dem Sammelkanal anzubringen, sondern sie mit ihm durch Einzelkanäle von entsprechender Länge zu verbinden.

Kommt nur die Temperatur der Abluft der Räume für die bewegende Kraft in Frage, so kann, unter Voraussetzung, daß der Dachraum in geeigneter Weise gelüftet wird, dieser als Ersatz eines besonderen Sammelkanals benutzt werden. Diese Anordnung hat den Vorteil, daß alle Kanäle stets unter gleichen Einflüssen der Witterung stehen, den Nachteil, daß sich bei sehr feuchter Luft in den entlüfteten Räumen an kalten Tagen Schweißwasser an dem Holzwerke des Dachwerkes niederschlagen und zur Fäulnis des Holzes Veranlassung geben kann, auch ist sie in manchen Städten (z. B. Berlin) baupolizeilich wegen Feuersgefahr verboten.

Dürfen die Kanäle nicht unter Dach ausmünden, ist also die Luft gesammelt über Dach zu führen, so können sie in einen gegen die zu lüftenden Räume höher, gewöhnlich ebenfalls auf dem Dachboden liegenden horizontalen oder ansteigenden feuerfesten Sammelkanal, der durch einen aufsteigenden, über Dach mündenden Schacht mit der Außenluft in Verbindung steht, geleitet werden. Dieser Schacht kann zur Sicherung des Effekts am Fuße auch noch eine Wärmequelle oder einen Exhaustor erhalten. Diese Sammlung der Luft ist bei Abluftkanälen von verhältnismäßig geringer Länge und verhältnismäßig großen Querschnitten ganz besonders zu empfehlen, zumal wenn mehrere einem einzigen großen Raume (Saal, Theater) zugehören und von der Decke aus die Luft entnehmen sollen. Bei Einzelführung dieser Kanäle über Dach ist rückläufige Bewegung der Luft in dem einen oder andern niemals ganz ausgeschlossen. Die Anordnung des gemeinsamen Schachtes hat in diesem Falle aber derartig zu erfolgen, daß die Druckverhältnisse der Luft in den sich vereinigenden Kanälen an der Vereinigungsstelle stets die gleichen sind. Wenn also von der Decke eines Raumes mehrere gleich weite Kanäle abgehen, so ist einem jeden die gleiche Weglänge bis zum Abluftschachte, selbst wenn man diese durch Umwege künstlich schaffen muß, zu geben.

Bei Saugelüftung besteht, wenn bautechnisch möglich, kein Hindernis, die Einzelkanäle auch fallend anzulegen; sie werden dann am besten durch gemeinsame, möglichst im Keller liegende Sammelkanäle mit einem am Fuße entsprechend erwärmten bzw. mit Exhaustor versehenen Schachte in Verbindung gebracht. Bei Erwärmung ist der Schacht möglichst hoch, jedenfalls bis einige Meter über den First des Daches zu führen, bei Anwendung von Exhaustoren ist dies nicht erforderlich, nur ist darauf zu achten, daß Witterungsverhältnisse (Wind) keine störenden Einflüsse auf den Austritt der Luft ausüben können.

Steigende, von den zu lüftenden Räumen beginnende Einzelkanäle bedingen die Regelung durch Klappen usw. an den Abluftöffnungen oder oberhalb dieser, fallende Einzelkanäle an den Abluftöffnungen oder unterhalb dieser. Letztere ermöglichen somit auch eine Regelung im Keller. Bei jeder Abluftanlage empfiehlt es sich, einen jeden Einzelkanal mit einer einfachen zweiten Regelungsvorrichtung zu versehen (s. Zuluftkanäle), die, später eingestellt, für alle Zeiten unveränderliche Stellung behält.

Steigende Kanäle sind jederzeit in Mittel- oder Scheidewände zu legen, fallende nach einem im Keller befindlichen Aspirationsschacht führende Kanäle können auch, für den Winter sogar mit Vorteil, in die Außenwände gelegt werden.

4. Ausführung der Kanäle.

Auf die Ausführung der Kanäle, besonders aller Zuluftkanäle, einschließlich aller Staub-, Heiz-, Mischkammern usw. ist große Sorgfalt zu verwenden. Soweit die Geschwindigkeiten der Luft und somit die Querschnitte gewählt werden können (und das ist meist bis auf die senkrechten Zu- und Abluftkanäle der Fall), sollen sie leicht zugänglich, begeh- oder doch beschlupfbar hergestellt, wenn möglich auch erhellt werden; auch die Möglichkeit leichter Reinigung der senkrechten Kanäle ist vorzusehen. Alle auf oder in dem Erdboden des Kellers liegenden Räume und Kanäle müssen unbedingt dicht gegen Grundluft und Grundwasser sein; die Heizkammern sind behufs Überwachung und Reinigung geräumig, ihre Wandungen mit Luftschicht und ihre Decke aus doppelten Gewölben herzustellen, deren Luftschicht mit der Kellerluft in offene Verbindung zu bringen ist, damit der darüber liegende Fußboden nicht benachteiligt und in ihm, solange das Mauerwerk noch feucht ist, Schwammbildung nicht begünstigt wird.

Das Betreten der Heizkammern zu Zwecken des gewöhnlichen Betriebs muß ausgeschlossen bleiben, bei unmittelbar geheizten Apparaten darf deren Reinigung von Ruß und Asche nur außerhalb der Heizkammern bewirkt werden können. Die Wandungen aller Kammern und Kanäle sind glatt zu halten und nicht zu putzen, wenigstens nur mit einem von der Wärme nicht leidenden Putze zu versehen. Für gewöhnlich empfiehlt sich zur Herstellung Ziegelmauerwerk aus glattem und hartem, womöglich glasiertem Materiale mit engen, gut verstrichenen Fugen. Richtungsänderungen der Kanäle, die als wesentliche Widerstände gegen die Luftbewegung anzusehen sind, sollen in Bogen mit möglichst großem Durchmesser, Querschnittsverengungen oder Erweiterungen allmählich erfolgen.

5. Berechnung der Kanäle.

Die Berechnung der Kanäle erstreckt sich auf Bestimmung der Querschnitte; die Querschnitte sind bekannt, sobald die Geschwindigkeit der Luft gegeben ist. Bei allen Lüftungsanlagen muß durch einen jeden Kanal eine bestimmte Luftmenge in der Sekunde hindurchfließen, mithin ist für jeden Kanal eine bestimmte Geschwindigkeit erforderlich. Die Aufgabe der gesamten Anlage ist es, die in jedem Kanale erforderliche Geschwindigkeit zu erreichen. Wird eine geringere Geschwindigkeit erreicht als die erforderliche, so ist der notwendige Luftwechsel nicht zu erzielen, wird eine größere Geschwindigkeit erreicht, so gestaltet sich der Luftwechsel umfangreicher als nötig, die Anlage und der Betrieb werden teurer.

Nach dem Gesagten zerfällt die Berechnung der Geschwindigkeit in den Kanälen in die erforderliche und erreichbare Geschwindigkeit.

a) Erforderliche Geschwindigkeit. Ist L die Luftmenge in cbm gegeben in der Temperatur t, die stündlich durch einen Kanal vom Querschnitte f in qm fließen soll, so ist die erforderliche sekundliche Geschwindigkeit:

$$v = \frac{L}{3600 f} . \tag{45}$$

Hat die in t° gegebene Luftmenge L in dem Kanale die Temperatur t_1, so ist die erforderliche sekundliche Geschwindigkeit:

$$v_1 = \frac{L}{3600 f} \frac{(1 + \alpha t_1)}{(1 + \alpha t)} . \tag{46}$$

(Die Werte von $\frac{1 + \alpha t_1}{1 + \alpha t}$ sind der Tabelle 2 zu entnehmen.)

b) Erreichbare Geschwindigkeit. α) Aufstellung der Gleichung. Die erreichbare Geschwindigkeit der Luft in einem Kanale hängt ab von dem Drucke, der zur Bewegung der Luft zur Verfügung steht, und von den Widerständen, die sich der Bewegung der Luft entgegenstellen.

Fall 1. Der einfachste Fall — der aber die Grundlage aller folgenden Betrachtungen bildet — ist ein einzelner vor Wärmeabgabe geschützter Kanal von gleichem Querschnitte und dichten Wandungen.

Da in der folgenden Entwicklung einige Sätze der mechanischen Wärmetheorie in Anwendung zu kommen haben, so mögen zunächst statt der gewöhnlichen die absoluten Temperaturen und statt der Luftmengen in cbm die spezifischen Volumina, d. h. die Volumina der Gewichtseinheit eingeführt werden. Von den Widerständen, die der Bewegung der Luft durch die körperliche Beschaffenheit der Kanäle entgegenstehen, ist ebenfalls zunächst abzusehen. Der Kanal wird durch Fig. 4 dargestellt.

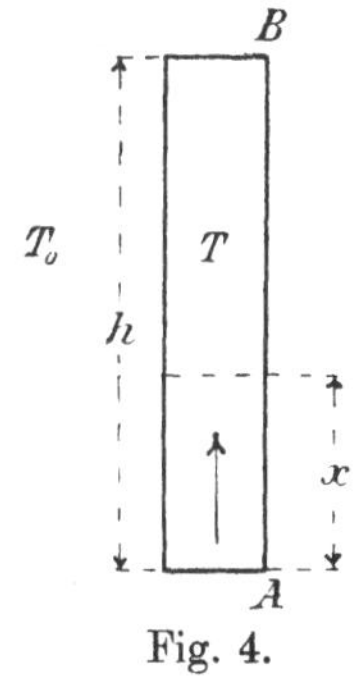

Fig. 4.

Es sei T_0 die absolute Temperatur der Außenluft, T die der Innenluft, h die Höhe, d. h. der senkrechte Abstand der Kanalmündungen bei A und B; T soll $> T_0$ sein. Die Luft besitze bei Eintritt in den Kanal (bei A) die Geschwindigkeit v_1, das spezifische Volumen V_1 und die Spannung p_1; bei Austritt aus dem Kanale (bei B) seien die Werte entsprechend v_2, V_2 und p_2.

Betrachtet man im Kanale in der Entfernung x von A ein spezifisches Volumen V von der Spannung p und nimmt mit ihm eine Elementaränderung vor, so gilt nach einem bekannten Satze aus der Mechanik die Differentialgleichung:

$$d\left(\frac{v^2}{2g}\right) + dx + d(pV) = p\,dV\,. \tag{47}$$

Das erste Glied ist die Zunahme der lebendigen Kraft, das zweite die Arbeit der Schwere, das dritte — da die Arbeit, die dem Durchgange durch irgendeinen Querschnitt entspricht, stets pV ist — die aus der Differenz der Grenzspannungen sich ergebende Arbeit. Die rechte Seite stellt die Arbeit der Expansion dar, sie ist gleich der algebraischen Summe der anderen Arbeiten zu setzen. Ist nun Q die Wärmemenge, die bei einer Zustandsänderung einem kg eines Körpers zugeführt wird, A das Wärmeäquivalent der Arbeitseinheit, U die in einem kg eines Körpers enthaltene innere Arbeit, so gilt allgemein: $dQ = A(dU + p\,dV)$, mithin ist $p\,dV = \frac{dQ}{A} - dU$.

Die Temperatur der Luft im Kanale T soll als konstant angenommen werden, somit ist nach Maßgabe des Zustandes eines Gases bei konstanter absoluter Temperatur $dU = 0$ und $\frac{Q}{A} = RT\ln\frac{p_1}{p_2}$ zu setzen. Nimmt man den Raum unter dem Kanale als unendlich groß, also die Luft als in Ruhe befindlich an, so ist für $x = 0$: $v = 0$, $p = p_1$ und $V = V_1$, für $x = h$: $v = v_2$, $p = p_2$ und $V = V_2$ zu setzen, und somit erhält man gemäß Gl. (47):

$$\frac{v_2^2}{2g} + h + (p_2V_2 - p_1V_1) = RT\ln\frac{p_1}{p_2}\,.$$

Es ist aber $p_1V_1 = p_2V_2$, da sowohl $p_1V_1 = RT$ und $p_2V_2 = RT$ zu setzen ist, somit ergibt sich:

$$\frac{v_2^2}{2g} + h = RT\ln\frac{p_1}{p_2}\,. \tag{48}$$

Diese Gleichung muß auch Gültigkeit haben für $T = T_0$, alsdann wird $v_2 = 0$ und somit ist:

$$h = RT_0\ln\frac{p_1}{p_2}\,, \qquad \text{woraus folgt:} \qquad R\ln\frac{p_1}{p_2} = \frac{h}{T_0}\,.$$

Diesen Wert in Gl. (39) eingesetzt gibt:

$$\frac{v_2^2}{2g} = \frac{h(T - T_0)}{T_0}\,. \tag{49}$$

Bei der im vorstehenden gegebenen Entwicklung ist die Temperatur T als konstant angenommen worden. Es ist dies eigentlich nicht richtig, sondern es hätte der Fall, daß der Luft von außen Wärme weder zu- noch abgeführt wird, zugrunde gelegt, d. h. $dQ = 0$ gesetzt werden müssen. Der Fehler ist indes bei den geringen Druckdifferenzen p_1 und p_2, die in der Lüftungstechnik für häusliche Anlagen infolge der geringen

Höhen vorkommen, klein genug, um in Anbetracht, daß man zu einem so einfachen und für die Praxis bequemen Ausdrucke gelangt, vernachlässigt werden zu können. Wird demgemäß die Geschwindigkeit der Luft im Kanale gleich der Austrittsgeschwindigkeit gesetzt, werden ferner statt der absoluten die gewöhnlichen Temperaturen t_0 und t eingeführt und die beiden Seiten der Gl. (49) miteinander vertauscht, so erhält man die Gleichung:

$$\frac{h}{1+\alpha t_0} - \frac{h}{1+\alpha t} = \frac{v^2}{2g(1+\alpha t)}\,. \tag{50}$$

Da bei der Entwicklung die spezifischen Volumina zugrunde gelegt waren, so müßte unter der in der Praxis gewöhnlichen Annahme der Volumina lediglich in cbm die linke und rechte Seite dieser Gleichung mit dem Gewichte eines Kubikmeters Luft von 0° multipliziert werden — die linke Seite, um den zur Verfügung stehenden Überdruck der Luft in kg/qm oder gleichbedeutend in mm Wassersäule, die rechte Seite, um die der Luft erteilte lebendige Kraft zu kennen. Wird die Multiplikation unterlassen, was in der Folge durchweg geschehen soll, so stellt die linke Seite der Gleichung nicht mehr die Differenz der Drücke, sondern die Differenz der Höhen der Luftsäulen, d. h. die Überdruckhöhe oder wirksame Druckhöhe, dar, und zwar, da die Höhe h mit der jeweiligen Dichte der Luft multipliziert ist, ausgedrückt in Luft von 0°, die rechte Seite der Gleichung dagegen nicht mehr die lebendige Kraft der Luft bei ihrem Austritte aus dem Kanale, sondern die Geschwindigkeitshöhe, d. h. die Höhe, auf die die Luft nach ihrem Austritte aus dem Kanale im luftleeren Raume bei 0° gehoben würde.

Die Geschwindigkeit, die sich aus Gl. (50) für einen gegebenen Fall berechnen läßt, kann jedoch niemals erreicht werden, da der Luftbewegung die bislang noch unberücksichtigt gebliebenen Widerstände entgegenstehen. Diese Widerstände sind entweder in einem Kanale infolge der Reibung der Luft an den Wandungen gleichmäßig verteilt oder treten infolge Richtungsänderungen in der Bewegung der Luft, körperlicher Hindernisse durch Regelungsvorrichtungen usw. vereinzelt auf. Zur Überwindung der Widerstände wird ein großer Teil der zur Bewegung der Luft vorhandenen Überdruckhöhe aufgebraucht. Um die Größe dieses Verlustes an Überdruckhöhe bestimmen zu können, sind naturgemäß die Widerstände in dem gleichen Maße wie die Überdruckhöhe, d. h. in Meter einer Luftsäule bei 0° auszudrücken. Diese Luftsäule wird dann mit dem Namen der Widerstandshöhe belegt. In Fällen, in denen in der Anlage eingebaute Körper einen bestimmbaren Querschnitt für den Durchgang der Luft nicht erkennen lassen, deren durch sie hervorgerufene Widerstandshöhe durch Versuche gleichwohl bekannt ist — wie z. B. bei Filtern —, kann diese unmittelbar von der Überdruckhöhe in Abzug gebracht werden.

In Fällen aber — und sie bilden die Regel —, in denen mit einem bestimmten Kanalquerschnitt gerechnet werden kann, sind die Widerstände bei den für ihre Bestimmung angestellten Versuchen von der Geschwindigkeit der Luft im Kanal, und zwar in gleicher Weise wie die Geschwindigkeitshöhe, in Abhängigkeit gebracht worden. Die Widerstandshöhe läßt sich alsdann allgemein ausdrücken durch die Form $\frac{v^2}{2g(1+\alpha t)} Z$, wenn v die Geschwindigkeit der Luft, t die Temperatur der Luft im Kanale und Z den durch Erfahrung gefundenen Wert der Widerstände bedeutet. Die Gleichung, aus der nun in letzterem Falle die wirklich erreichbare Geschwindigkeit berechnet werden kann, nimmt unter Berücksichtigung des Gesagten die Form an:

$$\left.\begin{aligned} \frac{h}{1+\alpha t_0} - \frac{h}{1+\alpha t} &= \frac{v^2}{2g(1+\alpha t)} + \frac{v^2}{2g(1+\alpha t)} Z = \\ &= \frac{v^2}{2g(1+\alpha t)} (1+Z) . \end{aligned}\right\} \tag{51}$$

Fall 2. Der gleiche Kanal usw. wie bei Fall 1, nur soll die kältere Luft t_0 im Kanale, die warme Luft t sich außen befinden.

Die Überdruckhöhe muß die gleiche wie im Falle 1 bleiben, die Geschwindigkeits- und Widerstandshöhe ist nur wie stets — worauf ganz besonders aufmerksam gemacht wird — in der ihnen zukommenden Temperatur auszudrücken. Die Gleichung lautet somit:

$$\frac{h}{1+\alpha t_0} - \frac{h}{1+\alpha t} = \frac{v^2}{2g(1+\alpha t_0)} (1+Z) . \tag{52}$$

Fall 3. Der gleiche Kanal usw. wie bei Fall 1, nur soll die Luft in den Kanal mit t_0 eintreten und erst im Kanale allmählich auf $t°$ erwärmt werden.

Die mittlere Temperatur im Kanale sei $\frac{t_0 + t}{2} = t_m$, die mittlere Geschwindigkeit der Luft v_m; somit gilt die Gleichung, da die Geschwindigkeitshöhe in der Temperatur der austretenden Luft, die Widerstandshöhe bei gleichmäßiger Verteilung der Widerstände in der mittleren Temperatur der Luft ausgedrückt werden muß:

$$\frac{h}{1+\alpha t_0} - \frac{h}{1+\alpha t_m} = \frac{v^2}{2g(1+\alpha t)} + \frac{v_m^2}{2g(1+\alpha t_m)} Z . \tag{53}$$

Bei gleichbleibender Luftmenge und bei gleichem Querschnitte des Kanals verhalten sich die Geschwindigkeiten umgekehrt wie die Dichten, also $v : v_m = \frac{1}{1+\alpha t_m} : \frac{1}{1+\alpha t}$. Hieraus ergibt sich: $v_m = \frac{v(1+\alpha t_m)}{1+\alpha t}$ und der Übergang obiger Gleichung in die andere:

$$\frac{h}{1+\alpha t_0} - \frac{h}{1+\alpha t_m} = \frac{v^2}{2g(1+\alpha t)} \left(1 + \frac{1+\alpha t_m}{1+\alpha t} Z\right) . \tag{54}$$

Fall 4. Der Kanal im Falle 1 ist gebrochen und besteht, wie Fig. 5 darstellt, aus einem horizontalen und einem vertikalen Teile, also aus zwei Teilstrecken von gleichem Querschnitt, in denen aber verschiedene Temperaturen und Geschwindigkeiten herrschen und verschiedene Widerstände vorhanden sein sollen. Für die Folge werden die Größen einer Teilstrecke stets mit den gleichen Kennziffern bezeichnet werden, also die der ersten Teilstrecke mit 1, die der zweiten mit 2 usf.

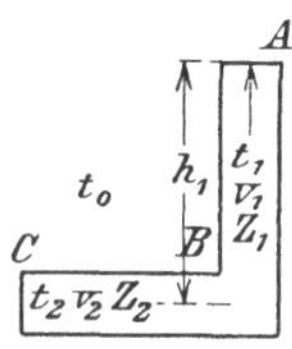

Fig. 5.

Die linke Seite der Gleichung bleibt, wenn wieder $t_0 < t$ ist, die gleiche wie bei Fall 1, da in der horizontalen Teilstrecke kein Überdruck herrschen kann, insofern ihre Höhe $= 0$ zu setzen ist. In der rechten Seite der Gleichung ist die Geschwindigkeitshöhe, da sie nur beim Austritt der Luft aus dem Kanal in Frage kommt, ebenfalls die gleiche wie bei Fall 1, nur die Widerstandshöhen in den beiden Teilstrecken addieren sich. Die Gleichung lautet demgemäß:

$$\frac{h_1}{1+\alpha t_0} - \frac{h_1}{1+\alpha t} = \frac{v_1^2}{2g(1+\alpha t_1)}(1+Z_1) + \frac{v_2^2}{2g(1+\alpha t_2)} Z_2 . \tag{55}$$

Fall 5. Der gleiche Kanal wie bei Fall 4, nur bestehe der Gesamtkanal aus zwei horizontalen und einer vertikalen Teilstrecke, eine jede mit einer anderen Temperatur; t_2 sei ebenfalls $> t_0$ (Fig. 6).

Entsprechend Fall 4 lautet die Gleichung für Fig. 6:

$$\left.\begin{aligned} \frac{h_2}{1+\alpha t_0} - \frac{h_2}{1+\alpha t_2} = \frac{v_1^2}{2g(1+\alpha t)}(1+Z) + \frac{v_2^2}{2g(1+\alpha t_2)} Z_2 + \\ + \frac{v_3^2}{2g(1+\alpha t_3)} Z_3 . \end{aligned}\right\} \tag{56}$$

Fall 6. Der gleiche Kanal wie bei Fall 5, nur sei die Lage der drei Teilstrecken eine andere, d. h. der Kanal bestehe aus zwei vertikalen und einer horizontalen Teilstrecke, wie dies, ebenso wie die Bezeichnungen, aus Fig. 7 hervorgeht.

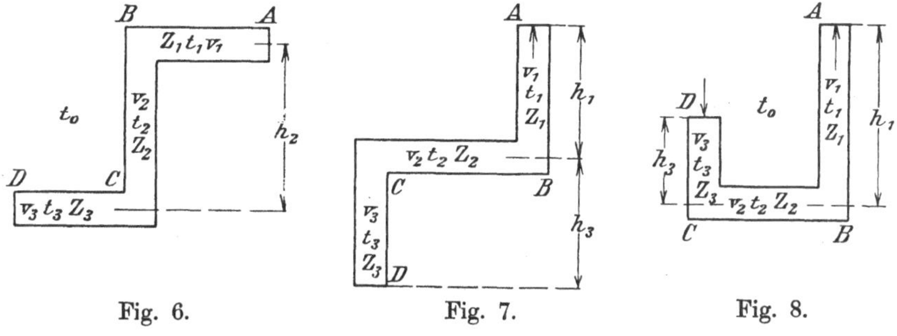

Fig. 6. Fig. 7. Fig. 8.

In diesem Falle werden durch die Höhen h_1 und h_3 Überdruckhöhen gebildet, so daß die Gleichung lautet:

$$\left.\begin{aligned}&\left(\frac{h_1}{1+\alpha t_0}-\frac{h_1}{1+\alpha t_1'}\right)+\left(\frac{h_3}{1+\alpha t_0}-\frac{h_3}{1+\alpha t_3}\right)=\\&=\frac{v_1^2}{2g(1+\alpha t_1)}(1+Z_1)+\frac{v_2^2}{2g(1+\alpha t_2)}Z_2+\frac{v_3^2}{2g(1+\alpha t_3)}Z_3\,.\end{aligned}\right\}\quad(57)$$

Fall 7. Der gleiche Kanal wie bei Fall 6, nur daß die Luft in einer vertikalen Teilstrecke eine fallende Bewegung annehmen muß, trotzdem in dieser die Temperatur $> t_0$ ist (s. Fig. 8).

In diesem Falle herrscht in der Teilstrecke CD ebenfalls eine Überdruckhöhe, die aber der Luftbewegung nicht förderlich, sondern hinderlich ist, da die Überdruckhöhe infolge des Umstandes, daß $t_3 > t_0$ ist, an und für sich der Luft eine steigende Bewegung erteilen will. Diese Überdruckhöhe vermindert somit die Wirkung der durch die Teilstrecke $A\,B$ gebildeten und muß daher negativ in Rechnung gesetzt werden. Die Gleichung lautet alsdann:

$$\left.\begin{aligned}&\left(\frac{h_1}{1+\alpha t_0}-\frac{h_1}{1+\alpha t_1}\right)-\left(\frac{h_3}{1+\alpha t_0}-\frac{h_3}{1+\alpha t_3}\right)=\\&=\frac{v_1^2}{2g(1+\alpha t_1)}(1+Z_1)+\frac{v_2^2}{2g(1+\alpha t_2)}Z_2+\frac{v_3^2}{2g(1+\alpha t_3)}Z_3\,.\end{aligned}\right\}\quad(58)$$

Fall 8. Der gleiche Kanal wie bei Fall 6, nur sei die mittlere horizontale Teilstrecke BC so groß in ihrem Querschnitte, daß deren Höhe — im Gegensatze zu gewöhnlichen Kanälen — nicht vernachlässigt werden kann, daß aber die Luft sich in ihr mit einer so geringen Geschwindigkeit und der genauen Kenntnis sich entziehenden Art und Weise bewegt, um sie unbedenklich $= 0$ setzen zu können (s. Fig. 9). Wenn in der Teilstrecke BC die Geschwindigkeit der Luft $= 0$ gesetzt wird, so ist stillschweigend der Querschnitt der Teilstrecke BC, d. h. der Raum der Teilstrecke unendlich groß angenommen worden. Es findet somit bei Austritt der Luft aus Teilstrecke CD der gleiche Fall statt, als bei Austritt der Luft bei A. Es wird also sowohl bei der Mündung A als bei der Mündung C die Geschwindigkeitshöhe zum Ausdrucke kommen müssen. Die Widerstandshöhe in der Teilstrecke BC dagegen kommt in Wegfall, da die Geschwindigkeit $= 0$ ist. Die Gleichung lautet somit:

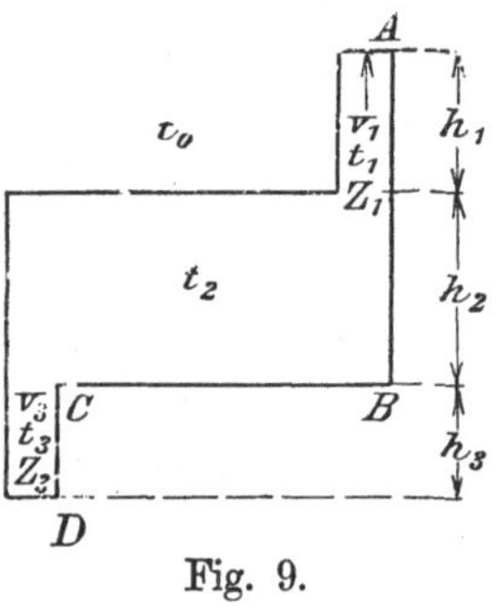

Fig. 9.

$$\left.\begin{aligned}&\left(\frac{h_1}{1+\alpha t_0}-\frac{h_1}{1+\alpha t_1}\right)+\left(\frac{h_2}{1+\alpha t_0}-\frac{h_2}{1+\alpha t_2}\right)+\left(\frac{h_3}{1+\alpha t_0}-\frac{h_3}{1+\alpha t_3}\right)=\\&\qquad=\frac{v_1^2}{2g(1+\alpha t_1)}(1+Z_1)+\frac{v_3^2}{2g(1+\alpha t_3)}(1+Z_3)\,.\end{aligned}\right\}\quad(59)$$

Fall 9. Der Kanalzug in Fall 5—8 ist als ein ungetrenntes Ganzes behandelt worden. Es hindert nichts, ihn beliebig zu teilen und jeden

Teil für sich zu berechnen, nur muß alsdann jedem Teile eine Überdruckhöhe zur Verfügung stehen, die zur Überwindung der Widerstände und sofern auch die Geschwindigkeit in diesem Teile des Kanals erst hervorgerufen werden muß, zur Erzeugung der Geschwindigkeit aufgebraucht werden kann. Die für die einzelnen Teile des Kanals alsdann aufzustellenden Gleichungen müssen addiert die Gleichung für ungeteilte Berechnung des Kanalzugs ergeben. Soll z. B. in Fall 8 die Horizontale mm die Grenzlinie für die Berechnung bilden und wird somit die Höhe h_2 in die Höhen h_2' und h_2'' geteilt (s. Fig. 10), so lautet die Gleichung für den über mm liegenden Teil des Kanalzugs:

$$\left(\frac{h_1}{1+\alpha t_0} - \frac{h_1}{1+\alpha t_1}\right) + \left(\frac{h_2'}{1+\alpha t_0} - \frac{h_2'}{1+\alpha t_2}\right) = \frac{v_1^2}{2g(1+\alpha t_1)}(1+Z_1), \quad (60)$$

dagegen die Gleichung für den unter mm liegenden Teil des Kanalzugs:

$$\left(\frac{h_2''}{1+\alpha t_0} - \frac{h_2''}{1+\alpha t_2}\right) + \left(\frac{h_3}{1+\alpha t_0} - \frac{h_3}{1+\alpha t_3}\right) = \frac{v_3^2}{2g(1+\alpha t_3)}(1+Z_3). \quad (61)$$

Die Addition dieser Gleichungen ergibt Gl. (59).

Der Vorteil der getrennten Berechnung ist in dem Umstande zu suchen, daß durch sie der Verbrauch an wirksamer Druckhöhe in bestimmter Weise auf die Hälften eines Kanalzugs verteilt wird, d. h. daß die Horizontalebene mm die Gleichgewichtslage mit der Außenluft, also die Lage der neutralen Zone darstellt. Man ist somit allein durch die getrennte Berechnung der Abluft- und der Zuluftanlage bei Annahme dichter Wandungen imstande, die neutrale Zone an eine bestimmte Stelle im Kanalzug zu verlegen.

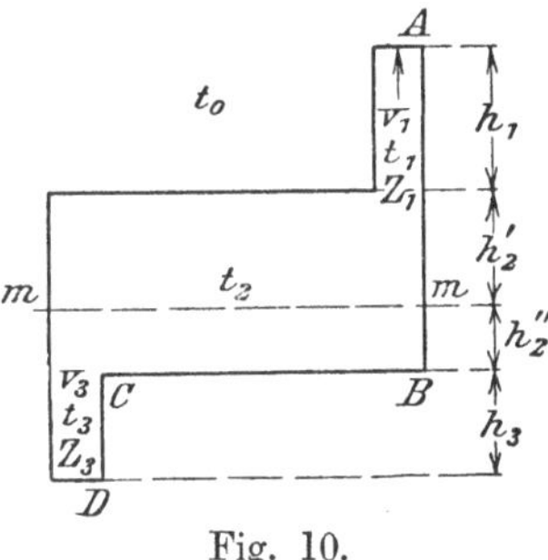

Fig. 10.

Fall 10. Soll an einer bestimmten Stelle eines aus undurchlässigem Materiale hergestellten Kanalzugs eine Über- oder Unterdruckhöhe von der Höhe H, gegeben in der daselbst stattfindenden Temperatur, herrschen, so muß, wie in Fall 9, die getrennte Berechnung des vor und hinter dieser Stelle befindlichen Teils des Kanalzugs erfolgen, und darf die wirksame Druckhöhe des in Richtung der Luftbewegung vor dieser Stelle liegenden Teils des Kanalzugs nur bis auf diese Höhe aufgebraucht werden. Soll also in Fall 9 in der Ebene mm (Fig. 10) eine Über- oder Unterdruckhöhe H, ausgedrückt in der an dieser Stelle herrschenden Temperatur t_2, bestehen, so lauten die Gleichungen:

$$\left.\begin{aligned}\left(\frac{h_1}{1+\alpha t_0} - \frac{h_1}{1+\alpha t_1}\right) + \left(\frac{h_2'}{1+\alpha t_0} - \frac{h_2'}{1+\alpha t_2}\right) \pm \frac{H}{1+\alpha t_2} &= \\ = \frac{v_1^2}{2g(1+\alpha t_1)}(1+Z_1)&,\end{aligned}\right\} \quad (62)$$

$$\left. \begin{aligned} \left(\frac{h_2''}{1+\alpha t_0} - \frac{h_2''}{1+\alpha t_2}\right) + \left(\frac{h_3}{1+\alpha t_0} - \frac{h_3}{1+\alpha t_3}\right) \mp \frac{H}{1+\alpha t_2} = \\ = \frac{v_3^2}{2g(1+\alpha t_3)}(1+Z_3)\,. \end{aligned} \right\} \quad (63)$$

Die Addition beider Gleichungen gibt wiederum Gl. (59).

Fall 11. In allen bisher behandelten Fällen ist stillschweigend angenommen worden, daß die linke Seite einer jeden Gleichung weder $= 0$, noch negativ wird. Sobald sich die linke Seite, also die wirksame Druckhöhe zu 0 ergibt, also wenn die Höhen (bei horizontaler Kanalführung) $= 0$ oder die sämtlichen Temperaturen einander gleich sind, so ist keine Bewegung der Luft im Kanalzuge zu erzielen, sobald sie negativ wird, so stellt sich im Kanalzuge eine rückläufige Bewegung der Luft ein.

Bezeichnet allgemein A die algebraische Summe der Druckhöhen der äußeren Luft, B die der im Durchschnitte wärmeren Innenluft, so stellt $A - B$ die wirksame Druckhöhe der zur Berechnung gestellten Kanalanlage dar. Bezeichnet ferner C die Summe der Geschwindigkeits- und Widerstandshöhen, so muß, wenn ein Heben der inneren Luft verlangt wird, $A - B$ positiv sein und die Gleichung bestehen

$$A - B = C\,.$$

Ist $A - B$ negativ oder doch $< C$, d. h. ist es im letzteren Falle den Verhältnissen entsprechend nicht möglich, die Geschwindigkeiten so groß anzunehmen wie erforderlich, so kann der gewünschte Effekt nicht erzielt werden.

Wird $C - (A - B) = M$ gesetzt, so stellt M die für den Effekt fehlende wirksame Druckhöhe dar. Es kann nun geschrieben werden:

$$(A + M) - B = C \quad (64)$$

oder

$$A - (B - M) = C\,. \quad (65)$$

Die erste Gleichung, bei der eine Vergrößerung der Summe der äußeren Druckhöhen durch M stattfindet, setzt die Anwendung eines Ventilators (d. h. eines Druckvermehrers) voraus, der unmittelbar die Überdruckhöhe M hervorzurufen hat.

Die zweite Gleichung, bei der eine Verminderung der Summe der inneren Druckhöhen durch M stattfindet, setzt die Anwendung eines Exhaustors (d. h. eines Verminderers des Gegendrucks) voraus, der also mittelbar die Überdruckhöhe M hervorzurufen hat.

Ist $A - B = 0$, d. h. sind die inneren Temperaturen gleich der äußeren Temperatur oder ist eine horizontale Kanalführung vorhanden oder heben sich die positiv und negativ wirkenden Druckhöhen gegeneinander auf, so muß $M = C$ sein.

Fall 12. **Aufstellung der allgemeinen Gleichungen.** Es lassen sich nun unter den bisherigen Voraussetzungen ganz allgemein die Gleichungen für die erreichbare Geschwindigkeit eines Kanalzuges aufstellen. Bei einer

Lüftungsanlage kommt einem jeden Raum ein bestimmter Kanalzug, gerechnet von dem Austritt der Luft aus dem Gebäude bis zum Eintritt der Luft in das Gebäude zu. Die Grenzebene der Abluft- und Zuluftanlage bildet für die Berechnung entweder die Lage der neutralen Zone oder die Horizontalebene, in der ein bestimmter Über- oder Unterdruck herrschen soll.

Besitzt die Abluftanlage die Teilstrecken 1 bis m, die Zuluftanlage die Teilstrecken $m + 1$ bis $m + n$ und bezeichnet:

M_1 bzw. M_2 die durch einen Ventilator in der Abluft- bzw. Zuluftanlage hervorzurufende Überdruckhöhe,

H_f die durch das Vorhandensein eines Filters in der Zuluftanlage aufgebrauchte Druckhöhe, gegeben in der Temperatur der Außenluft,

so lautet unter Beibehaltung aller früheren Bezeichnungen die allgemeine Gleichung

für die Abluftanlage:

$$\left.\begin{aligned} M_1 &\pm \left(\frac{h_1}{1+\alpha t_0} - \frac{h_1}{1+\alpha t_1}\right) \pm \left(\frac{h_2}{1+\alpha t_0} - \frac{h_2}{1+\alpha t_2}\right) \pm \cdots \\ \cdots &\pm \left(\frac{h_m}{1+\alpha t_0} - \frac{h_m}{1+\alpha t_m}\right) \pm \frac{H}{1+\alpha t_m} = \\ &= \frac{v_1^2}{2g(1+\alpha t_1)}(1+Z_1) + \frac{v_2^2}{2g(1+\alpha t_2)} Z_2 + \\ &+ \frac{v_3^2}{2g(1+\alpha t_3)} Z_3 + \cdots + \frac{v_m^2}{2g(1+\alpha t_m)} Z_m , \end{aligned}\right\} \quad (66)$$

für die Zuluftanlage:

$$\left.\begin{aligned} M_2 &\pm \left(\frac{h_{m+1}}{1+\alpha t_0} - \frac{h_{m+1}}{1+\alpha t_{m+1}}\right) \pm \left(\frac{h_{m+2}}{1+\alpha t_0} - \frac{h_{m+2}}{1+\alpha t_{m+2}}\right) \pm \cdots \\ \cdots &\pm \left(\frac{h_{m+n}}{1+\alpha t_0} - \frac{h_{m+n}}{1+\alpha t_{m+n}}\right) \mp \frac{H}{1+\alpha t_m} - \frac{H_f}{1+\alpha t_0} = \\ &= \frac{v_{m+1}^2}{2g(1+\alpha t_{m+1})}(1+Z_{m+1}) + \frac{v_{m+2}^2}{2g(1+\alpha t_{m+2})} Z_{m+2} + \\ &+ \frac{v_{m+3}^2}{2g(1+\alpha t_{m+3})} Z_{m+3} + \cdots + \frac{v_{m+n}^2}{2g(1+\alpha t_{m+n})} Z_{m+n} . \end{aligned}\right\} \quad (67)$$

Zu diesen Gleichungen ist folgendes zu bemerken.

Die linke Seite stellt die für die Anlage zur Verfügung stehende wirksame Druckhöhe, ausgedrückt in 0°, dar, sie ist die algebraische Summe der wirksamen Druckhöhen der einzelnen Teilstrecken. Diese Druckhöhen sind bei wärmerer Innenluft positiv einzuführen, wenn die Luft in der Teilstrecke eine steigende Bewegung besitzt, negativ bei fallender Bewegung. Ist die Innenluft kälter als die Außenluft, so findet das Umgekehrte statt. Bei horizontalen Teilstrecken von geringer senkrechter Ausdehnung (Kanäle) ist $h = 0$ zu setzen, somit besitzen diese keine zu berücksichtigende wirksame Druckhöhe. Findet in der Teilstrecke allmähliche Zu- oder Abnahme der Temperatur statt (Heizkammer, Kühlkammer, Lockschornsteine unter Benutzung abziehender Rauchgase usw.), so ist die mittlere Temperatur in Rechnung zu stellen. Die Einführung der Höhe H dient lediglich zur Erzielung gewünschter Druckverhältnisse in den zu lüftenden Räumen, sie hebt sich jederzeit bei Addition der Gleichungen für die Abluft- und für die Zuluftanlage. Ihr oberes Vorzeichen gilt bei Überdruck, ihr unteres bei Unterdruck in der Grenzebene der Abluft- und Zuluftanlage. Die Druckhöhe, die der Ventilator zu schaffen hat (M_1 bzw. M_2), ist stets positiv, die Größe H_f (Druckhöhenverlust durch ein vorhandenes Filter, gegeben in der gefilterten Luft) stets negativ in Ansatz zu bringen.

Die rechte Seite der Gleichungen ist die Summe der stets positiven Geschwindigkeits- und Widerstandshöhen, ausgedrückt in Luft von 0°. Die Geschwindigkeit der Luft in großen Räumen (d. h. in den zu lüftenden Räumen, Staubkammern usw.) ist = 0 zu setzen. Bei Austritt der Luft ins Freie oder in große Räume ist jedesmal die Geschwindigkeitshöhe in Ansatz zu bringen, andernfalls nur die Widerstandshöhe — es kennzeichnet sich dies durch die Größen $1 + Z$ bzw. Z. Wäre also z. B. Teilstrecke *3* in Gl. (66) ein großer Raum, so entfiele der Ausdruck mit v_3, da $v_3 = 0$ zu setzen ist, dagegen würde bei Teilstrecke *4* nicht nur Z_4, sondern $1 + Z_4$ zu setzen sein. In Gl. (66) und (67) ist somit angenommen, daß die Luft aus der Abluft- bzw. Zuluftanlage dem Freien bzw. einem großen Raume zuströmt. Geschwindigkeits- und Widerstandshöhen sind in den ihnen zukommenden Temperaturen auszudrücken, d. h. die ersteren in der Temperatur der austretenden, die letzteren in der im Kanale befindlichen Luft. Findet also z. B. in der Teilstrecke allmähliche Zu- oder Abnahme der Lufttemperatur statt, so ist die Geschwindigkeitshöhe in der Endtemperatur, die Widerstandshöhe in der mittleren Temperatur zu geben (s. S. 78, Fall 3).

Soll eine — aber für die allermeisten Fälle nicht empfehlenswerte — ungetrennte Berechnung der Abluft- und Zuluftanlage stattfinden, so sind die Gl. (66) und (67) zu addieren. Mit der Addition verschwindet der Vorteil, die Druckverhältnisse an bestimmter Stelle festlegen zu können.

c) Lösung der Gleichungen. Die Lösung der Gl. (66) und (67) ist nur möglich, wenn alle Größen bis auf eine bekannt sind. Bei allen Anlagen sind die meisten Größen — z. B. die Höhen der Kanäle durch bauliche Verhältnisse, die Temperaturen durch bestimmt gestellte Forderungen — gegeben oder sie können — wie z. B. die Querschnitte der Kanäle bzw. die Geschwindigkeiten der Luft bei im Keller oder auf dem Dachboden liegenden Kanälen — gewählt werden.

Bei Anlagen mittels Temperaturdifferenz ohne Erwärmung der Abluft ist für jeden Kanalzug meist nur die Geschwindigkeit der Luft in den senkrechten Zu- bzw. Abluftkanälen, bei Anlagen mittels Temperaturdifferenz unter besonderer Erwärmung der Abluft entweder nur die Temperatur, auf die die Abluft zu erwärmen ist, oder bei gegebener Temperatur der Querschnitt des senkrechten Abluftkanals — sei dies nun der mit der Außenluft in Verbindung stehende Einzelkanal eines Raumes oder ein für eine Anzahl von Räumen gemeinsamer Abluftschacht — zu berechnen.

Bei Anlagen mit Ventilatorbetrieb ist, da die Querschnitte des gesamten Kanalzugs für den ungünstigst gelegenen Raum angenommen werden können, die vom Ventilator zu erzeugende Druckhöhe zu berechnen.

Sofern alle Luftgeschwindigkeiten in einem Kanalzug gewählt werden können, gestaltet sich die Rechnung sehr einfach und ist ohne jede Schwierigkeit durchzuführen, sofern aber eine Geschwindigkeit (bzw. Querschnitt) bestimmt werden soll, ist die Lösung etwas umständlicher, da die erreichbare Geschwindigkeit gleich der erforderlichen gesetzt werden muß, im Ausdruck für die erstere aber noch der Reibungswiderstand (über diesen siehe unter d), im Ausdruck für die letztere der Kanalquerschnitt als unbekannte Größen enthalten sind, somit die einfache Lösung mittels zweier Gleichungen nicht möglich wird. Es müssen alsdann so lange probeweise Annahmen für den Kanalquerschnitt gemacht werden, bis die Gleichheit zwischen der erreichbaren und erforderlichen Geschwindigkeit erzielt ist. Absolute Gleichheit wird, da die Ausführung der Kanäle meist nur innerhalb bestimmter Maßverhältnisse erfolgen kann, nur selten möglich werden, die Annahmen sind aber dann so zu machen, daß niemals die erreichbare Geschwindigkeit sich kleiner als die erforderliche stellt.

Die Durchführung des vorstehend Gesagten wird am besten aus den später folgenden Beispielen hervorgehen.

d) Bestimmung der Bewegungswiderstände. Die Widerstände zerfallen in:

den Widerstand durch eingebaute Kanäle, bei denen ein bestimmter Querschnitt für den Durchgang der Luft nicht angegeben werden kann (Filter),

den stetigen Widerstand durch Reibung der Luft an den Wandungen der Kanäle und die Einzelwiderstände durch Richtungsänderung in der Bewegung der Luft, durch körperliche Hindernisse (Klappen, Schieber, Gitter usw.) und Querschnittsänderungen der Kanäle.

α) Widerstand durch Filter. Der durch Filter hervorgerufene Widerstand gegen die Luftbewegung wurde bei den Versuchen*) durch den Unterschied zwischen der vor dem Filter wirkenden und hinter dem Filter noch vorhandenen Druckhöhe bestimmt. Der Widerstand ist also unmittelbar als Widerstandshöhe einzusetzen und somit bei einer Anlage von deren wirksamer Druckhöhe in Abzug zu bringen [s. Gl. (67)].

Nach den Versuchen — und wahrscheinlich gilt das gefundene Gesetz für alle Filter — wächst der Widerstand, den ein Gewebefilter der Luft-

*) Gesundheits-Ingenieur 1889.

bewegung entgegenstellt, annähernd im Verhältnisse der durchgeführten Luftmenge und im umgekehrten Verhältnisse der Fläche; die Filterflächen sind daher möglichst groß zu halten. Für die Benutzung der Filter und für ihre Größenbestimmung muß angenommen werden, daß ein Reinigen erst nach mehrwöchentlichem Betriebe erforderlich wird.

Bedeutet L die durch das Filter stündlich zu führende Luftmenge in cbm, gegeben in der Temperatur t, F die Gesamtfläche des Filters in qm, H_f die Widerstandshöhe, d. h. die Höhe einer Luftsäule in m von der Temperatur t_0 der zu filternden Luft, die durch den Widerstand des Filters von der in 0° gegebenen wirksamen Druckhöhe verloren geht, m eine durch Versuche gewonnene Konstante, so ist:

$$\frac{H_f}{1+\alpha t_0} = \frac{m L}{F(1+\alpha t)} \,. \tag{68}$$

m ist zu setzen für:

gewöhnliches Nesseltuch (bei ungefähr 25 Faden auf 1 cm Länge) = 0,0015 bis 0,002,

Möllersches Filtertuch (gerauheter Barchent, ungefähr 17 Faden Schuß, 27 Faden Kette auf 1 cm Länge) = 0,024 bis 0,03. Der kleinere Wert gilt, wenn eine häufigere, der größere, wenn eine seltenere Reinigung des Filters stattfinden soll.

Beispiel.

Aufgabe. Der Raum eines Gebäudes von 20° Temperatur erfordere stündlich 10000 cbm Luft. Diese ist unmittelbar nach Entnahme von außen zu filtern. Als Filtertuch ist gerauheter Barchent zu wählen und $m = 0{,}024$ zu setzen. In der Staubkammer ist durch Zickzackanordnung der Rahmen eine Filterfläche von 100 qm unterzubringen. Die äußere Luft hat eine höchste Temperatur von 0°, bei der der volle Luftwechsel gefordert wird.

Lösung der Aufgabe. In Gl. (68) ist zu setzen: $L = 10000$, $F = 100$, $t = 20$, $t_0 = 0$, $m = 0{,}024$ und ergibt sich:

$$\frac{H_f}{1+\alpha 0} = \frac{0{,}024 \cdot 10000}{100\,(1+\alpha 20)} \sim 2{,}6\, m\,.$$

Die Widerstandshöhe ist so groß, daß sie fast stets (s. Seite 35) die Anwendung eines Ventilators erfordert.

β) Widerstand durch Reibung und Einzelwiderstände. Der Widerstand durch Reibung möge in der Folge durch R, ein Einzelwiderstand durch ζ bezeichnet werden. Da in einem Kanale verschiedene Einzelwiderstände vorhanden sein können, so ist für jeden Kanal, in dem sich die Luftmenge nicht ändert und bei dem die Temperatur und der Querschnitt als konstant angenommen werden können, eine Summe von ζ also $\Sigma\zeta$ zu bilden. Der Widerstand, der bisher mit Z bezeichnet worden ist, nimmt daher die Gestalt an:

$$Z = R + \Sigma\zeta\,. \tag{69}$$

Der Reibungswiderstand R ist erfahrungsgemäß für einen Kanal von rechteckigem Querschnitte:

$$R = \frac{\varrho\, l\, u}{f}\,, \tag{70}$$

somit für einen solchen von quadratischem oder rundem Querschnitte:

$$R = \frac{\varrho l 4 d}{d^2} = \frac{4 \varrho l}{d} \tag{71}$$

und für einen solchen von rechteckigem Querschnitte:

$$R = \frac{2 \varrho l (a + b)}{a b} \tag{72}$$

zu setzen, sofern:

ϱ die Reibungszahl (Reibungskoeffizienten)*),
l die gesamte Länge in m,
u den Umfang in m,
f den Querschnitt in qm,
d die Seite bei quadratischem Querschnitt oder den Durchmesser in m,
a und b die Seiten in m bei rechteckigem Querschnitte

} des Kanals

bedeuten.

Für sauber **gemauerte** Kanäle bis herab zu 50 cm Umfang ist **zu setzen**

die Reibungszahl:

$$\varrho = 0{,}0065 + \frac{0{,}0604}{u - 48}. \tag{73}$$

(In dem Ausdrucke ist der Umfang u des Kanalquerschnitts in Zentimeter anzunehmen. Tabelle 10a gibt Werte von ϱ, Tabelle 11 Werte von $\frac{\varrho u}{f}$ für verschiedene Querschnitte gemauerter Kanäle.)

Der Einzelwiderstand ζ bei

Richtungsänderungen für:

ein rechtwinkliges scharfes Knie . . . . $\zeta = 1{,}5$,
„ „ abgerundetes Knie (Bogen) . . . $\zeta = 1{,}0$,
„ Knie von 135° . . . . $\zeta = 0{,}6$,
langsam überführte Richtungsänderungen . . . . . $\zeta = 0$,

körperlichen Hindernissen:

für eine geöffnete Klappe oder einen geöffneten Schieber, sofern der Rahmen mit dem Mauerwerke bündig ist . . . . . . $\zeta = 0$,

für ein Gitter, dessen freier Querschnitt gleich dem Kanalquerschnitte ist:

*) Die gesamten für die Reibungszahlen und für die Einzelwiderstände, mit Ausnahme die für Querschnittsänderungen, gegebenen Werte sind durch Versuche in der Versuchsanstalt der Technischen Hochschule gefunden worden. Die Versuche wurden mit etwa 40 m langen, sauber gemauerten und nur gefugten rechteckigen Kanälen und mit etwa 25 m langen Kanälen aus verzinktem Eisenblech von 0,1 × 0,3, 0,1 × 0,2, 0,1 × 0,1 m Querschnitt sowie mit Rohrleitungen aus Kupfer und Zink von 0,0235, 0,05, 0,1 m Durchmesser angestellt (s. Festnummer, Gesundheits-Ingenieur 1905).

sofern das Verhältnis der freien zur totalen Gitterfläche 0,5 beträgt . . . . $\zeta = 1{,}5$,

sofern das Verhältnis der freien zur totalen Gitterfläche 0,2 beträgt. $\zeta = 2$,

für ein Gitter, dessen freier Querschnitt ein halb mal größer als der Kanalquerschnitt ist:

sofern das Verhältnis der freien zur totalen Gitterfläche 0,5 beträgt. $\zeta = 0{,}75$,

sofern das Verhältnis der freien zur totalen Gitterfläche 0,2 beträgt . . . . $\zeta = 1$,

für ein weitmaschiges Drahtgitter . . . . $\zeta = 0$,

für ein Gitter aus Drahtgaze, dessen freier Querschnitt gleich dem Kanalquerschnitte ist und bei dem das Verhältnis der freien zur totalen Gitterfläche nicht unter 0,6 beträgt . . $\zeta = 0{,}6$,

für ein Gitter aus Drahtgaze, dessen freier Querschnitt ein halb mal größer als der Kanalquerschnitt ist und bei dem das Verhältnis der freien zur totalen Gitterfläche nicht unter 0,6 beträgt . . . . $\zeta = 0{,}3$.

Querschnittsänderungen:

Kleinere, allmählich verlaufende Querschnittsänderungen können vernachlässigt werden; für plötzliche größere (z. B. bei einer Heizkammer, die nicht groß genug ist, um die Geschwindigkeit der Luft $= 0$ zu setzen) ist, bezogen auf v: . . $\zeta = \left(\frac{f}{f_1} - 1\right)^2$,

$f_1 v_1 \rightarrow \quad f v$

auf v_1: . . . . $\zeta = \left(1 - \frac{f_1}{f}\right)^2$.

Für **metallene** Kanalleitungen ist zu setzen:
die Reibungszahl

$$\varrho = 0{,}00309 + \frac{0{,}00209}{v} + \frac{0{,}000337}{u} + \frac{0{,}000878}{v \cdot u}, \tag{74}$$

wenn v die Geschwindigkeit der Luft, u den Umfang des Kanalquerschnitts in m bedeutet.

(Tabelle 10 b gibt Werte von ϱ für metallene Leitungen.)

Der Einzelwiderstand ζ bei Richtungsänderungen für

ein rechtwinkeliges scharfes Knie:

a) Runder oder quadratischer Querschnitt des Kanals $\zeta = 1{,}1$,

b) Rechteckiger Querschnitt des Kanals

α) Ablenkung um die Breitseite (b) (Fig. 11) . . $\zeta = 1{,}1$,

β) Ablenkung um die Schmalseite (a) (Fig. 12) . $\zeta = 1{,}1 + \frac{b - a}{2}$

zwei rechtwinkelige Knie in der Entfernung e voneinander, gleichgültig nach welcher Richtung die Ablenkung erfolgt. (Fig. 13 und Fig. 14.)

Den vorstehenden Werten ist für jedes Knie ein Zuschlag zu geben von:

80 % wenn $e \leqq 3a$,
50 % „ $e > 3a$ bis $e = 5a$,
30 % „ $e > 5a$ bis $e = 8a$,
0 % „ $e > 8a$;

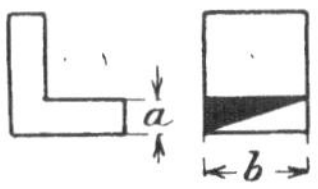

Fig. 11. 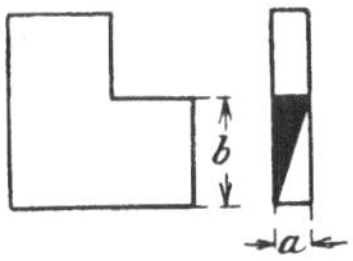 Fig. 12. 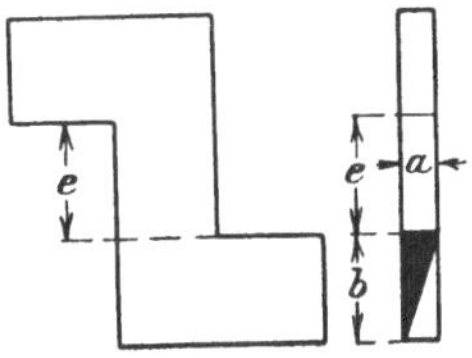 Fig. 13. 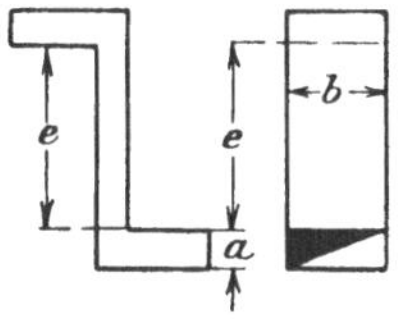 Fig. 14.

eine scharfe Ablenkung unter einem Winkel von 135° (Fig. 15) . . . . $\zeta = 0{,}3$

einen rechtwinkeligen Bogen. Runder oder rechteckiger Querschnitt des Kanals. (Fig. 16.)

a) $r = s$ . . . . $\zeta = 0{,}25$
b) $r > s$ bis $r = 2s$. . . . . $\zeta = 0{,}20$
c) $r > 2s$ bis $r = 4s$ . . . . $\zeta = 0{,}15$
d) $r > 4s$ bis $r = 5s$ . . . . $\zeta = 0{,}12$
e) $r > 5s$ bis $r = 6s$ . . . . $\zeta = 0{,}07$
f) $r > 6s$ . . . . $\zeta = 0{,}0$

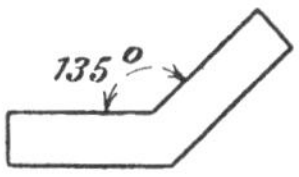

Fig. 15. 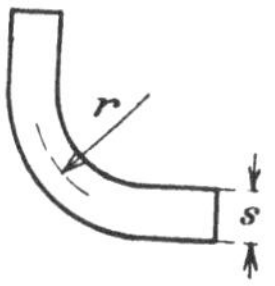 Fig. 16. 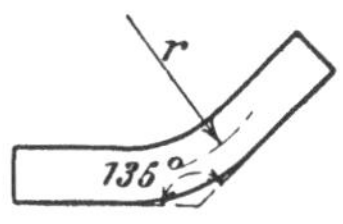 Fig. 17. 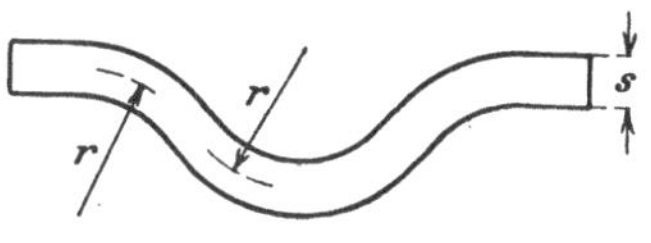 Fig. 18.

eine Bogenablenkung unter einem Winkel von 135° ($r \leqq 2s$) (Fig. 17) . . . . $\xi = 0{,}15$

ein Ausbiegestück. (Fig. 18.)

a) $r \leqq 3s$ . . . . $\xi = 0{,}4$
b) $r > 3s$ bis $r = 8s$ . . . . $\xi = 0{,}25$
c) $r > 8s$ bis $r = 12s$ . . . . $\xi = 0{,}1$
d) $r > 12s$ . . . . $\xi = 0$

Die Werte für körperliche Hindernisse oder Querschnittsänderungen sind die gleichen wie bei den gemauerten Kanälen.

Da Richtungsänderungen und Abzweige bei Luftleitungen bedeutende Widerstände verursachen, so sind stets möglichst allmähliche Übergänge vorzusehen, also nicht wie Fig. 19, am besten wie Fig. 22 zeigt.

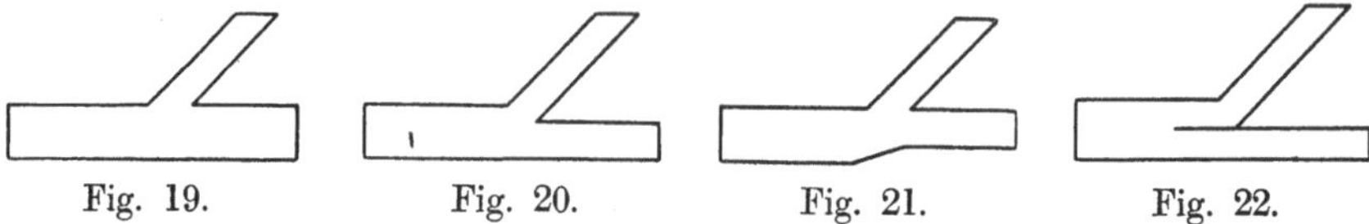

Fig. 19. Fig. 20. Fig. 21. Fig. 22.

Bei Abzweigen ist daher die Ausführung Fig. 22 anzustreben, da bei ihr die geringste der Luftbewegung nachteilige Wirbelbildung eintreten wird, auch bei der Rechnung keine Zweifel bestehen können, auf welche Geschwindigkeit der einmalige Widerstand in Anrechnung zu bringen ist.

Sechstes Kapitel.

Entwerfen und Berechnen von Lüftungsanlagen.

I. Aufstellung der Forderungen.

Wenn eine Lüftungsanlage ihren Zweck erfüllen soll, so müssen vor dem Entwerfen und Berechnen alle Verhältnisse festgestellt sein, unter denen sie zu arbeiten hat. Es ist daher ein Programm aufzustellen, das gleichzeitig dem Vertrage zwischen Auftraggeber und Auftragnehmer beizufügen ist. Kann der Auftraggeber selbst oder unter Zuziehung eines unparteiischen Sachverständigen das Programm sachgemäß aufstellen (in dieser Beziehung s. achtzehntes Kapitel), so ist das jederzeit das Empfehlenswerteste; ist er hierzu nicht in der Lage, so muß der Auftragnehmer selber die Bedingungen für den Effekt der Anlage bestimmen. Es sind dem Auftragnehmer dann aber jedenfalls unter Beifügung der Grundrisse und Durchschnitte des Gebäudes mindestens Angaben zu machen über:

die Lage des Gebäudes, die Benutzung der einzelnen Räume, die voraussichtlich größte Anzahl der sich in den einzelnen Räumen aufhaltenden Personen, die Beleuchtung der Räume nach Art und Stärke, die Räume, die zur Unterbringung der erforderlichen Kanäle im Keller bzw. Dachraume zur Verfügung stehen, die geeignetste Stelle zur Entnahme frischer Luft und die Art des Brennmaterials, das zur Verwendung kommen soll.

II. Wahl des Lüftungssystems.

Für die Wahl des Lüftungssystems kommen die höchste äußere Temperatur, bis zu der der Luftwechsel gefordert wird, und die in den zu lüftenden Räumen einzuhaltenden Druckverhältnisse in Frage.

1. Die höchste äußere Temperatur, bis zu der der Luftwechsel gefordert wird.

In der Regel werden bei einer höchsten Außentemperatur von 0° bis +5° für die Erzielung des geforderten Luftwechsels Anlagen mittels Temperaturdifferenz genügen können, bei denen die Abluft ohne besondere Erwärmung in steigenden Kanälen unmittelbar oder mittelbar durch einen über den Räumen liegenden und mit einem Schachte in Verbindung stehenden Sammelkanal über Dach geleitet wird. Bei größerer Ausdehnung des Gebäudes machen sich allerdings mehrere Einzelanlagen nötig.

Ist die äußere Temperatur höher, etwa zu +10° bestimmt worden, so wird häufig, besonders bei Forderung reichlichen Luftwechsels seine Erzielung durch die einfachen Anlagen infolge der geringen wirksamen Druckhöhe und der alsdann bedingten großen Kanalquerschnitte nicht mehr möglich werden. Jedenfalls kann die horizontale Ausdehnung derartiger Anlagen nur eine ganz geringe sein; die Rechnung allein ergibt die Möglichkeit der Ausführung. Bei allen Anlagen mittels Temperaturdifferenz ohne besondere Erwärmung der Abluft wird man auch stets mit dem Umstande zu rechnen haben, daß der Lüftungseffekt von der Außentemperatur abhängig ist, mit fallender Temperatur zu-, mit steigender abnimmt.

Bei noch höherer Außentemperatur als +10° kann nur Druck- oder Saugelüftung — möge nun letztere durch Erwärmung der Abluft oder durch Exhaustoren bewirkt werden — in Anwendung kommen. Bezüglich der Wahl von Druck- oder Saugelüftung hat man sich nach dem Folgenden wohl zu überlegen, welche Druckverhältnisse in den Räumen herrschen dürfen; ein Mißgriff nach dieser Richtung kann sehr störende Erscheinungen hervorrufen. Bei Anlagen, die auch im Sommer in Tätigkeit gehalten werden sollen, wird man eine Außentemperatur von etwa +25° zugrunde zu legen haben.

2. Die in den zu lüftenden Räumen einzuhaltenden Druckverhältnisse.

In einem Raume ohne künstliche Lüftung befindet sich die neutrale Zone (s. S. 26) nahezu in Mitte zwischen Fußboden und Decke; bei wärmerer Innen- als Außentemperatur herrscht unterhalb der Zone, also da, wo sich die Anwesenden aufhalten, Unterdruck, oberhalb Überdruck im Raume. Durch die Undichtheiten bzw. Durchlässigkeit der Umschließungswände wird also unten Luft von außen eingedrückt, oben Luft nach außen abgedrückt. Der Lufteintritt und Luftaustritt wächst mit der Temperaturdifferenz zwischen innen und außen — also gerade an den kältesten Tagen sind die unvermeidlichen Undichtheiten in ihren Folgeerscheinungen am bemerkenswertesten. Sofern die Undichtheiten, besonders bei den Fensterfugen, durch sorgfältige Bauausführung auf das geringste Maß beschränkt bleiben, wird der Eintritt von Luft von den Anwesenden nicht empfunden werden, sofern diese sich nicht in unmittelbarer Nähe der Fenster aufzuhalten haben. Da wo sich aber Arbeitsplätze an den Fenstern befinden, werden die Inhaber sehr leicht durch Zugerscheinungen belästigt werden.

Bei Lüftungsanlagen wird man daher in allen Fällen, in denen sich Personen in der Nähe der Fenster aufzuhalten haben, bestrebt sein müssen, die neutrale Zone mehr dem Fußboden zu nähern, sie etwa nach der Mitte der über Fußboden befindlichen Abluftöffnung zu verlegen. Es bedingt dies stets die Trennung der Berechnung der Abluft- und Zuluftanlage (siehe auch S. 81). Unter diesem Gesichtspunkte sind grundsätzlich also zu behandeln: die meisten Wohnräume, Verwaltungsräume, Gerichtsräume, d. h. also Arbeits- und Geschäftsräume jeder Art, ferner Schul- und Krankenräume. Je höher die Räume und je größer die Fenster sind, desto wichtiger ist die Einhaltung der Forderung, je niedriger bzw. kleiner sie sind, desto eher darf von ihr abgewichen werden; beispielsweise kann, wenn dies für die Ausführung der Kanäle erwünscht erscheint, in den Einzelzellen der Gefängnisse die neutrale Zone in der Mittellage verbleiben, sogar, da die Fenster sich in größerer Höhe befinden, eine Verlegung mehr nach der Decke zu erfahren. Bei Schul- und Krankenräumen ist die tiefe Lage der neutralen Zone von besonderer Bedeutung, in den ersteren, da einzelne Kinder täglich stundenlang in der Nähe der Fenster sitzen müssen, in den letzteren, da die Genesenden, wenn sie sich an den Fenstern aufhalten, eines besonderen Schutzes gegen Zugerscheinungen bedürfen. In allen Fällen, in denen die Verlegung der neutralen Zone über Fußboden angezeigt erscheint, aber infolge zu großer erforderlicher Kanalquerschnitte nicht erreichbar ist, muß durch Anordnung von Heizkörpern an den Fenstern der Eintritt kalter Luft unfühlbar gemacht werden.

Bei Lüftungsanlagen mittels Temperaturdifferenz ohne besondere Erwärmung der Abluft ist es meist, wenigstens bei Anlagen mit einigermaßen bedeutender Horizontalausdehnung, reichlichem Luftwechsel und einer Temperatur der einströmenden Luft nicht über Raumtemperatur, nicht möglich, dieser Bedingung der Verlegung der neutralen Zone über Fußboden noch bei einer Außentemperatur von etwa 0° und darüber gerecht werden zu können. Ist die Verlegung nach Art der Räume von besonderer Wichtigkeit, so muß Drucklüftung gewählt werden.

Die Verlegung der neutralen Zone nach abwärts gewinnt für hohe Räume, insonderheit für Räume, die für eine große Anzahl Personen bestimmt sind und bei denen Außenluft nicht nur durch die Fensterfugen, sondern auch durch die Türen einströmen kann, an Bedeutung. Hierher gehören alle Festsäle, Versammlungsräume, Theater, Restaurants usw., bei denen ein öfteres gleichzeitiges Öffnen nicht nur der ihnen unmittelbar zugehörenden Türen, sondern auch der der vorliegenden Räume, einschließlich der Eingangstüren des Gebäudes stattfindet. In diesen Fällen genügt die Verlegung der neutralen Zone um einige Meter aus der Mittellage nicht mehr, da bei jedem gleichzeitigen Öffnen der verschiedenen Türen eine neue Zuluftanlage mit verhältnismäßig geringen Widerständen erschlossen wird und sofort ein Druckausgleich jedenfalls über Mitte der Innentüren stattfindet. Unterhalb der neutralen Zone strömt alsdann unter lebhaften Zugerscheinungen Außenluft ein. Je öfter eine Änderung der Druckverhältnisse im Raume durch das wechselnde Öffnen und Schließen der Türen herbeigeführt wird, um so größer werden die Zugbelästigungen sich gestalten.

In diesen Fällen muß die neutrale Zone möglichst tief unter den zu lüftenden Raum verlegt, d. h. es muß über Fußboden noch ein kräftiger Überdruck angestrebt werden. Drucklüftung ist alsdann angezeigt (siehe auch S. 28 und 82).

In sehr großen Räumen, für die an und für sich ein Lüftungsbedürfnis zwar nicht vorliegt (Kirchen), aber in denen infolge der bedeutenden Höhe und infolge der Durchlässigkeit der Decke und der vielen Fensterfugen usw. der Unterdruck über Fußboden zu sehr schweren Zugerscheinungen beim Öffnen der Türen Veranlassung geben kann, ist es zu ihrer Vermeidung erforderlich, die neutrale Zone möglichst dem Fußboden zu nähern. Man erreicht dies durch Einlassen großer Mengen angewärmter Luft über Fußboden und durch tunlichstes Abdichten aller Umschließungsflächen, ganz besonders der Decke.

In Räumen, in denen sich Gerüche, Dunst, Staub usw. entwickeln (Küchen, Garderoben, Aborte, Digestorien, Bäder), deren Luft also von Nachbarräumen möglichst ferngehalten werden soll, ist die neutrale Zone über die Decke zu verlegen, d. h. es ist Unterdruck in jeder Höhenlage der Räume zu schaffen. Es bedingt dies eine größere Betriebskraft der Abluft- als der Zuluftanlage und wird erreicht mittels Steigerung der wirksamen Druckhöhe der Abluftanlage durch besondere Erwärmung der Abluft oder durch Absaugen mittels Exhaustoren, sowie durch gleichzeitiges Übertragen dieser wirksamen Druckhöhe auf die Zuluftanlage. Am besten ist es dann, die Zuluft für diese Räume zunächst den zu schützenden Nachbarräumen zuzuführen und die Überleitung durch Kanäle, am einfachsten durch regelbare Öffnungen in den Zwischentüren unmittelbar über Fußboden, zu bewirken. Erfordern die Nachbarräume ebenfalls einen Luftwechsel, so kann die einzuführende Luft, falls sie keine besondere Güteverminderung erfährt, für die in Frage stehenden Räume mit in Anrechnung kommen, andernfalls ergibt sich die Menge der in die Nachbarräume einzuführenden Luft aus der Summe des Luftbedürfnisses beider Arten von Räumen.

Ist also nach dem bisher Gesagten bei Lüftung mittels Temperaturdifferenz ohne besondere Erwärmung der Abluft die erforderliche Verlegung der neutralen Zone aus der Mittellage nach Maßgabe der alsdann verfügbaren Überdruckhöhe nicht erreichbar, so muß bei gewünschter oder erforderlicher Näherung der neutralen Zone dem Fußboden des Raumes Drucklüftung, bei Näherung der Decke des Raumes Saugelüftung angewendet werden. Trotzdem kann bei Anwendung von Drucklüftung Unterdruck, bei Anwendung von Saugelüftung Überdruck im Raume bestehen, sofern die wirksame Druckhöhe der einen Anlage nicht zur Überwindung der Widerstände ausreicht und die Überdruckhöhe der andern Anlage dafür noch mit Verwendung finden muß. Es wird dies zwar selten in der Praxis vorkommen und soll das Hervorheben der Möglichkeit auch nur den Hinweis liefern, daß nicht allein die schablonenmäßige Anwendung einer Druck- oder Saugelüftung, sondern eine sorgfältige Durchrechnung den gewünschten Erfolg sichern kann.

Bei den bisherigen Betrachtungen war die Innenluft als die wärmere angenommen worden. Hat die Außenluft eine höhere Temperatur als die Innenluft (Kühlanlagen), so herrscht über der neutralen Zone Unterdruck, unter der neutralen Zone Überdruck im Raume. Zugerscheinungen sind alsdann im bisherigen Sinne, also infolge Durchlässigkeit und Undichtheit der Umfassungswände oder infolge der Verbindung der Außenluft mit der Innenluft durch Öffnen von Türen als ausgeschlossen zu betrachten. Die neutrale Zone muß alsdann aber nach oben und über den zu lüftenden Raum verschoben werden, damit durchweg Überdruck herrscht und an keiner Stelle wärmere Außenluft durch die Umfassungswände usw. einströmen kann.

III. Entwurf und Berechnung einer Lüftungsanlage.

Nachdem unter den gegebenen Bedingungen die Wahl des Lüftungssystems getroffen worden ist, hat zunächst die Gesamtanordnung der Anlage in ihren wichtigsten Teilen unter Anpassen an die Gebäudeverhältnisse und nach dieser die Bestimmung aller in die freie Wahl des Ausführenden gestellten Kanalquerschnitte bzw. Luftgeschwindigkeiten zu erfolgen. Hierbei ist jederzeit zu beachten, daß die Widerstandshöhen mit dem Quadrate der Geschwindigkeit zunehmen und daß die Einzelkanäle für Zu- und Abluft um so kleinere Querschnitte erhalten — was meist erwünscht ist —, je größer die Querschnitte der anderen Kanäle sich gestalten. Bei Druck- oder Saugelüftung ist die Wahl geringer Geschwindigkeit noch von besonderem Werte, da sich die Betriebskraft bzw. die notwendige Erwärmung der Abluft niedriger stellt.

Nach Maßgabe der gewählten Geschwindigkeit ist der Querschnitt und unter Berücksichtigung der Gebäudeverhältnisse die Querschnittsform, umgekehrt bei gegebenem oder angenommenem Querschnitte die Geschwindigkeit unter Berücksichtigung der Temperatur mittels der Gl. (45) bzw. (46) zu bestimmen. Quadratischer oder runder Querschnitt ist stets dem oblongen wegen der geringeren Reibung vorzuziehen.

Ganz besonders wichtig ist die Wahl großer Querschnitte, also kleiner Geschwindigkeiten für den horizontalen Verteilungskanal der Zuluft, da alsdann die senkrechten Zuluftkanäle unter so wenig voneinander abweichende Druckverhältnisse gestellt werden, daß mitunter der Unterschied für die Berechnung vernachlässigt werden kann, vor allem aber, daß bei Anlagen mittels Temperaturdifferenz die einzelnen Zuluftkanäle unter gleiche Verhältnisse gestellt bleiben, also auch bei verschiedenen Außentemperaturen proportionale Lüftungseffekte geben.

Ein kleines Beispiel möge das Gesagte erläutern.

Es seien 10 Räume vorhanden, ein jeder erfordere 720 cbm Zuluft von 20°. Im Keller befinde sich ein 30 m langer Verteilungskanal, von dem am Anfang zwei Einzelkanäle, alsdann immer in Entfernungen von 7,5 m zwei weitere Einzelkanäle abzweigen. Ist der Querschnitt des Verteilungskanals 2 × 2 m, so ergibt sich die Widerstandshöhe lediglich durch diesen Kanal, die also einen Teil der wirksamen Druckhöhe der Anlage aufbraucht, zu 0,0014 m, ist der Querschnitt des Verteilungskanals dagegen nur 1 × 1 m, so stellt sich die Widerstandshöhe zu 0,045, sie wächst aber zu 0,28 m, wenn der Querschnitt 0,5 × 1 m beträgt.

Kanäle mit großem Querschnitt haben außer dem erwähnten noch den anderen Vorteil, daß sie begehbar und leicht reinigungsfähig sind, dagegen allerdings den Nachteil, daß sie größere Wärmeverluste bedingen. Hat man trotz tunlichsten Schutzes mit nicht zu vernachlässigenden Wärmeverlusten zu rechnen, so empfiehlt es sich, der Luft im Verteilungskanal nur eine Temperatur von 8 bis 10° zu geben, dafür am Fuße eines jeden aufsteigenden Kanals einen entsprechend großen ummantelten, nur von unten der Kanalluft zugänglichen Zusatzheizkörper anzuordnen, der die weitere erforderliche Erwärmung zu bewirken hat. Diese Heizkörper haben alsdann jederzeit die Luft von der bestimmten Anfangstemperatur um eine bestimmte Anzahl Grade weiter zu erwärmen, sie bedürfen somit nach Einstellung keiner weiteren Regelung, der Heizer hat also nur an der Zentralstelle auf Erzielung der angenommenen Vorwärmetemperatur zu achten.

Müssen Kanäle nach den baulichen Verhältnissen einen so geringen Querschnitt erhalten, daß sie nicht einmal mehr beschlupfbar bleiben, also kaum zu reinigen sind, so ist es aus hygienischen Gründen ratsam, sie aus Blech herzustellen und die Querschnitte so weit zu verkleinern, daß die Luft sich in ihnen mit großer Geschwindigkeit, also vielleicht mit 4 m und darüber bewegen muß. Bei genügender Vorreinigung der Luft durch Filter wird sich in den Kanälen alsdann kein Staub ablagern können, auch bietet die Unterbringung der Kanäle im Keller die geringste Schwierigkeit. Der Betrieb freilich verteuert sich infolge der erhöhten Luftgeschwindigkeit, die nur durch Ventilatoren zu erzeugen ist.

Bei Vorhandensein eines Sammelkanals für die Abluft wähle man die Geschwindigkeit in dem sich anschließenden Abluftschacht nicht zu klein und jedenfalls größer als im Sammelkanal, da es sonst — z. B. bei zeitweisem Abschließen einiger Räume von der Lüftung — nicht ausgeschlossen ist, daß in dem Abluftschacht — geradeso, wie in einem wesentlich zu weiten Schornstein — fallende Luftströme der Außenluft entstehen und Störungen im Lüftungsbetrieb hervorrufen können.

Jede Lüftungsanlage besteht aus den zu lüftenden Räumen, ferner aus Räumen, in denen die Luft gereinigt, erwärmt usw. wird und aus einer Reihe von Kanälen. Sämtliche Räume können bei Berechnung des Kanalnetzes und sofern von der Luftbewegung und Luftverteilung in ihnen abgesehen wird (s. S. 84), als Kanäle von besonders großem Querschnitte betrachtet werden. Unter dieser Voraussetzung ist, wie bereits früher erwähnt, für jeden zu lüftenden Raum von der Entnahmestelle der Außenluft an gerechnet bis zum Austritte der Abluft aus dem Gebäude mindestens ein ununterbrochener Kanalzug vorhanden, so daß jede Lüftungsanlage aus einer Anzahl von Kanalzügen besteht, die mindestens so groß ist als die Anzahl der zu lüftenden Räume. Ein jeder Kanalzug zerfällt in zwei Hauptstrecken, von denen die eine die Förderung der Zuluft, die andere die Förderung der Abluft für den betreffenden Raum zu übernehmen hat.

Würden die zu lüftenden Räume und die Kanäle dicht hergestellt werden können, wie z. B. das Rohrnetz einer Wasserleitung, so würde die Bewegung der Zuluft und Abluft in unbedingter Abhängigkeit voneinander stehen, und es würde für den Effekt und für das Wohlbefinden der in den zu lüftenden Räumen anwesenden Personen völlig gleichgültig sein, ob die Luftbewegung auf Erwärmen, Eindrücken oder Absaugen der Luft beruhte.

Bei der Entwicklung der Luftbewegung in den Kanälen (S. 75—83) wurde die unbedingte Dichtheit aller Wandungen angenommen, tatsächlich ist aber trotz der Vorsicht, die man anwenden soll, auf völlige Dichtheit besonders der zu lüftenden Räume nicht zu rechnen, und somit entzieht sich stets die Größe der vorhandenen Abhängigkeit der Zuluft- und der Abluftanlage der Beurteilung. Da sich in einem Raume ohne künstliche Lüftung die Gleichgewichtslage der Außen- und Innenluft (neutrale Zone, s. S. 27) etwa in Mitte Höhe befindet, so ist es zur Vermeidung von unter Umständen schweren Effektsstörungen erforderlich, diesen Umstand zu beachten und die Berechnung getrennt für die Zu- und Abluftanlage anzustellen. Die Grenzebene dieser beiden Anlagen bildet alsdann die neutrale Zone, wenn die wirksame Druckhöhe einer jeden Anlage auch durch deren Geschwindigkeits- und Widerstandshöhen aufgebraucht wird; sie bildet dagegen nicht die neutrale Zone, wenn in ihr ein bestimmter Über- oder Unterdruck herrscht, also ein Teil der Überdruckhöhe einer Anlage noch für die andere Anlage in Wirksamkeit zu treten hat.

Die Erzielung der angenommenen Druckverhältnisse in der Praxis hängt von dem Maße der Undichtheit der Wände usw. ab. Die gewünschten Druckverhältnisse in der Grenzebene der Zuluft- und Abluftanlage werden jederzeit eintreten, wenn die Grenzebene die neutrale Zone bilden und in dem zu lüftenden Raum dort liegen soll, wo sie auch bei fehlender Lüftungsanlage liegen würde, sie werden dagegen abweichen, wenn die neutrale Zone aus dieser Lage verschoben werden soll. Bei guter Bauausführung und bei Verschiebung der neutralen Zone innerhalb des zu lüftenden Raumes um wenige Meter wird die Abweichung von der Annahme besonders bei maschinellem Betrieb nur gering und daher zu vernachlässigen sein, bei Verschiebung der neutralen Zone um größere Höhen im Raum oder gar bei Verlegung aus dem zu lüftenden Raume heraus, d. h. also meist in den Fällen, in denen ein bestimmter Über- oder Unterdruck in der Grenzebene der beiden Anlagen stattfinden, diese also nicht mehr die neutrale Zone bilden soll, empfiehlt es sich, eine *größere* als die gestellte Forderung (eine größere Höhe bzw. einen größeren Über- oder Unterdruck) in Rechnung zu ziehen. Über den Zuschlag selbst eine bestimmte Angabe zu machen, ist nicht möglich, da er von den baulichen Verhältnissen und der Größe des betreffenden Raumes abhängt.

Von der Bedingung *getrennter* Berechnung der Zuluft- und Abluftanlage *kann* abgewichen werden, wenn es gleichgültig ist, ob Über- oder Unterdruck in den zu lüftenden Räumen herrscht und ob durch die unvermeidlichen Fugen der Fenster, Türen usw. Luft nach außen abströmt bzw. von außen einströmt. Empfohlen soll die ungetrennte Berechnung auch in diesen Fällen *nicht* werden; es ist immer besser, die Druckverhältnisse in den zu lüftenden Räumen für die Rechnung anzunehmen und dadurch den Effekt sicherzustellen, anstatt diesen mehr oder weniger dem Zufalle zu überlassen.

Von der Bedingung *getrennter* Berechnung der Zuluft- und Abluftanlage *muß* abgewichen werden, wenn die Luftbewegung in *beiden* Anlagen lediglich oder doch fast ausschließlich durch die Kraftwirkung nur *einer* von beiden bewirkt werden soll, wenn also in der andern Anlage eine negative oder infolge gleicher Innen- und Außentemperatur gar keine wirksame Druckhöhe herrscht oder diese doch so gering ist, daß die Kanäle in den sich für sie ergebenden großen Querschnitten nicht ausgeführt werden können und wenn man außerdem nicht von Hause aus eine Verteilung der Kraftwirkung auf die beiden Anlagen vornehmen will. Der Ingenieur soll jedoch jederzeit bestrebt sein, derartige Anlagen zu vermeiden.

Die Undichtheit der Kanalwandungen ist selbstverständlich ebenfalls von Einfluß auf die Druckverhältnisse, indessen kann sie bei nicht zu großen Querschnitten der Kanäle als zu unbedeutend vernachlässigt werden. Bei weiten und langgestreckten Kanälen, ganz besonders bei Abluftkanälen von Anlagen mit Saugelüftung muß allerdings auf die Dichtheit großer Wert gelegt werden; diese ist aber dann in der erforderlichen Vollkommenheit durch geeigneten Putz, Anstrich usw. der äußeren oder inneren Kanalwandung ohne sonderliche Schwierigkeit zu erzielen. (Siehe auch S. 31.) Kanäle aus verzinktem Eisenblech hergestellt, bieten die Möglichkeit unbedingter Dichtheit und sind daher stets bei großen Luftgeschwindigkeiten, also bei bedeutenden Druckverhältnissen in Anwendung zu bringen.

IV. Berechnung der Lüftungsanlagen in der Praxis.

In der Praxis kann man für die Berechnung zwei Fälle unterscheiden — der eine bezieht sich auf den dem Auftraggeber zu liefernden Entwurf, der andere auf den Entwurf für die Ausführung der Anlage.

Bei Abgabe des Entwurfs kommt es auf die allgemeine Anordnung der Anlage und ihrer einzelnen Teile und auf einen einzuhaltenden Kostenanschlag an, dagegen weniger auf die Angabe der genauen Maße für die Kanäle; für die Ausführung dagegen müssen die letzteren genau ermittelt sein.

Ein genau in allen seinen Teilen berechneter Entwurf verursacht Arbeit und Kosten, die selbst durch Entschädigung nach den üblichen Sätzen meist nicht aufgewogen werden können. Es ist daher dem Auftragnehmer zu gestatten, zwei Berechnungen anzustellen, die erste für den Kostenanschlag, die zweite erst nach Übertragung der Arbeit für die Ausführung.

a) Berechnung der Anlagen für den Kostenanschlag. Eine genaue Bestimmung müssen alle die Größen bzw. Teile der Anlage erfahren, die auf den Entwurf selbst und auf den Kostenanschlag von Einfluß sind. Hierher gehören die meisten der im vorigen Kapitel angeführten Größen bzw. Teile der Anlage. Diese Bestimmung erfordert keinen großen Aufwand an Mühe und Zeit, ebensowenig die Feststellung der in die freie Wahl des Konstrukteurs gestellten Kanalquerschnitte. Größeren Zeitaufwand allein erfordert die genaue Berechnung der wenigen nicht der freien Wahl unterliegenden Kanalquerschnitte. Für diese können, jedoch nur soweit der Kostenanschlag in Frage steht, niemals für die Ausführung, die Werte der Tabelle 9 entnommen werden. Diese hat keinerlei Anspruch auf Genauigkeit, sichert aber im Durchschnitte die Preise der nach ihr bestimmten Klappen, Schieber usw.

Bei Ventilatorbetrieb ist auch für den Anschlag eine genaue Aufstellung der Gleichung für den ungünstigsten Kanalzug der Anlage nicht zu umgehen, insofern hierdurch allein die Größe des Ventilators zu bestimmen ist. Da für diesen Kanalzug aber sämtliche Kanalquerschnitte anzunehmen sind (vgl. S. 85), so ist auch diese Berechnung nicht sonderlich umständlich.

Ist bei Saugelüftung mittels besonderer Erwärmung der Abluft der Querschnitt des Abzugsschachtes gegeben und die Temperatur der Abluft zu berechnen, so kann bei einiger Erfahrung für den Anschlag, jedoch nur für diesen, an Stelle der Berechnung die Taxe treten.

Bei größeren und wichtigeren Anlagen sollten auch für den Kostenanschlag die Angaben über die von dem Auftragnehmer für die Ausführung beabsichtigte Berechnungsweise an der Hand von Beispielen, die die in Frage stehende Anlage betreffen müssen, gefordert werden, da die Gewähr für eine zufriedenstellende Arbeit ebensowohl in der richtigen Berechnung, als in der zuverlässigen Ausführung zu suchen ist.

b) Berechnung der Anlagen für die Ausführung. Nach Erteilung des Zuschlags auf Grund des Entwurfs und des Anschlags ist vom Auftragnehmer zu fordern, die genaue Berechnung auch auf die für den Anschlag nur überschläglich bestimmten Größen bzw. Teile auszudehnen.

Es ist möglich, daß die genaue Berechnung noch Abänderungen des Entwurfs bedingt; diese sollten vom Auftraggeber im eigenen Interesse niemals abgelehnt werden, selbst wenn eine Kostensteigerung, die bei genügender Erfahrung des Auftragnehmers nur eine geringe sein kann, damit verknüpft ist. Die genaue Durchrechnung eines Entwurfs bedingt allerdings bedeutend mehr Zeit und Mühe als einfache auf praktischem Gefühle und willkürlichen Annahmen gegründete Faustrechnungen, sie allein aber sichert den geforderten Effekt der Anlage.

Die genaue Berechnung soll aber auch nicht zu weit geführt werden, d. h. nicht weiter, als die Wirklichkeit die Verwertung der Berechnung gestattet. Jederzeit ist mit den baulichen Verhältnissen zu rechnen, und in der Regel werden bei Ausführung der Kanäle gewisse Maße (Mauermaße, Handelsmaße) einzuhalten sein, so daß die berechneten Werte vielfach eine Erhöhung erfahren müssen. Z. B. wird ein Kanalquerschnitt berechnet zu 0,27 m × 0,312 m in der Praxis niemals ausgeführt, sondern auf das Mauermaß 0,27 × 0,33 abgerundet werden.

Die genaue Berechnung hat somit in erster Linie den Zweck, keine zu klein bemessenen, in zweiter Linie keine unnötig großen Kanalquerschnitte zu erhalten.

Sofern an diesem Grundsatze festgehalten wird, läßt sich für die Berechnung noch insofern eine wesentliche Vereinfachung herbeiführen, als — wie dies bei den folgenden Beispielen nähere Erörterung finden wird — von einer Anlage nur wenige Kanalzüge eine genaue Durchrechnung zu erfahren brauchen, die Querschnitte der übrigen Kanäle sich im Anschlusse an diese in leichtester Weise bestimmen lassen. Jedenfalls sind stets die Kanalzüge der ungünstigst gelegenen Räume, d. h. des ungünstigst gelegenen Raumes eines jeden Stockwerks, genau zu berechnen, bei einer Horizontalausdehnung der Anlage von etwa 8—10 m auch die der günstigst gelegenen Räume, bei größerer Horizontalausdehnung auch noch Kanalzüge für in der Mittellage befindliche Räume. Das Nähere kann erst durch die Beispiele Erläuterung finden und muß daher auf diese, insonderheit auf Beispiel 1, verwiesen werden.

Es empfiehlt sich, zu Zwecken der Übersichtlichkeit sowohl für den Kostenanschlag, wie für die Ausführung eine Zusammenstellung der in Frage kommenden Größen und Werte in Gestalt einer Tabelle — etwa

Nr. der Teilstrecke	Luftmenge L	Temperatur t	Geschwindigkeit v	Kanalquerschnitt: Fläche f	Kanalquerschnitt: Abmessung	Kanal: Länge l	Kanal: Höhe h	Widerstände Z: Reibung R	Widerstände Z: Einmalige $\Sigma\zeta$	$\frac{v^2}{2g(1+\alpha t)}Z$ bzw. $\frac{v^2}{2g(1+\alpha t)}(1+Z)$
1	2	3	4	5	6	7	8	9	10	11

mit vorstehendem Kopfe — anzufertigen. Für den *Vorentwurf* und Kostenanschlag sind bei Anlagen mit Temperaturdifferenz nur die Spalten 1 bis einschl. 6, bei Anlagen mit Drucklüftung oder Saugelüftung mittels Exhaustors für den Kanalzug eines und zwar des ungünstigst gelegenen Raumes auch noch die Spalten 7 bis einschl. 11 auszufüllen. Erst für die

Ausführung sind die sämtlichen Spalten der Tabelle, aber auch nur für die wenigen genau zu berechnenden Kanalzüge, zu ergänzen.

Soweit die Bestimmung der einzelnen Spalten nicht ohne weiteres aus der Überschrift hervorgeht, ist folgendes zu sagen. Es bedeuten in

Spalte 2: L die stündliche Luftmenge in cbm, die in der betreffenden Teilstrecke zu fördern ist.

Spalte 3: t die Temperatur in der betreffenden Teilstrecke.

Spalte 4: v die für die betreffende Teilstrecke angenommene oder gegebene sekundliche Geschwindigkeit der Luft. Ist für einen Kanal nicht die Geschwindigkeit, sondern nach baulichen Verhältnissen der Querschnitt f zu wählen, so berechnet sich die erforderliche Geschwindigkeit v früher Gesagtem zufolge nach der Gl. (45).

Spalte 5 und 6: f den angenommenen oder aus v nach dem Ausdrucke: $f = \frac{L}{3600\,v}$ bestimmten Querschnitt der Teilstrecke.

Spalte 7 und 8: l bzw. h die Länge bzw. Höhe der Teilstrecke. Es ist $h = 0$ zu setzen, sofern ein Kanal eine horizontale Lage besitzt.

Spalte 9: R den für die Reibung einzusetzenden Wert; diese ist nach dem Ausdrucke: $R = \frac{\varrho\, l\, u}{f}$ zu bestimmen. (Siehe S. 86 und 87, sowie Tabellen.)

Spalte 10: $\Sigma\zeta$ den für die Summe der einmaligen Widerstände in der betreffenden Teilstrecke anzunehmenden Wert (s. S. 87 bis 89). $Z = R + \Sigma\zeta$.

Spalte 11: die angeführten Ausdrücke, d. h. die Werte für die Widerstandshöhe bzw. Geschwindigkeits- und Widerstandshöhe.

Die Tabelle ist mit allen Werten auszufüllen, die gegeben oder bestimmbar sind, alle noch unbekannten und erst zu berechnenden Größen können nach erfolgter Bestimmung eingetragen werden. Durch die folgenden Beispiele wird der Gang der Berechnung und die Benutzung der Tabelle noch weiter klargelegt werden.

Zwecks bequemerer Berechnung ist es zu empfehlen, für die in Rechnung zu ziehenden Räume eine in eine Ebene gebrachte schematische Darstellung der Anlage anzufertigen.

V. Beispiele für Berechnung von Lüftungsanlagen.

A. Lüftung mittels Temperaturdifferenz ohne besondere Erwärmung der Abluft.

1. Abluft- und Zuluftanlage erfahren getrennte Berechnung. Die Grenzebene der beiden Anlagen bildet die neutrale Zone (s. S. 26 und 81).

Beispiel 1. Aufgabe. Zu lüften sind 8 Räume, jeder Raum hat 34 Männer aufzunehmen. Länge eines jeden Raumes: 8 m, Breite: 5 m, Höhe: 4,2 m. Innentemperatur in Kopfhöhe: +20°, höchste Außentemperatur, bis zu der der volle

Luftwechsel erzielt werden soll: 0°. Niedrigste Außentemperatur, bis zu der der volle Luftwechsel erzielt werden soll: —10°. Die Räume werden nur bei Tagesbeleuchtung täglich 6 Stunden benutzt. Die neutrale Zone (Gleichgewichtslage der inneren mit der äußeren Luft) befinde sich nach dem auf S. 92 Gesagten in der Mitte der zu lüftenden Räume. Die Tiefe der Querschnitte der aufsteigenden Einzelkanäle soll 0,27 m betragen.

Lösung der Aufgabe. Von der Aufstellung der auf S. 99 empfohlenen Zusammenstellung soll für dieses Beispiel Abstand genommen werden und diese erst bei den nächsten Beispielen Anwendung finden, um durch die ausführliche Behandlung zunächst die Berechnungsweise bis in alle Einzelheiten klarzustellen und Folgerungen für den bereits angedeuteten Umfang der Zusammenstellung machen zu können.

Für den Vorentwurf und Kostenanschlag.

a) Luftwechsel in den einzelnen Räumen. Die Räume sind als vollbesetzt zu betrachten (s. S. 7), da auf eine Person eine Bodenfläche von nur 1,18 qm entfällt. Der Wärmeverlust eines jeden Raumes betrage bei 0° Außentemperatur stündlich 1700 WE. In Gl. (11) ist somit zu setzen: $W_1 = 1700$, $W_2 = 0$, $W_3 = 1700$, somit ergibt sich $W = 0$. Bezüglich der Wärmeverhältnisse kann also die Einströmungstemperatur der Luft bei 0°, für die die Kanäle zu berechnen sind, gleich der Raumtemperatur = 20° gesetzt werden und der Luftwechsel ist lediglich nach dem zulässigen Feuchtigkeitsgehalt zu bestimmen. Für 0° Außentemperatur ergibt sich nach Gl. (19) unter Annahme einer Sättigung der Innenluft von 70°, der Außenluft von 80% der stündliche Luftwechsel für eine Person zu etwas über 18 cbm. Angenommen werde ein Luftwechsel von 20 cbm, somit für jeden Raum ein solcher von 34 · 20 = 680 cbm von 20°.

Der Inhalt eines Raumes beträgt 168 cbm: es ergibt sich mithin ein $\frac{680}{168} =$ 4,05 facher Luftwechsel: dieser ist einhaltbar (vgl. S. 20).

b) Luftmenge, die bei der niedrigsten Außentemperatur von —10° zu entnehmen und am Heizapparate zu erwärmen ist. Die Luftmenge ergibt sich:

$$L_0 = \frac{8 \cdot 680\,(1 - \alpha \cdot 10)}{1 + \alpha \cdot 20} = \text{(unter Benutzung von Tabelle 2)}\ 8 \cdot 680 \cdot 0{,}898 = 4883 \text{ cbm von } -10°.$$

c) Anordnung der Anlage. Fig. 23 zeigt die Anlage in schematischer Darstellung; sie ergibt für jeden der ungünstigst gelegenen Räume *I* und *II* je 12 Teilstrecken, für die Räume *III* und *IV* je 10 Teilstrecken, für die Räume *V* und *VI* je 9 Teilstrecken und für die Räume *VII* und *VIII* je 11 Teilstrecken.

d) Luftmengen, die durch die Teilstrecken der Kanalzüge des ungünstigst gelegenen Raumes eines jeden Stockwerks bei der höchsten Außentemperatur zu fördern sind.

Teilstrecke		Luftmenge:			
Teilstrecke	1.	Luftmenge:	$680 \cdot 8 = 5440$	cbm von	20°
„	2.	„	$680 \cdot 4 = 2720$	„ „	20°
„	3.	„	$680 \cdot 2 = 1360$	„ „	20°
„	4, 5 und 6.	„	$680 \cdot 1 = 680$	„ „	20°
„	7.	„	$680 \cdot 2 = 1360$	„ „	20°
„	8.	„	$680 \cdot 4 = 2720$	„ „	20°
„	9.	„	$\frac{680 \cdot 8\,(1 + \alpha \cdot 10)}{1 + \alpha \cdot 20} = 5255$	„ „	10°
„	10, 11 und 12.	„	$\frac{680 \cdot 8\,(1 + \alpha \cdot 0)}{1 + \alpha \cdot 20} = 5068$	„ „	0°
„	13, 14 und 15	„	$680 \cdot 1 = 680$	„ „	20°

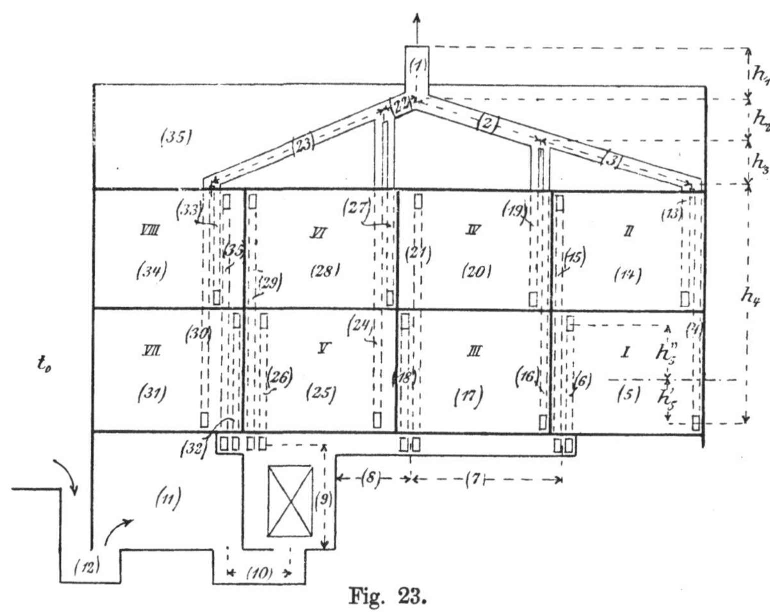

Fig. 23.

e) Geschwindigkeiten der Luft bzw. Kanalquerschnitte für die ungünstigst gelegenen Räume eines jeden Stockwerks, soweit diese angenommen werden können oder gegeben sind.

Teilstrecke 1. Angenommen $v_1 = 1{,}4$ m, also Kanalquerschnitt:

$$f_1 = \frac{5440}{3600 \cdot 1{,}4} = 1{,}08 \text{ qm} = 0{,}75 \text{ m} \times 1{,}44 \text{ m},$$

„ 2. „ $v_2 = 1{,}2$ m, also Kanalquerschnitt:

$$f_2 = \frac{2720}{3600 \cdot 1{,}2} = 0{,}63 \text{ qm} = 0{,}50 \text{ m} \times 1{,}26 \text{ m},$$

„ 3. „ $v_3 = 1{,}2$ m, also Kanalquerschnitt:

$$f_3 = \frac{1360}{3600 \cdot 1{,}2} = 0{,}315 \text{ qm} = 0{,}40 \text{ m} \times 0{,}79 \text{ m},$$

„ 4. Unbekannt (durch Berechnung zu finden),

„ 5. $v_5 = 0$,

„ 6. Unbekannt (durch Berechnung zu finden),

„ 7. Angenommen $f_7 = 0{,}94$ qm $= 0{,}40$ m $\times$ 2,35 m,

$$\text{also } v_7 = \frac{1360}{3600 \cdot 0{,}94} = 0{,}4 \text{ m},$$

„ 8. „ $f_8 = 0{,}94$ qm $= 0{,}40$ m $\times$ 2,35 m,

$$\text{also } v_8 = \frac{2720}{3600 \cdot 0{,}94} = 0{,}8 \text{ m},$$

„ 9. Gegeben durch Heizapparat und bauliche Verhältnisse

$$f_9 = 5{,}5 \text{ qm, also } v_9 = \frac{5255}{3600 \cdot 5{,}5} = 0{,}265 \text{ m},$$

„ 10. Angenommen $v_{10} = 0{,}7$ m, also Kanalquerschnitt:

$$f_{10} = \frac{5068}{3600 \cdot 0{,}7} = 2{,}011 \text{ m} = 0{,}8 \text{ m} \times 2{,}51 \text{ m}.$$

„ 11. „ $v_{11} = 0$,

„ 12. „ $v_{12} = 0{,}6$ m, also Kanalquerschnitt:

$$f_{12} = \frac{5068}{3600 \cdot 0{,}6} = 2{,}35 \text{ qm} = 1 \text{ m} \times 2{,}35 \text{ m},$$

Teilstrecke 13. Unbekannt (durch Berechnung zu finden),
„ 14. $v_{14} = 0$,
„ 15. Unbekannt (durch Berechnung zu finden).

f) Bestimmung der angenäherten Kanalquerschnitte für die in der Aufstellung unter e) als „Unbekannt“ bezeichneten Teilstrecken mittels Tabelle 9. Da die Grenzebene der Abluft- und Zuluftanlage die neutrale Zone bilden, diese aber in Mitte der Räume liegen soll, so ist die für die Tabelle 9 maßgebende Kanalhöhe ebenfalls von der neutralen Zone an zu rechnen. Somit ist die

Höhe von der Abströmung der Luft über Fußboden bis über Dach:
für die Erdgeschoßräume rund 11,5 m, für die Räume des I. Stockes rund 7 m.

Höhe von Mitte Heizkammer bis Einströmung der Luft:
für die Erdgeschoßräume rund 4 m, für die Räume des I. Stockes rund 8,5 m.

Bei 20° Temperaturdifferenz zwischen innen und außen ist nach Tabelle 9 (zum Teile schätzungsweise) zu entnehmen:

für das Erdgeschoß $v_4 = 1{,}6$ m, also

$$f_4 = \frac{680}{3600 \cdot 1{,}6} = 0{,}118 \text{ qm} \sim 0{,}27 \text{ m} \times 0{,}46 \text{ m},$$

für das Erdgeschoß $v_6 = 0{,}95$ m, also

$$f_6 = \frac{680}{3600 \cdot 0{,}95} = 0{,}199 \text{ qm} \sim 0{,}27 \text{ m} \times 0{,}79 \text{ m},$$

für den I. Stock $v_{13} = 1{,}27$ m, also

$$f_{13} = \frac{680}{3600 \cdot 1{,}27} = 0{,}149 \text{ qm} \sim 0{,}27 \text{ m} \times 0{,}66 \text{ m},$$

für den I. Stock $v_{15} = 1{,}4$ m, also

$$f_{15} = \frac{680}{3600 \cdot 1{,}4} = 0{,}135 \text{ qm} \sim 0{,}27 \text{ m} \times 0{,}53 \text{ m}.$$

Für die Ausführung.

Die Bestimmungen unter a) bis e) bleiben die gleichen, f) fällt aus, dagegen tritt hinzu:

g) Temperaturbestimmung. t_0 (höchste äußere Temperatur) $= 0°$, $t_1 = t_2 = t_3 = t_4 = t_6 = t_7 = t_8 = 20°$, $t_9 = \frac{0 + 20}{2} = 10°$; $t_{10} = t_{11} = t_{12} = 0°$.

Temperatur unter der Decke der Räume [s. Gl. (29)]:

$$t = 20 + 0{,}1 \cdot 20\,(4{,}2 - 3) = 22{,}4°.$$

Mittlere Temperatur der Räume zwischen Fußboden und Decke:

$$t_5 = t_{14} = \frac{20 + 22{,}4}{2} = 21{,}2°, \text{ also genau genug } t_5 = t_{14} = 21°.$$

h) Zusammenstellung der durch die Anordnung gegebenen und für die Berechnung erforderlichen Längen und Höhen der Kanäle der ungünstigst gelegenen Räume eines jeden Stockwerks.

		Länge	Höhe
Teilstrecke	1.	$l_1 = 2{,}0$ m,	$h_1 = 2{,}0$ m,
„	2.	$l_2 = 8{,}0$ m,	$h_2 = 1{,}0$ m,
„	3.	$l_3 = 8{,}1$ m,	$h_3 = 1{,}0$ m,
„	4.	$l_4 = 9{,}5$ m,	$h_4 = 9{,}0$ m,

Teilstrecke 5. l_5 fällt aus, $h_5' = 1{,}6$ m,
$h_5'' = 1{,}6$ m,
„ 6. $l_6 = 5{,}5$ m, $h_6 = 4{,}5$ m,
„ 7. $l_7 = 8{,}0$ m, $h_7 = 0{,}0$ m,
„ 8. $l_8 = 6{,}0$ m, $h_8 = 0{,}0$ m,
„ 9. $l_9 = 2{,}6$ m, $h_9 = 2{,}2$ m,
„ 10. $l_{10} = 4{,}0$ m, $h_{10} = 0{,}0$ m,
„ 11. l_{11} fällt aus, $h_{11} = 0{,}0$ m,
„ 12. $l_{12} = 5{,}0$ m, $h_{12} = 0{,}0$ m,
„ 13. $l_{13} = 5{,}0$ m, $h_{13} = 4{,}5$ m,
„ 14. l_{14} fällt aus, $h_{14}' = 1{,}6$ m,
$h_{14}'' = 1{,}6$ m,
„ 15. $l_{15} = 10$ m, $h_{15} = 9$ m.

i) Bestimmung der Reibungswiderstände (R) und der Summe der einmaligen Widerstände ($\Sigma\zeta$) für die unter h) angegebenen Teilstrecken. Allgemein ist: $Z = R + \Sigma\zeta = \frac{\varrho l u}{f} + \Sigma\zeta$ (s. S. 83, sowie Tabelle 11).

Teilstrecke 1. $R_1 = \frac{0{,}007 \cdot 2 \cdot 4{,}38}{1{,}08} = 0{,}057\,, \quad \Sigma\zeta_1 = 0\,,$

„ 2. $R_2 = \frac{0{,}007 \cdot 8 \cdot 3{,}52}{0{,}63} = 0{,}313\,, \quad \Sigma\zeta_2 = 1{,}5\,,$

(ein rechtwinkliges Knie),

„ 3. $R_3 = \frac{0{,}007 \cdot 8{,}1 \cdot 2{,}38}{0{,}315} = 0{,}428\,, \quad \Sigma\zeta_3 = 1{,}5\,,$

(ein rechtwinkliges Knie),

„ 4. $R_4 = \frac{\varrho_4\, 9{,}5 \cdot u_4}{f_4}\,, \quad \Sigma\zeta_4 = 1{,}5\,,$

(ein rechtwinkliges Knie = 1,5, eine Klappe = 0, ein weitmaschiges Drahtgitter = 0),

„ 5. R_5 fällt aus, da $v_5 = 0$, desgl. $\Sigma\zeta_5$,

„ 6. $R_6 = \frac{\varrho_6 \cdot 5{,}5 \cdot u_6}{f_6}\,, \quad \Sigma\zeta_6 = 2\,,$

(zwei rechtwinklige Bogen = 2, eine Klappe = 0, ein weitmaschiges Drahtgitter = 0),

„ 7. $R_7 = \frac{0{,}007 \cdot 8 \cdot 5{,}5}{0{,}94} = 0{,}328\,, \quad \Sigma\zeta_7 = 1\,,$

„ 8. $R_8 = \frac{0{,}007 \cdot 6 \cdot 5{,}5}{0{,}94} = 0{,}246\,, \quad \Sigma\zeta_8 = 0\,,$

„ 9. $R_9 = \frac{0{,}0065 \cdot 2{,}6 \cdot 14{,}5}{5{,}5} = 0{,}045\,, \quad \Sigma\zeta_9 = 4{,}510\,,$

$\left[\left(\frac{f_9}{f_{10}} - 1\right)^2 = 3{,}01 + \text{eine rechtwinklige Richtungsänderung} = 1{,}5\right]$

(u_9 ist Umfang von Heizkammer und Heizkörper).

„ 10. $R_{10} = \frac{0{,}007 \cdot 4 \cdot 6{,}62}{2{,}011} = 0{,}092\,, \quad \Sigma\zeta_{10} = 2\,,$

„ 11. R_{11} fällt aus, da $v_{11} = 0$, $\Sigma\zeta_{11}$ fällt aus,

„ 12. $R_{12} = \frac{0{,}007 \cdot 5 \cdot 6{,}7}{2{,}3} = 0{,}1\,, \quad \Sigma\zeta_{12} = 2{,}75\,,$

(ein Gitter = 0,75, zwei rechtwinklige Bogen = 2, eine Klappe = 0),

„ 13. $R_{13} = \frac{\varrho_{13} \cdot 5\, u_{13}}{f_{13}}\,, \quad \Sigma\zeta_{13} = 1{,}5$ (wie bei Teilstrecke 4),

„ 14. R_{14} fällt aus, da $v_{14} = 0$, desgl. $\Sigma\zeta_{14}$,

„ 15. $R_{15} = \frac{\varrho_{15} \cdot 10\, u_{15}}{f_{15}}\,, \quad \Sigma\zeta_{15} = 2$ (wie bei Teilstrecke 6)

k) Berechnung der in der Abluftanlage für Raum I noch unbekannten Teilstrecke 4. α) Erforderliche Geschwindigkeit im Abluftkanale gemäß Gl. (45). Da $t = t_4 = 20°$, ist:

$$v_4 = \frac{L(1+\alpha t_4)}{3600(1+\alpha t) f_4} = \frac{680}{3600 f_4} = \frac{0{,}189}{f_4} .$$

β) Wirksame Druckhöhe [linke Seite der Gleichung für die erreichbare Geschwindigkeit, s. Gl. (60)].

$$\left(\frac{h_1}{1+\alpha t_0} - \frac{h_1}{1+\alpha t_1}\right) + \left(\frac{h_2}{1+\alpha t_0} - \frac{h_2}{1+\alpha t_2}\right) + \left(\frac{h_3}{1+\alpha t_0} - \frac{h_3}{1+\alpha t_3}\right) +$$

$$+ \left(\frac{h_4}{1+\alpha t_0} - \frac{h_4}{1+\alpha t_4}\right) - \left(\frac{h_5'}{1+\alpha t_0} - \frac{h_5'}{1+\alpha t_5}\right) = \frac{1}{1+\alpha 0}(2+1+1+9-1{,}6) -$$

$$- \frac{1}{1+\alpha 20}(2+1+1+9) + \frac{1{,}6}{1+\alpha 21} = 0{,}770 \text{ m.}$$

(Die Werte von $1+\alpha t$ und $\frac{1}{1+\alpha t}$ sind der Tabelle 1 zu entnehmen.)

γ) Geschwindigkeits- und Widerstandshöhen [die Summe bildet die rechte Seite der Gleichung für die erreichbare Geschwindigkeit, s. Gl. (60)].

Teilstrecke 1.

$$\frac{v_1^2}{2g(1+\alpha t_1)}(1+Z_1) = \frac{1{,}4^2}{2g(1+\alpha\cdot 20)}(1+0{,}057+0) = \frac{1{,}931}{2g}$$

Teilstrecke 2.

$$\frac{v_2^2}{2g(1+\alpha t_2)} Z_2 = \frac{1{,}2^2}{2g(1+\alpha\cdot 20)}(0{,}313+1{,}5) = \frac{2{,}433}{2g}$$

Teilstrecke 3.

$$\frac{v_3^2}{2g(1+\alpha t_3)} Z_3 = \frac{1{,}2^2}{2g(1+\alpha\cdot 20)}(0{,}428+1{,}5) = \frac{2{,}588}{2g}$$

(Summe der Teilstrecken 1 bis 3:) $\frac{6{,}952}{2g}$,

Teilstrecke 4.

$$\frac{v_4^2}{2g(1+\alpha t_4)}(R_4 + \Sigma\zeta_4) = \frac{v_4^2}{2g(1+\alpha\cdot 20)}\left(\frac{9{,}5\,\varrho_4 u_4}{f_4} + 1{,}5\right) .$$

δ) Gleichung für die erreichbare Geschwindigkeit.

$$0{,}770 = \frac{1}{2g}\left\{6{,}952 + \frac{v_4^2}{1+\alpha 20}\left(\frac{\varrho_4 9{,}5\cdot u_4}{f_4} + 1{,}5\right)\right\} ,$$

woraus die erreichbare Geschwindigkeit sich ergibt:

$$v_4 = \sqrt{\frac{8{,}7507}{\frac{9{,}5\cdot \varrho_4 u_4}{f_4} + 1{,}5}} .$$

ε) Bestimmung des Querschnitts f_4. Die erreichbare Geschwindigkeit v_4 darf keinesfalls kleiner als die erforderliche sein.

Wählt man probeweise $f_4 = 0,27 \text{ m} \times 0,40 \text{ m} = 0,108$ qm, so ist

$$\text{die erforderliche Geschwindigkeit: } v_4 = \frac{0,189}{0,108} = 1,75 \text{ m},$$

$$\text{die erreichbare Geschwindigkeit: } \dot{v}_4 = \sqrt{\frac{8,7507}{9,5 \cdot 0,089 + 1,5}} = 1,93 \text{ m}.$$

(Der Wert $\frac{\varrho u}{f}$ ist der Tabelle 11 zu entnehmen.)

Die erreichbare Geschwindigkeit ist etwas zu groß, d. h. bei 0° Außentemperatur können $1,93 \cdot 3600 \cdot 0,108 = 750$ cbm Luft von 20°, statt wie verlangt, nur 680 cbm durch den Kanal gefördert werden, trotzdem ist der Querschnitt beizubehalten, da der nächst kleinere eine erforderliche, aber nicht erreichbare Geschwindigkeit von 2,12 m ergibt. Es muß durch Einschaltung einer Klappe, die entsprechend eingestellt wird und für immer in der Lage verbleibt, dem zu großen Luftwechsel vorgebeugt werden.

l) Berechnung der noch unbekannten Querschnitte der Abluftkanäle für die übrigen Räume des Erdgeschosses. Bei Anlagen, bei denen die einmaligen Widerstände in den Einzel-Abluftkanälen (wie meist) die gleichen sind und bei denen die horizontale Führung der Abluft keine oder keine nennenswerte Verschiedenheit aufweist, z. B. wenn die Kanäle unter Dach münden und jeder für sich über Dach geleitet wird oder durch die Sammelkanäle sehr kurz sind, kann, da die Reibungswiderstände gegenüber den einmaligen Widerständen von nur geringem Einflusse sind, die für den ungünstigst gelegenen Kanal berechnete erreichbare Geschwindigkeit als die erforderliche der übrigen Kanäle desselben Stockwerks angesehen und mit Hilfe dieser und dem vorgeschriebenen Luftwechsel die Querschnitte nach dem Ausdrucke $f = \frac{L}{3600 \cdot v}$ berechnet werden. Bei ungleicher und nicht unbedeutender Horizontalführung der Abluft — wie im vorliegenden Falle — empfiehlt es sich, für den günstigst gelegenen Raum die Rechnung zu wiederholen. Es wird sich dann für die dazwischenliegenden Kanäle desselben Stockwerks leicht nach Schätzung entscheiden lassen, mit welcher Geschwindigkeit die Querschnitte zu bestimmen sind. Bei sehr bedeutender Horizontalführung der Abluft ist es unter Umständen erforderlich, die Räume nach ihrer Lage gruppenweise zu behandeln, d. h. nicht nur für den ungünstigst und günstigst gelegenen Raum, sondern für jede Gruppe von Räumen eines Stockwerks die genaue Berechnungsweise durchzuführen.

Im vorliegenden Beispiele ist der günstigst gelegene Raum der Raum *V*. Für diesen bleibt naturgemäß die wirksame Druckhöhe die gleiche, also 0,770 m, dagegen ist die Teilstrecke 24 etwa 12 m lang, die Teilstrecken 2 und 3 fallen fort. Das kurze Stück Sammelkanal (Teilstrecke 22) bleibe unberücksichtigt. Alsdann ergibt sich:

$$\text{die erreichbare Geschwindigkeit: } v_{24} = \sqrt{\frac{14,1378}{\frac{\varrho_{24}\, 12 \cdot u_{24}}{f_{24}} + 1,5}}.$$

Für $f_{24} = 0,27 \text{ m} \times 0,40$ m wird

die erforderliche Geschwindigkeit: $v_{24} = 1,75$ m,

die erreichbare Geschwindigkeit: $v_{24} = 2,34$ m.

Es kann also der nächst kleinere Kanalquerschnitt, d. h. $0,27 \text{ m} \times 0,33$ m, genommen werden, da für diesen

die erforderliche Geschwindigkeit: $v_{24} = 2,12$ m,

die erreichbare Geschwindigkeit: $v_{24} = 2,28$ m

sich ergibt.

Ohne Schwierigkeit ist nunmehr zu ersehen, daß auch ohne Wiederholung dieser Rechnung die Querschnitte der übrigen Abluftkanäle des Erdgeschosses bestimmt werden können, d. h. die erreichbare Geschwindigkeit der Abluft im Kanal 4 ist auch den übrigbleibenden Querschnitten zugrunde zu legen, da die Kanäle wesentlich ungünstiger als die des Raumes *V* liegen. Da in allen Räumen der gleiche Luftwechsel stattfinden soll, ergibt sich somit auch der gleiche Querschnitt des Abluftkanals für Raum *III* und *VII* wie der für Raum *I*.

m) Berechnung der Querschnitte der Abluftkanäle für Raum *II* und die übrigen Räume des I. Stocks. α) Erforderliche Geschwindigkeit im Abluftkanale des Raumes *II*

$$v_{13} = \frac{680}{3600\, f_{13}} = \frac{0{,}189}{f_{13}}\,.$$

β) Erreichbare Geschwindigkeit im Abluftkanale des Raumes *II*. Die Gleichung bleibt dieselbe wie für Raum *I*, nur sind die entsprechenden Höhen und Längen der Teilstrecke 13 einzuführen. Danach ist:

$$v_{13} = \sqrt{\frac{2{,}3091}{\dfrac{5 \cdot \varrho_{13}\, u_{13}}{f_{13}} + 1{,}5}}\,.$$

γ) Bestimmung des Querschnitts f_{13}. Wählt man probeweise $f_{13} = 27$ m $\times$ 0,66 m = 0,178 qm, so ergibt sich

$$\text{die erforderliche Geschwindigkeit:}\quad v_{13} = \frac{0{,}189}{0{,}178} = 1{,}06\,,$$

$$\text{die erreichbare Geschwindigkeit:}\quad v_{13} = \sqrt{\frac{2{,}3091}{5 \cdot 0{,}073 + 1{,}5}} = 1{,}11 \text{ m.}$$

Dieser Querschnitt ist beizubehalten, da der nach Mauermaß nächst kleinere Querschnitt 0,27 m $\times$ 0,53 m = 0,143 qm eine erforderliche, aber nicht erreichbare Geschwindigkeit von $\frac{0{,}189}{0{,}143} = 1{,}32$ m ergibt.

Für die übrigen Räume des I. Stocks gilt das gleiche, was für die entsprechenden Räume des Erdgeschosses gesagt worden ist. Für die Räume *IV* und *VIII* ist der gleiche Querschnitt wie vorberechnet, beizubehalten, für Raum *VI*, als den günstigst gelegenen, berechnet sich der Kanalquerschnitt f_{27} zu 0,27 m $\times$ 0,53 m.

n) Berechnung der in der Zuluftanlage für Raum *I* noch unbekannten Teilstrecke 6. Genau nach Vorgang der Berechnung der Abluftanlage wird die Zuluftanlage berechnet.

α) Erforderliche Geschwindigkeit im Zuluftkanale. Da $t_6 = 20°$ ist, ergibt sich:

$$v_6 = \frac{680}{3600\, f_6} = \frac{0{,}189}{f_6}\,.$$

β) Wirksame Druckhöhe [linke Seite der Gleichung für die erreichbare Geschwindigkeit, s. Gl. (61)].

$$-\left(\frac{h_5''}{1+\alpha t_0} - \frac{h_5''}{1+\alpha t_5}\right) + \left(\frac{h_6}{1+\alpha t_0} - \frac{h_6}{1+\alpha t_6}\right) + \left(\frac{h_9}{1+\alpha t_0} - \frac{h_9}{1+\alpha t_9}\right) =$$

$$= \frac{1}{1+\alpha t_0}(-1{,}6 + 4{,}5 + 2{,}2) + \frac{1{,}6}{1+\alpha\, 21} - \frac{4{,}5}{1+\alpha\, 20} - \frac{2{,}2}{1+\alpha\, 10} = 0{,}269 \text{ m.}$$

γ) Geschwindigkeits- und Widerstandshöhen.

Teilstrecke 6.

$$\frac{v_6^2}{2\,g(1+\alpha\,t_6)}(1+R_6+\Sigma\zeta_6)=\frac{v_6^2}{2\,g(1+\alpha\cdot 20)}\left(1+\frac{5{,}5\,\varrho_6\,u_6}{f_6}+2\right)$$

Teilstrecke 7.

$$\frac{v_7^2}{2\,g(1+\alpha\,t_7)}Z_7 \qquad =\frac{0{,}4^2}{2\,g(1+\alpha\cdot 20)}1{,}328=\frac{0{,}198}{2\,g}\,\mathrm{m}$$

Teilstrecke 8.

$$\frac{v_8^2}{2\,g(1+\alpha\,t_8)}Z_8 \qquad =\frac{0{,}8^2}{2\,g(1+\alpha\cdot 20)}0{,}246=\frac{0{,}147}{2\,g}\,\mathrm{m}$$

Teilstrecke 9.

$$\frac{v_9^2}{2\,g(1+\alpha\,t_9)}Z_9 \qquad =\frac{0{,}265^2}{2\,g(1+\alpha\cdot 10)}4{,}555=\frac{0{,}309}{2\,g}\,\mathrm{m}$$

Teilstrecke 10.

$$\frac{v_{10}^2}{2\,g(1+\alpha\,t_{10})}Z_{10} \qquad =\frac{0{,}7^2}{2\,g(1+\alpha\cdot 0)}2{,}092=\frac{1{,}025}{2\,g}\,\mathrm{m}$$

Teilstrecke 11. 0

Teilstrecke 12.

$$\frac{v_{12}^2}{2\,g(1+\alpha\,t_{12})}(1+Z_{12}) \qquad =\frac{0{,}6^2}{2\,g(1+\alpha\cdot 0)}3{,}85=\frac{1{,}386}{2\,g}\,\mathrm{m}$$

(Teilstrecken 7 bis 12 zusammen:) $\dfrac{3{,}065}{2\,g}$.

δ) Gleichung für die erreichbare Geschwindigkeit im Zuluftkanale des Raumes *I*.

$$0{,}269=\frac{1}{2\,g}\left\{3{,}065+\frac{v_6^2}{1+\alpha\cdot 20}\left(\frac{\varrho_6\,5{,}5\,u_6}{f_6}+3\right)\right\},$$

also ist:

$$v_6=\sqrt{\frac{2{,}3745}{\dfrac{5{,}5\,\varrho_6\,u_6}{f_6}+3}}\,.$$

ε) Bestimmung des Querschnitts f_6. Wählt man probeweise $f_6 = 0{,}27$ m × 0,92 m = 0,248 qm, so ergibt sich

die erforderliche Geschwindigkeit: $v_6=\dfrac{0{,}189}{0{,}248}=0{,}76$ m,

die erreichbare Geschwindigkeit: $v_6=\sqrt{\dfrac{2{,}3745}{5{,}5\cdot 0{,}066+3}}=0{,}84$ m.

Der probeweise gewählte Querschnitt würde somit beizubehalten sein, oder es sind, wenn er in der Ausführung Schwierigkeit verursacht, zwei Zuluftkanäle anzuordnen. Sollen diese nebeneinander liegen und ein jeder die gleiche Länge und die gleichen einmaligen Widerstände besitzen, wie der ursprünglich angenommene Kanal, so bleibt die Gleichung für die erreichbare Geschwindigkeit nur unter Einsetzung des einem kleineren Querschnitte zukommenden Wertes von $\dfrac{\varrho_6\,u_6}{f_6}$ die gleiche, die Luftmenge dagegen verringert sich für einen Kanal auf die Hälfte, somit ist die erforderliche Geschwindigkeit:

$$v_6=\frac{0{,}189}{2\,f_6}=\frac{0{,}0945}{f_6}\,.$$

Wählt man probeweise $f_6 = 0{,}27\text{ m} \times 0{,}53\text{ m} = 0{,}143$ qm, so ist

die erforderliche Geschwindigkeit: $v_6 = \frac{0{,}0945}{0{,}143} = 0{,}66$ m,

die erreichbare Geschwindigkeit: $v_6 = \sqrt{\frac{2{,}3745}{5{,}5 \cdot 0{,}081 + 3}} = 0{,}83$ m.

Wählt man probeweise $f_6 = 0{,}27\text{ m} \times 0{,}46\text{ m} = 0{,}124$ qm, so ist

die erforderliche Geschwindigkeit: $v_6 = \frac{0{,}0945}{0{,}124} = 0{,}76$ m,

die erreichbare Geschwindigkeit: $v_6 = \sqrt{\frac{2{,}3745}{5{,}5 \cdot 0{,}085 + 3}} = 0{,}83$ m.

Zwei Kanäle mit kleinerem Querschnitte als 0,27 m × 0,46 m zu wählen, ist nicht angängig, wohl aber einen Kanal von 0,27 × 0,46 m Querschnitt und einen Kanal mit kleinerem Querschnitte. Durch einen Kanal 0,27 m × 0,46 m werden nach Maßgabe der berechneten erreichbaren Geschwindigkeit 0,124 · 0,83 = 0,103 cbm/Sek. gefördert. Für den zweiten Kanal bleiben somit 0,189 — 0,103 = 0,086 cbm/Sek. übrig. Für $f_6 = 0{,}27\text{ m} \times 0{,}40\text{ m} = 0{,}108$ qm ergibt sich als nahezu übereinstimmend:

die erforderliche Geschwindigkeit: $v_6 = \frac{0{,}086}{0{,}108} = 0{,}80$ m,

die erreichbare Geschwindigkeit: $v_6 = \sqrt{\frac{2{,}3745}{5{,}5 \cdot 0{,}089 + 3}} = 0{,}83$ m.

o) Berechnung der noch unbekannten Querschnitte der Zuluftkanäle für die übrigen Räume des Erdgeschosses. Genau wie bei der Abluftanlage für die Räume des Erdgeschosses ist im vorliegenden Falle wegen der größeren Horizontalausdehnung der Anlage noch der Zuluftkanal des günstigst gelegenen Raumes einer genauen Berechnung zu unterziehen, die Geschwindigkeit in den übrigen Kanälen aber ohne Schwierigkeit zu schätzen. Für den günstigst gelegenen Raum *V* bleibt wiederum die wirksame Druckhöhe die gleiche, d. h. 0,269 m, die Teilstrecken 7 und 8 kommen in Wegfall, und es ergibt sich alsdann

die erreichbare Geschwindigkeit: $v_{26} = \sqrt{\frac{2{,}745}{\frac{5{,}5\, \varrho_{26}\, u_{26}}{f_{26}} + 3}}$.

Für $f_{26} = 0{,}27 \times 0{,}79$ m wird

die erforderliche Geschwindigkeit: $v_{26} = 0{,}89$ m,

die erreichbare Geschwindigkeit: $v_{26} = 0{,}90$ m.

Sollen auch in diesem Falle statt des einen Kanals mit sehr großem Querschnitte zwei Kanäle mit kleinerem Querschnitte gewählt werden, so würden sie einen solchen von 0,27 m × 0,40 m erhalten müssen.

Unschwer ist nun aus Fig. 23 zu ersehen, daß ohne Wiederholung dieser Rechnung die Querschnitte der übrigen Zuluftkanäle des Erdgeschosses bestimmt werden können, d. h. die erreichbare Geschwindigkeit der Zuluft im Kanale 6 ist auch dem Zuluftkanale des Raumes *III* zugrunde zu legen, während die erreichbare Geschwindigkeit im Zuluftkanale des Raumes *V* auch zur Bestimmung des Querschnitts des Zuluftkanals für Raum *VII* beizubehalten ist.

p) Berechnung der Querschnitte der Zuluftkanäle für Raum *II* und die übrigen Räume des I. Stocks. α) Erforderliche Geschwindigkeit im Zuluftkanale des Raumes *II*.

$$v_{15} = \frac{0{,}189}{f_{15}}.$$

β) Erreichbare Geschwindigkeit im Zuluftkanale des Raumes *II*. Die Gleichung bleibt die gleiche wie für Raum *I*, nur sind die entsprechenden Höhen und Längen der Teilstrecke 6, also die bereits gegebenen Werte von h_6 und R_6 einzuführen. Danach erhält man:

$$v_{15} = \sqrt{\frac{8{,}8168}{\frac{10\,\varrho_{15}\,u_{15}}{f_{15}} + 3}}\,.$$

γ) Bestimmung des Querschnitts f_{15}. Wählt man probeweise 0,27 m × 0,46 m = 0,124 qm, so ist

die erforderliche Geschwindigkeit: $v_{15} = \frac{0{,}189}{0{,}124} = 1{,}52$,

die erreichbare Geschwindigkeit: $v_{15} = \sqrt{\frac{8{,}8168}{10 \cdot 0{,}085 + 3}} = 1{,}51$ m.

Genau in gleicher Weise berechnet sich der Querschnitt des günstigst gelegenen Raumes im I. Stocke (Raum *VI*) und ergibt sich dieser ebenfalls zu 0,27 m × 0,46 m, so daß also sämtliche Zuluftkanäle des I. Stocks, da die Luftmengen die gleichen sind, gleich große Querschnitte zu erhalten haben.

q) Vergleich der Ergebnisse für Anschlag und Ausführung.

Erdgeschoß.			Querschnitte nach Tabelle 7	Querschnitte berechnet
Abluft,	Teilstrecke	4:	0,27 m × 0,46 m,	0,27 m × 0,40 m,
,,	,,	24:	0,27 m × 0,46 m,	0,27 m × 0,33 m,
Zuluft,	,,	6:	0,27 m × 0,79 m,	0,27 m × 0,92 m,
,,	,,	26:	0,27 m × 0,92 m,	0,27 m × 0,79 m,
I. Stock.				
Abluft,	Teilstrecke	13:	0,27 m × 0,66 m,	0,27 m × 0,66 m,
,,	,,	27:	0,27 m × 0,66 m,	0,27 m × 0,53 m,
Zuluft,	,,	15:	0,27 m × 0,53 m,	0,27 m × 0,46 m,
,,	,,	29:	0,27 m × 0,53 m,	0,27 m × 0,46 m.

2. Abluft- und Zuluftanlage erfahren gemeinsame Berechnung.

Wie bereits ausgeführt (s. S. 81) ist die gemeinsame Berechnung der Abluft- und Zuluftanlage nicht zu empfehlen, da man über die Lage der neutralen Zone keine Rechenschaft besitzt und Störungen des Lüftungseffekts eintreten können. Angängig ist die Berechnung nur, wenn auf die Einhaltung des geforderten Luftwechsels nicht unbedingt gesehen zu werden braucht und wenn der Einfluß der Undichtheiten, besonders der der Fensterfugen, unberücksichtigt bleiben darf (s. S. 92).

Beispiel 2. Aufgabe. Die Aufgabe ist die gleiche wie unter 1.

Lösung der Aufgabe. Alles bleibt wie im vorigen Beispiele, nur die Gleichungen der Abluft- und Zuluftanlage eines jeden Raumes für die erreichbare Geschwindigkeit sind zu addieren und alsdann die Auflösung herbeizuführen. Für Raum *I* ergibt sich somit nach dem vorigen Beispiele unter k, δ und n, δ:

$$0{,}770 + 0{,}269 = \frac{1}{2g}\left\{6{,}952 + \frac{v_4^2}{1+\alpha\,20}\left(\frac{\varrho_4 \cdot 9{,}5 \cdot u_4}{f_4} + 1{,}5\right)\right\}$$
$$+ \frac{1}{2g}\left\{3{,}065 + \frac{v_6^2}{1+\alpha\,20}\left(\frac{\varrho_6 \cdot 5{,}5 \cdot u_6}{f_6} + 3\right)\right\},$$

oder zusammengezogen:

$$1{,}039 = \frac{1}{2g}\left\{10{,}017 + \frac{1}{1+\alpha\,20}\left[v_4^2\left(\frac{\varrho_4\,9{,}5\,u_4}{f_4} + 1{,}5\right) + v_6^2\left(\frac{\varrho_6\,5{,}5\,u_6}{f_6} + 3\right)\right]\right\}.$$

Für v_4 und v_6 muß nun ein bestimmtes Verhältnis angenommen werden. Da durch beide Kanäle die gleiche Luftmenge in kg zu fördern ist, so muß allgemein:

$$\frac{1{,}293\, L_4}{1 + \alpha\, t_4} = \frac{1{,}293\, L_6}{1 + \alpha\, t_6}$$

sein, und da ferner $L_4 = 3600\, v_4\, f_4$ und $L_6 = 3600\, v_6\, f_6$ ist, so ergibt sich:

$$\frac{v_4}{v_6} = \frac{f_6 (1 + \alpha\, t_4)}{f_4 (1 + \alpha\, t_6)}\,.$$

Man kann nun z. B. $v_4 = v_6$, oder $f_4 = f_6$ setzen. Im vorliegenden Beispiel ist $t_4 = t_6$ und wählt man $v_4 = v_6$, so muß auch $f_4 = f_6$ gemacht werden.

Es geht somit die obige Gleichung über in die andere:

$$1{,}039 = \frac{1}{2\,g} \left\{ 10{,}017 + \frac{1}{1 + \alpha\, 20} \left[v_4^2 \left(\frac{\varrho_4\, 15\, u_4}{f_4} + 4{,}5 \right) \right] \right\}.$$

Hieraus ergibt sich:

$$v_4 = \sqrt{\frac{11{,}125}{\frac{15\, \varrho_4\, u_4}{f_4} + 4{,}5}}\,.$$

Die erforderliche Geschwindigkeit v_4 bleibt wie im vorigen Beispiele (k, α):

$$v_4 = \frac{0{,}189}{f_4}\,.$$

Wählt man probeweise $f_4 = 0{,}27 \text{ m} \times 0{,}40 \text{ m} = 0{,}108$ qm, so ist

die erforderliche Geschwindigkeit: $v_4 = 1{,}75$ m,

die erreichbare Geschwindigkeit: $v_4 = 1{,}38$ m.

Es muß also der Querschnitt größer und zwar als nächster $f_4 = 0{,}27 \text{ m} \times 0{,}53 \text{ m} = 0{,}143$ qm gewählt werden, da sich für diesen

die erforderliche Geschwindigkeit: $v_4 = 1{,}32$ m,

die erreichbare Geschwindigkeit: $v_4 = 1{,}39$ m

ergibt.

Für Raum *II* berechnet sich naturgemäß der gleiche Querschnitt, da für ihn bei gemeinsamer Berechnung der Abluft- und Zuluftanlage alle Größen die gleichen sind.

Für Raum *V* und *VI* ergibt sich bei genau gleicher Berechnungsweise die erreichbare Geschwindigkeit im Abluft- und Zuluftkanale:

$$v_{24} = \sqrt{\frac{16{,}883}{\frac{17{,}5\, \varrho_{24}\, u_{24}}{f_{24}} + 4{,}5}}\,.$$

Wählt man probeweise $f_{24} = 0{,}27 \text{ m} \times 0{,}40 \text{ m} = 0{,}108$ qm, so ist

die erforderliche Geschwindigkeit: $v_{24} = 1{,}75$ m,

die erreichbare Geschwindigkeit: $v_{24} = 1{,}67$ m,

es muß somit der nächste Querschnitt $f_{24} = 0{,}27 \text{ m} \times 0{,}53 \text{ m} = 0{,}143$ qm gewählt werden, es erhalten also bei gemeinsamer Berechnung der Abluft- und Zuluftanlage sämtliche Einzelkanäle den gleichen Querschnitt.

Der Unterschied zwischen getrennter Berechnung, bei der die neutrale Zone in der Mitte der Räume liegt, und der ungetrennten Berechnung, bei der sich die Lage der neutralen Zone der Kenntnis entzieht, geht aus folgender Zusammenstellung der Ergebnisse hervor.

Erdgeschoß.			Getrennte Berechnung	Gemeinsame Berechnung
Abluft,	Teilstrecke	4:	0,27 m × 0,40 m,	0,27 m × 0,53 m,
„	„	24:	0,27 m × 0,33 m,	0,27 m × 0,53 m,
Zuluft,	„	6:	0,27 m × 0,92 m,	0,27 m × 0,53 m,
„	„	26:	0,27 m × 0,79 m,	0,27 m × 0,53 m,
I. Stock.				
Abluft,	Teilstrecke	13:	0,27 m × 0,66 m,	0,27 m × 0,53 m,
„	„	27:	0,27 m × 0,53 m,	0,27 m × 0,53 m,
Zuluft,	„	15:	0,27 m × 0,46 m,	0,27 m × 0,53 m,
„	„	29:	0,27 m × 0,46 m,	0,27 m × 0,53 m.

Man ersieht aus dieser Zusammenstellung, welchen bedeutenden Unterschied in den Kanalquerschnitten die verschiedene Berechnungsweise ergibt, ferner, daß bei gemeinsamer Berechnung der Abluft- und Zuluftanlage im Erdgeschoß an den Fenstern infolge der unvermeidlichen Undichtheiten der Fugen Zugerscheinungen eintreten werden, da die wirksame Druckhöhe der Abluftanlage ihre Tätigkeit noch auf die Zuluftanlage erstrecken muß. Wieweit dies in Wirklichkeit eintreten wird, hängt von der Größe der Undichtheiten ab und entzieht sich der Beurteilung; unter Umständen kann das Warmhalten der Räume in Frage gestellt werden.

B. Saugelüftung.

1. Lüftung mittels Temperaturdifferenz unter besonderer Erwärmung der Abluft.

Abluft- und Zuluftanlage erfahren getrennte Berechnung. Die Grenzebene der beiden Anlagen bildet die neutrale Zone.

Beispiel 3. Aufgabe. Die Aufgabe ist die gleiche wie unter A, 1 (Beispiel 1), nur soll die Abluft im Keller gesammelt und durch einen Schacht von 1,05 m × 1,05 m = 1,103 qm über Dach geführt werden, an dessen Fuße in einer kleinen Heizkammer ein Dampfheizkörper Aufstellung findet. Der Luftwechsel soll bis zu einer höchsten Außentemperatur von 0° voll erreicht werden. In dem Abluftkanalzuge des ungünstigst gelegenen Raumes soll keine kleinere Geschwindigkeit als 1,5 m, keine größere als 2,2 m herrschen, nur im Abluftschachte muß die Geschwindigkeit der Luft und gleichzeitig die Temperatur, auf die sie zu erwärmen ist, berechnet werden.

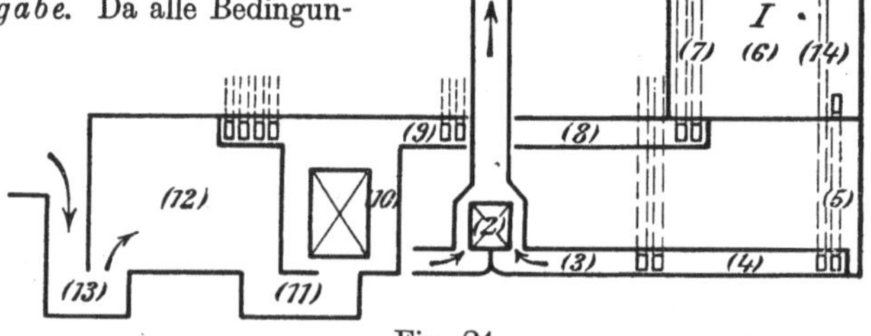

Fig. 24.

Lösung der Aufgabe. Da alle Bedingungen für die Zuluftanlage die gleichen wie in Beispiel 1 sind, so bleibt deren Berechnung ungeändert und hat daher bereits Behandlung gefunden (s. Beispiel 1). Für die Ablufttanlage soll nun die tabellarische Zusammenstellung benutzt werden. Für die Gewinnung der Größen ist auf die eingehende Behandlung in Beispiel 1 und auf die Bemerkungen nach der Tabelle (s. S. 99) zu verweisen. Die Disposition der Anlage geht aus Fig. 24 hervor; für die Abluft-

Nr. der Teilstrecke	Luftmenge L	Temperatur t	Geschwindigkeit v	Kanalquerschnitt Fläche f	Kanalquerschnitt Abmessung	Kanal Länge l	Kanal Höhe h	Widerstände Z Reibung R	Widerstände Z Einmalige $\Sigma\zeta$	$\frac{v^2}{2g(1+\alpha t)}Z$ bzw. $\frac{v^2}{2g(1+\alpha t)}(1+Z)$
1	$\frac{5440}{(1+\alpha 20)}(1+\alpha t_1)$	t_1?	$1{,}277(1+\alpha t_1)$	1,103	1,05 × 1,05	15,2	15,8	0,395	0	$\frac{2{,}275(1+\alpha t_1)}{2g}$
2	$\frac{2720}{(1+\alpha 20)}\left(1+\alpha\frac{t_1+20}{2}\right)$	$\frac{t_1+20}{2}$	$0{,}542\left(1+\alpha\frac{t_1+20}{2}\right)$	1,3	1,5 × 2,0	1,2	—	0,142	$\left(\frac{f_2}{f_3}-1\right)^2=2{,}769$	$\frac{0{,}855\left(1+\alpha\frac{t_1+20}{2}\right)}{2g}$
3	2720	20	1,548	0,488	0,53 × 0,92	7,5	—	0,300	1,5	$\frac{4{,}02}{2g}$
4	1360	20	1,548	0,244	0,53 × 0,46	8,0	—	0,456	1,0	$\frac{3{,}252}{2g}$
14	680	20	2,12	0,89	0,27 × 0,33	9,0	8,0	0,900	2,0	$\frac{12{,}148}{2g}$
15	680	21	—	—	—	—	1,6	—	—	—
(bis zur neutralen Zone)										

anlage ergibt sich gegen Beispiel 1 für jeden Kanalzug eine Teilstrecke mehr. Der ungünstigst gelegene Raum ist Raum *II*; mit diesem ist die Rechnung zu beginnen und die Temperatur, sowie die Geschwindigkeit der Luft im Abluftschachte zu berechnen. Sind diese bekannt, so unterscheidet sich die weitere Rechnung in nichts von der im Beispiel 1 angegebenen, so daß in diesem Beispiele nur Raum *II* Behandlung zu finden und infolgedessen auch die Tabelle nur auf diesen sich zu erstrecken braucht.

Aus der vorstehenden Tabelle sind die Annahmen für die Luftgeschwindigkeiten in den einzelnen Teilstrecken der Abluftanlage ersichtlich.

Die Gleichung für den Kanalzug der Abluftanlage des Raumes *II* lautet (vgl. Fall 3, S. 78):

$$\left(\frac{h_1}{1+\alpha t_0}-\frac{h_1}{1+\alpha t_1}\right)-\left(\frac{h_{14}}{1+\alpha t_0}-\frac{h_{14}}{1+\alpha t_{14}}\right)-\left(\frac{h_{15}}{1+\alpha t_0}-\frac{h_{15}}{1+\alpha t_{15}}\right)=$$

$$=\frac{v_1^2}{2g(1+\alpha t_1)}(1+Z_1)+\frac{v_2^2}{2g(1+\alpha t_2)}Z_2+\frac{v_3^2}{2g(1+\alpha t_3)}Z_3+$$

$$+\frac{v_4^2}{2g(1+\alpha t_4)}Z_4+\frac{v_{14}^2}{2g(1+\alpha t_{14})}Z_{14}\,.$$

Bei der Aufstellung der linken Seite der Gleichung ist die durch h_2 gebildete wirksame Druckhöhe unberücksichtigt geblieben, dafür aber h_1 um die halbe Höhe der Heizkammer größer angenommen worden. Es ist dies statthaft und zur Vereinfachung der Rechnung erforderlich. Die Berechnung der linken Seite der Gleichung ist ohne weiteres klar und sind die Werte aus der Tabelle zu entnehmen; für t_0 ist die vorgeschriebene höchste äußere Temperatur, d. h. 0°, zu setzen. Der Wert von v_1 der rechten Seite der Gleichung ergibt sich, da $v_1 = \frac{L_1}{3600 f_1}$ ist, zu:

$$v_1 = \frac{5440(1+\alpha t_1)}{(1+\alpha\, 20)\, 3600 f_1}\,.$$

Der Wert von v_2 ist bestimmt unter Berücksichtigung des Querschnitts der Heizkammer abzüglich des für den aufzustellenden Heizkörper geschätzten. Zur Bestimmung der Reibung ist der Umfang der Heizkammer vermehrt um den der Heizkörper, gemessen in der Horizontalebene, in Rechnung gezogen worden.

Nach Einsetzung der in der Zusammenstellung enthaltenen Größen geht die Gleichung über in die andere:

$$15{,}8-\frac{15{,}8}{1+\alpha t_1}-8+7{,}456-1{,}6+1{,}486=$$

$$=\frac{1}{2g}\left\{2{,}275(1+\alpha t_1)+0{,}855\left(1+\alpha\,\frac{t_1+20}{2}\right)+4{,}02+3{,}252+12{,}148\right\}.$$

Hieraus erhält man die quadratische Gleichung:

$$(1+\alpha t_1)^2-102{,}59(1+\alpha t_1)+114{,}73=0\,,$$

aus der sich ergibt:

$$1+\alpha t_1 = 1{,}131\,,\qquad t_1 = 35{,}76 \backsim 36^\circ.$$

Wie einflußreich die einmaligen Widerstände und die Kanalquerschnitte auf den Grad der notwendigen Erwärmung der Luft im Abluftschacht sind, geht aus der einfachen Tatsache hervor, daß wenn bei der Abluftöffnung der Teilstrecke 14 statt eines weitmaschigen Drahtgitters — wie angenommen — bei dem $\zeta = 0$ gesetzt werden kann, ein gleich großes Gitter mit 50% Querschnittsverengung und außerdem der Querschnitt der Teilstrecke 3 statt zu 0,488 qm zu 0,368 qm, der der Teilstrecke 4 statt zu 0,244 qm zu 0,184 angenommen worden wäre, die Schachttemperatur rund 52° betragen müßte.

2. Lüftung mittels eines Exhaustors.

Abluft- und Zuluftanlage erfahren getrennte Berechnung. Die Grenzebene der beiden Anlagen bildet die neutrale Zone.

Beispiel 4. Aufgabe. Die Aufgabe ist genau die gleiche wie im vorigen Beispiele, nur soll am Fuße des Abluftschachtes statt eines Heizkörpers ein Ventilator Aufstellung finden.

Lösung der Aufgabe. Die Anordnung der Anlage geht aus Fig. 25 hervor.

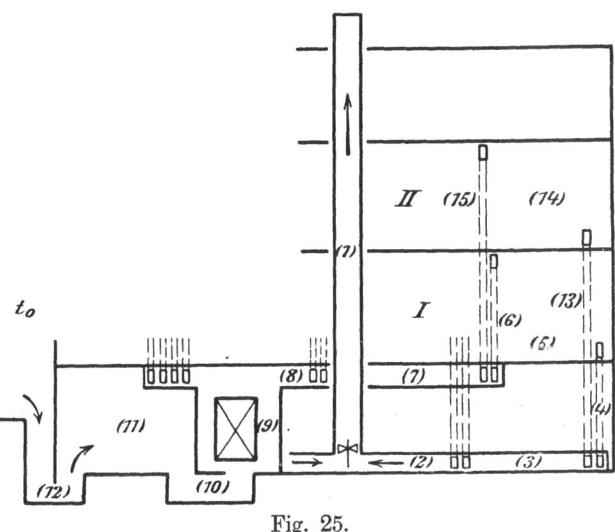

Fig. 25.

Der ungünstigst gelegene Raum ist wieder Raum *II*, die Berechnung des Ventilators hat sich daher nach diesem zu richten. In der tabellarischen Zusammenstellung auf S. 113 ändern sich nur die Nummern der Teilstrecken; Teilstrecke 1 und 2 werden jetzt eine Teilstrecke. Die Zusammenstellung erhält folgende Form:

Nr. der Teilstr.	Luftmenge L	Temperatur t	Geschwindigkeit v	Kanalquerschnitt Fläche f	Kanalquerschnitt Abmessung m	Kanal Länge	Kanal Höhe	Widerstände Reibung R	Widerstände Einmalige $\Sigma\zeta$	$\frac{v^2}{2g(1+\alpha t)} Z$ bzw. $\frac{v^2}{2g(1+\alpha t)}(1+Z)$
1	5440	20	1,37	1,103	1,05 × 1,05	16,8	16,8	0,437	0	$\frac{2{,}514}{2g}$
2	2720	20	1,548	0,488	0,53 × 0,92	7,5	0	0,300	1,5	$\frac{4{,}02}{2g}$
3	1360	20	1,548	0,244	0,53 × 0,46	8	0	0,456	1,0	$\frac{3{,}252}{2g}$
13	680	20	2,12	0,89	0,27 × 0,33	9	8	0,900	2,0	$\frac{12{,}148}{2g}$
14	680	21	0	—	—	—	1,6	—	—	0

Die Gleichung für den Kanalzug der Abluftanlage des Raumes *II* lautet (s. Fall 12, S. 82):

$$\left(\frac{h_1}{1+\alpha t_0}-\frac{h_1}{1+\alpha t_1}\right)-\left(\frac{h_{13}}{1+\alpha t_0}-\frac{h_{13}}{1+\alpha t_{13}}\right)-\left(\frac{h_{14}}{1+\alpha t_0}-\frac{h_{14}}{1+\alpha t_{14}}\right)+M=$$

$$=\frac{v_1^2}{2g(1+\alpha t_1)}(1+Z_1)+\frac{v_2^2}{2g(1+\alpha t_2)}Z_2+\ldots\frac{v_{14}^2}{2g(1+\alpha t_{14})}Z_{14}\,.$$

M ist die Druckhöhe in Luft von 0°, die der Ventilator zu liefern hat. Alle Werte bis auf M sind in der Gleichung bekannt, und nach ihrer Einsetzung ergibt sich:

$$M = 0{,}702.$$

Nach gefundener Größe von M berechnet sich der Ventilator und seine Betriebskraft in der früher (s. S. 59 bis 61) angegebenen Weise. Voraussichtlich wird sich hieraus ergeben, daß ein Ventilator — abgesehen von der Bequemlichkeit für die Bedienung — geringere Betriebskosten als die Erwärmung der Luft im Abluftschacht bedingt.

C. Drucklüftung.

1. Abluft- und Zuluftanlage erfahren getrennte Berechnung. In der Grenzebene der beiden Anlagen soll ein Überdruck von 2 m Luftsäule von 0° herrschen.

Beispiel 5. Aufgabe. Die Aufgabe ist insofern die gleiche wie im Beispiele 1 (S. 100), als die gleichen Räume in Frage kommen und für sie die gleichen Luftmengen geliefert werden sollen. Die Geschwindigkeit im Entnahmekanale der frischen

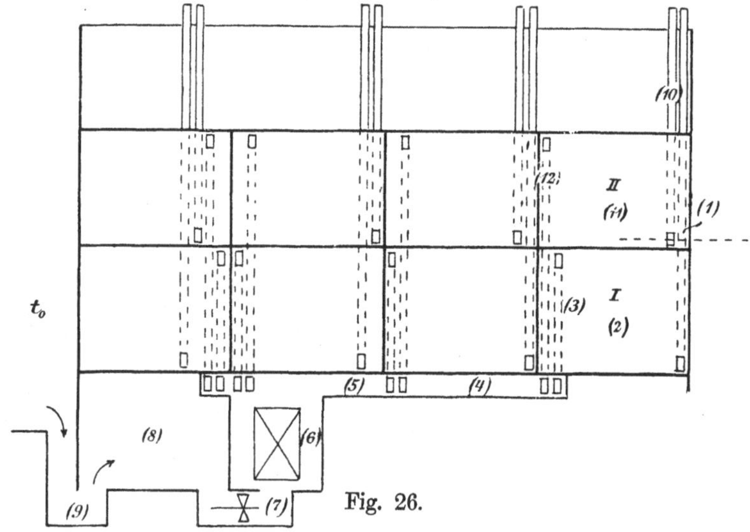

Fig. 26.

Luft und in der Heizkammer soll wie in Beispiel 1 beibehalten, die Geschwindigkeit der Luft in den übrigen Kanälen der Zuluftanlage bis mindestens 2 m gesteigert werden. Die Kanäle der Abluftanlage münden einzeln frei über Dach. Die Grenzebene der Abluft- und Zuluftanlage, in der ein Überdruck von 2 m Luftsäule, ausgedrückt in Luft von 0°, herrschen soll, ist in der Mitte der unteren Abluftöffnung der Räume anzunehmen. In der Staubkammer ist ein Filter, bestehend aus gerauhetem Barchent von 27 qm Fläche, aufzustellen. Der Lüftungseffekt muß in voller Stärke bis zu einer Außentemperatur von +20° erreicht werden.

Lösung der Aufgabe. Die Disposition der Anlage geht aus Fig. 26 hervor. Da zur Größenbestimmung des Ventilators nur der Kanalzug des ungünstigst gelegenen Raumes der Zuluftanlage in Frage kommt und nach erfolgter Bestimmung die Berechnung der übrigen Anlage wie im Beispiele 1 anzustellen ist, so soll hier nur der Kanalzug des Raumes *II*, als des ungünstigsten Raumes, Behandlung finden und dementsprechend auch nur für diesen die tabellarische Zusammenstellung gegeben werden. Die Zuluftanlage des Raumes *II* umfaßt die Teilstrecken 11, 12, 4, 5, 6, 7, 8 und 9, die Abluftanlage die Teilstrecke 10. Für die Bewegung der Luft in der Teilstrecke 10 stehen, da die Außen- und Innenluft gleich warm sind, nur die 2 m Überdruckhöhe von 0°, die der Ventilator in der Grenzebene der beiden Anlagen hervorrufen soll, zur Verfügung. Zunächst sind nun die Kanalquerschnitte nach Mauermaß derartig anzunehmen, daß die Geschwindigkeit der Luft der Aufgabe entspricht. Die Widerstandshöhen sind alsdann zu berechnen und in die Tabelle einzutragen, woraus sich dann die folgende Aufstellung ergibt.

Nr. der Teilstrecke	Luftmenge L	Temperatur t	Geschwindigkeit v	Kanalquerschnitt		Kanal		Widerstände Z		$\frac{v^2}{2g(1+\alpha t)} Z$ bzw. $\frac{v^2}{2g(1+\alpha t)}(1+Z)$
				Fläche f	Abmessung	Länge	Höhe	Reibung R	Einmalige $\Sigma\zeta$	
10	680	20	?	?	?	10,5	10	$\frac{\varrho_{10}\, 10{,}5\, u_{10}}{f_{10}}$	1,5	$\frac{v_{10}^2}{2g(1+\alpha\, 20)} \times (1 + R_{10} + 1{,}5)$
11	680	21	0	—	—	—	3,2	—	—	—
12	680	20	2,12	0,089	0,27 × 0,33	10	9	1,000	2	$\frac{16{,}755}{2g}$
4	1360	20	2,12	0,178	0,27 × 0,66	8	0	0,584	1	$\frac{6{,}636}{2g}$
5	2720	20	2,18	0,347	0,33 × 1,05	6	0	0,330	0	$\frac{1{,}462}{2g}$
6	5440	20	0,275	5,5	—	2,6	2,2	0,045	4,510	$\frac{0{,}321}{2g}$
7	5440	20	2,07	0,732	0,40 × 1,83	4	0	0,164	2	$\frac{8{,}643}{2g}$
8	5440	20	—	—	—	—	0	—	—	0
9	5440	20	1,09	1,392	1,18 × 1,18	5	0	0,115	2,75	$\frac{4{,}279}{2g}$

Die Gleichung für den Kanalzug der Zuluftanlage des Raumes *II* lautet gemäß Gl. (67):

$$\frac{-h_{11}+h_{12}+h_6}{1+\alpha\, t_0} + \frac{h_{11}}{1+\alpha\, t_{11}} - \frac{h_{12}}{1+\alpha\, t_{12}} - \frac{h_6}{1+\alpha\, t_6} - \frac{H}{1+\alpha\, t_{11}} + M - \frac{H_f}{1+\alpha\, t_8} =$$

$$= \frac{v_{12}^2}{2g(1+\alpha\, t_{12})}(1+Z_{12}) + \frac{v_4^2}{2g(1+\alpha\, t_4)} Z_4 + \frac{v_5^2}{2g(1+\alpha\, t_5)} Z_5 + \frac{v_6^2}{2g(1+\alpha\, t_6)} Z_6 +$$

$$+ \frac{v_7^2}{2g(1+\alpha\, t_7)} Z_7 + 0 + \frac{v_9^2}{2g(1+\alpha\, t_9)}(1+Z_9)\,.$$

Zunächst ist die Widerstandshöhe des Filters bei 0° $\frac{H_f}{1+\alpha t_8}$ zu bestimmen. Es soll als Filtertuch gerauheter Barchent Verwendung finden. Durch das Filter fließen stündlich 5440 cbm Luft von 20°, daher erhält man nach Gl. (59), da in diesem Falle $L = 5440$, $F = 27$, $t_0 = t_0 = 20$, $t = 20$ ist, sofern man den Koeffizienten $m = 0{,}024$ setzt:

$$\frac{H_f}{1+\alpha\, 20} = \frac{0{,}024 \cdot 5440}{27\,(1+\alpha\, 20)}\,,$$

daher

$$H_f = 4{,}84 \text{ m}.$$

Setzt man nun die sämtlich bis auf M bekannten Werte (für $\frac{H}{1+\alpha t_{11}}$ ist die vorgeschriebene Überdruckhöhe in der Grenzebene der beiden Anlagen = 2 m zu setzen) in die Gleichung ein, so ergibt sich:

$$M = 7{,}92 \text{ m}.$$

Man sieht also, daß in diesem Falle das für das Beispiel absichtlich klein gewählte Filter einen noch etwas größeren Teil der wirksamen Druckhöhe aufbraucht als die gesamte Kanalanlage — hieraus geht hervor, daß es aus ökonomischen Gründen für den Betrieb wichtig ist, die Filterfläche möglichst groß zu wählen.

Die Berechnung des Ventilators und seiner Betriebskraft erfolgt nach der früher angegebenen Weise (s. S. 59 bis 61).

Für die Abluftanlage stehen die 2 m Überdruckhöhe zur Verfügung, die in Mitte der unteren Abluftöffnung herrschen soll. Die Gleichung lautet, da die Abluftkanäle unmittelbar über Dach führen:

$$\frac{h_{10}}{1+\alpha t_0} - \frac{h_{10}}{1+\alpha t_{10}} + \frac{H}{1+\alpha t_{11}} = \frac{v_{10}^2}{2g\,(1+\alpha t_{10})}\,(1+Z_{10})\,.$$

Entnimmt man aus der Zusammenstellung die bekannten Werte und setzt für $\frac{H}{1+\alpha t_{11}}$ die vorgeschriebene Überdruckhöhe von 2 m, so erhält man die Gleichung für die erreichbare Geschwindigkeit:

$$v_{10} = \sqrt{\frac{56{,}41}{1+\frac{10{,}5\,\varrho_{10}\,u_{10}}{f_{10}} + 1{,}5}}\,.$$

Die erforderliche Geschwindigkeit in der Teilstrecke 10 dagegen ist:

$$v_{10} = \frac{680}{3600\, f_{10}} = \frac{0{,}189}{f_{10}}\,.$$

Setzt man probeweise $f_{10} = 0{,}20 \text{ m} \times 0{,}20 \text{ m} = 0{,}040$ qm, so ist nach Tabelle 9 $\frac{\varrho_{10}\,u_{10}}{f_{10}} = 0{,}172$, somit $R_{10} = 0{,}172 \cdot 10 = 1{,}72$ und es ergibt sich

die erreichbare Geschwindigkeit: $v_{10} = 3{,}65$ m,

die erforderliche Geschwindigkeit: $v_{10} = 4{,}72$ m.

Der Kanal muß somit etwas größer gemacht werden. Das nächste Mauermaß ist $f = 0{,}20 \text{ m} \times 0{,}27 \text{ m} = 0{,}054$ qm, es ergibt sich dann

die erreichbare Geschwindigkeit: $v_{10} = 3{,}80$ m,

die erforderliche Geschwindigkeit: $v_{10} = 3{,}50$ m.

2. Abluft- und Zuluftanlage erfahren gemeinsame Berechnung.

Beispiel 6. Aufgabe. Es ist alles genau wie im vorigen Beispiele, nur ist ein bestimmter Überdruck in den Räumen nicht vorgeschrieben.

Lösung der Aufgabe. Es sind alle Kanalquerschnitte anzunehmen. Wählt man noch den Querschnitt des Abluftkanals für Raum *II* zu 0,27 m × 0,33 m = 0,089 qm, so ergibt sich eine Geschwindigkeit in demselben von 2,12 m, und wenn $\Sigma\zeta$ wieder 1,5 ist, eine Widerstandshöhe von $\frac{v_{10}^2}{2g(1+\alpha t_{10})}(1+Z_{10}) = \frac{14{,}87}{2g}$.

Die Gleichung für den Kanalzug des Raumes *II* lautet also (Addition der Gleichungen für die Zuluft- und Abluftanlage des vorigen Beispiels):

$$\frac{h_{10}-h_{11}+h_{12}+h_6}{1+\alpha t_0} - \frac{h_{10}}{1+\alpha t_{10}} + \frac{h_{11}}{1+\alpha t_{11}} - \frac{h_{12}}{1+\alpha t_{12}} - \frac{h_6}{1+\alpha t_6} + M - \frac{H_f}{1+\alpha t_8} =$$

$$= \frac{v_{10}^2}{2g(1+\alpha t_{10})}(1+Z_{10}) + \frac{v_{12}^2}{2g(1+\alpha t_{12})}(1+Z_{12}) + \frac{v_4^2}{2g(1+\alpha t_4)}Z_4 +$$

$$+ \cdots \frac{v_9^2}{2g(1+\alpha t_9)}(1+Z_9)\,.$$

Nach Einsetzung der bis auf M bekannten Werte ergibt sich:

$$M = 5{,}996\ \text{m}.$$

Die Berechnung des Ventilators und seiner Betriebskraft erfolgt nach der früher gegebenen Weise (s. S. 59 bis 61).

Heizung.

Siebentes Kapitel.

Entwicklung und Nutzbarmachung der Wärme.

I. Brennstoffe.

Für die Entwicklung der Wärme zu Heizungszwecken kommen zurzeit nur Brennstoffe, feste und gasförmige, in Betracht.

Bezüglich der Eigenschaften der Brennstoffe und der Vorgänge bei der Verbrennung wird auf Grashof, Theoretische Maschinenlehre, Bd. I, Leipzig 1875, verwiesen und sollen hier nur die für die Praxis in den meisten Fällen ausreichenden Angaben in nachstehender Zusammenstellung folgen.

Brennstoffe	L	Einfache theoretische Luftmenge				Einundeinhalbfache theoretische Luftmenge				Doppelte theoretische Luftmenge				Theoretisch aus 1 kg Brennstoff erzeugte Wärmemengen
		G	Q	δ	c	G	Q	δ	c	G	Q	δ	c	
	kg													
Holz (lufttrocken)	4,52	5,50	4,24	1,003	0,266	7,76	5,98	1,003	0,258	10,02	7,73	1,002	0,254	2 731
Torf „	4,41	5,31	4,14	0,993	0,268	7,52	5,84	0,996	0,260	9,72	7,55	0,996	0,256	2 743
Braunkohle . . .	6,32	7,24	5,47	1,023	0,258	10,40	7,91	1,016	0,252	13,56	10,36	1,012	0,250	4 176
Steinkohle . . .	10,67	11,63	8,62	1,043	0,250	16,97	12,76	1,029	0,247	22,30	16,88	1,022	0,245	7 483
Koks	10,26	11,20	8,04	1,077	0,242	16,33	12,00	1,052	0,242	21,46	15,97	1,039	0,241	7 065
Steinkohlen-Leuchtgas . . .	14,19	15,19	12,28	0,957	0,270	—	—	—	—	—	—	—	—	10 113
Generatorgas:														
Torf	0,89	1,89	1,40	1,042	0,251	—	—	—	—	—	—	—	—	819
Koks	0,84	1,84	1,31	1,087	0,240	—	—	—	—	—	—	—	—	816

In dieser Zusammenstellung bedeutet:

L die erforderliche theoretische Luftmenge in kg zur Verbrennung von 1 kg Brennstoff,

G das Gewicht der gasförmigen Verbrennungsprodukte von 1 kg Brennstoff,

Q die Anzahl cbm der gasförmigen Verbrennungsprodukte von 1 kg Brennstoff bei einer Temperatur von 0°,

δ die Dichtigkeit der Heizgase bezogen auf Luft,

c die spezifische Wärme der Heizgase.

Diese Zusammenstellung enthält Mittelwerte. Ist für eine Anlage ein bestimmtes Brennmaterial vorgeschrieben und liegen chemische Analysen vor, so ist der theoretische Heizwert K mit Hilfe des Ausdruckes zu bestimmen für

feste Brennstoffe:

$$K = 8000\,C + 29060\,H - 680\,H_2O - 600\,W, \tag{75a}$$

gasförmige Brennstoffe:

$$K = 29060\,H + 11710\,CH_4 + 11090\,C_2H_4 + 10840\,C_4H_8 + 2400\,CO, \tag{75b}$$

wenn C den Kohlenstoff, H den freien Wasserstoff, H_2O das chemische Wasser, W das hygroskopische Wasser, CH_4 das Sumpfgas, C_2H_4 das ölbildende Gas, C_4H_8 das Butylen, CO das Kohlenoxyd in kg bedeutet, das in 1 kg Brennstoff enthalten ist.

Ist bei Steinkohle nur allgemein ihre Beschaffenheit bekannt, so setze man die theoretische Wärmemenge bei Mager- und Sinterkohle 6600 WE, bei Backkohle den in der Zusammenstellung angegebenen Wert, bei Fettkohle und Anthrazit 8000 WE.

In der Praxis ist bei festen Brennstoffen die einundeinhalbfache bis doppelte theoretische Luftmenge in Ansatz zu bringen, da infolge der körperlichen Beschaffenheit der Brennstoffe und des hierdurch erschwerten Zutritts der Luft zu ihren einzelnen Teilen mit der einfachen theoretischen Luftmenge eine vollkommene Verbrennung nicht zu erzielen ist. Bei gasförmigen Brennstoffen ist eine Mischung mit der Verbrennungsluft leicht zu erreichen, daher mit der einfachen theoretischen Luftmenge auszukommen. Da jeder Überschuß von Luft die Verbrennungstemperatur herabdrückt, so sind mit gasförmigen Brennstoffen höhere Temperaturen zu erzeugen.

Bei der Verbrennung ist ein kalorimetrischer und ein pyrometrischer Heizeffekt zu unterscheiden, der erstere bezieht sich auf die Wärmemenge, die durch vollkommene Verbrennung frei wird, der letztere auf die bei der vollkommenen Verbrennung erzeugte Temperatur. Der größte kalorimetrische Heizeffekt tritt ein, wenn für jedes Teilchen Brennstoff die höchste Oxydationsstufe erreicht wird, wenn also aller Kohlenstoff mit der Luft sich zu Kohlensäure verbindet, unbeschadet ob durch Beimengung überschüssiger Luft die Temperatur verringert wird. Der größte pyrometrische Heizeffekt ergibt sich, wenn mit der geringsten Luftmenge eine vollkommene Verbrennung erzielt wird.

II. Verbrennung und Wärmeentwicklung.

Zur nutzbaren Verbrennung der Brennstoffe sind besonders konstruierte Feuerungsanlagen erforderlich.

Diese müssen eine möglichst vollkommene Verbrennung und Wärmeentwicklung bewirken, die entwickelte Wärme auf geeignete Heizflächen übertragen und die Verbrennungsgase ableiten.

Die Verbrennung und Wärmeentwicklung, wie sie die Theorie lehrt, wird in der Praxis nie erzielt. Der Grund hierfür ist in Beschaffenheit und Lagerung des Brennmaterials, sein Überziehen mit Schlacke und Asche, Öffnen der Feuertür beim Beschicken der Anlage, Erwärmung der Verbrennungsluft, Verlust an festen Brennstoffen, Wärmeabgabe durch die Wandung des Verbrennungsraumes, mangelhafter Mischung der Luft mit den Gasteilchen usw. zu suchen. Bei gasförmigen Brennstoffen werden manche Nachteile vermieden, besonders ist, wie bereits erwähnt, eine bessere Mischung der Gasteilchen mit der Luft möglich, das Öffnen der Feuerungstür für das Beschicken fällt fort usw. Für die Bestimmung der erforderlichen festen Brennstoffmenge einer Anlage rechne man, daß nur 50—60 % der theoretischen Wärmemenge nutzbar erzeugt wird. (S. letzte Spalte der auf S. 123 gegebenen Aufstellung.)

Der Raum, in dem die Verbrennung des Brennmaterials und die Wärmeentwicklung stattfinden, besteht im wesentlichen aus dem Roste mit dem Aschfalle und dem Verbrennungsraume für die entwickelten Gase.

1. Rost und Aschfall.

Der Rost hat den Zweck, das Brennmaterial aufzunehmen, ihm die zur Verbrennung erforderliche Luft gleichmäßig zuzuführen und die Verbrennungsrückstände nach dem Aschfalle zu entfernen.

Er besteht mithin aus einer entweder horizontal oder geneigt über dem Aschfalle liegenden durchbrochenen Platte, oder aus einzelnen in einer Ebene liegenden Teilen. Die Dicke der Roststäbe und die Weite der Rostspalten hängt vom Brennmateriale ab, je feiner das Brennmaterial ist und je mehr es beim Verbrennen zerfällt, desto schmäler sind die Roststäbe und Rostspalten zu halten.

Der durchbrochene Teil des Rostes wird mit dem Namen „freie Rostfläche" bezeichnet.

Die geeignetste Schütthöhe der festen Brennstoffe auf einem Planrost beträgt für:

Steinkohlen (im Mittel)	0,1 m
„ backende und staubförmige . . .	0,08 „
„ magere	0,12 „
Holz und Torf	0,2 „
Koks bei 2—3 cm Stückengröße	0,25 „
„ „ 5—8 „ „ (gußeiserner Gliederkessel)	bis 0,8 „

Die totale Rostgröße ist bei einem Planroste und periodischer Beschickung für 100 kg Brennmaterial in der Stunde im Mittel anzunehmen für:

Steinkohlen			
Magerkohle	1,2	bis	1,4 qm
Backkohle	1,5	„	1,8 „
Anthrazit	2,5	„	3,0 „
im Mittel	1,4	„	1,6 „
Braunkohlen	2,0	„	2,4 „
Holz und Torf	1,9	„	2,1 „
Koks	0,9	„	1,1 „
Koks bei Schüttfeuerung (Gliederkessel)	1 + (h — 0,25)		1,5 „

sofern h die Höhe des auf dem Roste lagernden Brennmaterials bedeutet.

Die freie Rostfläche soll betragen für:

Steinkohlen	1/3	bis	1/2	der totalen Rostfläche
Braunkohlen	1/5	„	1/3	„ „ „
Holz und Torf	1/7	„	1/5	„ „ „
Koks	1/3	„	1/2	„ „ „

Der Betrieb einer Feuerungsanlage für industrielle Zwecke und der Betrieb einer solchen für Erwärmung von Räumen ist insofern ein verschiedener, als der erstere ein gleichmäßiger, der letztere ein — der Außentemperatur entsprechend — in weiten Grenzen wechselnder ist. Da die Erwärmung der Räume auch bei der niedrigsten Außentemperatur gesichert sein muß, hat die Berechnung der Heizapparate unter Annahme des größten Wärmebedarfs zu erfolgen. Auf dem Roste einer Feuerungsanlage soll das erforderliche Brennmaterial möglichst vollkommen verbrannt werden, dementsprechend ist seine Größe zu bestimmen. Wird der Rost einer Feuerungsanlage für Heizzwecke nach dem größten Wärmebedarfe bemessen, so ist er für den bei der durchschnittlichen Wintertemperatur, die für Mitteldeutschland zu etwa 0° anzunehmen ist, wesentlich zu groß. Es ist daher zu empfehlen, den Rost einer lediglich Heizungs- und Lüftungszwecken dienenden Anlage für den mittleren Wärmebedarf zu berechnen und lieber bei sehr niedriger Außentemperatur, infolge angestrengteren Betriebs eine weniger gute Ausnutzung des Brennmaterials zu gestatten, als eine solche bei der am meisten stattfindenden winterlichen Durchschnittstemperatur in Kauf nehmen zu müssen.

Nach Berechnung eines Kessels macht der vorsichtige Ingenieur häufig noch Zuschläge zur ermittelten Heizfläche, um eine möglichst gute Ausnutzung des Brennmaterials und eine erhöhte Sicherheit des Effekts zu erzielen. Es ist dies durchaus empfehlenswert, dagegen muß es bei Heizungs- und Lüftungsanlagen als unzulässig erklärt werden, wenn, wie häufig bei industriellen Anlagen, die Größe des Rostes als ein bestimmter Teil der Kesselgröße in Ansatz gebracht wird und somit auch der Rost durch den Sicherheitszuschlag eine Vergrößerung erfährt.

Je größer die Sicherheitszuschläge in Rücksicht auf den Rost sind, um so ungünstiger gestalten sich alsdann die ökonomischen Verhältnisse des Betriebs. Bei allen Heizungs- und Lüftungsanlagen ist also die Rostgröße einer Feuerungsanlage am besten für den mittleren Wärmebedarf und getrennt für diesen, d. h. nicht als ein bestimmter Teil der Größe der Heizapparate zu berechnen. In Fällen, in denen dies nicht geschieht, finden sich häufig Anlagen, die viel zu große Roste besitzen und eine Verschwendung an Brennmaterial bedingen.

Bei Anlagen mit Schüttfeuerung, bei denen die Verbrennungsgase die ganze Höhe der Schüttung durchziehen müssen, also vorwiegend bei den meisten gußeisernen Gliederkesseln, ist der Widerstand für den genügenden Zutritt der Verbrennungsluft je nach der Stückengröße des Brennmaterials und des Abbrandes, d. h. der gebildeten Asche und Schlacke so wechselnd, daß das vorstehend Gesagte nur mit einer gewissen Einschränkung in Anwendung gebracht werden kann. Den Gliedern der meisten dieser Kessel ist von Haus aus eine bestimmte Rostgröße zugewiesen, die naturgemäß so bemessen sein muß, daß sie auch ungünstigen Verhältnissen genügt. Man wird unter Berücksichtigung dieser dann zwar auch gut tun, den Rost einer mittleren Wärmeabgabe anzupassen, die Kessel naturgemäß auch dem größten Wärmebedarf entsprechend zu wählen, ihnen aber keinen weiteren Zuschlag zu geben. Da bei Gliederkesseln die bei weitem wirksamste Heizfläche die Kontaktheizfläche ist, so tritt leicht, besonders bei zu groß bemessenen Kesseln, in den Übergangszeiten entweder eine zu bedeutende Wärmeentwicklung oder bei entsprechender Verminderung des Luftzutritts ein Verlöschen des Feuers ein. Bei Anwendung von Gliederkesseln ist es daher stets zweckmäßig, unmittelbar über dem höchsten Brennmaterialstand einen regelbaren Abzug nach dem Schornstein vorzusehen, um — allerdings etwas auf Kosten des ökonomischen Betriebes — bei milder Außentemperatur die Heizgase ohne Berührung der gesamten Heizfläche entweichen lassen zu können.

2. Verbrennungsraum.

In dem Verbrennungsraume findet die hauptsächlichste Verbrennung der gebildeten Gase unter vorheriger inniger Mischung mit der erforderlichen Luft statt; je vollkommener die Mischung erfolgt, um so besser ist die Verbrennung. Die Menge der zugeführten Luft ist von Wesenheit für die Verbrennung; bei zu wenig Luft entweichen die Heizgase zum Teile unverbrannt, bei zu viel Luft erfahren sie Abkühlung. Die Luftzufuhr erfolgt entweder durch den Rost allein, oder auch über bzw. hinter dem Roste; letzteres besonders bei Steinkohlenfeuerung dann, wenn der periodisch erfolgenden Beschickung des Rostes entsprechend die Luftzufuhr durch den Rost eine wechselnde sein muß. Die Temperatur im Verbrennungsraume ist möglichst hoch zu halten, daher ist dieser bei eingemauerten Kesseln aus einem schlechten Wärmeleiter herzustellen; auch ist Vorsorge zu treffen, daß alsdann eine möglichste Rückstrahlung von Wärme auf den Brennstoff stattfindet. In der Regel soll die vollkommene Flammenbildung vor der Berührung mit den kälteren Heizflächen erfolgen.

Die Verbrennung der Gase kann von ihrer Bildung zeitlich und räumlich getrennt sein (Gasfeuerung).

3. Regelung der Verbrennung.

Da die mehr oder minder vollkommene Verbrennung im wesentlichen von der den Brennstoffen zugeführten Luftmenge abhängt, so sind Regelungsvorrichtungen für die Luftzufuhr erforderlich. Sie bestehen entweder in durch Hand zu bedienende oder in selbsttätig sich betätigenden Einrichtungen (Klappen, Schiebern, Türen, Ventilen), durch die bei den festen Brennstoffen der Luftzutritt zum Brennmateriale entweder unmittelbar oder mittelbar durch Beschränkung des Abzugs der Rauchgase nach dem Schornsteine geregelt werden kann. Bei Zimmeröfen ist die letztere Regelungsweise behördlich verboten, da bei vollständigem Schlusse der Klappen Rauchgase in die Räume treten können, dagegen auffallenderweise bei Luftheizöfen — durch die gewöhnlich sogar mehrere Räume erwärmt bzw. gelüftet werden — nicht, ebenso ist die Verminderung der Zugkraft der Schornsteine durch Einführung kalter Luft auch bei Zimmeröfen gestattet, obgleich unter Umständen die hierdurch bewirkte Verminderung der Zugkraft der durch Drosselung einer Ofenklappe gleich zu setzen ist. Bei allen Heizungsanlagen, die in oder neben bewohnten Räumen stehen, sollten die Rauchschieber mit einer entsprechenden Durchbrechung versehen werden, um auch bei ihrem völligen Schlusse den Rauchgasen einen derartigen Durchgang zu gestatten, daß niemals die Gefahr ihres Austretens nach dem Heizraume zu befürchten steht. Die Verminderung der Zugkraft der Schornsteine durch Einlassen von Luft sollte bei Zimmeröfen behördlich verboten werden.

4. Rauchbildung*).

Eine zweckentsprechende Anlage vermeidet Rauchbildung, da die bei vollkommener Verbrennung entweichenden Verbrennungsgase unsichtbar sind. Damit soll nicht gesagt werden, daß, wenn aus dem Schornsteine nur unsichtbare Verbrennungsgase entweichen, der größtmögliche pyrometrische Effekt erzielt worden ist; Überschuß von Luft kühlt, wie erwähnt, die Heizgase ab. Für gewöhnlich ist daher das Entweichen eines leichten durchsichtigen Rauches als Beweis für die gute Wirkung der Feuerungsanlage der Abwesenheit von Rauch vorzuziehen.

Da nach Ansicht hervorragender Hygieniker die dauernde Einatmung von Ruß schädliche Wirkung auf die Gesundheit ausübt, so ist, abgesehen

*) S. a. D. Vierteljahrsschr. f. öffentl. Gesundheitspfl., Bd. XVIII, H. 1. Bach, Zur Frage der Rauchbelästigung. Zeitschr. d. Ver. deutscher Ing. 1896. Haier, Dampfkessel-Feuerungen, Berlin, 1899. Haier, Feuerungsuntersuchungen, Berlin 1906.

vom ästhetischen und von dem allerdings nicht sehr in die Wagschale fallenden ökonomischen Standpunkte, dafür Sorge zu tragen, daß die Feuerungsanlagen übermäßige Rauchbildung vermeiden. Es ist dies durch richtige Wahl des Brennmaterials, geeignete Konstruktionen der Anlage und sachverständige Bedienung zu erzielen.

Neuanlagen sollten stets nur mit der Bedingung annähernd rauchfreier Verbrennung genehmigt werden. Das Einschreiten gegen die starke Rauchbildung bei bestehenden Anlagen ist besonders in großen Städten schwierig, da rauchfrei brennende Feuerungen bei vorhandenen sehr beschränkten Raumverhältnissen oftmals nicht unterzubringen oder mit großen Kosten verbunden sind.

Die Technik verfügt über eine große Anzahl von Konstruktionen zur rauchfreien Verbrennung; allgemein lassen sich diese nach folgenden Gesichtspunkten zusammenstellen*).

a) **Besondere Form und Stellung des Rostes.** Der Rost bildet die Stütze für das Brennmaterial und hat die Aufgabe, die Verbrennungsluft zuzuführen und die Rückstände (Asche, Schlacke) auszustoßen. Die Zuführung der Verbrennungsluft hat derartig zu erfolgen, daß möglichst ein jedes Teilchen des Brennstoffes von der Luft berührt wird. Die gleichmäßige Verteilung der Luft setzt die Durchführung der Luft in gleicher Richtung voraus und eine ebene Gestaltung des Rostes, die Ausstoßung der Rückstände dagegen eine Erweiterung der Rostspalten nach dem Aschfalle. Die Weite der Rostspalten, die Breite und Länge der Roststäbe hängen von der Art des Brennmaterials ab, jede unnötige Breite der Roststäbe ist zu vermeiden. Zu berücksichtigen ist auch, daß sich die Verbrennungsluft an dem Roste möglichst erwärmen soll.

b) **Allmähliche Einführung des Brennmaterials** α) Durch das Eigengewicht des Brennmaterials. Die allmähliche Einführung wird meist durch Schrägstellen des Rostes und in Verbindung mit Schüttfeuerung erzielt. Zweck der Anordnung ist die allmähliche Vorwärmung des Brennmaterials, Vermeiden des Öffnens der Feuertür, Zutritt der Luft durch den Rost vom unteren Teile durch das im Abbrennen begriffene Brennmaterial, hohe Erwärmung und gute Mischung der Luft mit den Verbrennungsgasen (Tenbrinckfeuerung). Die Neigung des Rostes ist abhängig von der Art des Brennmaterials, backende Kohle ist auszuschließen. Die Anordnung erfordert, entgegen häufiger Annahme, vermehrte Aufmerksamkeit des Heizers, da bei ungleichmäßiger Schichthöhe oder stellenweise fehlendem Materiale ökonomische Nachteile erwachsen.

β) Durch mechanische Vorrichtungen, bewegt entweder durch den Heizer oder durch mechanische Kraft. Die Vorrichtungen bestehen teils in beweglichen Beibringern, die das Brennmaterial gleichmäßig und der Verbrennung entsprechend an die richtige Stelle auf oder unter das

*) S. Die Rauchverzehrungsfrage. Bericht der von dem Karlsruher Bez.-Ver. deutscher Ingenieure zur Behandlung der Rauchverzehrungsfrage ernannten Kommission. Karlsruhe 1884.

brennende Material schieben, teils in beweglichen Rosten in Form eines Bandes, einer Walze, Drehscheibe usw.; teils in etwas geneigten und beweglichen Roststäben, die ein Vorwärtsbewegen des Brennmaterials bewirken. Die Wirkung dieser Vorrichtungen kann nur dann eine zufriedenstellende sein, wenn sie den Eigenschaften des Brennmaterials angepaßt sind, eine sorgfältige Wartung erfahren und eine Regelung der Verbrennung zulassen.

c) **Zuführung erwärmter Luft über oder hinter der Feuerbrücke** zwecks Mischung mit den Heizgasen zwecks vollkommener Verbrennung. Unter diese Anordnungen gehören: Öffnungen in den Feuertüren, Kanäle in den Seitenwänden, durchbrochene Feuerbrücken, hohle Roststäbe, Gebläse. Bedingung für die gute Wirkung ist ein genaues Anpassen der Luftzuführung an den jeweiligen Stand der Verbrennung, d. h. eine sorgfältige Bedienung, da bei zu wenig Luft eine unvollkommene Verbrennung, bei zu viel Luft eine Abkühlung der Heizgase eintritt.

d) **Anordnung mehrerer neben-, hinter- oder übereinander liegender Roste.** Nebeneinander liegende Roste haben den Zweck abwechselnder Beschickung, so daß die Heizgase des frisch aufgeworfenen Brennmaterials sich mit den hocherwärmten des im Abbrennen befindlichen Brennmaterials mischen. Die Wirkung hängt von der Bedienung ab und ist eine wechselnde. Bei hinter- und übereinander liegenden Rosten dient der erste zur eigentlichen Beschickung, der andere zur Erzeugung hoher Temperatur durch in Glut befindlichen verkokten Brennstoff.

e) **Umkehrung des Zugs.** Bei dieser Anordnung befinden sich die Kanäle unterhalb des Rostes, die Luft durchdringt das Brennmaterial von oben nach unten. Damit der Rost nicht in Glühhitze gerät, werden häufig die Roststäbe als Wasserröhren ausgebildet. Bedingung hierfür ist kesselsteinfreies Wasser.

f) **Besondere Zubereitung des Brennmaterials.** Hierher gehören die Kohlenstaubfeuerungen; ihr Zweck ist, durch den staubförmigen Zustand der Kohle einem jeden Kohlenteilchen die zur Verbrennung erforderliche Luft zuführen zu können, ohne mit einem Luftüberschusse arbeiten zu müssen — sie nähert sich daher der Gasfeuerung, auch in bezug auf Erzielung hoher Temperaturen. Letztere sind für Schmelzprozesse usw. erwünscht, nicht immer für Heizzwecke. Das Brennmaterial muß schwebend verbrennen, also auch trocken sein, lagert es sich zu Boden, so verkokt es nur. Die Überführung des Brennmaterials in staubförmigen Zustand ist nicht billig und daher je nach dem Orte der Verwendung häufig nicht wirtschaftlich.

g) **Gasfeuerung***). Die Vorteile der Gasfeuerung sind bereits weiter oben erwähnt worden. Das Brennmaterial wird in besonderen Apparaten (Generatoren) verkokt und vergast, alsdann das Gas nach dem Verbrennungsraume geleitet und soll mit möglichst hoch erwärmter Luft ge-

*) S. a. Blum, Flammenlose Oberflächenverbrennung, Zeitsch. d. Ver. deutscher Ingenieure 1913.

mischt und verbrannt werden. Letzteres ist bei räumlicher Trennung des Gasentwicklers und der Verbrauchsstelle nicht immer möglich, der Betrieb dann weniger ökonomisch. Wärmeverluste der Generatoren besonders bei unterbrochenem Betriebe nicht unbedeutend, Explosionsgefahr nicht ausgeschlossen. Bei Beheizung einer größeren Anzahl Gebäude von einer Zentralstelle aus kann die Gasheizung unter bestimmten Verhältnissen vorteilhaft erscheinen, wenn es gelingt, unbedingt explosionssichere Feuerungen herzustellen. Sie ist alsdann aber nicht als eine Fernheizung mit zentraler Heizstelle, sondern nur als eine Anlage für den Ferntransport des Brennstoffs anzusehen.

III. Schornstein.*)

1. Angenäherte Berechnung.

Für die meisten Zwecke, d. h. für alle Gebäudeanlagen, darf erfahrungsgemäß eine angenäherte Berechnung des Schornsteins Platz greifen.

Bezeichnet:

p das in der Stunde benötigte Brennmaterial in kg,

G das Gewicht der bei Verbrennung von 1 kg Brennmaterial entwickelten Gase in kg (s. S. 123),

h die Höhe des Schornsteins in m,

q die totale Rostfläche in qm,

d den Durchmesser oder die Seite des oberen Schornsteinquerschnitts in m,

f den Querschnitt des Schornsteins in qm,

so kann gesetzt werden

nach Redtenbacher:

$$f = \frac{G\,p}{924\sqrt{h}} = \frac{0{,}00108\,G\,p}{\sqrt{h}}\,, \tag{76}$$

nach Reiche:

$$\text{für Steinkohlen} \quad f = \frac{q}{4}\,, \tag{77}$$

$$\text{für Braunkohlen} \quad f = \frac{q}{6}\,, \tag{78}$$

wobei $h \gtrless 25\,d$ sein soll, oder unter Berücksichtigung einer späteren Betriebsvergrößerung von etwa 30%:

$$d = 0{,}1\,p^{0{,}4} \quad \text{und} \quad h = 0{,}00277\left(\frac{p}{q}\right)^2 + 6\,d\,. \tag{79}$$

In allen Fällen soll $h \gtrless 16$ m sein.

2. Genauere Berechnung.

Für die genauere Berechnung eines Schornsteins sind die im Abschnitte „Lüftung" bezüglich der Luftbewegung in Kanälen angestellten Betrachtungen ebenfalls anwendbar.

*) S. a. Deinlein, Schornsteinberechnung, Zeitschr. d. Bayr. Rev. Vereins, 1912.

Bezeichnet:

v die Geschwindigkeit der Rauchgase bei Austritt aus dem Schornsteine in m,
v_m die mittlere Geschwindigkeit der Rauchgase im Schornsteine in m,
ϑ_1 die Temperatur der Rauchgase am Fuße des Schornsteins,
ϑ_2 die Temperatur der Rauchgase bei Austritt aus dem Schornsteine,
$\vartheta_m = \frac{\vartheta_1 + \vartheta_2}{2}$ die mittlere Temperatur der Rauchgase im Schornsteine,
t_0 die Temperatur der Außenluft,
f den oberen Querschnitt des Schornsteins in qm,
u den Umfang des Querschnitts in m,
h die Höhe des Schornsteins vom Rost ab gerechnet in m,
p das in der Stunde benötigte Brennmaterial in kg,
G das Gewicht der bei Verbrennung von 1 kg Brennmaterial entwickelten Rauchgase in kg (s. S. 123),
Q die Anzahl cbm der bei Verbrennung von 1 kg Brennmaterial entwickelten Rauchgase, reduziert auf 0°,
δ die Dichtigkeit der Rauchgase bezogen auf Luft,
ϱ den Reibungskoeffizienten (berußte Fläche) = 0,01,
n die Widerstandshöhe, die durch die Reibung und einmaligen Widerstände auf dem Wege der Rauchgase im Roste bis zum Eintritte in den Schornstein hervorgerufen wird, in m,

so ist der Ausdruck, aus dem sich die erreichbare Austrittsgeschwindigkeit ergibt (s. S. 78), sofern sich der Schornsteinquerschnitt nicht ändert:

$$\frac{h}{1+\alpha t_0} - \frac{h}{1+\alpha \vartheta_m} = \frac{v^2}{2g(1+\alpha \vartheta_2)} + \frac{v_m^2}{2g(1+\alpha \vartheta_m)} \frac{\varrho h u}{f} + n .$$

Erweitert sich der Schornsteinquerschnitt nach unten, so kann dies bei der Berechnung unberücksichtigt bleiben und als ein gewisser Sicherheitszuschlag betrachtet werden.

Es verhält sich nun:

$$v : v_m = \frac{1}{1+\alpha \delta_m} : \frac{1}{1+\alpha \vartheta_2} ,$$

somit ist:

$$v_m = \frac{v(1+\alpha \vartheta_m)}{1+\alpha \vartheta_2} .$$

Diesen Wert in die vorstehende Gleichung eingeführt, ergibt, sofern für t_0 die mittlere Wintertemperatur, d. h. $t_0 = 0$, gesetzt wird:

$$h\left(1 - \frac{1}{1+\alpha \vartheta_m}\right) = \frac{v^2}{2g(1+\alpha \vartheta_2)} \left(1 + \frac{1+\alpha \vartheta_m}{1+\alpha \vartheta_2} \frac{\varrho h u}{f}\right) + n . \quad (80)$$

Die erforderliche Austrittsgeschwindigkeit ist dagegen:

$$v = \frac{G p (1 + \alpha \vartheta_2)}{1{,}293 \cdot 3600 f \delta} = \frac{Q p (1 + \alpha \vartheta_2)}{3600 f}, \tag{81}$$

die der erreichbaren Austrittsgeschwindigkeit in Gl. (80) gleich sein muß.

Für die Benutzung der Gl. (80) sind zwei Fälle zu unterscheiden: die Abkühlung der Rauchgase kann vernachlässigt werden oder die Abkühlung der Rauchgase kann nicht vernachlässigt werden.

Kann die Abkühlung der Rauchgase vernachlässigt werden, was bei gemauerten Schornsteinen, jedenfalls bei nicht freistehenden, zulässig erscheint, so ist $\vartheta_m = \vartheta_2 = \vartheta_1$, es geht dann also die Gl. (80) in die andere über:

$$h\left(1 - \frac{1}{1 + \alpha \vartheta_1}\right) = \frac{v^2}{2g(1 + \alpha \vartheta_1)}\left(1 + \frac{\varrho h u}{f}\right) + n\,. \tag{82}$$

Kann die Abkühlung der Rauchgase nicht vernachlässigt werden, was stets bei eisernen Schornsteinen der Fall ist, so unterliegt zunächst noch die Temperatur ϑ_2 einer Bestimmung. Für diese ist maßgebend, daß die Wärme, die die Rauchgase an die Schornsteinwand abgeben, gleich der Wärme sein muß, die durch Abkühlung der Schornsteinwand verloren geht. Wird diese Wärme mit W, außerdem die spezifische Wärme der Heizgase mit c und der Wärmetransmissionskoeffizient der Schornsteinwand mit k bezeichnet, so ist sowohl:

$$W = G p c (\vartheta_1 - \vartheta_2)\,,$$

als auch bei der angenommenen Außentemperatur von 0°:

$$W = k h u \frac{\vartheta_1 + \vartheta_2}{2}\,.$$

Durch Vereinigung beider Gleichungen ergibt sich:

$$\vartheta_2 = \frac{\vartheta_1 (2 G p c - k h u)}{2 G p c + k h u}\,. \tag{83}$$

k ist für Eisen in freier Luft etwa 12 zu setzen, für gemauerte Schornsteine ist der Wert des Transmissionskoeffizienten erst durch Rechnung zu bestimmen (s. nächstes Kapitel).

Besteht der Schornstein bei durchweg gleichem Querschnitte aus einem gemauerten Teile von der Höhe h' und aus einem auf ihn sich aufsetzenden eisernen Rauchrohre von der Höhe h'' und ist ϑ'_m bzw. ϑ''_m die mittlere Temperatur, v'_m bzw. v''_m die mittlere Geschwindigkeit der Rauchgase im unteren (gemauerten) bzw. oberen (eisernen) Teile des Schornsteins, so geht die Gleichung für die erreichbare Geschwindigkeit [Gl. (80)], wenn wiederum $t_0 = 0$ gesetzt wird, in die andere über:

$$\left.\begin{aligned} h - \frac{h'}{1 + \alpha \vartheta'_m} - \frac{h''}{1 + \alpha \vartheta''_m} &= \frac{v^2}{2g(1 + \alpha \vartheta_2)} + \\ + \frac{v'^2_m}{2g(1 + \alpha \vartheta'_m)} \frac{\varrho h' u}{f} &+ \frac{v''^2_m}{2g(1 + \alpha \vartheta''_m)} \frac{\varrho h'' u}{f} + n\,. \end{aligned}\right\} \tag{84}$$

Reduziert man wieder alle Geschwindigkeiten auf die Austrittsgeschwindigkeit der Rauchgase, so wird:

$$v_m' = \frac{v(1+\alpha\,\vartheta_m')}{1+\alpha\,\vartheta_2} \quad \text{und} \quad v_m'' = \frac{v(1+\alpha\,\vartheta_m'')}{1+\alpha\,\vartheta_2},$$

und als Ausdruck für die erreichbare Austrittsgeschwindigkeit erhält man:

$$\left.\begin{aligned} h - \frac{h'}{1+\alpha\,\vartheta_m'} - \frac{h''}{1+\alpha\,\vartheta_m''} = \frac{v^2}{2g(1+\alpha\,\vartheta_2)} \times \\ \times \left\{1 + \frac{\varrho\,u}{f(1+\alpha\,\vartheta_2)}\left[(1+\alpha\,\vartheta_m')\,h' + (1+\alpha\,\vartheta_m'')\,h''\right]\right\} + n\,. \end{aligned}\right\} \quad (85)$$

Im vorliegenden Falle kann wiederum die Abkühlung im gemauerten Teile des Schornsteins meist vernachlässigt werden, dagegen nicht im eisernen Teile. Für diesen ist also, wie oben angegeben, zunächst die Bestimmung von ϑ_2 bzw. $\vartheta_m'' = \frac{\vartheta_1 + \vartheta_2}{2}$ zu bewirken. Die Gl. (85) geht alsdann in die andere über:

$$\left.\begin{aligned} h - \frac{h'}{1+\alpha\,\vartheta_1} - \frac{h''}{1+\alpha\,\vartheta_m''} = \frac{v^2}{2g(1+\alpha\,\vartheta_2)} \times \\ \times \left\{1 + \frac{\varrho\,u}{f(1+\alpha\,\vartheta_2)}\left[(1+\alpha\,\vartheta_1)\,h' + (1+\alpha\,\vartheta_m'')\,h''\right]\right\} + n\,. \end{aligned}\right\} \quad (86)$$

Der Wert von n in den bisherigen Gleichungen ist die Summe aus den verschiedenen Widerstandshöhen infolge des Durchgangs der Luft durch Aschfall, Rost, Brennmaterial, Feuerzüge und Fuchs.

Soweit Kanäle (also auch der Aschfall, Fuchs) und der Rost in Frage kommen, ist die Widerstandshöhe wie früher (s. Lüftung) zu bilden, d. h. sie ist allgemein zu setzen:

$$\frac{v^2}{2g(1+\alpha\,t)}\left(\frac{\varrho\,l\,u}{f} + \Sigma\,\zeta\right), \quad (87)$$

worin v die Geschwindigkeit der Verbrennungsgase oder Luft in den betreffenden Kanälen, t die mittlere Temperatur der Gase bedeutet, die übrigen Größen dieselbe Bedeutung wie früher haben.

Für den Durchgang der Luft, wenn als Brennmaterial Steinkohlen verwendet werden, ist die Widerstandshöhe in Meter Luftsäule nach Grashof auf Grund von Versuchen von Ser zu setzen:

$$25\,G\,b^2\,, \quad (88)$$

wenn mit b die Dicke der Brennstoffschicht bezeichnet wird.

Für anderes Brennmaterial als Steinkohlen fehlen leider die erforderlichen Angaben für die Berechnung und somit kann auch die vorstehende Berechnungsweise vorläufig, d. h. bis weitere Versuche vorliegen, nur für Steinkohlenfeuerung in Anwendung gebracht werden. Es dürfte dies auch für die meisten Fälle genügen, da für einzelne Gebäudeanlagen die unter 1 gegebenen Ausdrücke vollkommen ausreichen und die genauere Berechnung nur bei sehr großen Anlagen, z. B. bei Fernheizwerken, in Frage zu kommen hat.

Die Widerstandshöhe, die infolge Durchgangs der Luft durch das Brennmaterial hervorgerufen wird, ist im Vergleiche zu der Widerstandshöhe infolge Durchgangs durch den Rost so überwiegend groß, daß letztere vernachlässigt oder durch Aufrundung der ersteren berücksichtigt werden kann.

Die Lösung der Gleichungen erfolgt, wie früher angegeben (s. Lüftung), durch Wahl des f, das die Gleichheit der erreichbaren und erforderlichen Geschwindigkeit hervorruft.

Zunächst ist probeweise der Querschnitt f nach einer der unter a) angegebenen angenäherten Berechnungsweisen anzunehmen, ebenso ist h — falls nicht vorgeschrieben — zu wählen, alsdann ist, falls die Abkühlung der Rauchgase im Schornsteine nicht gewählt werden kann, ϑ_2 und ϑ_m bzw. ϑ_m'' zu bestimmen. Hierauf folgt die Bestimmung des Wertes von n. Aus der linken Seite der Gleichungen für die erreichbare Geschwindigkeit erkennt man sofort, ob überhaupt eine wirksame Druckhöhe für die Bewegung der Rauchgase im Schornsteine nach den Werten von h bzw. der Temperaturen vorhanden ist oder ob eine Änderung einzutreten hat. Ist die linke Seite positiv, dann folgt die Bestimmung der erforderlichen und erreichbaren Geschwindigkeit aus den Gleichungen. Stimmen diese Geschwindigkeiten nicht genügend überein — zum mindesten darf die erreichbare Geschwindigkeit nicht kleiner als die erforderliche sein —, so ist die Rechnung unter Annahme eines anderen Querschnitts oder einer anderen Höhe bzw. anderer Temperaturen zu wiederholen.

3. Beispiele zur Berechnung eines Schornsteins.

Beispiel 1. Aufgabe. Es ist der vor Wärmeabgabe geschützte Schornstein einer Zentralheizung zu berechnen, die stündlich 15 kg Koks erfordert. Die Höhe des Schornsteins beträgt 20 m.

Lösung der Aufgabe. Nach der Tabelle auf S. 123 ist für Koks $G = 21{,}46$, ferner ist $p = 15$, $h = 20$ und somit nach Redtenbacher [Gl. (76)]:

$$f = \frac{21{,}46 \cdot 15}{924\sqrt{20}} = 0{,}0779 \backsim 0{,}08 \text{ qm}.$$

Beispiel 2. Aufgabe. Es ist der Schornstein einer Fernwarmwasserheizung zu berechnen, die stündlich 800 kg Steinkohlen (Magerkohle) erfordert. Die Höhe des Schornsteins beträgt 26 m. Es sind vier gleichgroße Kesselanlagen, symmetrisch je zwei rechts und links vom Schornstein, vorhanden, eine jede besitzt eine totale Rostfläche von 2,8 qm. Die Temperatur der abziehenden Rauchgase soll nicht mehr als 250° betragen. Die Abkühlung der Rauchgase im Schornstein braucht nicht berücksichtigt zu werden. Eine genaue Berechnung des Schornsteinquerschnitts ist anzustellen. Für die Feuerzüge, die von den Rauchgasen der vom Schornstein entferntesten Kessel durchströmt werden, sind folgende Werte anzunehmen:

	Querschnitt	Umfang	Länge	Einmalige Widerstände (einschließlich Feuerbrücke)
1. Zug. 2 Flammrohre	$f = 0{,}45$ qm	$u = 2{,}35$ m	$l = 11{,}5$ m	$\Sigma\zeta = 4$
2. „ An beiden Seiten des Kessels	$f = 0{,}40$ „	$u = 3{,}70$ „	$l = 11{,}5$ „	$\Sigma\zeta = 3$
3. „ Unter dem Kessel . .	$f = 0{,}70$ „	$u = 3{,}80$ „	$l = 11{,}5$ „	$\Sigma\zeta = 1{,}5$
4. „ Fuchs für einen Kessel	$f = 0{,}70$ „	$u = 3{,}40$ „	$l = 4{,}0$ „	$\Sigma\zeta = 1{,}5$
5. „ „ „ zwei „	$f = 1{,}40$ „	$u = 4{,}80$ „	$l = 2{,}0$ „	$\Sigma\zeta = 1{,}5$
6. „ „ „ vier „	$f = 2{,}80$ „	$u = 6{,}70$ „	$l = 4{,}0$ „	$\Sigma\zeta = 1{,}5$

Lösung der Aufgabe. Gemäß der Aufgabe ist $p = 800$, $\vartheta_1 = \vartheta_m = 250$, $h = 26$, ferner nach der Zusammenstellung auf S. 123 $G = 22{,}3$, $c = 0{,}245$, $\delta = 1{,}022$. Der Schornsteinquerschnitt ist angenähert nach Redtenbacher [Gl. (76)]:

$$f = \frac{22{,}3 \cdot 800}{924\sqrt{26}} = 3{,}78 \text{ qm} \sim 2{,}20 \text{ m Durchmesser,}$$

nach Reiche [Gl. (77)]:

$$f = \frac{4 \cdot 2{,}8}{4} = 2{,}8 \text{ qm} \sim 1{,}90 \text{ m Durchmesser.}$$

Zunächst hat die Widerstandshöhe n Erledigung zu finden. Der Teil n_1, der dem Durchgange der Luft und der Rauchgase durch das Brennmaterial entspricht, ist nach Ausdruck (88) (S. 134), da Magerkohle zur Verwendung gelangen soll, somit $b = 0{,}12$ zu setzen ist:

$$n_1 = 25 \cdot 22{,}3 \cdot 0{,}12^2 = 8{,}028 \text{ m.}$$

Die Widerstandshöhe in den Rauchzügen ist nach dem Ausdrucke (87) zu bestimmen. Verlassen die Rauchgase den Rost mit einer Temperatur von 1000° und treten, wie vorgeschrieben, mit 250° in den Schornstein, so möge die mittlere Temperatur im

$$\text{1. Zuge:} \quad \frac{1000 + 700}{2} = 850°,$$

$$\text{2. Zuge:} \quad \frac{700 + 400}{2} = 550°,$$

$$\text{3. Zuge:} \quad \frac{400 + 250}{2} = 325°$$

sein. Die erforderliche Geschwindigkeit der Rauchgase beträgt nach diesen Temperaturen gemäß Gl. (81), da auf jede der vier Feuerungen 200 kg Brennmaterial entfällt, im

$$\text{1. Zuge:} \quad v = \frac{22{,}3 \cdot 200\,(1 + \alpha\, 850)}{1{,}293 \cdot 3600 \cdot 2 \cdot 0{,}45 \cdot 1{,}022} = 4{,}3 \text{ m,}$$

entsprechend im 2. Zuge 3,5 m, im 3. Zuge 3,0 m, im Fuchs (in jedem der drei Teile) 2,5 m.

Die Widerstandshöhe ergibt sich somit nach Gl. (87) im

$$\text{1. Zuge:} \quad n_2 = \frac{4{,}3^2}{2\,g\,(1 + \alpha\, 850)} \left(\frac{0{,}01 \cdot 11{,}5 \cdot 2{,}35}{0{,}45} + 4\right) = 1{,}10 \text{ m,}$$

$$\text{2. Zuge:} \quad n_3 = \frac{3{,}5^2}{2\,g\,(1 + \alpha\, 550)} \left(\frac{0{,}01 \cdot 11{,}5 \cdot 3{,}70}{0{,}4} + 3\right) = 0{,}835 \text{ m}$$

und entsprechend im 3. Zug $n_4 = 0{,}443$ m, im Fuchs erstes Stück $n_5 = 0{,}281$ m, zweites Stück $n_6 = 0{,}26$ m, drittes Stück $n_7 = 0{,}265$ m.

Die übrigen Widerstände: Eintritt der Luft in den Aschfall, Durchgang durch den Rost usw. sind gegenüber den vorstehend ermittelten so gering, daß sie durch eine Aufrundung der berechneten Widerstandshöhen sicher gedeckt werden. Es ist also:

$$n = n_1 + n_2 + \ldots + n_5 = 11{,}212 \text{ m},$$

wofür nach dem auf S. 135 Gesagten $n = 12$ m gesetzt werden soll.

Die erforderliche Geschwindigkeit der Rauchgase im Schornstein ist unter vorläufiger Annahme des Schornsteinquerschnitts nach Reiche gemäß des Ausdrucks (81):

$$v = \frac{22{,}3 \cdot 800\,(1 + \alpha\,250)}{1{,}293 \cdot 3600 \cdot 2{,}8 \cdot 1{,}022} = 2{,}566 \text{ m}.$$

Die Gleichung für die erreichbare Geschwindigkeit ist alsdann nach Gl. (80):

$$26\left(1 - \frac{1}{1 + \alpha\,250}\right) = \frac{v^2}{2\,g\,(1 + \alpha\,250)}\left(1 + \frac{0{,}01 \cdot 26 \cdot 5{,}97}{2{,}8}\right) + 12\,,$$

aus der sich die Geschwindigkeit zu

$$v = 3{,}2 \text{ m}$$

berechnet.

Da diese Geschwindigkeit etwas größer als die erforderliche ist, könnte der Schornsteinquerschnitt verringert werden, d. h. man könnte $f = 2{,}30$ qm setzen, da sich alsdann die erforderliche Geschwindigkeit zu 3,12 m, die erreichbare zu 3,13 m ergibt. Hätte man für die Höhe des Schornsteins 30 m anstatt 26 m angenommen, so würde sich der Querschnitt zu nur 1,15 qm ergeben.

Es kann aber niemals angeraten werden, den Querschnitt des Schornsteins genau nach den durch die Berechnung ermittelten auszuführen, da allein schon eine höhere Brennstoffschicht als angenommen genügen würde, ungünstigere Zugverhältnisse zu schaffen. Man wird daher stets gut tun, die erreichbare Geschwindigkeit wie oben bei dem Beispiel um 20—25% größer zu belassen als die erforderliche. Der bei jedem Kessel vorzusehende Rauchschieber bietet die bequeme und sichere Regelung des Betriebes. Die genaue Berechnung soll daher hauptsächlich die Gewähr geben, auf keinen Fall einen für die gute Verbrennung zu kleinen, aber auch keinen zu reichlich bemessenen Querschnitt — der bei zeitweiser Beschränkung des Betriebs ebenfalls nachteilig wirken kann — angenommen zu haben.

Achtes Kapitel.

Erforderliche Wärmemenge zur Erwärmung eines geschlossenen Raumes.*)

I. Wärmeüberführung im allgemeinen.

Wenn sich zwei Körper von verschiedener Temperatur berühren, so findet von dem wärmeren auf den kühleren Körper eine Wärmeübertragung statt; diese wird mit „Wärmeleitung“ bezeichnet. Wenn sich zwei Körper von verschiedener Temperatur nicht berühren, so kann, falls sich zwischen ihnen ein luftleerer oder lufterfüllter Raum befindet, ebenfalls

*) S. a. Grashof, Theoretische Maschinenlehre, Leipzig 1875.

eine Wärmeübertragung, ohne Erwärmung der Luft durch Schwingungen des Äthers erfolgen; diese wird mit „Wärmestrahlung“ bezeichnet.

Die Umschließungskörper eines Raumes (Wände, Fenster usw.) besitzen jederzeit eine andere Temperatur als die Innen- und Außenluft, auch die Wärmeverteilung in den einzelnen Schichten dieser Körper ist eine ungleiche und schwankende. Im allgemeinen kann angenommen werden, daß durch die Umschließungskörper bei einer Temperatur im Raume, die höher ist als die der äußeren Luft, eine Wärmeaufnahme von der Innenluft und Wärmeübertragung nach außen, umgekehrt aber eine Wärmeaufnahme von der Außenluft und Wärmeübertragung nach innen stattfindet. Diese Wärmeübertragung bezeichnet man mit dem Namen „Wärmedurchgang“ (Wärmetransmission). Es darf vorausgesetzt werden, daß der Wärmedurchgang, sofern die beiderseitigen verschiedenen Temperaturen stetige bleiben, mit der Zeit in den Beharrungszustand übergeht, also eine gewisse Größe annimmt, daß aber die vor dem Beharrungszustande auf einer Seite des Körpers aufgenommene Wärme auf der anderen Seite nicht in gleichem Maße abgegeben, sondern entweder ganz oder teilweise zur Eigenerwärmung des betreffenden Körpers verwendet wird. Diese Eigenerwärmung der Umschließungskörper eines Raumes bezeichnet man mit dem Namen der „Wärmeaufspeicherung“ (Wärmeabsorption).

Sofern der Wärmedurchgang und die Wärmeaufspeicherung für einen Raum einen Wärmeverlust bedeuten, muß dieser bei Einhaltung bzw. Herstellung einer bestimmten Innentemperatur durch anzuordnende Wärmeflächen (Heizkörper) ersetzt werden. Die Wärmeabgabe dieser Heizkörper muß also im Beharrungszustande dem Wärmedurchgang und vor dem Beharrungszustande auch der Wärmeaufspeicherung der Umschließungskörper eines Raumes gleich sein. Die Heizkörper erhalten die Wärme von den Körpern, die die aus dem Brennmateriale zu diesem Zwecke frei zu machende Wärme aufnehmen. Die eigenartige Form der Wärmeentwickler und Heizkörper und die Art und Weise der Wärmeführung von den ersteren auf die letzteren bedingen die Form und den Namen des betreffenden Heizungssystems.

Die für die Erwärmung geschlossener Räume anzustellende Berechnung erstreckt sich also nach dem Gesagten auf die Berechnung der erforderlichen Wärmemenge infolge des Wärmedurchganges und, sofern der Beharrungszustand durch stetige Erwärmung der Räume nicht stattfindet, also in der Zwischenzeit eine Abkühlung der Umschließungskörper eintritt, auch auf die erforderliche Wärmemenge durch Aufspeicherung; außerdem auf die Größenverhältnisse der Heizflächen und aller sonstigen Teile der Heizungsanlage.

II. Wärmemenge, die stündlich im Beharrungszustande durch die Umschließungskörper eines Raumes verloren geht (Wärmeverlust).

1. Aufstellung der Gleichung.

Bei den folgenden Betrachtungen soll vorausgesetzt werden, daß eine Bewegung der Luft an den Flächen der Umschließungskörper nicht stattfindet. Es ist dies natürlich, besonders wenn die Flächen senkrechte sind, nicht zutreffend, indessen entziehen sich die vielfachen Verhältnisse, die auf die Bewegung der Luft von Einfluß sind, meist der Beurteilung. Man hat sich in der Praxis dadurch zu helfen, daß man durch den zu wählenden Wert der Wärmedurchgangszahl diesen Verhältnissen nach Möglichkeit Rechnung trägt oder daß man in bestimmten Fällen entsprechende Sicherheitszuschläge vorsieht.

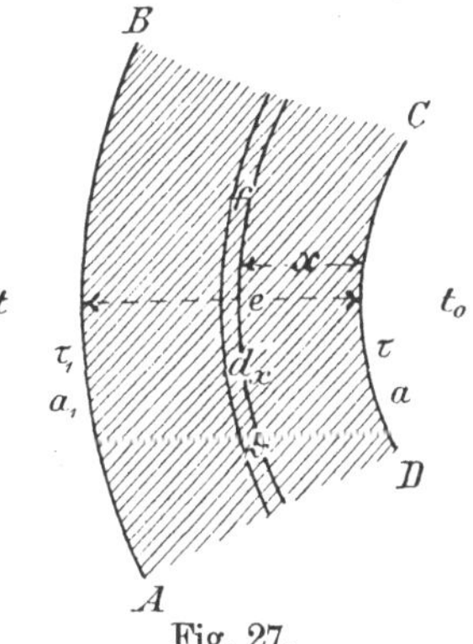

Fig. 27.

Es soll ferner vorausgesetzt werden, daß die Begrenzungsflächen des Umschließungskörpers eines Raumes parallel, aber von verschiedener Größe sind, daß die Umschließungskörper gleichartiger Natur sind und daß durchweg als Zeiteinheit die Stunde anzunehmen ist.

Die Wärmemenge W, die durch eine Fläche eines gleichartigen Körpers ein- bzw. ausströmt, ist erfahrungsgemäß proportional dieser Fläche, einer Wärmeein- und Austrittszahl und dem Unterschiede zwischen der Temperatur der die Fläche berührenden Flüssigkeit — im vorliegenden Falle ist dies Luft — und der Fläche selbst zu setzen. Bezeichnet in Fig. 27:

- F die Wärme abgebende Fläche auf der Seite CD,
- F_1 die Wärme aufnehmende Fläche auf der Seite AB,
- t_0 bzw. t die Temperatur der Luft auf der Seite CD bzw. AB,
- τ bzw. τ_1 die Flächentemperatur auf der Seite CD bzw. AB,
- a bzw. a_1 die Wärmeein- bzw. Austrittszahl, d. h. die Wärmemenge, die bezogen auf ein Quadratmeter stündlich bei einem Grade Temperaturunterschied zwischen Fläche und Luft bzw. umgekehrt aus- bzw. einströmt,

so muß die aus- bzw. einströmende Wärme W nach dem Gesagten sein:

$$W = F\,a(\tau - t_0) \quad \text{bzw.} \quad W = F_1 a_1(t - \tau_1)\,,$$

sofern $t_0 < \tau < \tau_1 < t$ ist.

Aus diesen Gleichungen folgt:

$$\tau = t_0 + \frac{W}{F\,a} \quad \text{und} \quad \tau_1 = t - \frac{W}{F_1 a_1}\,.$$

Betrachtet man in der Entfernung x von F eine der Gestalt des Körpers entsprechende, den Flächen F und F_1 parallele Schicht f von der Stärke $d\,x$, so muß durch diese die Wärme, wie durch den ganzen Körper, von der Seite AB aus übergeleitet werden. Ist:

e die Stärke der Wand in m,
ϑ die Temperatur in der Schicht f,
λ die Wärme-Leitzahl, d. h. die Wärmemenge, die stündlich durch eine Schicht von einem Meter Stärke und einer Flächenausdehnung von einem Quadratmeter bei einem Grade Temperaturunterschied übergeleitet wird,

so muß für den Beharrungszustand sein:

$$W = f\lambda \frac{d\vartheta}{dx}, \qquad \text{also} \qquad d\vartheta = \frac{W}{f\lambda} dx .$$

Für $x = 0$ wird $\vartheta = \tau$, für $x = e$ wird $\vartheta = \tau_1$, also ist:

$$\tau_1 - \tau = \frac{W}{\lambda} \int_0^e \frac{dx}{f} .$$

Werden in diesen Ausdruck die obigen Werte von τ und τ_1 eingesetzt, so erhält man nach einigen Umformungen:

$$W = \frac{t - t_0}{\dfrac{1}{Fa} + \dfrac{1}{F_1 a_1} + \dfrac{1}{\lambda}\displaystyle\int_0^e \frac{dx}{f}} . \tag{89}$$

Für eine ebene Wand ist dann, da $F = F_1 = f$ wird:

$$W = \frac{F(t - t_0)}{\dfrac{1}{a} + \dfrac{1}{a_1} + \dfrac{e}{\lambda}}, \tag{90}$$

oder, wenn man

$$\frac{1}{a} + \frac{1}{a_1} + \frac{e}{\lambda} = \frac{1}{k} \tag{91}$$

setzt,

$$W = F\,k(t - t_0) .$$

k wird mit dem Namen Wärmedurchgangszahl (Transmissionskoeffizient) bezeichnet.

In der Regel bestehen die Umschließungskörper eines Raumes (Wände, Decken usw.) nicht aus einem, sondern aus verschiedenen schichtenweise gelagerten Körpern. So z. B. besteht eine Wand aus den Bausteinen, dem Fugenmörtel, dem Putze, außerdem erhält sie noch einen Anstrich, Tapete u. dgl.

Bei zwei parallelen, ebenen, dicht aufeinanderliegenden Wandschichten, bei denen also die Durchgangsflächen gleich groß, d. h.

gleich F sind, ist gemäß Fig. 28 und deren Bezeichnungen nach dem Früheren:

$$\tau = t_0 + \frac{W}{F a}, \qquad \tau_1 = \tau_2 - \frac{W}{F a_1}, \qquad \tau_3 = t - \frac{W}{F a_2},$$

ferner:

$$d\vartheta_1 = \frac{W}{F\lambda_1} dx_1 \quad \text{und} \quad d\vartheta_2 \frac{W}{F\lambda_2} dx_2,$$

somit:

$$\tau_1 - \tau = \frac{W e_1}{F\lambda_1} \quad \text{und} \quad \tau_3 - \tau_2 = \frac{W e_2}{F\lambda_2}.$$

Werden in den letzten Ausdrücken die obigen Werte von τ, τ_1 und τ_3 eingesetzt und alsdann addiert, so ergibt sich nach entsprechender Umformung:

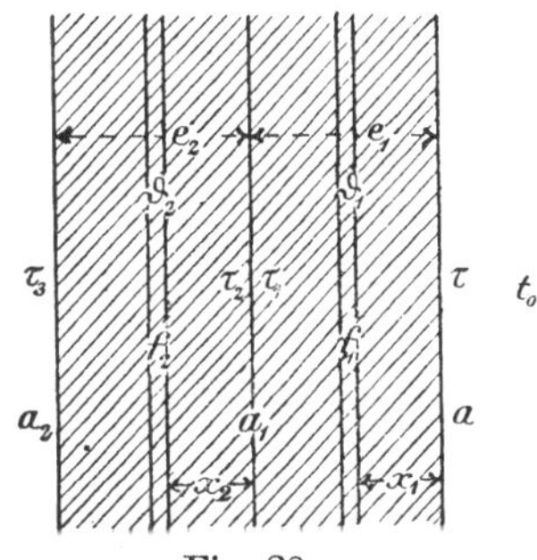

Fig. 28.

$$W = \frac{F(t - t_0)}{\frac{1}{a} + \frac{1}{a_1} + \frac{1}{a_2} + \frac{e_1}{\lambda_1} + \frac{e_2}{\lambda_2}}.$$

Wird ebenfalls der Nenner in diesem Ausdrucke $\frac{1}{k}$ gesetzt, so ist wieder:

$$W = F k (t - t_0).$$

Ohne eine weitere Entwicklung nötig zu machen, ergibt sich unmittelbar für eine Wand von n ebenen, parallelen Schichten:

$$\frac{1}{k} = \frac{1}{a} + \frac{1}{a_1} + \frac{1}{a_2} + \ldots + \frac{1}{a_n} + \frac{e_1}{\lambda_1} + \frac{e_2}{\lambda_2} + \ldots + \frac{e_n}{\lambda_n} \tag{92}$$

und für die Berechnung der stündlichen Wärmeverluste eines Raumes allgemein der Ausdruck:

$$W = F k (t - t_0). \tag{93}$$

Die Flächen F sind stets gegeben, einer Bestimmung bzw. Besprechung haben noch die Wärmedurchgangszahl k, die Außentemperatur t_0 und die Innentemperatur t zu unterliegen.

2. Bestimmung der Wärmedurchgangszahl k.*)

Da die Wärmedurchgangszahlen stets für den ungünstigsten Fall ausreichen müssen, so ist dieser bei der Größenbestimmung in Rücksicht zu ziehen, d. h. es ist stets dahin zu streben, die den Verhältnissen entprechend größte Wärmedurchgangszahl zu erhalten. Für die Praxis empfiehlt sich daher, die Wärmedurchgangszahlen für eine ebene Wand mit parallelen Begrenzungsflächen nach folgenden Ausdrücken zu bestimmen.

*) Praktische Ermittelungen der Größe der Wärmedurchgangszahlen für verschiedene Baustoffe sind in der Prüfungsanstalt für Heizungs- und Lüftungseinrichtungen der Kgl. Technischen Hochschule Berlin im Gange.

a) **Die Wand besteht aus einer Schicht.** Die Anordnung und Richtung der Wärmeüberleitung s. Fig. 29.

$$\frac{1}{k} = \frac{1}{a} + \frac{1}{a_1} + \frac{e}{\lambda}. \tag{94}$$

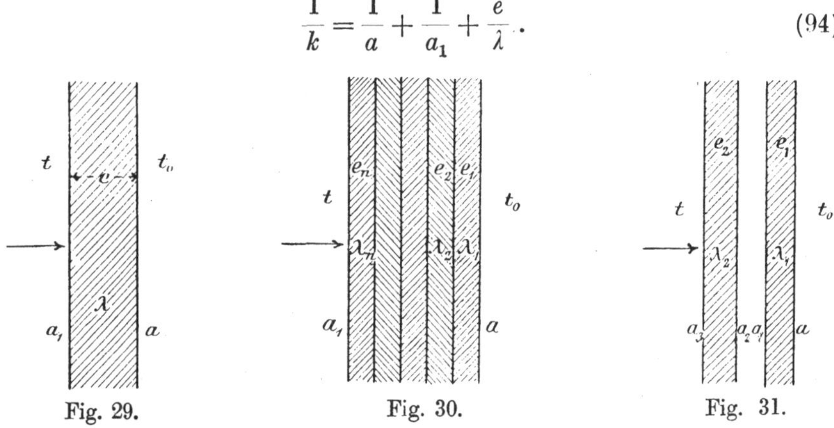

Fig. 29. Fig. 30. Fig. 31.

b) **Die Wand besteht aus n Schichten von verschiedenem Materiale** (z. B. Tapete, Putz, Mauer, Anstrich usw. gemäß Fig. 30), **die dicht aufeinanderliegen,** so daß keine Luft zwischen ihnen angenommen werden kann, von Schicht zu Schicht also nur Überleitung der Wärme besteht:

$$\frac{1}{k} = \frac{1}{a} + \frac{1}{a_1} + \frac{e_1}{\lambda_1} + \frac{e_2}{\lambda_3} + \ldots + \frac{e_n}{\lambda_n}. \tag{95}$$

c) **Die Wand besteht aus zwei senkrechten Schichten mit dazwischen liegender Luftschicht** (s. Fig. 31) **oder aus zwei horizontalen Wänden, bei denen der Wärmedurchgang von unten nach oben stattfindet** (Fig. 32), in der Luftschicht also Bewegung der Luft, daher keine Überleitung der Wärme anzunehmen ist:

$$\frac{1}{k} = \frac{1}{a} + \frac{1}{a_1} + \frac{1}{a_2} + \frac{1}{a_3} + \frac{e_1}{\lambda_1} + \frac{e_2}{\lambda_2}. \tag{96}$$

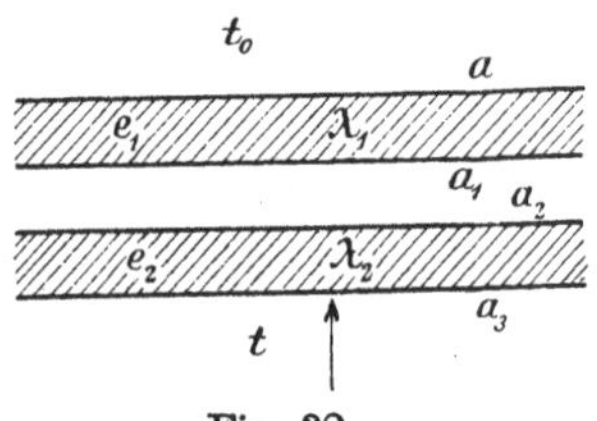

Fig. 32. 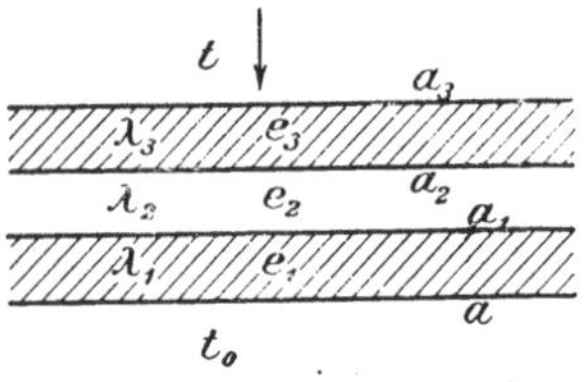 Fig. 33.

d) **Die Wand besteht aus zwei horizontalen Schichten mit dazwischen liegender Luftschicht, bei denen der Wärmedurchgang von oben nach unten stattfindet** (Fig. 33), in der Luftschicht also keine Bewegung der Luft und daher Überleitung der Wärme anzunehmen ist:

$$\frac{1}{k} = \frac{1}{a} + \frac{1}{a_1} + \frac{1}{a_2} + \frac{1}{a_3} + \frac{e_1}{\lambda_1} + \frac{e_2}{\lambda_2} + \frac{e_3}{\lambda_3}. \tag{97}$$

In den Ausdrücken für $\frac{1}{k}$ sind die Wärmeleitzahlen λ der Tabelle 13 zu entnehmen, die Werte der Wärmeein- bzw. Austrittszahlen a sind dagegen noch einer Bestimmung zu unterwerfen.

Nach Peclet kann für den Wärmedurchgang von Luft an Luft, gültig bis 60°, allgemein die Wärmeein- bzw. Austrittszahl gesetzt werden

für eine Außenwand oder für eine einem ungeheizten und kalten Raume zugewendete, d. h. eine bezüglich der Temperaturverhältnisse einer Außenwand gleich zu behandelnde Wand:

$$a = l + s + (0{,}0075\, l + 0{,}0056\, s)\,(\Delta - \Delta_1)\,, \tag{98}$$

für eine Innenwand:

$$a = l + s + 0{,}0075\, l\,(\Delta - \Delta_1)\,, \tag{99}$$

sofern bedeutet:

l den Wert für die Leitung der Wärme infolge Berührung der Luft mit einem festen Körper,
s die Wärme-Strahlungszahl,
$\Delta - \Delta_1$ den Temperaturunterschied zwischen dem festen Körper und der Luft bzw. umgekehrt.

Aus diesen Ausdrücken geht hervor, daß die Wärmedurchgangszahl k nicht nur von der Stärke der Wand, sondern auch von dem Temperaturunterschiede zwischen der Innen- und Außenluft $(t - t_0)$ abhängen, da man für einen bestimmten Wert von $t - t_0$ auch $\Delta - \Delta_1$ eine bestimmte Größe annehmen muß. In der Praxis kann dies aber vernachlässigt werden, sofern den Aus- und Eintrittszahlen die zu erwartende höchste Innen- und niedrigste Außentemperatur zugrunde gelegt wird. Die sich alsdann ergebenden Wärmedurchgangszahlen können in Anbetracht, daß eine kleine Veränderung des Temperaturunterschiedes $\Delta - \Delta_1$ von keinem bedeutenden Einflusse ist, auch für tiefere Innen- und höhere Außentemperaturen, als der Berechnung zugrunde gelegt worden sind, benutzt werden. In der Regel wird man daher für die Berechnung der Aus- und Eintrittszahlen eine Innentemperatur von $+20°$ und eine Außentemperatur von $-20°$ für $\Delta - \Delta_1$ in Rücksicht ziehen können. Bei wesentlich anderen Temperaturen aber, also z. B. für Trockenräume, Schornsteine usw., empfiehlt sich eine besondere Bestimmung der Wärmedurchgangszahlen unter Berücksichtigung der geforderten Innen- und Außentemperatur. Der Temperaturunterschied $\Delta - \Delta_1$ ist zurzeit nur zu schätzen — da ein geringer Schätzungsfehler keinen wesentlichen Einfluß hat, so genügen auch für die Praxis Schätzungswerte. Unter Voraussetzung einer Innentemperatur von $t = +20°$ und einer Außentemperatur von $t_0 = -20°$ möge für den Temperaturunterschied $\Delta - \Delta_1$ zwischen Luft und Berührungsfläche oder umgekehrt beispielsweise angenommen werden

für Backsteinmauern von	. . . . .	0,12 m	Stärke	8°
,, ,, ,,	. . . . .	0,25 m	,,	7°
,, ,, ,,	. . . . .	0,38 m	,,	6°
,, ,, ,,	. . . . .	0,51 m	,,	5°
,, ,, ,,	. . . . .	0,64 m	,,	4°
,, ,, ,,	. . . . .	0,77 m	,,	3°
,, ,, ,,	. . . . .	0,90 m	,,	2°
,, ,, ,,	. . . . .	1,03 m	,,	1°
,, ,, über	. . . . .	1,05 m	,,	0°
,, Glasfenster (einfaches)	. . . .			20°
,, ,, (doppeltes)	. . . .			10°
,, Holztüren (Außentüren)	. . . .			2°
,, Decken (mit Füllung)	. . . .			1°
,, Innenwände	. . . .			0°

Der Wert l für die Leitung der Wärme infolge Berührung der Luft mit einem festen Körper ist nach Valerius und Grashof zu setzen für:

ruhige eingeschlossene Luft 4,
ruhige freie Luft 5,
bewegte freie Luft . . . . 6.

Die Wärmestrahlungszahl ist der Tabelle 12 zu entnehmen; sofern feststehende Werte nicht gegeben werden konnten, also in der Tabelle nicht enthalten sind, muß man leider nach Werten ähnlicher Körper schätzungsweise Annahmen machen. Bei der Wahl ist auch zu berücksichtigen, ob sich an der Wand Wasser niederschlagen wird (z. B. Schweißwasser bei Glas, Regen bei Oberlichten usw.), alsdann ist für s der (höhere) Wert für Wasser anzunehmen.

Da die Bauweise in der Praxis sehr verschiedenartig ist und da naturgemäß nicht vor jeder Wärmeverlustsberechnung erst eine genaue Bestimmung der Wärmedurchgangszahlen vorgenommen werden kann, so muß man, wie bereits erwähnt, um zu allgemein verwendbaren Werten zu gelangen, diesen die ungünstigsten Verhältnisse, also auch die ungünstigsten Bauverhältnisse zugrunde legen. Auch bei Anwendung der Zahlen hat man auf einen Ausgleich unberechenbarer Einflüsse Rücksicht zu nehmen, z. B. wird man bei einem Fenster, das aus Glas und Rahmen besteht, versuchen müssen, die nie zu vermeidenden Undichtheiten der Fensterfugen dadurch auszugleichen, daß man den Rahmen als Glasfläche mit in Rechnung stellt, also die im Mauerwerke für das Fenster gelassene Öffnung als die in Rechnung zu stellende Fensterglasfläche ansieht. Die Folge der Berücksichtigung der ungünstigsten Verhältnisse ist, daß in der Praxis meist zu reichlich gerechnet wird, was, da der Effekt der Anlage dadurch größere Sicherheit gewinnt, als ein nachteiliger Fehler nicht bezeichnet werden kann. Doch kommt auch das Gegenteil vor, wenn der ausführende Ingenieur bei besonders ungünstigen Verhältnissen diese außer acht läßt und mit den einmal bestimmten Werten nach der Schablone arbeitet.

Tabelle 14 enthält eine große Anzahl von Wärmedurchgangszahlen, die unter Berücksichtigung der gewöhnlichen Bauverhältnisse und Temperaturen festgestellt worden sind. Bezüglich ihrer Berechnung wird auch auf die nachfolgenden Beispiele verwiesen.

3. Beispiele für Bestimmung von Transmissionskoeffizienten.

Beispiel 1. Wärmedurchgangszahl einer Außenwand

α) Außen: Backsteinrohbau, innen: Putz und Tapete (Fig. 34).

Es sei:

Stärke der Mauer $e_1 = 0{,}51$ m,
„ des Putzes $e_2 = 0{,}01$ m,
„ der Tapete $e_3 = 0{,}0001$ m.

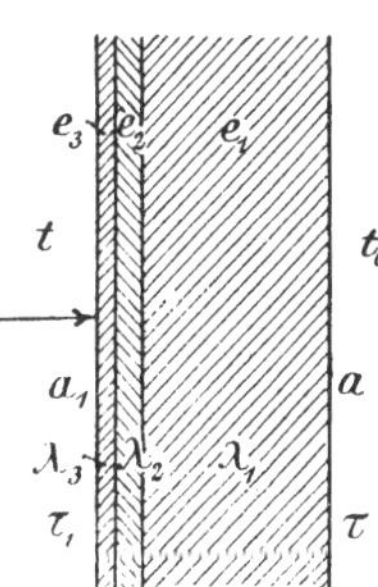

Fig. 34.

Für Außenluft ist zu setzen (ungünstigster Fall) $l = 6$,
„ Innenluft „ „ „ $l = 4$.

Aus den Tabellen 12 und 13 ist zu entnehmen für:

Backstein und Mörtel $s = 3{,}6$, $\lambda = 0{,}69$,
Papier $s = 3{,}8$, $\lambda = 0{,}034$.

Nach gemachten Angaben nehme man bei einer Mauer von 0,51 m schätzungsweise $\Delta - \Delta_1$, d. h. $\tau - t_0$ und $t - \tau_1 = 5$.

Alsdann ist nach dem Ausdrucke 98:

$$a = 6 + 3{,}6 + (0{,}0075 \cdot 6 + 0{,}0056 \cdot 3{,}6)\,5 = 9{,}93,$$

$$a_1 = 4 + 3{,}8 + (0{,}0075 \cdot 4 + 0{,}0056 \cdot 3{,}8)\,5 = 8{,}10,$$

somit wird nach Gl. (95):

$$\frac{1}{k} = \frac{1}{9{,}93} + \frac{1}{8{,}10} + \frac{0{,}51 + 0{,}01}{0{,}69} + \frac{0{,}0001}{0{,}034} = 0{,}98\,,$$

also:

$$k = 1{,}02.$$

β) Wie unter α, nur soll die Mauer eine Luftschicht erhalten (Fig. 35).

Es ist also:

$e_1 = 0{,}25$ m $\quad \lambda_1 = 0{,}69$,
$e_2 = 0{,}25$ m, $\quad \lambda_2 = 0{,}69$,
$e_3 = 0{,}01$ m, $\quad \lambda_3 = 0{,}69$,
$e_4 = 0{,}0001$ m, $\quad \lambda_4 = 0{,}034$.

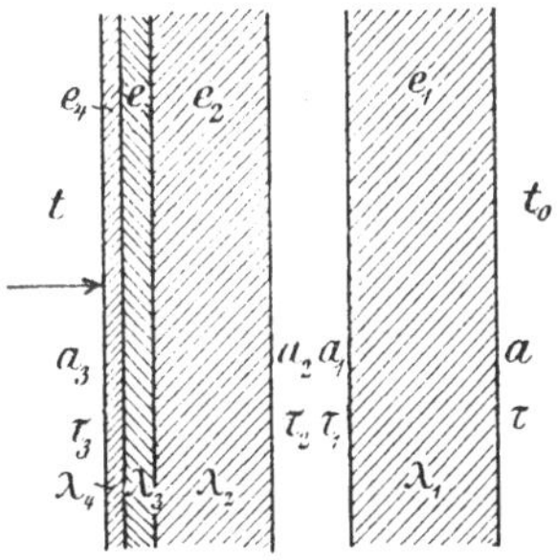

Fig. 35.

Für $t = +20°$ und $t_0 = -20°$ soll nach früherem $\tau - t_0 = t - \tau_3 = 5°$ sein, also ist:

$$\tau = -20 - (-5) = -15°$$

und

$$\tau_3 = +20 - 5 = 15°$$

anzunehmen. Da die Luftschicht in der Mitte der Mauer liegt, wird die Luft in ihr zu 0° anzunehmen sein und soll der Sicherheit halber τ_2 5° höher, τ_1 5° tiefer in Ansatz gebracht werden, so daß ist:

a (wie im vorigen Beispiele) $= 9{,}93$,

$a_1 = a_2 = 4 + 3{,}6 + (0{,}0075 \cdot 4 + 0{,}0056 \cdot 3{,}6)\, 5 = 7{,}90$,

a_3 (wie im vorigen Beispiele a_1) $= 8{,}10$,

somit nach Gl. (95) bzw. (96):

$$\frac{1}{k} = \frac{1}{9{,}93} + \frac{2}{7{,}9} + \frac{1}{8{,}10} + \frac{2 \cdot 0{,}25 + 0{,}01}{0{,}69} + \frac{0{,}0001}{0{,}034} = 1{,}22\,,$$

also:

$$k = 0{,}82.$$

Beispiel 2. Wärmedurchgangszahl eines Außenfensters (Fig. 36).

α) Einfaches Glas von 0,002 m Stärke, großes Fenster.

Für Außenluft ist wieder zu setzen . . . . . . $l = 6$,

„ Innenluft (wegen lebhafter Bewegung der Luft infolge der Abkühlung am Fenster) . . . . $l = 5$.

Für Glas ist $s = 2{,}91$, für Wasser (Innenfläche des Fensters infolge möglichen Schweißwassers) 5,3. Für Glas ist $\lambda = 0{,}8$, ferner

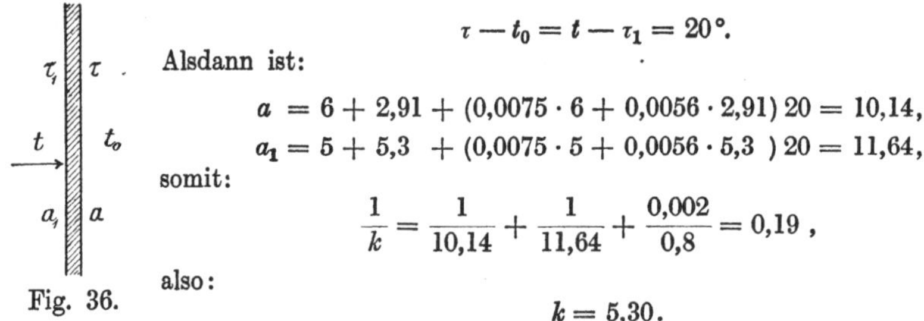

$$\tau - t_0 = t - \tau_1 = 20°.$$

Alsdann ist:

$a\ = 6 + 2{,}91 + (0{,}0075 \cdot 6 + 0{,}0056 \cdot 2{,}91)\, 20 = 10{,}14$,

$a_1 = 5 + 5{,}3\ + (0{,}0075 \cdot 5 + 0{,}0056 \cdot 5{,}3\ )\, 20 = 11{,}64$,

somit:

$$\frac{1}{k} = \frac{1}{10{,}14} + \frac{1}{11{,}64} + \frac{0{,}002}{0{,}8} = 0{,}19\,,$$

also:

$$k = 5{,}30.$$

Fig. 36.

β) Doppeltes Glas senkrecht stehend von je 0,002 m Stärke (Fig. 37.)

Für Außenluft ist zu setzen $l = 6$,

„ Innenluft „ „ „ $l = 4$,

„ Zwischenluft „ „ „ $l = 5$.

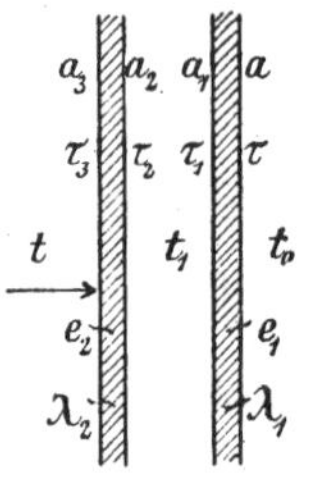

Bei Doppelfenstern ist s für außen und innen $= 2{,}91$,

$$\tau - t_0 = t_1 - \tau_1 = \tau_2 - t_1 = t - \tau_3 = 10°.$$

Alsdann ist:

$a\ = 6 + 2{,}91 + (0{,}0075 \cdot 6 + 0{,}0056 \cdot 2{,}91)\, 10 = 9{,}52$,

$a_1 = a_2 = 5 + 2{,}91 + (0{,}0075 \cdot 5 + 0{,}0056 \cdot 2{,}91)\, 10 = 8{,}45$,

$a_3 = 4 + 2{,}91 + (0{,}0075 \cdot 4 + 0{,}0056 \cdot 2{,}91)\, 10 = 7{,}37$,

Fig. 37.

also nach Gl. (96):

$$\frac{1}{k} = \frac{1}{9{,}52} + \frac{2}{8{,}45} + \frac{1}{7{,}37} + \frac{2 \cdot 0{,}002}{0{,}8} = 0{,}48\,,$$

und

$$k = 2{,}08.$$

Sofern das Innenfenster nicht dicht schließt und an der Innenfläche des Außenfensters sich Schweißwasser bilden kann, was anzunehmen geraten ist, ergibt sich

$$k = 2{,}20.$$

γ) Doppeltes Glas; das untere liegt horizontal, das obere horizontal oder geneigt (Oberlicht) (Fig. 38):

Alle Werte können wie unter β) angenommen werden nur ist bei $+20°$ im Raume als ungünstigste Temperatur unter der Decke $+30°$ in Rechnung zu ziehen und dementsprechend

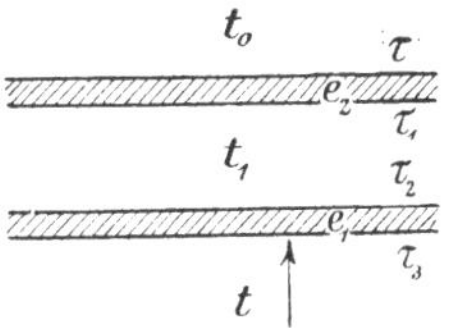

$$\tau - t_0 = t_1 - \tau_1 = \tau_2 - t_1 = t - \tau_3 = 12{,}5$$

zu setzen.

Fig. 38.

Es ergibt sich dann

$$k = 2{,}11 \text{ bzw. bei der Möglichkeit, daß sich Schweißwasser an dem Außenfenster abschlagen kann } 2{,}35.$$

δ) Doppeltes Glas; horizontal, darüber Dachboden mit Oberlicht. In diesem Falle ist etwa zu setzen:

$$t = 30°,\quad t_0 = -10°,\quad \tau - t_0 = t_1 - \tau_1 = \tau_2 - t_1 = t - \tau_3 = 10\,,$$

alsdann ist:

$$a = a_3 \text{ (wie } a_3 \text{ unter } \beta) = 7{,}37,$$
$$a_1 = a_2 \text{ (wie } a_1 \text{ bzw. } a_2 \text{ unter } \beta) = 8{,}45,$$

also:

$$\frac{1}{k} = 0{,}478\,,\quad k = 2{,}10\,.$$

ε) Doppelglasfenster (einfacher Rahmen mit doppelten Scheiben).

Da bei Bestimmung der Wärmeverluste eines Fensters zum Ausgleiche der Undichtheiten der Fensterfugen die totale Fläche, also auch der Rahmen als aus Glas bestehend angenommen wird, so ist der Unterschied zwischen einem einfachen Fenster und einem Doppelglasfenster, da dieser lediglich in dem einfachen bzw. doppelten Rahmen besteht, nach der bisherigen Berechnungsweise nicht zu bestimmen. Es soll daher folgendes Verfahren eingeschlagen werden. Setzt man die gesamte Fensterfläche $= 1$ und bezeichnet den Teil, den das Glas an ihr nimmt, mit m (m ist also ein echter Bruch), die Durchgangszahl für einfaches Glas mit k_1, für Doppelglas mit k_2, für einen einfachen Rahmen mit k_3, die gesuchte Zahl für ein Doppelglasfenster mit k und den Anteil, den die Fensterfugen am Wärmeverluste haben mit A, so muß für $1°$ Temperaturunterschied die Summe der Wärmeverluste durch den Rahmen, das Glas und die Undichtheit der Fensterfugen gleich sein den Wärmeverlusten durch die gesamte Fensterfläche, es müssen also für ein einfaches und ein gleich großes Doppelglasfenster die beiden Gleichungen gelten:

$$m\,k_1 + (1 - m)\,k_3 + A = k_1,$$
$$m\,k_2 + (1 - m)\,k_3 + A = k.$$

Subtrahiert man die untere Gleichung von der oberen, so erhält man:

$$k = k_1 - m\,(k_1 - k_2). \tag{100}$$

Beträgt z. B. die Glasfläche $^3/_4$ der gesamten Fensteröffnung, so ist $m = 0{,}75$, beträgt ferner die Wärmedurchgangszahl für einfaches Glas 5, für Doppelglas (ohne Niederschlag von Schweißwasser) 2,08, so ist für ein Doppelglasfenster zu setzen:

$$k = 5 - 0{,}75\,(5 - 2{,}08) = 2{,}81\,.$$

Beispiel 3. Wärmedurchgangszahl einer Decke bzw. eines Fußbodens. Fußboden: Eichenholz, gewachst, darunter Blendboden. Füllmaterial: Koks, gestoßen, darunter Luftschicht. Decke geschalt und geputzt.

Bei verschieden konstruierten Körpern, die zu einem Ganzen vereinigt sind, muß ein jeder für sich berechnet und die Gesamt-Durchgangszahl nach dem Verhältnisse, in denen die Teil-Durchgangszahlen zu diesem stehen, bestimmt werden.

Ist die Balkenbreite m, die Entfernung zwischen den Balken n, die Durchgangszahl des Balkenteils k_1, des anderen k_2, die Gesamt-Durchgangszahl k, dann muß sein:

$$k = \frac{m\,k_1 + n\,k_2}{m + n}.$$

α) Die wärmere Luft befindet sich unter der Decke. Es sei für die Balkenanordnung nach Fig. 40:

$$\begin{aligned} e_1 &= 0{,}025, & \lambda_1 &= 0{,}211, \\ e_2 &= 0{,}025, & \lambda_2 &= 0{,}093, \\ e_3 &= 0{,}24, & \lambda_3 &= 0{,}093, \\ e_4 &= 0{,}020, & \lambda_4 &= 0{,}093, \\ e_5 &= 0{,}015, & \lambda_5 &= 0{,}69. \end{aligned}$$

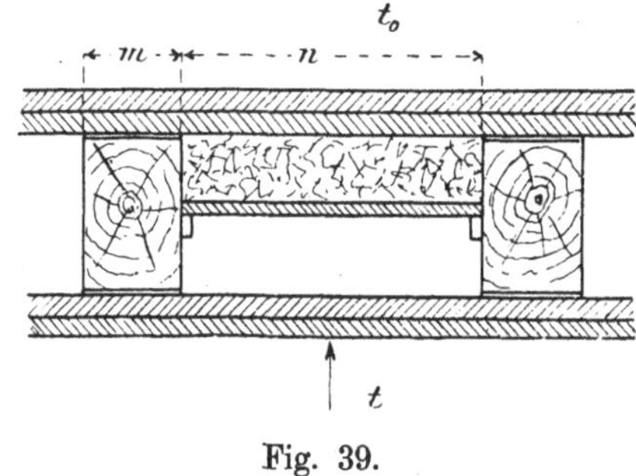

Fig. 39.

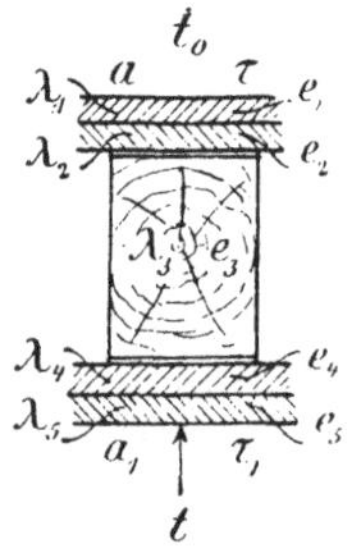

Fig. 40.

Der Wert der Strahlung für Wachs ist nicht bekannt, daher zu schätzen, er möge als zwischen Glas und Ölanstrich liegend zu 3,2 angenommen werden. Für Putz ist $s = 3{,}6$.

Es ist alsdann, da $l = 4$ und $\tau - t_0 = t - \tau_1 = 1$ zu setzen ist:

$$\begin{aligned} a &= 4 + 3{,}2 + (0{,}0075 \cdot 4 + 0{,}0056 \cdot 3{,}2)\,1 = 7{,}25, \\ a_1 &= 4 + 3{,}6 + (0{,}0075 \cdot 4 + 0{,}0056 \cdot 3{,}6)\,1 = 7{,}65, \end{aligned}$$

daher:

$$\frac{1}{k_1} = \frac{1}{7{,}25} + \frac{1}{7{,}65} + \frac{0{,}025}{0{,}211} + \frac{0{,}025 + 0{,}24 + 0{,}020}{0{,}093} + \frac{0{,}015}{0{,}69} = 3{,}47,$$

und somit

$$k_1 = 0{,}288.$$

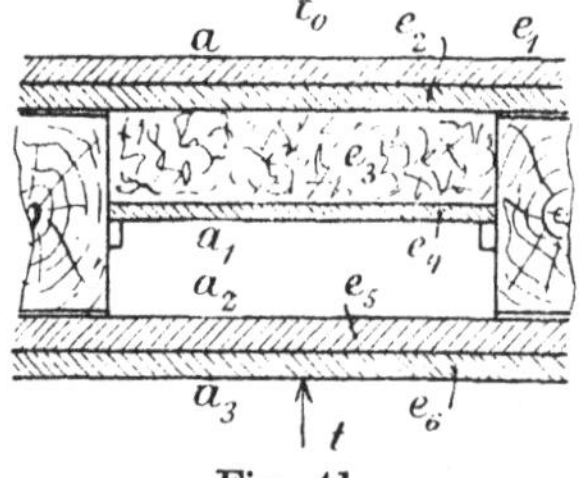

Fig. 41.

Für den Balkenzwischenraum (Fig. 41) ist:

$$\begin{aligned} e_1 &= 0{,}025, & \lambda_1 &= 0{,}211, \\ e_2 &= 0{,}025, & \lambda_2 &= 0{,}093, \\ e_3 &= 0{,}105, & \lambda_3 &= 0{,}16, \\ e_4 &= 0{,}015, & \lambda_4 &= 0{,}093, \\ e_5 &= 0{,}020, & \lambda_5 &= 0{,}093, \\ e_6 &= 0{,}015, & \lambda_6 &= 0{,}69. \end{aligned}$$

Es ergibt sich:

$$\begin{aligned} &a \text{ (wie früher)} = 7{,}25, \\ &a_1 = a_2 = 4 + 3{,}6 + (0{,}0075 \cdot 4 + 0{,}0056 \cdot 3{,}6)\,1 = 7{,}65, \\ &a_3 \text{ (wie früher } a_1) = 7{,}65, \end{aligned}$$

daher:

$$\frac{1}{k_2} = \frac{1}{7{,}25} + \frac{3}{7{,}65} + \frac{0{,}025}{0{,}211} + \frac{0{,}025 + 0{,}015 + 0{,}020}{0{,}093} + \frac{0{,}105}{0{,}16} + \frac{0{,}015}{0{,}69} = 1{,}97\,,$$

also:

$$k_2 = 0{,}508\,.$$

Die Gesamt-Durchgangszahl (Fig. 39) ergibt sich somit:

$$k = \frac{0{,}288\,m + 0{,}508\,n}{m + n}\,.$$

Für $m = 0{,}2$ m, $n = 0{,}8$ m ist alsdann:

$$k = 0{,}41\,,$$

für $m = 0{,}2$ m, $n = 0{,}9$ m dagegen

$$k = 0{,}52\,.$$

β) Die wärmere Luft befindet sich über Fußboden. k_1 behält den Wert wie unter α, da zur Bestimmung desselben der gleiche Ausdruck zur Anwendung zu bringen ist. Für den Balkenzwischenraum dagegen hat eine Gleichung gemäß der Gl. (97) in Benutzung zu kommen, da in der Luftschicht keine Bewegung, also Wärmeüberleitung, anzunehmen ist. Nach Fig. 42 ergibt sich, da

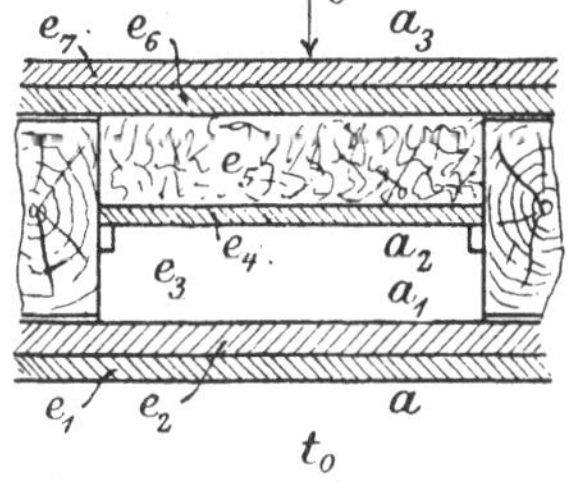

Fig. 42.

$$\begin{aligned} e_1 &= 0{,}015, & \lambda_1 &= 0{,}69,\\ e_2 &= 0{,}020, & \lambda_2 &= 0{,}093,\\ e_3 &= 0{,}120, & \lambda_3 &= 0{,}04,\\ e_4 &= 0{,}015, & \lambda_4 &= 0{,}093,\\ e_5 &= 0{,}105, & \lambda_5 &= 0{,}16,\\ e_6 &= 0{,}025, & \lambda_6 &= 0{,}093,\\ e_7 &= 0{,}025, & \lambda_7 &= 0{,}211, \end{aligned}$$

$$\frac{1}{k_2} = \frac{3}{7{,}65} + \frac{1}{7{,}25} + \frac{0{,}015}{0{,}69} + \frac{0{,}020 + 0{,}015 + 0{,}025}{0{,}093} + \frac{0{,}120}{0{,}1} + \frac{0{,}105}{0{,}16} + \frac{0{,}025}{0{,}211} = 3{,}17\,,$$

daher:

$$k_2 = 0{,}315\,.$$

Für $m = 0{,}2$ m, $n = 0{,}8$ m wird alsdann:

$$k = 0{,}31\,,$$

dagegen für $m = 0{,}2$ m, $n = 0{,}9$ m:

$$k = 0{,}34\,.$$

4. Bestimmung der Außentemperatur.

Unter Außentemperatur ist, wie bereits angedeutet, nicht allein die Temperatur der das Gebäude umgebenden Außenluft zu verstehen, sondern auch die Temperatur, der die Wände, Türen, Decken usw., sofern sie zwischen zwei Räumen liegen, auf der Wärme abgebenden Seite ausgesetzt sind.

a) Temperatur der das Gebäude umgebenden Außenluft. Für diese ist die niedrigste Temperatur zu wählen, bis zu der die volle Erwärmung des Raumes erzielt werden soll. Sie ist für Deutschland sehr verschieden*) anzunehmen, je nach der geographischen Lage des Ortes. In der Praxis setzt man zurzeit noch allgemein und sehr sicher für:

Mittel- und Süd-Deutschland . . . . $-20°$,

Nord-Deutschland . . . . $-25°$.

b) Temperatur eines neben erwärmten Räumen liegenden und nicht mit Heizung versehenen Raumes. Sofern die einzuhaltende Temperatur aller Räume gegeben wird, so ist auch für jede Scheidewand, Zwischendecke usw. der Wert von $t - t_0$ bekannt; es ist daher nur die Bestimmung der Temperatur nicht erwärmter Nebenräume von Wichtigkeit.

Diese Temperatur darf in den meisten Fällen nach Schätzung angenommen werden; sie wird für den ungünstigsten Fall etwa betragen:

bei unbeheizten und geschlossenen, aber zwischen erwärmten Räumen liegenden Räumen . . . . $+ 5°$,

bei unbeheizten und geschlossenen im Keller oder nur einseitig neben erwärmten Räumen liegenden Räumen . . . . $\pm 0°$,

bei unbeheizten, öfter mit der Außenluft in Verbindung stehenden Räumen (Durchfahrten, Vorhallen, Vorfluren usw.), sowie bei Dachböden mit Holzzementdächern . . . . $- 5°$,

bei Dachböden, die mit Ziegel oder Schiefer gedeckt sind . . . . $-10°$.

Mitunter wird sich indes eine Berechnung einer Temperatur eines unbeheizten Nebenraumes nötig erweisen, z. B. wenn die Bedingung besteht, daß ein Raum nur dann zu erwärmen ist, falls die Wärmeabgabe der angrenzenden Räume nicht ausreicht, ihm eine bestimmte Temperatur zu sichern.

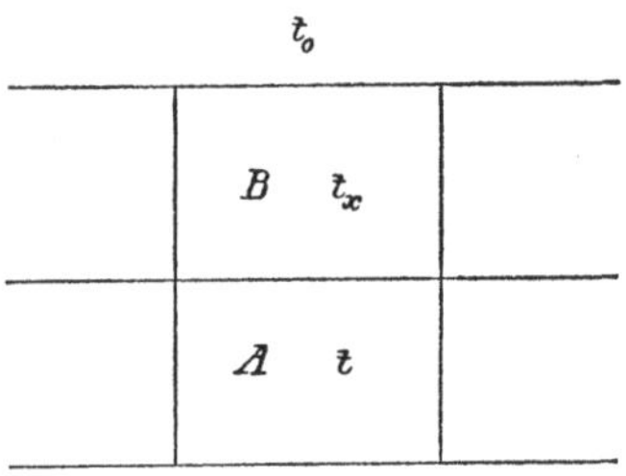

Fig. 43.

Es sei Raum A (s. Fig. 43) auf $t°$ erwärmt, Raum B unbeheizt; Temperatur in ihm t_x, Außentemperatur t_0.

Bezeichnet $\Sigma\{Fk(t - t_x)\}$ die gesamte Wärmemenge, die Raum A an B im Beharrungszustande abgibt, $\Sigma\{F_0 k_0(t_x - t_0)\}$ die Wärmemenge, die Raum B nach außen verliert, so muß sein:

$$\Sigma\{Fk(t - t_x\} = \Sigma\{F_0 k_0(t_x - t_0)\},$$

also:

$$t_x = \frac{\Sigma(Fkt) + \Sigma(F_0 k_0 t_0)}{\Sigma(Fk) + \Sigma(F_0 k_0)}. \tag{101}$$

---

*) Marx, Die Temperaturverhältnisse Deutschlands. Ges.-Ing. 1902, Heft 1.

5. Bestimmung der Innentemperatur.

Die in einem erwärmten Raume zu fordernden Temperaturen sind bereits auf Seite 43 angegeben. Diese Temperaturen verstehen sich für die Luft in der unmittelbaren Umgebung der Anwesenden. An der Decke herrschen höhere Temperaturen, auch diese haben bereits auf Seite 43 Erörterung gefunden. Es war die Temperatur an der Decke bis zu etwa $+10°$ Außentemperatur zu setzen [Gl. (29)]:

$$t'' = t + 0{,}1\, t\,(h - 3).$$

Naturgemäß werden die hierdurch erhaltenen Werte nicht immer mit der Wirklichkeit übereinstimmen. Bei besonderen Verhältnissen ist daher t'' entsprechend anzunehmen, in den meisten Fällen der Praxis wird indes mit den nach obigem Ausdrucke berechneten Werten auszukommen sein. Bei senkrechten Flächen ist für die Temperatur t in Gl. (93) die mittlere zwischen unten und oben in Rechnung zu setzen. Für die Praxis genügt es, bei Wänden und Fenstern die mittlere zwischen Fußboden und Decke, bei Türen und Fußböden aber die in Kopfhöhe verlangte einzuführen.

6. Sicherheitszuschläge.

Für Bestimmung der Wärmeverluste eines Raumes sind die Einflüsse der Himmelsrichtung und des Wetters nicht berücksichtigt worden; diese entziehen sich der Berechnung und ist es in der Praxis daher üblich, Erfahrungszuschläge zu den ausgerechneten Wärmeverlusten zu machen.

Weichen bei einem Wettbewerb um eine Heizungsanlage die von den einzelnen Firmen gemachten Zuschläge voneinander ab, so ist dies — falls sie nur nicht zu niedrig gegriffen sind — für den Effekt der Anlage nahezu belanglos, da alle Zuschläge den ungünstigen Einfluß der jeweils herrschenden Witterungsverhältnisse nur innerhalb gewisser Grenzen ausgleichen, ihn unter Umständen, z. B. wenn statt Nordwind Südwind herrscht, sogar erhöhen können. Um daher bei Wettbewerben eine gleiche Grundlage für den Wärmebedarf zu schaffen, ist es ratsam, die Zuschläge vorzuschreiben, Zuschläge für Windanfall aber nicht anzunehmen, dafür aber für die Berechnung der Anlage die Temperatur des Wassers im Vorlauf nicht höher als 80°, höchstens 85° zuzulassen.

Nach der vom preußischen Minister der öffentlichen Arbeiten herausgegebenen und für alle Staatsgebäude einzuhaltenden „Anweisung zur Herstellung und Unterhaltung von Zentralheizungen und Lüftungsanlagen" (s. Anhang) sind folgende Mindestzuschläge zum ermittelten Wärmebedarf — die allgemein auch der Verband der Zentralheizungs-Industrieller seinen Mitgliedern vorgeschrieben hat — in Anwendung zu bringen.

a) **Zuschläge für Himmelsrichtung auf Außenflächen:**

Norden, Nordosten, Nordwesten, Osten . . . . 15 vH
Westen, Südosten, Südwesten . . . . 10 „

b) Zuschläge für Eckräume und dergleichen:
Für Eckräume und solche mit einander gegenüberliegenden Außenflächen ist ein besonderer Zuschlag von . . . . . 5 „
auf alle Außenflächen zu machen.

c) Zuschläge für Windanfall:
Auf Straßenansichtsflächen, die dem Windanfall ausgesetzt sind, sowie auf alle Außenflächen freistehender Gebäude 10 „

d) Zuschläge für besonders hohe Räume:
Räume von über 4 m Höhe erhalten für jedes Meter Mehrhöhe auf den berechneten Wärmebedarf einen Zuschlag von $2^1/_2$ „
jedoch nicht mehr als . . . . 20 „

Treppenhäuser erhalten diesen Zuschlag nicht.

III. Wärmemenge, die vor dem Beharrungszustande der Erwärmung eines Raumes (Anheizdauer) durch die Wärmeaufnahme der Umschließungskörper verloren geht (Wärmeaufspeicherung, Wärmeabsorption).

Die Berechnung der Wärmeaufspeicherung stößt z. Z. noch auf unüberwindliche Schwierigkeit, es ist daher für alle diese Fälle die Erfahrung zu Hilfe zu nehmen*).

Da die Wärmeaufnahme der Wände usw. zu ihrer Eigenerwärmung um so größer ist, je größer sich der Temperaturunterschied zwischen den Wänden usw. und der sie berührenden Luft stellt, so ist bis zur Erzielung des Beharrungszustandes bezüglich der Erwärmung eines Raumes (Anheizdauer) um so mehr Wärmezuführung durch den Heizkörper erforderlich, je länger die Betriebsunterbrechung der Heizung gedauert hat. Fälschlicherweise werden in der Praxis vielfach die Betriebsunterbrechungen nicht genügend berücksichtigt und z. B. Räume, deren Benutzungsdauer nur bis zum Nachmittage reicht, in gleicher Weise behandelt wie Räume, die bis zum späten Abende volle Erwärmung finden müssen.

1. Räume, die keine sehr bedeutende Größe besitzen.

Für solche Räume kann, sofern sie nach ihrer Erwärmung längere Benutzung erfahren, das Wärmeerfordernis für die meist nicht lang zu bemessende Anheizdauer durch geeignete Zuschläge zu dem für den

---

*) S. a. G. Recknagel, Über Abkühlung geschlossener Lufträume durch Wärmeleitung und über Erwärmung geschlossener Lufträume. Sitzungsbericht der math.-phys. Klasse der Kgl. bayer. Akademie der Wissenschaften. Bd. XXXI, 1901, Heft II. Die in dieser Abhandlung aufgestellte Theorie kann möglicherweise für die Praxis zu wertvollen Ergebnissen führen. Der Verfasser hat eine weitere eingehende Behandlung des Problems in Aussicht gestellt. S. a. Ges.-Ing. 1901, Nr. 17, S. 278 u. f. de Grahl, Wirtschaftlichkeit der Zentralheizung. Über die Vorgänge bei der Wärmeaufspeicherung sind Untersuchungen in der Prüfungsanstalt für Heizungs- und Lüftungseinrichtungen der Kgl. Techn. Hochschule Berlin im Gange.

Beharrungszustand ermittelten Wärmeverlust gedeckt werden. Die Luft derartiger Räume erwärmt sich dann unter gleichzeitiger allmählicher Zunahme der Wandtemperaturen; die Abkühlung erfolgt entsprechend langsam. Diese Zuschläge Z zu dem im Beharrungszustande stattfindenden Wärmeverlust eines Raumes, können nach folgenden vom Verfasser auf empirischem Wege gefundenen, aber durch die Erfahrung vielfach bewährten Ausdrücken gesetzt werden

für Räume, die täglich, aber mit Betriebsunterbrechung während der Nacht zu heizen sind:

$$Z = \frac{0{,}0625\,(n-1)\,W_1}{z}, \tag{102}$$

für Räume, die nicht täglich zu heizen sind:

$$Z = \frac{0{,}1\,W(8+z)}{z}, \tag{103}$$

sofern:

W_1 die stündlich im Beharrungszustande durch Außenwände und Fenster eines Raumes verloren gehende Wärmemenge (als Außenwand ist z. B. auch eine Decke anzusehen, die unter dem ungewärmten Dachboden liegt),

W den gesamten stündlichen Wärmeverlust des Raumes im Beharrungszustande,

n die Zeit von Beendigung der täglichen Benutzung des Raumes bis zum Beginne des Anheizens,

z die Anheizdauer in Stunden

bedeutet.

Größere Zuschläge als etwa $^1/_3$ des Wärmeverlustes des Raumes im Beharrungszustande (W) zu geben, ist infolge bedeutender Verteuerung der Anlage nicht ratsam. In solchen Fällen soll die Anheizdauer entsprechend verlängert oder, was bei täglicher Benutzung der Räume noch besser ist, ununterbrochener Betrieb der Anlage vorgesehen werden.

n richtet sich nach der Benutzung der Räume; z. B. bei einer Anheizdauer von 3 Stunden und einem Beginne des Anheizens an den kältesten Wintertagen um 5 Uhr vormittags wird man für Wohnräume $n = 7$ (10 Uhr nachmittags bis 5 Uhr vormittags), für Bureaus, Schulen usw. $n = 12$ (5 Uhr nachmittags bis 5 Uhr vormittags) setzen können. Bei Festsälen, die ihrer geringen Größe wegen nicht unter die im nächsten Abschnitte zu behandelnden Räume fallen, ist z zu etwa 5—6 anzunehmen.

Wenn innerhalb eines Gebäudes ein Teil der Räume eine andere Benutzung haben, also noch einen anderen prozentualen Wärmezuschlag erfordern als der andere Teil der Räume, so muß auch für getrennte Regelung der Wärmezufuhr nach den betreffenden Heizkörpern Vorsorge getroffen werden, falls nicht die Heizkörper mit selbsttätigen Wärmereglern (s. diese) versehen sind oder täglich durch Hand geregelt werden sollen. Andernfalls tritt infolge der verschiedenen Bemessung der Heizkörper im Beharrungszustand der Erwärmung der Räume unerwünschte Verschiedenheit der Raumtemperaturen ein.

2. Räume, die eine bedeutende Größe besitzen, seltener und nur kurze Zeit benutzt werden (Kirchen, Hallen usw.).

Für derartige Räume ist es ratsam, auf Erzielung des Beharrungszustandes überhaupt zu verzichten und durch Zuführung eines größeren Wärmeüberschusses für kurze Zeit die Luft schneller als die Wände zu erwärmen, aber auch nach Betriebseinstellung der Heizung eine rasche Abkühlung der Räume zu gestatten.

Dem Gesagten zufolge findet ein Wärmeverlust mit Ausnahme bei den Fenstern überhaupt oder so gut wie gar nicht statt, die Wände werden sich nur mäßig und nur bis auf eine gewisse Tiefe erwärmen. In solchen Fällen ist die Berechnung der erforderlichen Wärmemenge nach der Erfahrung zu bestimmen.

Bei Anwendung möglichst den Wärmeverlusten entsprechend verteilter Heizfläche in den Räumen kann die erforderliche stündliche Wärmemenge gesetzt werden:

$$W = \frac{F k (t - t_0)}{2} + F_1 \left(23 + \frac{5(t - t_1)}{z}\right). \qquad (104)^*)$$

Bei Anwendung von Luftheizung zur Erwärmung der Räume und bei einer Heizungsanlage, die eine möglichst den Wärmeverlusten entsprechend verteilte Heizfläche nicht gestattet, ist die erforderliche stündliche Wärmemenge zu setzen:

$$W = \frac{F k (t - t_0)}{2} + F_1 \left(40 + \frac{10(t - t_1)}{z}\right). \qquad (105)$$

In den Ausdrücken bedeutet:

F die Fensterfläche in qm,

F_1 die Fläche sämtlicher Wände, der Decke, des Fußbodens, der Säulen usw. in qm,

k die Wärmedurchgangszahl für Glas (k für einfaches Glas $= 5{,}3$),

t die verlangte Innentemperatur,

---

*) Gl. (104) und (105) sind von mir unter Zuhilfenahme der Betriebsergebnisse von etwa 25 Kirchenheizungen aufgestellt worden. Die Betriebsergebnisse verdanke ich vorwiegend der Freundlichkeit der Firmen E. Kelling und Rud. Otto Meyer. Die Gleichungen sind inzwischen vielfach von der Praxis benutzt worden und haben sich nach den mir gewordenen Mitteilungen bewährt. Rietschel.

t_1 die Anfangstemperatur beim Anheizen (etwa zu 0° anzunehmen),

t_0 die niedrigste äußere Temperatur,

z die Anheizdauer in Stunden.

Bei einer Raumhöhe über 12 m ist bei Luftheizung (auch Kanalheizung) für jedes weitere Meter zu der berechneten Wärmemenge ein Zuschlag von 5% zu geben.

Die vorstehenden Gleichungen berücksichtigen zwar die durch die Art der Baumaterialien bedingte Durchlässigkeit, setzen aber naturgemäß eine gute Bauausführung bzw. eine gute Erhaltung des Bauwerks (ganze Fensterscheiben, keine Deckendurchbrüche und offene Deckenfugen usw.) voraus.

Je kürzer die Anheizdauer z gewählt wird, um so geringere Wärmemengen werden die Wände innerhalb dieser Zeit aufgenommen haben und um so lebhaftere Luftbewegung wird in dem Raume herrschen. Da bei einer sachverständigen Anlage nicht allein innerhalb der bedungenen Zeit die geforderten Wärmegrade erzielt, sondern auch Zugerscheinungen möglichst vermieden werden müssen, ist es wünschenswert, den Beharrungszustand der Erwärmung der Raumluft möglichst rasch zu erzielen, also die Anheizdauer nicht zu lang zu bemessen, ihn aber bereits mehrere Stunden vor Benutzung des Raumes eintreten zu lassen. Da indes in der Praxis mit dem Anheizen vor der Benutzung des Raumes kaum eher begonnen wird, als die angegebene Anheizdauer beträgt, so empfiehlt es sich, die Anheizdauer für die Berechnung nicht zu lang anzunehmen (z. B. für Kirchen etwa 5—6 Stunden), für den Betrieb aber um einige Stunden länger vorzuschreiben.

IV. Berechnung der Wärmeverluste in der Praxis.

1. Aufstellung der Wärmeverluste.

Zur Berechnung der stündlichen Wärmeverluste nach der Gl. (93), $W = F\,k\,(t - t_0)$, sind zunächst die Fläche F des Abkühlungskörpers, die in Frage kommende Innen- und Außentemperatur (s. S. 43, 150 u. 151) zu bestimmen und die Wärmedurchgangszahl aus der für die Praxis aufgestellten Tabelle 14 zu entnehmen. Nach Ausrechnung des Wertes von W sind die erforderlichen Zuschläge für Witterungseinflüsse (s. S. 152) und bei Unterbrechung des Betriebs auch für das Anheizen (s. S. 153) zu machen. Für Berechnung der erforderlichen Wärmemenge zur Beheizung von sehr großen und selten benutzten Räumen ist nach den Angaben auf S. 154 zu verfahren.

Bezüglich der Berechnung der stündlichen Wärmeverluste dürfte die Fläche F bei den Wänden eines Raumes eigentlich nicht, wie meist in der Praxis, durch die Innenmaße des betreffenden Raumes bestimmt, sondern es sollte z. B. besser die Länge oder Breite eines Raumes von Mitte zu Mitte der Begrenzungswände, die Höhe von Mitte Fußboden bis Mitte Decke gemessen werden. Diese Berechnungsweise ist aber nicht bequem, liefert auch etwas zu hohe Werte, es erscheint zweckmäßig, die Länge und Breite des Raumes in Lichtmaßen, als Höhe aber die ganze Geschoßhöhe, also von Fußboden zu Fußboden anzunehmen. Bei den Fenstern ist zum gleichzeitigen Ausgleiche von Undichtheiten für F die volle Fensterfläche einschließlich Rahmen in Ansatz zu bringen.

Für Berechnung der Wärmeverluste durch eine Außenwand ist zur Bestimmung der betreffenden Wandfläche zunächst von der durch Multiplikation der Länge mit der Stockwerkshöhe gefundenen Fläche die der Fenster abzuziehen. Es empfiehlt sich daher, bei der Berechnung der Transmission eines Raumes zuerst mit den Fenstern und Türen zu beginnen, dann mit den Wänden, Decken und Fußböden fortzufahren.

Zu Zwecken einer klaren Übersichtlichkeit ist die Eintragung der einzelnen Abschnitte der Wärmeverlustsberechnung in eine Tabelle erforderlich. In ihr sind der Einfachheit halber etwa folgende Abkürzungen für die Berechnung der verschiedenen Körper anzuwenden:

EF für Einfaches Fenster,
DF „ Doppelfenster,
IT „ Innentür,
AT „ Außentür,
AW „ Außenwand,
IW „ Innenwand,
D „ Decke,
FB „ Fußboden.

Bei Überschlagsrechnungen des Wärmebedarfs eines Gebäudes zu Zwecken der ungefähren Kostenberechnung einer Anlage wird häufig mit dem Kubikinhalt der zu erwärmenden Räume gerechnet. Dies führt leicht je nach der Bauweise der Gebäude zu großen Abweichungen von dem wirklichen Wärmebedarf. In derartigen Fällen erscheint es ratsamer — da die wirklichen Wärmeverluste nur von den Außenflächen des Gebäudes abhängen, innerhalb des Gebäudes nur eine Wärmeverschiebung stattfindet — den Wärmeverlust der gesamten Außenwände, Fenster und der obersten Decken, d. h. der wärmeabgebenden Umflächen des Gebäudes, zu berechnen, was nennenswerten Zeitaufwand nicht beansprucht.

Die vorerwähnte Tabelle kann den nachstehenden Kopf erhalten:

Tabelle zur Berechnung der stündlichen Wärmeverluste durch Transmission.

Raum						Abkühlungsfläche								Stärke der Wand	Temperatur in Graden Celsius			Wärmedurchgangszahl	Wärme-Einheiten	Zuschlag für Himmelsgegend	Summe der Wärme-Einheiten		Summe der Wärme-Einheiten für ununterbrochenen Betrieb	Unterbrochener Betrieb		Bemerkungen
Nr.	Bezeichnung	Länge m	Breite m	Höhe m	Inhalt cbm	Bezeichnung	Himmelsgegend	Länge m	Höhe bzw. Breite m	Fläche qm	Anzahl	Abzuziehen qm	In Rechnung gestellt qm	m	Innen	Außen	Unterschied		WE		Abgabe	Empfang		Zuschlag	Summe der Wärme-Einheiten	
I.	Arbeitszimmer	7	5	4	140	*DF*	*N*	1,8	2,5	4,5	2	—	9	—	21	—20	41	2,20	811,80	162,36	974,16			251,54 (DF u. AW)		3stündige Anheizdauer, Benutzungszeit einschließlich Anheizdauer 17 Stunden.
						AW	*N*	7	4,3	30,1	1	9 (Fenster)	21,1	0,64	21	—20	41	1,0	865,10	173,02	1038,12					
						IT	—	1,5	2,8	4,2	1	—	4,2	0,04	20	+16	4	1,44	24,19	—	24,19					
						IW	—	7	4,3	30,1	1	4,2 (Tür)	25,9	0,38	21	+17	4	1,2	124,32	—	124,32					
						IW	—	5	4,3	21,5	1	—	21,5	0,38	21	+6,5	13,5	1,2	374,10	—	374,10					
						D	—	5	7	35	1	—	35	0,3	22	—10	32	0,48	527,60	—	537,60			67,20		
						FB	—	5	7	35	1	—	35	0,3	20	+22	—2	0,43	—30,10	—	—	30,10				
																					3072,49	30,10	3042,39	318,74	3361	

Anmerkung. Das nachfolgende Beispiel ist zur Erläuterung vorstehender Tabelle in diese aufgenommen worden.

2. Beispiel einer Wärmeverlustsberechnung und der Temperaturbestimmung eines unbeheizten Raumes.

Der Wärmeverlust des Raumes *I* (s. Fig. 44) und die Temperatur von *II*, der als unbeheizt anzunehmen ist, sollen bestimmt werden.

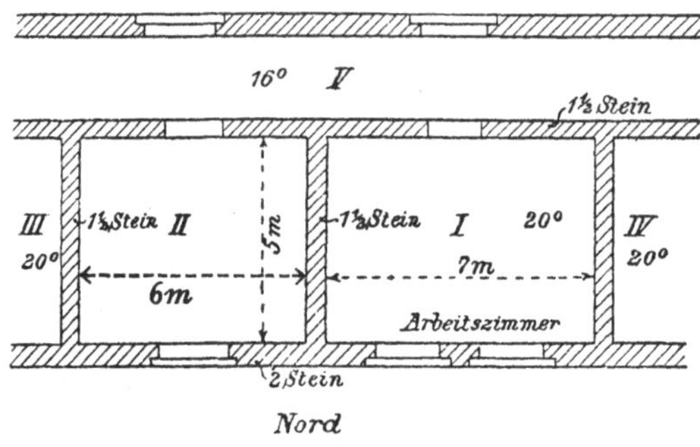

Fig. 44.

Die Geschoßhöhe (von Fußboden zu Fußboden) betrage 4,3 m, die Deckenstärke 0,3 m, alle übrigen Maße, sowie die Lage der Räume nach der Himmelsgegend gehen aus der Figur hervor. Über den Räumen liege der Dachboden; das Dach bestehe aus Schiefer. Gegeben ist:

Niedrigste Außentemperatur	—20°,
Temperatur im Dachraume (s. S. 150)	—10°,
Temperatur in den Räumen *I*, *III* und *IV*	+20°,
Temperatur im Raume *V*	+16°.

Die Wärmedurchgangszahlen sind nach Maßgabe der Ausführung und Wandstärken Tabelle 14 zu entnehmen; sie sollen betragen für:

Fenster (doppelte).		$k = 2{,}20$,
Türen (innere)		$= 1{,}44$,
Außenwände		$= 1{,}00$,
Innenwände		$= 1{,}20$,
Fußboden (Parkettdielung) .	da sich über beiden die kältere Luft befindet	$= 0{,}43$,
Decke (auf dem Dachboden einfache Holzdielung) . .		$= 0{,}48$.

a) Temperaturbestimmung. α) Für die zu beheizenden Räume *I*, *III* und *IV*.

Temperatur am Fußboden . . . . 20°,

Temperatur unter Decke [s. Gl. (29)] $20 + 0{,}1 \cdot 20\,(4 - 3) = 22°$,

Mittlere Temperatur in den Räumen . . . . $\dfrac{20 + 22}{2} = 21°$.

β) Für den zu beheizenden Raum *V*.

Temperatur am Fußboden . . . . 16°,

Temperatur unter Decke. . . . . $16 + 0{,}1 \cdot 16\,(4 - 3) \backsim 18°$,

Mittlere Temperatur im Raume . . . . . . $\dfrac{16 + 18}{2} = 17°$.

γ) Für den unbeheizten Raum *II*.

Temperatur am Fußboden . . . . t_x,

Temperatur unter Decke. . . . $t_x + 0{,}1\, t_x (4 - 3) = 1{,}1\ \ t_x$,

Mittlere Temperatur im Raume . . . $\dfrac{t_x + 1{,}1\, t_x}{2} = 1{,}05\, t_x$.

δ) Bestimmung von t_x. Der Raum *II* empfängt an Wärme [die Gleichung lautet allgemein $W = F\,k\,(t - t_0)$]:

vom Raume *I* durch die Wand

$5 \cdot 4{,}3 \cdot 1{,}2\ (21 - 1{,}05\,t_x) = 541{,}80 - 27{,}09\,t_x,$

„ „ *III* „ die Wand

$5 \cdot 4{,}3 \cdot 1{,}2\ (21 - 1{,}05\,t_x) = 541{,}80 - 27{,}09\,t_x,$

„ „ *V* „ die Tür

$1{,}5 \cdot 2{,}8 \cdot 1{,}44\,(16 - t_x) = 96{,}77 - 6{,}05\,t_x,$

„ „ *V* „ die Wand

$(6 \cdot 4{,}3 - 1{,}5 \cdot 2{,}8)\,1{,}2\ (17 - 1{,}05\,t_x) = 440{,}64 - 27{,}22\,t_x,$

„ darunter liegenden Raume durch den Fußboden . . . . . $5 \cdot 6 \cdot 0{,}43\,(22 - t_x) = 283{,}80 - 12{,}90\,t_x,$

Sa. $1904{,}81 - 100{,}35\,t_x$.

Der Raum *II* gibt Wärme ab:

durch das Fenster $2{,}5 \cdot 1{,}8 \cdot 2{,}20\,\{1{,}05\,t_x - (-20)\} = 10{,}40\,t_x + 198{,}00,$

15% Zuschlag wegen der Lage nach Norden $= 1{,}56\,t_x + 29{,}70,$

„ die Außenwand $(6 \cdot 4{,}3 - 2{,}5 \cdot 1{,}8)\,1{,}0\,\{1{,}05\,t_x - (-20)\} = 22{,}37\,t_x + 426{,}00,$

15% Zuschlag wegen Lage nach Norden $= 3{,}36\,t_x + 63{,}90,$

„ „ Decke . . . . $5 \cdot 6 \cdot 0{,}48\,\{1{,}1\,t_x - (-10)\} = 15{,}48\,t_x + 144{,}00,$

Sa. $53{,}17\,t_x + 861{,}60$.

Die empfangene Wärmemenge muß im Beharrungszustande gleich der abgegebenen Wärmemenge sein, also besteht die Gleichung:

$$1904{,}81 - 100{,}35\,t_x = 54{,}41\,t_x + 892{,}80,$$

aus der folgt:

$$t_x = \frac{1033{,}21}{153{,}52} \backsim 6{,}7^\circ,$$

welcher Wert nach unten auf 6° abgerundet wird. Es ist mithin im Raume *II*:

Temperatur am Fußboden . . . . 6°,
Temperatur unter Decke. . . . . 6,6° $\backsim$ 7°,
Mittlere Temperatur . . . . $\frac{6+7}{2} = 6{,}5^\circ$.

b) Wärmeverlustsberechnung für Raum *I*.

Raum *I* gibt ab:

durch die Fenster . . . . $2 \cdot 2{,}5 \cdot 1{,}8 \cdot 2{,}20\,\{21 - (-20)\} = 811{,}80,$

15% Zuschlag wegen Lage nach Norden = 121,77,

„ „ Außenwand . . . . $(7 \cdot 4{,}3 - 2 \cdot 2{,}5 \cdot 1{,}8)\,1{,}0\,\{21 - (-20)\} = 865{,}10,$

15% Zuschlag wegen Lage nach Norden = 129,77,

„ „ Tür (nach Raum *V*) . . . . $1{,}5 \cdot 2{,}8 \cdot 1{,}44\,(20 - 16) = 24{,}19,$

„ „ Innenwand (nach Raum *V*) $(7 \cdot 4{,}3 - 1{,}5 \cdot 2{,}8)\,1{,}2\,(21 - 17) = 124{,}32,$

„ „ Innenwand (nach Raum *II*) . . . . . $5 \cdot 4{,}3 \cdot 1{,}2\,(21 - 6{,}5) = 374{,}10,$

„ „ Decke . . . . $5 \cdot 7 \cdot 0{,}48\,\{22 - (-10)\} = 537{,}60,$

Sa. 2988,55.

Raum *I* empfängt:

durch den Fußboden . . . . $5 \cdot 7 \cdot 0{,}34\,(22 - 20) = 30{,}10,$

Stündlich in Rechnung zu stellender Wärmeverlust für ununterbrochenen Betrieb . . . . WE 3018,65.

Wird nicht ununterbrochen, sondern nur am Tage geheizt, so ist bei 3 Stunden Anheizdauer (von 5—8 Uhr) und 14 Stunden Benutzungsdauer der Räume (8 Uhr vormittags bis 10 Uhr nachmittags) n in Gl. (102) $= 24 - 17 = 7$ zu setzen und werden die vorstehend berechneten Wärmemengen eine Erhöhung erfahren müssen, in Form eines Zuschlags auf den Wärmeverlust der Fenster, der Außenwand und — da im vorliegenden Falle die Decke als eine nach außen wärmeabgebende Fläche anzusehen ist — der Decke. Dieser Zuschlag beträgt nach Gl. (102):

$$Z = \frac{0{,}0625 \cdot 6 \cdot 2466}{3} = 308{,}25 \text{ WE.}$$

Die Gesamtwärmemenge, die die Heizung mithin in diesem Falle während einer Stunde der dreistündigen Anheizzeit zu ersetzen hat, beträgt alsdann

$$3018{,}7 + 308{,}3 = 3327 \text{ WE.}$$

Bei einer Anheizdauer von 5—8 Uhr und 8 Stunden Benutzungsdauer der Räume (8 Uhr vormittags bis 4 Uhr nachmittags) wird $n = 24 - 11 = 13$ und somit der Zuschlag

$$A = \frac{0{,}0625 \cdot 12 \cdot 2466}{3} = 616{,}5 \text{ WE,}$$

die Gesamtwärmemenge mithin:

$$3018{,}7 + 616{,}5 = 3635 \text{ WE}$$

betragen.

Werden die Räume dagegen nur selten benutzt, so ist bei einer Anheizdauer von 3 Stunden [nach Gl. (103)] ein Zuschlag von

$$A = \frac{0{,}1 \cdot 3018{,}7 \cdot 11}{3} = 1106{,}8 \text{ WE}$$

zu machen, somit die Gesamtwärmemenge in der Stunde zu

$$3018{,}7 + 1106{,}8 = 4126 \text{ WE}$$

anzunehmen.

Neuntes Kapitel.

Über Heizungsanlagen im allgemeinen.

Unter Heizungsanlagen werden in der Folge die Anlagen verstanden, deren Aufgabe es ist, die einem Raume (oder mehreren Räumen) von bestimmter Temperatur in der Zeiteinheit verloren gehende Wärmemenge zu ersetzen. Bei jeder Heizungsanlage müssen somit Einrichtungen zur Erzeugung der Wärme und zur Abgabe der Wärme an die Raumluft vorhanden sein.

Der Heizungsingenieur sollte bei der Berechnung der Wärmeentwickler und der Heizkörper, da er keinerlei Einfluß auf die Ausführung des Gebäudes hat, aber für den Effekt seiner Anlagen Gewähr leisten muß, nicht die höchsten zulässigen Grenzwerte in Ansatz bringen, sondern nur eine mittelgute Bauausführung annehmen. Der Architekt dagegen sollte jederzeit bei der Errichtung der Gebäude bedenken, daß eine mangelhafte Ausführung der Wände, Fenster, Decken usw. oder eine nur aus Ersparungsgründen getroffene Annahme einfacher Fenster statt Doppelfenster den Betrieb der Heizungsanlage verteuert und daß die dauernd erhöhten Betriebskosten die Zinsen eines Kapitals ausmachen, das die Mehrkosten für eine erstklassige Bauausführung meist wesentlich übersteigt. Leider wird dieses in der Praxis noch viel zu wenig beachtet.

Die Erzeugung der Wärme erfolgt fast ausschließlich auf chemischem Wege durch Verbrennen von Brennstoffen, für welchen Zweck eine Feuerungsanlage und ein Wärmeentwickler erforderlich werden. Die Erzeugung der Wärme auf elektrischem Wege kommt zurzeit der sehr hohen Kosten halber nur in einzelnen und äußerst seltenen Fällen in Frage, derentwegen auf die einschlägige Literatur verwiesen werden soll.

Die Abgabe der Wärme an die Luft geschieht entweder durch Strahlung oder durch Leitung oder durch Strahlung und Leitung gemeinsam, und zwar entweder unmittelbar vom Brennstoffe (Heizung durch offnes Feuer, Kaminheizung) oder mittelbar nach Überleitung der Wärme auf ein geeignetes Material. Die mittelbare Wärmeabgabe an die Luft kann in letzterem Falle ohne weitere Zwischenstufen (Ofenheizung, Luftheizung) oder infolge eines erforderlichen Ferntransports der Wärme mittels geeigneter Träger (Wasser, Dampf) erst nach zum Teil mehrfacher Übertragung auf andere Körper vor sich gehen.

Die vollkommenste Heizungsanlage würde eine solche sein, die an jeder Stelle eines Wärmeverlustes einen gleich großen Wärmeersatz zu liefern imstande wäre. Da jedoch die Wärmezufuhr nur an einzelnen Stellen eines Raumes stattfinden kann, so ist zur Wärmeverteilung Luftbewegung erforderlich. Die Luft hat die Umschließungswände des Raumes zu erwärmen. Je geringer der Temperaturunterschied zwischen der Luft und den Wänden einerseits und den Heizkörpern und der Luft andererseits ist, je gleichmäßiger wird sich die Wärmeverteilung gestalten. Richtiger würde es sein, die Wände zu erwärmen und durch diese die Luft des Raumes. Bei Erwärmung der Räume ausschließlich durch strahlende Wärme wird zwar zunächst eine Wanderwärmung und durch diese erst die Lufterwärmung hervorgerufen, doch kann diese Erwärmungsweise nur in Ausnahmefällen in Benutzung treten und — abgesehen von ungünstigen Betriebsverhältnissen — infolge des Umstandes, daß die in dem Raume sich aufhaltenden Personen ebenfalls von der strahlenden Wärme getroffen werden und sich demzufolge großen Temperaturunterschieden aussetzen müssen und daß die Wirkung der strahlenden Wärme im Quadrate der Entfernung abnimmt, nur in seltenen Fällen empfohlen werden.

I. Die Feuerungsanlagen und Heizflächen zur Wärmeaufnahme (Wärmeentwickler).

Die Feuerungsanlagen haben bereits im VII. Kapitel unter Abschnitt II: Verbrennung und Wärme-Entwicklung Besprechung erfahren.

Bezüglich der Wärmeentwickler ist allgemein das Nachfolgende zu beachten, während das einzelne an der betreffenden Stelle der verschiedenen Heizungsanlagen Besprechung finden wird.

Die Größe der Heizfläche ist neben ihrer Gestaltung und materiellen Beschaffenheit ausschlaggebend für die Ausnutzung der in den Verbrennungsgasen enthaltenen Wärme. Wird die Heizfläche gegenüber der aufzunehmenden Wärmemenge klein bemessen, so müssen die Verbrennungsgase mit entsprechend hoher Temperatur nach dem Schornsteine entweichen; die Anlage arbeitet nicht ökonomisch. Die durch eine reichlich bemessene Heizfläche bedingten größeren Kosten werden durch Ersparnisse im Betriebe meist in kurzer Zeit aufgewogen. Umgekehrt ist auch eine zu große Heizfläche zu vermeiden, da andernfalls die für die richtigen Zugverhältnisse erforderliche Schornsteintemperatur in Frage gestellt werden kann. Bei unterbrochenem Betriebe der Heizungsanlage sollten die abziehenden Heizgase im ungünstigsten Falle nicht über 250—300° bei Eintritt in den Schornstein besitzen; bei Dauerbetrieb (Schüttfeuerung), auch bei Gasöfen, rechne man mit der Temperatur der von der Heizfläche zu erwärmenden Flüssigkeit oder Luft, vermehrt um etwa 80°. Weitere Angaben finden sich an den betreffenden Stellen der einzelnen Heizungsanlagen.

Für die Einhaltung dieser für die Berechnung der Anlage anzunehmenden oder vorzuschreibenden Temperaturen der Abgase sollten die Ausführenden verpflichtet werden, niemals aber für den Brennmaterialverbrauch einer Anlage, da dieser wesentlich mit von dem Betriebe und der sachverständigen Bedienung abhängt.

Da der Wärmeentwickler sowohl bei der niedrigsten als höchsten Außentemperatur, für die sich eine Erwärmung noch nötig erweist, in Betrieb zu stehen hat, so ist es bei einer einigermaßen umfangreichen Anlage ratsam, die erforderliche Heizfläche in zweien oder mehreren voneinander getrennten Feuerungsanlagen anzuordnen, andernfalls können nach Effekt und Ökonomie ungünstige Betriebsverhältnisse eintreten. Durch die Teilung der Heizfläche verbilligt sich auch die Anordnung einer etwa in Aussicht zu nehmenden Ersatz-Feuerungsanlage. Bei zwei Feuerungsanlagen verteile man die gesamte Heizfläche in dem Verhältnisse von etwa 1 : 2 oder 2 : 3, damit je nach der Außentemperatur nur die kleine, oder nur die große oder beide Feuerungsanlagen in Benutzune genommen werden können. Bei drei und mehr Feuerungsanlagen ist dig Zerlegung der Heizfläche in gleich große Teile zu empfehlen. Bei Anlagen mit Schüttfeuerung (Gliederkessel), bei denen nur ein Kessel aufgestellt werden soll, ist die auf Seite 127 angeführte Anordnung zur Ausschaltung von Heizfläche in Fällen geringen Wärmebedarfs unbedingt angezeigt.

Heizkörper, die die aus dem Brennstoffe entnommene Wärme an Luft zu übertragen haben (Öfen) und aus einem die Wärme gut leitenden Materiale (Eisen) bestehen, dürfen keine zu hohe Temperatur besitzen, damit mit Sicherheit ein Versengen oder Verbrennen des in der Luft enthaltenen organischen Staubes, und unter Umständen auch eine Belästigung durch strahlende Wärme, vermieden, außerdem eine möglichst gleichmäßige

Wärmeverteilung im Raume erzielt wird. Unbedingt darf ein Glühen der Heizflächen während des normalen Betriebes der Heizungsanlage nicht eintreten, wenn auch die früher hierfür noch geltend gemachten und aus der Möglichkeit des Durchdringens von Kohlenoxyd bei glühenden Eisenflächen abgeleiteten Befürchtungen infolge eingehender Untersuchungen hervorragender Hygieniker als gegenstandslos anzusehen sind.

Glühen kann durch Auskleidung der wärmeaufnehmenden Flächen mit einem die Wärme nicht besonders gut leitenden feuerfesten Materiale (Schamotte) oder innerhalb gewisser Grenzen dadurch vermieden werden, daß man die wärmeaufnehmende Fläche klein (glatte Heizfläche), die wärmeabgebende Fläche groß (gerippte Heizfläche) gestaltet. Häufig werden beide Mittel zur Anwendung zu kommen haben. Ein Erglühen ist bei nicht genügendem Schutze vorwiegend an Stellen inniger Berührung der Heizflächen mit den Heizgasen zu erwarten, also ganz besonders an den die Bewegungsrichtung ändernden Flächen (Knie, Bogen usw.), gleichwohl wird bei jeder Feuerungsanlage auf häufige Änderung der Bewegungsrichtung der Heizgase zu achten sein, um beständig ein Mischen der abgekühlten mit den weniger abgekühlten Heizgasen zu sichern.

II. Die Heizkörper.

Die Heizkörper zur Erwärmung der Räume oder der Ventilationsluft werden nach ihrer Konstruktion, Regelung und sonstigen Eigenart an den betreffenden Stellen der verschiedenen Heizungsanlagen Besprechung finden; allgemein ist das Nachstehende anzuführen.

1. Anordnung der Heizkörper in den zu erwärmenden Räumen.

Der Temperaturunterschied zwischen der die Heizkörper verlassenden Luft und der Raumluft gestaltet sich um so kleiner, je niedriger die Temperatur der Heizkörper ist, je rascher die Luft an ihnen vorübergeführt wird und je geringere Höhe sie besitzen.

Die Geschwindigkeit der an den Heizkörpern aufsteigenden Luft wächst nicht proportional mit der Höhe. Es ist daher grundsätzlich ratsam, falls nicht künstliche Mittel für die Luftbewegung in Anwendung gebracht werden, niedrige Heizkörper anzuwenden, d. h. ihnen eine möglichst große horizontale Ausdehnung zu geben, und, da die warme Luft eine aufsteigende Bewegung hat, die Heizflächen bei Räumen von gewöhnlicher Höhe und verhältnismäßig geringen Wärmeverlusten der Decke möglichst unmittelbar über Fußboden im Raume anzuordnen.

Heizflächen in Form einfacher über Fußboden herumgeführter Rohrleitungen müssen mithin in fraglicher Hinsicht als die besten angesehen werden.

Auch die neuerdings für Krankenhäuser häufig angewendete Fußbodenheizung ist hier zu erwähnen, doch sollte eine solche weniger zur

Erwärmung eines Raumes als vielmehr zur Vermeidung einer zu großen Wärmeentziehung lediglich der Füße in Aussicht genommen werden; die Temperatur des Fußbodens ist daher, um späteren Klagen vorzubeugen, nur zu etwa 22° anzunehmen.

Da in der Regel nur an einzelnen Stellen eines Raumes Heizkörper aufgestellt werden können, so ist für deren Anordnung zu beachten, daß einem jeden ein bestimmter Stromkreis der Luftbewegung zukommt. Die Luftbewegung tritt ein infolge der durch die Erwärmung der Luft an den Heizkörpern bedingten Störung des Gleichgewichts. Die erwärmte leichtere Luft wird durch die zuströmende, unerwärmte Luft gehoben, es bilden sich an den Heizkörpern warme aufsteigende, an den Abkühlungsflächen kühlere herabsinkende Luftströme. Je kleiner die Stromkreise sind, desto besser ist dies für die gleichmäßige Erwärmung der Räume. Die Größe der Stromkreise hängt ab von der Größe der Heizkörper, der Wiederabkühlung der an ihnen erwärmten Luft und den Hindernissen, die sich der Bewegung der Luft entgegenstellen.

Bei nicht hohen Räumen in bezug auf ihre horizontale Ausdehnung können z. B. Deckenunterzüge den Stromkreis beeinträchtigen und eine ungleiche Wärmeverteilung hervorrufen. Ein Erker mit großem Wärmebedarfe wird ungenügend erwärmt und daher im Winter nicht zu benutzen sein, wenn er selbst keine Heizfläche erhält und die Bewegungsrichtung des Stromkreises der außerhalb stehenden Heizkörper hauptsächlich durch andere ihnen näher liegende einflußreiche Abkühlungsflächen bedingt ist, oder wenn ein der Luftbewegung hinderlicher Unterzug den Erker vom zugehörigen Raume trennt. Ein Erker wird leicht überwärmt, wenn in ihm sich außer der ihm zukommenden Heizfläche noch Heizkörper zur Erwärmung des anstoßenden Raumes befinden, dagegen die den Wärmebedarf dieses Raumes bedingenden Abkühlungsflächen in größerer Entfernung vom Erker liegen. Die Aufgabe des Heiztechnikers ist es somit, die Heizkörper nach Maßgabe möglichst kleiner und wirklich eintretender Stromkreise anzuordnen. Im allgemeinen ist daher anzustreben, die Heizkörper in einem Raume derartig zu verteilen, daß sie an den Stellen des größten Wärmebedarfs liegen, also vorwiegend an den Fenstern.

In Räumen von bedeutender Höhe und bedeutenden Wärmeverlusten in größerer Höhe über Fußboden werden nach dem Gesagten häufig auch Heizkörper in halber oder ganzer Höhe anzubringen sein, da andernfalls die Stromkreise der Luftbewegung eine solche Ausdehnung erhalten müssen und die Geschwindigkeit der Luftbewegung eine solche Größe annehmen wird, daß besonders durch die kühleren herabsinkenden Luftströme Zugerscheinungen zu befürchten sind. Ganz besonders macht sich dies bei Kirchen, Sälen mit Hochfenstern oder Oberlichten, Werkstätten mit Glas- und Wellblechdecken usw. nötig.

Aber auch bei kleineren Stromkreisen der Luftbewegung können bei einigermaßen lebhafter Bewegung der aufsteigenden und herabfallenden

Luftströme infolge eines größeren Temperaturunterschiedes Zugerscheinungen empfunden werden, z. B. in der Nähe großer und einfacher Fenster. Alsdann ist der Stromkreis der Luftbewegung durch geeignete Vorrichtungen von den Anwesenden fern zu halten, d. h. es ist ihm Zwangslauf anzuweisen. Bei großen einfachen Fenstern empfiehlt es sich z. B. zu diesem Zwecke, in einem gewissen Abstande Glasvorsetzer von genügender Höhe anzubringen, um hinter ihnen die an den Fensterflächen sich abkühlende und herabsinkende Luft aufzufangen und ihr den gewünschten Weg nach dem seitlich ummantelten Heizkörper anzuweisen. Dieser wird am besten vor dem Fenster angeordnet, so daß die warme aufsteigende Luft nochmals eine Art Scheidewand gegen den Einfluß der kühleren Fensterfläche bildet. Bei kleineren einfachen Fenstern oder bei Doppelfenstern genügt bereits ein lediglich hinter dem Heizkörper angebrachter, nicht bis auf den Fußboden reichender Schirm, hinter dem die kühlere, am Fenster herabfallende Luft zwangsläufig nach dem seitlich ummantelten Heizkörper geführt wird.

Bei Gebäuden, bei denen die Möglichkeit oder Wahrscheinlichkeit vorliegt, daß späterhin durch Verschiebung von Scheidewänden eine andere Raumeinteilung gebildet wird, ist es erforderlich, die Anordnung der Heizflächen nach Fensterachsenteilung vorzunehmen.

2. Form der Heizkörper, Erhaltung reiner Luft.

Durch die Erwärmung der Luft wird an und für sich eine Güteverminderung der Luft nicht hervorgerufen. Da aber die Luft jederzeit Staubteilchen organischer Natur enthält, diese aber bei Berührung mit erwärmten Flächen für die Gesundheit des Menschen nachteilige Veränderungen erfahren können (s. S. 33), so ist für Reinhaltung der Heizkörper und für Vermeidung sehr heißer Flächen Sorge zu tragen (s. S. 34). Vor allen Dingen ist auch den Heizkörpern eine Form zu geben, die möglichst wenig Staubablagerung, zum mindesten jedoch eine Beseitigung des abgelagerten Staubes gestattet. Nach dieser Richtung sind glatte Heizkörper die besten und die senkrechten Flächen den wagerechten vorzuziehen. Alle Heizkörper, die eine Ansammlung des Staubes ohne die Möglichkeit einer Befreiung von ihm zulassen, sollten aus hygienischen Gründen von der Anwendung ausgeschlossen werden.

Für Heizkörper, die in Heizkammern zur Erwärmung der Luft aufgestellt werden, gilt selbstverständlich auch das vorstehend Gesagte. Wird für sie eine Heizfläche gewählt, die eine leichte Reinigung nicht zuläßt, so ist es — ganz abgesehen von dem Vorteil bedeutend gesteigerter Wärmeabgabe — ratsam, der vorüberströmenden Luft eine große Geschwindigkeit zu geben, d. h. Ventilatorbetrieb anzuwenden. Hierdurch wird die Möglichkeit einer Staubablagerung vermindert und somit die Entwicklung von Ammoniak und Verbrennungsprodukten aus dem mitgeführten organischen Staub tunlichst vermieden.

3. Verkleidung der Heizkörper.

Für den Effekt der Anlage und für das zuverlässige Reinigen der Heizkörper von Staub ist es wünschenswert, Verkleidungen nicht anzuwenden. Notwendig werden jedoch solche wegen der strahlenden Wärme, sofern sich in unmittelbarer Nähe der Heizkörper Personen aufzuhalten haben.

Bei fester Mantelverkleidung muß der Luft Zutritt zum Heizkörper durch Öffnungen der Verkleidung über Fußboden gegeben werden. Der Austritt der erwärmten Luft erfolgt dann am besten durch ein Gitter im Fensterbrett oder — in weniger empfehlenswerter Weise — durch genügend große Schlitzöffnungen unter dem Fensterbrett. Bei fester Mantelverkleidung, wie sie bereits oben für zwangsläufige Zuführung der Luft zu einem Fensterheizkörper Erwähnung gefunden hat, hat der Zutritt zu diesem, falls nicht wie z. B. häufig in Kirchen besondere unter den Heizkörper mündende Kanäle in der Wand angeordnet werden, durch eine hinlänglich breite, hinter dem Austritte liegende Schlitzöffnung des Fensterbretts zu erfolgen. Diese Anordnung setzt allerdings ein etwas tiefes Fensterbrett voraus. (Über den Einfluß der Verkleidung auf die Wärmeabgabe der Heizkörper vergleiche das unter III, 2 dieses Kapitels hierüber Gesagte.)

Bei Aufenthalt von Personen in der Nähe der Fenster (Geschäftsräume usw.) ist es auch ganz zweckmäßig, die Verkleidung etwa zu $^1/_3$ vom Fußboden gerechnet, aus weitmaschigem Gitterwerke, die übrige aus einem festen Mantel herzustellen, damit der untere Teil des Heizkörpers Wärme über den Fußboden hinweg ausstrahlen kann.

Ummantelungen müssen jederzeit leicht entfernbar oder in Gestalt von Türen, die bis zum Fußboden reichen, ausgebildet, die Fensterbretter gebotenenfalls aufklappbar eingerichtet werden, damit abgelagerter Staub leicht zu entfernen ist. Ummantelungen, die für leichte Reinigung nicht geeignet erscheinen, sind aus hygienischen Gründen unbedingt zurückzuweisen.

III. Berechnung der Heizflächen.*)

Unter „Heizfläche" soll — sofern nichts anderes bemerkt wird — jederzeit die äußere Fläche eines Heizkörpers verstanden werden, gleichgültig ob sie (wie z. B. bei einem Dampfkessel) die wärmeaufnehmende oder (wie z. B. bei einem zur Erwärmung eines Raumes dienenden Körper) die wärmeabgebende Fläche ist.

---

*) S. a. Berlowitz, Der Wärmedurchgang in Maischbottichen, „Gesundheits-Ingenieur" 1910. de Grahl, Zeitschrift „Feuerungstechnik", Jahrgang 1, Heft 2.

1. Aufstellung der Gleichung.

Werden durch eine Scheidewand AB (s. Fig. 45) von gleichartiger Beschaffenheit und mit parallelen Begrenzungsflächen von der Größe F zwei in gleicher Richtung sich bewegende Flüssigkeiten von verschiedener Temperatur getrennt, von denen die wärmere im Verlaufe ihres Weges sich von der Temperatur t' auf die Temperatur t'' abkühlt, d. h. die Wärmemenge W an die andere Flüssigkeit abgibt, die kühlere dagegen sich von der Temperatur t_1 auf die Temperatur t_2 erwärmt, also die Wärmemenge W aufnimmt, was voraussetzt, daß $t' > t_1$, $t'' > t_2$ ist, so kann gemäß der im vorigen Kapitel unter I, 1 gegebenen Berechnung für ein unendlich kleines Flächenteilchen dF rechtwinklig zu AB die Überführung der Wärme dW proportional gesetzt werden dem Flächenteilchen, dem Unterschiede der Temperaturen zwischen der wärmeren und der kühleren Flüssigkeit $\vartheta' - \vartheta$ und einem Wärmetransmissionskoeffizienten k, d. h. also:

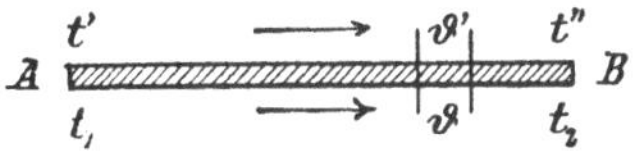

Fig. 45.

$$dW = dFk(\vartheta' - \vartheta).$$

Nach Fig. 45 muß sich nun verhalten:

$$dW : W = d\vartheta : t_2 - t_1 .$$

dW aus letzter Gleichung in die erste eingesetzt, ergibt:

$$dF = \frac{d\vartheta W}{k(\vartheta' - \vartheta)(t_2 - t_1)} .$$

Zur Lösung dieses Ausdrucks ist $\vartheta' - \vartheta$ zu eliminieren; hierzu dient folgende Betrachtung.

Es muß sich die Temperaturabnahme der wärmeabgebenden Flüssigkeit vor dF zur Temperaturzunahme der wärmeaufnehmenden Flüssigkeit vor dF verhalten wie die gesamte Temperaturabnahme zur gesamten Temperaturzunahme, d. h. es muß sein:

$$\frac{t' - \vartheta'}{\vartheta - t_1} = \frac{t' - t''}{t_2 - t_1} .$$

Nach Addition der Zahl 1 auf jeder Seite der Gleichung erhält man nach einiger Umformung:

$$\frac{t' - \vartheta' + \vartheta - t_1}{\vartheta - t_1} = \frac{t' - t'' + t_2 - t_1}{t_2 - t_1} .$$

Setzt man vorübergehend $t' - t_1 = \Delta$ und $t'' - t_2 = \Delta_1$ und bringt die Nenner auf die andere Seite der Gleichung, so erhält man nach entsprechender Gruppierung:

$$(\vartheta' - \vartheta)(t_2 - t_1) = (\Delta_1 - \Delta)\,\vartheta - \Delta_1 t_1 + \Delta t_2 .$$

Dies in die Gleichung von dF eingesetzt, gibt, da für $F = 0$: $\vartheta = t_1$, für $F = F$: $\vartheta = t_2$ wird:

$$F = \int_{t_1}^{t_2} \frac{d\vartheta W}{k\{(\varDelta_1 - \varDelta)\vartheta - \varDelta_1 t_1 + \varDelta t_2\}} .$$

Führt man nun für $\varDelta$ und $\varDelta_1$ die ursprünglichen Werte wieder ein und wählt man im vorliegenden Falle, da die beiden Flüssigkeiten in paralleler Richtung fließen, für F die Bezeichnung F_p, so erhält man die Gleichung der Parallelstromheizfläche:

$$F_p = \frac{W}{k(t' - t_1 - t'' + t_2)} \ln \frac{t' - t_1}{t'' - t_2} . \tag{106}$$

Findet die Bewegung der Flüssigkeiten in entgegengesetzter Richtung statt (s. Fig. 46), so ersieht man, daß nur eine Vertauschung von t_1 mit t_2 stattgefunden hat. Ohne nochmalige Entwicklung ergibt sich somit die Gleichung der Gegenstromheizfläche:

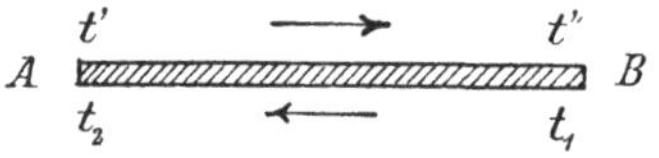

Fig. 46.

$$F_g = \frac{W}{k(t' - t_2 - t'' + t_1)} \ln \frac{t' - t_2}{t'' - t_1} . \tag{107}$$

Läßt sich annehmen, daß sich die wärmeabgebende Flüssigkeit in Ruhe befindet, d. h. daß nur ein schneller Austausch der Flüssigkeitsteilchen ohne eigentliche Strömung stattfindet, und daß die wärmeabgebende Flüssigkeit durchweg die gleiche Temperatur t besitzt, also $t' = t'' = t$ ist, so erhält man die eine Gleichung für die Einstromheizfläche:

$$F_{e_1} = \frac{W}{k(t_2 - t_1)} \ln \frac{t - t_1}{t - t_2} . \tag{108}$$

Ist dagegen nur die wärmeaufnehmende Flüssigkeit in Ruhe und ihre Temperatur durchweg t_0, so erhält man die andere Gleichung für die Einstromheizfläche:

$$F_{e_2} = \frac{W}{k(t' - t'')} \ln \frac{t' - t_0}{t'' - t_0} . \tag{109}$$

Sind die Temperaturunterschiede zwischen der wärmeabgebenden und wärmeaufnehmenden Flüssigkeit keine sehr bedeutenden und ist auch die Bewegung der Flüssigkeiten als eine regelrechte Strömung nicht anzusehen, so kann man in Gl. (106) und (107) den log. nat. in eine Reihe auflösen und von dieser nur das erste Glied in Ansatz bringen. Es verschwindet alsdann der Begriff des Parallel- und Gegenstroms, da beide betreffenden

Gleichungen den gleichen Wert liefern, d. h. es wird:

$$F = \frac{W}{k\left(\frac{t' + t''}{2} - \frac{t_1 + t_2}{2}\right)}. \tag{110}$$

Befinden sich beide Flüssigkeiten in Ruhe und haben gleichbleibende Temperaturen, was im vorigen Kapitel bei Bestimmung der Wärmemenge, die stündlich im Beharrungszustande durch die Umschließungskörper eines Raumes verloren geht, angenommen worden war, so erhält man die dort auf anderem Wege gefundene Gleichung, sofern man in der vorstehenden $t' = t'' = t$ und $t_1 = t_2 = t_0$ setzt:

$$F = \frac{W}{k(t - t_0)}.$$

2. Bestimmung der Wärmedurchgangszahl k (Transmissionskoeffizient).

Die im vorigen Kapitel entwickelten Ausdrücke für die Wärmedurchgangszahl k können für den vorliegenden Fall keine Anwendung finden, da diese einen unveränderlichen Temperaturunterschied zwischen der wärmeabgebenden und wärmeaufnehmenden Flüssigkeit, also keine Bewegung, voraussetzt. Bei strömender Bewegung der Flüssigkeiten würden die Ausdrücke nur für ein unendlich kleines Flächenteilchen richtig sein, und man ersieht, daß die Zahl k an jeder Stelle einer Stromheizfläche eine andere Größe besitzt. Für die Wärmeübertragung kommen, wie die im vorigen Kapitel entwickelten Ausdrücke zeigen, die Temperaturen der Flüssigkeiten und der wärmeabgebenden bzw. wärmeaufnehmenden Fläche an der Berührungsstelle in Frage und diese Temperaturen sind vielleicht durch feine Messungen mittels Thermoelementen bei Versuchen bestimmbar, in der Praxis aber bei der Vielgestaltigkeit der Heizkörper, bei dem Abweichen der Parallelität der Stromflächen (z. B. bei Rippenheizkörpern) mit genügender Sicherheit zum mindesten für Luft, nicht anzunehmen. Der Wärmeaustausch zwischen den Flüssigkeiten hängt überdies nicht nur von Temperaturunterschieden, sondern auch von der Geschwindigkeit der Flüssigkeiten ganz wesentlich ab, die sich ebenfalls in der Praxis vielfach der Beurteilung entziehen.

Wenn man endlich die Gleichungen der Stromheizflächen und deren Voraussetzungen betrachtet, so erkennt man, daß die Annahmen mit der Wirklichkeit wohl nie übereinstimmen, denn ausschließlich parallele Strömungen werden tatsächlich nur selten oder niemals stattfinden, sondern jederzeit Nebenströmungen, bedingt durch Temperaturunterschiede, durch körperliche Beschaffenheit der wärmeaufnehmenden und wärmeabgebenden Fläche, durch die wagrechte, geneigte oder senkrechte Lage der Heizfläche usw. eintreten. Bei Heizkörpern zur Erwärmung von Räumen werden auch vielfach, trotz Bewegung der Flüssigkeiten, keine eigentlichen Stromheizflächen vorhanden sein, z. B. strömt bei einem Heizkörper in Gestalt einer Rohrspirale der Dampf oder das Wasser zwar einigermaßen der Voraussetzung entsprechend, nicht aber die an der Heizfläche sich erwärmende Luft.

Wenn die Wärmedurchgangszahl für die Praxis Wert haben soll, so muß sie alle der Kenntnis und Beurteilung sich entziehenden Einflüsse ausgleichen. Die analytische Behandlung soll daher, da sie zurzeit, insonderheit für die Heizungstechnik, bei der die vielgestaltigsten Heizflächen Verwendung finden, noch keine zuverlässigen Ergebnisse liefert, an dieser Stelle, soweit Luft-, Wasser- und Dampfheizkörper in Frage kommen, durch die Ergebnisse einer großen Reihe teils unter Leitung des Verfassers, teils unter Leitung seines Nachfolgers in der „Prüfungsanstalt für Heizungs- und Lüftungseinrichtungen" an der Kgl. Techn. Hochschule zu Berlin angestellter Versuche ersetzt werden*).

Für Heizflächen, die nicht in den Bereich der Versuche gezogen worden sind, also z. B. für alle Feuerheizflächen (Öfen, Kessel usw.), müssen die bisher in der Praxis gebräuchlichen Zahlen Verwendung finden.

Wenn nun die Wärmedurchgangszahl den Ausgleich nicht bestimmbarer Verhältnisse bewirken soll, so läßt sich durch sie auch noch mehr zum Ausgleiche bringen, d. h. sie gestattet eine für die Praxis angenehme Vereinfachung der Stromgleichungen, vorausgesetzt, daß auch für die Auswertung der Versuchsergebnisse die vereinfachten Gleichungen Anwendung gefunden haben. Natürlich sind dann auch umgekehrt die auf diese Weise für die verschiedenen Heizflächen ermittelten Durchgangszahlen nur wieder unter Benutzung der vereinfachten Gleichungen zu verwenden.

Für die Versuche in der Prüfungsanstalt hat eine solche Vereinfachung der Gleichungen stattgefunden, indem ihnen die Gl. (110) zugrunde gelegt worden ist. In ihr stellt bei Heizkörpern zur Erwärmung von Räumen t_1 die Anfangs-, t_2 die Endtemperatur der erwärmten Luft dar. Da diese jedoch in der Praxis niemals mit genügender Sicherheit zu bestimmen ist, wurde, soweit in den Tabellen nicht anders erwähnt, bei den Versuchen für $\frac{t_1 + t_2}{2}$ die jederzeit bekannte Temperatur der zuströmenden Luft t_z (in den meisten Fällen also die Temperatur der Zimmerluft) in Rechnung gesetzt. (Siehe auch das später hierüber Gesagte.) Die Gleichung geht dann über in die andere:

$$F = \frac{W}{k\left(\frac{t' + t''}{2} - t_z\right)} \tag{111}$$

*) S. Gesundheits-Ingenieur 1896, S. 327 u. f. Heft 3 der Mitteilungen der Prüfungsanstalt, 1910. München-Berlin, R. Oldenbourg. 12. Mitteilung der Prüfungsanstalt. Gesundheits-Ingenieur 1911, Nr. 44.

und aus dieser ergibt sich die für Bestimmung der Durchgangszahl aus den Versuchsergebnissen verwendete Gleichung:

$$k = \frac{W}{F\left(\frac{t' + t''}{2} - t_z\right)} . \tag{112}$$

In dieser bedeutet also:

F die (wärmeabgebende) Heizfläche in qm,

W die stündliche, durch Versuche mit Luft-, Wasser- und Dampfheizkörpern festgestellte Wärmeabgabe der Heizfläche in WE,

t' bzw. t'' die Anfangs- bzw. Endtemperatur der Luft, des Wassers oder des Dampfes,

t_z die Temperatur der zuströmenden Luft,

k die Wärmedurchgangszahl bezogen auf F, d. h. die Wärmemenge, die von einem qm Heizfläche von der Gestaltung der Heizfläche F, bei einem Grade Temperaturunterschied zwischen dem Wasser bzw. Dampfe und der zuströmenden Luft stündlich an die Luft abgegeben worden ist.

Tabelle 15 enthält eine größere Anzahl von Durchgangszahlen k für die verschiedensten Heizflächen, die sämtlich durch die angedeuteten Sonderversuche ermittelt worden sind.

Über die Versuche selbst und deren Ergebnisse möge an dieser Stelle noch folgendes Mitteilung finden.

Der Versuchsraum ($6^1/_2 \times 4^1/_2 \times 4$ m) war in einen größeren auf beliebige Temperatur zu erwärmenden Raum eingebaut; seine Fenster lagen den Fenstern des Umschließungsraumes gegenüber, diese Anordnung gestattete somit das möglichste Fernhalten zufälliger Einflüsse des Windes, Regens, Sonnenscheins, der Abkühlung usw.

Bei den Versuchen mit Warmwasserheizkörpern wurde die Wärmeabgabe durch Wägen des durch die Körper während des Beharrungszustandes der Erwärmung geflossenen Wassers unter Berücksichtigung seiner Ein- und Austrittstemperatur bestimmt. Das Versuchswasser wurde vor jedem Versuche in einem Gefäße mittels Dampf auf die gewünschte Temperatur gebracht. Die Abkühlung des Wassers in dem Gefäße bei 90° Anfangstemperatur betrug infolge der vorgesehenen Wärmeschutzbettung innerhalb 24 Stunden nur wenige Grade.

Die bei den Versuchen zur Verwendung gekommenen Thermometer waren in $^1/_5$ Grade geteilt, die etwaigen Kalibrierungsfehler von der Physikalisch-Technischen Reichsanstalt in Charlottenburg festgestellt worden. Die Thermometer ließen eine Schätzung bis auf $^1/_{10}$ Grade zu. Der Quecksilberkörper der Wasserthermometer wurde dem Wasserstrome direkt ausgesetzt, der der Luftthermometer vor dem Einflusse der strahlenden Wärme durch besonders geformte, blank polierte Metallhülsen geschützt.

Bei den Versuchen mit Dampfheizkörpern wurde die Wärmeabgabe durch Wägen des Niederschlagswassers und unter Berücksichtigung der Dampfspannung bzw. Temperatur vor und hinter dem Heizkörper bestimmt.

Die zu diesem Zwecke besonders konstruierte Wage*) gab bei einem Wägegute von 50 kg noch 1 g mit Genauigkeit an.

Der Dampf entstammte den Betriebskesseln der Technischen Hochschule und wurde auf die gewünschte Versuchsspannung von 0,3 at herab durch einen Spannungsregler**), bei geringerer Spannung durch zwei hintereinander geschaltete Spannungsregler vermindert. Hinter den Reglern befanden sich eigens für diesen Zweck konstruierte Wasserabscheider, so daß im allgemeinen angenommen werden konnte, daß gesättigter Dampf ohne mitgerissenes Wasser in den Versuchsheizkörper einströmte.

Die Wage hatte in einem unter dem Versuchsraume liegenden Raume Aufstellung gefunden; auf einem an ihr angebrachten Teller stand ein durch den Fußboden des Versuchsraums reichendes, vor Wärmeabgabe möglichst gut geschütztes und in seiner trotz dieses Schutzes noch stattfindenden Wärmeabgabe genau bestimmtes Meßgefäß, durch das bei Unterbrechung der Versuche Tag und Nacht direkter Dampf eintrat, um den Beharrungszustand seiner Erwärmung zu erhalten. Das Niederschlagswasser, das sich während der Unterbrechung der Versuche im Meßgefäße bildete, führte ein selbsttätig wirkender Ableiter fort. Vor Beginn eines Versuchs wurde der direkte Dampf nach dem Meßgefäße abgestellt und der Dampfzutritt nur durch den Versuchsheizkörper hindurch gestattet, während des Versuchs wurde im Meßgefäße das im Heizkörper sich bildende Niederschlagswasser gesammelt und sein Gewicht nach Lösung der erforderlichen Verbindungen des Meßgefäßes durch Wägung bestimmt. Das Entleeren des Gefäßes erfolgte nach Wiederherstellung der Verbindung mit dem Dampfzuflusse und mit der Abflußleitung unter Dampfdruck.

Da in der Rohrleitung auf dem Wege des Dampfes vor und hinter dem Heizkörper ebenfalls Dampf kondensierte, wurde für diese eine bewegliche für alle Heizkörper benutzbare, gut geschützte Rohrleitung angeordnet, deren Wärmeabgabe bei den verschiedensten Dampfspannungen ohne eingeschalteten Heizkörper, einschließlich der geringen Wärmeabgabe des Meßgefäßes, ebenfalls durch Messung des Niederschlagswassers bestimmt worden war und die von der in Abzug gebracht wurde, die sich bei den Versuchen mit eingeschaltetem Heizkörper ergab. Auf diese Weise blieb auch das trotz der vorerwähnten Wasserabscheider etwa noch mitgerissene Wasser auf das Endergebnis ohne Einfluß, da die Menge des mitgerissenen Wassers bei Bestimmung der Wärmeabgabe der Verbindungsleitung sowie bei der des Versuchs-Heizkörpers die gleiche war und somit bei der Auswertung der Versuche sich subtrahierte.

---

*) Die Konstruktion und Ausführung der Wage entstammte der Firma Gebr. Dopp-Berlin.

**) Spannungsregler der Firma Chr. Salzmann-Leipzig.

Was die Ergebnisse der Versuche betrifft, so sind diese aus einer sehr großen Reihe von einzelnen Versuchen gewonnen worden. Jeder einzelne Versuch bestand wiederum aus einer oftmals recht bedeutenden Anzahl, in längeren oder kürzeren Zwischenräumen (gewöhnlich 10 Minuten) sich wiederholenden Beobachtungsreihen. Die Anzahl der Einzelversuche schwankte je nach der erzielten Zuverlässigkeit und Übereinstimmung der Ergebnisse; beispielsweise sind — außer den Vorversuchen — mit Wasserheizkörpern etwa 500, mit Radiatoren für Dampf etwa 120, mit Dampfheizkörpern unter Steigerung der Luftgeschwindigkeit etwa 270 Versuche ausgeführt worden.

Wie bereits erwähnt, hängt die Wärmeabgabe eines Heizkörpers an Luft außer von seiner körperlichen Beschaffenheit im wesentlichen von der Eigenart des wärmeabgebenden Mediums, dessen Temperatur und Geschwindigkeit, sowie von der Temperatur und Geschwindigkeit der wärmeaufnehmenden Luft ab.

Was zunächst den Einfluß der Geschwindigkeit bei gleichbleibender Temperatur betrifft, so wächst mit ihr im allgemeinen die Wärmeüberführung zum Teile in sehr bedeutendem Maße, wenn auch nicht proportional und auch nur bis zu einer gewissen Grenze der Geschwindigkeit.

Bei Steigerung der Wassergeschwindigkeit in den Heizkörpern zeigte sich meist, daß einer gewissen Geschwindigkeit die größte Wärmeabgabe entspricht, daß bei weiterer Steigerung der Geschwindigkeit die Wärmeabgabe sich ein wenig verringert, um nach einem gewissen Abfalle nahezu konstant zu bleiben. Der Grund hierfür ist wohl in den Unebenheiten der wärmeaufnehmenden Fläche zu suchen. Bei geringer Geschwindigkeit werden die Täler des wasserberührten Teiles vom Wasser gut durchflossen, bei Steigerung der Geschwindigkeit über ein gewisses Maß hinaus werden sich in den Tälern Inseln bilden, die nur einen geringen Anteil an der Wasserbewegung nehmen und somit die Wärmeabgabe verringern. Innerhalb der bei der Warmwasserheizung vorkommenden Geschwindigkeiten ist ihr Einfluß für die Wärmeabgabe der Heizkörper nicht bedeutend genug, um in der Praxis Berücksichtigung finden zu müssen.

Der beste Warmwasserheizkörper ist ein einfaches Rohr von geringem Durchmesser, weil ein kreisförmiger Querschnitt die geeignetste Form für die Wärmeausstrahlung bildet. Mit zunehmendem Durchmesser des Rohres vermindert sich die Wärmeabgabe. Diese müßte also für einen unendlich großen Durchmesser, d. h. für eine Ebene am geringsten sein. Tatsächlich ist dies nicht der Fall, ein Plattenheizkörper gibt mehr Wärme ab als ein Rohr über 150 mm ä. D. Es kann diese Tatsache nur auf die bei einem weiten Rohre ungenügende Mischung der Wasserteilchen zurückgeführt werden. In der Praxis ist daher für die Wasserführung nicht allein Zwangslauf vorzusehen, sondern bei größeren Querschnitten des Wasserstromes durch einzuschaltende Ablenkungen häufige Richtungsänderung der Wasserbewegung und dadurch ein beständiges Mischen der wärmeren und kälteren Wasserteilchen herbeizuführen.

Die Steigerung der Dampfgeschwindigkeit hat auf die Wärmeabgabe einen bedeutenden Einfluß. Die Versuche konnten, da hierfür ziemlich umfangreiche Versuchseinrichtungen erforderlich sind, zu einem Abschlusse nicht gebracht werden. In der Praxis werden die Ergebnisse, besonders für sehr ausgedehnte und vor Wärmeabgabe gut geschützte Rohrleitungen insofern von besonderer Bedeutung sein, als sich durch die angestellten Versuche zeigte, daß bei einer gewissen Geschwindigkeit des Dampfes ein Überhitzen des Dampfes eintritt. Auch ergibt sich, daß bei einer längeren Rohrleitung der Abfall der Temperatur nicht mit dem Spannungsabfalle Schritt hält. Es liegt also bei Hochdruckdampfheizungen, wenn die Dampfgeschwindigkeit groß genug bemessen wird, die Möglichkeit vor, vielleicht ohne selbsttätig wirkende Niederschlagswasserableiter auskommen und die Lieferung trockenen bzw. überhitzten Dampfes an der Verbrauchsstelle erhalten zu können. Zum Ableiten des beim Anheizen sich bildenden Niederschlagswassers würde eine einfache verschließbare Rohrleitung genügen.

Bei den gewöhnlichen in der Praxis angewendeten Dampfheizkörpern wird die Dampfgeschwindigkeit für die Wärmeabgabe zu vernachlässigen sein, da nur so viel Dampf zuströmt, als sich am Heizkörper niederschlägt. Nur bei großen Rohrheizkörpern dürfte die Geschwindigkeit nicht ohne Einfluß auf die Wärmeabgabe bleiben und unter Umständen eine gewisse Steigerung der Werte der Tabelle 15 bewirken.

Die Geschwindigkeit der wärmeaufnehmenden Luft ist von größerer Bedeutung für die Wärmeübertragung als die Geschwindigkeit des wärmeabgebenden Wassers oder Dampfes. Da für die Wärmeaufnahme der Luft selbstverständlich auch der Temperaturunterschied zwischen den Wärmeflächen und der Luft in Frage kommt, so muß die Gestaltung der Heizkörper auf die Wärmeabgabe von besonderem Einflusse sein.

Bei einfachen glatten Röhren kann in der Praxis die Wärmeabgabe bei Wasser gleich groß für eine horizontale, geneigte oder vertikale Lage angenommenwerden. Es wird dies dadurch begründet sein, daß der bei einem vertikalen Rohre nach oben abnehmende Temperaturunterschied zwischen Wasser und Luft trotz der für die Wärmeabgabe günstigeren größeren Geschwindigkeit der Luft den geringeren Wert der horizontalen Fläche ausgleicht.

Ein vertikales Rohr gibt etwas mehr Wärme ab in Gestalt eines Vollrohrs, als wenn noch ein inneres von der Luft durchströmtes Rohr von nur wenig geringerem Durchmesser hindurchgezogen ist. Bei dem Vollrohre kühlt sich das Wasser infolge des relativ großen Inhalts weniger ab, als bei dem Doppelrohre; die Geschwindigkeit der Luft entlang am Rohre und das seitliche Zuströmen von Luft ist daher im ersten Falle größer als im zweiten und bedingt somit für die gleiche mittlere Temperatur des Wassers die etwas größere Wärmeabgabe.

Bei Dampf ist die Wärmeabgabe von vertikalen Röhren größer als von horizontalen anzunehmen und zwar bei Dampf bis ungefähr 1,3 Atm.

abs. um etwa 5%, bei Dampf von ungefähr 2 Atm. abs. um etwa 10%. Der Grund sowohl hierfür als für das verschiedene Verhalten des Wassers und des Dampfes ist wohl darin zu suchen, daß bei senkrechten Dampfröhren im Gegensatze zu den horizontalen das Niederschlagswasser rasch abfließen kann, die höhere Temperatur des Dampfes und sein geringer Temperaturabfall für die Geschwindigkeit der aufsteigenden Luft, somit für die Wärmeabgabe von förderndem Einflusse ist. Bei allen Rohrheizkörpern ist daher bei Dampf stets auf ein möglichst großes Gefälle zu achten.

Für glatte senkrechte Heizflächen, wie bei Plattenheizkörpern, Radiatoren usw. von nicht zu bedeutender Höhe (bis etwa 1 m) ist der Einfluß der Höhe in der Praxis zu vernachlässigen. Die Verminderung der Wärmeabgabe durch erhöhte Temperatur der Luft wird aufgehoben durch die dann infolge Steigerung der Luftgeschwindigkeit bedingte Zunahme der Wärmeabgabe.

Das gleiche gilt auch für Rohrheizkörper, bei denen die Rohre nicht dicht aufeinander liegen, also von der Luft gut umspült werden können, und die keine größere Höhe als die eben erwähnten Heizkörper besitzen.

Bei größerer Höhe ist es in den vorerwähnten Fällen ratsam, die Wärmeabgabe um etwa 10% geringer in Ansatz zu bringen.

Bei Rippenheizkörpern aus einzelnen übereinander liegenden Elementen macht sich im Gegensatze zu glatten Flächen der Einfluß der Höhe als recht nachteilig bemerkbar, weil größere Widerstände der aufsteigenden Luft sich darbieten, ihre Geschwindigkeit und dadurch auch der Temperaturunterschied zwischen dem wärmeabgebenden Medium und der Luft verringert wird.

Die Luftgeschwindigkeit gewinnt eine große Bedeutung, wenn einesteils der Luft Zwangslauf angewiesen, eine innige Berührung möglichst aller Luftteilchen mit der Heizfläche hervorgerufen und das seitliche Zuströmen unerwärmter Luft aufgehoben, andernteils der natürliche Auftrieb durch künstliche Mittel gesteigert wird. Als Beispiel diene folgende Zusammenstellung.

Tafel 16	Steigerung der Luftgeschwindigkeit	Erhöhung der Wärmedurchgangszahl k
Fig. 1. Röhrenkessel - Luftführung durch die von außen mit Dampf erwärmten Röhren	von 1 auf 30 m/sek.	von 7,1 auf 107 WE.
Fig. 2. Heizkörper nach Sturtevant - Luftführung um die innen mit Dampf erwärmten Röhren	von 0,5 auf 20 m/sek.	von 12,2 auf 107 WE.
Fig. 3. Radiatoren in schräger Anordnung	von 0,2 auf 3 m/sek.	von 7,2 auf 37,5 WE.

Von besonderer Wichtigkeit für die Wirtschaftlichkeit des Betriebes bei Anwendung gesteigerter Luftgeschwindigkeiten ist es, den durch den Heizkörper verursachten Druckhöhenverlust in richtiger Weise zu berücksichtigen. Eine Zusammenstellung der bei den vorstehend erwähnten Versuchen beobachteten Verluste, die bei Luftgeschwindigkeiten von 10 m/sek. bis zu 12 mm Wassersäule ansteigen, enthält Tabelle 15.

Im allgemeinen ergaben die Versuche, daß schräg zusammengestellte Radiatoren zwar den größten Platzbedarf, aber den kleinsten Kraftaufwand benötigen, während Heizkörper nach dem Sturtevantsystem bei kleinster Platzinanspruchnahme die größten Betriebskosten verursachen.

Die Temperatur der wärmeabgebenden Flüssigkeiten und die der Luft haben insofern einen leichter zu berücksichtigenden Einfluß auf die Wärmeabgabe, als innerhalb der bei Wasser- und Dampfheizung in Frage kommenden Verhältnisse die Wärmeabgabe, ohne einen bedeutenden Fehler zu begehen, proportional der Temperaturdifferenz gesetzt werden kann. Es darf also beispielsweise in der Praxis angenommen werden, daß bei einer Temperatur der zuströmenden Luft von 20° und des Wassers von 60° nahezu die gleiche Wärmeabgabe stattfindet, als bei einer Lufttemperatur von 0° und einer Wassertemperatur von 40°.

Wie bereits hervorgehoben, hat die Gestaltung der Heizkörper wesentliche Einwirkung auf die Wärmeabgabe.

Die Höhe der Heizkörper beeinflußt die Werte von k nicht unerheblich und zwar derart, daß die Wärmeleistung niedriger Heizkörper größer als die höherer Heizkörper ist. Warmwasser- und Dampfheizkörper von etwa 1000 mm Bauhöhe geben rd 5% weniger Wärme als mittelhohe (700 mm Bauhöhe) und diese rd 5% weniger Wärme als niedrige Heizkörper (500 mm Bauhöhe) ab.

Die Wärmeabgabe dreisäuliger Radiatoren ist bei Warmwasserheizung etwa 10%, bei Niederdruckdampfheizung etwa 15% geringer als die zweisäuligen Radiatoren gleicher Bauart.

Die Bedeutung der Wandstärke für die Wärmeabgabe einer Heizfläche geht aus den Ergebnissen der Versuche mit gewöhnlichen schmiedeeisernen Röhren und den stärkeren Perkinsröhren hervor. Versuche lediglich zur Feststellung des Einflusses der Wandstärke konnten bis zur Zeit noch nicht gemacht werden und wurden als Versuchsheizkörper lediglich die in der Praxis üblichen gewählt. Bei diesen herrscht jederzeit das Bestreben vor, die Wandstärken so gering wie möglich zu bemessen, was als richtig zu bezeichnen ist, da Materialersparnis und Steigerung der Wärmeabgabe Hand in Hand gehen. Auf Vollrippen ist dieser Grundsatz natürlich nicht anzuwenden.

Um eine gewisse Beurteilung der Einwirkung von Rippen bei gußeisernen Heizkörpern zu gewinnen, wurde ein gußeiserner Kastenheizkörper von 60 cm Höhe mit auf jeder Seite 16 senkrechten Rippen von 6 cm Höhe (s. Tafel 14, Fig. 1), 5 mm Stärke an der Basis, 4 mm an der Spitze und einem lichten Zwischenraume von im Mittel 45 mm untersucht, alsdann die Versuche nach Abhobeln der Rippen auf 5, 4, 2 und 0 cm Höhe wiederholt. Die Ergebnisse bilden einen Anhalt für die Frage, ob der Kosten halber Heizkörper mit hohen oder solche mit niedrigen Rippen vorzuziehen sind. Als Beispiel möge hierfür die folgende Aufstellung dienen, für die das Gewicht des untersuchten Rippenkastens und die beobachtete Wärmeabgabe für eine mittlere Wassertemperatur von 70° und eine Temperatur der zuströmenden Luft von 20° in Rücksicht gezogen worden sind.

Nr.	Heizkörper	Heizfläche	Gewicht		Wärmeabgabe (WE) eines qm Heizfläche		
			im ganzen	1 qm Heizfläche	absolut	im Verhältnisse zu Heizk. Nr. 1	bezogen auf 1 kg des Gewichts
		qm	kg	kg			
1	Heizkörper ohne Rippen	1,0667	59,13	55,43	460	1	8,3
2	Heizkörper mit 2 cm hohen Rippen	1,881	72,96	38,78	340	0,74	8,8
3	Heizkörper mit 4 cm hohen Rippen	2,660	84,40	31,73	310	0,67	9,8
4	Heizkörper mit 5 cm hohen Rippen	2,997	89,67	29,91	290	0,63	9,7
5	Heizkörper mit 6 cm hohen Rippen	3,422	94,70	27,67	268	0,58	9,7

Aus der Aufstellung geht hervor, daß die Rippen über 4 cm Höhe wieder eine Verminderung der Wärmeabgabe, bezogen auf 1 kg Eisen, hervorgerufen haben.

In der Praxis kommen nicht nur senkrechte, sondern auch schräg gestellte Rippen in Anwendung. Der Versuch mit einem in den verschiedensten Stellungen gelagerten Rippenkasten von 60 cm Höhe, mit auf jeder Seite 32 Stück 6 cm hohen, im Mittel 5 mm starken Rippen in dem lichten Abstande von 18 mm ließ bei Dampf klar erkennen, daß die senkrechte Stellung der Rippen die zweckmäßigste ist. Bei horizontaler Lage der Rippen verringerte sich die Wärmeabgabe um 40%.

Die bei zwei glatten parallel nebeneinander liegenden Heizflächen stattfindende gegenseitige Bestrahlung vermindert selbstverständlich die Wärmeabgabe. Bei zwei parallelen Plattenheizkörpern von 2 m Höhe, 0,7 m Breite und bei einem Temperaturunterschiede zwischen Dampf und Luft von 81° verringerte sich die Wärmeabgabe der einander zugekehrten Heizflächen bei einem Zwischenraume von:

16 mm um 82%,
44 „ „ 58%,
100 „ „ 51%,
200 „ „ 43%,
500 „ „ . . . . 34%.

Auch bei Radiatoren ist naturgemäß, und zwar recht gut mit den vorstehend mitgeteilten Ergebnissen übereinstimmend, die nach außen gekehrte Heizfläche der beiden Begrenzungselemente eine wesentlich bessere, als die zwischen den Elementen liegende. Nach den Versuchen mit Dampf hat sich die Wärmeabgabe bei einem Temperaturunterschiede zwischen Dampf und Luft von 80° bzw. 100° ergeben für:

1 Element	$k = 12{,}2$	bzw.	12,5	WE,
2 Elemente	$k = 10{,}2$	„	10,5	„ ,
3 „	$k = 9{,}5$	„	9,6	„ ,
6 „	$k = 9{,}0$	„	9,3	„ ,

Es berechnet sich aus diesen Werten im Durchschnitte die Wärmeabgabe der sich gegenseitig bestrahlenden Innenheizfläche der Elemente zu 8,15 bzw. 8,45 WE und man kann somit allgemein und auch recht gut mit den Beobachtungen übereinstimmend die Wärmeabgabe setzen, wenn n die Anzahl der Elemente eines Radiators bedeutet:

$$\frac{a + b\,(n - 1)}{n}.$$

Es ist also dann für Dampf zu nehmen bei einem Temperaturunterschiede zwischen Dampf und zuströmender Luft von etwa:

80° (Niederdruck)	$a = 12{,}2$,	$b = 8{,}15$,
100° (Hochdruck)	$a = 12{,}5$,	$b = 8{,}45$.

Die gleiche Behandlung auf Wasser angewendet stellt sich bei einem Temperaturunterschiede zwischen Wasser und zuströmender Luft von

unter	40°	$a = 8{,}2$,	$b = 5{,}90$,
über	40—50°	$a = 8{,}7$,	$b = 6{,}42$,
„	50—60°	$a = 8{,}8$,	$b = 6{,}76$,
„	60—70°	$a = 8{,}9$,	$b = 6{,}98$,
„	70—80°	$a = 9{,}0$,	$b = 7{,}02$,
„	80°	$a = 9{,}1$,	$b = 7{,}14$.

Der Abstand der einzelnen Elemente der Radiatoren voneinander kann vernachlässigt werden, falls kein kleinerer als 25 mm angenommen wird, da durch die Beobachtungen ein nennenswerter Einfluß bei etwas weiterem Abstande sich nicht ergeben hat, sofern die Elemente, im Horizontalquerschnitte betrachtet, sich nach außen rippenförmig verjüngen, somit für den Luftzutritt und die Wärmestrahlung eine möglichst günstige Fläche besitzen. Zweckmäßig natürlich bleibt es immerhin, den Abstand der Elemente so groß wie möglich zu wählen.

Die Gestaltung der einzelnen Elemente hat natürlich auch Einfluß auf die Wärmeabgabe. Die vordere Abschrägung der Elemente bis zur Vereinigung der Seitenflächen hat derartig zu erfolgen, daß die strahlende Wärme möglichst ausgenutzt wird, also möglichst wenig Rückstrahlung benachbarter Elemente stattfindet. Die Breite der einzelnen Elemente soll aus gleichen Gründen nicht zu groß sein. Die Elemente sollen möglichst unmittelbar an ihrem oberen Ende miteinander verbunden werden, andernfalls bilden sich wulstförmige Vorsprünge über der Verbindung, die bei Warmwasserheizkörpern zu Störungen in der Wasserzirkulation führen können. Bei Dampf hat sich nach vergleichenden Versuchen gezeigt, daß Radiatoren, die die oben gestellten Forderungen nicht erfüllen, in der Wärmeabgabe nachbleiben.

Die Aufstellung eines Heizkörpers hat auf die Wärmeabgabe selbstverständlich ebenfalls Einfluß. Die Wärmeabgabe eines ganz freistehenden Heizkörpers von nicht bedeutender Höhe ist etwas geringer, als wenn sich in seiner Nähe eine Wand aus schlecht leitendem Materiale befindet. Bei einem Plattenheizkörper von 1 m Höhe wurde die Wärmeabgabe bei Aufstellung von parallel laufenden Wänden aus Papptafeln in einer Entfernung vom Heizkörper von

20 mm um etwa 4%,
140 „ „ „ 15%,
250 „ „ „ 10%

gesteigert. Bei einem Plattenheizkörper von 2 m dagegen war bei der Entfernung der Wände von 20 mm eine Verringerung der Wärmeabgabe um etwa 18%, bei 140 mm Entfernung wieder eine Steigerung um etwa 6% und bei 250 mm Entfernung eine solche von etwa 13% zu beobachten. Der Unterschied in der Wärmeabgabe hängt teils von der geänderten Luftgeschwindigkeit, teils von der geänderten Temperaturdifferenz zwischen Heizfläche und Luft ab. Überwiegt die Zunahme der Luftgeschwindigkeit, so findet eine Steigerung der Wärmeabgabe statt, überwiegt die Abnahme der Temperaturdifferenz, so tritt das Gegenteil ein.

Bei einem Rippenkasten mit 32 senkrechten Rippen auf jeder Seite war eine Steigerung oder Abnahme der Wärmeabgabe durch Vorsetzen der Wände in den angegebenen Entfernungen nicht wahrnehmbar, die Abnahme war sogar auch dann eine ganz geringe, wenn die Wände unmittelbar an die Rippenenden angelegt wurden. Es ist dies ein Beweis, daß bei diesem Rippenheizkörper ziemlich fest geschlossene Luftströme zwischen den Rippen emporströmten und seitlich zufließende Luft keinen Eingang in diese Ströme fand. Die Rippen hatten an der Basis eine Stärke von 6 mm, an der Spitze eine solche von 4 mm, die Entfernung von Mitte zu Mitte Rippe betrug 23 mm.

Aus den Beobachtungen ist für die Praxis hervorgegangen, daß man bei Aufstellung der Heizkörper an einer Wand den Zwischenraum zwischen beiden nicht unter etwa 50 mm wählen soll, nur bei Rippenheizkörpern mit glatten, nicht zu eng aneinander stehenden, senkrechten Rippen kann er nötigenfalls ohne Schaden für die Wärmeabgabe etwas kleiner sein.

Die Ummantelung der Heizkörper mit Rahmen oder Gitterwerk kann eine erhebliche Verminderung der Wärmeabgabe der Heizkörper zur Folge haben. Aus den Untersuchungen ergab sich, daß einfache Lataibretter eine Verminderung der Wärmeleistung bis zu 10%, vordere Gitter, Rahmen oder Kettengehänge eine solche bis zu 20% hervorrufen können und daß enge und schlecht konstruierte Verkleidungen die Heizkörperleistung um 40% herabzudrücken vermögen.

Der Anstrich der Heizkörper übt bekanntermaßen auch einen Einfluß auf die Wärmeabgabe aus. Die Untersuchung der Heizkörper hat vorwiegend in dem Zustande stattgefunden, in dem sie sich nach Fertigstellung ohne Anstrich befanden. Durch schwarzen Anstrich hat sich eine kleine Steigerung der Wärmeabgabe, bei grauem Anstriche*) eine geringe Verminderung ergeben. Sofern also in der Praxis, wie meist, ein dunkler matter Anstrich für die Heizkörper gewählt wird, kann ihr Einfluß unberücksichtigt bleiben bzw. als ein kleiner Sicherheitszuschlag angesehen werden.

Die auf Grund der Versuche für die Praxis empfohlenen Werte der Wärmeübertragung von Wasser, Dampf oder Luft an Luft enthält Tabelle 15. Die Beobachtungen haben zum Teile etwas höhere Werte ergeben, d. h. sie haben in der Tabelle für die Praxis meist unter Berücksichtigung der möglicherweise eintretenden ungünstigeren Verhältnisse eine geringe Abrundung nach unten erfahren.

Wie bereits wiederholt hervorgehoben, ist bei den Beobachtungen und ihrer Auswertung die Temperatur der dem Heizkörper zuströmenden Luft in Rücksicht gezogen worden. Was unter der letzteren zu verstehen ist, unterliegt keinem Zweifel, wohl aber wird über die in Rechnung zu ziehende Temperatur noch eine Bemerkung erforderlich. Bei keinem Heizkörper, selbst wenn Zwangslauf der Luft vorgesehen ist, werden sämtliche Luftteilchen mit der Heizfläche in Berührung kommen, sondern jederzeit tritt ein Mischen erwärmter und nicht erwärmter Luft ein. Das Streben des Heiztechnikers soll jederzeit darauf gerichtet sein, ein schnelles Mischen der Luftteilchen herbeizuführen. Hat man nur mit dem durch die Erwärmung hervorgerufenen Auftriebe der Luft zu rechnen, so ist bei einem ummantelten Heizkörper als Temperatur der zuströmenden Luft die zu setzen, die die Luft bei Eintritt in die Ummantelung besitzt, bei einem freistehenden Heizkörper dagegen die auf seine Höhe bemessene mittlere Temperatur der Raumluft in Ansatz zu bringen, da dem Heizkörper in jeder Höhenlage seitlich Luft zuströmt. Bei Heizkörpern, die in dem zu erwärmenden Raume selbst stehen, ist somit genügend, einfach die geforderte Raumtemperatur, bei Luftheizkammern dagegen die mittlere Temperatur zwischen der ein- und abströmenden Luft in Rechnung zu ziehen.

In der Praxis werden mitunter noch kleine Abweichungen von den in der Tabelle 15 angegebenen Werten, bedingt durch örtliche Verhältnisse, anders geformte Heizkörper**) usw., die selbstverständlich nicht alle

*) Zum Anstriche wurde die Schuppenpanzerfarbe von Dr. Graff & Co., Berlin, verwendet.

**) Über die Wärmeabgabe neuerer in der Praxis nicht allgemein eingeführten Heizkörper (keramische Heizkörper, schmiedeiserne Radiatoren usw.) siehe 13. Mitteilung der Prüfungsanstalt, Gesundheits-Ingenieur 1912, Nr. 6.

in die Versuche aufgenommen werden konnten, erforderlich sein — für diese sind die vorerwähnten Mitteilungen zu beachten.

3. Bestimmung der Heizflächen in der Praxis.

Nach dem unter 1 und 2 dieses Kapitels Gesagten benutze man für die Berechnung aller Wärmeentwickler (Kessel), sowie für alle Feuerheizkörper, auch für eine Heißwasserheizung je nach den obwaltenden Verhältnissen eine der folgenden Gleichungen:

a) Parallelstrom:

$$F_p = \frac{W}{k\,(t' - t_1 - t'' + t_2)} \ln \frac{t' - t_1}{t'' - t_2}\,, \tag{113}$$

b) Gegenstrom:

$$F_g = \frac{W}{k\,(t' - t_2 - t'' + t_1)} \ln \frac{t' - t_2}{t'' - t_1}\,, \tag{114}$$

c) Einstrom:

$$F_{e_1} = \frac{W}{k\,(t_2 - t_1)} \ln \frac{t - t_1}{t - t_2}\,, \tag{115}$$

d) Einstrom:

$$F_{e_2} = \frac{W}{k\,(t' - t'')} \ln \frac{t' - t_0}{t'' - t_0}\,, \tag{116}$$

e) bei geringen Temperaturunterschieden und langsamer oder unbestimmter Bewegung:

$$F = \frac{W}{k\left(\frac{t' + t''}{2} - \frac{t_1 + t_2}{2}\right)}\,, \tag{117}$$

f) für alle Wasser- oder Dampfheizkörper zur Erwärmung von Räumen:

$$F = \frac{W}{k\left(\frac{t' + t''}{2} - t_z\right)}\,. \tag{118}$$

In den Gleichungen bedeutet:

F (mit oder ohne Index) die (wärmeabgebende) Heizfläche in qm,

W die stündliche Wärmeabgabe der Heizfläche in WE,

t' bzw. t'' die Anfangs- bzw. Endtemperatur der wärmeabgebenden Flüssigkeit,

t die Temperatur der wärmeabgebenden Flüssigkeit, falls $t' = t''$ zu setzen ist,

t_1 bzw. t_2 die Anfangs- bzw. Endtemperatur der wärmeaufnehmenden Flüssigkeit,

t_0 die Temperatur der wärmeaufnehmenden Flüssigkeit, falls $t_1 = t_2$ zu setzen ist,

t_z die Temperatur der zu dem Heizkörper strömenden Luft (für diese siehe auch die Bemerkung auf S. 171),

k die Wärmedurchgangszahl.

Die Werte der Wärmedurchgangszahlen für Wasser, Dampf und Luft an Luft entnehme man der Tabelle 15 unter Berücksichtigung des auf S. 171 u. f. Gesagten, die übrigen sind an der betreffenden Stelle des Textes angegeben.

Beispiele zur Bestimmung der Heizflächen.

Beispiel 1. Aufgabe. Ein Raum durch Wasserheizung auf $+20^\circ$ erwärmt, erfordert 3500 WE. Die Eintrittstemperatur des Wassers in den Heizkörper, für den ein 700 mm hoher Radiator anzunehmen ist, beträgt 85°, die Austrittstemperatur 65°.

Lösung der Aufgabe. Die mittlere Temperatur des Wassers im Heizkörper stellt sich zu $\frac{85+65}{2} = 75^\circ$, die Temperatur der wärmeaufnehmenden Luft zu 20°, somit ist für einen Temperaturunterschied von $75 - 20 = 55^\circ$ nach Tabelle 15 A Ib, da jedenfalls mehr als 6 Elemente für den Radiator erforderlich werden, $k = 6{,}5$ zu nehmen. Hat ein Element 0,4 qm Heizfläche, so ist somit ein Radiator von $\frac{3500}{6{,}5 \cdot 55 \cdot 0{,}4} \backsim 25$ Elementen nötig.

Beispiel 2. Aufgabe. Ein Raum durch Luftheizung auf $t = +20^\circ$ erwärmt, erfordert bei -20° Außentemperatur 3500 WE; die Luft soll mit $+35^\circ$ eingeführt werden. Die Erwärmung der Luft hat durch Hochdruck-Dampfspiralen zu erfolgen, die Dampfspannung beträgt 1,5 at abs.

Lösung der Aufgabe. Der Temperaturunterschied zwischen der ein- und abzuführenden Luft beträgt $35 - 20 = 15^\circ$. Nach Tabelle 4 ist somit ein Luftwechsel von $\frac{234 \cdot 3500}{1000} = 819$ cbm erforderlich. Die Heizfläche hat alsdann nach Tabelle 3, da $t = +20^\circ$, $t_0 = -20^\circ$, die Eintrittstemperatur der Luft $t' = +35^\circ$, also $t' - t_0 = 35 - (-20) = 55$ ist, $W = \frac{15681 \cdot 819}{1000} = 12843$ WE zu liefern. Die Rohrspiralen befinden sich in der Heizkammer in einer mittleren Lufttemperatur von $\frac{35 + (-20)}{2} = 7{,}5^\circ$, die mittlere Dampfspannung in den Spiralen, deren lichter Rohrdurchmesser auf 0,051 m bemessen wird, soll der Sicherheit halber nur mit 107,5°, der Temperaturunterschied zwischen Dampf und zuströmender Luft also mit $107{,}5 - 7{,}5 = 100^\circ$ in Rechnung gezogen werden. Es ist somit nach Tabelle 15, III, wenn die Rohrspirale nicht über 1 m Höhe hat: $k = 11$ anzunehmen und ergibt sich eine Heizfläche von $\frac{12843}{11 \cdot 100} = 11{,}68$ qm.

Beispiel 3. Aufgabe. Eine Luftmenge von $L = 10000$ cbm/sek. (gegeben in 20° C) sei von $t_1 = -20^\circ$ C auf $t_2 = +20^\circ$ C mittels Dampfes von 1,1 at abs. zu erwärmen.

Lösung der Aufgabe. Nimmt man die Luftgeschwindigkeit im Zuluftkanal zu 1 m/sek. an, so ergibt sich für eine mittlere Lufttemperatur von 0° C der Kanalquerschnitt q zu:

$$q = \frac{10000}{3600 \cdot 1} \cdot \frac{1 + \alpha 0}{1 + \alpha 20} \backsim 2{,}6 \text{ qm} = 2{,}2 \times 1{,}18 \text{ m}.$$

Wählt man dreisäulige Radiatoren, deren Höhe rund $^3/_4$ der Kanalbreite beträgt*), so lassen sich über dem Kanal 2×28 Glieder von 900 mm Höhe mit einer Gesamtheizfläche von $F = 26{,}9$ qm unterbringen.

Nach Tabelle 15 ist:

k für $v = 1$ m/sek. und einer mittleren Lufttemperatur von 0° C $= 19{,}1$.

*) Das gleiche Höhenverhältnis wiesen die untersuchten Radiatoren auf.

Nun muß die Gleichung bestehen:

$$L\gamma \cdot c\,(t_2 - t_1) = F \cdot k \cdot \left(t_d - \frac{t_2 + t_1}{2}\right).$$

Hierin bedeutet außer den bekannten Größen:

$\gamma = \frac{1{,}293}{1 + \alpha\, 20}$ das Gewicht eines cbm Luft von 20° C = 1,2 kg,

c die spezifische Wärme = 0,237 WE/cbm,

t_d die mittlere Dampftemperatur = 102° C.

In dieser Gleichung ist alles gegeben bis auf die Endtemperatur t_2, die sonach berechnet werden kann. Nach Einsetzen der Zahlenwerte in obige Gleichung ergibt sich:

$$10000 \cdot 1{,}2 \cdot 0{,}237\,(t_2 + 20) = 26{,}9 \cdot 19{,}1 \left(102 - \frac{t_2}{2} + 10\right)$$

und hieraus folgt:

$$t_2 \sim 0^\circ \text{ C}.$$

Es ist somit nicht möglich, mit diesen Heizkörpern die gegebene Luftmenge auf die verlangte Endtemperatur zu erwärmen und es müssen weitere Heizflächen angeordnet werden.

Vor der Berechnung ihrer Größenverhältnisse seien die Fehler berichtigt, die dadurch entstanden sind, daß die mittlere Lufttemperatur für die oben berechnete Heizfläche nicht wie angenommen 0° C, sondern —10° C beträgt. Es ergibt sich alsdann:

1.) $\frac{10\,000}{3600 \cdot 1} \cdot \frac{1 - \alpha \cdot 10}{1 + \alpha \cdot 20} \sim 2{,}5$ qm $= 2{,}2 \times 1{,}14$ m,

über welchem Querschnitt dieselbe Anzahl der Elemente wie früher untergebracht werden kann.

2.) $k = 19{,}5$.

3.) $t_2 = +\,0{,}5^\circ$ C.

Hieraus folgt, daß die Aufgabe durch die Anordnung einer zweiten ebenso großen Radiatorfläche wie die oben erwähnte, die in entsprechender Entfernung von letzterer unterzubringen wäre, gelöst werden kann.

Andere Beispiele über die Berechnung von Luftröhrenkessel und Heizkörpern nach dem Sturtevantsystem siehe Heft 3 der Mitteilungen der Prüfungsanstalt für Heizungs- und Lüftungseinrichtungen.

IV. Schutz vor Wärmeabgabe.

Bei allen Heizflächen besteht selbstverständlich das Bestreben, die größtmögliche zulässige Wärme zu übertragen, bei allen zwischen den wärmeaufnehmenden und wärmeabgebenden Flächen liegenden lediglich dem Wärmetransporte dienenden Teilen einer Anlage (Kanäle, Rohrleitung) dagegen, den Wärmeverlust auf ein möglichst geringes Maß zu beschränken. In der Praxis schützt man daher diese Teile vor Wärmeabgabe durch Umhüllung mit schlechten Wärmeleitern.

Es sind eine große Anzahl von Isoliermaterialien auf den Markt gebracht worden — mineralische, vegetabilische und animalische. Die mineralischen Isoliermaterialien bieten an sich den geringsten Wärmeschutz, man hat ihn aber wirksam erhöht durch Einschaltung von Luftblasen oder vegetabilischen oder animalischen Körpern. Luft ist an sich ein schlechter Wärmeleiter, sobald sie sich aber in Bewegung befindet, wird die isolierende Wirkung zum Teil wieder aufgehoben, daher müssen die eingeschalteten Luftblasen sehr klein sein.

Verfasser hat, da bisher der Raum, der ihm für Versuchszwecke zur Verfügung stand, beschränkt war und die Versuche mit Dampf zu keinem befriedigenden Ergebnis führten, insofern die mögliche Anordnung nicht der Praxis entsprach, Versuche mit Wasser anstellen lassen und hierfür ein schwach geneigtes Rohr von 8 m Länge und 0,025 m lichtem und 0,033 m äußerem Durchmesser verwendet. Der Durchmesser des Rohres wurde absichtlich nicht größer gewählt, weil sich bei einem solchen ungleiche Abkühlung im Wasser bemerkbar machte, d. h. die unten fließende Wasserschicht zeigte alsdann geringere Temperatur als die oben fließende.

Die Versuche wurden in der gleichen Weise wie die mit Wasserheizkörpern ausgeführt, so daß auf diese verwiesen werden kann. Aus dem Unterschiede der Wärmeabgabe des unbekleideten und des bekleideten Rohres ergaben sich die durch Umhüllung des Rohres erzielten Wärmeersparnisse. Diese sind naturgemäß wie die Wärmedurchgangszahlen aller Heizflächen abhängig von der Größe der Differenz zwischen der mittleren Temperatur des Wassers und der Temperatur der zuströmenden Luft, indessen war bei einer solchen von 50°, 75° und 100° der Unterschied der Wärmeersparnis, ausgedrückt in Prozenten der Wärmeabgabe des unbekleideten Rohres so gering, daß er für Verwertung in der Praxis vernachlässigt werden kann.

Neuere Versuche mit Dampf sind von Eberle*) angestellt worden, deren Ergebnisse in ziemlich befriedigender Weise mit denen der oben angeführten Versuche übereinstimmen, so daß letztere für die Wahl des Isoliermaterials und die mit ihm zu rechnende Wärmeersparnis genügend sicheren Anhalt bieten.**)

Die Wärmeersparnis kann für ein Rohr aus nebenstehender Zusammenstellung ersehen werden.

Für wesentlich höhere Temperaturen als 100° werden die Werte der Ersparnis durch Umhüllung der Rohre eine kleine Steigerung erfahren, sie ist aber um so geringer, je besseren Schutz an sich das Material gewährt. Wenn man ferner bedenkt, daß z. B. für eine Schicht Kieselgur mit Schwammteilchen von 20 mm Stärke bei 50° Temperaturunterschied die Wärmeersparnis zu 54 %, bei 100° zu 57 %, für eine Schicht Filz 83,5 % bzw. 84 % gefunden worden ist, so darf man wohl ohne weiteres auch für größere Temperaturunterschiede die in der nachstehenden Aufstellung enthaltenen Werte annehmen.

---

*) Zeitschrift des Vereins deutscher Ingenieure 1908, S. 539.

**) S. a. Nußelt, Die Wärmeleitfähigkeit von Wärmeisolierstoffen, Heft 63 und 64 der Forschungsarbeiten des Vereins deutscher Ingenieure. Gröber, Die Wärmeleitfähigkeit von Isolier- und Baustoffen, Heft 104 der Forschungsarbeiten des Vereins deutscher Ingenieure.

Nr.	Art der Umkleidung	Wärmeersparnis in Prozenten der Wärmeabgabe des unbekleideten Rohres bei einer Umhüllung von:			
		15 mm	20 mm	25 mm	30 mm
1	Strohseil mit Lehm	31	36	40	43
2	Asbest (Schnur aus Asbestklöppelung mit Asbestfaserfüllung)	41	44	46	48
3	Kieselgur:				
	a) Kieselgur mit Lederfeilspänen . . .	41	43	44	45
	b) Kieselgur mit Schwammteilchen, bandagiert und schwarz gestrichen .	52	56	58	60
	c) desgl., nicht bandagiert und nicht gestrichen	57	60	63	65
	d) Asbestschlauch mit Kieselgurfüllung	54	58	60	61
	e) Aufrollbare Kieselgur-Rippen-Platten (mit Hohlräumen und Luftschichten) .	57	61	63	64
	f) Kieselgur mit Malzkeimen und Brauereiabfällen, bandagiert und mit Dextrin gestrichen	53	61	67	72
	g) Kieselgur mit Korkteilchen, nicht bandagiert	65	69	72	74
	h) Kieselgurschalen	66	70	73	75
	i) Kieselgur ohne Fremdkörper, kalziniert, d. h. die organischen Bestandteile verbrannt	68	74	77	80
4	Kunsttuffsteinschalen	62	67	70	72
5	Korkschalen	56	65	71	76
6	Rohseide:				
	a) Seidenpolster mit Luftschicht. Luftschicht durch reibeisenartige auf das Rohr gewickelte Blechstreifen hergestellt. Die Stärke der Luftschicht etwa 30 % der Gesamtstärke der Umwicklung	73	76	78	79
	b) Seidenpolster ohne Luftschicht in Gestalt eines Leinenschlauches mit Seidenfüllung	73	76	78	79
	c) Seidenzöpfe ohne Luftschicht	75	78	80	81
	d) Seide, darunter eine Schicht Kieselgur:				
	20 % der Umhüllung ist Seide . .	72	76	79	80
	40 % ,, ,, ,, ,, . .	75	78	80	81
	60 % ,, ,, ,, ,, . .	75	78	80	81
	e) Remanit-(karbonisierte Seide)Zöpfe .	75	78	80	81

Nr.	Art der Umkleidung	Wärmeersparnis in Prozenten der Wärmeabgabe des unbekleideten Rohres bei einer Umhüllung von:			
		15 mm	20 mm	25 mm	30 mm
	f) Remanitpolster zwischen weitmaschigem, aus dünnem Eisendrahte bestehendem Gewebe	77	80	82	83
7	Filz (weiches, braunes Material) ohne Bandage oder bandagiert und mit Dextrin gestrichen	81	84	86	87
8	Diatomitschalen (Grünzweig & Hartmann)				
	a) Schalenstärke 30,7 mm				
	α) Schalen außen verstrichen, bandagiert, Ölfarbenanstrich	67			
	β) Schalen außen verstrichen, Filz, Nesseltuch	77			
	b) Schalenstärke 51 mm:				
	α) Wie unter a, α	76			
	β) „ „ a, β	82			

Bei Umhüllung der fertig umkleideten Rohrleitung mit einer hochglänzenden Stanniolschicht hat sich noch eine Wärmeersparnis von etwa 7% der sonst erzielten ergeben.

Die Umhüllungen haben sich naturgemäß nicht nur auf die Rohre, sondern auch auf deren Flanschen zu erstrecken. Wie die Heiztechnik schon längst erkannt hat, ist die Wärmeabgabe der Flanschen mit ihren Schraubenköpfen infolge ihres großen Anteils an der Gesamtoberfläche einer Rohrleitung eine — wie auch die Versuche von Eberle ergeben haben — recht bedeutende. Die Umhüllung der Flanschen muß leicht entfern- und aufsetzbar eingerichtet werden, damit man jederzeit leicht zu den Flanschen gelangen kann.

Für die Wahl eines Isoliermaterials kommt außer seiner Isolierfähigkeit vor allem auch seine Haltbarkeit in Frage. Besonders gilt dies für die organischen Schutzmittel, da die unorganischen an sich schon die Haltbarkeit gewährleisten. Zur Klarstellung dieser Frage hat Verfasser Dauerversuche mit den besten bisher in den Handel gekommenen organischen Schutzmitteln — d. i. Seide und Filz — anstellen lassen und zu diesen die Dampfleitung der Kesselanlage der Technischen Hochschule benutzt. Die Temperatur des Dampfes betrug 190°. Es wurden die Leitungen in verschiedener Weise umhüllt und nach rund 500, 1600, 3200 und 9300 Betriebsstunden kleinere Teilstrecken der Umhüllung abgenommen. Nach den Ergebnissen der Untersuchungen kann man bei Seide und

Filz auf lange Haltbarkeit rechnen, wenn man in folgender Weise diese Materialien in Anwendung bringt.

Bis 100°:	Material unmittelbar um das Rohr gelegt,
über 100° bis 120°:	10 mm Kieselgurunterstrich, darüber das Material,
„ 120° „ 150°:	20 mm Kieselgurunterstrich oder Luftmantel, darüber das Material,
„ 150° „ 200°:	Luftmantel, Asbestschicht, Luftmantel, darüber das Material.

Um, wenn nötig, eine bequeme Abnahme des Schutzmittels zu sichern, dürfte es sich bei Kieselgurunterstrich empfehlen, zunächst eine Asbestschicht um das Rohr zu geben. Selbstverständlich kann statt Kieselgur auch eine andere aus unorganischem nicht besser leitenden Material gebildete Unterlage Verwendung finden; bei größerer Isolierkraft voraussichtlich in entsprechend schwächerer Schicht.

V. Betrieb der Heizungsanlagen.

Die Wärme, die stündlich ein Raum erfordert, ist von den Heizkörpern zu liefern. Sie geben die Wärme mittelbar oder unmittelbar an die Raumluft ab, diese wiederum erwärmt die Umschließungskörper. Je geringer die Temperaturunterschiede zwischen Heizkörper und Raumluft einerseits und Raumluft und Umschließungskörper andererseits sich stellen, je gleichmäßiger wird sich, wie bereits erwähnt, die Wärmeverteilung gestalten. Die Temperaturunterschiede werden um so kleiner, je weniger vom Beharrungszustande der Erwärmung abgewichen wird, ununterbrochene Heizung ist daher wohl als die für die Gesundheit beste anzusehen.

Der Aufenthalt in einem erwärmten Raume, dessen Wände viel Wärme aufnehmen (kalte oder nasse Wände), ist um deswillen ungesund und unbehaglich, weil die Wände nur einen geringen Teil der von den Anwesenden durch Strahlung empfangenen Wärme zurückstrahlen. Besonders unangenehm ist daher der Aufenthalt in Räumen mit nassen Wänden im Sommer, da eine Erwärmung der Raumluft in dieser Jahreszeit nicht angängig ist und somit die Oberflächen der Wände nicht auf höhere Temperatur und nicht in trockneren Zustand gebracht werden können. Das Beziehen neuer Gebäude sollte daher aus Gesundheitsrücksichten stets im Winter stattfinden.

Die Kosten des ununterbrochenen Betriebs werden, sofern eine besondere Bedienung der Anlage über Nacht nicht erforderlich ist, meist überschätzt, die Anlagekosten aber vermindern sich in dem Maße, als die erstmalige tägliche Erwärmung der Wände und der gesteigerte Wärmebedarf beim Anheizen für die Größenbestimmung der Anlage in Wegfall kommen.

Um eine leichte Übersichtlichkeit und dadurch eine größere Betriebssicherheit, besonders bei eintretendem Wechsel der Bedienungsmannschaft zu erzielen, empfiehlt es sich, außer der Anbringung allgemeiner Betriebsvorschriften an geeigneter Stelle, alle Teile einer Anlage, die der besonderen Aufsicht und Handhabung unterliegen, mit Erklärungsschildern zu versehen.

VI. Einteilung der Heizungsanlagen.

Man unterscheidet in der Praxis:

A. Lokalheizung (Örtliche Heizung),

B. Zentralheizung (Fernheizung, Sammelheizung)

und versteht unter Lokalheizung eine Heizanlage, bei der die Erwärmung der Räume durch Heizkörper erfolgt, die in den Räumen selbst sich befinden und unmittelbar geheizt werden, gleichgültig ob die Feuerung selbst innerhalb oder außerhalb des Raumes liegt; unter Zentralheizung eine Heizanlage, bei der die Überführung der Wärme von dem Heizapparate nach den zu erwärmenden Räumen nicht unmittelbar, sondern durch einen geeigneten Träger der Wärme erfolgt.

A. Lokalheizung.

Diese zerfällt in:

1. Kaminheizung,
2. Ofenheizung,
3. Kanalheizung,
4. Gasheizung.

B. Zentralheizung.

Je nach dem Träger der Wärme wird unterschieden:

1. Wasserheizung.

a) Warmwasserheizung. α) Niederdruck-Warmwasserheizung. β) Mitteldruck-Warmwasserheizung.

Die erstere (unter α) setzt in ihren höchstliegenden Teilen eine mögliche Erwärmung des Wassers bis etwa 90°, jedenfalls aber nicht über den Siedepunkt, die letztere eine solche bis etwa 120° voraus.

b) Heißwasserheizung. (Nach dem Erfinder auch „Perkinsheizung“ genannt.)

Höchste Wassertemperatur: 150—160°. (Man unterscheidet noch vielfach Mitteldruck- und Hochdruck-Heißwasserheizung, da dieser Unterschied jedoch nur durch die Annahme der der Berechnung zugrunde gelegten höchsten Wassertemperatur bedingt ist, die Grenze der Wassererwärmung aber beliebig angenommen werden kann, so ist dieser Unterschied gegenstandslos.)

2. Dampfheizung.

a) **Hochdruck-Dampfheizung.**
b) **Niederdruck-Dampfheizung.**

Bei der ersteren wird mit hochgespannten Dämpfen in den Kesseln gearbeitet, bei der letzteren mit Dämpfen unter 0,5 Atm. Der Hauptunterschied der Anlagen wird weniger durch obige Bezeichnung gegeben, als dadurch, daß die erste konzessionspflichtig ist und behördlicher Aufsicht untersteht, die zweite nicht.

3. Dampf-Warmwasserheizung.

Diese ist eine Vereinigung der Dampf- und der Warmwasserheizung, d. h. eine durch Dampf statt durch direktes Feuer betriebene Warmwasserheizung.

4. Dampf-Wasserheizung.

Diese stellt eine Dampfheizung dar, deren Heizkörper ganz oder zum Teil mit Wasser gefüllt sind, das durch den Dampf erwärmt wird.

5. Luftheizung.

Je nachdem ein unmittelbar durch Feuer oder mittelbar durch Wasser bzw. Dampf erwärmter Heizapparat Verwendung findet, wird unterschieden:
a) **Feuer-Luftheizung.**
b) **Wasser- bzw. Dampf-Luftheizung.**

Zehntes Kapitel.

Lokalheizung.

(Siehe Tafel 9 und 10.)

I. Kaminheizung.

Als älteste Lokalheizung ist das offene Feuer zu nennen, das in Form der Kaminheizung auch heute noch Anwendung findet. In Deutschland wird die Kaminheizung mehr zur Annehmlichkeit, als zu regelmäßiger Erwärmung der Räume vorgesehen, daher gewöhnlich in Gemeinschaft mit einem anderen Heizsysteme angeordnet, bei Ofenheizung meist unmittelbar mit dieser vereinigt (Kaminofen). Die Erwärmung der Räume erfolgt durch strahlende Wärme; diese erwärmt die Wände, die Wände erwärmen die Luft, während bei anderen Heizkörpern vorwiegend das Umgekehrte stattfindet (s. a. S. 138). Die strahlende Wärme eines Kaminfeuers ist zu gering, um selbst bei längerem Betriebe die Wände auf große Tiefe erwärmen zu können, daher tritt in Räumen mit Kaminheizung nach Einstellen des Heizbetriebs rascher Temperaturabfall ein. Als Vorzug der Kaminheizung muß die mit der Benutzung verbundene kräftige Lüftung der Räume angeführt werden, als Nachteil die bedeutenden Betriebskosten, da der Nutzeffekt ein geringer ist, sowie die leichte Belästigung der Bewohner durch die strahlende Wärme.

II. Ofenheizung.

(Siehe Tafel 9 und 10.)

Die handelsmäßige Benennung der Öfen richtet sich nach Zweck, Konstruktion, Material, Form, Bedienung usw.; so gibt es Schul-, Kirchen-, Kasernen-, Krankenhaus-Öfen usw., Spar-, Regulier-, Schütt-Öfen usw., eiserne, tönerne, Porzellan-Öfen, Mantel-, Ventilations-Gesundheits-Öfen usw. Diese ziemlich willkürlichen Benennungen haben häufig dazu beigetragen, die Begriffe zu verwirren und die Wahl eines Ofens für einen besonderen Zweck nicht zu erleichtern, sondern zu erschweren.

In dem Nachstehenden wird die Einteilung daher nach der durch die Öfen hervorgerufenen Art und Weise der Erwärmung der Räume erfolgen.

Ein zweckentsprechender Ofen muß neben tunlichster Billigkeit in der Herstellung, einfacher und sicherer Handhabung, sowie Ökonomie im Betriebe, d. h. guter Ausnutzung des Brennmaterials, den hygienischen Anforderungen entsprechen. Er soll somit gleichmäßig, aber nicht zu hoch erwärmte, vom Staube leicht zu reinigende Flächen besitzen, darf keine zu große Höhe haben und muß die meiste Wärme nahe dem Fußboden, keinesfalls erst an seinem oberen Ende abgeben. Senkrechte Flächen sind die besten, wagerechte die ungünstigsten; Vorsprünge, Ornamente und Verzierungen sind, obgleich sie an sich als günstige Heizflächen angesehen werden müssen, wegen der durch sie beförderten Staubablagerungen tunlichst wegzulassen, jedenfalls auf das geringste Maß zu beschränken. Leider wird dies in der Praxis noch viel zu wenig beachtet und häufig die gefällige Form den hygienischen und heiztechnischen Anforderungen vorangestellt. Eine sichere und leichte Regelung der Verbrennung durch die Aschfall- bzw. Feuertür ist vorzusehen, eine Regelung durch Einlassen von Luft in den Schornstein zu vermeiden. Vorrichtungen zum Regeln des Abzugs der Verbrennungsgase bei ihrem Austritt aus dem Ofen in Gestalt einer Klappe oder eines Schiebers sind in den meisten Städten behördlich verboten, die Einführung von Luft in den Schornstein ist sinngemäß wenig von den verbotenen Regelungsvorrichtungen verschieden, sie sollte daher ebenfalls behördlich untersagt werden. Die Schornsteine haben die Aufgabe, die Rauchgase sicher abzuführen, die Schwächung der Zugkraft ist somit ein Fehler, der unter Umständen verhängnisvolle Folgen haben kann.

Die Wahl eines Ofens hängt von der Bestimmung des Raumes ab, die vorstehenden Forderungen sollten jedoch jederzeit erfüllt werden.

Gegenüber der Zentralheizung hat die Ofenheizung den Vorteil der Billigkeit in der Anlage, den Nachteil des umständlicheren und teureren Betriebs und des Transports der Brennmaterialien und Asche durch die zu erwärmenden Räume. Wenn mitunter die Erzielung größerer Ökonomie bei Ofenheizung als bei Zentralheizung behauptet wird, so beruht dies auf einem Irrtume, der darin seine Begründung findet, daß bei Ofenheizung der Betrieb meist nur auf die jeweilig benutzten Räume ausgedehnt wird, während man bei einer Zentralheizung die Annehmlichkeit, alle Räume eines Gebäudes gleichmäßig erwärmt zu haben, nur selten entbehren will.

Wenn die Mittel zur sachgemäßen Durchführung einer Zentralheizung nicht genügen, sollte man stets der Ofenheizung den Vorzug geben. Die Ausstattung der Räume mit zweckentsprechenden, nicht zu klein bemessenen, den hygienischen Anforderungen genügenden Öfen ist jederzeit einer auf das Notdürftigste ausgestatteten und nur den Stempel der billigen Herstellung tragenden Zentralheizung überlegen.

1. Öfen für schnelles, aber nicht nachhaltiges Erwärmen der Räume.

Das Material für diese Öfen ist Eisen, und zwar der größeren Dauerhaftigkeit halber: Gußeisen.

Der älteste und einfachste Ofen ist der sogenannte Kanonenofen, ein einfaches stehendes Rohr, in dem unten auf einem Roste das Feuer liegt und von dem oben die Verbrennungsgase abgeleitet werden. Luftzutritt und Regelung erfolgt durch den verstellbaren Aschekasten. Anwendung können diese Öfen nur für vorübergehende Zwecke finden, da sie den hygienischen Ansprüchen: Vermeiden glühender Flächen, gleichmäßige Wärmeverteilung im Raume, geringe strahlende Wärme usw., nicht genügen und außerdem mangelhafte Ausnutzung des Brennmaterials verursachen.

Aus den Kanonenöfen heraus ist eine ganze Reihe anderer Öfen entstanden. Bessere Ausnutzung des Brennmaterials wird bewirkt durch innere Teilung des Ofens in Feuerzüge, so daß die Gase einen längeren Weg bis zum Schornsteine zurückzulegen haben. Auf S. 163 hat bereits Erwähnung gefunden, daß zur Ausnutzung des Brennmaterials die Richtung der Verbrennungsgase häufig zu ändern ist, damit die abgekühlten und noch nicht abgekühlten Teilchen sich möglichst innig mischen, daß das Brechen des Feuerzugs jedoch das leichte Glühendwerden der Bogen und Kniee bedingt und daß eine Verminderung dieses Übelstandes durch entsprechende Ausmauerung mit feuerfestem Materiale oder durch Anordnung von Rippen oder durch Vereinigung beider Ausführungen zu erreichen ist. Die Ausmauerung hat den Nachteil, daß eine zeitweise Erneuerung stattfinden muß, die Rippen dagegen, daß sie nur in beschränkterem Maße das Glühen verhindern können.

Die Verminderung der strahlenden Wärme wird durch Anordnung von umschließenden Blechmänteln bewirkt (Mantelöfen), die aber nicht zu einer erschwerten Reinigung der Öfen von Staub führen dürfen. Gegen diese Forderung wird in der Praxis leider vielfach verstoßen.

Der Effekt aller dieser Öfen ist ein wechselnder, da gleichmäßige Wärmeabgabe gleichmäßige Verbrennung bedingt, letztere aber mit einem einfachen Roste, der häufige Bedienung beansprucht, nicht durchzuführen ist.

Ihre Anwendung ist nur für Zwecke schneller Erwärmung von Räumen vor ihrer Benutzung zu empfehlen, d. h. wenn während der Benutzung ein weiterer Heizbetrieb nicht stattzufinden hat, oder für untergeordnete Räume.

Um endlich auch die Bedienung zu vereinfachen und ein gleichmäßiges Verbrennen zu erzielen, hat man Vorrichtungen zur genauen Regelung des Zugs angebracht (Regulieröfen) und dadurch allerdings eine größere Verwendbarkeit der Öfen hervorgerufen.

2. Öfen für schnelles und nachhaltiges Erwärmen der Räume.

Diese Öfen bestehen meist zum Teile aus Gußeisen, zum Teile aus gebranntem Tone. Der gußeiserne Teil dient zur raschen Erwärmung des Raumes, der tönerne Teil zur Wärmeaufspeicherung.

Die Konstruktion ist eine mannigfaltige. Entweder besteht der Feuerraum und häufig noch ein Teil der Feuerzüge aus Gußeisen, der übrige Teil aus Ton, oder auch umgekehrt, oder ein gußeiserner Ofen bildet den Einsatz eines Kachelofens.

Die ersten beiden Sorten von Öfen leisten in der nachhaltigen Erwärmung meist Unbedeutendes, die letzte dagegen hat häufig den Nachteil, daß die Einsatzteile leicht glühend werden und sich nicht vom Staube reinigen lassen. Diese Fehler, die scharfe Verurteilung verdienen, werden in der Praxis leider viel zu wenig beachtet.

3. Öfen für langsames und nachhaltiges Erwärmen der Räume.

Das Material dieser Öfen ist meist Ton. Diese Öfen, unter dem Namen Kachel-, auch Berliner Öfen bekannt, finden große Verwendung. Sie sind aus dem russischen bzw. schwedischen Ofen hervorgegangen (der erstere ist viereckig, der letztere rund), deren Tonkacheln 20 cm stark sind und deren Züge senkrecht steigen und fallen.

Der Berliner Ofen besteht aus meist glasierten Kacheln von ca. 21 cm Breite und 24 cm Höhe bei 1—2 cm Dicke. Die Farbenreinheit der Kacheln wurde früher durch die sogenannte „Wahl“ bestimmt, doch ist man von dieser abgekommen. Es empfiehlt sich vor Bestellung eines Ofens die Einforderung von Probekacheln. Kacheln mit Fehlstellen heißen „bunte Kacheln“.

Die Öfen haben den Vorzug großer Sauberkeit, den Nachteil, daß bis zur Erzielung der vorschriftsmäßigen Wärme in dem betreffenden

Raume mehrere Stunden vergehen. Der Betrieb ist nach verhältnismäßig kurzer Zeit einzustellen, da die Warmhaltung der Räume durch die im Ofenmateriale aufgespeicherte, allerdings nicht mehr regelbare Wärme gesichert wird. Damit nach Einstellung des Betriebs möglichst wenig Wärme nach dem Schornsteine entweichen kann, werden die Öfen mit hermetisch schließenden Türen versehen.

Ein Übelstand fast aller Kachelöfen besteht darin, daß ihr Unterbau gar nicht oder in sehr geringem Maße an der Erwärmung teilnimmt, somit die Forderung der Wärmeabgabe unmittelbar über Fußboden alsdann keine Erfüllung findet.

Die Öfen sind anzuwenden für Räume, in denen der Wärmebedarf ein gleichmäßiger ist und sich nicht viel Menschen aufzuhalten haben (Wohnräume usw.). Durch Einbau eines Kamins läßt sich durch seine Benutzung der Fehler mangelhafter Wärmewirkung während der ersten Betriebsstunden einigermaßen ausgleichen.

4. Öfen für Dauerbetrieb (Dauerbrandöfen).

Das Material dieser Öfen ist behufs schneller Wärmeabgabe Gußeisen. Der ununterbrochene Betrieb wird ohne Inanspruchnahme wesentlicher Bedienung durch einen Vorrat von Brennmaterial gesichert, das allmählich und nach Bedarf zur Verbrennung gelangt (Schüttöfen, Füllöfen). Der ununterbrochene Betrieb gewährt die Möglichkeit einer Vermeidung überhitzter Flächen, wie sie bei unterbrochenem Betriebe nicht erzielt werden kann.

Die Öfen werden vorteilhaft mit Korbrosten nach amerikanischem Muster versehen, die den großen Vorzug haben, daß das zur Verwendung kommende Brennmaterial nicht an den Wandungen der Öfen anliegt, diese daher vor dem Glühendwerden schützen.

Die amerikanischen Öfen (Crownjewel usw.) sind für Anthrazitfeuerung eingerichtet und für anderes Brennmaterial ungeeignet, was bei Beurteilung dieser sonst recht gut konstruierten Öfen in Betracht zu ziehen ist. Backendes Brennmaterial ist überhaupt bei allen Dauerbrandöfen auszuschließen.

Im allgemeinen ist zu sagen, daß die Öfen den Vorzug verdienen, bei denen das Brennmaterial vor Verbrennung vorgewärmt und die hauptsächlichste Wärmeabgabe an ihrem unteren Teile bewirkt wird. Fallende Züge dürfen jedoch keine zu große Höhe besitzen, da sonst bei nicht sehr kräftiger Wirkung des Schornsteins Rauchgase aus den Öfen nach den Zimmern treten können.

Aus den gleichen Gründen sind größere Heizflächen, als unbedingt erforderlich, bei Dauerbrandöfen nicht zu empfehlen. Je größer die Heizflächen sind, um so mehr muß bei verhältnismäßig hoher Außentemperatur, also geringem Wärmebedürfnisse, der Heizbetrieb durch Verminderung des Luftzutritts zum Brennmateriale beschränkt werden. Die Temperatur der abziehenden Gase kann dann mitunter bei Schornsteinen, die der

Abkühlung in besonderem Maße ausgesetzt sind, zur Erzeugung des erforderlichen Zuges nicht mehr genügen; ein Verlöschen des Feuers, unter Umständen aber auch ein Rücktreten der Heizgase nach dem Zimmer ist dann unvermeidlich. Zu empfehlen ist, Öfen, deren Heizgase vom Rost nach ihrem unteren Teil geführt werden sollen, noch mit einem beliebig und hauptsächlich während des Anheizens benutzbaren, über dem Rost liegenden Abzug nach dem Schornstein zu versehen.

Im übrigen haben die auf S. 190 angeführten Bedingungen Erfüllung zu finden.

5. Öfen zur Erwärmung und gleichzeitigen Lüftung der Räume.

Bei diesen Öfen, die meist im Handel unter dem Namen „Ventilationsöfen" geführt werden, ist zu unterscheiden, ob sie nur die einzuführende Luft erwärmen, oder nur für Ableitung von Luft sorgen oder für beide Fälle gleichzeitig geeignet sein sollen. Für Vorwärmung der Zuluft kann jeder Ofen dienen, der von einem Mantel umgeben ist oder in dem Kanäle (Röhren) zum ungehinderten Durchströmen der Luft eingebaut sind.

In der Praxis wird mit diesen Mantelöfen für Zwecke der Lüftung häufig geradezu Unfug getrieben, denn meist umschließt der Mantel den Ofen so eng, daß viel zu wenig Luft hindurchfließen kann, die geringe Menge Luft aber alsdann mit sehr hoher Temperatur austreten muß.

Auch jeder Kachelofen kann zur Vorwärmung der Luft ohne Mühe eingerichtet werden. Sofern Öfen für Erwärmung der Zuluft Anwendung finden sollen, ist stets durch besondere Abluftkanäle, die am besten neben die betreffenden Schornsteine gelegt werden, für eine regelmäßige Lüftung zu sorgen.

Die Öfen, die lediglich für Ableitung der Luft sorgen, führen in den meisten Fällen die Abluft den Schornsteinen zu. Es ist dies als ein Fehler zu bezeichnen, der bereits auf S. 190 gebührende Würdigung gefunden hat.

Im allgemeinen sind überhaupt die Öfen für Erwärmung der Zuluft denen für Erwärmung der Abluft vorzuziehen, weil bei letzteren Unterdruck in den Räumen hervorgerufen wird.

Ventilationsöfen, die gleichzeitig die Erwärmung von Zu- und Abluft bewirken können, kommen verhältnismäßig nur wenig in der Praxis vor, verdienen aber naturgemäß das größere Interesse.

6. Größenbestimmung der Öfen.

Eine Berechnung der Öfen, die Anspruch auf Genauigkeit macht, ist kaum durchzuführen und für die Praxis auch nicht erforderlich. Jeder Ofen läßt sich durch starken Betrieb in seiner Wärmeabgabe wesentlich steigern, so daß schon ein großer Mißgriff vorliegen muß, wenn ein Zimmer durch einen Ofen zu wenig Wärme erhält.

Dies hat dahin geführt, lediglich die Ofengrößen nach dem Kubikinhalte der Räume zu bestimmen. Dies ist ein arger Fehler, der bei Räumen mit großem Wärmebedarfe zu einer ungebührlichen und die Ökonomie schädigenden Überanstrengung der Öfen oder überhaupt zu einem unfreiwilligen Verzichtleisten auf genügende Erwärmung führen kann. Besonders bei Kachelöfen findet man oft eine prachtvolle äußere Ausstattung und einen ungenügenden Effekt. Falsch angebrachte Gutmütigkeit oder auch Unkenntnis der Ofenbesitzer entschuldigt häufig diesen Fehler mit dem Hinweise auf das „schwer heizbare" Zimmer. Rücksichtsloses Vorgehen gegen den Lieferanten eines im Effekte ungenügenden Ofens würde am sichersten eine Besserung solcher Mißstände herbeiführen. Es sollten die Fabrikanten, wie dies ja auch in neuerer Zeit mitunter geschieht, ihre Öfen bei geschontem Betriebe auf ihre Wärmeabgabe prüfen und die Ergebnisse in ihr Preisverzeichnis aufnehmen.

Für Kachelöfen ist bei gewöhnlicher Zimmertemperatur die stündliche Wärmeabgabe zu ungefähr 500 bis 600 WE/qm in Ansatz zu bringen. Für eiserne Öfen bei unterbrochenem Betriebe kann unter gleichen Verhältnissen für einen qm glatter Ofenfläche eine stündliche Wärmeabgabe von etwa 2500 WE, für ebensolche bei ununterbrochenem Betriebe 1500—2000 WE gerechnet werden. Der Wert der glatten zur gerippten Heizfläche von gleicher Grundfläche beträgt etwa 1 : 1,25.

In der Prüfungsanstalt für Heizungs- und Lüftungs-Einrichtungen der Kgl. Techn. Hochschule Berlin sind Versuchsanlagen in Ausführung begriffen, mit denen es möglich sein wird, alle für Ofenheizungen in Betracht kommenden Verhältnisse durch wissenschaftliche Untersuchungen zu klären.

III. Kanalheizung.

Anordnung und Berechnung.

Unter dieser Heizung wird ein horizontaler oder ansteigender, in dem zu erwärmenden Raume liegender Kanalzug verstanden, durch den die Verbrennungsgase hindurchströmen.

Dieser Kanalzug kann gemauert oder aus Gußeisen hergestellt sein; er kann frei im Raume oder in mit Gitter abgedeckten Fußbodenkanälen liegen. Die erstere Art wird häufig bei Gewächshäusern, die zweite wurde früher vielfach bei Kirchen angewendet. Als Kirchenheizung ist sie jedoch nicht zu empfehlen. Die dem Gitterwerk entströmende sehr warme Luft wirkt belästigend für die in der Nähe befindlichen Personen, Staubablagerung auf den Rohrzügen ist trotz vorsichtigster Anordnung der Kanalabdeckung, Entwicklung von Gerüchen während des Betriebs nicht zu vermeiden, unvorsichtiges oder absichtliches Einfegen von Kehricht in den Kanal beim Reinigen der Kirche nicht auszuschließen, auch Feuersgefahr möglich. Die Kanalheizung für Kirchen ist durch die Heißwasserheizung, besonders aber durch die Niederdruckdampfheizung verdrängt worden. Wendet man sie trotzdem für Kirchen an, dann lege man die Kanalzüge möglichst an die Außenwände und führe die zu erwärmende, besonders die an den Fenstern herabsinkende Luft zwangsläufig unter die gußeisernen Heizflächen (s. S. 164).

Da meist dem Kanalzuge eine nur geringe Steigung gegeben werden kann, ist bei langer Ausdehnung am Fuße des Schornsteins die Anordnung eines sogenannten Lockfeuers nötig, das beim Anheizen und bis zur Erwärmung des Schornsteins in Benutzung bleibt.

Um die Erwärmung des Schornsteins während des Betriebes der Anlage genügend zu sichern, ist die Temperatur der in den Schornstein tretenden Rauchgase nicht unter 300° anzunehmen. Für derartige Fälle empfiehlt es sich, eine genaue Berechnung des Schornsteins anzustellen (s. S. 131).

Sofern der Kanalzug unter Fußboden liegt, ist Vorsorge zu treffen, daß durch die Gitter so wenig Staub wie möglich oder sonstige Körper auf die heißen Röhren fallen können. Unmittelbar über den Röhren sind daher Fangschalen anzuordnen, oder es sind an diesen Stellen statt durchbrochener undurchbrochene Abdeckplatten zu wählen, d. h. die Durchbrechungen in den Abdeckungen seitlich anzubringen. Auf die durch die Erwärmung bedingte Ausdehnung der Röhren ist Rücksicht zu nehmen und dafür Sorge zu tragen, daß trotz der hierdurch erforderlichen Beweglichkeit der Röhren ein Austreten von Rauchgasen durch die Dichtungen nicht erfolgen kann.

Die Berechnung der Länge des Kanalzugs oder, wenn mehrere von einer Feuerung abgehen müssen, der Kanalzüge, erfolgt unter Annahme der Querschnitte, die in Summa mindestens gleich der freien Rostfläche sein sollen, nach Maßgabe der Gl. (109) für Einstromfläche. Die Temperatur der die Feuerung verlassenden Verbrennungsgase kann bei Steinkohlen zu 1000° angenommen werden.

Beispiel zur Berechnung einer Kanalheizung.

Aufgabe. Es soll eine Kirche mit gemauerter Decke von 15 m lichter Höhe, deren Fensterflächen (einfaches Glas) 110 qm, deren Wand-, Fußboden-, Decken- und Säulenflächen 2740 qm betragen, durch eine Kanalheizung erwärmt werden. Die niedrigste Außentemperatur ist zu —20°, die verlangte Innentemperatur zu +12°, die Innentemperatur bei Beginn des Anheizens zu 0°, die Anheizdauer zu 6 Stunden anzunehmen. Nach Maßgabe der baulichen Verhältnisse darf die größte Länge eines Heizrohrzuges, der aus Gußeisen hergestellt werden soll, 35 m nicht überschreiten.

Lösung der Aufgabe. **a) Bestimmung der zur Erwärmung stündlich erforderlichen Wärmemenge.** Nach Gl. (105) ist die stündlich erforderliche Wärmemenge zu setzen, wenn die Wärmedurchgangszahl für einfaches Glas $k = 5{,}3$ genommen wird:

$$W = \frac{110 \cdot 5{,}3\,\{12 - (-20)\}}{2} + 2740\left\{40 + \frac{10(12-0)}{6}\right\} = 173728\,.$$

Da die Höhe der Kirche 15 m beträgt, so ist noch ein Zuschlag von $(15 - 12)\,5 = 15\%$ hinzuzufügen, so daß die gesamte in Rechnung zu stellende Wärmemenge $\backsim$ 200 000 WE beträgt.

b) Bestimmung der Fläche, Anzahl und Länge der Rohrzüge. Nimmt man gerippte Heizfläche und die Wärmeabgabe eines Quadratmeters bei der verlangten

Raumtemperatur im Mittel zu 1500 WE an (s. Luftheizung), so ist eine Heizfläche von $\frac{200\,000}{1500} = 133{,}3$ qm erforderlich.

Wählt man für die Rohrzüge oblongen Querschnitt von einer lichten Weite von 0,34 × 0,24 m, so möge das laufende Meter 2 qm Heizfläche besitzen und ist somit ein Rohrzug von $\frac{133{,}3}{2} = 66{,}7$ m Länge erforderlich. Da die größte Länge eines Rohrzuges indes nicht mehr als 35 m betragen darf, sind zwei Rohrzüge von je 33,35 ∾ 34 m anzunehmen.

IV. Gasheizung.

(Siehe Tafel 10).

1. Anwendungsgebiet der Gasheizung.

Unter Gasheizung wird in diesem Kapitel die Heizung mit gewöhnlichem Leuchtgas verstanden.

Die großen Vorzüge, die die Gasheizung in ihrer Sauberkeit, in der leichten Regelung der Wärmeerzeugung, in dem sofortigen Eintritte des Beharrungszustandes der Verbrennung besitzt, werden von keinem anderen Heizungssysteme — mit Ausnahme der elektrischen Heizung — erreicht, ihrer allgemeinen Anwendung stehen jedoch die Teuerkeit ihres Betriebes und bei leichtfertiger Handhabung oder mangelhafter Konstruktion der Heizapparate die Möglichkeit einer gefahrbringenden Explosion entgegen.

Man kann zugunsten der Gasheizung annehmen, daß die nutzbare Wärme von 1 cbm Gas ungefähr gleich der von 1 kg Steinkohle gesetzt werden kann. Beträgt der Preis von 1 cbm Gas 0,12 Mk., von 50 kg Kohle 1,50 Mk., so stellen sich somit die Betriebskosten bei der Gasheizung etwa viermal so hoch, als bei der Steinkohlenfeuerung. Das Anwendungsgebiet der Gasheizung bleibt daher auf Fälle beschränkt, bei denen entweder die Betriebskosten gegenüber den zu erreichenden Vorteilen nicht in Frage zu kommen haben, oder bei denen den Betriebskosten die Kosten der Gaserzeugung zugrunde gelegt werden können. So verdient in letzter Beziehung beispielsweise die Gasheizung bei städtischen Gebäuden (Schulen usw.) Beachtung, wenn das Gaswerk des Orts im Besitze der Stadt sich befindet und diese sich somit das Gas zum Selbstkostenpreise rechnen kann.

Sonderfälle, bei denen Gasheizung angezeigt erscheint, gibt es eine ganze Anzahl. Abgesehen von einzelnen Räumen, die selten, aber in kurzer Zeit erwärmt werden müssen, keine Zentralheizung erhalten, gleichwohl aber von dem Transport des Brennmaterials und der Asche verschont bleiben sollen, empfiehlt es sich, namentlich in Wohngebäuden auch bei Vorhandensein einer Zentralheizung, durchaus, einzelne Räume mit Gasheizung zu versehen. Man erreicht hierdurch den Vorteil, diese Räume in den Übergangszeiten oder bei Eintritt von Erkrankungen unabhängig von der Hauptanlage erwärmen zu können, auch eine gewisse Reserve bei etwa nötiger Reparatur an der Zentralheizung zu besitzen. Zu gleichen

Zwecken läßt sich auch eine unmittelbare Verbindung einzelner Heizkörper der Zentralheizung mit einer Gasheizung und zwar in der Weise herstellen, daß durch einen außerhalb der betreffenden Räume befindlichen Gasofen das erforderliche Wasser erwärmt oder der benötigte Dampf erzeugt und alsdann durch besondere Rohrleitungen den Heizkörpern zugeführt wird. Die Anordnung stellt also dann die Vereinigung einer gewöhnlichen Zentralheizung mit einer kleinen durch Gas betriebenen dar, deren Heizkörper beiden Anlagen gemeinsam sind. Der Vorteil dieser Anordnung gegenüber der Verwendung direkter Gasöfen besteht in dem beachtenswerten Umstand, daß alsdann Gasführung nach den zu erwärmenden Räumen nicht erforderlich ist. Diese „mittelbare Gasheizung“ ist neuerdings von der Deutschen Continental-Gasgesellschaft in Dessau in empfehlenswerter Weise ausgebildet worden.

2. Konstruktion der Gasöfen.

Bei dem hohen Preise des Gases muß naturgemäß auf eine besonders gute Ausnutzung der entwickelten Wärme gesehen und die Heizflächen daher so groß bemessen werden, daß die Abgase mit keiner höheren Temperatur als etwa 100—110° über der Temperatur der Außenluft entweichen. Die Abgase in den zu erwärmenden Raum eintreten zu lassen, muß jedoch jederzeit als unstatthaft bezeichnet werden, da bei unvollkommener Verbrennung des Gases die Produkte von gefährlicher und das Leben bedrohender Wirkung, aber auch bei vollkommener Verbrennung in größerer Anhäufung der Gesundheit nachteilig werden können, außerdem durch ihren Geruch widerlich sind. Auch die im Raume befindlichen Gegenstände können leiden, besonders bei seltnerem Heizbetriebe, da sich alsdann das im Rohgase enthaltene Wasser gemeinsam mit den Säuren der Verbrennungsgase (schweflige Säure, Schwefelsäure) an den kalten Körpern (Wänden) niederschlagen und Zerstörungen herbeiführen kann. Beispielsweise wird Marmorbekleidung durch die Abgase sehr leicht angegriffen.

Der „Deutsche Verein von Gas- und Wasserfachmännern“ hat sich das Verdienst erworben, durch seine „Heizkommission“ unter Mitwirkung des Verfassers eine „Anleitung zur richtigen Konstruktion, Aufstellung und Handhabung von Gasheizapparaten“*) bearbeitet und herausgegeben zu haben, der zum Teil das Nachstehende entnommen worden ist.

Die Konstruktion der Gasöfen muß nach dem oben Gesagten jederzeit eine solche sein, daß auch bei zeitweisem Versagen des Abzugs der Verbrennungsprodukte weder eine unvollkommene Verbrennung noch gar ein Verlöschen der Flammen, also höchstens einmal ein Entweichen der aus vollkommener Verbrennung herrührenden Abgase nach den zu erwärmenden Räumen stattfinden kann.

---

*) Zu beziehen von der Verlagsbuchhandlung R. Oldenbourg, München und Berlin.

Um die Erfüllung dieser Forderung festzustellen, ist es nur nötig, den Gasofen vor endgültiger Aufstellung in Betrieb zu nehmen und hierbei den Abzug der Verbrennungsprodukte zu verschließen. Tritt alsdann ein unruhiges, flackeriges Brennen der Flammen ein, ziehen sie sich in die Länge und verlieren die leuchtenden Flammen an Leuchtkraft oder erhalten die nichtleuchtenden Flammen leuchtende Spitzen, so ist dies ein Zeichen, daß eine vollkommene Verbrennung des Gases nicht stattfindet.

Ob leuchtende oder nichtleuchtende Flammen bei Gasöfen Anwendung finden, ist zwar für die Wärmeerzeugung ohne Bedeutung, gleichwohl sind leuchtende Flammen vorzuziehen, da sie eine sicherere Aufsicht gewähren, auch weniger leicht als nichtleuchtende Flammen versagen, nur ist bei ihnen darauf zu achten, daß sie nicht die Flächen des Gasofens berühren.

Fallende Züge sind in einem Gasofen — da sie negativen Auftrieb haben — tunlichst zu vermeiden, jedenfalls müssen ihnen steigende Züge von solcher Höhe vorgeschaltet sein, daß die Bewegung der Abgase einwandfrei eingeleitet wird und der gesamte Auftrieb der Anlage auch bei der für ihn ungünstigsten, d. h. höchsten Außentemperatur eine sichere Ableitung der Abgase gewährleistet.

Die Brennerrohre eines Gasofens sind derartig anzuordnen, daß das Brennen der Flammen beobachtet werden kann, ohne am Ofen Türchen öffnen zu müssen. Die Brenneröffnungen müssen so nahe aneinanderliegen, daß sich bei voller Hahnöffnung die Entzündung einer auf die andere stets sicher fortpflanzt.

Die Entflammung des Gases hat durch unabhängige, während des Betriebs beständig brennende Zündflammen zu erfolgen, so daß der Gaszufluß zum eigentlichen Brenner beliebig geändert, auch zeitweilig unterbrochen werden kann, ohne ein erneutes Entzünden der Zündflammen erforderlich zu machen.

Bei der Konstruktion und Anwendung der Gasöfen sollte unterschieden werden, ob sie für Räume, die nur in längeren Unterbrechungen benutzt werden, alsdann aber schnell auf die gewünschte Temperatur gebracht werden sollen, oder für täglich benutzte Räume bestimmt sind. Im ersteren Fall können die Öfen unter Vollbetrieb stehen, im letzteren dagegen muß der Betrieb stets der Außentemperatur angepaßt werden, es darf somit nur die dieser entsprechende Gasmenge zur Verbrennung gelangen. Es ist alsdann bei Schornsteinen, die kalt, z. B. in Außenwänden, gelegen sind (was allerdings jederzeit vermieden werden sollte), die Möglichkeit vorhanden, daß durch die bedeutende Abkühlung der Abgase der genügende Auftrieb nicht mehr vorhanden ist. Es empfiehlt sich in solchen Fällen die Gasöfen aus gleichwertigen, für sich unabhängig voneinander betriebsfähigen Elementen zusammenzusetzen, also sie in Gestalt eines Gliederheizkörpers zu konstruieren. Mit Außerbetriebsetzung eines Elementes darf natürlich auch durch dieses — um den Schornstein in seiner

Zugkraft nicht zu beeinträchtigen — keine Luft mehr strömen können. Die empfohlene Konstruktion hat auch den Vorteil, daß sich in den Öfen der in den Abgasen enthaltene Wasserdampf nicht niederschlagen und auf diese Weise auch nicht in Verbindung mit den in den Abgasen enthaltenen Säuren zur raschen Vernichtung des Heizapparates führen kann.

3. Aufstellung der Gasöfen.

Wie bereits erwähnt, ist bei Gasöfen jederzeit für einen sicher wirkenden Abzug der Verbrennungsprodukte Sorge zu tragen. Die für einen solchen erforderlichen Schornsteine müssen daher vor Wärmeabgabe tunlichst geschützt, somit möglichst nur in Mittel- oder Scheidewände gelegt werden. Hieraus ergibt sich die Aufstellung der Gasöfen von selbst.

Die Querschnitte der Schornsteine sind nicht größer als unbedingt erforderlich zu machen, damit die Abgase sich nicht unnötig abkühlen, rasch entfernt werden und keine Gegenströmungen der Außenluft eintreten können. Nach der oben angeführten, vom Deutschen Verein von Gas- und Wasserfachmännern herausgegebenen „Anleitung" sollen die Querschnitte der Schornsteine nach folgender Aufstellung gewählt werden:

Stündlicher Gasverbrauch	Weite des Gasrohrs			Weite des Schornsteins	
	Durchmesser		Querschnitt	Querschnitt	Durchmesser
cbm	Zoll	mm	qmm	qcm	cm
0,2	3/8	9,5	71	14	5
0,6	1/2	12,5	123	25	6
1,2	5/8	16,0	201	40	8
2,0	3/4	19,0	284	57	9
3,8	1	25,5	511	102	12
7,5	1 1/4	32,0	804	161	15
12,0	1 1/2	38,0	1134	227	17
27,0	2	51,0	2043	409	22

Da sich der in den Abgasen enthaltene Wasserdampf an den Schornsteinwänden niederschlägt, sofern deren Temperatur unter der jeweiligen Taupunkttemperatur liegt, so ist durch die Ausführung der Schornsteine dafür Sorge zu tragen, daß das Wasser nicht die Wandungen durchdringt. Am besten ist es für die Schornsteine dicht verbundene Tonröhren zu verwenden, sie aber wegen ihrer Ausdehnung durch die Wärme der Abgase nicht in feste Verbindung mit dem Mauerwerk zu bringen. An den tiefsten Stellen der Schornsteine ist für leichte oder auch selbsttätige Entfernung des Niederschlagswassers Vorsorge zu treffen, auch hat der Anschluß der Schornsteine an die Gasöfen derartig zu erfolgen, daß Niederschlagswasser in die Öfen nicht zurückströmen kann.

Am besten ist es, die Schornsteine der Gasöfen unter Dach münden zu lassen und den Dachraum vor Windeinflüssen zu schützen und genügend zu lüften. Ist eine solche Anordnung nicht angängig, so sind die Schornsteine über Dach zu führen und erforderlichenfalls mit einem Sauger zu versehen.

Empfehlenswert ist bei vor Wärmeabgabe nicht gut geschützten Schornsteinen und bei Räumen mit längerer Unterbrechung ihrer Benutzung die Anordnung einer Gasflamme am Austritt der Verbrennungsgase aus dem Heizkörper, um die Bewegung der Abgase in sicherer Weise einzuleiten.

Bei Räumen, bei denen die Schornsteine in die Außenwände gelegt werden müssen, wie z. B. häufig bei Kirchen (für die allerdings in erster Linie stets die Anlage einer Zentralheizung in Rücksicht gezogen werden sollte), ist es ratsam, die Ableitung der Abgase durch Anordnung von Ventilatoren sicher zu stellen.

4. Größenbestimmung der Gasöfen.

Je nach der Beschaffenheit des Gases kann man auf eine nutzbare Wärmeerzeugung von 4000—5000 WE für das cbm rechnen. Bei der geforderten Ableitung der Produkte nach einem Schornsteine sind von den gegebenen Werten 10—12% in Abzug zu bringen.

Nach den dem Verfasser gemachten Mitteilungen der städtischen Gaswerke kann man bei dem Berliner Leuchtgase mit einer Dichtigkeit von 0,433, und wenn die Verbrennungsprodukte unmittelbar in den zu erwärmenden Raum eintreten würden, mit einer Wärmemenge von 4800 WE rechnen. 1 cbm Berliner Leuchtgas gebraucht zur vollkommenen Verbrennung 5,079 cbm Luft, gibt alsdann 5,782 cbm Verbrennungsgase mit einer spezifischen Wärme bei konst. Vol. von 0,199. Die theoretische Verbrennungstemperatur ist hierbei 3770°.

Die Wirkung der Heizfläche eines Gasofens ist, abgesehen von der Gasmenge, die zur Verbrennung gelangt, abhängig von ihrer Gestalt; jede Fabrik hat die Heizkraft ihrer Gasöfen und den erforderlichen Gasdruck anzugeben und für erstere, sowie für die geforderte Temperatur der abziehenden Verbrennungsprodukte Gewähr zu leisten.

Elftes Kapitel.

Warmwasserheizung.

Jede Warmwasserheizung besteht im wesentlichen aus einem in sich geschlossenen mit Wasser gefüllten Rohrsystem, in das die Heizflächen zur Wärmeaufnahme und Wärmeabgabe an geeigneten Stellen eingeschaltet sind. Durch Kreislauf des Wassers in der Anlage wird die erforderliche Wärmeverteilung bewirkt.

Man unterscheidet je nach der Höhe der Erwärmung des Wassers:

1. Niederdruck-Warmwasserheizung,
2. Mitteldruck-Warmwasserheizung,

außerdem aber:

a) Gewöhnliche Warmwasserheizung oder Schwerkraft-Warmwasserheizung, sofern der Kreislauf in der Anlage lediglich durch die Temperaturverhältnisse des Wassers hervorgerufen wird,
b) Schnellstrom- oder Schnellumlauf-Warmwasserheizung, sofern durch Beimengung eines leichteren Körpers (Dampf, Luft usw.) zu dem im Rohrsystem aufsteigenden Wasser ein beschleunigterer Kreislauf gegenüber dem lediglich durch Temperaturverhältnisse bewirkten erzielt wird,
c) Warmwasserheizung mit Pumpenbetrieb (Fern-Warmwasserheizung), sofern die Temperaturverhältnisse für den Kreislauf des Wassers infolge großer, besonders durch weitverzweigte horizontale Ausdehnung der Anlage bedingter Widerstände nicht ausreichen und daher zum Hervorrufen oder Unterstützen der Wasserbewegung das Einschalten einer Pumpe sich als nötig erweist.

Da die Hygiene möglichst niedrig, d. h. nicht über 70—80° temperierte wärmeabgebende Heizflächen fordert, insofern der mit ihnen in Berührung kommende organische Staub bei höherer Temperatur unangenehme oder der Gesundheit nachteilige Zersetzungsprodukte liefern kann, und da ferner bei über 100° erwärmtem Wasser nicht unbedingt jede Explosionsgefahr ausgeschlossen erscheint, werden Warmwasserheizungen nur höchst selten noch als Mitteldruckanlagen ausgeführt.

Im Äußeren unterscheiden sich Nieder- und Mitteldruck-Warmwasserheizungen voneinander nur dadurch, daß die ersteren an ihrem höchsten Punkt unmittelbar mit der Atmosphäre in Verbindung stehen, die letzteren durch eine Sicherheitsvorrichtung geschlossen sind — die Besprechung beider kann daher gemeinschaftlich erfolgen.

A. Anordnung und Ausführung der Warmwasserheizung.

I. Die verschiedenen Ausführungsformen der Warmwasserheizung und deren Anwendungsgebiet.

1. Schwerkraft-Warmwasserheizung.

Werden zwei mit Wasser gefüllte aufsteigende Rohrzüge oben und unten miteinander verbunden und dem einen Rohrzuge an einer Stelle Wärme zugeführt, dem andern an einer höher liegenden Stelle Wärme entzogen, dann stehen die beiden Wassersäulen infolge des durch die

Erwärmung bzw. Abkühlung hervorgerufenen Unterschieds der Dichtigkeit nicht mehr im Gleichgewichte und es muß ein Fallen der abgekühlten und ein Steigen der erwärmten Wassersäule eintreten. Bleibt die Wärmezuführung und Wärmeableitung eine stetige, so wird auch eine fortdauernde Bewegung des Wassers in dem gesamten Rohrzuge stattfinden.

Je größer die senkrechte Entfernung zwischen den beiden vorerwähnten Stellen ist, um so größer gestaltet sich der Druckunterschied der beiden Wassersäulen und um so schneller wird an und für sich die Bewegung des Wassers vor sich gehen.

Bei der Wasserheizung findet nun zwar die Wärmeaufnahme und Wärmeabgabe nicht an einer Stelle statt, indessen ist es zulässig, diese Vorgänge sich in eine mittlere Ebene der betreffenden Heizflächen verlegt zu denken (s. Berechnung der Rohrleitung). Die Lage der wärmeabgebenden Heizflächen ist nach Maßgabe der zu erwärmenden Räume bestimmt, es empfiehlt sich daher stets die wärmeaufnehmenden Heizflächen möglichst tief, d. h. im Kellergeschosse unterzubringen.

Ein Wasserheizungssystem kann dem Gesagten zufolge aus einer in sich geschlossenen Rohrleitung bestehen. Alsdann ist der für die Wärmeaufnahme bestimmte Teil in irgendeiner Form aufzuwinden und dem Feuer auszusetzen, der für die Wärmeabgabe bestimmte Teil beliebig in dem betreffenden Raume anzuordnen.

Bei Warmwasserheizung ist die Möglichkeit, die wärmeaufnehmende Heizfläche in der angedeuteten Weise auszubilden, im Hinblick auf ihre erforderliche Größe nur bei kleinen Anlagen möglich (z. B. bei Erwärmung eines einzelnen Raumes), während die wärmeabgebende Heizfläche in Form von einfacher Rohrleitung in der Praxis öfter und dann Verwendung findet, wenn sie bequem und ohne Störung für die Benutzung des betreffenden Raumes angeordnet werden kann (Gewächshäuser). In den meisten Fällen jedoch werden die Heizflächen als eine Erweiterung des Rohrstrangs (Heizkessel bzw. Heizkörper) ausgebildet und somit die Möglichkeit geschaffen, auf kleinem Raume eine große Heizfläche unterzubringen. Es ist nun nicht erforderlich, für jeden zu erwärmenden Raum ein in sich geschlossenes System anzuwenden, sondern es kann für eine große Anzahl Räume **ein** Heizkessel und für Leitung des Wassers von dem Kessel nach den Heizkörpern und von diesen zurück nach dem Kessel zum Teile **gemeinsame** Rohrleitung angeordnet werden.

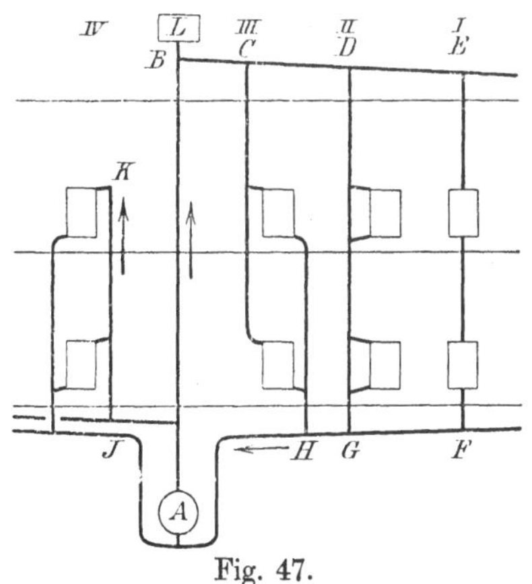

Fig. 47.

Die Grundformen für die in der Praxis gebrauchten Anordnungen gehen aus Fig. 47 hervor.

Auf der rechten Seite wird ein Teil des Wassers vom Kessel A vermittels des Steigerohres AB bis zum höchsten Punkte der Anlage und von dort aus durch ein Verteilungsrohr $BCDE$ nach den einzelnen Fallsträngen EF, DG, CH geleitet. Diese führen das Wasser durch die Heizkörper hindurch nach dem Sammelrohre FGH, das mit dem tiefsten Punkte des Kessels in Verbindung steht. Auf der linken Seite wird das Kesselwasser unterhalb der Heizkörper verteilt und das Verteilungsrohr mit den übereinanderliegenden Heizkörpern durch einzelne Steigeröhren verbunden.

Die Stränge I und II stellen das sogenannte „Einrohrsystem", die Stränge III und IV das sogenannte „Zweirohrsystem" dar.

Bei der Stranganordnung I werden die Heizkörper meist in Gestalt einfacher senkrechter Röhren von verhältnismäßig großer Höhe ausgeführt und die Anlage alsdann in der Praxis mit dem Sondernamen „Standrohrheizung" belegt. Da das gesamte Fallstrangwasser einen jeden Heizkörper durchströmen muß, so ist dessen einseitige Regelung der Wärmeabgabe nicht möglich. Die Anordnung eignet sich, da auch die Temperatur infolge der großen Höhe der Standröhren unter der Decke eine unverhältnismäßig höhere als über Fußboden ist, besonders für solche Räume, in denen diese Wärmeverteilung zwecks guter Lüftung erwünscht ist, und die stets unter gleichen Verhältnissen stehen (Küchen, Aborte usw.).

Bei der Stranganordnung II — die gewöhnliche Ausführung des Einrohrsystems — ist zwar eine einseitige Regelung der Wärmeabgabe der Heizkörper durch Ventile möglich, aber die Temperaturen des Wassers in den Heizkörpern stehen in Abhängigkeit voneinander. Die Anordnung, die infolge der Notwendigkeit nur eines Fallstrangs gewisse Vorteile der Ausführung bietet und ein elegantes Aussehen gewährt, ist zu empfehlen, wenn eine sich öfter wiederholende Ausschaltung einzelner Heizkörper von dem Heizbetrieb nicht anzunehmen ist. Bei einer Pumpenheizung besitzt das Einrohrsystem gewisse Vorteile und Nachteile gegenüber dem Zweirohrsystem, auf die an betreffender Stelle zurückgekommen werden wird.

Bei dem Zweirohrsystem, also bei der Stranganordnung III und IV, ist jeder Heizkörper in seiner Wärmeabgabe und deren Regelung durch Ventile insofern unabhängig von den übrigen Heizkörpern, als keiner das Abwasser eines anderen erhält. Das Zweirohrsystem stellt daher die mit Recht gebräuchlichste Form der Schwerkraftwarmwasserheizung dar. Die Verteilung des Wassers von oben oder von unten gestattet auch die weitgehendste Möglichkeit der Ausführung, z. B. dürfte sich in vielen Fällen, in denen die Heizkörper in den Fensternischen Aufstellung finden sollen, die in Fig. 48 dargestellte Stranganordnung empfehlen.

Welche Verteilung des Wassers — ob von oben oder von unten — in Anwendung zu kommen hat, muß von Fall zu Fall entschieden werden. Bei der Verteilung des Wassers über den Heizkörpern wird die Anlage etwas teurer durch das gemeinsame Hauptsteigerohr AB; die Wärme, die das Verteilungsrohr trotz Umwicklung mit schlechten Wärmeleitern abgibt, geht, sofern das Rohr auf dem Dachboden liegt, verloren; die Kontrolle ist erschwert. Dagegen ist der Vorteil vorhanden, daß im Keller nur die Sammelleitung untergebracht werden muß, vor allen Dingen aber, daß vom Kessel aus das Wasser unmittelbar bis zum höchsten Punkte steigen kann, also sofort seine Bewegung in vollkommenster Weise eingeleitet wird. Zu empfehlen ist also die Anordnung immer — sie kann sogar zur Notwendigkeit werden — wenn sich der Heizkessel in großer horizontaler Entfernung von dem nächsten Heizkörper befindet und der Keller eine geringe Höhe besitzt. Die Vorzüge und Nachteile der Verteilung des Wassers von unten ergeben sich aus dem soeben Gesagten von selbst. (Siehe auch Berechnung der Rohrleitung.)

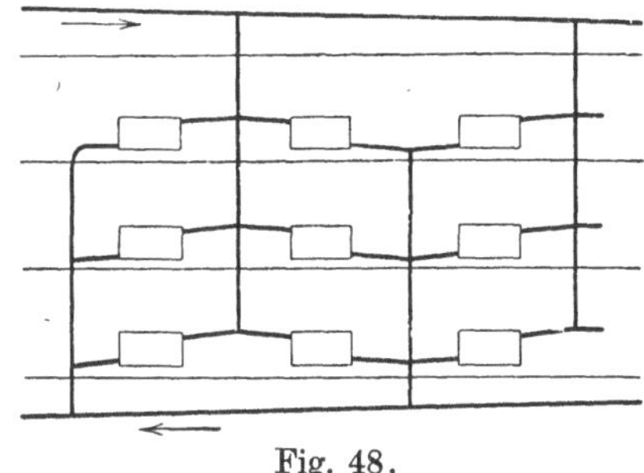

Fig. 48.

Naturgemäß kann auch bei dem Zweirohrsystem von dem Kessel aus nach jedem Heizkörper und von diesem aus nach dem Kessel ein besonderes Rohr gelegt werden; in der Praxis findet indes diese Anordnung, da sie teuer und nur in vereinzelten Fällen wünschenswert ist, selten Anwendung. Häufiger dagegen wird gemeinsame Zuleitung bis zu den Heizkörpern, wie in Fig. 47 angegeben, und für jeden Heizkörper getrennte Rückleitung gewählt. Der Zweck dieser Anordnung besteht in der dadurch erzielten Möglichkeit, die Ventile der Heizkörper, durch die der Wasserumlauf und somit die Wärmeabgabe geregelt wird, aus den zu erwärmenden Räumen heraus, etwa nach dem Keller verlegen zu können.

In der Praxis bezeichnet man meist mit „Vorlauf" den vom Kessel nach den Heizkörpern, mit „Rücklauf" den von den Heizkörpern nach dem Kessel stattfindenden Wasserlauf.

Da die gesamte Anlage einer Warmwasserheizung mit Wasser gefüllt ist und sich das Wasser bei der Erwärmung ausdehnt, muß Vorsorge getroffen werden, daß eine entsprechende Wassermenge aus der Anlage aus- und nach Einstellen des Betriebes wieder in die Anlage eintreten kann. Zu diesem Zwecke wird ein genügend großes in Fig. 47 mit L bezeichnetes Gefäß — das sogenannte Ausdehnungs- oder Expansionsgefäß — mit dem höchsten Punkte der Anlage verbunden.

Bei der Wasserverteilung von oben entweicht die gesamte Luft, beim Füllen der Anlage oder die sich aus dem Wasser ausscheidet, durch das Ausdehnungsgefäß, bei der Wasserverteilung von unten kann Luftansammlung in den obersten, nicht mit dem Ausdehnungsgefäße in Verbindung stehenden Heizkörpern und deren Zulauf stattfinden. Letztere müssen daher mit einer Vorrichtung zum Entlüften versehen werden. Man kann hierfür von Hand bediente Lufthähne oder Luftschrauben anwenden, die beste Vorrichtung ist aber die selbsttätige, d. h. ein einfaches Rohr (Luftleitung), das von dem höchsten Punkte der Rohrleitung abzweigt und mit dem Ausdehnungsgefäße verbunden wird. Die Luftleitungen mehrerer Stränge können selbstverständlich zusammengeführt und durch ein gemeinsames Rohr mit dem Ausdehnungsgefäße verbunden werden. Diese Luftleitungen sind also zweckmäßig jederzeit bei Anlagen anzuordnen, bei denen der gemeinsame Vorlauf unterhalb der Heizkörper sich befindet.

Die gesamte Anlage soll durchgängig mit Wasser gefüllt sein, d. h. es darf nirgends zur Vermeidung von Bewegungsstörungen eine Ansammlung von Luft stattfinden.

Als Grundsatz ist daher aufzustellen: Das Wasser hat vom Eintritte in den Kessel ab bis zum höchsten Punkte der Anlage stetig, wenn auch nach den baulichen Verhältnissen in verschiedenem Maße, zu steigen, von dort ab stetig zu fallen. Muß eine Abweichung hiervon in vereinzelten Fällen (z. B. bei Umgehung eines nicht zu beseitigenden Hindernisses) eintreten, dann sind die Punkte, an denen sich Luft ansammeln kann, mit Entlüftungsvorrichtungen, am besten in Gestalt von Luftleitungen, die zweckmäßig im Ausdehnungsgefäß münden, zu versehen.

Das Anwendungsgebiet der Schwerkraft-Warmwasserheizung ist ein umfangreiches. Die große spezifische Wärme des Wassers bedingt es, daß schon durch Abkühlung von nur 20—30° einer verhältnismäßig geringen Wassermenge eine ziemlich bedeutende Wärmemenge durch Heizkörper an die Luft übertragen wird, und die Dichtigkeit des Wassers bei verschiedenen Temperaturen ist unterschiedlich genug, um allein durch die Druckdifferenz zweier 20—30° verschieden warmer Wassersäulen in ziemlich engen Rohrleitungen verhältnismäßig bedeutende Wassermengen fördern zu können. Da mit der Höhe dieser Wassersäulen der Druckunterschied zunimmt, so ergeben sich die Rohrquerschnitte um so kleiner, je höher die wärmeabgebenden Heizkörper über dem wärmeaufnehmenden Kessel liegen. Bei genügendem Schutze der das erwärmte Wasser leitenden Röhren kann unter Umständen bis 150 m horizontale Entfernung und mehr von einer Kesselanlage der Heizbetrieb ausgedehnt werden. Die Antwort auf die Frage, ob in einem Gebäude anstatt einer Heizstelle mehrere Heizstellen erforderlich oder vorteilhafter sind, oder ob zweckmäßiger eine Pumpenheizung anzuwenden ist, kann lediglich durch Berücksichtigung der baulichen Verhältnisse und durch eine Berechnung gegeben werden.

Da ohne Schwierigkeit bei einer Kesselanlage jede gewünschte Wassertemperatur innerhalb der bestimmten Grenzen eingehalten werden kann, so gestattet die Wasserheizung eine generelle Regelung der Gesamtwärmeabgabe der in den Räumen befindlichen Heizkörper lediglich durch den Heizbetrieb — ein Vorteil, den kein anderes Heizsystem in gleichem Maße aufzuweisen hat. Auch der bei richtiger Ausführung unbedingt geräuschlose und ökonomische Betrieb der Warmwasserheizung und die fast unbegrenzte Haltbarkeit einer sorgfältig ausgeführten Anlage müssen als besondere Vorteile hervorgehoben werden.

Ein gewisser Nachteil haftet der Warmwasserheizung infolge der großen spezifischen Wärme des Wassers insofern an, als in dem Erwärmen und Abkühlen des Wassers eine gewisse Trägheit vorhanden ist. Die Anwendung der Warmwasserheizung als örtliche Heizung ist daher überall da auszuschließen, wo es sich, wie z. B. bei Versammlungsräumen, Theatern usw. darum handelt, vor Benutzung der Räume über eine schnelle Erwärmung, nach eintretender Benutzung über eine schnelle Abkühlung der Heizkörper zu verfügen. Auch die Möglichkeit des Einfrierens der Heizkörper wird mitunter als Nachteil angeführt.

Durch richtiges Bemessen des Wasserinhaltes der Heizkörper (s. A. II dieses Kap.) kann der Fehler der Trägheit in der Erwärmung und Abkühlung des Wassers sehr abgeschwächt, vielfach unfühlbar gemacht werden, ebenso gibt es genügend Mittel, der Gefahr des Einfrierens — sofern man überhaupt allgemein von einer solchen sprechen kann, da sie nur bei gröbster Vernachlässigung seitens der Bedienung möglich wird — zu begegnen (s. IV, 2 dieses Kap.).

Die Warmwasserheizung eignet sich somit nach dem Gesagten wie kein anderes Heizsystem in hygienischer, technischer und wirtschaftlicher Beziehung hauptsächlich für Räume, in denen eine angenehme, gleichmäßige Wärme gefordert wird (Wohngebäude, Schulen, Krankenhäuser, Verwaltungsgebäude, Museen, Gewächshäuser usw.).

2. Schnellumlauf-Warmwasserheizung.

Die Bewegung des Wassers in einer gewöhnlichen Warmwasserheizung beruht auf dem Gewichtsunterschied zwischen den beiden den Rücklauf und den Vorlauf bildenden Wassersäulen der Anlage. Dieser Gewichtsunterschied ist, da das Wasser im Vor- und Rücklauf nur eine um 20 bis 30° verschiedene Temperatur besitzt, bei der Höhe unserer gewöhnlichen Gebäude so gering, daß die durch ihn in dem Rohrsystem bedingte Geschwindigkeit des Wassers kaum 0,3 m/Sek. übersteigen dürfte.

Verringert man das Gewicht des Vorlaufwassers durch Beimengung von Dampf oder Luft, bzw. durch Erzeugung von Dampf innerhalb des Wassers, so wächst naturgemäß der Gewichtsunterschied, auch wird der Auftrieb durch den beigefügten leichteren Körper beschleunigt, das Wasser fließt schneller in der Anlage, die Rohrdurchmesser können daher für den Transport der gleichen Wärmemenge bedeutend verkleinert und die Wasserläufe auf größere horizontale Entfernung ausgedehnt werden und durch den Umstand, daß die Zunahme des Gewichtsunterschiedes nicht durch die Wassererwärmung, sondern durch die Beimengung leichterer Körper zum Wasser des Vorlaufs erfolgt, ist die Möglichkeit gegeben, tiefer als der Kessel liegende Heizkörper in gleicher Weise wie die höher liegenden in die Anlage einschalten zu können.

Diese Vorteile haben, nachdem zuerst Kapitän Reck mit der ersten wohldurchdachten Schnellumlaufheizung auftrat, eine große Anzahl der verschiedensten Systeme und zahlreiche Ausführungen derartiger Anlagen entstehen lassen.

Bei jeder Schnellumlaufheizung muß das Wasser der Anlage zunächst durch einen Strang nach oben geführt werden. Das Naturgemäße ist es alsdann, wenn nicht zwingende Gründe dagegen sprechen, auch seine Verteilung oben, also über den Heizkörpern vorzunehmen. Die Schnellumlaufheizung wird verteuert und gewinnt etwas Gezwungenes, wenn die Verteilung von unten erfolgen soll, da alsdann das Wasser zunächst von unten nach oben, von dort wieder nach unten geführt werden muß, um alsdann nochmals den Weg von unten nach oben durch die Heizkörper hindurch zurückzulegen.

Überhaupt können vom ökonomischen Standpunkte Schnellumlaufheizungen nur bei größeren Gebäuden in Anwendung gebracht werden, da bei kleineren Anlagen die Ersparnisse infolge Verringerung der Rohrdurchmesser, Anwendung kleinerer Ventile usw. durch die notwendigen Sonderkonstruktionen und Ausführungen in den Hintergrund treten und gewöhnliche Warmwasserheizungen sich daher billiger stellen.

Den obenerwähnten Vorteilen stehen aber auch direkte nicht zu unterschätzende Nachteile gegenüber, die — abgesehen von der ökonomischen Seite — die berechtigte Anwendung der Schnellumlaufheizungen bedeutend einschränken.

Die kleineren Rohrdurchmesser und die größere Wassergeschwindigkeit haben den Nachteil, die erwünschte Feinheit der Temperaturregelung durch die Ventile zu verringern, da eine geringe Änderung der Ventilstellung genügt, um die durchfließende Wassermenge prozentual bedeutend zu verändern. Die Bedienung der Anlage erfordert mehr Verständnis, als die der gewöhnlichen Warmwasserheizung, ein Nachteil, der in manchen Fällen störend empfunden werden kann. Bei einigen Systemen mit Dampfbetrieb entstehen besonders beim Anheizen mitunter Geräusche, die sich bis in die beheizten Räume erstrecken.

Der bedeutendste Nachteil der Schnellumlaufheizungen, sofern wie bei den meisten Systemen für die Zumischung zum Vorlaufwasser Dampf verwendet wird, besteht aber darin, daß das Wasser mit hoher Temperatur in die Heizkörper eintritt, d. h. ein Anpassen der Wassertemperatur an den jeweilig erforderlichen Gesamtwärmebedarf, also eine generelle Regelung — dieser Hauptvorzug der gewöhnlichen Warmwasserheizung — nicht oder doch nicht in dem gewünschten Maße möglich ist. Die Anlagen nähern sich also in diesen Beziehungen der Niederdruckdampfheizung. Den Fehler etwa dadurch ausgleichen zu wollen, daß man die Heizkörper mit selbsttätigen Wärmereglern versieht, führt zu keinem zufriedenstellenden Ergebnis. (Siehe IV, 2: Regelung der Wärmeabgabe der Heizkörper.)

War man früher bestrebt, die Wirkung der Niederdruckdampfheizung in bezug auf milde Wärme und Regelbarkeit der Warmwasserheizung möglichst zu nähern, so entkleidete man durch die Einführung der Schnellumlaufheizung die Warmwasserheizung zum Teil wieder ihrer wesentlichen Vorzüge, ohne ihr neue bedeutsame zuzuweisen.

Der Vorteil, tiefer als der Kessel liegende Heizkörper in die Anlage einschalten zu können, muß wohl als ein solcher bezeichnet werden, der in gleichem Umfange der gewöhnlichen Warmwasserheizung fehlt. Gleichwohl wird es nicht immer nötig sein, bei notwendiger Beheizung einiger tiefer als der Kessel liegender Räume eine Schnellumlaufheizung für das ganze Gebäude anwenden zu müssen. Bei der gewöhnlichen Warmwasserheizung lassen sich tiefer als der Kesselraum liegende Räume in zweierlei Weise erwärmen, und zwar entweder bei Anwendung des Einrohrsystems durch die Anordnung tiefer als der Kessel stehender Heizkörper, sofern über diesen höherstehende vorhanden sind, oder durch hoch in den Räumen angeordnete Heizkörper, sofern diese mit je einem bis zum Fußboden reichenden, daselbst und unter der Decke mit Öffnungen versehenen Mantel umkleidet werden. Auch bei einer Niederdruckdampfheizung ist es möglich, tiefer als der Kessel stehende Heizkörper regelbar zu erwärmen, sofern für diese mit Hilfe des Kesselwassers und des im Kessel durch die Dampfblasen erzeugten Auftriebes eine kleine Sonder-Schnellumlaufheizung geschaffen wird (Patent Rud. Otto Meyer).

Den anerkennenswerten Bestrebungen Recks ist es allerdings in letzter Zeit gelungen, ein neues System zu schaffen („Warmwasserschnellumlauf mit Mischwassereinrichtung"), bei dem die generelle Regelung der Wassertemperatur möglich und somit der oben angeführte Nachteil beseitigt wird. Reck erreicht die generelle Regelung dadurch, daß er den Schnellumlauf von der eigentlichen Heizanlage, für die er Schwerkraftwirkung beibehält, trennt und entweder dem Rücklauf der gesamten Heizanlage (s. Fig. 50), oder dem Rücklauf eines jeden Fallstranges (s. Fig. 51) oder einer Gruppe von Fallsträngen durch die Schnellumlaufanlage nur immer soviel hoch erwärmtes Wasser zufügt, als der jeweilig erforderlichen Wärmeabgabe der Heizkörper zu entsprechen hat. Im ersten Fall besteht aber der einzige Vorteil der Ausführung gegenüber der einer gewöhnlichen Warmwasserheizung in der Möglichkeit, die Stelle für die Zumischung des hocherwärmten Wassers zum Rücklaufwasser der Heizanlage etwas tiefer als — unter Annahme gleicher Fußbodenverhältnisse — die Mitte eines Kessels anordnen zu können, somit eine etwas größere wirksame Druckhöhe zu gewinnen. Im zweiten Fall dagegen, bei dem auch die Wasserverteilung nach den einzelnen Steige- und Fallsträngen von der Schnellumlaufanlage übernommen wird, besteht der Vorteil — abgesehen von der hierdurch bedingten Verkleinerung der Rohrdurchmesser der Verteilungsleitungen — darin, daß die Heizanlage in so viele Einzelanlagen, als Fallstränge vorhanden sind, zerlegt, somit die wirksame Druckhöhe eines jeden Fallstranges nur durch die in ihm auftretenden Widerstände aufgebraucht wird, mithin auch die Rohrdurchmesser der Fallstränge gegenüber einer gewöhnlichen Warmwasserheizung sich verkleinern.

Die derartig ausgeführten Anlagen lassen sich durch Ventilstellung auch als eine gewöhnliche Schnellumlaufheizung betreiben, allerdings dann wieder unter Aufgabe der angestrebten generellen Regelung. Soll die Anlage stets wie eine gewöhnliche Warmwasserheizung mit den Vorzügen der generellen und der Selbstregelung des Wasserumlaufs arbeiten, dann unterliegen auch tiefer als der Kessel liegende Heizkörper der gleichen Bedingung wie bei der gewöhnlichen Warmwasserheizung. Eine solche Anlage stellt also nur die Verbindung einer Schnellumlaufanlage mit einer gewöhnlichen Warmwasserheizung dar und kommt einer Pumpenheizung gleich, bei der lediglich der Wassertransport in den Verteilungsleitungen von der Pumpe übernommen und die eigentliche Heizanlage als gewöhnliche Warmwasserheizung ausgeführt wird.

Sofern dem Heizwasser statt Dampf Luft zugemischt wird, ist — da hierdurch keine Erwärmung des Wassers eintritt — prinzipiell die generelle Regelung möglich. Das Einführen von Luft setzt besondere Vorrichtungen voraus. Bei dem einzigen, unter dem Namen „Aerocircuit" bisher bekannt gewordenen System von Jörgensen wird die Luft durch ein Dampfstrahlgebläse dem Wasser zugeführt. Wieweit sich das System bewährt hat, entzieht sich der Beurteilung, da nur verhältnismäßig wenige Ausführungen bisher vorliegen.

In den meisten Fällen dürfte die Pumpenanlage den Vorzug vor der Schnellumlaufanlage verdienen, doch da die Pumpe maschinellen Betrieb bedingt, sind wohl Fälle möglich, bei denen Schnellumlaufanlagen sich besser eignen.

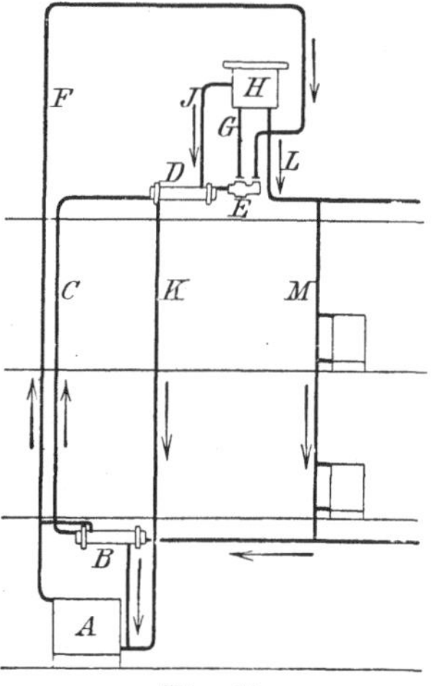

Fig. 49.

Die Anordnung einer Schnellumlaufheizung kann eine sehr verschiedene sein*). Das Prinzip ihrer Wirkung geht aus den nachfolgenden Darstellungen der am meisten bisher zur Ausführung gelangten Systeme von Reck und Brückner hervor.

Fig. 49 veranschaulicht das System Reck ohne generelle Regelung. *A* ist ein Dampfkessel, von dem zunächst Dampf zur Erwärmung des Heizwassers nach dem Dampfwarmwasserkessel *B* strömt. Von *B* fließt das Heizwasser durch die Steigeleitung *C* und geschlossen durch den Kondensator *D* nach dem Zirkulator *E*. In diesen wird so viel direkter Dampf vom Dampfkessel durch das Rohr *F* mittels einer brauseartigen Vorrichtung in das Heizwasser eingeführt, daß es sich nicht nur weiter auf Dampftemperatur erwärmt, sondern sich auch noch mit Dampf mischt.

*) Eine sehr umfassende Zusammenstellung der verschiedenen in der Praxis aufgetauchten Systeme enthält ein Vortrag von Prof. Meter, Gesundheits-Ingenieur 1907, S. 469 u. f.

Dies Gemisch von Wasser und Dampf, das nun spezifisch wesentlich leichter als das Wasser ist, steigt in dem Rohr *G* (Motorrohr) nach dem Ausdehnungsgefäß *H*, in dem sich der Dampf vom Wasser trennt und durch das Rohr *J* nach dem Kondensator *D* strömt, in dem es infolge indirekter Berührung mit dem von *B* kommenden Heizwasser dieses noch erwärmt, selber aber kondensiert und in dieser Gestalt nach dem Dampfkessel durch die Leitung *K* zurückfließt. Das in *H* mit Dampftemperatur angelangte Heizwasser strömt durch das Rohr *L* der eigentlichen Heizanlage zu.

Der gegenüber einer gewöhnlichen Warmwasserheizung durch die Entlastung im Motorrohr *G* hervorgerufene bedeutende Gewichtsunterschied der Wassersäulen *BMLH* und *BCEGH* bewirkt die schnellere Zirkulation des Wassers in der Heizanlage.

Man ersieht, daß die Wassererwärmung in *B*, die Dampfspannung, die Höhe des Motorrohrs *G* und die Menge des in *E* eintretenden Dampfes für die richtige Wirkung der Anlage von Wesenheit sind.

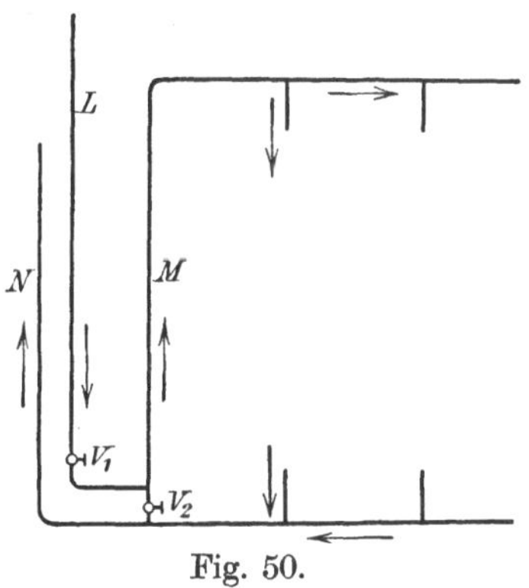

Fig. 50.

Fig. 50 zeigt die Schnellumlaufheizung von Reck mit der Wassermischung. *L* ist das Rohr von der vorigen Figur, das das hocherwärmte Wasser der eigentlichen Heizanlage zuführt. Das Wasser strömt in Fig. 50 nach unten und durch die Rohrleitung *M* wieder nach oben zum Verteilungsrohr der Heizanlage. Das Wasser der Fallstränge vereinigt sich in dem Sammelrohr *N*, das das Wasser wieder geschlossen durch den Kondensator dem Zirkulator behufs erneuter Wärmeaufnahme zuführt. Ein Warmwasserkessel ist also in diesem Fall entbehrlich. Durch Stellung der Ventile V_1 und V_2 strömt dem Rohr *M* Rücklaufwasser und hocherwärmtes Wasser in dem gewünschten Maße zu. Bei Schluß des Ventils V_2 wirkt die Anlage wie die durch Fig. 49 gekennzeichnete.

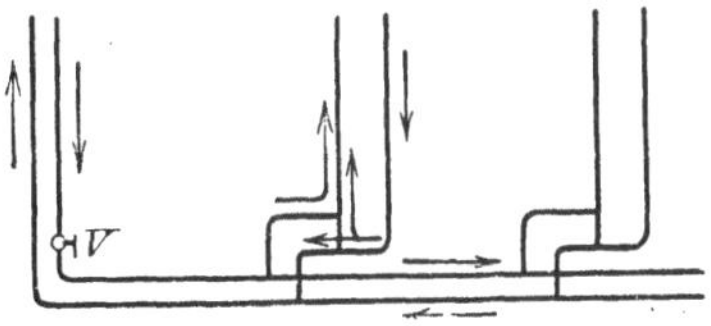

Fig. 51.

Fig. 51 zeigt eine ähnliche Anordnung, nur daß lediglich das Ventil *V* vorhanden ist und durch dieses den Steigsträngen Rücklauf und Zumischwasser in beliebigem Verhältnis zugeführt werden kann.

Die Ausführung nach Fig. 51 kann sinngemäß auch für Fernheizungen Anwendung finden, wobei im Hauptvorlauf wesentlich höhere Temperaturen als in den Vorläufen der einzelnen Gebäude herrschen können.

Die Schnellumlaufheizung (System Brückner) stellt Fig. 52 dar. *A* ist ein Warmwasserkessel, in dem das Wasser über 100° erwärmt wird. Durch die Leitung *B* steigt es hoch und durch die hierdurch erfolgende

Druckentlastung wird auf seinem Weg im Regler C Dampf erzeugt, der sich dem Wasser beimischt. Im geschlossenen Gefäß D scheidet sich der Dampf vom Wasser, und während das letztere durch die Rohrleitung E der eigentlichen Heizanlage zugeführt wird, strömt der Dampf durch die Leitung F nach dem Verdichter G und wird in diesem durch das mittels der Leitung H zuströmende Rücklaufwasser der Heizung verdichtet. Das gesamte Wasser fließt alsdann zur Ergänzung der erforderlichen Wärme durch die Leitung J dem Kessel wieder zu. Luft und eventuell auch überschüssiger Dampf entweichen durch die Leitung K nach dem zweiten Ausdehnungsgefäß L — in dem auch das während des Betriebs aus D verdrängte Wasser Aufnahme findet — und von da durch das Rohr M nach außen.

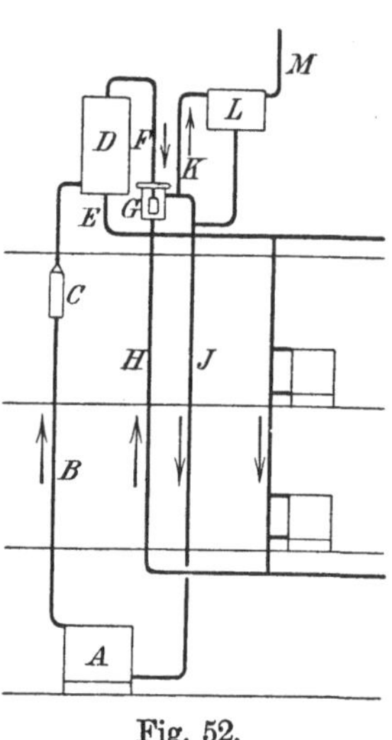

Fig. 52.

Das Anwendungsgebiet der Schnellumlaufheizungen erstreckt sich nach dem vorstehend Gesagten auf größere Gebäudeheizungen und zwar vorwiegend auf solche, bei denen die baulichen Verhältnisse nicht gestatten, den Kessel tiefer als die in den Räumen aufzustellenden Heizkörper anzuordnen, oder die es wünschenswert erscheinen lassen, die Heizkessel in einem höheren als dem tiefstgelegenen Stockwerk unterzubringen. Es kann sich somit eine Schnellumlaufheizung z. B. bei Kirchen, bei denen Kellerräume nicht zur Verfügung gestellt werden können, empfehlen, zumal da für solche Anlagen eine generelle Regelung der Wassertemperatur nicht erforderlich ist. Ein weiteres Anwendungsgebiet ergibt sich für Gebäude, bei denen die Warmwasserheizung als Heizsystem gefordert wird, aber die Kosten für die Errichtung einer gewöhnlichen Warmwasserheizung nicht ausreichen. Allerdings müssen dann die beregten Nachteile des gewählten Systems mit in Kauf genommen werden und muß sich auch von vornherein über diese der ausführende Architekt in voller Klarheit befinden. In Fällen, bei denen Warmwasserheizungen ausgeführt werden sollen und hierbei große horizontale Entfernungen in Frage kommen, dürfte in erster Linie Pumpenheizung in Anwendung zu kommen haben und nur in solchen Fällen, in denen jeder maschinelle Betrieb ausgeschlossen bleiben soll, Schnellumlaufheizungen am Platze sein.

3. Warmwasserheizung mit Pumpenbetrieb. (Fern-Warmwasserheizung.)

Die Warmwasserheizung wurde in Deutschland — abgesehen von der unter b) besprochenen, sowohl in ihrer Ausdehnungsfähigkeit und in ihren Eigenschaften begrenzten Schnellumlaufheizung — früher nur in Gestalt der Schwerkraft-Warmwasserheizung ausgeführt und konnte infolge der geringen bei einer solchen Anlage zur Verfügung stehenden Druckhöhe auch nur eine verhältnismäßig geringe horizontale Ausdehnung erhalten, so daß bereits in größeren Gebäuden sich häufig mehrere Einzelanlagen nötig erwiesen. Der Wunsch, selbst bei Vorhandensein einer ganzen Anzahl von Gebäuden, nur eine Feuerungsstelle zu besitzen, führte dahin, die Erwärmung des Wassers der Einzelanlagen durch Dampf zu bewirken, den man an einer Zentralstelle erzeugte und infolge seiner Spannkraft auf weite Entfernungen leiten konnte.

Die vorzüglichen Eigenschaften des Dampfes — besonders seine Spannung und Temperatur — bedingen aber auch mancherlei Konstruktionen und Anordnungen, die besonderer Vorsicht, Aufsicht und Wartung bedürfen, sie sind auch nicht immer angetan, allen Forderungen in wirtschaftlicher Beziehung entsprechen zu können. Das hat nach Vorgängen hauptsächlich von England dahin geführt, besonders bei gleichzeitiger Beheizung einer größeren Anzahl von Gebäuden das zu Heizzwecken dienende Wasser, nach Erwärmung in einer Zentrale, durch Pumpenbetrieb den einzelnen Bedarfsstellen zuzuführen und auf diese Weise eine Fern-Warmwasserheizung zu schaffen. Ingenieur Tichelmann hat das Verdienst, in Deutschland im Jahre 1901*) zuerst auf die Vorteile derartiger Anlagen hingewiesen zu haben. Das erste Fernheizwerk (Plauen i. V.) ist von der Firma Jeglinsky & Tichelmann zur Ausführung gebracht worden.

Aus der Notwendigkeit, bei einer Fern-Warmwasserheizung maschinellen Betrieb anwenden zu müssen, folgt, daß für einzelne Gebäude, sofern die Temperaturverhältnisse des Wassers eine genügende Sicherheit für die erforderliche Wasserbewegung gewährleisten, von einer Schwerkraftwarmwasserheizung nur dann abgesehen werden sollte, wenn für die Anlage einer Pumpenheizung zwingende Verhältnisse vorliegen und auf eine solche nicht nur die Neuheit und die Billigkeit der Ausführung verweisen.

Die Vorteile einer unter den jeweiligen Verhältnissen berechtigten Fernwarmwasserheizung gegenüber einer Ferndampfheizung liegen vor allem in den geringeren, wohl selten mehr als 1,5 bis höchstens 2,5% der zu fördernden maximalen Wärme betragenden Verlusten, in der Sicherheit der Verteilungsleitungen gegen Undichtheiten, in der leichteren Überwindung von Geländeschwierigkeiten, in dem Fortfall einer Anzahl Aufsicht erfordernder und leicht Reparaturen unterliegender Anordnungen und Konstruktionen. Die Bedienung wird somit auf ein verhältnismäßig geringes Maß herabgesetzt, Ersatzstränge für die Verteilungsleitungen sind entbehrlich und unterirdische Kanäle zur Aufnahme der Leitungen kein unbedingtes Erfordernis.

Zu diesen Vorteilen treten vielfach noch zwei weitere hinzu. Die Warmwasserheizung gestattet, wie unter 1. bereits erwähnt, innerhalb gewisser Grenzen die Temperatur des Wassers beliebig einzustellen, also

*) Gesundheits-Ingenieur 1901.

unter gewissen Bedingungen eine generelle Regelung der Wassertemperatur, d. h. der gesamten in den einzelnen Gebäuden geforderten Wärmeabgabe der Heizkörper von der Zentrale aus vornehmen (s. a. Seite 206), außerdem aber zu Heizzwecken die Wärme des Abdampfes von Dampfmaschinen nutzbar machen zu können, so daß der Pumpenbetrieb und bei gleichzeitiger Errichtung eines Elektrizitätswerkes die elektrische Energie mit sehr geringen, d. h. etwa nur mit 20 bis höchstens 25% der bei Fehlen einer Heizanlage erforderlichen Kosten anzusetzen ist. Die Erzielung dieser Vorteile macht aber, sofern sie für Errichtung eines Fernwarmwasserwerks mit ausschlaggebend sein sollen, ganz besondere Voraussetzungen nötig, die der Heizungsingenieur nicht in der Hand hat, da sie von der Bestimmung und der Größe der in Frage kommenden Gebäude abhängen.

Die generelle Regelung der Wassertemperatur, also die Regelung der erforderlichen Gesamtwärme, die bei einer Fern-Warmwasserheizung einzig und allein in Frage kommt, muß, wenn sie erfolgreich sein soll, dem Wärmebedürfnis in kürzester Zeit Rechnung tragen. Dieses setzt entweder kurze Wegstrecken oder eine entsprechend große Geschwindigkeit des Wassers voraus. Mit der horizontalen Ausdehnung einer Fern-Warmwasserheizung nimmt die Möglichkeit der generellen Regelung ab oder erfordert eine Steigerung der Wassergeschwindigkeit in den Verteilungsleitungen, die natürlich die Betriebskosten bedeutend erhöht und aus Betriebsgründen ihre Grenzen hat. 2,5 höchstens 3 m/sk dürfte wohl als Maximalgeschwindigkeit anzusehen sein. Sofern also für eine Anlage die generelle Regelung der Wassertemperatur als ein Vorteil der Warmwasserheizung gegenüber der Dampfheizung hervorgehoben wird, ist von ihrer Erzielung die Geschwindigkeit des Wassers abhängig; diese kann also nicht beliebig gewählt werden. Man wird wohl zu der Forderung berechtigt sein, daß das Wasser von der Zentrale innerhalb 8—10 Minuten dem entferntesten Gebäude zufließen muß, wenn von dem Vorteil der generellen Regelung der Wassertemperatur noch gesprochen werden soll. Bei horizontalen, weitverzweigten Anlagen wird man somit auf ihn mehr oder weniger verzichten und alsdann wiederum, wie bei Dampfwarmwasserheizung, die generelle Regelung in die einzelnen Gebäude verlegen müssen.

Was die Ausnutzung des Maschinendampfes zu Zwecken der Wassererwärmung betrifft, so wird man diese nicht allein der Fern-Warmwasserheizung zugute rechnen dürfen. Alle großen Anstalten benötigen warmes Nutzwasser zum Waschen, Kochen und Baden in solcher Menge, daß zu dessen Erwärmung häufig der Abdampf der Maschinen nicht ausreicht. In solchen Fällen ist daher selbstverständlich die Dampfheizung in ganz gleicher Lage wie die Warmwasserheizung.

Als ein Nachteil der Fern-Warmwasserheizung gegenüber der Fern-Dampf-Warmwasserheizung ist anzuführen, daß sie besonders bei Fehlen einer Elektrizitätsanlage und bei Ausführung begehbarer Kanäle zur Aufnahme der Verteilungsleitung meist teurer wird und daß Reparaturen an den Leitungen — die allerdings bei guter Ausführung kaum zu erwarten sind — längerer Zeit bedürfen. Auch der in ökonomischer Beziehung wichtige und bereits angeführte Vorteil der geringeren Wärmeverluste der Rohrleitungen bei einer Warmwasser- als bei einer Dampfheizung kann durch die erforderlichen Betriebsverhältnisse aufgehoben werden z. B., wenn in den Gebäuden außer der Wasserheizung noch Dampf für Kraft-, Koch-, Wasch-, Bade- oder Desinfektionszwecke benötigt wird, oder wenn auch während des Tags für die Räume wechselnde Benutzung und Erwärmung vorzusehen sind. Auch die Kosten für den Betrieb der Pumpen können die Ökonomie ungünstig beeinflussen, sofern für diesen nicht in eigener Verwaltung erzeugte elektrische Energie Verwendung finden soll.

Über die Anordnung und Ausführung einer Fern-Warmwasserheizung im allgemeinen ist folgendes zu sagen.

Da die Warmwasserheizung mit Pumpenbetrieb auch bei größerer horizontaler Ausdehnung (Fern-Warmwasserheizung) die Möglichkeit bietet, den größten Teil der Bedienung nach der Zentrale zu verlegen, so muß diese nicht nur mit den erforderlichen Kesseln und Maschinen, sondern auch mit allen Apparaten ausgestattet werden, die den Vorteil dieser zentralen Bedienung ermöglichen. Zu den letzteren sind vor allem die zur Regelung der Wassertemperatur erforderlichen Temperaturanzeigen aus den Gebäuden zu rechnen. Wieviel Gebäude mit einer Fernthermometeranlage zu versehen sind, müssen die besonderen Verhältnisse entscheiden. Meist genügt es, nur für jedes Endgebäude der ausgedehntesten, voneinander unabhängigen Rohrverzweigungen Temperaturmeldungen nach der Zentrale vorzusehen.

Die Erwärmung des Heizwassers hat aus ökonomischen Gründen möglichst ohne jede Zwischenstufe zu erfolgen; infolgedessen sollen hierfür Dampfkessel nur insoweit Anwendung finden, als Dampf außer für Zwecke, die ihn unmittelbar erfordern (Maschinenbetrieb, Kocherei, Wäscherei usw.), für die schnelle Temperaturregelung des Heizwassers von Vorteil ist. Steht Abdampf zur Wassererwärmung zur Verfügung, so sind entsprechend große, vor Wärmeabgabe gut geschützte Kessel, in denen der Abdampf kondensiert wird, als Wärmespeicher aufzustellen, und da der Abdampf zu Heizzwecken nur im Winter Benutzung finden kann, so erscheint es vorteilhaft, ihn zunächst zur Erwärmung des stets in gleicher Menge etwa benötigten Nutzwassers zu verwenden und den noch bleibenden Rest erst der Heizung zu überweisen. Auch die Ausnutzung der Abwärme ist auf diese Weise am größten, da die Anfangstemperatur des Nutzwassers etwa 10—12° beträgt, die Endtemperatur meist 60—65° nicht übersteigt, somit zwischen Dampf und Wasser ein großes Temperaturgefälle erreicht wird.

Entstammt der Abdampf — wie meist — den Maschinen zur Erzeugung elektrischer Energie, so ist, um die Menge letzterer beurteilen und um sowohl die Größenbestimmung der Maschinen als der Wärmespeicher vornehmen zu können, eine Aufstellung der elektrischen Energie für Licht- und Kraftzwecke getrennt für jeden Monat des Jahres erforderlich. Nach dieser Aufstellung und nach der möglichen Ausnutzung des Abdampfes, der für Heizzwecke während eines Teiles des Jahres in Betracht kommt, hat sich auch die Größe der Akkumulatorenbatterie und die Lösung der Frage zu richten, ob der gesamte Abdampf jederzeit ausgenutzt werden kann oder ob die Anlage alsdann zu umfangreich und kostspielig wird, so daß es geratener erscheint, zeitweilig Abdampf zum Auspuff zu bringen.

Die dem jeweiligen Wärmebedarf entsprechende Wassertemperatur im Vorlauf ist zunächst durch den Betrieb der Wasserkessel zu erzielen; für die schnelle Temperatursteigerung kann Frischdampf benutzt werden, für schnellen Temperaturabfall ist die Zumischung von Rücklaufwasser zum Vorlaufwasser zu empfehlen. Sind für die letztere Möglichkeit Einrichtungen getroffen, so wird die Steigerung der Vorlauftemperatur durch Frischdampf auch zu entbehren sein, sofern jederzeit das Kesselwasser auf eine etwas höhere Temperatur, als unmittelbar erforderlich, gehalten wird.

Für die Bewegung des Wassers in den Verteilungsleitungen können Kolben- oder Zentrifugalpumpen in Anwendung kommen. Die ersteren sind aber nicht zu empfehlen, da unter gewissen Verhältnissen unliebsame und bedenkliche Drucksteigerungen in den Verteilungsleitungen eintreten, auch infolge der wechselnden Bewegungsrichtung des Pumpenkolbens sich störende Geräusche in den Leitungen fortpflanzen können. Bei Zentrifugalpumpen wird, sofern die Umdrehungszahl sich nicht ändert, der von ihnen ausgeübte Maximaldruck auch bei Abschluß der Rohrleitung nicht gesteigert.

Die Geschwindigkeit, mit der die Pumpe das Wasser in den Verteilungsleitungen zu bewegen hat, kann, wie bereits erwähnt, nicht beliebig gewählt werden, sondern hängt von der Ausdehnung der Anlage und von der zu erzielenden generellen Regelung der Wassertemperatur ab und ist hierüber auf das bereits Gesagte zu verweisen.

Wird aus Gründen billigerer Anlagekosten eine größere Wassergeschwindigkeit der Berechnung der Verteilungsleitungen zugrunde gelegt, als es die Erzielung der generellen Regelung erforderlich macht, so kann an und für sich die Regelung des Wärmezuflusses nach den einzelnen Bedarfsstellen durch Steigerung oder Verminderung der Wassergeschwindigkeit erzielt werden, sofern die bei verschiedenen Geschwindigkeiten sich ändernden Reibungswiderstände keinen zu großen Einfluß auf die Erhaltung des gleichen Druckunterschiedes im Vor- und Rücklauf der Gebäude auszuüben vermögen. Die Berechnung allein kann hierüber Aufschluß geben.

Mit dem Verschleiß der Pumpe ist zu rechnen, somit für genügenden in die Anlage einzuschaltenden und sofort in Betrieb zu nehmenden Ersatz Vorsorge zu treffen. Auch ist die Frage zu prüfen, ob für die Reservepumpe eine andere als für die Hauptpumpe vorgesehene Betriebskraft vorteilhaft erscheint. Ist z. B. elektrischer Betrieb für die erste Pumpe angenommen worden, so kann für die Ersatzpumpe unter Umständen eine Dampfmaschine, eine Dampfturbine, ein Dieselmotor usw. wünschenswert erscheinen. Ist zum Füllen der Anlage Wasserleitung nicht vorhanden, so hat die Pumpe auch diese Aufgabe mit zu übernehmen, wodurch bei Höhenunterschieden des Geländes eine nicht unbedeutende Vergrößerung des Pumpenaggregats notwendig werden kann.

Aus wirtschaftlichen Gründen kann es sich empfehlen, neben der Hauptpumpe eine kleinere Pumpe anzuordnen, die bei milderer Außentemperatur und eventuell bei Nacht oder nach Einstellung des Kesselbetriebs zur Ausnutzung der noch im Wasser des Rohrnetzes enthaltenen Wärme in Benutzung genommen werden kann.

Für die Pumpenleitungen ist anzunehmen, daß der Pumpe das Wasser tunlichst zufließen soll, da sonst bei dem oftmals noch hocherwärmten Rücklaufwasser Störungen nicht mit Sicherheit ausgeschlossen bleiben. Die Erfüllung dieser Forderung hängt jedoch wesentlich von den Druckverhältnissen ab, denen die Heizkörper der Gebäude ausgesetzt werden dürfen (s. weiter unten). Die Aufstellung der Pumpe hat im Rücklauf, d. h. vor der erneuten Erwärmung des Wassers, zu erfolgen.

Die Verteilungsleitung einer Fern-Warmwasserheizung bietet bei ordnungsmäßiger Ausführung große Sicherheit gegen Reparaturen, so daß Reservestränge nicht nötig erscheinen, trotz alledem ist dafür Sorge zu tragen, daß jede Abweichung von dem ordnungsmäßigem Zustand der Leitung leicht erkannt und beseitigt werden kann.

Die Verteilungsleitung kann in Gestalt eines Rundstranges von gleichem Durchmesser ausgeführt werden, der bei den einzelnen Gebäuden mit dem Vor- und Rücklauf verbunden ist, oder als Doppelleitung, von der die eine für die Förderung des Vorlaufwassers, die andere für die Förderung des Rücklaufwassers Verwendung findet. Die erste in England vielfach übliche Ausführungsform dürfte voraussichtlich größere Kosten in Anlage und Betrieb bedingen — allerdings kann darüber nur die Rechnung entscheiden — jedenfalls hat sie aber gegenüber dem Zweirohrsystem den Nachteil, daß während der Zeit einer wirklich einmal erforderlichen Reparatur an irgend einer Stelle der Leitung der Heizbetrieb der gesamten Anlage unterbrochen werden muß, während dies bei der Doppelleitung nur einzutreten hat, wenn die Reparatur an einer zwischen dem Kessel und der ersten Gebäudenlage liegenden Stelle vorzunehmen ist.

Am besten ist es, Terrainleitungen in begehbare unterirdische Kanäle zu legen. Als zulässig kann bei genügenden Vorsichtsmaßregeln allenfalls auch die Anordnung von nichtbegehbaren Kanälen angesehen werden. Als derartige Vorsichtsmaßregeln sind zu nennen: genügende Anzahl von Revisionsschächten zur Beobachtung der Dichtheit der Rohrleitung und Vorkehrungen, um streckenweise Rohrzüge demontieren, aus dem Kanal entfernen und ohne Schwierigkeit wieder einfügen zu können.

Die einfachste, sicherste und kürzeste Reparaturzeit gewährleistende Anordnung nichtbegehbarer Kanäle dürfte in einer Ausführung zu suchen sein, bei der ein Freilegen der Kanalstrecken, in denen ein Defekt der Leitung entstanden ist, sich möglich erweist. Alsdann muß aber der in die Erde eingebettete Kanal aus einem Unterteil und einem deckelartigen Oberteil hergestellt werden, um bei einer eintretenden Undichtheit ein Aufgraben an der betreffenden Stelle und ein Entfernen des Oberteiles vornehmen zu können.

Selbstverständlich sind die Kanäle, ganz besonders die nichtbegehbaren, vor Wassereintritt unbedingt sicher zu schützen, da sonst im Sommer die vielfach hygroskopischen Wärmeschutzmaterialien häufig Feuchtigkeit aufnehmen können und dadurch die Lebensdauer der Rohrleitungen wesentlich vermindern. Die Rohrleitungen und die gut zu bandagierenden Wärmeschutzumhüllungen werden außerdem, um alle Sicherheiten zu beobachten, jede für sich mit einem schützenden Anstrich zu versehen sein.

Da begehbare Kanäle einen größeren Querschnittsumfang als nichtbegehbare Kanäle besitzen, so ist für die letzteren noch als kleiner Vorteil anzuführen, daß bei sonst gleich guter Herstellung die Wärmeverluste sich etwas geringer stellen werden.

In allen Fällen, ob begehbare oder nichtbegehbare Kanäle vorhanden sind, ist die Anordnung einer genügenden Anzahl von Schiebern und Entleerungsvorrichtungen vorzusehen. Bei Stellen, an denen die Rohrleitung Steigung und darauffolgenden Fall, also z. B. infolge Geländeverschiedenheiten verlegt werden müssen, somit sich Luft in störendem Maße ansammeln kann, ist für entsprechende Entlüftung Sorge zu tragen. Inwieweit sich Luft in störendem Maße in den Kulminationspunkten der Leitungen ansammeln kann, hängt von dem Durchmesser, der Geschwindigkeit des strömenden Wassers, der Höhe, um die die Luft durch den Wasserdruck mit nach unten geführt werden muß und von Verhältnissen — wie Rauhigkeitsgrad der Rohrwandung, Größe der Luftblasen usw., die sich der Beurteilung entziehen — ab, so daß eine analytische Behandlung der Frage kaum möglich sein dürfte. Die Erfahrung lehrt, daß kleinere Geländeschwankungen unberücksichtigt bleiben können.

Für die Ökonomie der Anlage und des Betriebes ist anzustreben, die Zentrale möglichst in die Mitte des Geländes zu legen.

Stehen spätere Erweiterungen in Aussicht, so muß von Haus aus das ganze Rohrnetz so dimensioniert werden, als ob alle Gebäude sofort angeschlossen seien. Für die Wirtschaftlichkeit des Betriebs ist es alsdann von Bedeutung, daß die zunächst zu errichtenden Gebäude möglichst nahe der Zentrale gelegen und die erst für die späteren Bauperioden vorgesehenen Gebäude an die Endteilstrecken der Leitungen anzuschließen sind. Alsdann kann die Ausführung dieser Teilstrecken erst später erfolgen, sofern hinter dem letzten zurzeit aufgeführten Gebäude eine durch Schieber und Manometer regelbare Verbindung des Vor- und Rücklaufs des Wassers angeordnet wird, mit Hilfe deren man in der Lage ist, auch bei dem anfänglich kleinen Betriebe die gleichen Druckverhältnisse in den Vor- und Rückläufen herzustellen, die bei dem späteren Gesamtbetrieb der Anlage in Frage zu kommen haben.

Eine Fern-Warmwasserheizung kann nach zwei verschiedenen Richtungen Ausführung erfahren, d. h. die Pumpenwirkung kann zum Umlauf des Wassers entweder nur in den Fernleitungen oder auch noch in den Gebäudeanlagen Verwendung finden.

Im ersten Fall sollen die Gebäudeanlagen als gewöhnliche Schwerkraft-Warmwasserheizungen wirken, das eigentliche Fernheizwerk nur zum Transport der Wärme bis an die einzelnen Gebäude dienen. Bei solcher Ausführung ist zunächst eine Verbindung zwischen Vor- und Rücklauf der Verteilungsleitung in den Gebäuden zu schaffen und an diese in entsprechender Weise der Vor- und Rücklauf der Gebäudeanlagen anzuschließen.

Eine derartige Anordnung hat den Nachteil höherer Kosten, als wenn die Pumpenwirkung auch auf die Gebäudeanlagen ausgedehnt wird, den Vorteil, bei großer horizontaler Ausdehnung der Fernanlage die generelle Wärmeregelung der Wassertemperatur jedes Gebäudes in vollkommener Weise erhalten zu können, sofern die Wassertemperatur im Vorlauf der Terrainleitung auf höhere Temperatur als sonst nötig gehalten und in den Gebäuden durch entsprechende Beimischung des Rücklaufwassers zum Vorlauf die im letzteren jeweilig erforderliche Temperatur hergestellt wird. Die Bedienung für die generelle Regelung der Wassertemperatur wird allerdings hierdurch der Zentrale wieder entnommen und in die einzelnen Gebäude verlegt. Die jeweiligen Verhältnisse müssen über die Anwendung einer derartigen Anordnung entscheiden.

Im zweiten Fall, in dem also die Pumpenwirkung auch für die Bewegung des Wassers in den Gebäudeanlagen Verwendung zu finden hat, soll der in den einzelnen Gebäuden zur Bewegung des Wassers angenommene Druckunterschied stets auf gleicher Höhe erhalten bleiben; er soll somit auch bei etwaigem Abschluß eines Gebäudes von dem Wasserumlauf keinen Einfluß auf die Hauptverteilungsleitungen ausüben. Dies ist dadurch zu erreichen, daß Vor- und Rückläufe der in den Gebäuden befindlichen Anlagen nicht nur durch Schieber *ss* (s. Fig. 53) von den Hauptverteilungsleitungen ausgeschaltet, sondern vor diesen Schiebern mit einer ebenfalls abschließbaren Verbindungsleitung *ab* versehen werden. Durch gleichzeitig anzuordnende Manometer *mm* (Differentialmanometer) kann alsdann der für die Gebäudeanlage angenommene Unterschied des Betriebsdrucks zwischen Vor- und Rücklauf eingestellt und bei Abschluß eines Gebäudes von dem Wasserumlauf durch entsprechendes Öffnen der Abschlußvorrichtung der Verbindungsleitung in dieser der gleiche Druckunterschied hergestellt werden.

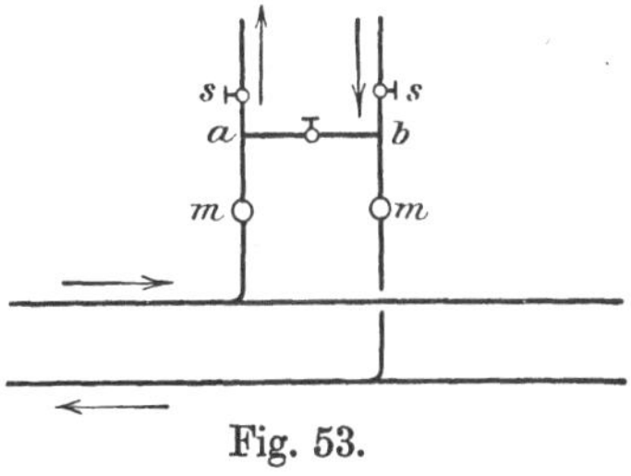

Fig. 53.

Wie jede Wasserheizung muß selbstverständlich auch eine Pumpenheizung mit einem den höchsten Punkt der Anlage bildenden Ausdehnungsgefäß verbunden werden. Um nicht den durch die Verhältnisse bedingten Maximaldruck während des Betriebs in der gesamten Anlage unnötig zu erhöhen, wird man stets ein offenes Gefäß in Anwendung bringen. An der Stelle, wo das Gefäß mit der Anlage in Verbindung gebracht wird, liegt die neutrale Stelle der Pumpenwirkung, d. h. die Pumpe hat nur bis dahin zu drücken, von dort ab zu saugen, sofern ihr nicht das Wasser alsdann durch die Gefällsverhältnisse zugeführt wird. Die Pumpenarbeit ist stets die gleiche, wo auch das Gefäß angeschlossen ist, aber die absoluten Druckverhältnisse in der Verteilungsleitung können je nach Anschluß des Gefäßes und der gewählten Rohrdurchmesser sehr verschiedene sein. Allgemein ist daher zu sagen, daß, da die Pumpe möglichst nicht saugen soll, an der Stelle, an der das Ausdehnungsgefäß mit der Verteilungsleitung verbunden ist, das Wasser so hoch gehoben sein muß, daß die hierdurch geschaffene Druckhöhe genügt, um von hier aus das Wasser bis zur Pumpe weiter zu befördern.

Da für die Heizkörper (Radiatoren) im Handel nur ein Druck von 6 kg/qcm gewährleistet wird, man somit der Sicherheit halber die Heizkörper wohl höchstens einem Druck von 4 kg/qcm aussetzen darf, so wird man hiernach unter Berücksichtigung der Höhenlagen der Gebäude die Stelle für die Verbindung des Ausdehnungsgefäßes anzunehmen und die Dimensionierung der Verteilungsleitung bis und von dieser Stelle ab zu bewirken haben.

Bei einer nahezu horizontal liegenden Terrainleitung würde nach dem Gesagten für die Pumpenarbeit, sofern die Widerstandsfähigkeit der Heizkörper gegen Druck es gestattet, die Verbindung des Ausdehnungsgefäßes kurz vor der Pumpenanordnung vorzusehen sein.

Die Heizungsanlagen der einzelnen Gebäude erfahren bei einer Fern-Warmwasserheizung keinerlei Änderung in der Ausführung, nur wird eine jede als geschlossenes System auszubilden und somit am höchsten Punkt mit einer Vorrichtung zur Entlüftung zu versehen sein, sofern nicht gerade das für die gesamte Anlage erforderliche Ausdehnungsgefäß ihren höchsten Punkt bildet.

Die Verteilung des Wassers in den Gebäuden und Führung nach den Heizkörpern kann bei Anwendung des Zweirohrsystems von oben oder von unten erfolgen, bei Anwendung des Einrohrsystems in der Regel nur von oben, da sonst die Rückläufe über den Heizkörpern gesammelt und nach unten geführt werden müßten, die äußere Gestaltung der Anlagen also die gleiche wie bei der Verteilung von oben bleiben würde. Es könnten allerdings auch an die untere Verteilungsleitung zunächst einzelne geschlossene bis über die Heizkörper geführte Steigeleitungen angeordnet werden, wodurch aber ebenfalls ein Zweirohrsystem geschaffen und dadurch die Anlage eine Verteuerung erfahren würde. Es soll jedoch nicht verkannt werden, daß aus dem Vorteil des Einrohrsystems heraus Fälle vorkommen können, in denen sich die letztere Anordnung zur Ausführung empfiehlt. Die Frage, ob für die Gebäudeanlagen das Zwei- oder das in seiner äußeren Gestaltung elegantere Einrohrsystem zu verwenden ist, muß in jedem besonderen Falle durch Überlegung und Rechnung entschieden werden.

Allgemein ist bei der Pumpenheizung zu sagen, daß für die Bewegung des Wassers die Wirkung des Temperaturunterschiedes zwischen Vor- und Rücklauf gegenüber der Pumpenwirkung in den Hintergrund tritt, somit der Heizung die Selbstregelung der Wassergeschwindigkeit und die mit dieser verbundenen wertvollen Eigenschaften zum Teil entzogen werden. Es macht sich somit bei der Pumpenheizung in bezug auf die Rohrdimensionierung der Einfluß der Entfernung der einzelnen Fallstränge von der Zentrale des Gebäudes wesentlich mehr geltend als bei der Schwerkraftheizung.

Große Druckunterschiede in den einzelnen Fallsträngen führen bei dem Zweirohrsystem zu Heizkörperanschlüssen von so kleinem Durchmesser, daß die Ventilregelung innerhalb der gewünschten Grenzen in Frage gestellt werden kann — eine Verminderung des Druckunterschiedes durch Abdrosseln der einzelnen, besonders der Zentrale des Gebäudes zunächst liegenden Fallstränge, ist alsdann geboten.

Zweckmäßig ist es bei dem Zweirohrsystem, um in den Fallsträngen über möglichst gleichen Druckunterschied zu verfügen, die Wege des Wassers nach und von den einzelnen Fallsträngen soweit angängig möglichst gleich lang zu machen.

Bei dem Einrohrsystem sind große Druckunterschiede nur von Vorteil und können, was gegenüber dem Zweirohrsystem als Vorzug anzusehen ist, die Heizkörperanschlüsse frei gewählt werden. Das System hat aber den Nachteil, daß die an einem Strang übereinander liegenden Heizkörper in ihrer Erwärmung voneinander abhängen, somit bei Abschluß einzelner Heizkörper mehr als bei dem Zweirohrsystem eine Steigerung der Wärmeabgabe der anderen Heizkörper eintreten kann, sofern mit verhältnismäßig großen Temperaturunterschieden zwischen Vor- und Rücklauf der Anlage gerechnet worden ist. Für Gebäude, in denen eine stets gleichbleibende Benutzungsweise der Räume stattfindet, entfällt natürlich dieser Nachteil.

Es ist somit zu empfehlen, bei dem Zweirohrsystem eine verhältnismäßig geringe, bei dem Einrohrsystem eine große Wassergeschwindigkeit anzunehmen. Große Wassergeschwindigkeit erhöht freilich die Pumpenarbeit recht bedeutend und somit auch die Betriebskosten, sofern die Betriebskraft nicht billig (siehe früher) beschafft werden kann*).

Bei großer horizontaler Ausdehnung des Fernheizwerkes kann es, da alsdann zwischen dem Anfang des Vorlaufes und dem Ende des Rücklaufes ein großer Druckunterschied besteht, zweckmäßig sein, in den der

*) Über die bei Anwendung des Einrohrsystems auftretenden Verhältnisse siehe auch 9. Mitteilung der Prüfungsanstalt für Heizungs- und Lüftungseinrichtungen der Kgl. Hochschule Berlin.

Zentrale nächstgelegenen Gebäuden das Einrohr-, in den entfernter gelegenen das Zweirohrsystem zur Anwendung zu bringen, denn an und für sich hat es etwas Widersprechendes, große Druckunterschiede erzeugen zu müssen, sie aber (wie bei dem Zweirohrsystem) in den der Zentrale nahe gelegenen Gebäuden, bzw. in einzelnen Fallsträngen, nicht ausnutzen zu können, und sie dementsprechend wieder bedeutend abzudrosseln.

Der Anschluß der Heizkörper kann bei dem Zweirohr- wie bei dem Einrohrsystem in der bei der gewöhnlichen Warmwasserheizung üblichen Weise erfolgen. Da sich jedoch bei Abschluß einzelner Heizkörper die Wassergeschwindigkeit im System wesentlicher als bei der Schwerkraftheizung ändert, so sind Einflüsse auf die gleichmäßige Wärmeverteilung nicht ausgeschlossen. Die Wahrscheinlichkeit störend sich fühlbar machender Einflüsse scheint allerdings gering zu sein; um ihnen aber mit Sicherheit zu begegnen, kann man bei dem Zweirohrsystem den Anschluß der Heizkörper derart ausführen, daß unmittelbar am Heizkörper zwischen dem Vor- und Rücklauf eine Verbindung durch ein eingeschaltetes Rohrstück geschaffen und am Knotenpunkt mit dem Vorlauf, an Stelle des sonst üblichen Ventils ein Dreiweghahn *a* eingeschaltet wird (s. Figur 54). Bei Abschluß der Heizkörper durch die Hähne fließt alsdann das Wasser durch das Verbindungsstück, so daß bei dessen richtiger Berechnung die Wasserbewegung in dem ganzen System gleichbleibend erhalten wird.

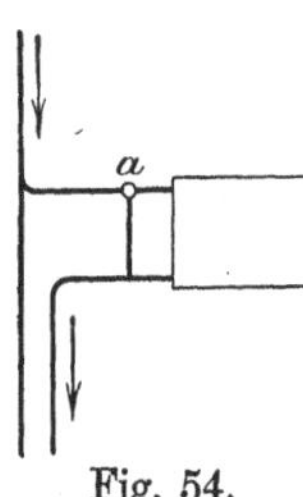

Fig. 54.

Das Anwendungsgebiet der Fern-Warmwasserheizung ergibt sich nach dem Gesagten von selbst. In allen Fällen, in denen mehrere Gebäude mit Warmwasserheizung, betätigt durch ein Fernheizwerk, versehen werden sollen, in ihnen — mit Ausnahme etwa vorhandener in der Nähe des Kesselhauses liegender Wirtschaftsgebäude (Koch- und Waschküche) usw. — kein Dampf benötigt wird, ein eigenes Elektrizitätswerk errichtet, von der Ausführung begehbarer Kanäle für die Aufnahme der Verteilungsleitungen Abstand, dagegen Dauerbetrieb der Anlage in Aussicht genommen werden soll, wird sich stets, nicht nur aus technischen, sondern auch aus wirtschaftlichen Gründen, die Ausführung einer Fern-Warmwasserheizung empfehlen, in allen anderen Fällen aber wird der ausführende Ingenieur alle Verhältnisse in Rücksicht zu ziehen und der Berechnung der Wirtschaftlichkeit mit zugrunde zu legen haben, um ein klares Urteil zu gewinnen, ob eine Fern-Warmwasser- oder eine Fern-Dampfheizung in Vorschlag zu bringen ist.

Die Erwärmung des Wassers über den Siedepunkt wird bei Fern-Warmwasserheizungen möglichst zu vermeiden sein, weil die Sicherheit gegen Undichtheiten, eventuell auch gegen Gefahren eine Verminderung erfahren würde. Jedenfalls sind bei derartigen Ausführungen begehbare Kanäle für das Unterbringen des Rohrnetzes zu empfehlen.

II. Größe der Wassermenge in einer Warmwasserheizung.

Die Größe der Wassermenge in einer Warmwasserheizung ist von nicht zu unterschätzender Bedeutung für den Effekt der Anlage.

Da das Wasser eine große spezifische Wärme besitzt, kann bei einer Gebäudeanlage durch falsche Wahl des Wasserinhalts eine dem jeweiligen Bedürfnisse entsprechende schnell wirkende Wärmeregelung in den Zimmern in Frage gestellt sein; es ist daher für die Heizkörper stets ein möglichst geringer Wasserinhalt anzunehmen. Über den Wasserinhalt von Radiatorheizkörpern und Rohrleitung einer Anlage s. B, I, 1, b.

In dem Heizkessel selbst ist in den meisten Fällen für eine größere Wärmeaufspeicherung Sorge zu tragen. Diese kann entweder unmittelbar durch einen entsprechenden Wasserinhalt, der die zeitige Einstellung des Betriebes unfühlbar macht, oder mittelbar durch eine Anhäufung von Brennmaterial erfolgen, das dem Bedarfe entsprechend zur Verbrennung gelangt. Letztere Einrichtung führt zu ununterbrochenem Betriebe.

Bei unterbrochenem Betriebe ist die tägliche Anheizdauer bei der niedrigsten Außentemperatur auf etwa 3 Stunden, der Heizbetrieb aber bei mittlerer Wintertemperatur auf etwa 6 Stunden zu bemessen. Je nach der Benutzungsdauer der Räume hat sich alsdann der Wasserinhalt des Kessels bzw. seine Konstruktion zu richten. Werden die Räume nur bis zum Nachmittage benutzt oder ist eine Gasbeleuchtung vorhanden, so ist die Wassermenge entsprechend geringer anzunehmen, als bei Benutzung bis zum späten Abende und elektrischer Beleuchtung.

Der Wasserinhalt der Kessel einer Fern-Warmwasserheizung, durch die eine Anzahl Gebäude mit Wärme versorgt werden sollen, hat sich nach dem geforderten Betrieb zu richten. Ist auch für die Nacht eine möglichst gleichmäßige Erhaltung der Temperatur in den Gebäuden vorgeschrieben, so kann dies entweder durch Dauerbetrieb der Kessel oder auch innerhalb gewisser Grenzen nur durch Dauerbetrieb der Pumpe erzielt werden. Im ersten Fall ist es nicht erforderlich, den Wasserinhalt groß zu bemessen, im zweiten dagegen ratsam, Großwasserraumkessel oder besser Kessel mit nicht zu großem Wasserinhalt zum schnellen Anheizen und große, tagsüber zu ladende Wärmespeicher für den Nachtbetrieb anzuordnen.

Da es bei Fern-Warmwasserheizungen infolge der weiten Wege, die das Wasser bis zu den Gebäuden zurückzulegen hat, darauf ankommt, besonders schnelle Temperaturzu- oder -abnahme des Wassers bewirken zu können, dieses aber bei unmittelbar geheizten Kesseln mit großem Wasserraum nicht zu erzielen ist, so empfiehlt es sich, entweder Dampf zu Hilfe zu nehmen oder — was noch empfehlenswerter erscheint — Einrichtungen vorzusehen, mit Hilfe deren man dem Rücklaufwasser mehr oder weniger Kesselwasser zuführen kann. Hierdurch wird die Bedienung der Kessel wesentlich entlastet, da es alsdann auf die Erzielung oder Einhaltung einer bestimmten Höhe der Temperatur des Kesselwassers weniger ankommt, sofern diese nur stets höher als die des Rücklaufwassers der Fernanlage bleibt.

III. Die Heizkessel einer Warmwasserheizung.

(Siehe Tafel 11, 12 u. 13.)

Unter Heizkessel sollen alle wärmeaufnehmenden Heizkörper verstanden werden, die nicht nur aus einem einzigen in Spiralen gewundenen Rohre, dessen beschränkte Anwendung bereits angedeutet worden ist (s. S. 203), bestehen und die ihre Wärme unmittelbar von den Brennstoffen empfangen.

Als Material für Herstellung der Kessel wird hauptsächlich Gußeisen oder Schmiedeeisen verwendet.

Bei Gußeisen waltet meist das Bestreben ob, die Kessel aus einzelnen gleichen Elementen zusammenzusetzen, d. h. sie als sogenannte „Gliederkessel" zu konstruieren. Bei zweckentsprechender Konstruktion müssen die Glieder unter gleichmäßigen Ausdehnungsverhältnissen stehen, da sonst die Gefahr des Springens vorliegt, auch sollen sie eine verhältnismäßig leichte Auswechselung gestatten. Die meisten in den Handel gebrachten gußeisernen Kessel haben den Vorzug, keiner Einmauerung zu bedürfen und kompendiös zu sein, und da sie sich auch bezüglich guter Verbrennung und Haltbarkeit bewährt haben, werden sie in neuester Zeit mit Vorliebe verwendet.

Der erste und äußerst zweckentsprechend konstruierte Kessel dieser Art ist in Deutschland vom Ingenieur Strebel auf den Markt gebracht worden. Er hat zahlreiche, zum Teil minderwertige Nachbildungen erfahren. Gußeiserne Kessel werden mit sehr kleinen Heizflächen (Kleinkessel nach Fig. 6 u. 7, Tafel 12), in mittlerer Größe bis 20 qm (Fig. 1, 3, 4, 5, Tafel 12) und als Großkessel bis 40 qm (Fig. 2, Tafel 12) ausgeführt. In neuerer Zeit hat das Strebelwerk Mannheim die Roste auch nebeneinander angeordnet (Catena-Kessel, Tafel 13, Fig. 2). Statt der bisher fast ausschließlich verwendeten Koksfeuerung wird zurzeit versucht, Braunkohlenfeuerung einzuführen, wozu die Kessel mit Schrägrosten (Fig. 1, Tafel 13) ausgerüstet werden. Bei sehr umfangreichen Anlagen, für die sich eine große Anzahl gußeiserner Kessel als nötig erweisen würde, wird man schmiedeeisernen Kesseln den Vorzug zu geben haben.

Bei Schmiedeeisen sollen die Überlappungen niemals dem direkten Feuer, besonders nicht der Stichflamme ausgesetzt werden, es verdienen daher die Kessel mit geschweißten Nähten den Vorzug vor denen mit genieteten Nähten.

Bei allen Kesseln ist darauf zu achten, daß das abgekühlte Wasser an der tiefsten Stelle eintritt, das erwärmte von der höchsten Stelle entweicht. Von der tiefsten Stelle aus soll auch die Entwässerung der Kessel und der Anlage erfolgen, damit alle Unreinigkeiten beim Ablassen des

Wassers mit entweichen können. Bei Nichtbeachtung dieser Forderungen lagern sich die Unreinigkeiten auf dem Boden und geben zum Durchbrennen der Kessel und unliebsamen Geräuschen bei dem Betriebe Veranlassung. Bei größeren schmiedeeisernen Kesseln sind Mannlöcher anzuordnen.

1. Einteilung der Kessel.

Je nach der Art der Wirksamkeit sind zu unterscheiden:

a) **Kessel für rasches Hochheizen.** Derartige Kessel setzen einen geringen Wasserinhalt voraus; hierher gehören die meisten Röhrenkessel.

Diese sind nur bedingt für einzelne Gebäudeheizungen und nur in solchen Fällen, in denen eine schnelle Erwärmung der Räume gefordert und nach Einstellung des Betriebs eine schnelle Abkühlung gestattet ist, zu empfehlen, also hauptsächlich für Räume, die täglich nur eine stundenweise Benutzung erfahren. Sie nutzen häufig das Feuer infolge zu weiten Spielraums zwischen den Röhren, zu kurzer Züge für die Verbrennungsgase und infolge Ansammlung von Flugasche auf den Röhren mangelhaft aus.

In Vereinigung mit Großwasserraumkesseln, als sogenannte „kombinierte Kessel" gestatten sie auf verhaltnismäßig kleiner Grundfläche eine große Heizfläche unterzubringen, auch den Wasserinhalt auf ein etwa erwünschtes geringeres Maß herabzusetzen. Sie eignen sich alsdann in dieser Form bei großen, mit einem besonderen Kesselhaus versehenen Anlagen.

b) **Kessel für langsames Hochheizen.** Hierher gehören in erster Linie die einfachen Walzenkessel, in zweiter Linie die Rauchrohrkessel bzw. Cornwallkessel.

Einfache Walzenkessel werden kaum noch verwendet, da sie gegenüber ihrer Heizfläche einen sehr bedeutenden Wasserinhalt besitzen, daher nur ein sehr träges Anheizen zulassen und eine große Grundfläche erfordern, somit für größere Anlagen kaum verwendet werden können. Ihr einziger Vorzug: langes Nachheizen nach eingestelltem Betrieb, wird in vollkommener Weise durch Dauerbetrieb ersetzt.

Die Rauchrohrkessel sind für große Anlagen, bei denen gußeiserne Gliederkessel nicht mehr ausreichend erscheinen, am meisten zu empfehlen; ihr Wasserinhalt ist innerhalb weiter Grenzen anzunehmen, sie nutzen das Feuer gut aus. Da die Kessel ganz mit Wasser gefüllt sind, legt man die Rauchröhren gewöhnlich mitten durch den Kessel; die Kessel sind nach hinten mit etwas Fall anzuordnen. Da die Kessel Auflage haben müssen, so kann bei nicht zu weitem Rauchrohre für Berechnung der Heizfläche die Fläche der Böden als tote, die ganze übrige als wirksame Heizfläche in Ansatz gebracht werden. Bei beschränkter Bodenfläche werden sie häufig, wie unter a) angegeben, vorteilhaft mit Röhrenkesseln kombiniert (Fern-Warmwasserheizung).

c) **Kessel für rasches Hochheizen und langsames Erkalten.** Für diese Kessel würden eine sehr große Heizfläche und viel Wasserinhalt erforderlich sein, beides ist aus ökonomischen Gründen nicht zu vereinigen. Bei einer Forderung in dieser Richtung ist die Anwendung von Kesseln mit sehr geringem Wasserinhalt in Verbindung mit Kesseln zu empfehlen, die ohne direkte Feuerung nur als eine Art Wasserreservoir zur Aufspeicherung von Wärme (Wärmespeicher) ausgebildet sind.

Die Kessel sind derartig zu verbinden, daß mit den ersten zunächst die Erwärmung der Heizanlage, alsdann aber die Erwärmung des Wasserinhalts der zweiten erfolgt, was mittels einer Absperrvorrichtung (Drosselklappe, Schieber usw.) leicht zu erreichen ist. Nach eingestelltem Betriebe dienen die Wärmespeicher alsdann als beliebig benutzbare Wärmequelle für die Heizanlage. Besonders bei Fern-Warmwasserheizungen sind die Wärmespeicher von Bedeutung, teils um den Betrieb der Kessel während der Nacht unterbrechen zu können, ohne die Wärmezufuhr nach den Gebäuden gänzlich aussetzen zu müssen, teils um den Abdampf von Maschinen nutzbar zu machen (s. auch unter I, c).

d) Kessel für Dauerbetrieb. Diese Kessel sind, soweit sie für einzelne Gebäudeanlagen in Frage kommen, mit Schüttfeuerung versehen. Nachtbetrieb soll für sie ausgeschlossen bleiben, somit muß bei ihnen — was vielfach in der Praxis versäumt wird — der aufzunehmende Brennmaterialvorrat entsprechend groß sein können.

Gußeiserne Gliederkessel sind an sich meist für Dauerbetrieb geeignet, schmiedeeiserne Kessel dagegen mit einem besonderen Füllmagazin für das Brennmaterial zu versehen.

Bei umfangreichen Anlagen (Fern-Warmwasserheizung) ist infolge der Größe der Kessel nächtliche Bedienung nicht auszuschließen, sofern die Temperatur in den Räumen auf stets der gleichen Höhe erhalten bleiben soll. In den meisten Fällen ist aber ein Temperaturabfall von wenigen Graden in der Nacht zu gestatten und wird sich alsdann Nachtbetrieb der Kessel nur bei sehr niedriger Außentemperatur als nötig erweisen.

e) Kessel für besondere Zwecke. Für Kessel, die entweder nur geringen Druck auszuhalten haben und bei kleiner Form große Heizflächen (Gewächshäuser) besitzen müssen oder für kleinere Anlagen dienen sollen, sind mitunter in der Praxis besonders geformte gußeiserne oder schmiedeeiserne in den Nähten geschweißte Kessel unter den verschiedensten Namen (Kleinkessel, Sattel-, Kaiser-, Chatworths-Sattel-, Dom-Top-Kessel usw.) in Anwendung.

Es werden auch Kessel für kleinere Anlagen in Kochherde eingebaut, um eine besondere Feuerungsanlage zu ersparen. (System Liebau.) Bei ihrer Anwendung hat man darüber klar zu sein, daß sich Kochen und Heizen bezüglich der Zeit und nach ihrem Umfange vielfach nicht decken. Es kann also bei Anordnung einer Etagenheizung oder bei einer Heizung in einer kleineren Villa in einem Falle die Verbindung des Heiz- und Kochbetriebs ganz vorteilhaft erscheinen, in einem andern Falle als arger Mißgriff empfunden werden.

2. Ausrüstung der Kessel.

(Siehe Tafel 13.)

Bei einzelnen Gebäuden, also bei nicht zu großen Kesselanlagen ist es zweckmäßig, die Zugregelung nicht allein durch einen Rauchschieber, sondern auch noch durch die Aschfalltür bewirken zu können; demzufolge empfiehlt es sich, Feuer- und Aschfalltür hermetisch schließend einzurichten und an letzterer Vorrichtungen zum beliebigen Lufteinlaß anzubringen. Der Rauchschieber soll zur Vermeidung des Austritts von Verbrennungsgasen bei zu frühem unachtsamen Schließen und der hierdurch bedingten Möglichkeit von Unglücksfällen mit einer genügend großen Durchbohrung versehen werden. Kessel für Dauerbetrieb sind mit selbsttätigen Verbrennungsreglern auszustatten, die entsprechend ihrer nach der Außentemperatur, d. h. also nach dem jeweiligen Wärmebedarfe vorzunehmenden Einstellung nach Maßgabe der Wassertemperatur mehr oder weniger Verbrennungsluft zu dem Brennmateriale treten lassen.

Zur Messung der Wassertemperatur dient ein Thermometer, dessen Quecksilberkugel in einer dünnen in das Wasser hineinragenden und mit Öl, besser mit Quecksilber gefüllten Messing-, bzw. Eisenkapsel sich befindet. Um bei Anwendung von Quecksilber sein Verdunsten zu verhindern, ist noch eine Schicht Öl über das Quecksilber zu gießen.

Die Speisung der Kessel erfolgt, sofern Wasserleitung vorhanden ist, am besten durch diese, andernfalls durch eine Handpumpe. Bei Verwendung der Wasserleitung ist es vorzuziehen, das Speisen durch die Hand des Heizers, anstatt selbsttätig, auf dem Dachboden durch eine Schwimmervorrichtung bewirken zu lassen, da durch die Dauer des jedesmaligen Speisens am ehesten das Vorhandensein von Undichtheiten in der Anlage erkannt wird. Außerdem ist es empfehlenswert, die Speiseleitung nicht fest, sondern jeweilig durch einen Schlauch mit der Heizanlage zu verbinden, da hierdurch am besten die Dichtheit der Abschlußvorrichtung überwacht werden kann. In einigen Städten ist die feste Verbindung der Wasserleitung mit der Heizanlage sogar verboten.

Die Notwendigkeit des Nachfüllens von Wasser — was nur im kalten Zustande der Anlage geschehen soll — erkennt der Heizer durch ein in der Höhe des normalen Wasserstands vom Ausdehnungsgefäße (s. dieses) abzweigendes und nach dem Heizraume führendes Signalrohr. Dieses hat über einem Wasserbecken auszumünden und ist mit einem Hahne zu versehen, der während des Betriebs der Heizung geschlossen gehalten wird, damit nicht der Teil des Wassers, um den sich das Volumen infolge der Erwärmung vergrößert hat, zum Abfließen kommt. Beim Nachfüllen hat der Heizer zunächst das im Signalrohre stehende Wasser ablaufen zu lassen und alsdann so lange neues Füllwasser der Anlage zu geben, bis dem Signalrohre wiederum Wasser entströmt. An der Dauer des Nachfüllens, das sich höchstens alle 14 Tage als nötig erweist, kann der Heizer bemessen, ob sich in der Anlage etwa ein sonst nicht bemerkbares Leck befindet. Das Signalrohr ist am besten aus Blei oder Kupfer, der Rostgefahr halber nicht aus Eisen, herzustellen. Statt eines Signalrohres kann der Wasserstand im Ausdehnungsgefäße auch durch ein im Heizraume angebrachtes sehr empfindliches Manometer zur Anzeige gebracht werden; das Signalrohr verdient den Vorzug. Bei großer horizontaler Entfernung des Ausdehnungsgefäßes vom Heizraum werden zweckmäßig Vorrichtungen zu verwenden sein, die auf elektrischem Wege den Stand des Wassers im Ausdehnungsgefäße am Heizerstande erkennen lassen.

Zum Entleeren einer Anlage ist möglichst deren tiefster Punkt mit einem verschließbaren Abflußstutzen zu versehen, der am besten wiederum durch eine abnehmbare Schlauchleitung mit einer Abflußleitung verbunden werden kann.

Sind mehrere Kessel für ein System vorhanden, so sind diese naturgemäß miteinander zu kuppeln. Es ist erwünscht, die einzelnen Kessel durch Schieber am Rücklaufe abstellbar einzurichten. Bei Anordnung auch oberer Schieber müssen die Kessel eine Sicherheitsvorrichtung erhalten (Wechselventil), die verhindert, daß bei unachtsamem Anheizen mit geschlossenen Schiebern ein Bersten des betreffenden Kessels eintreten kann.

Bei Anwendung von Mitteldruckheizung wird noch die Anordnung eines Manometers erforderlich, womöglich mit selbsttätiger Alarmvorrichtung bei Überschreiten des zulässigen Drucks.

Für die Kessel ausgedehnter Anlagen (Fern-Warmwasserheizung) hat das vorstehend Gesagte sinngemäß auch Anwendung zu finden.

IV. Die Heizkörper einer Warmwasserheizung.

(Siehe Tafel 14, 15 und 16.)

1. Gestaltung der Heizkörper.

a) Heizkörper in den zu erwärmenden Räumen.

α) Gußeiserne Heizkörper. Glatte oder mit Querrippen versehene Rohrleitung findet zweckmäßig in Gewächshäusern Anwendung; für andere Räume werden die Heizkörper entweder aus einem Stücke in Platten-, Kasten- oder Säulenform mit oder ohne senkrechte Rippen ausgebildet oder aus einzelnen Teilen in horizontaler oder vertikaler Aneinanderreihung in Gestalt schmaler rippenartiger glatter Glieder (Gliederheizkörper, Radiatoren) oder kurzer gerippter Rohrstücke (Elemente) zusammengesetzt (Rippenregister). Die Kuppelung in horizontaler Richtung ist der besseren Wärmeabgabe halber jederzeit der in vertikaler Richtung vorzuziehen. Die einfachen oder aus Elementen zusammengesetzten Heizkörper bilden häufig nur einen einzigen Hohlraum, in dem sich das Wasser in beliebiger Richtung bewegen kann; Heizkörper mit zwangsläufiger Führung des Wassers durch entsprechende Scheidewände oder durch besondere Gestaltung und Verbindung der einzelnen Elemente sind jederzeit vorzuziehen. Unter die letztere Art von Heizkörpern sind auch die jetzt mit Vorliebe verwendeten Radiatoren zu rechnen — sie zeichnen sich durch ihre bedeutende vertikale und geringe horizontale Heizfläche von anderen Heizkörperformen vorteilhaft aus, nur sollte stets die obere horizontale Verteilung des Wassers in Gestalt eines glatten Rohres ausgebildet werden, dessen obere Begrenzung nicht tiefer als die der einzelnen miteinander verbundenen Elemente liegt, damit Luftansammlungen, die sehr leicht einen störenden Einfluß auf den Wassereintritt ausüben, mit Sicherheit vermieden werden können.

Ein- und Austritt des Wassers bei Heizkörpern mit besonderen Führungswegen des Wassers — zu denen also auch die Radiatoren zu rechnen sind — und bei Heizkörpern ohne Führungswege, sofern deren horizontale Ausdehnung ihre Höhe nicht wesentlich überschreitet, kann auf gleicher Seite erfolgen; für andere Verhältnisse ist wechselseitiger Ein- und Austritt zu empfehlen.

Häufig werden die gußeisernen Heizkörper des besseren Aussehens halber mit Verkleidungen versehen (s. S. 166), nur die Plattenheizkörper und Radiatoren machen solche meist entbehrlich. Werden auch noch Verzierungen an die Heizkörper gegossen, was vom hygienischen Standpunkte aus wegen der durch sie bedingten leichteren Staubablagerung zu verwerfen ist, so finden sie sich im Handel auch unter dem Namen „Zierheizkörper", obschon sie kaum als eine wirkliche Zierde eines Raumes angesehen werden können.

β) **Schmiedeeiserne Heizkörper.** In Form glatter horizontaler Röhren besitzt man vom hygienischen und wärmetechnischen Standpunkt vortreffliche Heizkörper, sie kommen aber in der Praxis wegen des schwierigen Unterbringens seltener — am meisten noch in großen Krankensälen — vor, für Gewächshäuser sind sie wegen der in diesen befindlichen feuchten Luft nicht zu empfehlen. Als Heizkörper für Aborte eignen sich schmiedeeiserne Röhren, sofern sie senkrecht durch den Raum hindurch geführt werden („Standröhren"), recht gut, da alsdann unter der Decke eine wesentlich höhere Temperatur als über Fußboden herrscht und diese die Lüftung des Raumes begünstigt.

Die sonstigen in Anwendung befindlichen schmiedeeisernen Heizkörper sind Plattenheizkörper und die sogenannten „Rohrregister" und „Säulenöfen". Bei allen Heizkörpern ist bezüglich der Herstellung darauf zu achten, daß bei ihnen weiche Lötungen ausgeschlossen bleiben, auch eine Dichtung der einzelnen Teile der Heizkörper selbst durch Gummi, Pappe usw. nicht stattfindet. Alle Heizkörper sind stets grundiert zu liefern.

Die Plattenheizkörper sind zufolge ihres geringen Wasserinhalts und ihrer fast ausschließlich senkrechten Heizfläche als sehr gute Heizkörper zu bezeichnen, die Säulenöfen, sofern sie in Form von einfachen stehenden, mit Sockel und Bekrönung versehenen Zylindern ausgebildet werden, besitzen sehr viel Wasser und sind daher nur selten zu empfehlen. Die

Wassermenge wird vermindert und die Heizfläche etwas vergrößert durch Einziehung senkrechter Röhren, um die also das Wasser und durch die die Zimmerluft strömt. Indes auch bei dieser Konstruktion ist der gewünschte geringe Wasserinhalt nur beschränkt zu erzielen. Zu empfehlen sind Säulenöfen, die nur aus zwei konzentrischen Zylindern bestehen, zwischen denen das Wasser fließt. Diese Konstruktion ist zwar die teuerste, allein auch die, bei der die Größe des Wasserinhalts der Bestimmung des Konstrukteurs überlassen bleibt.

Die Rohrregister bestehen aus einer Anzahl parallel liegender Röhren, die an den beiden Enden durch — meist gußeiserne — Kästen verbunden sind, in denen das Wasser verteilt bzw. gesammelt wird. Auch diese Heizkörper haben häufig noch zu viel Wasser; um dieses nach Wunsch zu verringern und die Heizfläche, wenn auch in minderwertiger Weise, zu vergrößern, werden durch die Röhren und die beiden Endkästen noch schwächere Röhren hindurchgezogen, so daß also die Luft durch diese hindurchströmen kann. Derartige Heizkörper bezeichnet man dann in der Praxis mit dem Namen „Doppelrohrregister". Die Form der Kästen ist eine beliebige und kann jedem Wunsche angepaßt werden. Bei mehreren hintereinander liegenden Röhrenreihen ist Vorsorge zu treffen, daß die Zimmerluft alle Röhren gut umspülen kann. Die Rohrregister werden entweder mit Sockel und Bekrönung oder mit Gittermänteln versehen.

Häufig wird in der Praxis versucht, neue und vom hygienischen, wärmetechnischen oder wirtschaftlichen Standpunkt aus bessere Formen von Heizkörpern als die zurzeit gebräuchlichen zu finden. So gibt es Glasheizkörper, keramische Heizkörper, Kupferblechradiatoren, schmiedeeiserne Radiatoren mit besonderer Gestaltung der einzelnen Elemente, schmiedeeiserne Rippenrohre mit aufgeschweißten oder spiralförmig gestalteten Rippen usw. Der Erfolg dieser Versuche ist bisher meist ein negativer gewesen.

Selbstverständlich müssen die Heizkörper dem Wasserdruck in der Anlage mit genügender Sicherheit widerstehen können — dies ist für die Wahl der Heizkörper besonders bei Fern-Warmwasserheizungen nicht zu vergessen. Bei Radiatoren wird in der Regel als Maximaldruck ein solcher von 6 kg/qcm gewährleistet.

b) Heizkörper in Heizkammern.

Die meisten der unter a) angeführten Heizkörper können auch für Warmwasserluftheizung oder zur zentralen Vorwärmung (auch bei genügendem Schutz der Oberflächen gegen Verrosten zur Kühlung) der Ventilationsluft Verwendung finden. Von gußeisernen Heizkörpern empfehlen sich hierfür hauptsächlich Radiatoren, weniger Rippenheizkörper, da diese sich infolge der erforderlichen Vereinigung einer größeren Anzahl von Elementen schwer reinigen lassen, von schmiedeeisernen Heizkörpern finden vorzugsweise glatte in Spiralen aufgewickelte Röhren Verwendung.

Im allgemeinen wird zurzeit die zentrale Erwärmung der Luft häufiger durch Dampf als durch Wasser bewirkt, doch dürfte letztere infolge der Beachtung, die neuerdings die Fern-Warmwasserheizung findet, baldigst eine ausgebreitetere Anwendung erfahren. Um alsdann möglichst kleine Heizkörper zu erhalten, ist es vorteilhaft, die Luft mit großer Geschwindigkeit an ihnen vorüberströmen zu lassen, also Pulsion in Anwendung zu bringen. Alsdann empfiehlt es sich, den Querschnitt für die Luftführung möglichst klein zu halten, auch Wirbelung der Luft herbeizuführen, damit alle Luftteilchen mit der Heizfläche in Berührung kommen. Als Heizkörper werden zurzeit hauptsächlich die in Tafef 16, Fig. 1 bis 3 dargestellten Einrichtungen verwendet.

Wenn bei den letztgenannten Konstruktionen das Kesselwasser stets auf Maximaltemperatur erhalten wird, dann ist nur noch eine Vorrichtung zum Mischen der erwärmten mit unerwärmter Luft nötig, um die jeweils erforderliche Lufttemperatur zu erhalten. Die Bedienung wird hierdurch auf das denkbar geringste Maß herabgedrückt.

Auf Tafel 16 ist in Fig. 5 noch eine Anordnung von Junkers aufgenommen worden, die sich allerdings für Wasser nur zum Kühlen und für Dampf zum Erwärmen der Luft eignet. Als Material der Kühl- bzw. Heizfläche ist vorzinntes Kupfer in Verwendung gebracht. Die große, auf kleinem Raum zusammengedrängte wirksame Fläche gewährt die Möglichkeit, die Anordnung nicht nur zentral, sondern auch dezentral für einzelne Räume mit Vorteil in Anwendung bringen zu können, z. B. für Arbeitsräume, die geheizt und zeitweise oder stetig gelüftet eventuell auch im Sommer gekühlt werden müssen.

2. Regelung der Wärmeabgabe der Heizkörper.

(Siehe Tafel 17 und 18.)

Die jeweilig erforderliche Wärmeabgabe eines Heizkörpers bedingt eine bestimmte mittlere Temperatur und eine bestimmte Menge des durch ihn fließenden Wassers. Da die Räume eines Gebäudes Witterungseinflüssen (Sonnenschein, Windanfall) in verschiedenem Maße ausgesetzt sind, in alle Heizkörper einer Anlage aber das Wasser mit nahezu der gleichen Temperatur eintritt, so muß diese nach dem Wärmebedarf der ungünstigst gelegenen, also der sonnenlosen oder dem Windanfall ausgesetzten Räume bemessen und den Heizkörpern der günstiger gelegenen Räume verhältnismäßig weniger Wasser zugeführt werden.

Die Temperatur des Heizwassers kann generell durch den Heizbetrieb und dieser innerhalb gewisser Grenzen in zufriedenstellender Weise automatisch durch die stets zu empfehlende Anordnung eines Verbrennungsreglers erzielt werden.

Der Wasserzufluß zu den Heizkörpern kann ebenfalls generell geregelt werden, sofern für die Wasserrückläufe der Räume, die unter sich jederzeit den gleichen Witterungsverhältnissen ausgesetzt sind, besondere Sammelleitungen angeordnet und diese vor ihrer Vereinigung behufs Verbindung mit dem Kessel mit je einer Regelungsvorrichtung (Ventil, Drosselklappe, Schieber) versehen werden. Meistens sind daher getrennte Sammelleitungen für die nach verschiedener Himmelsgegend liegenden Räume anzuordnen, es kann aber auch vorkommen, daß z. B. bei einem eingebauten, vor Windanfall geschützten, an einer verhältnismäßig engen Straße mit der Hauptfront nach Süden gelegenen Gebäude nur die oberen Räume den direkten Sonnenstrahlen ausgesetzt sind, somit auch nur die Wasserrückläufe der in diesen Räumen liegenden Heizkörper eine besondere regelbare Sammelleitung zu erhalten haben. Eine solche Sammelleitung kann sich auch, abgesehen von dem Ausgleich der Witterungseinflüsse, als erwünscht erweisen, wenn in einem Gebäude eine größere Anzahl von Räumen nicht täglich, dann aber stets in gemeinsame Benutzung genommen werden sollen (Repräsentationsräume, Gesellschaftsräume usw.), da alsdann deren Temperatur ohne Beeinträchtigung der Temperaturverhältnisse in den übrigen Räumen vom Heizerstande geregelt werden kann.

Da sich die gesamte generelle Regelung nach dem Wärmebedarf der betreffenden Räume zu richten hat, so muß der Heizer diesen kennen. Um hierfür ein Betreten der Räume seitens des Heizers auszuschließen, empfiehlt sich stets, selbst für kleine Gebäude, die Anordnung von Fernthermometern, die ihre Anzeige nach dem Heizerstande erstatten. Unter Annahme, daß bei regelrechtem Betriebe in allen Räumen die normale Temperatur herrschen soll, hat für die Bestimmung der jeweilig erforderlichen höchsten Wassertemperatur — nach der der Heizer den Verbrennungsregler einzustellen hat — nur der in seiner Erwärmung durch Witterungseinflüsse am meisten beeinträchtigte Raum des gesamten Gebäudes, dagegen für die Regelung des Wasserzuflusses nach den Heizkörpern je ein Raum einer jeden mit getrennter Rückleitung versehenen Heizkörpergruppe ein Fernthermometer zu erhalten.

Wenn von der generellen Regelung des Wasserzuflusses zu den Heizkörpern durch die vorbeschriebene Trennung der betreffenden Rückläufe abgesehen wird, so muß die Regelung, ebenso wie die beliebige Erzielung einer niedrigeren als die normale Raumtemperatur durch die Einstellung der an den Heizkörpern jederzeit anzuordnenden Ventile, Schieber oder Hähne — also örtlich — bewirkt werden. Erforderlich ist für jeden Heizkörper nur eine Regelungsvorrichtung, am besten am Ausflusse des Wassers; wird auch noch am Einflusse eine solche angeordnet, so dient diese zweckmäßig nur zum einmaligen und zwar derartigen Einstellen, daß bei ganz geöffneten unteren Vorrichtungen der sämtlichen Heizkörper in allen Räumen gerade die vorgeschriebene Temperatur erreicht wird. Das spätere Erzielen einer beliebigen geringeren Temperatur erfolgt alsdann nur durch Einstellen der unteren Vorrichtung. Bei Anordnung nur einer oberen Regelungsvorrichtung kann es vorkommen, daß bei ihrem Abschluß eine Erwärmung des abgesperrten Heizkörpers von unten aus erfolgt. Meistens wird die „einmalige" und die „tägliche" Regelungsvorrichtnng in ein, in den Vorlauf eingesetztes, „Regelorgan mit Voreinstellung" vereinigt.

In neuerer Zeit bürgern sich auch in Deutschland die in Amerika schon länger mit bestem Erfolge eingeführten „Temperaturregler" ein, die darauf beruhen, den Wasserzufluß zu den Heizkörpern eines jeden Raumes der gewünschten (eingestellten) Raumtemperatur entsprechend selbsttätig zu regeln. Die Kosten solcher Regler bilden häufig noch, aber sehr mit Unrecht, ein unüberwindliches Hindernis für ihre Anwendung, denn sie gewähren bei richtiger Konstruktion die größte Sicherheit dafür, daß ein Unter- oder Überschreiten der gewünschten Raumtemperatur vermieden wird. Bei Anwendung dieser Regler ist die generelle Regelung des Wasserzuflusses zu den Heizkörpern durch Anordnung getrennter Sammelleitungen und somit auch die Anordnung der diesbezüglichen Fernthermometer zu entbehren, nicht aber zurzeit die Fernthermometer für die Einstellung der durch den Heizbetrieb zu erzielenden jeweilig erforderlichen Höchsttemperatur des Wassers. Die selbsttätigen Temperaturregler können nur dann zufriedenstellend arbeiten, wenn die Wassertemperatur dem jeweiligen Wärmebedürfnis möglichst nahe kommt, denn wenn wesentlich zu hoch erwärmtes Wasser den Heizkörpern zugeführt wird, so kann trotz des rechtzeitigen Schlusses der Ventile durch den Regler zeitweise, infolge des Nachheizens der Heizkörper, eine lästige Überwärmung der Räume eintreten.

Bei den Reglern, die auf der Ausdehnung einer Flüssigkeit beruhen, ist bei dem Verlegen der nur wenige Millimeter weiten Rohrleitung zwischen dem Wärmeaufnehmer und dem Heizkörperventil selbstverständlich darauf zu achten, daß sie von kalten Luftströmen, z. B. durch schlecht schließende Fenster, durch Kaltluftkanäle usw., nicht getroffen werden kann*).

Es müßte als ein bedeutender Fortschritt der Heizungstechnik begrüßt werden, wenn sicher wirkende Konstruktionen geschaffen würden, die auch die jeweilig erforderliche Höchsttemperatur des Wassers durch die Temperatur des in seiner Erwärmung durch Witterungseinflüsse am meisten beeinträchtigten Raumes eines Gebäudes selbsttätig zu regeln imstande wären, durch deren Wirkung also den Heizkörpern jederzeit nur höchstens um wenige Grade höher erwärmtes Wasser zufließen könnte, als dem zeitigen Wärmebedürfnis entsprechen würde.

Bei Fehlen selbsttätiger Temperaturregler für den Wasserzufluß zu den Heizkörpern empfiehlt es sich für kalt gelegene Räume, besonders wenn die Heizkörper in den Fensternischen angeordnet werden, zur Vermeidung des Einfrierens die Regelungsvorrichtungen derartig zu konstruieren, daß auch nach ihrem äußerlich völligen Abschließen ein ganz geringer Durchfluß des Wassers stattfindet. Mit unbedingter

*) Über die Wirksamkeit derartiger Temperaturregler s. Heft 2 der Mitteilungen der Prüfungsanstalt. R. Oldenbourg, München-Berlin.

Sicherheit wird hierdurch die Gefahr des Einfrierens allerdings nicht vermieden, da infolge der geringen Geschwindigkeit des Wassers im Heizkörper dieses eine zu große Abkühlung erfahren und bei sehr ungünstigen Verhältnissen am Abflusse einfrieren kann. In Fällen, in denen mit derartig ungünstigen Verhältnissen gerechnet werden muß, empfiehlt es sich, für ein Warmhalten des unteren Teiles der Heizkörper, etwa durch ein von dem Wasserumlaufe nicht ausschaltbares Rohr, Sorge zu tragen.

V. Die Rohrleitung einer Warmwasserheizung.

Die Anordnung in bezug auf die Wasserführung nach und von den Heizkörpern hat bereits auf S. 203 Erörterung gefunden.

Als Material für die Ausführung der Rohrleitung wird Kupfer, Guß- oder Schmiedeeisen verwendet. Kupfer ist seines hohen Preises halber nur vereinzelt in Verwendung, gestattet jedoch die sauberste und zweckentsprechendste Ausführung. Die Dichtung der Röhren erfolgt durch Flanschen.

Gußeiserne Röhren werden wegen ihrer Schwere, leichten Brüchigkeit und der Notwendigkeit, mit bestimmten Längen arbeiten zu müssen, selten angewendet. Für hohe Standröhren, die auf einer Grundplatte sich aufbauen, eignet sich Gußeisen recht gut. Die Dichtung darf nur durch Flanschen, nicht durch Muffen erfolgen.

Die am meisten verwendeten Röhren sind die schmiedeeisernen; sie sind im Feuer zu biegen, teilbar und den baulichen Verhältnissen anzupassen. Angewendet werden gewöhnlich: starkwandige Gasröhren (Muffenröhren) bis etwa 65 mm lichter Weite, patentgeschweißte Siederöhren (Patentröhren) von etwa 57 mm lichter Weite an.

Erstere werden mittels Muffen, und zwar entweder mit Rechts- und Linksgewinde oder nur mit Rechtsgewinde, gedichtet. Für Abzweige, Bogen usw. schmiedeeiserner Rohre gibt es käufliche Formstücke (Fittings). Die Röhren und Formstücke werden im Handel nach dem l i c h t e n Durchmesser verkauft.

Die patentgeschweißten Siederöhren werden mittels Flanschen gedichtet, entweder unter vorherigem Auflöten von Bordscheiben mittels harten Lots oder besser noch unter Eindrillen der Rohre in die Flanschen. Das Dichtungsmaterial ist meist Gummi mit mehrfacher Hanf- oder Drahteinlage. Damit der Gummi sich nicht beim Anziehen in das Rohr einpreßt und den Querschnitt verengt, empfiehlt sich sehr, an der Verbindungsstelle eine dünne Blechhülse in das Rohr einzulegen. Für Abzweige, Bogen usw. wendet man am besten Kupfer, häufig jedoch auch Gußeisen an.

Neuerdings werden auch vielfach mit gutem Erfolg die Rohrverbindungen und Abzweige durch Schweißung bewirkt.

Die Siederöhren werden im Handel nach dem ä u ß e r e n Durchmesser verkauft; beim Kostenanschlage ist darauf zu achten, daß bei allen Röhren jederzeit der innere und äußere Durchmesser angegeben werden.

Um eine Sicherheit für gute Ausführung der Anlagen zu bieten, hat der „Verband deutscher Centralheizungs-Industrieller“ mit einer Anzahl von Walzwerken sogenannte „Verbandsröhren“, d. h. Röhren vereinbart, deren Wandstärken vorgeschrieben sind, die vor dem Versande auf Druck (Muffenröhren auf 15, Patentröhren auf 25 Atm.) geprüft werden und für die die Werke eine derartige Garantie übernehmen, daß bei sachgemäßer Behandlung die Röhren eine Biegung aushalten, bei der der Radius des Bogens dem vierfachen inneren Rohrdurchmesser gleichkommt. Die Röhren sind als „Verbandsrohr“ durch einen Stempel kenntlich, der gleichzeitig das Werk bezeichnet, von dem sie hergestellt worden sind. Da das Streben des Verbands deutscher Centralheizungs-Industrieller für die gute Ausführung der Anlagen die vollste Unterstützung verdient, so hat der Verfasser für seine Tabellen ebenfalls das „Verbandsrohr“ in Rücksicht gezogen.

Bei Durchführung der Röhren durch Mauern und Decken sind sie in fest einzumauernde Hülsen zu legen. Die Befestigung der aufsteigenden Röhren erfolgt am besten durch Rohrschellen, damit die Röhren frei und nicht an der Wand anliegen. Die Röhren mit Muffendichtung können bei guter Ausführung in Schlitzen untergebracht und diese entweder mit einer abnehmbaren Verkleidung versehen oder nach mehrtägiger einwandfreier Probeheizung hohl zugemauert werden. Die Röhren mit Flanschendichtungen sind stets zugänglich anzuordnen.

Die Lagerung horizontaler Röhren erfolgt auf Konsoleisen oder besser auf Rollen bzw. hängend in beweglichen Schlingen. Da die Ausdehnung der Röhren allmählich nach dem Anheizen erfolgt, so ist dieser nur bei langen horizontal fortlaufenden Leitungen durch Einschaltung sogenannter Kompensatoren Rechnung zu tragen. (Näheres darüber siehe Dampfheizung.)

Nach Fertigstellung der Rohranlage ist sie einschließlich der Kessel und Heizkörper zunächst mit kaltem Wasser unter einem Druck zu prüfen, der am tiefsten Punkt der Anlage etwa die doppelte Größe des daselbst allein durch die Wassersäule hervorgerufenen besitzt. Hierbei ist anzunehmen, daß Undichtheiten nicht vorhanden sind, sofern das Manometer 15 Minuten lang keinen Rückgang zeigt. Alsdann sind unter kräftigem Heizen alle Flanschen und nicht nur die, die etwa tropfen sollten, nachzuziehen. Beim Heizen ist gleichzeitig der richtige Umlauf des Wassers festzustellen. Die Röhren sind alsdann mit Mennige-Anstrich zu versehen und mit einem schlechten Wärmeleiter (Kieselgur, Kork, Seide, Filz usw.) gut zu umhüllen; Filz ist wegen des leichten Sitzes für Ungeziefer, besonders Motten, trotz seines vorzüglichen Wärmeschutzes nur mit Vorsicht anzuwenden, jedenfalls muß der Filz mit einer dichten und mit einem Anstriche versehenen Bandage umhüllt werden.

Die Rohrleitungen einer Fern-Warmwasserheizung sind ebenfalls im kalten Zustande und zwar unter dem doppelten Druck, den sie in der Anlage auszuhalten haben, zu prüfen, im übrigen wie die der Gebäudeanlagen zu behandeln.

VI. Das Ausdehnungsgefäß einer Warmwasserheizung.

(Siehe Tafel 15.)

Über dem höchsten Punkte der Anlage befindet sich das Ausdehnungsgefäß und ist mit diesem verbunden.

Bei Niederdruck stellt das Gefäß ein einfaches Reservoir dar, das etwa 10—15 cm vom Boden mit der Anlage je nach deren Umfang durch ein etwa 0,025—0,049 m weites Rohr zu verbinden ist. Ungefähr 25 cm vom Boden zweigt die Signalleitung ab (s. S. 228). Von der Einmündung des Signalrohres an gerechnet, ist die weitere Höhe des Gefäßes so zu bemessen, daß die durch die Erwärmung aus der Anlage verdrängte Wassermenge 1,5 bis 2mal so groß sein dürfte, als sie wirklich ist. In dieser Höhe des Gefäßes ist ein möglichst weites Überlaufrohr anzuordnen, das in ein Abfallrohr zu endigen hat. Ist das Abfallrohr ein Abflußrohr der Wasserleitung, so ist zur Vermeidung des Austritts von Gerüchen ein entsprechender Wasserverschluß zwischen das Überlaufrohr und das Abflußrohr zu schalten.

Über dem Überlaufrohre ist bis zum oberen Rande noch etwa 10 bis 20 cm Platz zu lassen und alsdann das Gefäß mit einem gutschließenden Deckel zu versehen, in dem gewöhnlich noch ein zweiter kleiner Deckel behufs bequemer Kontrolle des inneren Zustandes des Gefäßes angebracht wird.

Soll statt eines Signalrohrs ein Manometer im Heizerraume den Wasserstand im Ausdehnungsgefäße zur Anzeige bringen (s. S. 228), so empfiehlt es sich, dem Ausdehnungsgefäße eine verhältnismäßig kleine Grundfläche und große Höhe zu geben, um eine möglichst bedeutende Verschiedenheit des Wasserdrucks bei den verschiedenen Temperaturgraden hervorzurufen.

Bei Mitteldruckheizung hat das Gefäß entweder die gleiche Form wie bei Niederdruck oder die eines Windkessels. Im ersten Falle muß das Verbindungsrohr mit der Anlage innerhalb des Gefäßes in einem — meist an einem Körper gemeinsam angebrachten — Druck- und Saugventile endigen, von denen das erste bei der Ausdehnung des Wassers behufs seines Austritts, das letzte bei der Erkaltung des Wassers behufs seines Zurücktritts in Tätigkeit kommt. Das Druckventil ist derartig zu belasten, daß es bei Überschreiten um etwa 10° der zulässigen Temperatur im Kessel abbläst. Bei Anwendung eines Windkessels gilt bezüglich der Verbindung mit der Anlage und der Signalvorrichtung das gleiche, nur fällt das Überlaufrohr weg, dagegen muß vom höchsten Punkte des Windkessels noch ein unten verschließbares Rohr nach dem Heizerstande führen, das beim Nachfüllen der Anlage zu öffnen ist.

Die Anwendung eines Windkessels hat den Vorteil, bei Offenhalten des letzterwähnten Rohres die Anlage bei mittlerer Wintertemperatur als Niederdruckheizung betreiben, es also vom Ventildruck entlasten zu können. Zum Reinigen des Windkessels ist am Boden ein Auslaß — einfache Messingverschraubung genügt — anzubringen.

Wer die Absicht hat, sich in seinem Gebäude eine Niederdruck- und keine Mitteldruck-Warmwasserheizung anlegen zu lassen — was allein auch nur zu empfehlen ist — betone dies ausdrücklich und bestelle nicht bloß eine „Warmwasserheizung", gestatte alsdann auch niemals die Anordnung eines Windkessels oder eines Ventils im Ausdehnungsgefäße. Für Fern-Warmwasserheizung ist noch das auf S. 220 Gesagte zu beachten.

Das Ausdehnungsgefäß samt Rohrleitung ist vor Wärmeverlusten — ganz besonders, wenn es in einem kalten Raum (Dachboden) Aufstellung finden soll — bestens zu schützen. Das Einfrieren seiner Verbindungsleitung mit der Heizanlage würde ein Platzen der letzteren an irgendeiner Stelle zur Folge haben.

Empfehlenswert ist es, das gut umhüllte Ausdehnungsgefäß in eine sogenannte Untertasse, d. h. in ein offenes mit Bleiblech ausgeschlagenes Gefäß von größerer Grundfläche aber geringer Höhe zu setzen und dieses ebenfalls mit einer Abflußleitung in Verbindung zu bringen. Durch diese Anordnung ist die sicherste Gewähr gegeben, daß selbst bei unachtsamer Bedienung der Anlage und bei ungenügender Wirkung des Überlaufrohrs etwa aus dem Ausdehnungsgefäß überlaufendes Wasser aufgefangen und abgeleitet wird.

B. Berechnung der Warmwasserheizung.

I. Berechnung und Abmessung der Kessel.

1. Berechnung der Kessel.

Für den Betrieb der Kessel sind bezüglich der den Räumen zuzuführenden Wärmemengen, soweit nicht Dauerbetrieb vorliegt, zwei Perioden — die Periode des Anheizens und des Beharrungszustandes — bezüglich der Inanspruchnahme aber der mit der Temperatur der äußeren Luft schwankende tägliche Betrieb von Wichtigkeit. Eine Feuerungsanlage für industrielle Zwecke hat täglich nahezu die gleiche Arbeit zu leisten, ein Warmwasserkessel aber je nach der äußeren Temperatur sehr verschiedene Wärmemengen zu liefern.

Die Warmwasserkessel und die zugehörigen Feuerungsanlagen besitzen somit den Nachteil, für den ungünstigsten Fall zwar bemessen, in der Regel aber nicht für den berechneten in Anspruch genommen zu werden. Um diesen Nachteil, der bei größeren Anlagen in den Übergangsjahreszeiten zu störender Überwärmung der Räume führen kann, etwas auszugleichen, ist es stets ratsam, statt eines großen Kessels zwei kleinere zu wählen, die in ihrer Größe im Verhältnisse etwa wie 1 : 2 oder 2 : 3 stehen, oder drei gleich große Kessel anzuordnen. (S. auch das auf S. 162 hierüber Gesagte.)

Im allgemeinen wird das Bestreben vorliegen müssen, die Kessel so groß zu wählen, daß sie im Durchschnitte als geschonte oder doch höchstens als mäßig angestrengte Kessel betrachtet werden können.

Für die Periode des Anheizens ist eine größere Inanspruchnahme, d. h. eine höhere Temperatur der Verbrennungsgase zu gestatten, während im Beharrungszustande eine möglichst große Ausnutzung der Wärme stattfinden soll. Es ist daher während des Anheizens im allgemeinen anzunehmen, daß die Heizgase mit etwa 300° in den Schornstein entweichen dürfen, während des Beharrungszustandes aber keine höhere Temperatur bei Schüttfeuerung für einzelne Gebäudeanlagen als 80—100°, andernfalls als 100—150° über Wassertemperatur besitzen sollen. Die Temperatur der den Rost verlassenden Heizgase kann zu 1000 bis höchstens 1200° in Rechnung gestellt werden.

a) Heizfläche für den Beharrungszustand. Die Berechnung der Heizfläche ist, je nachdem Parallel-, Gegen- oder Einstromheizfläche vorliegt, mit Hilfe einer der Gl. (106) bis (108) anzustellen. Für Walzen- und Cornwallkessel, sowie für Schüttkessel, die, soweit nicht Kontaktheizfläche in Frage kommt, nach Gl. (109) zu berechnen sind, kann die Wärmedurchgangszahl von den Rauchgasen an das Wasser $k = 16$, für Röhrenkessel $k = 14$ gesetzt werden. Unter Annahme dieser Werte kann die Wärmeaufnahme eines Quadratmeters Kesselheizfläche aus der nachstehenden Aufstellung ersehen werden.

Temperatur der		Mittlere Wassertemperatur: 80°			Mittlere Wassertemperatur: 100°		
abziehenden Rauchgase	den Rost verlassenden Rauchgase	Walzen- und Cornwallkessel	Schüttkessel	Röhrenkessel	Walzen- und Cornwallkessel	Schüttkessel	Röhrenkessel
150	1000	5300 WE	5300 WE	4600 WE	—	—	—
	1200	6000 „	6000 „	5300 „	—	—	—
180	1000	5900 „	5900 „	5200 „	5400	5400	4700
	1200	6700 „	6700 „	5900 „	6200	6200	5400
200	1000	6300 „	—	5500 „	5800	5800	5000
	1200	7100 „	—	6200 „	6600	6600	5800
225	1000	6700 „	—	5900 „	6200	—	5400
	1200	7600 „	—	6700 „	7100	—	6200
250	1000	7100 „	—	6200 „	6700	—	5900
	1200	8000 „	—	7000 „	7600	—	6700

Bei gußeisernen Gliederkesseln, die fast stets eine ziemlich bedeutende Kontaktheizfläche, also eine solche, bei der unmittelbar das Brennmaterial an der Kesselwandung anliegt, besitzen, kann die Wärmeaufnahme größer als nach der Tabelle in Ansatz gebracht werden. Man kann bei Koks für Kontaktheizfläche eine Wärmeüberführung von 20000 WE/qm und mehr annehmen. Doch da die Größe der Kontaktheizfläche von der Beschickung und dem Betrieb und die Wärmeüberführung wesentlich von der Lebhaftigkeit des Verbrennungsprozesses abhängen, wird man gut tun, für gußeiserne Gliederkessel im Mittel eine stündliche Wärmeaufnahme von nicht mehr als 7000 WE/qm für den Beharrungszustand anzunehmen.

Aus obiger Tabelle geht hervor, daß es für den ökonomischen Betrieb von größter Wichtigkeit ist, die Kesselheizfläche möglichst reichlich zu bemessen, die geringen Mehrkosten machen sich durch Betriebsersparnisse bezahlt.

b) Heizfläche für das Anheizen. Unter der Periode des Anheizens ist die Zeit vom Beginne des Heizbetriebs bis zum Eintreten des Beharrungszustandes in der Erwärmung der Räume zu verstehen. Die Kesselheizfläche hat somit innerhalb dieser Zeit eine so große Wärmemenge an das Wasser zu übertragen, als die zu erwärmenden Räume und die Heizungsanlage selbst nach Einstellung des vorhergehenden Heizbetriebs verloren haben.

Für die Überführung der Räume in den Beharrungszustand der Erwärmung ist für die Stunde der Anheizdauer nach früherem der erforderliche Wärmebedarf im Beharrungszustande vermehrt um die Zuschläge für das Anheizen (s. S. 153) zu rechnen, also $W + Z$; für die Überführung der Heizungsanlage in den Beharrungszustand kommt dagegen die Erwärmung des Wassers und des Eisens der Anlage auf die höchste normale Temperatur in Frage. Um auch noch die Verluste des Mauerwerks des Kessels zu decken und die Zeit auszugleichen, bis daß das Feuer selbst im normalen Zustande sich befindet, empfiehlt sich, noch der auf die angegebene Weise ermittelten Wärmemenge einen Zuschlag von etwa 10% zu geben. Bezeichnet also:

W_1 die gesamte (n i c h t s t ü n d l i c h e) bis zum Beharrungszustande in den Räumen erforderliche Wärmemenge, d. h. $W_1 = (W + Z)\,z$, wobei W die stündlich verloren gehende Wärmemenge, Z den Zuschlag für das Anheizen (s. S. 153) bedeutet,

W_2 die Wärmemenge, die 1 qm Kesselheizfläche bei Abgang der Heizgase mit 250—300° in der Stunde aufnimmt,

A den Wasserinhalt der Kessel, Rohrleitung und Heizkörper in kg, wobei der der Walzen-, Rauchrohr- und Cornwallkessel anzunehmen, der der Röhrenkessel annähernd zu schätzen ist,

B das Gewicht des Eisens der gesamten Anlage in kg,

z die Dauer des Anheizens in Stunden,

ϑ die Temperatur, bis auf die sich die Anlage über Nacht abkühlt (ist zu schätzen),

t_1 die mittlere Temperatur des Wassers im Steige- und Fallrohre während des Beharrungszustandes, so setze man die Heizfläche in qm:

$$\left.\begin{aligned} F &= \frac{1{,}1\,\{W_1 + (A + 0{,}12B)(t_1 - \vartheta)\}}{W_2 z} = \\ &= \frac{1{,}1\,\{(W + Z)z + (A + 0{,}12B)(t_1 - \vartheta)\}}{W_2 z}\,. \end{aligned}\right\} \quad (119)$$

Um sicher zu rechnen, ist ϑ zu etwa 30° anzunehmen.

Für W_2 kann der Wert aus nachstehender Aufstellung entnommen werden.

Temperatur der		Mittlere Wassertemperatur: 80°		Mittlere Wassertemperatur: 100°	
abziehenden Rauchgase	den Rost verlassenden Rauchgase	Walzen-, Cornwall- und Schüttkessel	Röhrenkessel	Walzen-, Cornwall- und Schüttkessel	Röhrenkessel
250	1200	8000	7000	7600	6800
300	1200	8700	7600	8400	7400

Für gußeiserne Gliederkessel ist entsprechend dem unter a) Gesagten, für W_2 der Wert von 8000 WE anzunehmen.

Zur Bestimmung des Wasserinhalts einer Anlage kann man etwa annehmen, daß für 1 qm Radiatorheizfläche 37—38 kg Eisengewicht und 9—10 l Wasser zu rechnen und daß ferner der Wasserinhalt der Rohrleitung einer Gebäudeanlage auf etwa 0,7 l für 100 WE zu bemessen ist.

Zur genaueren Bestimmung des Wasserinhalts der Rohrleitung ist Tab. 22 zu benutzen.

Die aus der vorigen (unter a) und dieser Berechnungsart sich ergebende größere Heizfläche ist für die Anlage beizubehalten; in der Regel wird die für das Anheizen erforderliche die bei weitem größere sein. Ist Dauerbetrieb vorgeschrieben, so hat die Berechnung, wie unter a) angegeben, ihr Bewenden.

Die erforderliche stündliche Menge an Brennmaterial in kg ergibt sich dann zu etwa:

$$p = \frac{5\,W_2 F}{3\,C}\,, \quad (120)$$

sofern C die aus einem kg Brennmateriale beim Verbrennen theoretisch erzeugte Wärmemenge bedeutet (s. Aufstellung S. 123).

Über die Bestimmung der Rostgrößen s. S. 125.

2. Abmessung der Kessel.

Ist bei Kesseln, deren Wasserinhalt zunächst durch Schätzung bestimmt werden muß, diese nicht genau genug erfolgt, so muß streng genommen nach der für die berechnete Größe von F erforderlichen Wasser menge die Rechnung nochmals angestellt werden. Bei einem Rauchrohrkessel oder Cornwallkessel kann der Wasserinhalt von vornherein nach den Erwägungen der Wärmeaufspeicherung gewählt werden und ist alsdann:

F die berechnete Heizfläche des Kessels in qm,
J der angenommene Wasserinhalt in cbm,
D der äußere Durchmesser des Kessels,
d der lichte des Rauchrohres,
L die Länge des Kessels in m,

so muß sein, sofern man die beiden Stirnflächen des Kessels gleich der für seine Auflage erforderlichen und verloren gehenden Heizfläche setzt:

$$F = D\pi L + d\pi L = (D + d)\pi L \quad \text{und}$$

$$J = \left(\frac{D^2\pi}{4} - \frac{d^2\pi}{4}\right) L = \frac{L\pi}{4}(D^2 - d^2) .$$

Aus beiden Gleichungen folgt:

$$D = \frac{4J}{F} + d \quad \text{und} \tag{121}$$

$$L = \frac{F}{\pi(D + d)} . \tag{122}$$

d ist anzunehmen und so lange zu ändern, bis L die passende Größe erhält. Müßte d in bezug auf die Menge der Heizgase zu groß gewählt werden, so ist es — auch schon aus den auf S. 162 mitgeteilten Gründen — geraten, statt eines Kessels mehrere Kessel anzunehmen.

Genügt die Größe der beiden Stirnflächen des Kessels nicht, um als Ersatz für die durch seine Auflage verloren gehende Heizfläche betrachtet werden zu können, so ist in den beiden letzten Gleichungen F um den noch für die Auflage fehlenden Teil größer anzunehmen.

II. Berechnung der Heizkörper.

Die Berechnung der Heizkörper ist bereits früher (s. S. 166) eingehend besprochen worden und hat mittels des Ausdrucks zu erfolgen:

$$F = \frac{W}{k\left(\frac{t_e + t_a}{2} - t_z\right)} , \tag{123}$$

worin bedeutet:

F die wärmeabgebende Fläche des Heizkörpers in qm,
W die von dem Heizkörper stündlich zu liefernde Wärmemenge in WE,
t_e bzw. t_a die Eintritts- bzw. Austrittstemperatur des Wassers,
t_z die Temperatur der zuströmenden Luft (Raumtemperatur),
k die Wärmedurchgangszahl.

Die Werte für k sind der Tabelle 15 zu entnehmen, für ihre Anwendung aber auch das auf S. 171 u. f. Gesagte zu beachten.

t_z und t_a können teils frei gewählt werden, teils unterliegen sie der Berechnung — das für die Ausführung der Anlage gewählte System und die Berechnungsweise der Rohrdurchmesser geben hierfür den Ausschlag. Es muß daher dieserhalb auf den Abschnitt B, III verwiesen werden.

III. Grundlagen zur Berechnung der Rohrleitungen.

A. Schwerkrafts-Warmwasserheizung. Zweirohrsystem.

I. Ohne Berücksichtigung der Wärmeverluste der Rohrleitung.

a) Theorie (s. Fig. 55).

Es bedeutet:

W die vom Heizkörper abgegebene Wärmemenge in WE/st,
Q die durch den Heizkörper fließende Wassermenge in kg/st,
v die Geschwindigkeit des Wassers in m/sk,
d den inneren, D den äußeren Durchmesser der Rohre in m,
l die Länge eines Rohres in m,
H die senkrechte Entfernung der Heizkörpermitte von Kesselmitte in m,
t die Temperatur des Wassers in ° C,
γ das Gewicht eines cbm Wassers in kg,
R den Reibungswiderstand eines Meters Rohr in mm WS (von 4° C),
Z die Summe der Einzelwiderstände (Ventile, T-Stücke usw. in jeder Teilstrecke in mm WS (von 4° C).

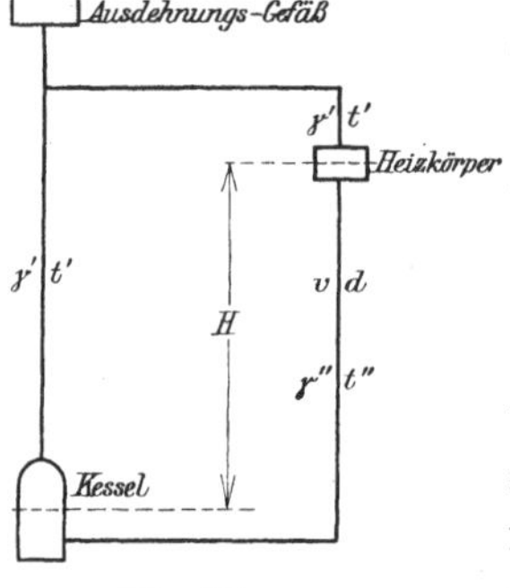

Fig. 55.

Aus Fig. 55 kann unmittelbar nachstehende erste Bedingungsgleichung abgeleitet werden:

$$H(\gamma'' - \gamma') = \Sigma l R + \Sigma Z . \qquad (124)$$

Gleichung (124) besagt: Der wirksame Druck in kg/qm (mm WS) muß gleich sein der Summe der in allen Teilstrecken auftretenden Reibungs- und Einzelwiderstände (in mm WS). Unter Teilstrecke wird dabei jede Rohrleitung verstanden, in der sowohl der Durchmesser, als auch die Wassermenge ungeändert bleiben.

Die in Gleichung (124) auftretenden Größen R und Z sind Funktionen der Wassergeschwindigkeit, so daß geschrieben werden kann:

$$R = \varphi(v) , \qquad Z = \psi(v) . \qquad (125)$$

Aus Fig. 55 ergibt sich unmittelbar noch eine zweite Bedingungsgleichung; sie lautet:

$$W = Q(t' - t'') , \qquad (126)$$

d. h. die von einem Heizkörper stündlich abgegebene Wärmemenge ist gleich dem Produkt aus der durch ihn stündlich strömenden Wassermenge und dem Unterschied der Ein- und Austrittstemperaturen. Die Gleichung ist nicht genau, denn statt t' und t'' wären strenggenommen die Flüssigkeitswärmen zu setzen. Der hierdurch entstehende Fehler ist aber innerhalb der praktisch vorkommenden Grenzen verschwindend. Für Q gilt die ohne weiteres abzuleitende Beziehung

$$Q = 3600 \cdot \frac{d^2\pi}{4} \cdot \frac{\gamma' + \gamma''}{2} \cdot v. \tag{127}$$

Auch Gleichung (127) ist nicht genau richtig, denn der Wassereintritt erfolgt, da $t' > t''$ ist, mit etwas größerer Geschwindigkeit als der Wasseraustritt. Hierbei ist zu bemerken: Die ungünstigsten Grenzfälle bei der Niederdruck-Warmwasserheizung sind $t' = 90$ und $t'' = 60°$ C, bei der Mitteldruck-Warmwasserheizung $t' = 120$ und $t'' = 80°$ C. Die entsprechenden spezifischen Gewichte γ' und γ'' unterscheiden sich von dem mittleren spezifischen Gewicht des Wassers bei Niederdruck noch nicht um 1%, bei Mitteldruck noch nicht um 1,5%. Man kann daher unter Annahme des mittleren spezifischen Gewichtes die Geschwindigkeit des Wassers im Vor- und Rücklauf gleichsetzen.

Nach Einführung des mittleren spezifischen Gewichtes für die genannten Temperaturen erhält man als Zahlenwert A der vorstehenden Gleichung:

für Niederdruck: $A = 2\,753\,700$,
für Mitteldruck: $A = 2\,711\,600$.

Aus Gleichung (127) entsteht:

$$v = \frac{Q}{A\,d^2} \tag{128}$$

und nach Einsetzen des Wertes Q aus Gleichung (126)

$$v = \frac{W}{A\,d^2(t' - t'')}. \tag{129}$$

Die Gleichungen (124), (125) und (129) bilden die Grundgleichungen für die Berechnung der Warmwasserheizung. Sie mögen in nachstehender Form nochmals zusammengefaßt werden:

$$\left.\begin{aligned} H(\gamma'' - \gamma') &= \Sigma l R + \Sigma Z, \\ R = \varphi(v), \quad Z &= \psi(v), \end{aligned}\right\} \tag{I}$$

$$v = \frac{W}{A\,d^2(t' - t'')}. \tag{II}$$

Der durch sie festgelegte mathematische Zusammenhang kann wie folgt ausgedrückt werden: In Gleichung (II) bedeutet v diejenige Geschwindigkeit, die „erforderlich" ist, damit durch ein Rohr vom Durchmesser d bei dem vorgeschriebenen Temperaturgefälle $t' - t''$ die Wärmemenge W gefördert werde. In Gleichung (I) ist v jene Geschwindigkeit, die bei Vorhandensein bestimmter Reibungs- und Einzelwiderstände (R und Z) durch den zur Verfügung stehenden Druck $H(\gamma'' - \gamma')$ „erreicht" werden kann. Die Bemessung der Rohrleitung hat nun so zu erfolgen, daß die **„erforderliche"** Geschwindigkeit tatsächlich **„erreichbar"** wird.

Die folgenden Ausführungen beziehen sich, da die Mitteldruck-Warmwasserheizung wegen ihrer hygienischen Nachteile zurzeit kaum Anwendung findet, auf die Niederdruck-Warmwasserheizung. Die Ableitungen können aber ohne weiteres sinngemäß auf die Mitteldruck-Warmwasserheizung übertragen werden.

Reibungs- und Einzelwiderstände.

In den letzten Jahren sind in der Prüfungsanstalt für Heizungs- und Lüftungseinrichtungen der Kgl. Technischen Hochschule zu Berlin ausgedehnte und langwierige Versuche über die Reibungs- und Einzelwiderstände vorgenommen worden. Es wurden bei den Versuchen verwendet:

Rohre verschiedenen Herkommens von 14—131 mm l. W. und 5 bis 20 m Länge, Wassergeschwindigkeiten von 0,01—3,0 m/sek und Wassertemperaturen von 10—95° C;

ferner zahlreiche Einzelwiderstände als:

Durchgangs- und Eckventile, Durchgangs- und Eckhähne, Schieber, Knie, Bögen, Muffen- und Flanschen-T-Stücke verschiedener lichter Weiten.

Eine eingehende Veröffentlichung der Untersuchungen enthält die 14. und 15. Mitteilung der Prüfungsanstalt für Heizungs- und Lüftungseinrichtungen*). Das Ergebnis der nahezu dreijährigen Arbeit läßt sich unter Zugrundelegung der praktischen Forderungen der Heizungstechnik in folgende Gleichungen zusammenfassen:

Reibungswiderstände:

in Muffenrohren $$R = 2570 \frac{v^{1,84}}{d^{1,26}} \text{ in mm WS } (4^\circ \text{C}) \qquad (130)$$

„ Siederohren $$R = 4920 \frac{v^{1,80}}{d^{1,37}} \text{ in mm WS } (4^\circ \text{C}) \qquad (131)$$

Einzelwiderstände in

beiden Rohrarten $$Z = \frac{v^2 \gamma}{2g} \Sigma \zeta \text{ in mm WS } (4^\circ \text{C}) \qquad (132)$$

wobei die aus den Versuchen hervorgegangenen ζ-Werte aus der Tabelle 21 zu entnehmen sind.

(Gleichungen 130—132: gültig für eine mittlere Wassertemperatur von 70° C **).)

*) Heft 5 der Mitteilungen der Anstalt, Beihefte zum Gesundheits-Ingenieur 1913.

**) Für mittlere Wassertemperaturen von 80—60° C können die aus obigen Formeln bestimmten Werte (Tabelle 23 und 24) ohne weiteres verwendet werden. Benützt man aber z. B. zur Bestimmung der in den Übergangszeiten bei Fernheizwerken eintretenden Verhältnisse noch niedrigere mittlere Wassertemperaturen, so ist (unter der wohl stets zutreffenden Annahme, daß die bezüglichen Geschwindigkeiten oberhalb der „kritischen" liegen) die schließlich zu bildenden $\Sigma l R$ für eine mittlere Wassertemperatur von

50° mit 1,05 }
40° mit 1,10 } zu multiplizieren.

Bei höheren Wassertemperaturen werden die in den Tabellen 23 und 24 angegebenen Werte immer weiter unterschritten. Die Werte Z bleiben für alle Fälle innerhalb zulässiger Grenzen ungeändert. Über den Einfluß der Temperatur in den Gleichungen (130) und (131) s. die früher erwähnte 14. und 15. „Mitteilung" der Prüfungsanstalt.

Die aus den Gleichungen (130), (131) und (132) sich ergebenden Werte wurden unter gleichzeitiger Benutzung der Bestimmungsgleichungen (I) und (II) so in 4 Hilfsblätter (s. II. Teil) vereint, daß die Annahme der Rohrleitung für den Kostenanschlag und ihre genaue Berechnung für die Ausführung in einfachster Weise ermöglicht ist. Die 4 Hilfsblätter umfassen:

Hilfsblatt Nr. 1: Temperaturunterschied 1° C, Geschwindigkeit des Wassers von 0,01—0,3 m/sk (Schwerkraftheizung).

Hilfsblatt Nr. 2: Temperaturunterschied 1° C, Geschwindigkeit des Wassers von 0,2—3,0 m/sk (Pumpenheizung).

Hilfsblatt Nr. 3: Temperaturunterschied 20° C, Geschwindigkeit des Wassers von 0,01—0,3 m/sk (Schwerkraftsheizung).

Hilfsblatt Nr. 4: Temperaturunterschied 20° C, Geschwindigkeit des Wassers von 0,2—3,0 m/sk (Pumpenheizung).

Jedes der Hilfsblätter*) enthält:

1. Die durch jedes Rohr unter der Annahme einer bestimmten Geschwindigkeit und einer bestimmten Temperaturunterschiedes nach Gleichung (II) zu fördernde stündliche Wärmemenge in WE;
2. den in Gleichung (I) auftretenden Reibungswiderstand R in mm WS fur 1 m Rohr;
3. die in Gleichung (I) auftretenden Einzelwiderstände Z in mm WS, und zwar für Werte $\Sigma\zeta$ gleich 1 bis 9;
4. die unter Punkt 1 erwähnte Wassergeschwindigkeit in m/sk.

Dieselben Werte weisen auch die aus den Diagrammen gebildeten Tabellen 23 und 24 (s. II. Teil) auf.

Die Widerstandszahlen für Ventile, Hähne usw. (Tabelle 21, I und II) bedürfen einer näheren Besprechung nicht. Dagegen ist über die Widerstände der T-Stücke einiges zu sagen. Nach langem Suchen nach der für den praktischen Gebrauch zweckmäßigsten Form der Darstellung erwies es sich am bequemsten, die T-Stücke nach Maßgabe ihrer geometrischen Form in Gruppen zu teilen und die ζ-Werte nach dem Verhältnisse $\frac{v_d}{V}$ bzw. $\frac{v_a}{V}$ (Fig. 56) zu ordnen. Hierbei war es nicht immer möglich, die tatsächlichen Widerstandswerte genau zu treffen und es mußten zugunsten der Einfachheit der Rechnung öfters Abrundungen nach oben gemacht werden, die auch mit Rücksicht auf die bei der Herstellung und dem Zusammenbau der Verbindungen nicht zu vermeidenden Ungenauigkeiten berechtigt erscheinen. Die Kosten der Heizungsanlage werden durch diese einem gewissen Sicherheitszuschlage entsprechenden Aufrundungen nicht nennenswert erhöht.

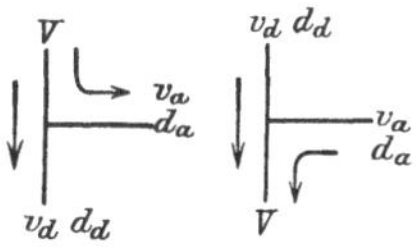

Fig. 56.

*) Infolge der schwierigen Herstellung des dreifarbigen Druckes weisen die Hilfsblätter Ungenauigkeiten bis $\pm 3\%$ auf, wodurch jedoch der zu bestimmende Rohrdurchmesser um weniger als $\pm 0{,}5\%$ beeinflußt wird.

Durch die vorstehend beschriebene Behandlung der T-Stücke wird es notwendig, zu den bisher in die Rohrpläne eingetragenen Größen auch noch die jeweiligen Wassergeschwindigkeiten hinzuzufügen. Zweifellos wird hierdurch, sowie durch die Berücksichtigung der Gruppeneinteilung und durch die notwendige Bildung der Geschwindigkeitsverhältnisse eine, wenn auch nicht sehr wesentliche Erschwernis der Berechnung geschaffen. Demgegenüber darf aber nicht unerwähnt bleiben, daß die richtige Berücksichtigung der Einzelwiderstände um so notwendiger erscheint, als die neuen Werte der Reibungswiderstände des Wassers nicht mehr wie früher reichlich zu groß sind und Fehler in der Berücksichtigung der Einzelwiderstände durch sie nicht mehr ausgeglichen werden können. Die Werte ζ_a und ζ_d wurden in der Tabelle 21 (IIIa und IIIb) nur zwischen Geschwindigkeitsverhältnissen von 0,4 und 2,4 verfolgt. Größere Geschwindigkeitssprünge, die stets zu großen und unsicher zu bestimmenden Druckverlusten führen, sollten vermieden werden. Kommen sie trotzdem vor, so sind für diesen Fall die bezüglichen Endwerte der Tabellen anzusetzen.

Nimmt man die T-Stücke so an, daß in ihnen keine oder nur sehr geringe Geschwindigkeitsumsetzungen auftreten $\left(\text{d.h. } \frac{v_d}{V} \backsim 1 \text{ bzw. } \frac{v_a}{V} \backsim 1\right)$, so kann für alle T-Stücke, bei denen keine „gegenläufige Bewegung" des Wassers vorkommt*), näherungsweise gesetzt werden:

a) in der Durchgangsrichtung . . . . $\zeta = 1{,}0$,
b) in der Abzweigrichtung . . . . $\zeta = 1{,}5$.

Unter gleichen Annahmen ist näherungsweise

für T-Stücke mit „gegenläufiger Wasserbewegung"*) . . . . . $\zeta = 3{,}0$,
für Hosenstücke . . . . $\zeta = 1{,}0$

zu setzen.

Kreuzstücke konnten in die Tabelle 21 bisher nicht aufgenommen werden, da die bezüglichen Untersuchungen außerordentlich schwierig

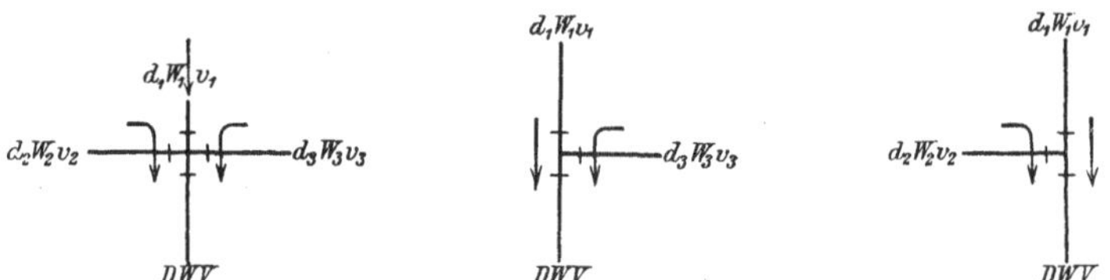

Fig. 57. Kreuzstück *A*. Fig. 58. T-Stück *B*. Fig. 59. T-Stück *C*.

und zeitraubend sind. Auch ist zu bedenken, daß durch die neuen Untersuchungen die gesamten Widerstandswerte der Stromkreise genau bekannt sind, so daß Annäherungswerte für Kreuzstücke genügen. Diese können wie folgt erhalten werden.

*) S. Tab. 21, IIIa und IIIb.

Das Kreuzstück A (Fig. 57) wird so in zwei T-Stücke B und C (Fig. 58 und 59) zerlegt, daß die Durchmesser, Wärmemengen und Geschwindigkeiten unverändert bleiben. Diese T-Stücke werden genau wie andere T-Stücke behandelt, jedoch sind sämtliche Abzweigs- und Durchgangswerte auf das Doppelte zu erhöhen*).

Verteiler- und Sammelstutzen können stets in einzelne Kniestücke aufgelöst werden.

b) Praktische Anwendung der Theorie. Benutzung der Hilfsblätter Nr. 1—4 bzw. der Tabellen 23 und 24 für die Praxis.

α) **Bestimmung der Rohrdurchmesser für den Kostenanschlag.** Beispielsrechnungen zeigten die Möglichkeit, die Einzelwiderstände in Prozenten des Gesamtwiderstandes der Anlage auszudrücken. Die hierfür aufgestellten Werte enthält Tabelle 20, die es ermöglicht, die Verteilungs- und Sammelleitungen, die Fallstränge und auch die Durchmesser der Heizkörperanschlüsse in einfachster Weise zu bestimmen. Man beginnt mit dem Rohrzug des ungünstigsten Heizkörpers, d. i. im allgemeinen desjenigen, der horizontal vom Kessel am weitesten entfernt ist und ihm vertikal am nächsten liegt. Von der durch die Gleichung $H(\gamma'' - \gamma')$ bestimmten, mit Hilfe der Tabelle 17 zu berechnenden Gesamtdruckhöhe wird nach Maßgabe der Tabelle 20 der Anteil der Einzelwiderstände abgezogen und der Rest durch die Rohrlänge dividiert, wodurch man den Druckabfall pro laufendes Meter erhält**). Diese Zahl wird in dem linken Maßstab des jeweilig zu benutzenden Hilfsblattes bzw. in der ersten Spalte der betreffenden Zahlentafel aufgesucht und nun die Rohrdurchmesser nach Maßgabe der in der bezüglichen Horizontalreihe abzulesenden zu fördernden Wärmemenge einfach hingeschrieben. Die auf Grund obiger Werte angenommenen Rohrdurchmesser werden meist reichlich sein und führen bei der genauen Durchrechnung der Anlage zur Verringerung einzelner Teilstrecken auf das nächstniedrige Handelsmaß.

β) **Berechnung der Rohrdurchmesser für die Ausführung.** Bei der Ermittlung der für die Ausführung zu verwendenden Rohrdurchmesser werden die ζ-Werte aus der Tabelle 21 entnommen, die Werte $\Sigma l R$ bzw. ΣZ unter Benutzung der Hilfsblätter bzw. der Tabellen 23 oder 24 genau bestimmt und schließlich die Gleichung (124) auf ihre Richtigkeit nachgeprüft.

---

*) D. h. die positiven ζ-Werte mit 2 zu multiplizieren, die negativen ζ-Werte durch 2 zu dividieren.

**) Es ist keineswegs notwendig, den Druckabfall pro laufendes Meter überall gleichmäßig zu gestalten, sondern man kann ihn auch z. B. gegen den Kessel ansteigen lassen. Grundsätzlich wird hierdurch in der Berechnung der Anlage und der Benutzung der Hilfsblätter bzw. Tabellen nichts geändert.

2. Berücksichtigung der Wärmeverluste der Rohrleitung (bei oberer Verteilung).

a) Allgemeines.

Die Wärmeverluste der Rohrleitung machen sich bei oberer Verteilung in den Hauptvorlaufleitungen und in den Strängen bemerkbar. Bei den gemeinsamen Rücklaufleitungen tritt zwar auch eine Abkühlung des Wassers ein, aber in viel geringerem Maße, da — abgesehen davon, daß die Wassertemperatur schon eine bedeutend niedrigere ist als im Vorlauf — die durch Abkühlung verringerte Temperatur eines Wasserlaufes bei der Vereinigung mit dem noch nicht abgekühlten Wasser eines anderen Wasserlaufes wieder eine Erhöhung erfährt. Ist z. B. die horizontale Entfernung der Fallstränge voneinander 10 m (s. Fig. 60) und tritt das Wasser von jedem Fallstrang mit der Temperatur von 60° aus, und hat ein jeder Fallstrang bei einem lichten Durchmesser von 49 mm und einem äußeren Durchmesser von 59 mm 500 kg stündlich zu fördern, so kühlt sich das Wasser in der Strecke AB, wenn die umgebende Luft 10° beträgt und eine Isolierung mit nur 60% Wärmeersparnis angewandt wird, von 60° auf 59,3° ab.

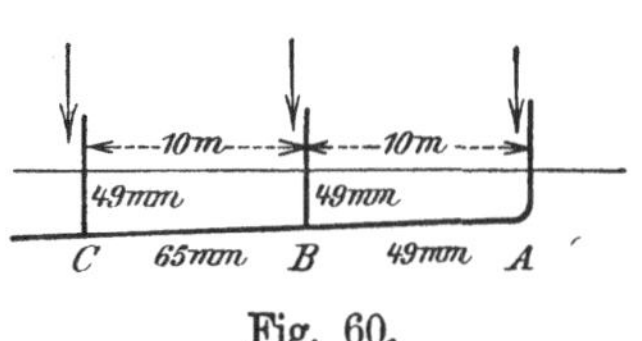

Fig. 60.

Durch Zutritt von 500 kg 60° warmen Wassers bei B erhöht sich wieder die Temperatur auf

$$\frac{500 \cdot 59{,}3 + 500 \cdot 60}{1000} \sim 59{,}7^\circ .$$

Hat die Strecke BC einen lichten Durchmesser von 65 mm, so hat dann das Wasser in C eine Temperatur von 59,6° und hinter C, da wieder 500 kg mit 60° hinzutreten, eine solche von 59,73°.

Die Wärmeverluste der gemeinsamen Rücklaufleitungen können somit in den meisten Fällen unberücksichtigt bleiben. Ähnliche Rechnungen zeigen, daß bei unterer Verteilung die Wärmeverluste überhaupt vernachlässigt werden können.

Bei oberer Verteilung ist von den Vorlaufleitungen zunächst der Steigestrang zu betrachten. Vergleicht man für den Einfluß der Wärmeverluste des Steigestrangs eine kleine Anlage von 40 000 WE mit einer großen von 200 000 WE Nutzwärme bei einer Vorlauftemperatur von 80° und einem Temperaturunterschied für die Heizkörper von 20°, nimmt den Steigestrang der ersten Anlage zu 82 mm, den der letzten zu 156 mm i. L., die Höhe zu 15 bzw. 20 m an, setzt die Temperatur in den Räumen 20°, die in dem Mauerschlitz bei nicht umhülltem Steigerohr 40°, bei umhülltem Steigerohr 35°, so ergeben sich folgende Vergleichszahlen für die Temperatur, mit denen das Wasser auf dem Dachboden anlangt.

	Bekleidetes Rohr in festgeschlossenem Mauerschlitz	Unbekleidetes Rohr in festgeschlossenem Mauerschlitz	Unbekleidetes Rohr, freiliegend
Anlage von 40 000 WE	$t_a = 79{,}7^\circ$	$79{,}4^\circ$	$79{,}0^\circ$
„ „ 200 000 „	$t_a = 79{,}8^\circ$	$79{,}6^\circ$	$79{,}4^\circ$

Aus dieser Aufstellung geht hervor, daß die Temperatur in den verschiedenen Höhen des Steigestranges und im Vergleich mit der Anfangstemperatur keine wesentliche Verschiedenheit zeigt, letztere also nicht berücksichtigt zu werden braucht. Vorteilhaft wird es aber natürlich jederzeit sein, den Steigestrang mit bester Isolierung zu versehen; dann aber läßt sich die Abkühlung vernachlässigen.

Bei den im Keller oder im Dachboden liegenden Vorläufen ist die Größe des Einflusses der Wasserabkühlung von der horizontalen Ausdehnung der Anlage abhängig, und da die Abkühlung infolge des Unterschiedes zwischen der Wassertemperatur und der die Leitungen umgebenden Luft erfolgt, so werden sich die Einflüsse der Wärmeverluste ganz besonders bei Dachbodenleitungen geltend machen. Da bei gleicher Geschwindigkeit des Wassers in den Röhren mit kleinerem Querschnitte die Abkühlung sich unverhältnismäßig größer als in denen mit großem Querschnitte gestaltet, so wird durch die Abkühlung besonders das Wasser der letzten Fallstränge getroffen werden.

Die Wärmeverluste der Fallstrangvorläufe gestalten sich einflußreich hauptsächlich bei freiliegenden Fallsträngen, da diese, wie alle Vorläufe, als vorgeschaltete Heizkörper zu betrachten sind. Die von ihnen an die Räume übertragene Wärme kann aber auf die Größe der Heizkörper zum Teil in Anrechnung gebracht werden. Aber auch bei Fallsträngen, die in Mauerschlitzen liegen, können die Wärmeverluste der Rohrleitungen insbesondere dann, wenn die Wassergeschwindigkeit klein ist, von bedeutendem Einflusse sein.

b) Bestimmung der Rohrdurchmesser und Berichtigung der Heizkörpergrößen für den Kostenanschlag.

α) Bestimmung der Rohrdurchmesser. Beispielsrechnungen ergaben die Möglichkeit, die durch die Rohrabkühlung hervorgerufenen zusätzlichen Druckhöhen in Tabelle 18 A zusammenzufassen. Die Ermittlung der Rohrdurchmesser für den Kostenanschlag erfolgt nun auf nachstehende Weise: Zunächst wird die ohne Berücksichtigung der Rohrabkühlung auftretende Druckhöhe ermittelt. Diese wird um die aus der Tabelle 18 A für den betreffenden Fall geltenden Druckhöhe vermehrt, von der Summe die für die Überwindung der Einzelwiderstände erforderlichen Druckhöhe (Tabelle 20) abgezogen, der Rest durch die Rohrlänge dividiert und nun ebenso wie früher unter Benutzung der bezüglichen Hilfsblätter bzw. unter Verwendung der Tabellen 23 bzw. 24 die Rohrdurchmesser nach den zu fördernden Wärmemengen einfach abgelesen.

β) **Berichtigung der Heizkörpergrößen.** Die Durchrechnung mehrerer Beispiele zeigte, daß es möglich ist, den Einfluß der Rohrabkühlung mit genügender Genauigkeit durch die Tabelle 18 B zum Ausdruck zu bringen. In ihr sind die für verschiedene Verhältnisse nötigen prozentualen Vergrößerungen der ohne Berücksichtigung der Rohrabkühlung ermittelten Heizkörpergrößen angegeben.

c) Bestimmung der Rohrdurchmesser und Berichtigung der Heizkörpergrößen für die Ausführung.

α) **Bestimmung der Rohrdurchmesser.** Für diesen Fall gilt als Teilstrecke jene Rohrstrecke, in der sich weder der Durchmesser, noch die Wärmemenge, noch die Abkühlungsverhältnisse ändern. Wie bereits früher erwähnt, läßt sich die Abkühlung des Wassers im Steigestrang vernachlässigen, wobei allerdings vorausgesetzt werden muß, daß der Steigestrang, was wohl stets der Fall sein wird, sorgfältig vor Wärmeabgabe geschützt ist. Man beginnt daher mit der Berücksichtigung der Rohrabkühlung am oberen Ende des Steigrohres und ermittelt unter Voraussetzung der bereits angenommenen Durchmesser und unter Benutzung der nachstehend entwickelten Gleichung (133) die in jeder Teilstrecke auftretende Temperaturerniedrigung.

Der Wärmeverlust einer Rohrleitung berechnet sich wie folgt:

$$\left.\begin{aligned} W' &= fkl(1-\eta)(t_w - t_z)\,, \\ W' &= \delta Q\,. \end{aligned}\right\} \qquad (133)$$

Es bedeutet:

- W' den Wärmeverlust der Teilstrecke in WE/st,
- f die Oberfläche für 1 m Rohr in qm,
- k die Wärmedurchgangszahl des nackten Rohres in WE/1 qm, 1° C, 1 st (Tabelle 15), (fk enthält die Tabelle 22),
- η den Wirkungsgrad der Isolierung,
- t_w die mittlere Wassertemperatur in der Teilstrecke in ° C; zwecks Vereinfachung der Rechnung mit hinreichender Genauigkeit durch die Eintrittstemperatur in der Teilstrecke t_e (in ° C) zu ersetzen,
- t_a die Austrittstemperatur in der Teilstrecke in ° C,
- t_z die Temperatur der das Rohr umgebenden Luft, und zwar: bei frei verlegtem Rohr die Temperatur des bezüglichen Raumes, bei isoliertem Rohr in fest geschlossenem Mauerschlitz $t_z = 35°$ C, bei nicht isoliertem Rohr in fest geschlossenem Mauerschlitz $t_z = 45°$ C,
- δ die Wasserabkühlung in ° C in der Teilstrecke,
- Q die durch die Teilstrecke zu fördernde Wärmemenge in WE/st.

Aus der Gleichung (133) erhält man:

$$\delta = \frac{fkl(1-\eta)(t_e - t_z)}{Q}\,. \qquad (134)$$

Die Durchführung dieser Berechnung geschieht am besten tabellarisch unter Benutzung des nachstehenden Vordruckes:

Nr.	W	Q	l	d	fk	$1-\eta$	t_e	t_z	δ	t_a	h

Hierin bedeutet außer den oben erwähnten Bezeichnungen:

Nr. die Nummer der Teilstrecke,
l die Länge der Teilstrecke in m,
d den Durchmesser der Teilstrecke in mm,
h die auf die vertikale Länge der Teilstrecke bezogene Druckhöhe in mm WS (Tabelle 17).

Auf diese Weise erhält man schließlich statt der für den Anschlag unter Benutzung der Tabelle 18 A ermittelten Gesamtdruckhöhe die tatsächlich auftretende Druckhöhe, die man durch Änderung einzelner, bereits angenommener Teilstrecken völlig aufbrauchen muß. Hierbei wird man diese Änderung so vorzunehmen haben, daß ihre Durchführung die Gesamtdruckhöhe nicht mehr wesentlich beeinflußt.

β) **Berichtigung der Heizflächengrößen.** Die Temperatur des Wassers in den einzelnen Teilstrecken bis zu den Heizkörpern ist infolge der unter α durchgeführten Berechnung bekannt, und es erfolgt die Berichtigung der Heizflächengrößen unter Zugrundelegung der an Ort und Stelle tatsächlich auftretenden Temperaturen.

Bezüglich der Einzelheiten der Berechnung sei auf das in Abschnitt 3 durchgeführte Rechnungsbeispiel 2 verwiesen.

B. Schwerkrafts-Warmwasserheizung. Einrohrsystem.

Die sämtlichen im Abschnitt A für das Zweirohrsystem gebrachten Entwicklungen können hier sinngemäße Anwendung finden. Grundsätzlich verschieden ist nur die Berechnung der wirksamen Druckhöhe.

I. Ohne Berücksichtigung der Wärmeverluste der Rohrleitung.

a) Berechnung der Temperaturen.

In Fig. 61 ist:

$$t_4 = t_5 = t_{19} = t_{18} = t_{17} = t_{16} = t' \text{ *)},$$

$$t_{13} = t_{14} = t_{15} = t'',$$

$$t_7 = t_8,\ t_{10} = t_{11}.$$

Das Temperaturgefälle der Heizkörper wähle man, um die Beeinflussung der unteren Heizkörper bei

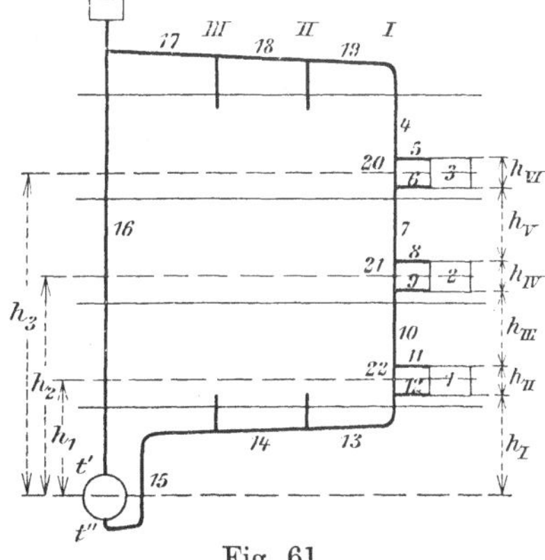

Fig. 61.

*) Die Indizes der Temperaturen entsprechen den bezüglichen Teilstreckennummern.

Abstellung der oberen auf ein Mindestmaß zu bringen, möglichst klein. (Bei dem unter 3 B durchgerechneten Beispiel 3 ist das Temperaturgefälle der Heizkörper zu 10° C gewählt.)

Unbekannt sind noch die Mischtemperaturen t_7 und t_{10}; um diese zu bestimmen, ist gemäß Gleichung (126) zu setzen:

$$\begin{aligned} W_1 + W_2 + W_3 &= \Sigma W = Q(t' - t''), \\ W_1 &= Q(t_{10} - t''), \\ W_2 &= Q(t_{10} - t_7), \\ W_3 &= Q(t' - t_7). \end{aligned}$$

Aus diesen Gleichungen folgt:

$$t_7 = \left\{ \begin{array}{l} t' - \dfrac{W_3(t' - t'')}{\Sigma W} = t' - \dfrac{W_3}{Q}, \\ t'' + \dfrac{(W_1 + W_2)(t' - t'')}{\Sigma W} = t'' + \dfrac{W_1 + W_2}{Q}; \end{array} \right\} \tag{135}$$

$$t_{10} = \left\{ \begin{array}{l} t' - \dfrac{(W_2 + W_3)(t' - t'')}{\Sigma W} = t' - \dfrac{W_2 + W_3}{Q}, \\ t'' + \dfrac{W_1(t' - t'')}{\Sigma W} = t'' + \dfrac{W_1}{Q}. \end{array} \right\} \tag{136}$$

b) Bestimmung der wirksamen Druckhöhen.

Da nunmehr alle Temperaturen bekannt sind, kann die Bestimmung der wirksamen Druckhöhe H erfolgen.

α) Für den Stromkreis des Fallstranges 1.

$$\left. \begin{array}{l} H = h_I(\gamma'' - \gamma') + h_{II}(\gamma_1 - \gamma') + h_{III}(\gamma_{10} - \gamma') + h_{IV}(\gamma_2 - \gamma') \\ \qquad + h_V(\gamma_7 - \gamma') + h_{VI}(\gamma_3 - \gamma') \end{array} \right\}. \tag{137}$$

Hierin bedeutet:

γ'' das Gewicht eines cbm Wassers von der Temperatur t'' in kg,

γ_1 das Gewicht eines cbm Wassers von der in dem Heizkörper 1 herrschenden mittleren Wassertemperatur,

γ_{10} das Gewicht eines cbm Wassers von der in der Teilstrecke 10 herrschenden Wassertemperatur usw.

β) Für den Stromkreis der Heizkörper, z. B. des Heizkörpers 1.

$$h_{II}(\gamma_1 - \gamma_{22}) + (lR + Z)_{22} = (lR + Z)_{11} + (lR + Z)_{12}. \tag{138}$$

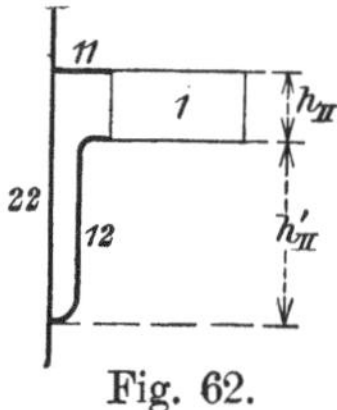

Fig. 62.

In der von Krell sen. angegebenen Ausführungsform „Einrohrsystem mit sekundärer Zirkulation“ *) (s. Fig. 62) wird durch die sekundäre Zirkulation die wirksame Druckhöhe eines Heizkörpers nicht nur wesentlich vergrößert, sondern meist vervielfacht. Für diesen Fall wird aus Gleichung (137) die nachstehende:

$$h_{II}(\gamma_1 - \gamma_{22}) + h'_{II}(\gamma_{12} - \gamma_{22}) + (lR + Z)_{22} = (lR + Z)_{11} + (lR + Z)_{12}. \tag{139}$$

*) Gesundheits-Ingenieur 1905, Nr. 26.

c) Bestimmung der Rohrdurchmesser und Heizflächen.

α) **Für den Kostenanschlag.** Von der nach der Gleichung (137) bestimmten Druckhöhe ist nach Maßgabe der Tabelle 20 jener Teil in Abzug zu bringen, der für die Überwindung der Einzelwiderstände gebraucht wird. Der Rest ist durch die Rohrlänge zu dividieren, wodurch man den Druckabfall für 1 m Rohr erhält. Die weitere Behandlung geschieht wie beim Zweirohrsystem, nur mit dem Unterschiede, daß vor Bestimmung der Heizflächen die Berechnung der Mischtemperaturen t_7, t_{10} usw. erfolgen muß.

β) **Für die Ausführung.** Die Nachrechnung der angenommenen Rohrdurchmesser und Heizkörper für die Ausführung erfolgt sinngemäß nach dem bei dem Zweirohrsystem Gesagten.

2. Berücksichtigung der Wärmeverluste der Rohrleitung.

Auch für diesen Fall können die bei Berechnung des Zweirohrsystems gemachten Überlegungen sowohl bei Bestimmung der Rohrleitungen und Heizkörper für den Kostenanschlag, als auch bezüglich der Nachrechnung der Anlage für die Ausführung sinngemäße Anwendung erfahren. Jedoch ist hinsichtlich der Benutzung der Tabelle 18 (A und B) zu bemerken, daß die Heizkörper durch die Fallstränge ersetzt werden. Die für letztere, infolge der Wärmeabgabe der Rohrleitung, auftretenden zusätzlichen Druckhöhen werden demnach jenen Tabellenwerten entsprechen, die für den mittelsten Heizkörper*) des Stranges in Frage kommen. Infolge der bei dem Einrohrsystem auftretenden Verhältnisse ist aber nur die Hälfte der Tabellenwerte in Ansatz zu bringen.

Versuche, die die Prüfungsanstalt über das Einrohrsystem ausgeführt hat**), haben ergeben, daß dasselbe dann mit Vorteil verwendet werden kann, wenn die Wassergeschwindigkeiten groß und demnach die Unterschiede der Vorlauftemperaturen der Heizkörper klein werden. In diesem Falle treten die durch den natürlichen Auftrieb hervorgerufenen (und sonach auch die in Tabelle 18 angegebenen zusätzlichen) Druckhöhen gegenüber den sonst im System (Schnellumlauf-, Pumpenheizung) herrschenden Betriebskräften meist in den Hintergrund.

C. Schnellumlauf-Warmwasserheizung.

Soweit von den Vorgängen innerhalb der Anlage einer Schnellumlaufheizung abgesehen wird, in der die Beimengung leichterer Körper zum

---

*) Der zwischen dem Kessel und dem obersten Heizkörper etwa in der Mitte liegende Heizkörper.

**) 9. Mitteilung der Prüfungsanstalt, Gesundheits-Ingenieur 1911.

Wasser des Vorlaufs erfolgt, durch die der schnellere Wasserumlauf bewirkt wird, bleibt naturgemäß die Theorie die gleiche wie bei der Schwerkraftheizung. Die vorbezeichneten Vorgänge sind verwickelter Natur*) und unterschiedlich bei den einzelnen Systemen. Solange eine eigenartige Ausführung durch Patente geschützt, also der freien Benutzung vorenthalten ist, hat der Erfinder den Lizenzträgern für deren Ausführungen die nötigen Angaben über die durch Rechnung oder Versuche ermittelte Wirkung seiner Konstruktionen zu machen. Bei dem ältesten System der Schnellumlaufheizung (Reck) muß demgemäß die Wirkung des Motorrohres D, die auf der Zuführung von Dampf bei C beruht (s. S. 210 u. Fig. 63) bekannt sein. Reck hat seine Anlagen derartig konstruiert, daß die Dichtigkeit des Gemisches von Wasser und Dampf in dem Motorrohr gleich der halben Dichtigkeit des Wassers gesetzt werden soll. Dies angenommen und vorausgesetzt, daß das Wasser im Gefäß E eine Temperatur von 100° besitzt und die Abkühlung der Rohrleitung für die Aufstellung der wirksamen Druckhöhe vernachlässigt werden soll**), wird diese bei Anwendung des Einrohrsystems für den Stromkreis I in Fig. 63 lauten müssen:

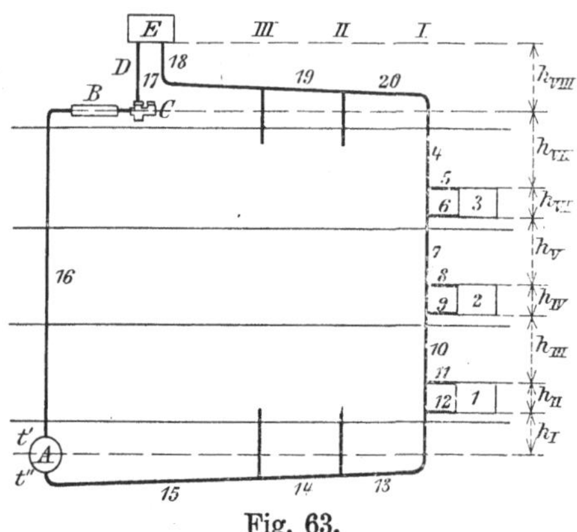

Fig. 63.

$$H = h_I \gamma'' + h_{II} \gamma_1 + h_{III} \gamma_{10} + h_{IV} \gamma_2 + h_V \gamma_7 + h_{VI} \gamma_3 + (h_{VII} + h_{VIII}) \gamma_{18} - (h_I + h_{II} + \ldots + h_{VII}) \gamma' - h_{VIII} \gamma_{17}. \qquad (140)$$

Die weitere Berechnung erfolgt genau wie beim Einrohrsystem, so daß auf dieses verwiesen werden kann.

D. Warmwasserheizung mit Pumpenbetrieb (Fern-Warmwasserheizung).

Eine Pumpenheizung für ein einzelnes Gebäude unterscheidet sich in ihrer Berechnung von der einer gewöhnlichen Schwerkraftheizung nur dadurch, daß die durch Wärmewirkung hervorgerufenen wirksamen Druckhöhen durch den Pumpendruck eine Vergrößerung erfahren.

*) S. Abhandlung von Hasenöhrl, Gesundheits-Ingenieur 1906, S. 365.

**) $\gamma_{13} = \gamma_{14} = \gamma_{15} = \gamma''$, $\gamma_{16} = \gamma'$, $\gamma_4 = \gamma_{20} = \gamma_{19} = \gamma_{18}$. Die Indizes der γ-Werte entsprechen den bezüglichen Teilstreckennummern. So bedeutet z. B.: γ_1 das Gewicht eines cbm Wassers in kg, von der im Heizkörper 1 herrschenden mittleren Temperatur; γ_4 das Gewicht eines cbm Wassers, von der in der Teilstrecke 4 herrschenden Temperatur.

In der Berechnung der Anlage ändert sich gegenüber der für die Schwerkraft-Warmwasserheizung gegebenen in bezug auf die Bestimmung der Temperaturen und der durch Wärmewirkung hervorgerufenen Druckhöhe H nichts, nur ist nach Wahl der Rohrdurchmesser und der Ermittlung der in den einzelnen Teilstrecken des Stromkreises erforderlichen Geschwindigkeit des Wassers allgemein zu setzen:

$$H + H_p{}^{*}) = \Sigma l R + \Sigma Z , \qquad (141)$$

wenn

H_p die von der Pumpe zu erzeugende Druckhöhe bedeutet.

Aus der Gleichung (141) ist alsdann H_p zu berechnen. Für jeden anderen Stromkreis ist natürlich alsdann H_p, vermehrt um die durch Wärmewirkung hervorgerufene wirksame Druckhöhe, gegeben und hat die Bestimmung der Rohrdurchmesser genau in der früheren Art und Weise zu erfolgen.

Bei einer Fern-Warmwasserheizung ist für die Berechnung der Anlage ein grundsätzlicher Unterschied von der einer Gebäudeanlage nicht zu machen. Eine Fern-Warmwasserheizung unterscheidet sich von einer Gebäudeanlage nur dadurch, daß bei Anwendung des Einrohrsystems innerhalb der Gebäude der Stromkreis eines jeden Fallstrangs, bei Anwendung des Zweirohrsystems der eines jeden Heizkörpers sich bis zu der in der Zentrale stehenden Pumpe erweitert. Die Pumpenleistung vergrößert sich somit nur noch durch die Widerstandshöhe H_z der gesamten Fernanlage bis und von dem ungünstigst gelegenen Gebäude.

Die Wahl der Durchmesser der Verteilungsleitung hat unter Berücksichtigung der wirtschaftlichen Verhältnisse des Betriebs und der gewünschten oder geforderten generellen Regelung der Wassertemperatur zu erfolgen. Es kann sich hierbei als zweckmäßig erweisen, dem Rücklauf einen anderen — z. B. bei dem Einrohrsystem in den Gebäuden einen größeren — Durchmesser zu geben als dem Vorlauf, um in ihm kleinere Widerstände und dadurch größere Druckunterschiede in den Gebäuden zu erzielen.

Die Aufstellung des Ausdehnungsgefäßes der Anlage hat auf die Pumpenarbeit selbst keinen Einfluß, wohl aber auf die Druckverhältnisse in den einzelnen Teilen der Anlage während des Betriebs.

Die Betriebskraft der Pumpe in Pferdestärken beträgt:

$$N = \frac{H_P Q}{3600 \cdot 75 \cdot \eta} = \frac{H_P Q}{270\,000\,\eta} , \qquad (142)$$

wenn:

$H_P = H_p + H_z$ die gesamte von der Pumpe zu erzeugende Druckhöhe in m,

---

*) In den meisten Fällen ist die durch die Wärmewirkung hervorgerufene Druckhöhe gegenüber der Pumpenwirkung zu vernachlässigen.

Q die stündlich umzuwälzende Wassermenge in kg,

η den Wirkungsgrad der Pumpe (vom Lieferanten anzugeben und zu gewährleisten)

bedeutet.

H_P ist also die Summe aller Widerstandshöhen im Stromkreise des von der Zentrale ungünstigst gelegenen Fallstrangs bzw. Heizkörpers der gesamten Anlage, abzüglich der durch die Wärmeverhältnisse gebildeten Druckhöhe.

Aus dem obigen Ausdruck für die Betriebskraft der Pumpe geht hervor, daß, da die Geschwindigkeits- und Widerstandshöhen nahezu im Quadrat, die geförderte Wassermenge bei angenommenem Durchmesser der Rohrleitung etwa im einfachen Verhältnis der Geschwindigkeit stehen und die zu fördernde Wassermenge umgekehrt proportional dem Temperaturunterschied zwischen Vor- und Rücklauf ist, die Annahme dieses Temperaturunterschiedes sich bei der Betriebskraft der Pumpe annähernd in der dritten Potenz geltend macht.

Alles übrige enthält das bezügliche Rechnungsbeispiel.

IV. Anwendung der gewonnenen Ergebnisse bei der Berechnung der verschiedenen Systeme der Warmwasserheizung. (Durchführung von Beispielen.)

A. Schwerkrafts-Warmwasserheizung. Zweirohrsystem.

Beispiel 1. Untere Verteilung. Ohne Berücksichtigung der Wärmeabgabe der Rohrleitung.

Annahmen: Die Temperatur des Wassers bei Austritt aus dem Kessel soll $t' = 80°$, die bei Eintritt in den Kessel $t'' = 60°$, also $t' - t'' = 20°$ betragen. Die Anordnung der Anlage geht aus Fig. 64 hervor, alles übrige aus den nachfolgenden Zusammenstellungen.

Durchrechnung des Beispieles.

a) Bestimmung der Rohrdurchmesser für den Kostenanschlag. Der ungünstigste Rohrzug besteht aus den Teilstrecken 1, 2, 3, 4, 5, 6, 7, 8, 9, 10, 11, 12, 13, 14 und hat eine Länge von insgesamt 73,0 m.

Heizkörper 1.

Die wirksame Druckhöhe für den ungünstigsten Heizkörper 1 beträgt (Tabelle 17) $H(\gamma'' - \gamma') = 3{,}0 \cdot 11{,}41$ . . . . . = 34,2 mm WS
Hiervon für die Einzelwiderstände laut Tabelle 20 ab 50%, d. s. . . . . = 17,1 „ „

Verbleiben für die Überwindung der Reibungswiderstände . . = 17,1 mm WS

Mithin erhält man $\frac{17{,}1}{73} = 0{,}24$ mm WS Druckabfall für 1 m Rohr. Unter Benutzung des Hilfsblattes Nr. 3 bzw. der Tabelle 24*) ergeben sich unmittelbar die lichten Rohrweiten. (Spalte d der nachfolgenden Zusammenstellung 1.)

*) Benützt wurde das Hilfsblatt Nr. 3.

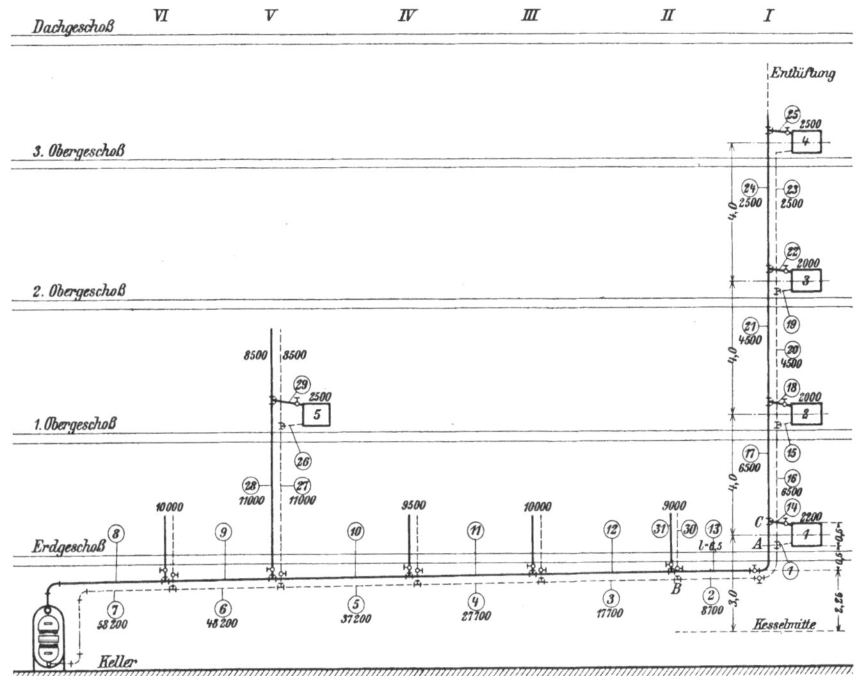

Fig. 64.

Heizkörper 2.

Wirksame Druckhöhe (Tabelle 17)	= 80	mm WS
Hiervon ab 50% für die Einzelwiderstände	= 40	„ „
Verbleiben für die Reibungswiderstände	= 40	mm WS
Hiervon aufgebraucht für die mit Heizkörper 1 gemeinsamen Teilstrecken 2—13, deren Gesamtlänge 70 m beträgt, 70 · 0,24	= 16,8	„ „
Verbleiben für die Teilstrecken 15—18	= 23,2	mm WS
Gesamtlänge der Teilstrecken 15—18	= 10	m

Ergibt $\frac{23,2}{10} = 2,3$ mm WS Druckabfall für ein laufendes Meter.

Hieraus folgern, unter Benutzung des Hilfsblattes Nr. 3, die für die Teilstrecken 15—18 anzunehmenden Durchmesser. (Spalte d der Zusammenstellung 1.)

In der gleichen Weise ergeben sich sämtliche Werte der Spalte d der Zusammenstellung 1 und in sinngemäßer Fortsetzung alle Durchmesser des Rohrnetzes für den Kostenanschlag. Es empfiehlt sich bei verwickelter Rohrführung, mindestens den ungünstigsten Stromkreis nach Maßgabe der nun folgenden Berechnungsart nachzuprüfen.

Zusammenstellung 1.

Nr. der Teilstrecke	Wärmemenge	Länge der Teilstrecke	Annahme	Ausführung													
				ursprüngliche Werte					geänderte Werte						Unterschied	
		l	d	v	$R/1$ m	lR	$\Sigma\zeta$	Z	d	v	$R/1$ m	lR	$\Sigma\zeta$	Z	lR	Z
	WE	m	mm	m/sk	mm WS	mm WS		mm WS	mm	m/sk	mm WS	mm WS		mm WS	$g-n$	$i-p$
a	b	c	d	e	f	g	h	i	k	l	m	n	o	p	q	r
Stromkreis des Heizkörpers 1. Wirksame Gesamtdruckhöhe (Annahme) . . . . = **34,2 mm WS**; Druckabfall pro lfd. m . . . . = 0,24 „ „																	
1	2 200	1,5	25	0,07	0,28	0,4	1,5	0,4	—	—	—	—	—	—	—	—
2	8 700	5,5	49	0,07	0,13	0,7	9,5*)	2,3	—	—	—	—	—	—	—	—
3	17 700	6,0	57	0,10	0,25	1,5	1,0	0,5	—	—	—	—	—	—	—	—
4	27 700	5,0	70	0,11	0,20	1,0	1,0	0,6	—	—	—	—	1,5	0,9	—	+0,3
5	37 200	7,0	76	0,12	0,24	1,7	1,0	0,7	70	0,14	0,37	2,6	0,5	0,5	+0,9	—0,2
6	48 200	4,0	82	0,13	0,26	1,0	1,0	0,9	—	—	—	—	—	—	—	—
7	58 200	7,5	88	0,14	0,25	1,9	2,0	2,0	—	—	—	—	—	—	—	—
8	58 200	6,5	88	0,14	0,25	1,6	2,0	2,0	—	—	—	—	—	—	—	—
9	48 200	4,0	82	0,13	0,26	1,0	0	—	—	—	—	—	—	—	—	—
10	37 200	7,0	76	0,12	0,24	1,7	0	—	70	0,14	0,37	2,6	0,3	0,3	+0,9	+0,3
11	27 700	5,0	70	0,11	0,20	1,0	0	—	—	—	—	—	—0,2	—0,1	—	—0,1
12	17 700	6,0	57	0,10	0,25	1,5	0	—	—	—	—	—	—	—	—	—
13	8 700	6,5	49	0,07	0,13	0,9	7,0	1,7	—	—	—	—	—	—	—	—
14	2 200	1,5	25	0,07	0,28	0,4	13,0*)	3,2	—	—	—	—	—	—	—	—
		73,0				16,3		14,3							+1,8	+0,3
16,3 + 14,3 = 30,6 mm WS; 30,6 + 2,1 = **32,7 mm WS** gegen 34,2 mm WS																	
Stromkreis des Heizkörpers 2. Wirksame Gesamtdruckhöhe (Annahme) . . . . = **80 mm WS**; Druckabfall pro lfd. m . . . . = 2,3 „ „																	
15	2 000	1,0	14	0,19	4,25	4,3	3,0	5,4	20	0,09	0,7	0,7	4,5	1,8	—3,6	—3,6
16	6 500	4,0	25	0,19	2,1	8,4	-0,8	—1,4	—	—	—	—	—	—	—	—
17	6 500	4,0	25	0,19	2,1	8,4	1,5	2,7	—	—	—	—	—	—	—	—
18	2 000	1,0	14	0,19	4,25	4,3	13,5	24,3	—	—	—	—	—	—	—	—
		10,0				25,4		31,0							—3,6	—3,6
25,4 + 31,0 = 56,4 mm WS; mit Heizkörper 1 gemeinsame Teilstrecken 2 bis 13 = 28,3 mm WS; 84,7 mm WS; 84,7 — 7,2 = **77,5 mm WS** gegen 80 mm WS																	
Stromkreis des Heizkörpers 3. Wirksame Gesamtdruckhöhe (Annahme) . . . . = **125,5 mm WS**; Druckabfall pro lfd. m . . . . = 2,8 „ „																	
19	2 000	1,0	14	0,19	4,3	4,3	3,0	5,4	—	—	—	—	—	—	—	—
20	4 500	4,0	20	0,20	3,2	12,8	1,0	2,0	—	—	—	—	—	—	—	—
21	4 500	4,0	20	0,20	3,2	12,8	0,4	0,8	—	—	—	—	—	—	—	—
22	2 000	1,0	14	0,19	4,3	4,3	13,5	24,3	—	—	—	—	—	—	—	—
		10,0				34,2		32,5								

34,2 + 32,5 = 66,7 mm WS
gemeinsam mit Heizkörper 1
Teilstrecken 2 bis 13 = 28,3 „ „
gemeinsam mit Heizkörper 2
Teilstrecken 16 u. 17 = 18,1 „ „
insgesamt = **113,1 mm WS** gegen 125,5 mm WS

*) Z-Werte für $\zeta > 9$, z. B. $\zeta = 13$, werden (wegen des auf 1 Dezimalstelle abgerundeten Wertes Z für $\zeta = 1$) wie folgt gebildet: Z für $\zeta = 9 + Z$ für $\zeta = 4$.

Zusammenstellung 1 (Forts.).

Nr. der Teilstrecke	Wärmemenge	Länge der Teilstrecke l	Annahme d	Ausführung													
				ursprüngliche Werte					geänderte Werte						Unterschied		
				v	$R/1$ m	$l\,R$	$\Sigma\zeta$	Z	d	v	$R/1$ m	$l\,R$	$\Sigma\zeta$	Z	$l\,R$	Z
	WE	m	mm	m/sk	mm WS	mm WS		mm WS	mm	m/sk	mm WS	mm WS		mm WS	$g-n$	$i-p$
a	b	c	d	e	f	g	h	i	k	l	m	n	o	p	q	r

Stromkreis des Heizkörpers 4.

Wirksame Gesamtdruckhöhe (Annahme) . . . . = **171 mm WS**
Druckabfall pro lfd. m . . . . = 2,8 „ „

a	b	c	d	e	f	g	h	i	k	l	m	n	o	p	q	r
23	2 500	5,0	20	0,12	1,1	5,5	7,5	5,4	—	—	—	—	—	—	—	—
24	2 500	4,0	14	0,24	6,5	26,0	2,8	8,0	—	—	—	—	—	—	—	—
25	2 500	1,0	14	0,24	6,5	6,5	12,0	34,6	—	—	—	—	—	—	—	—
		10,0				38,0		48,0								

38,0 + 48,0 = 86,0 mm WS

gemeinsam mit Heizkörper 1
Teilstrecken 2 bis 13 = 28,3 „ „

gemeinsam mit Heizkörper 2
Teilstrecken 16 u. 17 = 18,1 „ „

gemeinsam mit Heizkörper 3
Teilstrecken 20 u. 21 = 28,4 „ „

insgesamt = **160,8 mm WS** gegen 171 mm WS

Stromkreis des Heizkörpers 5.

Wirksame Gesamtdruckhöhe (Annahme) . . . . = **80 mm WS**
Druckabfall pro lfd. m . . . . = 2,9 „ „

a	b	c	d	e	f	g	h	i	k	l	m	n	o	p	q	r
26	2 500	1,0	14	0,24	6,5	6,5	2,1	6,0	—	—	—	—	—	—	—	—
27	11 000	4,5	34	0,17	1,2	5,4	9,3	13,4	—	—	—	—	—	—	—	—
28	11 000	5,5	34	0,17	1,2	6,6	10,0	14,4	—	—	—	—	—	—	—	—
29	2 500	1,0	14	0,24	6,5	6,5	13,5	38,9	20	0,12	1,1	1,1	13,5	9,8	- 5,4	-29,1
		12,0				25,0		72,7							- 5,4	-29,1

25,0 + 72,7 = 97,7 mm WS

gemeinsam mit Heizkörper 1
Teilstrecken 6 bis 9 = 10,4 „ „

aufgebraucht = 108,1 mm WS

geänderte Teilstrecke 29.
Zusätzliche Widerstände
(Summe der Spalten q u. r) = — 34,5 mm WS

gesamte Widerstände = **73,6 mm WS** gegen 80 mm WS

b) Bestimmung der Rohrdurchmesser für die Ausführung (s. Zusammenstellung 1).

Heizkörper 1.

Aus den Wärmemengen (Spalte b) und den angenommenen Rohrweiten (Spalte d) ergeben sich unter Benutzung des Hilfsblattes Nr. 3 die jeweiligen Wassergeschwindigkeiten (Spalte e), sowie die Reibungswiderstände R für 1 m Rohr (Spalte f). Aus letzteren nach Multiplikation mit der Rohrlänge (Spalte c) die gesamten Reibungswiderstände in jeder Teilstrecke (Spalte g). Die Widerstandszahlen ζ für Heizkörper, Kessel, Ventile, Knie, Bogen usw. werden nach Maßgabe der Tabelle 21, I und II unmittelbar in die Spalte h eingesetzt. Die Widerstandszahlen der T-Stücke werden unter Benutzung der Tabelle 21, III bzw. IV auf folgende Weise bestimmt:

Z. B.:

α) T-Stück A „Zusammenlauf der Wasserströme" aus Teilstrecken 1 und 16 in Teilstrecke 2. Die Geschwindigkeiten v_a (Teilstrecke 1) und V (Teilstrecke 2) ergeben sich aus Spalte e. $\frac{v_a}{V} = \frac{0{,}07}{0{,}07} = 1$. Das T-Stück fällt (s. Tabelle 21, III, Zusammenlauf, Abzweig) in Gruppe I, und es ergibt sich $\zeta_a = 0$.

β) T-Stück B „Zusammenlauf der Wasserströme" aus Teilstrecken 2 und 30 in die Teilstrecke 3. Die Geschwindigkeiten v_d (Teilstrecke 2) und V (Teilstrecke 3) ergeben sich aus Spalte e. $\frac{v_d}{V} = \frac{0{,}07}{0{,}10} = 0{,}7$. Das T-Stück fällt (s. Tabelle 21, IV, Zusammenlauf, Durchgang) in Gruppe II, und es ist $\zeta_d = 2{,}0$.

γ) T-Stück C „Trennung des Wasserstromes" aus Teilstrecke 2 in die Teilstrecken 14 und 17. $\frac{v_a}{V} = \frac{0{,}07}{0{,}07} = 1{,}0$, $\zeta_d = 1{,}5$ (s. Tabelle 21, III, Trennung, Abzweig).

Die Summe aller ζ-Werte wird in Spalte h (Zusammenstellung 1) eingetragen und unter Berücksichtigung der aus Spalte e ersichtlichen Geschwindigkeiten und Verwendung des Hilfsblattes Nr. 3 die Einzelwiderstände Z in mm WS (Spalte i) ermittelt. Die Summe der Spalten g und i $= 16{,}3 + 14{,}3 = 30{,}6$ mm WS zeigt, daß die zur Verfügung stehende Druckhöhe von 34,2 mm WS nicht aufgebraucht wurde.

Man kann nun irgendwelche Teilstrecken [z. B. 5 und 9, von 76 auf 70 mm] verengen und für diese Teilstrecke die Rechnung sinngemäß in den Spalten l bis p wiederholen. Zu beachten ist, daß sich hierdurch die an die Teilstrecken 5 und 9 anschließenden T-Stücke und somit auch ihr Widerstand ändert.

Die Spalten q und r zeigen den so ermittelten Unterschied zu $+1{,}8 + 0{,}3 = +2{,}1$ mm WS, so daß der Gesamtwiderstand $30{,}6 + 2{,}1 = 32{,}7$ mm WS wird und nunmehr mit der wirksamen Druckhöhe von 34,2 mm WS genügend übereinstimmt.

Heizkörper 2.

Die sinngemäße Durchführung des eben Gesagten auf die Teilstrecken 15—18 des Stromkreises des Heizkörpers 2 ergibt laut Zusammenstellung 1 einen Widerstand von	= 56,4 mm WS
Widerstand der mit Heizkörper 1 gemeinsamen Teilstrecken 2—13	= 28,3 „ „
Sonach insgesamt	= 84,7 mm WS
Zur Verfügung stehen	= 80,0 „ „

Somit muß eine der Teilstrecken, z. B. 15, von 14 auf 20 mm erweitert werden.

Der Unterschied (Spalte q + Spalte r) beträgt — 7,2 mm WS, so daß nunmehr insgesamt 77,5 mm WS aufgebraucht werden, womit eine genügende Übereinstimmung mit der zur Verfügung stehenden Druckhöhe von 80,0 mm WS erreicht ist.

Heizkörper 3.

Aus der Zusammenstellung 1 ergibt sich, daß die Teilstrecken 19—22 richtig angenommen sind. Wohl werden von der zur Verfügung stehenden Druckhöhe von 125,5 mm WS nur 113,2 mm WS aufgebraucht, jedoch ist eine Verengung der Rohre nicht möglich, da sonst die Gesamtwiderstände die zur Verfügung stehende Druckhöhe überschreiten würden.

Heizkörper 4 und 5.

Die Zusammenstellung 1 enthält auch noch die Berechnung der Stromkreise der Heizkörper 4 und 5. Die Übereinstimmung bezüglich des Stromkreises des Heizkörpers 5 könnte durch Teilung einer Strecke in 2 Teile von verschiedenem Durchmesser noch vollkommener gemacht werden, wovon aber abgesehen wurde.

Beispiel 2. Obere Verteilung. Mit Berücksichtigung der Wärmeabgabe der Rohrleitung.

Annahmen. Dieselbe wie bei Beispiel 1. Außerdem: Steigestrang keine Abkühlung, Dachbodentemperatur ±0°, Isolierung der oberen Verteilungsleitung 80%

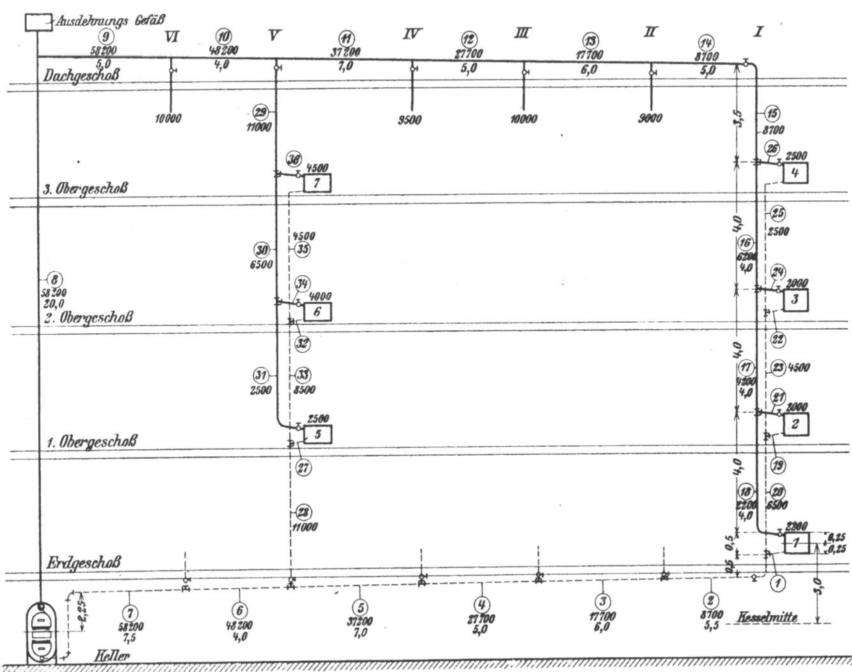

Fig. 65.

Wirkungsgrad, gemeinsame Rückleitung, keine Abkühlung. Fallstränge isoliert in Mauerschlitzen. Wirkungsgrad der Isolierung der Fallstränge 60%, Lufttemperatur im Schlitz 35°. Alles übrige zeigt Fig. 65.

Durchrechnung des Beispiels.

a) Bestimmung der Rohrdurchmesser und Vergrößerung der Heizflächen für den Kostenanschlag.

α) Bestimmung der Rohrdurchmesser für den Kostenanschlag.

Ungünstigster Stromkreis: Teilstrecken 1—18; Gesamtlänge 105,5 m.

Heizkörper 1.

Wirksame Druckhöhe ohne Berücksichtigung der Wärmeabgabe der Rohrleitung (Tabelle 17) 3,0 · 11,41	= 34,2 mm WS
Zusätzliche Druckhöhe nach Tabelle 18, A II b*) für 90° Vorlaufstemperatur = 25 mm WS, für 80° Vorlaufstemperatur um 30% = 8 mm zu verringern. Sonach zusätzliche Druckhöhe	= 17,0 „ „
Gesamtdruckhöhe (Annahme)	= 51,2 mm WS
Hiervon ab für Einzelwiderstände (Tabelle 20) 50%	= 25,6 „ „
Verbleiben für die Reibungswiderstände	= 25,6 mm WS
Und hieraus Druckabfall pro laufendes Meter $\frac{25,6}{105,5}$	= 0,24 „ „

Nunmehr ergeben sich unter Benutzung des Hilfsblattes Nr. 3 die in der Zusammenstellung 2 eingetragenen Rohrweiten (Spalte d).

Heizkörper 2.

Wirksame Druckhöhe nach Tabelle 17	= 80,0 mm WS
Zusätzliche Druckhöhe nach Tabelle 18, A II b vermindert um 30%	= 17,0 „ „
Wirksame Gesamtdruckhöhe (Annahme)	= 97,0 mm WS
Hiervon ab für Einzelwiderstände (Tabelle 20) 50%	= 48,5 „ „
Verbleiben für Reibungswiderstände	= 48,5 mm WS
Hiervon ab für die mit Heizkörper 1 gemeinsamen Teilstrecken 2—17, deren Gesamtlänge 98,5 m beträgt, 98,5 × 0,24	= 23,7 mm WS
Verbleiben für die Teilstrecken 19—21	= 24,8 mm WS
Gesamtlänge der Teilstrecken 19—21	= 7 m
Ergibt einen Druckabfall pro laufendes Meter $\frac{24,8}{7}$	= 3,5 mm WS

Hieraus folgern unter Benutzung des Hilfsblattes Nr. 3 die für die Teilstrecken 19—21 anzunehmenden Durchmesser (Spalte d der Zusammenstellung 2).

In der gleichen Weise ergeben sich sämtliche Werte der Spalte d der Zusammenstellung 2 und in sinngemäßer Fortsetzung alle Durchmesser des Rohrnetzes für den Kostenanschlag. Es empfiehlt sich bei verwickelter Rohrführung, mindestens den ungünstigsten Stromkreis genau nachzurechnen.

β) Vergrößerung der Heizflächen für den Kostenanschlag.

Diese Vergrößerung ist in Prozenten der ohne Berücksichtigung der Wärmeabgabe der Rohrleitung errechneten Heizflächen unmittelbar aus Tabelle 18 B II zu entnehmen.

Sie beträgt z. B. für den Heizkörper 1 = 5%.

---

*) Horizontale Ausdehnung der Anlage 32 m.

Zusammenstellung 2.

Nr. der Teilstrecke	Wärmemenge	Länge der Teilstrecke	Annahme	Ausführung													
				ursprüngliche Werte					geänderte Werte						Unterschied	
		l	*d*	*v*	*R*/1 m	*l R*	$\Sigma\zeta$	*Z*	*d*	*v*	*R*/1 m	*l R*	$\Sigma\zeta$	*Z*	*l R*	*Z*
	WE	m	mm	m/sk	mm WS	mm WS		mm WS	mm	m/sk	mm WS	mm WS		mm WS	*g* − *n*	*i* − *p*
a	b	c	d	e	f	g	h	i	k	l	m	n	o	p	q	r

Stromkreis des Heizkörpers 1.

Wirksame Gesamtdruckhöhe (Annahme) . . . . = **51,2 mm WS**

Druckabfall pro lfd. m . . . . = 0,24 „ „

a	b	c	d	e	f	g	h	i	k	l	m	n	o	p	q	r
1	2 200	1,5	25	0,07	0,28	0,4	3,0	0,8	20	0,1	0,85	1,3	1,8	0,9	+0,9	+0,1
2	8 700	5,5	49	0,07	0,13	0,7	9,5	2,3	—	—	—	—	—	—	—	—
3	17 700	6,0	57	0,10	0,27	1,6	1,0	0,5	—	—	—	—	—	—	—	—
4	27 700	5,0	70	0,11	0,22	1,1	1,0	0,6	—	—	—	—	—	—	—	—
5	37 200	7,0	76	0,12	0,24	1,7	1,0	0,7	—	—	—	—	—	—	—	—
6	48 200	4,0	82	0,13	0,26	1,0	0,5	0,4	—	—	—	—	—	—	—	—
7	58 200	7,5	88	0,14	0,26	2,0	2,0	2,0	82	0,15	0,37	2,8	2,0	2,2	+0,8	+0,2
8	58 200	20,0	88	0,14	0,26	5,2	2,0	2,0	82	0,15	0,37	7,4	2,0	2,2	+2,2	+0,2
9	58 200	5,0	88	0,14	0,26	1,3	0,5	0,5	—	—	—	—	—	—	—	—
10	48 200	4,0	82	0,13	0,26	1,0	0,3	0,3	—	—	—	—	—	—	—	—
11	37 200	7,0	76	0,12	0,24	1,7	0	—	—	—	—	—	—	—	—	—
12	27 700	5,0	70	0,11	0,22	1,1	0	—	—	—	—	—	—	—	—	—
13	17 700	6,0	57	0,10	0,27	1,6	0	—	—	—	—	—	—	—	—	—
14	8 700	5,0	49	0,07	0,13	0,7	7,0	1,7	—	—	—	—	—	—	—	—
15	8 700	3,5	49	0,07	0,13	0,5	0	—	—	—	—	—	—	—	—	—
16	6 200	4,0	39	0,08	0,21	0,9	0,6	0,2	—	—	—	—	—	—	—	—
17	4 200	4,0	34	0,07	0,21	0,8	0,2	0,1	—	—	—	—	—	—	—	—
18	2 200	5,5	25	0,07	0,28	1,5	13,4	3,3	20	0,1	0,85	4,7	15,0	7,5	+3,2	+4,2
		105,5				24,8		15,4							+7,1	+4,7

Wirksame Gesamtdruckhöhe (Ausführung) . . . . **55,1 mm WS**

aufgebraucht in den Teilstrecken 1—18 = 40,2 mm

geändert die Teilstrecken 1, 2, 7, 8, 18

zusätzlicher Widerstand (Summe der Spalten q + r) = 11,8 „

Gesamtwiderstand = **52,0 mm WS**

In genügender Übereinstimmung mit der wirksamen Gesamtdruckhöhe (Ausführung) von 55,1 mm WS.

Zusammenstellung 2 (Forts.).

Nr. der Teilstrecke	Wärmemenge	Länge der Teilstrecke	Annahme	Ausführung													
				ursprüngliche Werte					geänderte Werte						Unterschied	
		l	d	v	$R/1$ m	$l\,R$	$\Sigma\,\zeta$	Z	d	v	$R/1$ m	$l\,R$	$\Sigma\,\zeta$	Z	$l\,R$	Z
	WE	m	mm	m/sk	mm WS	mm WS		mm WS	mm	m/sk	mm WS	mm WS		mm WS	$g-n$	$i-p$
a	b	c	d	e	f	g	h	i	k	l	m	n	o	p	q	r

Stromkreis des Heizkörpers 2.
Wirksame Gesamtdruckhöhe (Annahme) . . . . = **97,0 mm WS**
Druckabfall pro lfd. m . . . . = 3,5 „ „

a	b	c	d	e	f	g	h	i	k	l	m	n	o	p	q	r
19	2 000	1,5	14	0,19	4,2	6,3	3,0	5,4	—	—	—	—	—	—	—	—
20	6 500	4,0	25	0,19	2,1	8,4	4,0	7,2	—	—	—	—	—	—	—	—
21	2 000	1,5	14	0,19	4,2	6,3	13,5	24,3	—	—	—	—	—	—	—	—
		7,0				21,0		36,9								

Wirksame Gesamtdruckhöhe (Ausführung) . . . . = **98,5 mm WS**
aufgebraucht in den Teilstrecken 19—21 = 57,9 mm
„ „ „ „ 2—17 = 37,6 „
Gesamtwiderstand = **95,5 mm WS**

In genügender Übereinstimmung mit der wirksamen Gesamtdruckhöhe (Ausführung) von 98,5 mm WS.

Stromkreis des Heizkörpers 3.
Wirksame Gesamtdruckhöhe (Annahme) . . . . = **143 mm WS**
Druckabfall pro lfd. m . . . . = 4,3 „ „

a	b	c	d	e	f	g	h	i	k	l	m	n	o	p	q	r
22	2 000	2,0	14	0,19	4,2	8,4	3,0	5,4	—	—	—	—	—	—	—	—
23	4 500	4,0	20	0,2	3,1	12,4	1,0	2,0	—	—	—	—	—	—	—	—
24	2 000	2,0	14	0,19	4,2	8,4	13,5	24,3	—	—	—	—	—	—	—	—
		8,0				29,2		31,7								

Wirksame Gesamtdruckhöhe (Ausführung) . . . . = **142,7 mm WS**
aufgebraucht in den Teilstrecken 22—24 = 60,9 mm WS
„ „ „ „ 20, 2—16 = 52,3 „ „
Gesamtwiderstand = **113,2 mm WS**

Die Änderung der Teilstrecke 23, $d = 14$ mm würde zu große Widerstände geben, daher wurde keine Teilstrecke geändert.

Stromkreis des Heizkörpers 4.
Wirksame Gesamtdruckhöhe (Annahme) . . . . = **188 mm WS**
Druckabfall pro lfd. m . . . . = 3,5 „ „

a	b	c	d	e	f	g	h	i	k	l	m	n	o	p	q	r
25	2 500	6,0	14	0,24	6,5	39,0	3,5	10	—	—	—	—	—	—	—	—
26	2 500	2,0	14	0,24	6,5	13,0	14,8	42,7	—	—	—	—	—	—	—	—
		8,0				52,0		52,7								

Wirksame Gesamtdruckhöhe (Ausführung) . . . . = **187,6 mm WS**
aufgebraucht in den Teilstrecken 25 und 26 = 104,7 mm
„ „ „ „ 23, 20, 2—15 = 65,6 „
Gesamtwiderstand = **170,3 mm WS**

Mit Rücksicht darauf, daß keine kleineren Rohrweiten als $d = 14$ mm verwendet werden sollen, bleiben die Teilstrecken ungeändert.

Zusammenstellung 2 (Forts.).

Nr. der Teilstrecke	Wärmemenge	Länge der Teilstrecke	Annahme	Ausführung													
				ursprüngliche Werte					geänderte Werte						Unterschied	
		l	d	v	$R/1$ m	$l\,R$	$\Sigma\zeta$	Z	d	v	$R/1$ m	$l\,R$	$\Sigma\zeta$	Z	$l\,R$	Z
	WE	m	mm	m/sk	mm WS	mm WS		mm WS	mm	m/sk	mm WS	mm WS		mm WS	$g-n$	$i-p$
a	b	c	d	e	f	g	h	i	k	l	m	n	o	p	q	r

Strang V.

Stromkreis des Heizkörpers 5.

Wirksame Gesamtdruckhöhe (Annahme) . . . . = **86,8 mm WS**

Druckabfall pro lfd. m . . . . = 1,7 „ „

a	b	c	d	e	f	g	h	i	k	l	m	n	o	p	q	r
27	2 500	1,5	14	0,24	6,5	9,8	2,1	6,0	—	—	—	—	—	—	—	—
28	11 000	5,5	34	0,17	1,2	6,6	9,4	13,6	—	—	—	—	—	—	—	—
29	11 000	3,5	34	0,17	1,2	4,2	10,0	14,4	—	—	—	—	—	—	—	—
30	6 500	4,0	25	0,19	2,1	8,4	0,6	1,1	—	—	—	—	—	—	—	—
31	2 500	5,5	20	0,11	1,1	6,1	12,5	7,5	—	—	—	—	—	—	—	—
		20,0				35,1		42,6								

Wirksame Gesamtdruckhöhe (Ausführung) . . . . = **99,9 mm WS**

aufgebraucht in den Teilstrecken 27—31 = 77,7 mm

„ „ „ „ 6, 7, 8, 9, 10 = 19,1 „

Gesamtwiderstand = **96,8 mm WS**

In guter Übereinstimmung mit der Gesamtdruckhöhe (Ausführung) von 99,9 mm WS.

Stromkreis des Heizkörpers 6.

Wirksame Gesamtdruckhöhe (Annahme) . . . . = **129 mm WS**

Druckabfall pro lfd. m . . . . = 5,5 „ „

a	b	c	d	e	f	g	h	i	k	l	m	n	o	p	q	r
32	4 000	1,0	20	—	—	—	—	—	—	—	—	—	—	—	—	—
33	8 500	4,0	25	—	—	—	—	—	—	—	—	—	—	—	—	—
34	4 000	1,0	20	—	—	—	—	—	—	—	—	—	—	—	—	—
		6,0														

Stromkreis des Heizkörpers 7.

Wirksame Gesamtdruckhöhe (Annahme) . . . . = **174 mm WS**

Druckabfall pro lfd. m . . . . = 6,7 „ „

a	b	c	d	e	f	g	h	i	k	l	m	n	o	p	q	r
35	4 500	5,0	20	—	—	—	—	—	—	—	—	—	—	—	—	—
36	4 500	1,0	14	—	—	—	—	—	—	—	—	—	—	—	—	—
		6,0														

Die Stromkreise der Heizkörper 6 und 7 wurden nur für den Kostenanschlag dimensioniert.

b) Bestimmung der Rohrdurchmesser und Vergrößerung der Heizflächen für die Ausführung.

α) Bestimmung der Rohrdurchmesser.

Zunächst ist die wirksame Druckhöhe zu bestimmen. Die zu ihrer Feststellung auf S. 251 empfohlene Berechnungsart ist in Zusammenstellung 3 durchgeführt.

Zusammenstellung 3.

Nr.	WE	Q	l	d	$f \cdot k$	$1-\eta$	t_e	t_z	δ	t_a	h
Vorlaufleitung.											
9	58 200	2 910	5,0	88	3,13	0,2	80	±0	0,1	79,9	—
10	48 200	2 410	4,0	82	2,94	0,2	79,9	±0	0,1	79,8	—
11	37 200	1 860	7,0	76	2,74	0,2	79,8	±0	0,2	79,6	—
12	27 700	1 385	5,0	70	2,51	0,2	79,6	±0	0,1	79,5	—
13	17 700	885	6,0	57	2,08	0,2	79,5	±0	0,2	79,3	—
14	8 700	435	5,0	49	2,04	0,2	79,3	±0	0,4	78,9	—
Fallstrang I.											
15	8 700	435	3,5	49	1,76	0,4	78,9	+ 35	0,3	78,6	2,6
16	6 200	310	4,0	39	1,43	0,4	78,6	+ 35	0,3	78,3	3,7
17	4 200	210	4,0	34	1,25	0,4	78,3	+ 35	0,4	77,9	4,7
18	2 200	110	4,0	25	1,14	0,4	77,9	+ 35	0,7	77,2	5,9
25	2 500	125	4,0	14	0,66	0,4	58,6	+ 35	0,2	58,4	48,7
Von Heizkörper 3 kommen 100 Liter von 58,3° hinzu: Mischtemp. =										58,4°	
23	4 500	225	4,0	20	0,86	0,4	58,4	+ 35	0,1	58,3	49,0
Von Heizkörper 2 kommen 100 Liter von 57,9° hinzu: Mischtemp. =										58,2°	
20	6 500	325	4,0	25	1,09	0,4	58,2	+ 35	0,1	58,1	49,5
Von Heizkörper 1 kommen hinzu 110 Liter von 57,2°: Mischtemp. =										57,8°	
2	8 700	435	0,5	49	1,67	0,4	57,8	+ 35	0,0	57,8	6,2

Da die Abkühlung der Kellerleitung nicht berücksichtigt wird, hat das zum Kessel zurückkehrende Wasser die gleiche Temperatur wie das Rücklaufwasser des entferntesten Stranges.

Nr.	WE	Q	l	d	$f \cdot k$	$1-\eta$	t_e	t_z	δ	t_a	h
7	—	—	2,25	—	—	—	57,8	—	—	57,8	28,2
Heizkörper 1		—	0,5	—	—	—	77,2	+ 20	20	57,2	3,8
„ „ 2		—	0,5	—	—	—	77,9	+ 20	20	57,9	3,6
„ „ 3		—	0,5	—	—	—	78,3	+ 20	20	58,3	3,5
„ „ 4		—	0,5	—	—	—	78,6	+ 20	20	58,6	3,4
Fallstrang V.											
29	11 000	550	3,5	25	1,14	0,4	79,8	+ 35	0,1	79,7	0,5
30	6 500	325	4,0	25	1,14	0,4	79,7	+ 35	0,3	79,4	1,0
31	2 500	125	4,0	20	0,9	0,4	79,4	+ 35	0,5	78,9	2,0
35	4 500	225	4,0	20	0,86	0,4	59,7	+ 35	0,2	59,5	46,5
Von Heizkörper 6 kommen 200 Liter von 59,4° hinzu: Mischtemp. =										59,5°	
33	8 500	425	4,0	25	1,09	0,4	59,5	+ 35	0,1	59,4	46,8
Von Heizkörper 5 kommen 125 Liter von 58,9° hinzu: Mischtemp. =										59,3°	
28	11 000	550	5,5	34	1,19	0,4	59,3	+ 35	0,1	59,2	64,9
Heizkörper 5			0,5	—	—	—	78,9	+ 20	20	58,9	3,3
„ „ 6			0,5	—	—	—	79,4	+ 20	20	59,4	3,2
„ „ 7			0,5	—	—	—	79,7	+ 20	20	59,7	3,0

Heizkörper 1.

Aus Zusammenstellung 3 (Teilstrecken 15—18, 2, 7, Heizkörper 1) ergibt sich die wirksame Gesamtdruckhöhe (Ausführung) zu:

2,6 + 3,7 + 4,7 + 5,9 + 6,2 + 28,2 + 3,8 . . . . = 55,1 mm WS*),

welcher Wert mit dem unter Benutzung der Tabelle 18 angenommenen von 51,2 mm WS gut übereinstimmt.

Heizkörper 2.

Aus Zusammenstellung 3 (Teilstrecken 15—17, 2, 7, 20, Heizkörper 2) ergibt sich die wirksame Gesamtdruckhöhe (Ausführung)**) zu:

2,6 + 3,7 + 4,7 + 6,2 + 28,2 + 49,5 + 3,6 . . . . = 98,5 mm WS,

welcher Wert mit dem unter Benutzung der Tabelle 18 angenommenen von 97,0 mm WS gut übereinstimmt.

β) Vergrößerung der Heizflächen.

Diese ergibt sich nach Maßgabe der nunmehr für jeden Heizkörper bekannten Vor- und Rücklauftemperaturen und beträgt z. B. für den Heizkörper 1 = 5,9%, während die Annahme nach Tabelle 18 = 5% ergeben hatte.

Die weitere Rechnung, deren Ergebnisse in Zusammenstellung 2 aufgenommen sind, erfolgt wie in Beispiel 1, so daß auf dieses verwiesen werden kann.

B. Schwerkrafts-Warmwasserheizung. Einrohrsystem und Standrohrheizung.

(Berücksichtigung der Wärmeverluste der Rohrleitung.)

Beispiel 3. Einrohrsystem.

Annahmen. Die Temperatur des Wassers bei Austritt aus dem Kessel soll $t' = 85°$, die bei Eintritt in den Kessel $t'' = 70°$, also $t' - t'' = 15°$, das Temperatur-

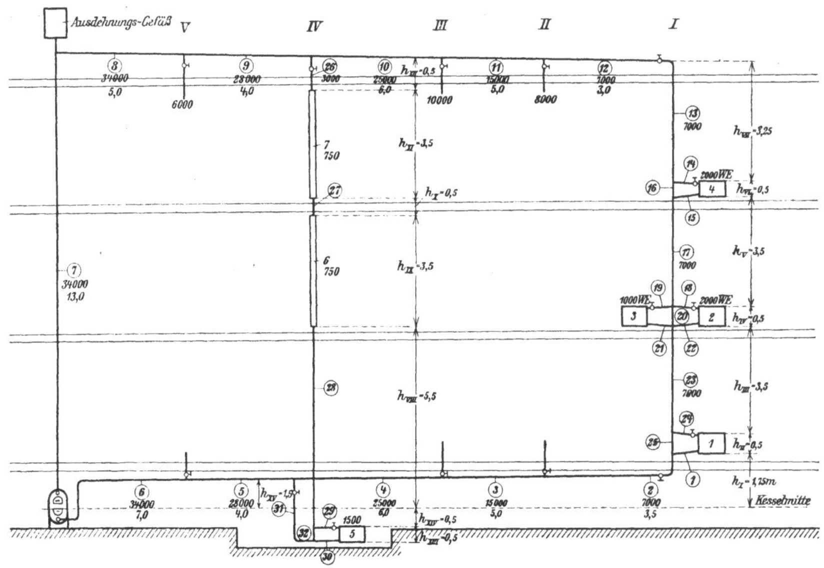

Fig. 66.

*) Dieser Wert ist nicht genau, denn es ist die für die Ausführung notwendige Änderung der Teilstrecken 2, 7 und 18 nicht berücksichtigt. Die hierdurch entstehende Änderung ist aber zu vernachlässigen.

**) Sinngemäß der oberen Fußnote*).

gefälle der Heizkörper $te - ta = 10°$ betragen. Die Wärmeverluste der oberen Verteilungsleitung und der Fallstränge soll berücksichtigt werden. Steigestrang keine Abkühlung, Dachbodentemperatur $+0°$, Isolierung der oberen Verteilungsleitung, 80% Wirkungsgrad, Fallstränge unisoliert frei vor der Wand, gemeinsamer Rücklauf keine Abkühlung. Raumtemperatur 20°. Alles übrige zeigt Fig. 66.

Durchrechnung des Beispiels.

(Es werden zunächst die Stromkreise über die Heizkörper verfolgt.)

a) Bestimmung der Rohrdurchmesser und Vergrößerung der Heizflächen für den Kostenanschlag.

α) Berechnung der Temperaturen ohne Berücksichtigung der Wärmeverluste der Rohrleitung.

Ungünstigster Stromkreis: Strang I, Teilstrecken 1, 2 ... bis 24; Gesamtlänge 77,8 m. Nach Gl. (135) ergeben sich die Mischtemperaturen wie folgt:

$$t_{13} = t' = 85°,$$

$$t_{17} = 85 - \frac{2000(85-70)}{7000} = 80{,}7°,$$

$$t_{23} = 85 - \frac{(2000+2000+1000)(85-70)}{7000} = 74{,}3°,$$

$$t_2 = t'' = 70°.$$

Mittlere Temperatur im Heizkörper 1 . . . . 69,3°
„ „ „ „ 2 . . . . 75,7°
„ „ „ „ 3 . . . . 80,0°

β) Bestimmung der Rohrdurchmesser in den Stromkreisen über die Heizkörper.

Die wirksame Druckhöhe wird nach Gl. (137) unter Benutzung der Tabelle 17 bestimmt: $H = 1{,}75 \cdot 9{,}16 + 0{,}5 \cdot 9{,}56 + 3{,}5 \cdot 6{,}65 + 0{,}5 \cdot 5{,}82 + 3{,}5 \cdot 2{,}75 + 0{,}5 \cdot 3{,}18$	rd 58	mm WS
Nach Tabelle 18 A I b zusätzliche Druckhöhe (Hälfte des Tabellenwertes abzüglich 15%)	rd 15	„ „
Wirksame Gesamtdruckhöhe (Annahme)	73	mm WS
Hiervon ab 50% für die Einzelwiderstände, d. i.	36,5	„ „
Verbleiben	36,5	mm WS
Sonach Druckabfall pro laufendes Meter von $\frac{36{,}5}{77{,}8} =$ . . .	0,47	„ „

Nunmehr ergeben sich unter Benutzung des Hilfsblattes Nr. 1 die in der Zusammenstellung 4 eingetragenen Rohrweiten (Spalte d).

γ) Bestimmung der Rohrdurchmesser der Umgehungsleitungen.

Die Durchmesser der Umgehungsleitungen (Teilstrecken 16, 20, 25) setze man den Durchmessern der bezüglichen Heizkörperanschlüsse gleich.

δ) Bestimmung der Heizflächen.

Z. B. für Heizkörper 1:

Wassereintrittstemperatur	$t_{23} = 74{,}3°$
Temperaturgefälle 10°. Sonach Wasseraustrittstemperatur . .	$t_1 = 64{,}3°$
Hieraus die Fläche des Heizkörpers 1.	= rd 6,1 qm
Zuschlag nach Tabelle 18 B I (Hälfte des Tabellenwertes) $7^1/_2$%	= rd 0,4 qm
Sonach	= **6,5 qm**

Zusammenstellung 4.

Nr. der Teilstrecke	Wärme-menge	Länge der Teilstrecke	Annahme	Ausführung													
				ursprüngliche Werte					geänderte Werte						Unterschied	
		l	d	v	$R/1$ m	$l\,R$	$\Sigma\zeta$	Z	d	v	$R/1$ m	$l\,R$	$\Sigma\zeta$	Z	$l\,R$	Z
	WE bzw. Q	m	mm	m/sk	mm WS	mm WS		mm WS	mm	m/sk	mm WS	mm WS		mm WS	$g-n$	$i-p$
a	b	c	d	e	f	g	h	i	k	l	m	n	o	p	q	r

Stromkreis des Fallstranges I.

Wirksame Gesamtdruckhöhe (Annahme) . . . . = **73 mm WS**

Druckabfall pro lfd. m . . . . = 0,47 „ „

a	b	c	d	e	f	g	h	i	k	l	m	n	o	p	q	r
1	200	1,0	34	0,06	0,18	0,2	4,5	0,8	—	—	—	—	—	—	—	—
2	466	3,5	39	0,12	0,45	1,6	8,5	6,1	—	—	—	—	10,0	7,2	—	+1,1
3	1 000	5,0	57	0,11	0,33	1,7	2,0	1,2	49	0,15	0,59	3,0	0,5	0,6	+1,3	−0,6
4	1 670	6,0	64	0,15	0,47	2,8	0,5	0,6	—	—	—	—	—	—	—	—
5	1 870	4,0	70	0,14	0,36	1,4	2,0	2,0	—	—	—	—	—	—	—	—
6	2 270	7,0	70	0,17	0,53	3,7	2,0	2,9	—	—	—	—	—	—	—	—
7	2 270	13,0	70	0,17	0,53	6,9	1,5	2,1	—	—	—	—	—	—	—	—
8	2 270	5,0	70	0,17	0,53	2,7	1,0	1,4	—	—	—	—	—	—	—	—
9	1 870	4,0	70	0,14	0,36	1,4	−0,5	−0,5	—	—	—	—	—	—	—	—
10	1 670	6,0	64	0,15	0,47	2,8	0,3	0,3	—	—	—	—	—	—	—	—
11	1 000	5,0	57	0,11	0,33	1,7	−0,5	−0,3	49	0,15	0,59	3,0	−0,5	−0,6	+1,3	−0,3
12	466	3,0	39	0,12	0,45	1,4	8,3	5,9	—	—	—	—	8,1	5,8	—	−0,1
13	466	3,25	39	0,12	0,45	1,5	0,5	0,4	—	—	—	—	—	—	—	—
14	200	1,0	34	0,06	0,18	0,2	13,5	2,4	—	—	—	—	—	—	—	—
15	200	1,0	34	0,06	0,18	0,2	4,5	0,8	—	—	—	—	—	—	—	—
17	466	3,5	39	0,12	0,45	1,6	0	—	—	—	—	—	—	—	—	—
18	200	1,0	34	0,06	0,18	0,2	15,5	2,8	—	—	—	—	—	—	—	—
22	200	1,0	34	0,06	0,18	0,2	7,5	1,4	—	—	—	—	—	—	—	—
23	466	3,5	39	0,12	0,45	1,6	0	—	—	—	—	—	—	—	—	—
24	200	1,0	34	0,06	0,18	0,6	13,5	2,4	—	—	—	—	—	—	—	—
		77,75				34,4		32,7							+2,6	+0,1

Wirksame Gesamtdruckhöhe (Ausführung) . . . . = **73,6 mm WS**

aufgebraucht in den Teilstrecken 1 bis 24 = 67,1 „ „

geändert die Teilstrecke 3, 11.

Zusätzlicher Widerstand (Summe der Spalten q + r) = 2,7 „ „

Gesamtwiderstand = **69,8 mm WS**

In guter Übereinstimmung mit der wirksamen Gesamtdruckhöhe (Ausführung) von 73,6 mm WS.

Umgehungsleitung. Verfügbare Gesamtdruckhöhe (Ausführung) = **2,2 mm WS.**

Druckabfall pro lfd. m = 2,2 mm

a	b	c	d	e	f	g	h	i	k	l	m	n	o	p	q	r
16	266	0,5	34	0,08	0,31	0,2	2,1	0,7	25	0,15	1,4	0,7	0,9	1,0	+0,5	+0,3

Gesamtwiderstand = 0,8 mm WS

Geändert in 25 mm; zusätzlicher Widerstand (q + r) = 0,8 „ „

Gesamtwiderstand = **1,6 mm WS**

In guter Übereinstimmung mit der verfügbaren Gesamtdruckhöhe (Ausführung) von 2,2 mm.

Zusammenstellung 4 (Forts.).

Nr. der Teilstrecke	Wärmemenge	Länge der Teilstrecke	Annahme	Ausführung													
				ursprüngliche Werte					geänderte Werte						Unterschied	
		l	d	v	$R/1$ m	$l\,R$	$\Sigma\zeta$	Z	d	v	$R/1$ m	$l\,R$	$\Sigma\zeta$	Z	$l\,R$	Z
	WE bzw. Q	m	mm	m/sk	mm WS	mm WS		mm WS	mm	m/sk	mm WS	mm WS		mm WS	$g-n$	$i-p$
a	b	c	d	e	f	g	h	i	k	l	m	n	o	p	q	r

Stromkreis des Stranges IV.

Wirksame Gesamtdruckhöhe (Annahme) . . . . = **52,4 mm WS**

Druckabfall pro lfd. m . . . . = 0,58 „ „

a	b	c	d	e	f	g	h	i	k	l	m	n	o	p	q	r
26	200	0,5	25	0,12	0,83	0,42	10,0	7,2	—	—	—	—	—	—	—	—
Standrohr 7		3,5	82	0,01	0,0025	0,01	—	—	—	—	—	—	—	—	—	—
27	200	0,5	25	0,12	0,83	0,42	0,5	0,4	—	—	—	—	—	—	—	—
Standrohr 6		3,5	88	0,01	0,0018	0,01	—	—	—	—	—	—	—	—	—	—
28	200	6,0	25	0,12	0,83	5,00	0,5	0,4	—	—	—	—	—	—	—	—
29	100	1,0	20	0,09	0,72	0,72	13,5	5,4	—	—	—	—	—	—	—	—
30	100	1,0	20	0,09	0,72	0,72	3,5	1,4	—	—	—	—	—	—	—	—
31	200	2,5	25	0,12	0,83	2,07	9,2	6,6	34	0,06	0,18	0,45	9,5	1,7	−1,6	−4,9
		18,5				9,37		21,4								

Wirksame Gesamtdruckhöhe (Ausführung) . . . . = **49,9 mm WS**

aufgebraucht in den Teilstrecken 26—31 = 30,8 mm

„ „ „ „ 5—9 = 24,0 „

54,8 mm WS

Geändert Teilstrecke 31.

Zusätzlicher Widerstand (Summe der Spalten q + r) = − 6,5 mm WS

Gesamtwiderstand = **48,3 mm WS**

Nunmehr in genügender Übereinstimmung mit der wirksamen Gesamtdruckhöhe (Ausführung) von 49,9 mm WS.

b) Bestimmung der Rohrdurchmesser und Vergrößerung der Heizflächen für die Ausführung.

α) Berechnung der Temperaturen und der wirksamen Druckhöhe.

Die zu ihrer Feststellung auf S. 251 empfohlene Berechnungsart ist in Zusammenstellung 5 durchgeführt.

β) Bestimmung der Rohrdurchmesser in den Stromkreisen über die Heizkörper.

Strang I. (Teilstrecken 1 bis 24.)

Aus Zusammenstellung 5 ergibt sich die wirksame Gesamtdruckhöhe (Ausführung) zu . . . . 73,6 mm WS

welcher Wert mit dem unter Benutzung der Tabelle 18 angenommenen von . . . . 73,0 „ „

gut übereinstimmt.

Die weitere Rechnung, deren Ergebnisse in Zusammenstellung 5 aufgenommen sind, erfolgt wie in Beispiel 1, so daß auf dieses verwiesen werden kann.

Zusammenstellung 5.

Nr.	Q	d	l	fk	$1-\eta$	t_e	t_z	ϑ	t_a	h
Vorlaufleitung.										
8	2270	70	5,0	2,51	0,2	85	±0	0,10	84,9	—
9	1870	70	4,0	2,51	0,2	84,9	±0	0,09	84,8	—
10	1670	64	6,0	2,31	0,2	84,8	±0	0,14	84,7	—
11	1000	57	5,0	2,08	0,2	84,7	±0	0,18	84,5	—
12	466	39	3,0	1,73	0,2	84,5	±0	0,19	84,3	—
Strang I.										
13	466	39	3,25	1,58	—	84,3	+20	0,71	83,6	2,3
17	466	39	3,5	1,51	—	79,3*)	+20	0,67	78,6	13,5
23	466	39	3,5	1,51	—	72,3**)	+20	0,6	71,7	28,0
2	466	39	1,75	—	—	67,2**)	—	—	67,2	18,8***)
Heizkörper 1			0,5	—	—	71,7	—	10,0	61,7	5,5
„ 2 u. 3			0,5	—	—	78,6	—	10,0	68,6	3,5
„ 4			0,5	—	—	83,6	—	10,0	73,6	2,0
										73,6 mm WS
Strang IV.										
26	200	25	0,5	1,30	—	84,8	+10	0,24	84,6	Durchgeführt auf S. 273
Standrohr 7		82	3,5	2,94	—	84,6	+10	3,85	80,7	
27	200	25	0,5	1,30	—	80,7	+10	0,23	80,5	
Standrohr 6		88	3,5	3,13	—	80,5	+10	3,86	76,6	
28	200	25	6,0	1,19	—	76,6	+20	2,01	74,6	
Heizkörper 5		—	0,5	—	—	74,6	+20	10,0	64,6	
31	200	25	2,5	1,19	—	67,1**)	+20	0,70	66,4	

Mittlere Temperatur in der Teilstrecke 31 $\frac{67{,}1 + 66{,}4}{2} = 66{,}8$.

γ) Bestimmung der Rohrdurchmesser der Umgehungsleitungen.

Z. B. Teilstrecke 16 ($t_{16} = 83{,}6°$) für Heizkörper 4.

Da die mittlere Wassertemperatur im Heizkörper 4 ... 78,6° beträgt, ergibt sich [s. Gl. (138)]:

$$h_{VI}(\gamma_{78,6} - \gamma_{83,6}) + (l\,R + Z)_{16} = (l\,R + Z)_{14} + (l\,R + Z)_{15}.$$

Hieraus folgt unter Benutzung der Tabelle 16 und der Zusammenstellung 4:

$$(l\,R + Z)_{16} = 2{,}2 \text{ mm WS}.$$

Angenommen wurde d_{16} zu 34 mm, woraus sich ergibt $(l\,R + Z)_{16} = 0{,}8$ mm WS. Somit muß d_{16} in 25 mm geändert werden, und es folgt in genügender Übereinstimmung:

$$(l\,R + Z)_{16} = 1{,}8 \text{ mm WS}.$$

Ebenso werden die anderen Umgehungsleitungen berechnet.

---

*) Nach Gl. (135)

$$t_{e17} = 83{,}6 - \frac{2000 \cdot 15}{7000} = 83{,}6 - \frac{2000}{466} = 79{,}3\,.$$

**) Sinngemäß nach Gl. (135).

***) Die Abkühlung der Kellerleitung wird vernachlässigt.

δ) Bestimmung der Heizflächen.

Z. B. für Heizkörper 1.

Die unter Berücksichtigung der Wärmeverluste der Rohrleitung ermittelte Eintrittstemperatur beträgt 71,7°, das Temperaturgefälle 10° und sonach die Heizflächegröße in guter Übereinstimmung mit der veranschlagten 6,5 qm.

Beispiel 4. Standrohrheizung, 1 Heizkörper tiefer als der Kessel. Strang IV in Fig. 66.

Annahmen. Dieselben wie bei Beispiel 3, nur soll die Temperatur in den mit den Standrohren versehenen Räumen 10° betragen.

a) Bestimmung der Rohrdurchmesser und Heizflächen für den Kostenanschlag.

α) Berechnung der Temperaturen ohne Berücksichtigung der Wärmeabgabe der Rohrleitung.

$$t_{26} = t' = 85°,$$

$$t_{27} = 85 - \frac{750(85-70)}{3000} = 81{,}2°\text{*)},$$

$$t_{28} = 85 - \frac{1500(85-70)}{3000} = 77{,}5°\text{*)} = t_e \quad \text{für Heizkörper 5},$$

$$t_{30} = t_a \text{ (für Heizkörper 5)} = 67{,}5°,$$

$$t_{31} = 70°.$$

β) Berechnung der Rohrleitung.

Hieraus die wirksame Druckhöhe (Tabelle 17): $H = 3{,}5 \cdot 1{,}22 + 0{,}5 \cdot 2{,}43 + 3{,}5 \cdot 3{,}61 + 4{,}0 \cdot 4{,}72 + 1{,}5 \cdot 9{,}16 - 2{,}0 \cdot 4{,}44 - 0{,}5 \cdot 1{,}45$ . . . . = 41,8 mm WS

Zusätzliche Druckhöhe nach Tabelle 18 A I b . . . . = 10,6 „ „

Zusammen 52,4 mm WS

Hiervon ab 50% für die Einzelwiderstände, d. i. . . . . . 26,2 „ „

Verbleiben 26,2 mm WS

Für die mit Strang I gemeinsamen Teilstrecken 5, 6, 7, 8, 9 (Länge 33 m) sind für die Überwindung der Reibungswiderstände verbraucht 0,47 · 33 . . . . = 15,5 „ „

Verbleiben 10,7 mm WS

Sonach Druckabfall pro laufendes Meter**) $\frac{10{,}7}{18{,}5}$ . . . . . = 0,58 mm WS.

Daraus ergeben sich die in Zusammenstellung 4 unter Strang IV eingetragenen Durchmesser (Spalte d).

---

*) Nach Gl. (135).

**) Die Standrohre werden in die Stranglänge eingerechnet.

γ) Größenbestimmung der Standrohre.

Z. B. Standrohr 7.

$$W_7 = D_7 \pi h_7 \cdot k \cdot \left(\frac{t_{26} + t_{27}}{2} - t_z\right) = 750 \text{ WE},$$

$$h_7 = 3{,}5 \text{ m},$$

$$t_z = 10^\circ, \quad t_{26} \text{ und } t_{27} \text{ bekannt, daraus } D_7 = 89 \text{ mm}$$

bzw. $d = 82$ mm l. W.

Der Heizkörper 5 wird mit seiner Umgehungsleitung genau so behandelt wie die Heizkörper des Beispieles 3.

b) Bestimmung der Rohrdurchmesser und Heizflächen für die Ausführung.

Diese erfolgt sinngemäß nach dem bei dem Beispiel 3 Gesagten (s. Zusammenstellungen 4 und 5, Strang IV), da die Bestimmung der wirksamen Gesamtdruckhöhe für die Ausführung wegen der gegenwirkenden Teilstrecken etwas verwickelt ist, so wurde die bezügliche Rechnung in Zusammenstellung 6 näher erläutert. Die sich ergebende Druckhöhe von 49,9 mm steht in genügender Übereinstimmung mit dem unter Benutzung der Tabelle 18 zu 52,4 ermittelten Wert.

Zusammenstellung 6.

Teilstrecke 26	$h_{XII}(\gamma_{84,7} - \gamma_{85,0})$	$= 0{,}5 \cdot 0{,}19 = +\ 0{,}1$	mm WS
Standrohr 7	$h_{XI}(\gamma_{82,6} - \gamma_{85,0})$	$= 3{,}5 \cdot 1{,}54 = +\ 5{,}4$	" "
Teilstrecke 27	$h_X(\gamma_{80,6} - \gamma_{85,0})$	$= 0{,}5 \cdot 2{,}81 = +\ 1{,}4$	" "
Standrohr 6	$h_{IX}(\gamma_{78,5} - \gamma_{85,0})$	$= 3{,}5 \cdot 4{,}11 = +14{,}4$	" "
Teilstrecke 28	$(h_{VIII} - h_{XV})(\gamma_{75,6} - \gamma_{85,0})$	$= 4{,}0 \cdot 5{,}88 = +23{,}5$	" "
" 6	$h_{XV}(\gamma_{67,2} - \gamma_{85,0})$	$= 1{,}5 \cdot 10{,}74 = +16{,}1$	" "
" 28	$(h_{XV} + h_{XIV})(\gamma_{66,8} - \gamma_{75,6})$	$= 2{,}0 \cdot 5{,}10 = -10{,}2$	" "
Heizkörper 5	$h_{XIII}(\gamma_{66,8} - \gamma_{69,6})$	$= 0{,}5 \cdot 1{,}57 = -\ 0{,}8$	" "
		$61{,}6 - 11{,}0 =$ **49,9**	**mmWS**

Alles übrige ergibt sich aus der Zusammenstellung 4, die zeigt, daß nur eine einzige Teilstrecke um ein Handelsmaß erweitert werden mußte.

Die Nachrechnung der Heizflächen erfolgt sinngemäß nach dem früher Gesagten.

C. Schwerkrafts-Warmwasserheizung mit Heizkörpern in Gestalt einer längeren Rohrleitung. (Gewächshausheizung.)

Beispiel 5.

Die Anordnung der Anlage zeigen die Fig. 67 und 68. Die größte horizontale Ausdehnung der Anlage darf 36 m nicht überschreiten. Die gesamte stündliche

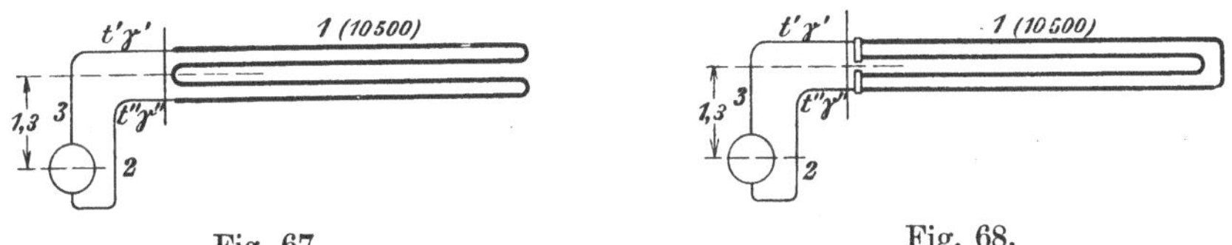

Fig. 67. Fig. 68.

Wärmeabgabe beträgt 10 500 WE, die zur Verfügung stehende Höhe von Mitte Kessel bis Mitte Wärmeröhren, von denen nicht mehr als 4 übereinander liegen sollen, 1,3 m. Die Temperatur des Wassers im Steigerohr (t') soll 80°, die im Rücklauf (t'') 60°, die Raumtemperatur (t_z) 20° betragen.

Durchrechnung des Beispiels.

Nach Gl. (123) ist:

$$F = \frac{W}{k\left(\frac{t_e + t_a}{2} - t_z\right)}, \quad F = l \cdot D \cdot \pi, \quad k \text{ nach Tab. } 15 = 8{,}0,$$

$$l \cdot D \cdot \pi = \frac{10\,500}{8\left(\frac{80 + 60}{2} - 20\right)} = 26{,}25 \text{ qm}.$$

Angenommen: $d = 0{,}049$ m, $D = 0{,}059$ m.

Hieraus: $l = 138$ m $= 4$ Rohre übereinander, jedes 34,5 m, was der gestellten Forderung entspricht.

Wirksame Druckhöhe $= 1{,}3 \cdot 11{,}41 = 14{,}8$ mm WS (Tabelle 17). Nach Hilfsblatt Nr. 3 entsprechen 10 500 WE im 49 mm weiten Rohr einem Reibungswiderstand R für 1 m Rohr von 0,18 mm WS. Sonach $l\,R = 138 \cdot 0{,}18 = 24{,}8$ mm WE. Die gedachte Ausführung ist nicht möglich, das Wärmerohr muß einen größeren Durchmesser erhalten, oder es ist zu versuchen, die Anlage nach Fig. 68 auszuführen. Letzteres angenommen, entfallen für jeden der beiden Rohrzüge $\frac{10\,500}{2} = 5250$ WE, und es wird jeder Rohrzug $\frac{138}{2} = 69$ m lang. Nach Hilfsblatt Nr. 3 entsprechen 5250 WE im 49 mm weiten Rohr einem Reibungswiderstand R für 1 m Rohr von 0,049 mm WS.

Sonach beträgt der für jeden der beiden Rohrzüge zu berücksichtigende Gesamtreibungswiderstand . . . . $l\,R = 69 \cdot 0{,}049 =$ 3,4 mm WS

Einzelwiderstände:

Eintritt in den Verteilstutzen . . . . $\zeta = 1$
Ein weiter Doppelbogen . . . . $\zeta = 1$
Eintritt in den Sammelstutzen . . . . $\zeta = 1$

$\Sigma\zeta = 3$

Aus Hilfsblatt Nr. 3 ergibt sich für die Wassergeschwindigkeit im Wärmerohr $v = 0{,}04$ und für $\Sigma\zeta = 3$ . . . . $Z =$ 0,3 „ „

Demnach Gesamtwiderstand im Wärmerohr . . . . = 3,7 mm WS
Verbleiben für die Anschlußleitungen . . . . 14,8 — 3,7 = 11,1 „ „
Durchmesser der Anschlußleitungen angenommen zu $d = 39$ mm.
Länge der Anschlußleitungen $l = 10$ m.
Aus Hilfsblatt Nr. 3 R/1 m = 0,56 mm WS . . . . $l\,R =$ 5,6 „ „

Einzelwiderstände:

Kessel (gleichs. Anschl.) . . . . $\zeta = 1{,}5$
Heizkörper (gleichs. Anschl.) . . . . $\zeta = 2{,}5$
3 Bögen . . . . $\zeta = 1{,}5$
1 Knie . . . . $\zeta = 1{,}0$

$\Sigma\zeta = 6{,}5$

Danach nach Hilfsblatt Nr. 3 . . . . $Z =$ 5,5 „ „

Summe = 11,1 mm WS

in guter Übereinstimmung mit 11,2 mm WS.

D. Schwerkrafts-Warmwasserheizung als Etagenheizung.

Beispiel 6.

Annahmen. Temperatur des Wassers bei Austritt aus dem Kessel $t' = 80°$, Temperaturgefälle der Heizkörper 20°. Die Anordnung der Anlage geht aus Fig. 69 hervor. Steigestrang, keine Abkühlung, Verteilungsleitung, Stränge und Heizkörperanschlüsse unisoliert vor den Wänden, gemeinsame Rücklaufleitung isoliert im Fußboden (keine Abkühlung), Raumtemperatur 20°.

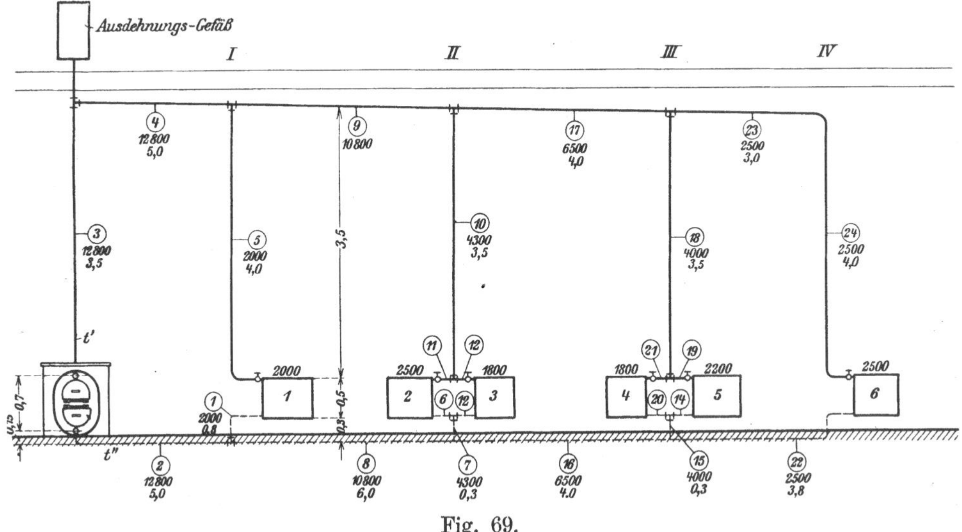

Fig. 69.

a) Bestimmung der Rohrdurchmesser und Vergrößerung der Heizflächen für den Kostenanschlag.

α) Bestimmung der Rohrdurchmesser.

1. Ermittlung des ungünstigsten Heizkörpers.

Nach Tabelle 19, I stehen zur Verfügung:

für Heizkörper	1	2 u. 3	4 u. 5	6
an Druckhöhe*):	5,0	7,7	10,5	14,0 mm WS

Hiervon ab für die Einzelwiderstände 50%, der Rest dividiert durch die Rohrlänge ergibt folgende Druckabfälle pro laufendes Meter.

Für Stromkreis des Heizkörpers	1	2 u. 3	4 u. 5	6
Druckabfall:	0,134	0,127	0,137	0,157 mm WS

Demnach ist Heizkörper 2 der ungünstigste.

2. Annahme der Rohrdurchmesser.

Heizkörper 2.

Der Stromkreis des Heizkörpers 2 wird nach dem ermittelten Druckabfall von 0,127 angenommen. Hieraus ergeben sich für die Teilstrecken 6, 7, 8, 2, 3, 4, 9, 10 und 11 die in Spalte d der Zusammenstellung 7 eingetragenen Rohrweiten.

Heizkörper 3.

Wirksame Druckhöhe	7,7 mm WS
Hiervon ab 50% für Einzelwiderstände	3,8 „ „
Für Reibung übrig	3,9 „ „
Hiervon ab für die mit Heizkörper 2 gemeinsamen Teilstrecken 7, 8, 2, 3, 4, 9 und 10	3,6 „ „
Verbleiben	0,3 mm WS

Ergibt einen Druckabfall pro laufendes Meter $\frac{0,3}{1,0} = 0,3$.

Hieraus nach Hilfsblatt Nr. 3 $d_{12} = 25$ mm
$d_{13} = 25$ mm

In gleicher Weise ergeben sich die für sämtliche Teilstrecken anzunehmenden, in Spalte *d* der Zusammenstellung 7 eingetragenen Rohrweiten.

*) Laut Bemerkung auf Tabelle 19 sind bei der Vorlauftemperatur von 80° die Tabellenwerte um 30% zu verkleinern.

Zusammenstellung 7.

Nr. der Teilstrecke	Wärmemenge	Länge der Teilstrecke	Annahme	Ausführung													
				ursprüngliche Werte					geänderte Werte						Unterschied	
		l	d	v	$R/1$ m	$l \cdot R$	$\Sigma\zeta$	Z	d	v	$R/1$ m	$l \cdot R$	$\Sigma\zeta$	Z	$l \cdot R$	Z
	WE	m	mm	m/sk	mm WS	mm WS		mm WS	mm	m/sk	mm WS	mm WS		mm WS	$g-n$	$i-p$
a	b	c	d	e	f	g	h	i	k	l	m	n	o	p	q	r

Stromkreis des Heizkörpers 2.

Wirksame Gesamtdruckhöhe (Annahme) . . . . = 7,7 mm WS
Druckabfall pro lfd. m . . . . = 0,127 „ „

a	b	c	d	e	f	g	h	i	k	l	m	n	o	p	q	r
6	2 500	0,5	34	0,04	0,08	0,04	3,8	0,37	—	—	—	—	—	—	—	—
7	4 300	0,3	39	0,05	0,10	0,03	2,5	0,36	—	—	—	—	—	—	—	—
8	10 800	6,0	49	0,08	0,19	1,10	0,3	0,10	—	—	—	—	—	—	—	—
2	12 800	5,2	64	0,06	0,08	0,42	2,5	0,49	—	—	—	—	—	—	—	—
3	12 800	3,5	64	0,06	0,08	0,28	2,0	0,40	—	—	—	—	—	—	—	—
4	12 800	5,0	64	0,06	0,08	0,40	0	—	—	—	—	—	—	—	—	—
9	10 800	6,0	49	0,08	0,19	1,10	0,9	0,29	—	—	—	—	—	—	—	—
10	4 300	3,5	39	0,05	0,10	0,35	2,0	0,30	—	—	—	—	—	—	—	—
11	2 500	0,5	34	0,04	0,08	0,04	16,0	1,30	—	—	—	—	—	—	—	—
		30,5				3,76		3,61								

Wirksame Gesamtdruckhöhe (Ausführung) . . . . = **7,8 mm WS**
Gesamtwiderstand des Stromkreises . . . . = **7,4 „ „**

Geändert wird nichts, da genügende Übereinstimmung mit der wirksamen Gesamtdruckhöhe (Ausführung).

Stromkreis des Heizkörpers 3.

Wirksame Gesamtdruckhöhe (Annahme) . . . . = **7,7 mm WS**
Druckabfall pro lfd. m . . . . = 0,3 „ „

a	b	c	d	e	f	g	h	i	k	l	m	n	o	p	q	r
12	1 800	0,5	25	0,05	0,19	0,10	3,8	0,50	—	—	—	—	—	—	—	—
13	1 800	0,5	25	0,05	0,19	0,10	15,3	1,94	—	—	—	—	—	—	—	—
		1,0				0,2		2,44								

Wirksame Gesamtdruckhöhe (Ausführung) . . . . = **8,2 mm WS**

aufgebraucht in den Teilstrecken 12 und 13 = 2,6 mm
„ „ „ „ 7, 8, 2, 3, 4, 9, 10 = 5,6 „

Gesamtwiderstand = **8,2 mm WS**

In Übereinstimmung mit der wirksamen Gesamtdruckhöhe (Ausführung).

Zusammenstellung 7 (Forts.).

Nr. der Teilstrecke	Wärmemenge	Länge der Teilstrecke	Annahme	Ausführung													
				ursprüngliche Werte					geänderte Werte						Unterschied	
		l	d	v	$R/1$ m	$l \cdot R$	$\Sigma\zeta$	Z	d	v	$R/1$ m	$l \cdot R$	$\Sigma\zeta$	Z	$l \cdot R$	Z
	WE	m	mm	m/sk	mm WS	mm WS		mm WS	mm	m/sk	mm WS	mm WS		mm WS	$g-n$	$i-p$
a	b	c	d	e	f	g	h	i	k	l	m	n	o	p	q	r

Stromkreis des Heizkörpers 1.

Wirksame Gesamtdruckhöhe (Annahme) . . . . = **5,0 mm WS**

Druckabfall pro lfd. m . . . . = 0,17 „ „

a	b	c	d	e	f	g	h	i	k	l	m	n	o	p	q	r
1	2 000	0,8	34	0,03	0,05	0,04	5,5	0,22	25	0,06	0,23	0,2	4,0	0,7	+0,16	+0,48
5	2 000	4,0	34	0,03	0,05	0,20	14,5	0,62	25	0,06	0,23	0,9	12,0	2,2	+0,70	+1,58
		4,8				0,24		0,84							+0,86	+2,06

Wirksame Gesamtdruckhöhe (Ausführung) . . . . = **6,8 mm WS**

aufgebraucht in den Teilstrecken 1 und 5 = 1,2 mm WS

„ „ „ „ 2, 3, 4 = 2,0 „ „

Gesamtwiderstand = 3,2 mm WS

Geändert wurden die Teilstrecken 1 und 5.

Zusätzlicher Widerstand (Summe der Spalten q + r) = 2,9 mm

Gesamtwiderstand = **6,1 mm WS**

In genügender Übereinstimmung mit der wirksamen Gesamtdruckhöhe (Ausführung) von 6,8 mm WS.

Stromkreis des Heizkörpers 5.

Wirksame Gesamtdruckhöhe (Annahme) . . . . = **10,5 mm WS**

Druckabfall pro lfd. m . . . . = 0,16 „ „

a	b	c	d	e	f	g	h	i	k	l	m	n	o	p	q	r
14	2 200	0,5	34	0,035	0,06	0,03	4,5	0,33	25	0,07	0,28	0,14	2,4	0,60	+0,1	+0,27
15	4 000	0,3	39	0,05	0,10	0,03	1,5	0,16	—	—	—	—	—	—	—	—
16	6 500	4,0	49	0,05	0,07	0,28	1,0	0,10	—	—	—	—	—	—	—	—
17	6 500	4,0	49	0,05	0,07	0,28	0,4	0,05	—	—	—	—	—	—	—	—
18	4 000	3,5	39	0,05	0,10	0,35	1,5	0,16	—	—	—	—	—	—	—	—
19	2 200	0,5	34	0,035	0,06	0,03	16,0	1,10	25	0,07	0,28	0,14	13,0	3,2	+0,1	+2,10
		12,8				1,00		1,90							+0,2	+2,37

Wirksame Gesamtdruckhöhe (Ausführung) . . . . = **10,5 mm WS**

aufgebraucht in den Teilstrecken 14—19 = 2,9 mm WS

„ „ „ „ 8, 2, 3, 4, 9 = 4,6 „ „

Gesamtwiderstand = 7,5 mm WS

Geändert Teilstrecken 14 und 19.

Zusätzlicher Widerstand (Summe der Spalten q und r) = 2,6 „ „

nunmehr Gesamtwiderstand = **10,1 mm WS**

In genügender Übereinstimmung mit der verfügbaren Gesamtdruckhöhe (Ausführung) von 10,5 mm WS.

Zusammenstellung 7 (Forts.).

Nr. der Teilstrecke	Wärmemenge	Länge der Teilstrecke	Annahme	Ausführung													
				ursprüngliche Werte					geänderte Werte						Unterschied	
		l	d	v	$R/1$ m	$l \cdot R$	$\Sigma\zeta$	Z	d	v	$R/1$ m	$l \cdot R$	$\Sigma\zeta$	Z	$l \cdot R$	Z
	WE	m	mm	m/sk	mm WS	mm WS		mm WS	mm	m/sk	mm WS	mm WS		mm WS	$g-n$	$i-p$
a	b	c	d	e	f	g	h	i	k	l	m	n	o	p	q	r

Stromkreis des Heizkörpers 4.

Wirksame Gesamtdruckhöhe (Annahme) . . . . = **10,5 mm WS**

Druckabfall pro lfd. m . . . . = 0,3 „ „

a	b	c	d	e	f	g	h	i	k	l	m	n	o	p	q	r
20	1 800	0,5	25	0,05	0,19	0,10	3,8	0,41	—	—	—	—	—	—	—	—
21	1 800	0,5	25	0,05	0,19	0,10	15,3	1,94	20	0,08	0,60	0,3	13,0	4,20	+0,2	+2,26
		1,0				0,2		2,35							+0,2	+2,26

Wirksame Gesamtdruckhöhe (Ausführung) . . . . = **11,0 mm WS**

aufgebraucht in den Teilstrecken 20 und 21 = 2,6 mm WS

„ „ „ „ 15—18 = 1,4 „ „

„ „ „ „ 8, 2, 3, 4, 9 = 4,6 „ „

Gesamtwiderstand = 8,6 mm WS

Geändert Teilstrecke 21.

Zusätzlicher Widerstand (Summe der Spalten q und r) = 2,5 „ „

nunmehr Gesamtwiderstand = **11,1 mm WS**

Genügend übereinstimmend mit der wirksamen Gesamtdruckhöhe (Ausführung) von 11,0 mm WS.

Stromkreis des Heizkörpers 6.

Wirksame Gesamtdruckhöhe (Annahme) . . . . = **14,0 mm WS**

Druckabfall pro lfd. m . . . . = 0,2 „ „

a	b	c	d	e	f	g	h	i	k	l	m	n	o	p	q	r
22	2 500	3,8	25	0,07	0,35	1,33	5,5	1,32	20	0,12	1,1	4,3	4,5	3,26	+3,0	+1,94
23	2 500	3,0	34	0,04	0,08	0,24	−1,0	−0,10	—	—	—	—	—	—	—	—
24	2 500	4,0	25	0,07	0,35	1,40	13,9	3,42	—	—	—	—	—	—	—	—
		10,8				2,97		4,64							+3,0	+1,94

Wirksame Gesamtdruckhöhe (Ausführung) . . . . = **16,5 mm WS**

aufgebraucht in den Teilstrecken 22—24 = 7,6 mm WS

„ „ „ „ 16—17 = 0,7 „ „

„ „ „ „ 8, 2, 3, 4, 9 = 4,6 „ „

Gesamtwiderstand = **12,9 mm WS**

Geändert Teilstrecke 22.

Zusätzlicher Widerstand (Summe der Spalten q + r) = 4,9 „ „

nunmehr Gesamtwiderstand = **17,8 mm WS**

Es muß also bei der ersten Wahl geblieben, oder aber ein Teil (etwa 1,0 m) der Teilstrecke 22 in d = 20 mm, der übrige (2,8 m) in d = 25 mm geändert werden.

β) Vergrößerung der Heizflächen.

Nach Tabelle 19 II ergibt sich z. B. für den Heizkörper 6 eine Vergrößerung der ohne Berücksichtigung der Wärmeabgabe der Rohrleitung ermittelten Heizfläche von 15% *).

b) Bestimmung der Rohrdurchmesser und Vergrößerung der Heizflächen für die Ausführung.

α) Bestimmung der Rohrdurchmesser.

1. Ermittlung der wirksamen Druckhöhen.

Zunächst wird im Sinne der bei Beispiel 2 besprochenen Zusammenstellung 3 die Abkühlung des Wassers in der Verteilungsleitung und den Fallsträngen ermittelt. Die bezüglichen Werte sind aus der Zusammenstellung 8 ersichtlich.

Zusammenstellung 8.

Nr.	WE	Q	d	l	f_k	t_e	t_z	δ	t_a
	Verteilungsleitung.								
4	12 800	640	64	5,0	2,39	80	20	1,1	78,9
9	10 800	540	49	6,0	1,85	78,9	20	1,2	77,7
17	6 500	325	49	4,0	1,85	77,7	20	1,3	76,4
23	2 500	125	34	3,0	1,32	76,4	20	1,8	74,6
	Fallstränge.								
5	2 000	100	34	4,0	1,32	78,9	20	3,1	75,8
10	4 300	215	39	4,0	1,51	77,7	20	1,6	76,1
18	4 000	200	39	4,0	1,51	76,4	20	1,7	74,7
24	2 500	125	25	4,0	1,19	74,6	20	2,1	72,5

Aus vorstehender Zusammenstellung ergeben sich die Eintrittstemperaturen für die einzelnen Heizkörper wie folgt:

Heizkörper 1 . . . . $t_e = 75,8$
„ 2 und 3 . . . . $t_e = 76,1$
„ 4 und 5 . . . . $t_e = 74,7$
„ 6 . . . . $t_e = 72,5$

Die Wärmeverluste W_R der Fallstränge, die sämtlich in den beheizten Räumen liegend angenommen werden, ergeben sich zu

$$W_{R_5} = Q \cdot \delta = 100 \cdot 3,1 = 310 \text{ WE}$$
$$W_{R_{10}} = 215 \cdot 1,6 = 344 \text{ „}$$
$$W_{R_{18}} = 200 \cdot 1,7 = 340 \text{ „}$$
$$W_{R_{24}} = 125 \cdot 2,1 = 262 \text{ „}$$

Die Austrittstemperatur des Wassers aus den Heizkörpern ergibt sich alsdann nach der Gleichung

$$t_a = t_e - \frac{W - W_R}{Q} \quad \ldots\ldots\ldots\ldots (143)$$

$$\text{bei Heizkörper 1 zu } t_{a_1} = 75,8 - \frac{2000 - 310}{100} = 58,9$$

$$\text{„ „ 2 „ } t_{a_2} = 76,1 - \frac{2500 - 344}{125} = 58,9$$

$$\text{„ „ 3 „ } t_{a_3} = 76,1 - \frac{1800}{90} = 56,1$$

*) Die Wärmeabgabe der Fallstränge kann von den in der Fig. 69 eingetragenen Wärmeleistungen der bezüglichen Heizkörper abgezogen werden.

bei Heizkörper 4 „ $t_{a_4} = 74{,}7 - \frac{1800}{90} = 54{,}7$

„ „ 5 „ $t_{a_5} = 74{,}7 - \frac{2200 - 340}{110} = 57{,}8$

„ „ 6 „ $t_{a_6} = 72{,}5 - \frac{2500 - 262}{125} = 54{,}6$

Die Temperaturen in den Teilstrecken 7 und 15 ergeben sich als Mischtemperaturen nach der Gl.

$$t_x = \frac{Q_1 t_1 + Q_2 t_2}{Q_1 + Q_2} \quad \text{. . . . . (144)}$$

wie folgt:

$$t_7 = \frac{58{,}9 \cdot 125 + 56{,}1 \cdot 90}{125 + 90} = 57{,}8,$$

$$t_{15} = \frac{54{,}7 \cdot 90 + 57{,}8 \cdot 110}{90 + 110} = 56{,}4.$$

Die Kesseleintrittstemperatur sinngemäß zu:

$$t'' = \frac{100 \cdot 58{,}9 + 215 \cdot 57{,}8 + 200 \cdot 56{,}4 + 125 \cdot 54{,}6}{640} = 56{,}9 \backsim 57°.$$

Die mittleren Temperaturen in den einzelnen Teilstrecken sind demnach:

Kessel . . . . $\frac{80 + 57}{2} = 68{,}5$

Heizkörper 1 67,3
„ 2 67,5
„ 3 66,1
„ 4 64,7
„ 5 66,2
„ 6 63,5
Teilstrecke 5 77,3
„ 10 76,9
„ 18 75,5
„ 24 73,5

2. Ermittlung der wirksamen Druckhöhe für Heizkörper 2.

Diese ergibt sich unter Zugrundelegung der errechneten mittleren Temperaturen der bezüglichen Teilstrecken unmittelbar aus Tabelle 16 und 17 wie folgt:

$$3{,}5 \cdot 1{,}91 + 0{,}5 \cdot 0{,}56 + 0{,}15 \cdot 5{,}7 - 0{,}15 \cdot 0{,}4 = 7{,}8 \text{ mm WS}$$

in guter Übereinstimmung mit der nach Tabelle 19 angenommenen Druckhöhe von 7,7 mm WS.

3. Nachrechnung des Stromkreises des Heizkörpers 2.

Ist genau wie in Beispiel 2 durchgeführt, die Ergebnisse sind in Zusammenstellung 6 eingetragen.

Die Gesamtwiderstände betragen 7,4 mm WS, so daß mit Rücksicht auf die zur Verfügung stehende Druckhöhe von 7,7 mm WS im ganzen Stromkreis nichts mehr zu ändern ist.

Für alle anderen Stromkreise, bei denen einzelne Teilstrecken abgeändert werden mußten, ist die Rechnung in Zusammenstellung 7 durchgeführt.

β) Nachprüfung der Heizflächen.

Die Nachprüfung kann sich naturgemäß nur auf jene Heizfläche beziehen, die ohne Berücksichtigung der Wärmeabgabe der Fallstränge vorhanden sein müßte.

Z. B. für Heizkörper 6:

Ohne Berücksichtigung der Abkühlung:

$$F = \frac{2500}{50 \cdot 6,6} = 7,6 \text{ qm.}$$

Mit Berücksichtigung der Abkühlung:

$$F = \frac{2500}{43,5 \cdot 6,6} = 8,7 \text{ qm.}$$

Hieraus ergibt sich eine Vergrößerung der Heizfläche um 15%, was auch aus Tabelle 19 zu folgern war.

E. Schnellumlauf-Warmwasserheizung.

Die Bestimmung der wirksamen Druckhöhe erfolgt nach Gl. (140) (S. 254); die Durchrechnung der Warmwasserheizung, die entweder als Zweirohr- oder als Einrohrsystem hergestellt werden kann, ist nach dem bei den bezüglichen Beispielen Gesagten auszuführen.

F. Pumpen-Warmwasserheizung.

Beispiel 7. Berechnung der in Fig. 70 dargestellten Fernleitung*).

Annahmen. Die Temperaturdruckhöhen werden vernachlässigt, der Druck in den einzelnen Gebäuden soll 1 m WS betragen. Die Geschwindigkeiten in der Fernleitung sind so zu wählen, daß ein Gesamtwiderstand von etwa 15 m WS auftritt. Temperaturgefälle 90 — 70 = 20°.

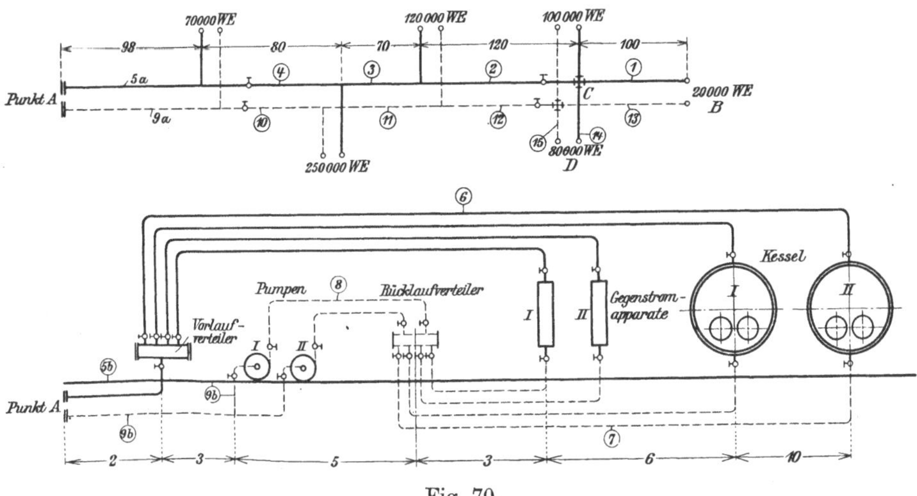

Fig. 70.

Durchrechnung des Beispiels.

a) Fernleitungen:

Angenommen, es werden 3 m WS in der Zentrale verbraucht,
so bleiben für die Fernleitung über . . . . 11 m WS

Hiervon ab nach Tabelle 20 für die Einzelwiderstände 10%,
das sind . . . . 1,1 „ „

Verbleiben 9,9 m WS

*) Das Kreuzstück wurde, um seine Behandlung zu zeigen, absichtlich angenommen.

Unter Annahme eines gleichmäßigen Druckabfalles*) rechnet sich dieser zu $\frac{9900}{933} = 10{,}6$ mm WS pro laufendes Meter.

Hieraus folgern die in der Zusammenstellung 9 (Spalte d) ersichtlichen Durchmesser der Teilstrecken 1—5a und 9a—13.

Nachrechnung. Diese geschieht im Sinne des bei den früheren Beispielen Gesagten, jedoch sollen die Einzelwiderstände, so weit erforderlich, nachstehend besonders besprochen werden.

Teilstrecke 1:

1 Schieber bei Eintritt in das Gebäude B . . . . $\zeta =$ 1,0

1 Kreuzstück C. Wird nach Maßgabe des auf S. 246 Gesagten in 2 T-Stücke, die beide in Gruppe I fallen, zerlegt. Der aus Tabelle 21, IV beim Geschwindigkeitsverhältnis $\frac{v_d}{V} = 0{,}75$ auftretende Wert $\zeta_d = -0{,}5$ wird vorschriftsmäßig aufs Doppelte erhöht, demnach . . . . $\zeta = -0{,}2$

$\Sigma \zeta_1 =$ 0,8

Teilstrecke 2:

1 Streckenabsperrschieber . . . . $\zeta =$ 1,0

1 T-Stück . . . . $\zeta =$ 0,0

Teilstrecken 3—5 und 9—12 sinngemäß.

Teilstrecke 13:

1 Schieber bei Austritt aus dem Gebäude B . . . . $\zeta =$ 1,0

1 Kreuzstück, genau wie oben behandelt, $\frac{v_d}{V} = 0{,}75$, $\zeta_d = 2 \cdot 2{,}5$ = 5,0

$\Sigma \zeta_{13} =$ 6,0

b) Zentrale.

Zur Verfügung stehender Druck . . . . 3,0 m WS

Hiervon ab laut Tabelle 20 (Schieber) 70% . . . . 2,1 „ „

Verbleiben 0,9 m WS

Ergibt Druckabfall pro laufendes Meter:

$$\frac{900}{58} = 15{,}5 \text{ mm WS}.$$

Hieraus folgern die Durchmesser der Teilstrecken 5b, 6, 7, 8 und 9b der Zusammenstellung 9.

Nachrechnung. In Zusammenstellung 9 durchgeführt; es folgt hier nur die Ermittlung der Widerstandszahlen für die Einzelwiderstände.

Teilstrecke 5b:

1 Bogen . . . . $\zeta = 0{,}5$

1 Schieber . . . . $\zeta = 1{,}0$

1 Knie des Verteilers**) . . . . $\zeta = 1{,}0$

$\Sigma \zeta_{5b} = 2{,}5$

*) Der Druckabfall könnte auch gegen die Zentrale gesteigert werden.

**) Der Verteiler wird in 2 Knie zerlegt, von denen das eine zu Teilstrecke 5b, das andere zu Teilstrecke 6 zu rechnen ist.

Zusammenstellung 9.

Nr. der Teilstrecken	Wärmemenge	Länge der Teilstrecke	Annahme	Ausführung													
				ursprüngliche Werte					geänderte Werte						Unterschied	
		l	d	v	$R/1$ m	$l\cdot R$	$\Sigma\zeta$	Z	d	v	$R/1$ m	$l\cdot R$	$\Sigma\zeta$	Z	$l\cdot R$	Z
	WE	m	mm	m/sk	mm WS	mm WS		mm WS	mm	m/sk	mm WS	mm WS		mm WS	$g-n$	$i-p$
a	b	c	d	e	f	g	h	i	k	l	m	n	o	p	q	r

Fernleitung. Wirksame Gesamtdruckhöhe (Annahme) = **11 000 mm WS**

Druckabfall pro lfd. m . . . . = 10,6 „ „

a	b	c	d	e	f	g	h	i	k	l	m	n	o	p	q	r
1	200000	100	70	0,75	8,2	820	0,8	23	64	0,9	13,2	1320	1,0	41	+500	+18
2	380000	120	82	1,0	12,2	1465	1,0	50	—	—	—	—	—	—	—	—
3	500000	70	94	1,0	10,2	714	−0,2	−10	—	—	—	—	—	—	—	—
4	750000	80	106	1,2	11,8	944	1,3	94	—	—	—	—	—	—	—	—
5 a	820000	98	113	1,2	10,8	1058	0,5	36	—	—	—	—	—	—	—	—
9 a	820000	95	113	1,2	10,8	1026	0	0	—	—	—	—	—	—	—	—
10	750000	80	106	1,2	11,8	944	1,5	108	—	—	—	—	—	—	—	—
11	500000	70	94	1,0	10,2	714	1,5	75	—	—	—	—	—	—	—	—
12	380000	120	82	1,0	12,2	1465	1,5	75	—	—	—	—	—	—	—	—
13	200000	100	70	0,75	8,2	820	6,0	168	64	0,9	13,2	1320	4,0	162	+500	− 6
		933				9970		619							+1000	+12

Gesamtwiderstand = 9970 + 619 = **10 589 mm WS**

Zentrale. Wirksame Gesamtdruckhöhe (Annahme) . = **3000 mm WS**

Druckabfall pro lfd. m . . . . = 15,5 „ „

a	b	c	d	e	f	g	h	i	k	l	m	n	o	p	q	r
5 b	820000	2	113	1,2	10,8	22	2,5	180	—	—	—	—	—	—	—	—
6	410000	27	76	1,3	20,8	562	5,0	420	—	—	—	—	—	—	—	—
7	410000	19	76	1,3	20,8	395	5,0	420	—	—	—	—	—	—	—	—
8	820000	5	106	1,3	13,8	69	4,0	335	—	—	—	—	—	—	—	—
9 b	820000	5	113	1,2	10,8	54	2,0	144	—	—	—	—	—	—	—	—
		58				1102		1499								

Gesamtwiderstand = 1102 + 1499 = **2601 mm WS**

Nach Durchführung der Änderung der Teilstrecken 1 und 13 ergibt sich ein Pumpendruck von 10 589 + 2601 + 1012 + 1000 = **15 202 mm WS.**

Teilstrecken 14 und 15.

Verfügbare Gesamtdruckhöhe 1320 + 1320 + 41 + 162 = **2843 mm WS**

Druckabfall pro lfd. m . . . . = 57 „ „

a	b	c	d	e	f	g	h	i	k	l	m	n	o	p	q	r
14	80000	22,5	34	1,3	47	1060	5,0	420	—	—	—	—	—	—	—	—
15	80000	22,5	34	1,3	47	1060	1,2	101	—	—	—	—	—	—	—	—
		45,0				2120		521								

Gesamtwiderstand = 2120 + 521 = **2641 mm WS**

Teilstrecke 6:

1 Knie des Verteilers*)	$\zeta = 1{,}0$
1 Schieber	$\zeta = 1{,}0$
2 Bögen zus.	$\zeta = 1{,}0$
1 Schieber	$\zeta = 1{,}0$
1 Kesseleintritt	$\zeta = 1{,}0$
	$\Sigma\zeta_6 = 5{,}0$

Teilstrecke 7:

1 Kesselaustritt	$\zeta = 1{,}0$
1 Schieber	$\zeta = 1{,}0$
2 Bögen zus.	$\zeta = 1{,}0$
1 Schieber	$\zeta = 1{,}0$
1 Knie des Verteilers	$\zeta = 1{,}0$
	$\Sigma\zeta_7 = 5{,}0$

Teilstrecke 8:

1 Knie des Verteilers	$\zeta = 1{,}0$
1 Schieber	$\zeta = 1{,}0$
2 Bögen zus.	$\zeta = 1{,}0$
1 Schieber	$\zeta = 1{,}0$
	$\Sigma\zeta_8 = 4{,}0$

Teilstrecke 9b:

1 Schieber	$\zeta = 1{,}0$
1 Knie	$\zeta = 1{,}0$
	$\Sigma\zeta_9 = 2{,}0$

Aus der Zusammenstellung 9 folgt, daß in den Fernleitungen und der Zentrale insgesamt 13,2 m WS verbraucht werden. Da 14 m zur Verfügung, werden die Teilstrecken 1 und 13 von 70 auf 64 mm l. W. verringert. Nach Durchführung dieser Änderung ergibt sich ein Pumpendruck von 15,2 m WS, der entsprechend der Annahme zulässig erscheint.

c) Teilstrecken 14 und 15. Abzweige zum Gebäude *D*.

Druck im Gebäude *B*	1000 mm WS
Reibungs- und Einzelwiderstände in den Teilstrecken 1 und 13 zus.	2843 „ „
Zusammen	3843 mm WS
Hiervon ab Druck im Gebäude *D*	1000 mm WS
Bleiben	2843 mm WS
Hiervon ab für Einzelwiderstände 10%	284 „ „
Bleiben	2559 mm WS

Länge der Teilstrecke 14 und 15 zus. 45 m.

Ergibt einen Druckabfall $\frac{2559}{45} = 57$ mm WS pro laufendes Meter.

Und danach d_{14} und $d_{15} = 34$ mm l. W.

Nachrechnung der Teilstrecken 14 und 15. Ist in Zusammenstellung 9 durchgeführt; es folgt hier nur die Ermittlung der Widerstandszahlen der Einzelwiderstände.

*) Siehe Fußnote S. 282.

Teilstrecke 14:

1 Kreuzstück, zerlegt in 2 T-Stücke $\frac{v_a}{V} = 1{,}3$; $2 \cdot \zeta_a =$ . . . . $= 4{,}0$

1 Schieber . . . . $\zeta = 1{,}0$

$\Sigma \zeta_{14} = 5{,}0$

Teilstrecke 15:

1 Kreuzstück, $\frac{v_a}{V} = 1{,}3$; $2\,\zeta_a =$ . . . . $= 0{,}2$

1 Schieber . . . . $\zeta = 1{,}0$

$\Sigma \zeta_{15} = 1{,}2$

Laut Zusammenstellung 9 ergibt sich ein Gesamtwiderstand von 2641 mm WS, so daß 200 mm WS als Reserve verbleiben.

Alle übrigen Teilstrecken sind ebenso zu behandeln.

Bestimmung der Betriebskraft der Pumpe.

Ihr Wirkungsgrad sei mit 50% angenommen.

$$N = \frac{820\,000 \cdot 15{,}2}{20 \cdot 75 \cdot 0{,}5 \cdot 3600} \backsim 4{,}6 \text{ PS.}$$

Zwölftes Kapitel.

Heißwasserheizung.

(Siehe Tafel 19.)

I. Anordnung, Ausführung und Anwendungsgebiet.

Das Prinzip, das der Heißwasserheizung zugrunde liegt, ist das gleiche wie das bei der Warmwasserheizung, nur bestehen die wärmeaufnehmenden und wärmeabgebenden Heizflächen sowie das Leitungsrohr aus Röhren von gleichem und zwar in der Regel von 0,023 m lichtem und 0,033 m äußerem Durchmesser.

Die gesamte Anlage stellt somit ein Rohr ohne Ende dar, von dem ein Teil, gewöhnlich in Spiralen gewunden — in der Praxis mit dem Namen „Schlangen" belegt — mit den Verbrennungsgasen in Berührung steht, ein Teil in irgendwelcher Anordnung in den betreffenden Räumen untergebracht wird.

Bei dem geringen lichten Durchmesser ist die Gefahr der Luftansammlung an einem Punkte in dem Maße wie bei Warmwasserheizung nicht vorhanden, geringe Luftmengen werden gleichmäßig mit dem Wasser fortgeführt. Hierin liegt der Vorteil, daß die Röhren wenn nötig auf- und abwärts geführt werden können, der Nachteil dagegen, daß bei Eintritt von größeren Luftblasen in das den Verbrennungsgasen ausgesetzte Rohr Poltern und Stoßen, auch Explosion durch plötzliche Dampfbildung, eintreten kann. Um letztere möglichst zu vermeiden, wird die gesamte Anlage vor der Benutzung im gefüllten aber kalten Zustande unter einem Drucke, der 100—150 Atm. gleichkommt, geprüft.

Auf größte innere Reinheit der Röhren ist zu achten, damit nicht durch Ansammlung von Unreinigkeiten eine Verstopfung und dann an irgendeiner Stelle ein Platzen der Röhren während des Betriebes, das stets einer Explosion gleichkommt, eintreten kann; in den ersten Jahren ist daher ein öfteres erneutes Füllen der Anlage erwünscht.

Damit alle Luft beim Füllen entweicht, hat dieses nicht durch die Wasserleitung, sondern mittels Füllpumpe zu geschehen, unter Beobachtung der Vorsicht, daß das Wasser sich nur in einer Richtung der Rohrleitung fortbewegen kann und nach dem Füllen in längerem Umlaufe erhalten wird. Zu diesem Zwecke sind besondere Vorrichtungen — gewöhnlich sogenannte „Durchpumphähne" — in Anwendung zu bringen.

Das wärmeaufnehmende, wärmeabgebende und das Wasser lediglich zu fördernde Rohr nennt man zusammen ein „System". Es können mehrere Systeme auch gekuppelt werden, indem man das zurückkehrende Wasser des ersten Systems in das wärmeaufnehmende Rohr des zweiten Systems usw. und schließlich das zurückkehrende Wasser des letzten Systems in das wärmeaufnehmende Rohr des ersten Systems eintreten läßt. Die wärmeaufnehmenden Heizspiralen werden alsdann ein und demselben Feuerstrome ausgesetzt. Nur für Räume, die so viel Wärmerohr erfordern, daß mehrere Systeme notwendig werden (Säle), ist die Kupplung zu empfehlen.

Die Dichtung der Röhren erfolgt ausschließlich durch Aneinanderpressen der Rohrenden — von denen das eine flach gefeilt, das andere scharf gefräst ist — mittels Muffen mit Rechts- und Linksgewinde. Dichtmaterial (wie das Einlegen von Kupferringen) darf keinesfalls verwendet werden.

Eine eigentliche Wärmeregelung wie bei Warmwasserheizung ist nicht zu erzielen, nur durch Anweisung eines kürzeren Weges für das Wasser vermittels der hierfür konstruierten „Zwei-" und „Dreiweghähne" läßt sich in einem Raume ein Teil des Wärmerohrs, aber immer zuungunsten der gleichmäßigen Wärmeerhaltung in den anderen Räumen, ausschalten. Eine mittelbare aber auch nicht zu empfehlende Regelung ist durch Isoliermäntel zu erzielen (s. später bei Dampfheizung).

Die Temperatur des die Feuerschlangen verlassenden Wassers kann nur annähernd durch angelegte Thermometer gemessen werden, die entweder in mit Öl gefüllten Hülsen stecken oder durch Quecksilberamalgam, aus dem sich beim Heizen das Quecksilber verflüchtigt, mit dem Rohre verbunden werden. (Konstr. von J. L. Bacon.)

Zur Aufnahme des infolge Erwärmung austretenden Wassers dienen wie bei der Mitteldruck-Warmwasserheizung entweder offene Ausdehnungsgefäße mit Druck- und Saugventil bei Einmündung der Rohrleitung oder geschlossene Ausdehnungsröhren (Windkessel). Erstere haben genau die gleiche Konstruktion wie bei der Warmwasserheizung, letztere bestehen aus einer entsprechenden Anzahl senkrechter und miteinander verbundener Röhren von einem etwa 0,06 m bis 0,07 m lichten Durchmesser. Die Gesamtlänge dieser Röhren hat alsdann etwa $^1/_{60}$ bis $^1/_{50}$ der Länge des Heizsystems zu betragen. Bei den offenen Ausdehnungsgefäßen ist darauf zu achten, daß sie etwa den halben Wasserinhalt des gesamten Heizsystems aufnehmen können.

Es sollten in der Praxis nur Ausdehnungsröhren Anwendung finden. Bei ihrer richtigen Bemessung steigt die Spannung in der Anlage nur der Temperatur des Wassers entsprechend (bei 150° Wassertemperatur also auf rund 5 Atm.), bei Anwendung von offenen Ausdehnungsgefäßen sind Druckventile erforderlich, die außerdem oftmals über Gebühr, d. h. derartig belastet werden, daß sie sich erst bei einem Drucke, der einer Dampfspannung von 60—80 Atm. gleichkommt, heben. Der durch die Belastung hervorgebrachte Druck herrscht auch während des geringsten Betriebs, in der Anlage, da sich das Wasser durch die Wärme ausdehnt, und kann bei einem Bersten der Rohrleitung sehr üble Folgen haben. Bei Unachtsamkeit des Betriebes kann durch das Saugventil auch Luft in die Anlage treten und ist dann ein erneutes Durchpumpen erforderlich.

Jede Heißwasserheizung soll mit einem Manometer versehen werden.

Bei dem geringen Wasserinhalte der Röhren ist unter Umständen ein Einfrieren des Wassers leicht möglich. Es ist versucht worden, dies durch geeignete Beimischungen zu dem Wasser zu vermeiden, doch haben solche meist Übelstände zur Folge. Glycerin schwitzt durch die Muffen und riecht, Salzlösungen greifen das Rohr und die Messingteile an; Spiritus ($^1/_3$ des Röhreninhalts), der vielfach Verwendung gefunden hat, trennt sich nach Versuchen des Verfassers bei offenen Ausdehnungsgefäßen vom Wasser. Der Grund hierfür ist in dem niedrigen Siedepunkte des Spiritus zu suchen, da sich bei Abkühlung der Anlage Spiritusdämpfe entwickeln, die späterhin kondensieren. Bei Anwendung von Ausdehnungsröhren dagegen ist der Fall wiederholt beobachtet worden, daß im kalten Zustande des Systems eine nicht ganz unbedeutende Spannung in ihm herrschte, da beim Öffnen einer Verschlußmuffe die Flüssigkeit unter großem Druck entwich. Die Ursache hierfür bildet der Umstand, daß sich durch Zersetzung des Spiritus Gase entwickeln. Es sollte daher Spiritus zur Beimengung zum Wasser nicht verwendet, vielleicht sogar behördlich untersagt werden, da die erwähnten Übelstände Gefahren mit sich bringen können. Ein neueres Präparat „Calcidum" der chemischen Fabrik Busse in Hannover-Linden soll Eisen nicht angreifen und sich besser bewähren. Nach Versuchen des Verfassers scheidet sich aber auch bei längerer Berührung der Flüssigkeit mit dem Eisen Oxyd — wenn auch in nicht bedeutendem Maße — ab; wie sich das Präparat in der Wärme verhält, ist bisher noch unbekannt.

Bezüglich der für die Anordnung noch in Frage kommenden Punkte (Durchführung durch Wände, Schutz gegen Wärmeabgabe, Befestigung usw.) wird auf die Anordnung der Röhren bei Warmwasserheizung verwiesen.

Der Vorteil einer Heißwasserheizung besteht in der leichten Verteilung des Wärmerohrs, in der Möglichkeit, er nach Bedarf steigend oder fallend, also mit Umgehung körperlicher Hindesnisse, anwenden zu können, sie ist daher für Einfügung in fertige Gebäude geeignet, für die ursprünglich eine Zentralheizung nicht vorgesehen war; auch ermöglicht sie rasche Erwärmung der Räume zufolge ihres geringen Wasserinhalts. Dagegen ist niemals die Gefahr einer Explosion ausgeschlossen; die Möglichkeit einer solchen wird durch mangelhafte Ausführung wesentlich gesteigert. Die Heißwasserheizung gestattet, wie bereits erwähnt, keine unmittelbare Wärmeregelung und ermöglicht für mehrere gemeinsam durch eine Anlage zu erwärmende Räume nur für einen bestimmten Wärmebedarf eine den Forderungen entsprechende Wärmeverteilung, da bei jedem anderen Wärmebedarfe das Wasser auf andere Temperaturen erwärmt werden muß, die Wärmeabgabe der einzelnen Rohrlängen aber nicht proportional dieser Temperaturänderung zu- oder abnimmt. Sie eignet sich daher eigentlich nur für einzelne Räume, die eine in sich geschlossene Anlage möglich machen, bei der also die gesamte dem Brennmateriale entnommene Wärme nur einem Raume überliefert werden soll. Damit bei mehreren durch eine Anlage erwärmten Räumen der angeführte Fehler der Heißwasserheizung auf das geringste fühlbare Maß beschränkt bleibt, empfiehlt es sich, die gesamte erforderliche Rohrlänge für die niedrigste Außentemperatur, also für den größten Wärmebedarf zu berechnen, die Rohrverteilung aber für den Wärmebedarf einer mittleren Wintertemperatur vorzunehmen. Die Ausnutzung der Wärme des Brennmaterials ist im allgemeinen keine so gute wie bei der Warmwasserheizung, da der Querschnitt der Züge für die Heizgase gegenüber der dargebotenen Heizfläche meist größer, als für den Durchgang der Heizgase erforderlich, ausgeführt werden muß.

Das Anwendungsgebiet der Heißwasserheizung beschränkt sich nach dem Gesagten der Hauptsache nach auf periodisch benutzte große Einzelräume, für die eine schnelle Erwärmung erforderlich und während oder nach deren Benutzung eine schnelle Abkühlung der Anlage erwünscht oder gestattet ist, also z. B. für Versammlungssäle, Kirchen usw. Infolge der Möglichkeit, der Rohrleitung fast beliebige Führung geben zu können, setzt von allen Zentralheizungssystemen die Heißwasserheizung der Einfügung in alte Gebäude die geringste Schwierigkeit entgegen. Auch bei Trockenanlagen und bei Lüftungsanlagen zur Vorwärmung der Ventilationsluft leistet sie oftmals gute Dienste. Zur unmittelbaren Erwärmung von Wohnräumen und Räumen gleicher Benutzungsweise kommt sie kaum noch in Frage, da sie in dieser Beziehung durch die Warmwasser- und Niederdruck-Dampfheizung verdrängt worden ist.

II. Berechnung der Heißwasserheizung.*)

a) Theorie.

Fig. 71 stellt die einfachste Anordnung einer Heißwasserheizung dar. F ist der dem Feuer ausgesetzte Teil des Rohres, der durch das vor

*) Vgl. Gesundheits-Ingenieur 1889, Nr. 1 und 2, desgl. 1881, Nr. 13 und 14, 1882, Nr. 11.

Wärmeabgabe geschützte Leitungsrohr mit dem wärmeabgebenden Rohre bei A in Verbindung steht. Da eine Heißwasserheizung aus nichts weiter als aus einem gleichweiten Rohre ohne Ende besteht, so ist nicht wie bei der Warmwasserheizung eine getrennte Berechnung der wärmeaufnehmenden und wärmeabgebenden Heizflächen sowie der einzelnen Rohrdurchmesser, sondern nur eine solche der einzelnen Längen des Rohrzuges anzustellen.

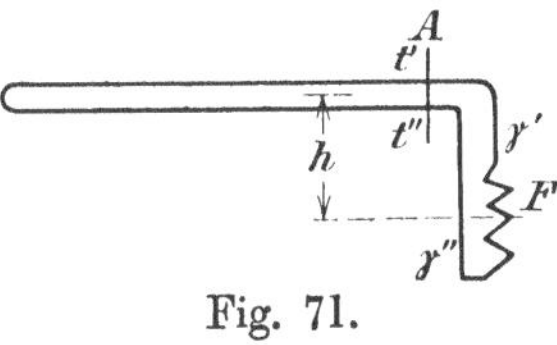

Fig. 71.

Die gesamte in einem Systeme befindliche Länge L zerfällt in:

l_1 die Länge des von den Feuergasen bespülten Rohres (Feuerschlange),

l_2 die Länge des vor Wärmeabgabe zu schützenden Leitungsrohrs,

l_3 die Länge des Wärmerohrs.

Von diesen Größen ergibt sich l_2 aus der Anordnung der Anlage, l_1 und l_3 sind zu berechnen.

Für l_1 ist für Gegenstrom, der fast immer Anwendung findet, gemäß Gl. (107) zu setzen, da 10 laufende Meter Rohr von 0,033 m äußerem Durchmesser fast genau 1 qm Oberfläche besitzen:

$$l_1 = \frac{10\,W}{k\{(T_1 - T_2) - (t' - t'')\}} \ln \frac{T_1 - t'}{T_2 - t''}, \tag{145}$$

wenn bedeutet:

W die gesamte in den Räumen stündlich bei der niedrigsten Außentemperatur zu liefernde Wärmemenge,

T_1 die Temperatur der Feuergase beim ersten Berühren der Feuerschlange,

T_2 die Temperatur der Feuergase beim Verlassen der Feuerschlange,

t' die Temperatur, mit der das Wasser die Feuerschlange verläßt,

t'' die Temperatur, mit der das Wasser in die Feuerschlange eintritt,

k die Wärmedurchgangszahl bezogen auf die äußere Fläche des Rohres (etwa 13—14).

Wählt man $T_1 = 1200°$, $T_2 = 250°$, $t' = 150°$, $t'' = 80°$, $k = 13$, so ist:

$$l_1 = 0{,}0016\,W.$$

Wählt man $T_1 = 1000°$, $T_2 = 200°$, $t' = 150°$, $t'' = 80°$, $k = 13$, so ist:

$$l_1 = 0{,}002\,W. \tag{146}$$

Die letzteren Annahmen müssen als ziemlich ungünstige für die Größenbestimmung der Feuerspirale bezeichnet werden, da indessen eine etwas große Spirale niemals einen Fehler bedeutet, so kann zur besseren

Ausnutzung des Brennmaterials der letzte Wert für l_1 jederzeit beibehalten werden.

Für die Länge des wärmeabgebenden Rohres l_3 ist nach Maßgabe der früher erwähnten Versuche des Verfassers (s. S. 169) zu setzen:

$$l_3 = \frac{10\,W}{k\left(\frac{t'+t''}{2} - t_z\right)}, \tag{147}$$

wenn außer den bereits bekannten Bezeichnungen t_z die Temperatur bedeutet, mit der die Luft den Wärmeröhren zuströmt (Raumtemperatur).

Für k ist der entsprechende Wert aus Tabelle 15 zu entnehmen.

Wie bei der Warmwasserheizung ist eine erforderliche und eine erreichbare Geschwindigkeit des Wassers zu unterscheiden, beide müssen einander gleich sein, wenn der gewünschte Effekt der Anlage bei den für die Verteilung anzunehmenden Verhältnissen (s. später) gesichert sein soll.

Bedeutet wie bei der Warmwasserheizung:

W die stündlich vom Wärmerohre abgegebene Wärmemenge in WE,

t' bzw. t'' die Temperatur des Wassers vor bzw. nach der Wärmeabgabe,

γ' bzw. γ'' die Dichtigkeit des Wassers bei der Temperatur t' bzw. t'',

v die sekundliche Geschwindigkeit des Wassers in der Anlage in m,

d den lichten Durchmesser des Rohres in m,

so folgt aus den (Gl. 126) und (127) die erforderliche Geschwindigkeit:

$$v = \frac{W}{1000\,(t'-t'')\,3600\,\frac{d^2\pi}{4}\,\frac{\gamma'+\gamma''}{2}}.$$

Da der Durchmesser d zurzeit in der Praxis immer zu 0,023 m angenommen wird und ohne einflußreiche Fehler zu machen in dieser Gleichung bei allen Anlagen für γ' der Wert für Wasser von 150°, für γ'' der Wert für Wasser von 80° gesetzt werden kann, so geht die Gleichung in die andere über:

$$v = \frac{W}{1400\,(t'-t'')}. \tag{148}$$

Die erreichbare Geschwindigkeit ist zu setzen, wenn man die Wärmeverluste des jederzeit möglichst kurz zu haltenden Leitungsrohres vernachlässigt,

$$h\,(\gamma''-\gamma') = \frac{v^2}{2g}\,\frac{\gamma'+\gamma''}{2}\left(\frac{\varrho}{d}\,L + \Sigma\,\zeta\right),$$

sofern außer den bekannten Bezeichnungen bedeutet:

h den senkrechten Abstand zwischen der horizontalen Mittelebene der wärmeaufnehmenden und wärmeabgebenden Heizfläche in m,

L die Länge der Rohrleitung der gesamten Anlage in m,

ϱ die Reibungszahl des Wassers an der Rohrwandung,

$\Sigma\zeta$ die Summe der in der gesamten Anlage vorkommenden Einzelwiderstände.

In obiger Gleichung sind jedoch nicht wie bei der Warmwasserheizung γ' und γ'' als Konstanten einzuführen, da die sich beständig ändernde Temperatur des Wassers Berücksichtigung finden muß. Nach Fischer*) kann die Dichtigkeit des Wassers bei der Temperatur t gesetzt werden:

$$\gamma = 1 - 0{,}000004\, t^2.$$

Benutzt man diesen Ausdruck, so erhält man aus obiger Gleichung die erreichbare Geschwindigkeit:

$$v = \sqrt{\frac{2\, g\, h\, 0{,}000004\,(t'^2 - t''^2)}{\{1 - 0{,}000002\,(t'^2 + t''^2)\}\left(\frac{\varrho}{d}\, L + \Sigma\zeta\right)}}\,.$$

Der Ausdruck $1 - 0{,}000002\,(t'^2 + t''^2)$ ist gegen 1 sehr klein, es läßt sich also in ihm als Mittelwert $t' = 150^\circ$ und $t'' = 80^\circ$ ohne Bedenken einführen. Nimmt man außerdem wieder für d den gebräuchlichen Wert von 0,023 m an, so erhält man die erreichbare Geschwindigkeit:

$$v = 0{,}001384 \sqrt{\frac{h\,(t'^2 - t''^2)}{\varrho\, L + 0{,}023\, \Sigma\zeta}}\,. \tag{149}$$

Nach Weisbach ist die Reibungszahl zu setzen:

$$\varrho = 0{,}01439 + \frac{0{,}0094711}{\sqrt{v}}\,.\text{**)} \tag{150}$$

$\Sigma\zeta$ geht aus der Anordnung hervor. Für jeden Bogen, der nicht den fünffachen Rohrdurchmesser zum Halbmesser hat — in diesem Falle ist $\zeta = 0$ zu setzen — kann $\zeta = 0{,}5$ für jeden Zwei- oder Dreiwegehahn 1 angenommen werden. Die Ausführung der Anlage muß bei diesen Annahmen als eine tadellose vorausgesetzt werden; die bei mangelhafter Arbeit durch das Biegen des Rohres entstehende Beeinträchtigung des

*) S. Gesundheits-Ingenieur, Jahrgang 1882.

**) Da der Reibungswiderstand in den bei Heißwasserheizung in Frage kommenden Rohren seitens der „Prüfungsanstalt" bislang noch keine Feststellung erfahren hat, ist für die Berechnung der Weisbachsche Wert von ϱ beibehalten worden. Der Einfluß, der sich hierdurch — da nur Rohre gleichen Durchmessers in Anwendung kommen — geltend machen wird, besteht lediglich darin, daß in Wirklichkeit die angenommenen Vor- und Rücklauftemperaturen sich um ein Geringes ändern werden, bzw. daß die Außentemperatur von 0°, die für die Verteilung der Rohrleitung bei Beheizung mehrerer Räume durch ein System (s. S. 294) angenommen wird, eine belanglose Verschiebung erleidet.

runden Querschnitts oder die bei ungenügender Prüfung der Röhren vor dem Verlegen leicht eintretende Benutzung von Röhren mit fehlerhaften, den Querschnitt verengenden Schweißstellen muß selbstverständlich als ausgeschlossen betrachtet werden.

In der Regel läßt sich durch Anordnung entsprechend großer Bogen erreichen, daß $\Sigma\zeta = 0$ wird. Es ist dies bei jeder Anlage zu empfehlen; alsdann geht Gl. (149) in die andere über:

$$v = 0{,}001384 \sqrt{\frac{h\,(t'^2 - t''^2)}{\varrho\, L}}\,. \tag{151}$$

Werden alle Größen derartig gewählt, daß die erforderliche Geschwindigkeit [Gl. (148)] gleich der erreichbaren [Gl. (149) bzw. (151)] wird, so ist die Anlage als richtig berechnet anzusehen.

Die Anwendung vorstehender Theorie auf die Praxis geht aus der nachstehenden Betrachtung der Einzelfälle hervor, vorab kann jedoch, was aus dem Vorstehenden zu ersehen ist, gesagt werden, daß die Berechnung einer Heißwasserheizung, sofern das gesamte wärmeabgebende Rohr nur zur Erwärmung eines Raumes dient, die einfachste aller Heizungsanlagen ist, daß sie aber zur umständlichsten aller Heizungsanlagen wird, wenn die gleichzeitige Erwärmung einer Anzahl Räume erfolgen soll, weil die Wärmeabgabe des Rohrzugs sich beständig ändert und dieser Änderung entsprechend die Verteilung des Rohres vorzunehmen ist. Da für diese Verteilung außerdem noch bestimmte in der Praxis nicht immer einhaltbare Annahmen zu machen sind, so wird vielfach die Berechnung durch die Erfahrung der Ausführenden Ergänzung finden müssen, und wenn endlich bei mehreren Räumen für einen bestimmten Wärmebedarf die Anlage zufriedenstellend arbeitet, so ist für jeden anderen Wärmebedarf die Rohrverteilung als unrichtig anzusehen.

Es sollte also immer — wie bereits gesagt — dahin gestrebt werden, jedem Raume seine gesonderte Anlage zu geben, da alsdann alle Schwierigkeiten der Berechnung und die Ungleichheiten des Effekts in Wegfall kommen.

Für die Geschwindigkeit des Wasserumlaufs wird wahrscheinlich noch in Frage zu kommen haben, daß sich bei der Erwärmung des Wassers in der Feuerspirale Dampfblasen bilden, die — wie bei der Schnellstrom-Warmwasserheizung (s. diese) — den Umlauf wesentlich fördern. Leider entzieht sich dieser Umstand der Berechnung und bildet daher einen wichtigen Grund mehr, jedem durch Heißwasserheizung zu erwärmenden Raum seine gesonderte Anlage zu geben.

b) Anwendung der Theorie.

Fall 1. Beheizung eines einzelnen Raumes.

Für den Kostenanschlag genügt es jederzeit, lediglich die Rohrlängen nach Gl. (146) und (147) zu berechnen, also zu setzen die Rohrlänge der Feuerspirale:

$$l_1 = 0{,}002\,W,$$

die Gesamtlänge des wärmeabgebenden Rohrs:

$$l_3 = \frac{10\,W}{k\left(\frac{t' + t''}{2} - t_z\right)}.$$

Die Länge des Leitungsrohrs des Wassers geht aus der Anordnung der Anlage hervor. Man wähle die Temperaturen im Steige- und Fallrohre nicht zu nahe liegend, also t' etwa 150° und $t'' = 80°$ oder $t' = 130°$ und $t'' = 60°$.

Auch für die Ausführung kann die Rechnung beibehalten werden, sofern eine höchste zulässige Temperatur im Steigerohre nicht vorgeschrieben ist. Ist dies jedoch der Fall, so muß Gleichheit zwischen der erforderlichen Geschwindigkeit [Gl. (148)]:

$$v = \frac{W}{1400\,(t' - t'')}$$

und der erreichbaren Geschwindigkeit [Gl. (149)]:

$$v = 0{,}001384 \sqrt{\frac{h\,(t'^2 - t''^2)}{\varrho\,L + 0{,}023\,\Sigma\,\zeta}}$$

herrschen. Findet Gleichheit nach Einsetzung des angenommenen t' und t'' und des danach berechneten L nicht statt, so muß für t'' ein anderer Wert eingeführt und die ganze Rechnung wiederholt werden.

Sind mehrere gekuppelte Systeme anzuwenden, so mache man sie gleich lang; alsdann ist nur ein System zu berechnen unter Berücksichtigung des auf ihn entfallenden Anteils an der Wärmemenge W. Die gesamte Rohrlänge eines Systems soll möglichst nicht über 150—160 m, besser darunter betragen.

Fall 2. Beheizung mehrerer in dem gleichen Stockwerke liegender Räume (s. Fig. 72); für die niedrigste Außentemperatur ist eine höchste nicht zu überschreitende Wassertemperatur vorgeschrieben.

a) **Bestimmung der Gesamtrohrlänge des Heizsystems für die niedrigste Außentemperatur.** Die Rechnungsweise bleibt die gleiche wie bei Fall 1, so daß auf diesen verwiesen werden muß.

b) **Verteilung der Rohrlängen auf die einzelnen Räume.** Die Bemessung der einzelnen Rohrlängen in den Räumen hat nach den in den einzelnen Räumen erforderlichen Wärmemengen zu erfolgen. Diese Wärmemengen sind je nach der Außentemperatur verschieden groß, und da

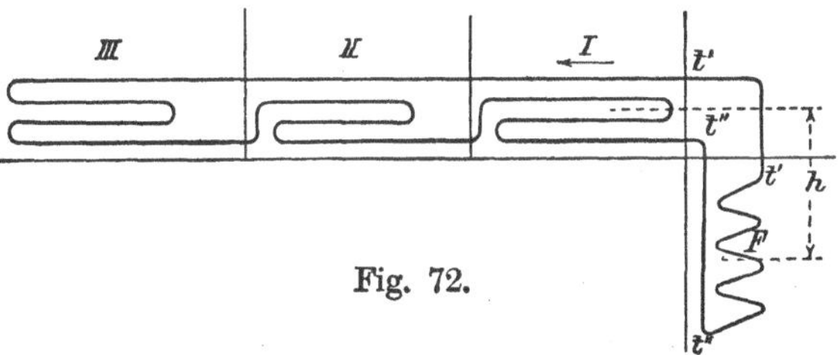

Fig. 72.

eine Regelung der Wärmeabgabe, wie bei der Warmwasserheizung, nicht möglich ist, so folgt, daß, wie bereits erwähnt, nur für eine einzige Außentemperatur eine der geforderten Temperatur entsprechende Wärmeverteilung in verschiedenen von einem Systeme beheizten Räumen verlangt werden kann und zweckmäßig die Verteilung des Rohres für den Wärmebedarf bei einer der winterlichen Durchschnittstemperatur naheliegenden Temperatur vorgenommen wird. Für eine derartige Verteilung ist es nötig, die Temperaturen des Wassers im Steige- und Fallrohre zu kennen, unter denen die erforderliche Geschwindigkeit gleich der erreichbaren wird. Bedeutet also:

W_m die stündliche verloren gehende Wärmemenge bei mittlerer Wintertemperatur,

v_m die erforderliche bzw. erreichbare sekundliche Geschwindigkeit des Wassers in m,

t'_m die Temperatur des Wassers im Steigerohre bei der Geschwindigkeit v_m,

t''_m die Temperatur des Wassers im Fallrohre bei der Geschwindigkeit v_m,

k_m die der mittleren Wassertemperatur $\frac{t'_m + t''_m}{2} - t_z$ entsprechende Wärmedurchgangszahl, entnommen aus der Tabelle 15,

so müssen selbstverständlich wieder und unter Beibehaltung der für die niedrigste Außentemperatur berechneten Rohrlänge l_3 entsprechend den Gl. (147), (148) und (149) die Ausdrücke gelten:

$$l_3 = \frac{10\,W_m}{k_m\left(\frac{t'_m + t''_m}{2} - t_z\right)}, \tag{152}$$

$$v_m = \frac{W_m}{1400\,(t'_m - t''_m)}, \tag{153}$$

$$v_m = 0{,}001384\sqrt{\frac{h\,(t'^2_m - t''^2_m)}{\varrho_m L + 0{,}023\,\Sigma\zeta}}. \tag{154}$$

Aus Gl. (154) folgt:

$$\frac{v_m^2(\varrho_m L + 0{,}023\,\Sigma\zeta)}{0{,}001384^2\,h} = t'^2_m - t''^2_m,$$

aus Gl. (153):

$$t'_m - t''_m = \frac{W_m}{1400\,v_m}.$$

Diesen Wert von $t'_m - t''_m$ in die vorhergehende Gleichung eingesetzt, ergibt nach einer kleinen Umrechnung:

$$\frac{v_m^2(\varrho_m L + 0{,}023\,\Sigma\zeta)\,1400\,v_m}{0{,}001384^2\,h\,W_m} = t'_m + t''_m.$$

Da aus Gl. (153) weiter folgt:

$$t''_m = t'_m - \frac{W_m}{1400\, v_m},$$

so ergibt sich nach Einsetzung in den vorhergehenden Ausdruck:

$$t'_m = \frac{v_m^3 (\varrho_m L + 0{,}023\, \Sigma \zeta)\, 1400}{2 \cdot 0{,}001384^2\, h\, W_m} + \frac{W_m}{2 \cdot 1400\, v_m}. \tag{155}$$

Setzt man zur Abkürzung:

$$\frac{1400\, L}{2 \cdot 0{,}001384^2\, h\, W_m} = \frac{365450000\, L}{h\, W_m} = A, \tag{156}$$

$$\frac{1400 \cdot 0{,}023\, \Sigma \zeta}{2 \cdot 0{,}001384^2\, h\, W_m} = \frac{8405350\, \Sigma \zeta}{h\, W_m} = B, \tag{157}$$

$$\frac{W_m}{2 \cdot 1400} = C, \tag{158}$$

so ist somit:

$$t'_m = v_m^3 (A\, \varrho_m + B) + \frac{C}{v_m} \tag{159}$$

und

$$t''_m = v_m^3 (A\, \varrho_m + B) - \frac{C}{v_m}. \tag{160}$$

t'_m und t''_m müssen nun aber so groß sein, daß selbstverständlich auch der Gl. (152) Genüge geschieht. Es ist dies der Fall, wenn:

$$k_m = \frac{10\, W_m}{l_3 \left(\frac{t'_m + t''_m}{2} - t_z \right)} \tag{161}$$

ist.

Zur Lösung der Gleichungen ist nun v_m schätzungsweise und ϱ_m dementsprechend aus Tabelle 25 abzulesen. v_m ist als richtig gewählt zu betrachten, wenn die vorstehende Gl. (161) Erfüllung findet.

Da die Konstanten A, B und C nur einmal bestimmt zu werden brauchen, so ist der Zeitverlust auch bei nötig werdender wiederholter Rechnung infolge einer erforderlichen anderen Wahl von v_m kein bedeutender.

Die Verteilung des Rohres hat nun mittels Rechnung nach der Gleichung für die Einstromheizfläche:

$$l_3 = \frac{10\, W_m}{k_{m_1} (t'_m - t''_m)} \ln \frac{t'_m - t_z}{t''_m - t_z} = \frac{23\, W_m}{k_{m_1} (t'_m - t''_m)} \log \frac{t'_m - t_z}{t''_m - t_z} \tag{162}$$

zu erfolgen.

Der Koeffizient k_{m_1} ist nicht genau übereinstimmend mit dem aus der Tabelle 15 zu entnehmenden k_m, daher aus der vorstehenden und der Gl. (152):

$$l_3 = \frac{10\, W_m}{k_m \left(\frac{t'_m + t''_m}{2} - t_z \right)}$$

zu berechnen. Man erhält aus ihnen:

$$k_{m_1} = \frac{2{,}3\, k_m \left(\frac{t'_m + t''_m}{2} - t_z\right) \log \frac{t'_m - t_z}{t''_m - t_z}}{t'_m - t_z} \,. \tag{163}$$

Es ist ohne weiteres einleuchtend und geht auch aus Gl. (148):

$$v = \frac{W}{1400\,(t'_m - t''_m)}$$

hervor, daß die abgegebene Wärmemenge einer Rohrstrecke und die Differenz zwischen der Eintritts- und Austrittstemperatur des Wassers proportional sein müssen, d. h. also, daß, wenn eine Rohrstrecke des Systems $\frac{W}{n}$ Wärme abgibt, die Differenz der genannten Temperaturen auch den $n$ten Teil von $t'_m - t''_m$ betragen muß. Es ist also in Gl. (162) die Größe $\frac{W_m}{t'_m - t''_m}$ und somit auch

$$\frac{23\, W_m}{k_{m_1}(t'_m - t''_m)} = D \tag{164}$$

eine Konstante, die für jede Strecke des Systems Geltung hat.

Die Rohrverteilung kann in verschiedener Weise erfolgen. Man kann entweder im Vorlauf oder im Rücklauf einen Teil der einem jeden Raume zukommenden Rohrlänge anordnen. Für den im Vorlauf gelegten Teil ist alsdann die Länge gegeben und deren Wärmeabgabe zu bestimmen, für den im Rücklauf zu legenden Teil ist der Rest der erforderlichen Wärmeabgabe gegeben und die noch nötige Rohrlänge zu berechnen. In Fig. 72 ist der Vorlauf glatt bis zum letzten Raume durchgeführt, die übrige Rohrlänge in den Rücklauf gelegt worden.

Bezeichnet

l_x die Länge eines wärmeabgebenden Rohrstücks in m,

W_x die Wärmemenge, die l_x abzugeben imstande ist,

ϑ' die Eintrittstemperatur des Wassers in das Rohrstück l_x,

ϑ'' die Austrittstemperatur des Wassers aus dem Rohrstück l_x,

so ist:

$$l_x = D\,\{\log(\vartheta' - t_z) - \log(\vartheta'' - t_z)\} \tag{165}$$

und

$$W_x = \frac{W_m}{t'_m - t''_m}(\vartheta' - \vartheta'') \,. \tag{166}$$

Ist die Länge l_x gegeben, so läßt sich, wenn man vom Anfang des Vorlaufes beginnt, da alsdann $\vartheta' = t'_m$ ist, die Austrittstemperatur des Wassers ϑ'' mit Hilfe der Gl. (165) und alsdann W_x mit Hilfe der Gl. (166) berechnen.

Ist W_x gegeben, so ist ebenfalls jederzeit für ein Rohrstück, wenn die Rohrverteilung mit dem Vorlauf begonnen wird, ϑ' bekannt und kann ϑ'' mit Hilfe der Gl. (166) und alsdann l_x mit Hilfe der Gl. (165) berechnet werden.

Vielfach wird es vorkommen, daß beim Montieren einer Anlage auf dem Bau noch Änderungen der Rohrführung vorgenommen werden sollen. Um einer alsdann erforderlichen Umrechnung zu entgehen, kann man den ganzen sich nicht ändernden Verlauf der Wärmeabgabe des gesamten Rohres l_3 von Haus aus graphisch auftragen, man hat nur nötig, die gesamte Wärmemenge W_m und die Temperaturdifferenz $t'_m - t''_m$ in n gleiche Teile zu teilen, für die zusammengehörigen Größen die Rohrlänge zu berechnen, diese dann als Ordinaten eines rechtwinkligen Koordinatensystems, dagegen die Wärmemenge als Abszissen aufzutragen*). Durch die Verbindung der Schnittpunkte der zusammengehörigen Ordinaten und Abszissen ergibt sich als Schaulinie der Verlauf der Wärmeabgabe der ganzen Rohrlänge l_3. Setzt man dann als Konstante:

$$\log(t''_m - t_z) = E , \tag{167}$$

so ist die Gleichung für Berechnung der Rohrlängen für die einzelnen Abschnitte der Wärmemenge:

$$l_x = D\{\log(\vartheta' - t_z) - E\} , \tag{168}$$

wenn ϑ' allgemein die Eintrittstemperatur des Wassers bedeutet.

Mit Hilfe dieser für jedes System ohne nennenswerten Zeitaufwand aufzuzeichnenden Schaulinie läßt sich somit jede beliebige Verteilung der Rohrlänge selbst noch während des Montierens der Anlage vornehmen.

Die Anwendung der Rechnung, sowie das graphische Verfahren ergibt das Beispiel für Beheizung von drei nebeneinander liegenden Räumen (s. später).

Fall 3. *Beheizung mehrerer in dem gleichen Stockwerke liegender Räume; für die niedrigste Außentemperatur ist eine höchste nicht zu überschreitende Wassertemperatur nicht vorgeschrieben (vereinfachte Rechnung).*

a) Bestimmung der Gesamtrohrlänge des Heizsystems. In diesem Falle kann man von der Bestimmung der Rohrlänge für die niedrigste Außentemperatur Abstand nehmen und sie nur für die mittlere Außentemperatur (etwa 0°) anstellen, sofern man für diese die mittlere Wassertemperatur entsprechend niedrig annimmt. Man wird meist zufriedenstellende Ergebnisse erzielen, wenn man die höchste Wassertemperatur zu 90—100°, die niedrigste zu 50—60° in Rechnung stellt. Eine gewisse Rechenschaft, daß man bei der niedrigsten Außentemperatur die Wassertemperatur nicht über Gebühr zu steigern hat, erlangt man, wenn man die mit den angegebenen Temperaturen berechnete Rohrlänge mit der vergleicht, die man für die niedrigste Außentemperatur erhalten würde,

*) S. a. Einbeck, Theorie der Heißwasserheizung, Stuttgart 1887.

wenn man eine durchschnittliche Wärmeabgabe von 90 WE auf das laufende Meter in Ansatz bringt. Erforderlichenfalls kann man hiernach die angenommenen Temperaturen korrigieren.

Gelten wieder die gleichen Bezeichnungen für die mittlere Wintertemperatur wie in Fall 2, so hat man genau wie in Fall 1 zunächst für die niedrigste Außentemperatur l_1, alsdann für die mittlere Außentemperatur mit Hilfe der Gl. (152):

$$l_3 = \frac{W_m}{k_m\left(\frac{t'_m + t''_m}{2} - t_z\right)},$$

alsdann die erforderliche Geschwindigkeit mit Hilfe der Gl. (153):

$$v_m = \frac{W_m}{1400(t'_m - t''_m)}$$

und endlich die erreichbare Geschwindigkeit mit Hilfe der Gl. (154):

$$v_m = 0{,}001384\sqrt{\frac{h(t'^2_m - t''^2_m)}{\varrho_m L + 0{,}023\,\Sigma\zeta}}$$

zu bestimmen. Wird die erforderliche Geschwindigkeit hierbei nicht gleich der erreichbaren, so sind die Annahmen von t'_m bzw. t''_m so lange zu ändern, bis Gleichheit erzielt wird.

b) Verteilung der Rohrlänge auf die einzelnen Räume. Die Verteilung des Rohres erfolgt genau wie in Fall 2b durch Rechnung oder mit Hilfe graphischer Darstellung des Verlaufs der Wärmeabgabe.

Bei Berechnung der Anlage nach Fall 3 erspart man somit die umständliche Ermittlung von t'_m und t''_m aus der für die niedrigste Außentemperatur berechneten Rohrlänge l_3.

Fall 4. *Beheizung mehrerer in verschiedenen Stockwerken liegender Räume; für die niedrigste Außentemperatur ist eine höchste nicht zu überschreitende Wassertemperatur vorgeschrieben.*

a) Bestimmung der Gesamtrohrlänge des Heizsystems für die niedrigste Außentemperatur. Sofern es nicht darauf ankommt, die geringste erforderliche Rohrlänge zu erlangen, so kann zur Bestimmung der Rohrlängen l_1 und l_3 (l_2 geht aus der Anordnung hervor) genau wie bei Fall 1 verfahren werden, sobald die Temperaturen t' und t'' nicht zu naheliegend (also z. B. 150° und 80°, oder 130° und 60°) angenommen worden sind.

Bei gewünschter genauer Berechnung (die jederzeit ein geringeres Längenmaß ergeben wird) muß ein ähnliches, nur umständlicheres Verfahren, wie bei Fall 1 für die Ausführung angegeben, Platz greifen.

Nach Maßgabe der Gleichung für die erforderliche Geschwindigkeit [Gl. (148)] muß sein für

Fig. 73:

$$t_1 - t'' = \frac{W_1}{1400\,v}\,, \quad t_2 - t_1 = \frac{W_2}{1400\,v}\,, \quad t' - t_2 = \frac{W_3}{1400\,v}\,,$$

Fig. 74:

$$t' - t_1 = \frac{W_1}{1400\,v}\,, \quad t_1 - t_2 = \frac{W_2}{1400\,v}\,, \quad \ldots\; t_5 - t'' = \frac{W_6}{1400\,v}\,.$$

Aus diesen Gleichungen folgt für

Fig. 73:

$$t_2 = t' - \frac{W_3}{1400\,v}\,, \quad t_1 = t_2 - \frac{W_2}{1400\,v}\,, \quad t'' = t_1 - \frac{W_1}{1400\,v}\,, \tag{169}$$

Fig. 74:

$$t_1 = t' - \frac{W_1}{1400\,v}\,, \quad t_2 = t_1 - \frac{W_2}{1400\,v}\,, \quad \ldots\; t'' = t_5 - \frac{W_6}{1400\,v}\,. \tag{170}$$

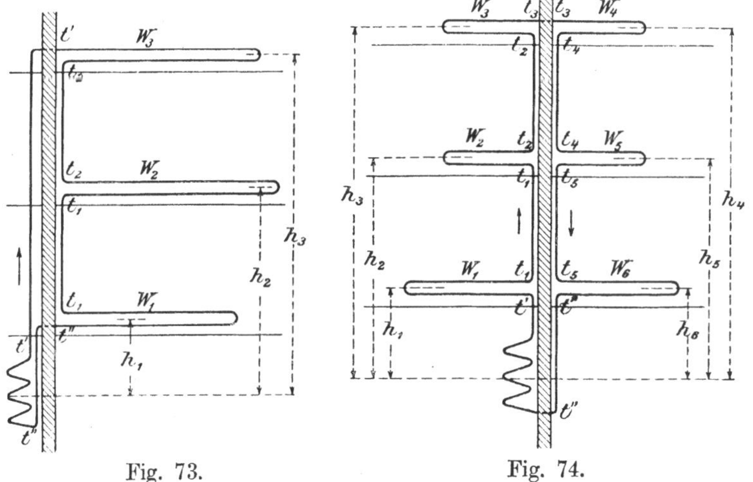

Fig. 73. Fig. 74.

In dem Ausdrucke für die erreichbare Geschwindigkeit [Gl. (149)] ist, was eine besondere Entwicklung unnötig macht, einzusetzen $h(t'^2 - t''^2)$, bei der Anordnung nach

Fig. 73:

$$h_1(t'^2 - t''^2) + (h_2 - h_1)\,(t'^2 - t_1^2) + (h_3 - h_2)\,(t'^2 - t_2^2)\,, \tag{171}$$

Fig. 74:

$$h_1 t'^2 + (h_2 - h_1)\,t_1^2 + (h_3 - h_2)\,t_2^2 - (h_4 - h_5)\,t_4^2 - (h_5 - h_6)\,t_5^2 - h_6\,t''^2\,, \tag{172}$$

oder wenn $h_1 = h_6$, $h_2 = h_5$ und $h_3 = h_4$ ist:

$$h_1(t'^2 - t''^2) + (h_2 - h_1)\,(t_1^2 - t_5^2) + (h_3 - h_2)\,(t_2^2 - t_4^2)\,. \tag{173}$$

Für die Berechnung nehme man die höchste zulässige Temperatur des Wassers im Steigerohre t', sowie schätzungsweise die Geschwindigkeit v an und berechne nach den obigen Gleichungen [(169) bzw. (170)] sowohl t'' als t_1, t_2 usf. Alsdann bestimme man die Ausdrücke (171) bzw. (172), sowie wie früher die Rohrlängen l_1, l_2 und l_3, d. h. l_3 unter Benutzung des angenommenen t' und berechneten t'', und alsdann gemäß Gl. (149) bzw. (151) die erreichbare Geschwindigkeit. Ist diese größer als die angenommene erforderliche, so ist die Wärmerohrlänge l_3 zu groß, umgekehrt zu klein; die Rechnung muß eventuell unter anderer Annahme von v wiederholt werden.

b) Verteilung der Rohrlänge auf die einzelnen Räume. Die Verteilung ist wieder für den mittleren winterlichen Wärmebedarf anzustellen. Zunächst sind dann wieder die Temperaturen des Wassers im Steige- und Fallrohre zu bestimmen.

Man nimmt hierfür schätzungsweise die erforderliche Temperatur des Wassers im Steigerohre, ebenso die Geschwindigkeit des Wassers an, bestimmt hiernach die Ein- und Austrittstemperaturen des Wassers für die einzelnen Räume und berechnet mit Hilfe der nun bekannten Wassertemperatur im Fallrohre nach Gl. (152) die Wärmerohrlänge, die der für die niedrigste Außentemperatur berechneten Rohrlänge l_3 gleichkommen muß. Ist das nicht der Fall, so sind alle Temperaturen um eine entsprechende Anzahl Wärmegrade zu erhöhen oder zu vermindern. Hierauf sind die Ausdrücke (171) bzw. (172) auszurechnen und alsdann unter Einsetzung in die Gleichung für die erreichbare Geschwindigkeit [Gl. (154)] letztere selbst zu bestimmen. Diese muß der gewählten erforderlichen gleich sein, ist es nicht der Fall, so ist unter anderer Annahme der Geschwindigkeit die gesamte Rechnung zu wiederholen.

Sind die Temperaturen endgültig festgestellt, so erfolgt die Berechnung des in einem jeden Raume zu legenden Wärmerohres.

Es gilt für diese Berechnung wieder wie in Fall 3 Gl. (162):

$$l_3 = \frac{23\,W_m}{k_{m_1}(t'_m - t''_m)} \log \frac{t'_m - t_z}{t''_m - t_z},$$

sowie Gl. (152):

$$l_3 = \frac{10\,W_m}{k_m\left(\frac{t'_m + t''_m}{2} - t_z\right)},$$

woraus wieder die Gl. (163) folgt:

$$k_{m_1} = \frac{2{,}3\,k_m\left(\frac{t'_m + t''_m}{2} - t_z\right)\log\frac{t'_m - t_z}{t''_m - t_z}}{t'_m - t''_m}.$$

Da die Ein- und Austrittstemperaturen des Wassers für jeden Raum bekannt sind, so läßt sich alsdann mit Hilfe der Gl. (165) für jeden Raum die zugehörige Rohrlänge berechnen.

Die ganze Berechnung ist eine noch umständlichere, als wenn ein System nur für ein Stockwerk bestimmt wird — es empfiehlt sich daher, bei mehreren neben oder übereinander liegenden Räumen die Systeme nach den einzelnen Stockwerken zu teilen und gemäß der in Fall 3 angegebenen Berechnung zu verfahren.

Liegen in den einzelnen Stockwerken auch noch Räume nebeneinander, die zu heizen sind, so ändert sich die Berechnung sinngemäß in nichts, nur daß für die nebeneinanderliegenden Räume ebenfalls mit Hilfe der Gl. (165) die einzelnen Rohrlängen, oder bei gegebener Rohrlänge (s. Fall 3) die Temperaturen ϑ'' zu berechnen sind.

Fall 5. Beheizung mehrerer in verschiedenen Stockwerken liegender Räume; für die niedrigste Außentemperatur ist eine höchste nicht zu überschreitende Wassertemperatur nicht vorgeschrieben (vereinfachte Rechnung).

Die Berechnung bleibt genau die gleiche wie in Fall 4, nur daß für Bestimmung des Wärmerohrs l_3 der Wärmebedarf bei der mittleren Wintertemperatur (etwa 0°) in Ansatz zu bringen und für t'_m etwa 90—100°, für t''_m etwa 50—60° zu nehmen sind. Man erspart somit die umständliche Ermittlung von t'_m und t''_m aus der für die niedrigste Außentemperatur berechneten Rohrlänge l_3.

III. Beispiele für Berechnung einer Heißwasserheizung.

Fall 1. Beheizung eines einzelnen Raumes.

Aufgabe. Ein Saal, 10 m lang, 8 m breit, ist durch Heißwasserheizung zu erwärmen. Er verliert bei —20° Außentemperatur und +20° Innentemperatur stündlich 9600 WE. Die Wärmeröhren sollen an den Wänden herumgeführt werden. Die höchste Temperatur des Wassers im Steigerohre darf 150° nicht überschreiten. Die Entfernung der Mittelebene der Feuerschlange von der Mittelebene der Wärmerohre betrage 4 m.

Lösung der Aufgabe. Die gesamte Länge der Wände, an die die Wärmeröhren gelegt werden können, möge 30 m betragen, der Bedarf an Wärmerohr wird, da man im Durchschnitte auf ein Meter Rohr eine Wärmeabgabe von 90 WE rechnen kann, ungefähr 110 m ausmachen, so daß 4 Röhren übereinander · liegen müssen.

Die Länge des von den Feuergasen umspülten Rohres kann nach Gl. (145) gesetzt werden:

$$l_1 = 0{,}002 \cdot W = 0{,}002 \cdot 9600 = 19{,}2 \backsim 19 \text{ m}.$$

Die Länge des vor Wärmeabgabe zu schützenden Leitungsrohres sei gemäß der Anordnung:

$$l_2 = 16 \text{ m}.$$

Die Länge des Wärmerohres beträgt nach Gl. (147), wenn, der Aufgabe entsprechend, $t' = 150°$, $t_z = 20°$ gesetzt und t'' schätzungsweise zu 80° angenommen wird, da sich aus Tabelle 15 für $\frac{t' + t''}{2} - t_z = \frac{150 + 80}{2} - 20 = 95°$ das k zu 11,5 ergibt:

$$l_3 = \frac{10 \cdot 9600}{11{,}5\left(\frac{150 + 80}{2} - 20\right)} \backsim 88 \text{ m}.$$

Die Länge des gesamten zu verwendenden Rohres beträgt somit:

$$L = l_1 + l_2 + l_3 = 123 \text{ m}.$$

Kommt es auf Einhaltung der Temperaturen $t' = 150°$ und $t'' = 80°$ bei der niedrigsten Außentemperatur nicht an, so kann die Rechnung hiermit ihr Bewenden haben, andernfalls ist die folgende Rechnung noch anzustellen.

Es ist gemäß Gl. (148) die erforderliche Geschwindigkeit:

$$v = \frac{9600}{1400(150 - 80)} = 0{,}098 \text{ m}.$$

Dieser Geschwindigkeit entspricht nach Tabelle 25 ein Reibungswert $\varrho = 0{,}0447$. Werden alle Bogen in der Rohrleitung so groß gemacht, daß $\Sigma\zeta = 0$ gesetzt werden kann, so ergibt sich gemäß Gl. (151) die erreichbare Geschwindigkeit:

$$v = 0{,}001\,384 \sqrt{\frac{4(150^2 - 80^2)}{0{,}0447 \cdot 123}} = 0{,}150 \text{ m}.$$

Diese erreichbare Geschwindigkeit ist größer als die erforderliche, es wird somit die nötige Wärmeabgabe von 9600 WE schon bei einer kleineren Temperaturdifferenz als 150 — 80 erzielt. Will man an Rohrlänge sparen, so hat man t'' höher anzunehmen, sieht man auf ökonomischen Betrieb, so hat man t' möglichst heruntersetzen.

Wählt man $t' = 145°$, $t'' = 90°$, so ergibt sich, da für $\frac{145 + 90}{2} - 20 = 97{,}5$ das k (nach Tabelle 15) $= 11{,}5$ zu setzen ist:

$$l_3 = \frac{10 \cdot 9600}{11{,}5\left(\frac{145 + 90}{2} - 20\right)} \sim 86 \text{ m}.$$

Es ist dann weiter:

$L = 121$ m,

die erforderliche Geschwindigkeit: $v = \frac{9600}{1400(145 - 90)} = 0{,}125$ m,

die erreichbare Geschwindigkeit: $v = 0{,}001384 \sqrt{\frac{4(145^2 - 90^2)}{0{,}0412 \cdot 121}} = 0{,}141$ m.

Da die erreichbare Geschwindigkeit noch größer als die erforderliche ist, so soll $t' = 145°$ beibehalten, dagegen $t'' = 95°$ gesetzt werden.

Alsdann ergibt sich, da für $\frac{145 + 95}{2} - 20 = 100°$ das k (nach Tabelle 15) zu 11,5 anzunehmen ist:

$$l_3 = 84 \text{ m} \quad \text{und} \quad L = 119 \text{ m},$$

die erforderliche Geschwindigkeit: $v = 0{,}137$ m,

die erreichbare Geschwindigkeit: $v = 0{,}139$ m,

es herrscht somit nahezu die für die billigste Ausführung anzustrebende Übereinstimmung.

Fall 2. *Beheizung von 3 nebeneinander liegenden Räumen; die höchste zulässige Wassertemperatur ist vorgeschrieben.*

Aufgabe. Die 3 nebeneinander liegenden Räume verlieren bei —20° Außentemperatur und +20° Innentemperatur stündlich (wie im vorigen Beispiele) 9600 WE. Es sollen an den Wänden entlang 4—6 Röhren übereinander gelegt werden, die Entfernung der Mittelebene der Feuerschlange von der Mittelebene der Wärmeröhren beträgt wieder 4 m, die höchste zulässige Wassertemperatur 150°.

Lösung der Aufgabe.

1. Bestimmung der Gesamtlänge des Heizsystems für die niedrigste Außentemperatur.

Für die Berechnung des Gesamtrohres bleiben alle Bedingungen die gleichen wie im vorigen Beispiele. Für die Ausführung tritt nur noch die Verteilung des Rohres in den einzelnen Räumen hinzu, daher nur diese noch Erledigung zu finden hat. Als geringste Rohrlängen waren im vorigen Beispiele gefunden worden: $l_1 = 19$ m, $l_2 = 16$, $l_3 = 84$ m, somit $L = 119$ m.

2. Verteilung der Rohrlängen auf die einzelnen Räume für eine mittlere Außentemperatur.

Die mittlere Außentemperatur werde zu 0° angenommen und die stündliche Transmission der 3 Räume zu 4800 WE.

a) Bestimmung der Temperaturen des Wassers bei der mittleren Außentemperatur. Für die Bestimmung der Temperaturen sind die Gl. (159), (160) und (161) zu benutzen, diese lauten:

$$t'_m = v_m^3 (A\,\varrho_m + B) + \frac{C}{v_m}\,,$$

$$t''_m = v_m^3 (A\,\varrho_m + B) - \frac{C}{v_m}\,,$$

$$k_m = \frac{10\,W_m}{l_3\left(\dfrac{t'_m + t''_m}{2} - t_z\right)}\,.$$

Zunächst sind die Konstanten A, B und C zu bestimmen. Es ist nach Gl. (156), da $L = 119$ m, $h = 4$ m, $W_m = 4800$ WE beträgt:

$$A = \frac{365\,450\,000 \cdot 119}{4 \cdot 4800} = 2\,265\,029\,.$$

B kommt in Fortfall, sofern, was angenommen werden soll, die Bogen in der Rohrleitung so groß gemacht werden, daß $\Sigma\zeta = 0$ gesetzt werden kann.

Nach Gl. (158) ergibt sich die Konstante:

$$C = \frac{4800}{2 \cdot 1400} = 1{,}714\,.$$

Zur Lösung der obigen Gleichungen ist nun probeweise v_m anzunehmen, dieses ist als richtig gewählt anzusehen, wenn den mit seiner Hilfe berechneten Werten von t'_m und t''_m das k_{m_1} nach Tabelle 15 entspricht. Wählt man probeweise $v_m = 0{,}09$ m, so ist ϱ_m (nach Tabelle 25) $= 0{,}0460$, somit:

$$t'_m = 0{,}09^3 \cdot 2\,265\,029 \cdot 0{,}0460 + \frac{1{,}714}{0{,}09} = 94{,}8°$$

$$t''_m = 0{,}09^3 \cdot 2\,265\,029 \cdot 0{,}0460 - \frac{1{,}714}{0{,}09} = 56{,}8°\,.$$

Aus Tabelle 15 ergibt sich für $\dfrac{94{,}8 + 56{,}8}{2} - 20 = 76 - 20$ ein k_m von $\sim 10{,}8$, während nach Gl. (161):

$$k_m = \frac{10 \cdot 4800}{84(76 - 20)} = 10{,}2$$

sein würde. Es muß somit die Geschwindigkeit etwas kleiner gewählt werden. Nimmt man v_m zu 0,089 m an, so ist $\varrho_m = 0{,}0462$ (Tabelle 25) und

$$t'_m \sim 93^\circ\,,$$

$$t''_m \sim 54^\circ\,.$$

Nach Tabelle 15 ist alsdann für $\frac{93+54}{2} - 20 = 74 - 20$ das $k_m = 10{,}8$, nach Gl. (161):

$$k_m = \frac{10 \cdot 4800}{84(74 - 20)} = 10{,}6\,,$$

die Werte stimmen nun genügend überein.

b) Verteilung der Rohrlängen auf die einzelnen Räume. Nach dem Vorstehenden sind im ganzen 84 m zu verteilen. Die Anordnung der Verteilung geht aus Fig. 75 hervor.

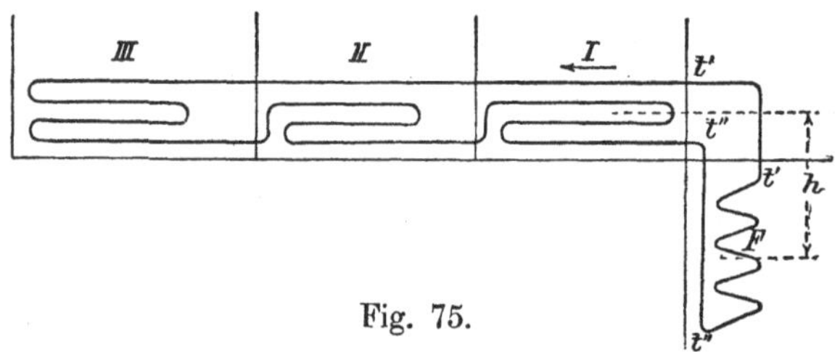

Fig. 75.

Zunächst ist die für die Rohrverteilung maßgebende Wärmedurchgangszahl gemäß Gl. (163) zu bestimmen. Diese berechnet sich zu:

$$k_{m_1} = \frac{2{,}3 \cdot 10{,}6\left(\frac{93+54}{2} - 20\right)\log\frac{93-20}{54-20}}{93-54} = 11{,}2\,.$$

Da im ganzen 4800 WE bei einem Temperaturabfalle des Wassers von 93° auf 54°, also um 39° abzugeben sind, so kommen auf

$$1^\circ \text{ Temperaturabfall: } \frac{4800}{39} = 123{,}1 \text{ WE},$$

$$1 \text{ Wärmeeinheit: } \frac{39}{4800} = 0{,}008125^\circ \text{ Temperaturabfall.}$$

Es möge nun erfordern:

Raum *I*: 1600 WE,
„ *II*: 1400 WE,
„ *III*: 1800 WE,

ferner soll die erste Rohrstrecke durch Raum *I*: 6 m, die zweite durch Raum *II*: 5 m betragen.

Für die Berechnung der Rohrverteilung kommt Gl. (165) bzw. (166) in Frage. Die Konstante D ergibt sich, da $W_m = 4800$, $t'_m = 93$, $t''_m = 54$, $k_{m_1} = 11{,}2$ ist, aus Gl. (164):

$$D = \frac{23 \cdot 4800}{11{,}2(93 - 54)} = 252{,}6\,.$$

Für die ersten 6 m im Raume *I* ist somit nach Gl. (165):

$$6 = 252{,}6\,\{\log(93 - 20) - \log(\vartheta'' - 20)\}\,.$$

Hieraus folgt:

$$1{,}8395 = \log(\vartheta'' - 20)\,, \quad \text{also:}$$

$$10^{1{,}8395} = \vartheta'' - 20\,,$$

$$\vartheta'' = 69{,}1 + 20 = 89{,}1^\circ.$$

ϑ' ist (in diesem Falle t'_m) $= 93^\circ$, somit findet auf die 6 m ein Temperaturabfall von $93 - 89{,}1 = 3{,}9^\circ$ statt. Da 1° die Wärmemenge von 123,1 WE ausmacht, so werden von den 6 m Rohr nach Gl. (166):

$$123{,}1 \cdot 3{,}9 = 480{,}1 \text{ WE}$$

abgegeben.

Für Raum *II* ist gegeben $l = 5$ m, die Eintrittstemperatur des Wassers beträgt $\vartheta' = 89{,}1^\circ$, also gilt nach Gl. (165):

$$5 = 252{,}6\,\{\log(89{,}1 - 20) - \log(\vartheta'' - 20)\}\,.$$

Es berechnet sich alsdann in gleicher Weise wie für Raum *I*:

$$\vartheta'' = 86{,}0^\circ.$$

Der Temperaturabfall ist:

$$89{,}1 - 86{,}0 = 3{,}1^\circ,$$

die abgegebene Wärmemenge nach Gl. (166):

$$3{,}1 \cdot 123{,}1 = 381{,}6 \text{ WE}.$$

Raum *III* erfordert 1800 WE, der Temperaturabfall stellt sich somit, da auf 1 WE ein Abfall von 0,008125° kommt, nach Gl. (166):

$$\vartheta' - \vartheta'' = 1800 \cdot 0{,}008125 = 14{,}6^\circ.$$

Die Eintrittstemperatur des Wassers ϑ' ist: 86,0°, die Austrittstemperatur ϑ'' somit $86{,}0 - 14{,}6 = 71{,}4^\circ$. Es ist alsdann die Rohrlänge für Raum *III* nach Gl. (165):

$$l_x = 252{,}6 \log \frac{86{,}0 - 20}{71{,}4 - 20} = 27{,}4 \text{ m}.$$

Das Rohr geht nun durch Raum *II* zurück. Dieser hat zu fordern 1400 WE, erhalten hat er schon 381,6 WE, es bleiben daher noch zu liefern:

$$1400 - 381{,}6 = 1018{,}4 \text{ WE}.$$

Dieser Wärmemenge entspricht ein Temperaturabfall von:

$$1081{,}4 \cdot 0{,}008125 = 8{,}3^\circ,$$

die Eintrittstemperatur des Wassers beträgt:

$$\vartheta' = 71{,}4^\circ,$$

die Austrittstemperatur:

$$\vartheta'' = 71{,}4 - 8{,}3 = 63{,}1^\circ,$$

die Rohrlänge somit:

$$l_x = 252{,}6 \log \frac{71{,}4 - 20}{63{,}1 - 20} = 19{,}2 \text{ m}.$$

Raum *I* endlich hat zu fordern 1600 WE und bereits 480,1 WE erhalten, der Differenz von 1119,9 WE entspricht ein Temperaturabfall von:

$$1119{,}9 \cdot 0{,}008125 = 9{,}1^\circ,$$

d. h. die Endtemperatur ist $\vartheta'' = 63{,}1 - 9{,}1 = 54^\circ$, was der Annahme $t''_m = 54^\circ$ entspricht und naturgemäß auch entsprechen muß, wenn die Rechnung richtig angestellt worden ist. Die Rohrlänge ist alsdann:

$$l_x = 252{,}6 \log \frac{63{,}1 - 20}{54 - 20} = 26{,}4 \text{ m}.$$

Die gesamte Rohrlänge ergibt sich somit zu:

$$6 + 5 + 27{,}4 + 19{,}2 + 26{,}4 = 84 \text{ m},$$

was der Rohrlänge entspricht, die zur Verteilung kommen sollte.

Will man jede beliebige Änderung der Rohrverteilung ohne besondere Rechnung, selbst während des Montierens der Anlage, vornehmen können, so hat man eine graphische Aufzeichnung des Verlaufs der Wärmeabgabe anzufertigen. Alsdann kommt Gl. (169) in Anwendung. Es ist alsdann in ihr gemäß Gl. (164) bzw. (167):

$$D = \frac{23 \cdot 4800}{11{,}2(93 - 54)} = 252{,}6\,,$$

$$E = \log(54 - 20) = 1{,}53148\,.$$

Teilt man die Wärmemenge $W_m = 4800$ und den Temperaturabfall $t'_m - t''_m = 93 - 54 = 39°$ in z. B. 8 gleiche Teile, so entsprechen:

600 WE einem Temperaturabfalle von 4,88°.

Es ist dann nach Gl. (168) die Rohrlänge für:

4800 WE — 0 WE zu:	252,6 {log(93 — 20) — 1,53148}	= 84,0 m,
4800 „ — 600 „ „:	252,6 {log(88,12 — 20) — 1,53148}	= 76,2 m,
4800 „ — 1200 „ „:	252,6 {log(83,24 — 20) — 1,53148}	= 68,1 m,
4800 „ — 1800 „ „:	252,6 {log(78,36 — 20) — 1,53148}	= 59,3 m,
4800 „ — 2400 „ „:	252,6 {log(73,48 — 20) — 1,53148}	= 49,7 m,
4800 „ — 3000 „ „:	252,6 {log(68,60 — 20) — 1,53148}	= 39,2 m,
4800 „ — 3600 „ „:	252,6 {log(63,72 — 20) — 1,53148}	= 27,6 m,
4800 „ — 4200 „ „:	252,6 {log(58,84 — 20) — 1,53148}	= 14,6 m,
4800 „ — 4800 „ „:	252,6 {log(54 — 20) — 1,53148}	= 0 m.

Für die Abgabe von 4800 WE sind also 84 m Rohr erforderlich, nach der ersten Abgabe von 600 WE nur noch 76,2 m, d. h. also 84 — 76,2 = 7,8 haben diese 600 WE abgegeben. Nach weiterer Abgabe von 600 WE, die auf die Rohrlänge 76,2 — 68,1 = 8,1 m entfallen, bleiben für das übrige Rohr noch 4800 — 1200 = 3600 WE usw.

Trägt man also nun, wie Fig. 76 zeigt, als Ordinaten eines rechtwinkligen Koordinatensystems die sich ergebenden Rohrdifferenzen, als Abszissen die Wärmemengen von 600 zu 600 WE auf, so erhält man durch Verbindung der zusammengehörigen Schnittpunkte eine Schaulinie, aus der man für jede beliebige Rohrlänge die abgegebene Wärmemenge und umgekehrt sofort ersehen kann.

Es hat also im Nullpunkte die Rohrlänge 0 und die Wärmeabgabe 0 zu stehen, weiter beträgt bei diesem Beispiele für die Wärmeabgabe von:

600 WE die verwendete Rohrlänge	84 — 76,2 =	7,8 m,
1200 „ „ „ „	84 — 68,1 =	15,9 m,
1800 „ „ „ „	84 — 59,3 =	24,7 m,
2400 „ „ „ „	84 — 49,7 =	34,3 m,
3000 „ „ „ „	84 — 39,2 =	44,8 m,
3600 „ „ „ „	84 — 27,6 =	56,4 m,
4200 „ „ „ „	84 — 14,6 =	69,4 m,
4800 „ „ „ „	84 — 0,0 =	84,0 m.

In Raum *I* waren zunächst 6 m Rohr zu legen, sucht man daher in der *Y*-Achse 6 m auf, geht horizontal bis zum Schnittpunkte mit der Schaulinie und von diesem senkrecht herunter zur *X*-Achse, so schneidet man auf dieser die abgegebene Wärmemenge 480,1 WE ab.

In Raum *II* waren zunächst 5 m Rohr erforderlich, 6 m sind bereits vergeben, also im Schnittpunkte der Schaulinie bei $5 + 6 = 11$ m senkrecht zur X-Achse gegangen, findet man die abgegebene Wärmemenge von 861,7 WE. Es entfallen somit auf Raum *II* für die 5 m Rohr: $861{,}7 - 480{,}1 = 381{,}6$ WE.

Raum *III* erfordert 1800 WE, im ganzen sind bereits abgegeben 861,7 WE, also bei Austritt des Wassers aus Raum *III* hat dieser im ganzen an die Luft 2661,7 WE übertragen. Auf der X-Achse diese Wärmemenge aufgesucht, im Schnittpunkte mit der Schaulinie horizontal bis zur Y-Achse gegangen, findet man eine Rohrlänge von 38,4 m. 11 m haben bereits Raum *I* und *II* erhalten, folglich entfällt auf Raum *III* 27,4 m.

Der Rest der Wärmemenge für Raum *II* und Raum *I* ergibt nun in genau gleicher Weise wie für Raum *III* die weitere erforderliche Rohrlänge.

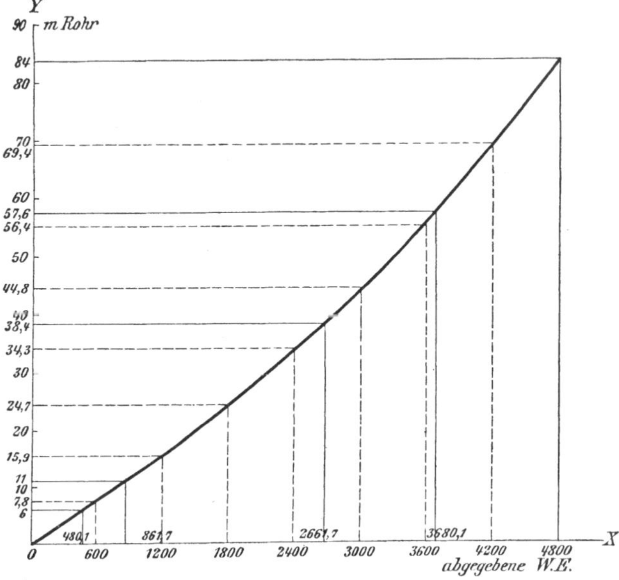

Fig. 76.

Mit Hilfe einer solchen graphischen Aufzeichnung braucht also die Rohrverteilung erst auf dem Bau zu erfolgen und können dann alle Verhältnisse, die auf sie von Einfluß sind, bequem berücksichtigt werden.

Fall 3. *Beheizung von 3 nebeneinander liegenden Räumen; die höchste zulässige Wassertemperatur ist nicht vorgeschrieben.*

In diesem Falle kann man sofort von dem Wärmebedarfe bei der mittleren Wintertemperatur ausgehen. Wenn das gleiche Beispiel wie in Fall 2 Gültigkeit haben soll, so ist nach dem daselbst Gesagten für t'_m etwa 100°, für t''_m etwa 60° anzunehmen. Man erhält alsdann annähernd die gleiche Rohrlänge wie im vorigen Beispiele und hat für die genaue Festsetzung von t'_m und t''_m, sowie für die Verteilung das gleiche Verfahren wie in Fall 2 einzuschlagen, so daß auf dieses Beispiel verwiesen werden kann.

Fall 4. *Beheizung mehrerer in verschiedenen Stockwerken liegender Räume; die höchste zulässige Temperatur ist vorgeschrieben.*

Aufgabe. Drei übereinander liegende Räume sind durch Heißwasserheizung zu erwärmen. Die Entfernung der Mittelebene der Feuerschlange von den Mittelebenen der Wärmeröhren betrage für das Erdgeschoß 4 m, für den I. Stock 9 m, für den II. Stock 14 m. Die höchste Temperatur des Wassers im Steigerohre darf 150° nicht überschreiten. Der Wärmeverlust des untersten Raumes bei —20° sei $W_1 = 3200$ WE, des mittelsten $W_2 = 2800$ WE, des obersten $W_3 = 3600$ WE. Alles übrige wie bei Beispiel 2.

Lösung der Aufgabe. **a) Bestimmung der Gesamtrohrlänge des Heizsystems für die niedrigste Außentemperatur.** Der Aufgabe entsprechend ist $t' \lesseqgtr 150°$.

Gewählt soll werden nach Schätzung: $t'' = 80°$, alsdann ist zunächst wie im Beispiele des Falls 1, wenn die Anordnung Fig. 77 gewählt wird und das Leitungsrohr $l_2 = 24$ m beträgt:

$$l_1 = 19 \text{ m}, \quad l_2 = 24 \text{ m}, \quad l_3 = 88 \text{ m}, \quad L = 131 \text{ m}.$$

Diese Rechnung würde für die Längenbestimmungen genügen, sobald es nicht darauf ankommt, die geringste erforderliche Rohrlänge nur in Anwendung zu bringen. Um die geringste erforderliche Rohrlänge zu ermitteln, muß die Berechnung der erforderlichen und erreichbaren Geschwindigkeit angestellt werden.

Es ist $h_1 = 4$ m, $h_2 = h_3 = 5$ m und, sofern wieder $\Sigma\zeta = 0$ angenommen wird, in Gl. (149) statt des Ausdrucks $h(t'^2 - t''^2)$ zu setzen (s. S. 291):

$$h_1(t'^2 - t''^2) + (h_2 - h_1)(t'^2 - t_1^2) + (h_3 - h_2)(t'^2 - t_2^2).$$

Wählt man nun probeweise $v = 0{,}2$, so ist nach Gl. (169), da $t' = 150°$ beträgt:

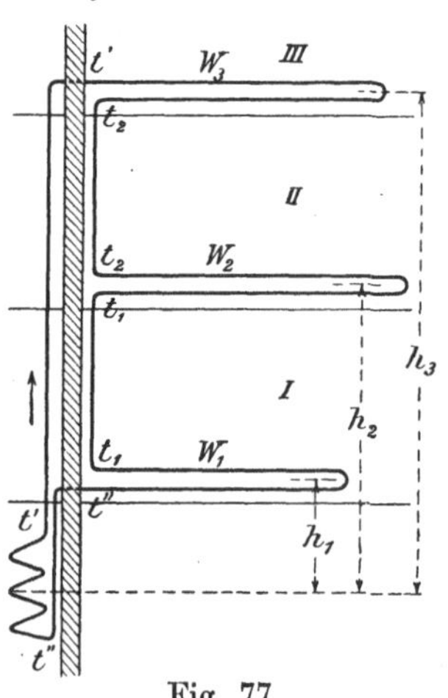

Fig. 77.

$$t_2 = 150 - \frac{3600}{1400 \cdot 0{,}2} = 137{,}14°,$$

$$t_1 = 137{,}14 - \frac{2800}{1400 \cdot 0{,}2} = 127{,}14°,$$

$$t'' = 127{,}14 - \frac{3200}{1400 \cdot 0{,}2} = 115{,}71°$$

und somit:

$$h_1(t'^2 - t''^2) = 4(150^2 - 115{,}71^2) = 36445,$$
$$(h_2 - h_1)(t'^2 - t_1^2) = 5(150^2 - 127{,}14^2) = 31677,$$
$$(h_3 - h_2)(t'^2 - t_2^2) = 5(150^2 - 137{,}14^2) = 18463,$$
$$\text{Sa. } 86585.$$

Dem Mittelwerte zwischen der Anfangs- und Endtemperatur entsprechend stellt sich alsdann die Länge des Wärmerohres, wenn k_m wieder der Tabelle 15 entnommen wird:

$$l_3 = \frac{10 \cdot 9600}{11{,}5\left(\frac{150 + 115{,}7}{2} - 20\right)} \backsim 74 \text{ m},$$

somit $L = 19 + 24 + 74 = 117$ m.

Es muß nun aber auch die erreichbare Geschwindigkeit gleich der angenommenen erforderlichen von 0,2 m sein. Für $v = 0{,}2$ m ist $\varrho = 0{,}0356$ und gemäß Gl. (149) die erreichbare Geschwindigkeit:

$$v = 0{,}001384\sqrt{\frac{86585}{0{,}0356 \cdot 117}} = 0{,}197 \text{ m}.$$

Die Annahme war somit eine genügend richtige.

Die Berechnung der Rohrlängen nur mit Hilfe der Gl. (145) und (147) ergab $L = 131$ m, die genaue Berechnung $L = 117$ m, es sind somit durch die letztere 14 m erspart worden.

b) Bestimmung der Temperaturen des Wassers im Steige- und Fallrohre bei mittlerer Wintertemperatur. Für die mittlere Wintertemperatur sei wie im vorigen Beispiele die erforderliche Wärmemenge für:

$$\text{Raum } I = 1600 \text{ WE}, \quad \text{Raum } II = 1400 \text{ WE}, \quad \text{Raum } III = 1800 \text{ WE}.$$

Gegeben sind die Rohrlängen $L = 117$ m und $l_3 = 74$ m (eventuell, wenn die einfachere Berechnung unter a) beibehalten werden soll, $L = 131$ m, $l_3 = 88$ m). Wählt man für die höchste Temperatur im Steigerohre schätzungsweise $t'_m = 100°$ und die Geschwindigkeit $v_m = 0{,}12$ m, so ergibt sich gemäß der Gl. (169):

$$t_2 = 100 - \frac{1800}{1400 \cdot 0{,}12} = 89{,}3°,$$

$$t_1 = 89{,}3 - \frac{1400}{1400 \cdot 0{,}12} = 81{,}0°,$$

$$t''_m = 81{,}0 - \frac{1600}{1400 \cdot 0{,}12} = 71{,}5°.$$

Ferner ergibt sich, da für $\frac{100 + 71{,}5}{2} - 20$ nach Tabelle 15: $k = 11{,}1$ zu setzen ist,

$$l_3 = \frac{4800}{11{,}1(86 - 20)} \sim 66 \text{ m}.$$

74 m brauchen nur für die niedrigste Außentemperatur vorhanden zu sein, folglich kann die Temperatur t'_m erniedrigt werden. Setzt man $t'_m = 93°$, so ergibt sich:

$$t''_m = 65°$$

und

$$l_3 = \frac{10 \cdot 4800}{11\left(\frac{93 + 65}{2} - 20\right)} \sim 74 \text{ m}.$$

Da 74 m anzunehmen sind, so ist die Richtigkeit der Annahme für t'_m erwiesen.

Gemäß dieser Temperatur ergibt sich alsdann:

$$t_2 = 82°, \quad t_1 = 74°, \quad t''_m = 65°, \quad l_3 = 74 \text{ m},$$

und für den Ausdruck (171):

$$4\,(93^2 - 65^2) + 5\,(93^2 - 74^2) + 5\,(93^2 - 82^2) = 43\,186.$$

Die erreichbare Geschwindigkeit ermittelt sich alsdann, da für $v_m = 0{,}12$ m aus Tabelle 25: $\varrho_m = 0{,}0417$ zu setzen ist,

$$v_m = 0{,}001384 \sqrt{\frac{43186}{0{,}0417 \cdot 117}} = 0{,}13 \text{ m}.$$

Diese Geschwindigkeit ist größer als die angenommene von 0,12 m, es muß somit die Rechnung unter anderer Annahme nochmals wiederholt werden.

Wählt man $v_m = 0{,}13$ m und $t'_m = 92°$, so erhält man:

$$t_2 = 82°, \quad t_1 = 74°, \quad t''_m = 66°,$$

mit für den Ausdruck (173):

$$4\,(92^2 - 66^2) + 5\,(92^2 - 74^2) + 5\,(92^2 - 82^2) = 40\,072,$$

und der Voraussetzung entsprechend:

$$l_3 = 74 \text{ m}, \quad v_m = 0{,}127 \text{ m}.$$

v_m kann nunmehr, ohne einen großen Fehler zu begehen, unter Benutzung der berechneten Temperaturen für die Verteilung des Rohres beibehalten werden.

c) Verteilung des Rohres für die einzelnen Räume. Für die Rohrverteilung ist zunächst mit Hilfe der Gl. (163) das k_{m_1} zu bestimmen. Dieses ergibt sich, da k_m für $\frac{92+66}{2} - 20$ nach Tabelle 15, mit 11 in Rechnung zu ziehen ist, zu:

$$k_{m_1} = \frac{2{,}3 \cdot 11\left(\frac{92+66}{2} - 20\right)\log\frac{92-20}{66-20}}{92-66} = 11{,}2\,.$$

Unter entsprechender Berücksichtigung der berechneten Ein- und Austrittstemperaturen des Wassers für die einzelnen Räume bestimmt sich die Rohrlänge gemäß Gl. (162) für:

$$\text{Raum } I \text{ zu: } \frac{23 \cdot 4800}{11{,}2(92-66)}\log\frac{74-20}{66-20} = 26{,}4 \text{ m,}$$

$$\text{,, } II \text{ zu: } \frac{23 \cdot 4800}{11{,}2(92-66)}\log\frac{82-20}{74-20} = 22{,}7 \text{ m,}$$

$$\text{,, } III \text{ zu: } \frac{23 \cdot 4800}{11{,}2(92-66)}\log\frac{92-20}{82-20} = 24{,}6 \text{ m,}$$

im ganzen also zu 73,7 $\backsim$ 74 m, die zu verteilen waren.

Dreizehntes Kapitel.

Hochdruck-Dampfheizung.

(Siehe Tafel 20, 21 und 22.)

A. Anordnung und Ausführung der Hochdruck-Dampfheizung.

I. Anwendungsgebiet der Hochdruck-Dampfheizung. Fernheizung.

Die Dampfheizung gründet sich auf die Benutzung der bei Kondensation von Dampf frei werdenden latenten Wärme.

Infolge der durch Erwärmung von Wasser über 100° innerhalb eines geschlossenen Heizkörpers zu erzielenden Dampfspannung und infolge der ziemlich bedeutenden Wärmemengen, die bei Kondensation des Dampfes frei werden (s. Tabelle 27), ist es möglich, auf weite Entfernungen große Wärmemengen zu überführen und daselbst nutzbar zu machen. Die Kondensation des Dampfes kann in Heizkörpern erfolgen, die die aufgenommene Wärme an Luft oder Wasser abgeben. Stehen im ersten Falle die Heizkörper in den zu erwärmenden Räumen selbst und erwärmen unmittelbar die Raumluft, so spricht man von „direkter Dampfheizung“, wird nur den Räumen die an den Heizkörpern erwärmte Luft zugeführt, so hat man eine „Dampf-Luftheizung“. Stehen dagegen mit Wasser gefüllte Heizkörper in den Räumen, so bezeichnet man die Anlage, falls das Wasser unmittelbar durch Dampf erwärmt wird, als eine „Dampf-Wasserheizung", falls das Wasser zentral erwärmt und nur den Heizkörpern zugeleitet wird, als eine „Dampf-Warmwasserheizung".

Eine direkte Dampfheizung zur Erwärmung von Räumen wird nur in vereinzelten Fällen (Fabriken usw.) aus weiter unten zu erörternden Gründen mit Hochdruckdampf gespeist, an seine Stelle tritt meist Niederdruckdampf, der entweder durch Reduktion der Spannung erhalten oder unmittelbar als solcher erzeugt wird. Bei Maschinenbetrieb findet häufig der Abdampf zu Heizzwecken Verwendung, alsdann müssen aber Einrichtungen vorhanden sein, die in selbsttätig wirkender Weise der Heizungsanlage jederzeit, erforderlichenfalls durch Zuführung von Frischdampf, die nötige dem Wärmebedarfe entsprechende Dampfmenge sichern (s. Tafel 21). Auch Dampf, der durch eine am Ende der Anlage angeordnete Pumpe auf eine Spannung gebracht wird, die unter der der Atmosphäre liegt, findet zu Heizzwecken Verwendung und spricht man dann von einer „Vakuumheizung". Eine solche Anlage ist dann eine Niederdruck-Dampfheizung geworden (s. diese); ihr Zweck ist es, die Temperatur des Dampfes zu erniedrigen und sie den hygienischen Forderungen besser anzupassen.

Die Vielseitigkeit der Wärmeausnutzung und Wärmeumsetzung, die Möglichkeit des Wärme- und Krafttransports auf weite Strecken und die Beschränkung bzw. Vermeidung von Feuerstellen in bewohnten Gebäuden sichern der Hochdruck-Dampfheizung bei ausgedehnten Gebäudeanlagen eine bevorzugte Stelle. Damit soll nicht gesagt werden, daß eine Hochdruck-Dampfheizung in allen Fällen, in denen eine Anzahl Gebäude mit Wärme zu versorgen ist, als Fernheizung Empfehlung verdient, zumal sie in neuerer Zeit in der Fern-Warmwasserheizung — deren Vorzüge und Nachteile bereits an betreffender Stelle eingehende Würdigung gefunden haben — eine bedeutsame Konkurrentin erhalten hat. Der Transport der Wärme bringt jederzeit Wärmeverluste mit sich, deren Kosten durch die dargebotenen Vorteile und durch Ersparnisse auf anderer Seite aufgewogen werden müssen. Man hat zu bedenken, daß die Wärmeverluste der Hauptleitung eines Fernheizwerks bei einer höheren als der niedrigsten Außentemperatur, für die das Werk berechnet worden ist, nahezu die gleichen bleiben, daß somit, wenn der Wärmeverlust der Hauptleitung bei niedrigster Außentemperatur 4% der gesamten geförderten Wärmemenge ausmacht, dieser bei Bedarf von nur der halben Dampfmenge zur Erwärmung der Räume nahezu 8% der gesamten geförderten Wärmemenge beträgt. Erwägungen und Berechnungen nach dieser Richtung sind daher stets vor der Ausführung einer Hochdruck-Dampfheizung anzustellen und für ihre Wahl entscheidend. Die Hauptvorteile gegenüber denen einer Warmwasserheizung liegen in der Verwendbarkeit der Dampfwärme außer zum Erwärmen und Lüften der Räume auch noch zum Kochen, Waschen, Baden, Warmwasserbereiten, Desinfizieren, Sterilisieren usw., in der Verwendbarkeit der Dampfkraft zum Betreiben von Maschinen, Pumpen usw.

Fernheizungen gewinnen, wie bereits früher erwähnt, vor allen Dingen an Bedeutung, wenn mit ihnen gleichzeitig eine Anlage zur Erzeugung des elektrischen Lichtes verbunden wird, und es würde als durchaus zeitgemäß zu begrüßen sein, wenn geeignetenfalls die großen Elektrizitäts-Gesellschaften mit ihren elektrischen Anlagen auch die Ausführung von Fernheizungen unter eigener Verwaltung in Aussicht nehmen wollten.

Der größte Wärmebedarf der Gebäude findet beim Anheizen in den ersten Morgenstunden statt, der größte Lichtbedarf in der Zeit des Abheizens der Gebäude, d. h. in den späteren Nachmittagsstunden. Die Wärmeverluste der Kesselanlage einer ausgedehnten Heizung werden hauptsächlich durch den ungleichen Wärmebedarf während der verschiedenen Tagesstunden hervorgerufen. Durch Verbindung mit einem Lichtwerke läßt sich ein gleichmäßigerer Betrieb der Kessel erzielen, sofern bei eintretender Verminderung des Wärmebedarfs die frei werdende Kesselfläche zum Betriebe der elektrischen Maschinen — sei es zur direkten Lichterzeugung, sei es zum Laden der Akkumulatoren — Verwendung findet. Die Größe der Akkumulatoren-Batterie ist daher von dem Gesichtspunkte aus zu bestimmen, daß täglich ein möglichst gleichmäßiger Betrieb der Kessel stattfinden kann. Am besten erkennt man die zu wählenden Verhältnisse durch Auftragen von Schaulinien für den Wärmebedarf und für den Lichtbedarf der Gebäude in den verschiedenen Monaten des Jahres. Aus der Vereinigung dieser Schaulinien durch eine den Mittelwert darstellende Horizontale lassen sich die Bedingungen erkennen, denen die Akkumulatoren gerecht werden müssen.

Mit der Hochdruck-Dampfheizung und Warmwasserheizung als Fernheizungen kann in manchen Fällen die Gasheizung mittels Generatorgases in Wettbewerb treten; der wichtigste Unterschied zwischen den Heizungsarten besteht darin, daß die Dampf- und Warmwasserheizung Zentralheizungen sind, die Gasheizung ein Heizsystem mit einem Ferntransporte des Brennstoffs, nicht der Wärme, also eine Lokalheizung ist, mithin Feuerungsanlagen in den Gebäuden selbst nicht entbehrlich macht. Gasheizung stellt sich vielleicht in der Anlage billiger, da die teuren Kanäle für Aufnahme der Rohrleitungen in Wegfall kommen können, dagegen bringt sie unter Umständen Explosionsgefahr in die Gebäude. Wo auf unbedingte Sicherheit gegen Feuer und Explosion zu sehen ist, kann Gasheizung keine Verwendung finden.

Das Anwendungsgebiet der Hochdruck-Dampfheizung erstreckt sich nach dem Gesagten hauptsächlich auf den Ferntransport von Wärme. Für die unmittelbare Erwärmung von Räumen — allenfalls mit Ausnahme bei industriellen Anlagen (Fabrikräumen) — ist sie auszuschließen, da sie den hygienischen Anforderungen in bezug auf Temperatur der Heizkörper nicht entspricht, eine zuverlässige Regelung der Wärmeabgabe der Heizkörper (s. unter V, 2 dieses Kapitels) nicht zuläßt und nicht geräuschlos arbeitet. Zur Erwärmung der Ventilationsluft eignet sie sich bei nicht zu hoher Dampfspannung sehr gut, besonders bei Wahl und Anordnung der Heizkörper, wie diese auf Tafel 16 angegeben sind, unter Annahme einer großen Geschwindigkeit der Luft (s. S. 175). Für alle Anlagen, bei denen Maschinen zu betreiben, Anordnungen zum Kochen, Waschen, Baden usw. vorzusehen sind, ist Hochdruckdampf kaum zu entbehren. Durch Ausnutzung der Wärme des Abdampfes von Maschinen werden die Kosten der Kraftleistung des Dampfes auf eine sehr geringe Höhe herabgesetzt. Da wo große Elektrizitätswerke errichtet werden, sollte die Ausnutzung der Wärme des Maschinenabdampfes für alle Zwecke, die unter den Begriff der Heizung fallen, vorgesehen werden. Leider beachten Gemeindeverwaltungen die hierdurch zu erzielenden ungemein großen Ersparnisse an Betriebskosten unbegreiflicherweise noch viel zu wenig.

II. Wahl der Spannung des Dampfes.

Da die in der Gewichtseinheit Dampf enthaltene Gesamtwärmemenge bei niedriger oder hoher Dampfspannung nahezu die gleiche ist, so soll grundsätzlich die Dampfspannung nicht höher als nötig angenommen werden. Welche Dampfspannung ist die vorteilhafteste? Bei Heizkörpern zur direkten Erwärmung der Räume (s. unter I: Anwendungsgebiet) ist der Dampf möglichst in Niederdruckdampf umzuwandeln (0,1 at und darunter) Hochdruckdampf zu vermeiden. Bei Heizkörpern für Dampf-Luftheizung oder zur Erwärmung von Wasser ist eine höhere Spannung (0,5—1 at und darüber) anzunehmen, da hierdurch die Heizflächen klein gehalten werden können und die Regelung der Temperaturen noch durch andere Mittel als durch Ventile möglich ist (s. unter I); bei Dampfleitungen an und für sich eine hohe Spannung zu empfehlen, da die Anlage wesentlich billiger wird, die Wärmeverluste infolge der geringeren erforderlichen Durchmesser sich niedriger stellen, auch die Bildung von Niederschlagswasser, das zu störenden Erscheinungen verschiedener Art Veranlassung geben kann, vermindert wird. Im wesentlichen hängt die Spannungsabnahme des Dampfes in einem Dampfrohre von den Wärmeverlusten und den Bewegungswiderständen, die Temperaturabnahme von den Wärmeverlusten ab. Sind die letzteren nicht groß genug, um der Spannungsabnahme zu entsprechen, so muß eine Überhitzung des Dampfes stattfinden.

Abzuweichen von der Wahl hoher Dampfspannung ist in der Regel bei Leitungen innerhalb bewohnter Räume, einesteils wegen der größeren Sicherheit gegen Undichtheiten, andernteils wegen des Umstandes, daß die in den Heizkörpern anzustrebende niedrige Spannung zweckentsprechend an einer zentralen Stelle des Gebäudes eingestellt bzw. geregelt wird. Für Leitungen bei Fernheizungen kann bei solider Ausführung die Anfangsdampfspannung unbedenklich zu 6—8 at (Überdruck) angenommen werden; um möglichst kleine Durchmesser zu erzielen, empfiehlt es sich alsdann, für den größten Wärmebedarf einen solchen Spannungsabfall in der Rohrleitung vorzusehen, daß am Ende der Leitung nur die in dem betreffenden Gebäude erforderliche höchste Dampfspannung erreicht wird. Die hierdurch meist eintretende Umgestaltung des gesättigten Dampfes in überhitzten Dampf ist nur empfehlenswert. Über Erzielung plötzlicher Spannungsabfälle s. Abschnitt VI, 2 dieses Kapitels.

III. Allgemeine Anordnung einer Hochdruck-Dampfheizung.

Ähnlich wie bei der Wasserheizung besteht eine Dampfheizung aus den wärmeaufnehmenden und wärmeabgebenden Heizflächen und aus den Leitungsröhren für Dampf und Niederschlagswasser.

Die Leitungsröhren für Dampf können niemals vor Wärmeabgabe derartig geschützt werden (s. S. 183), daß sich nicht auch in ihnen, zum mindesten beim Anlassen der Anlage, Dampf kondensiert, also Niederschlagswasser bildet. Der Dampf hat das Bestreben, das letztere mit fortzureißen. Ist die Möglichkeit nicht vorhanden, das Wasser mit annähernd gleicher Geschwindigkeit des Dampfes fortzuführen, so entsteht Schlagen und Stoßen — es ist daher als Grundsatz aufzustellen, daß die Dampfleitungsröhren mit Gefälle verlegt werden sollen.

Muß von diesem Grundsatze abgewichen werden, so ist an den Stellen, an denen der Dampf von der fallenden in die steigende Bewegung übergeht, eine Ableitung des Niederschlagswassers zu bewirken. Bei großer horizontaler Ausdehnung macht es sich daher meist nötig, der Dampfleitung eine sägeförmige Anordnung zu geben, d. h. die Leitung in eine Anzahl längerer mit Gefälle versehener Teilstrecken zu zerlegen und das Ende der einen mit dem Anfange der folgenden Teilstrecke durch ein kurzes senkrechtes Rohrstück zu verbinden. Aus dem tiefsten Punkte jeder Teilstrecke ist alsdann das Niederschlagswasser abzuleiten. Bei Hochführen einer Dampfleitung innerhalb eines Gebäudes ist, wenn möglich, nicht eine senkrechte, sondern eine schräge Lage der Rohrleitung anzustreben, da hierdurch dem Dampfe und dem Wasser mehr getrennte Bahnen zugewiesen werden, insofern als das Abfließen des Niederschlagswassers alsdann mehr an der unteren Seite der Rohrleitung stattfindet.

Aus dem Gesagten geht hervor, daß bei einer direkten Hochdruck-Dampfheizung, wenn solche trotz der angeführten Nachteile ausnahmsweise zur Anwendung kommen soll, am besten der Dampf zunächst gemeinsam bis zur höchsten Stelle, alsdann von dieser in die mit Gefälle zu versehende und mit den Fallsträngen für die einzelnen Heizkörper in Verbindung stehende Verteilungsleitung geführt wird, anstatt die Verteilungsleitung unterhalb der Heizkörper anzuordnen und diese mit einzelnen den Dampf nach den Heizkörpern führenden Steigeröhren zu verbinden.

Die beste Anordnung der Heizkörperstränge ist daher die in Fig. 78 angegebene, bei der der Dampf eine fallende Bewegung und eine vom Niederschlagswasser getrennte Leitung erhält. Weniger gut ist die Anordnung nach Fig. 79, doch immer noch wesentlich besser als die nach

Fig. 80, da bei dieser, obschon Dampf und Wasser in gleicher Richtung strömen, der Dampf dem Abfließen des Niederschlagswassers aus den Heizkörpern entgegenarbeitet; letztere Anordnung ist daher auch in der Praxis so gut wie verlassen. Am schlechtesten ist die Ausführung nach Fig. 81, da sie alle angeführten Nachteile vereinigt.

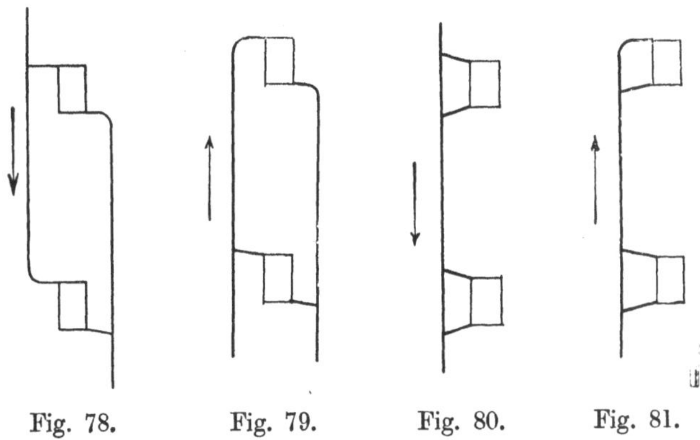

Fig. 78. Fig. 79. Fig. 80. Fig. 81.

Wie angegeben soll der Dampf — da er leichter als Luft ist — möglichst von oben in die Heizkörper eintreten, andernfalls findet ein Mischen der Luft mit dem Dampfe statt, was zu einer Verringerung der Wärmeabgabe des Heizkörpers führt. Bei Niederdruck-Dampfheizung wird dies allerdings mitunter angestrebt, die Gründe werden an betreffender Stelle Erörterung finden.

Von dem Dampfkessel ist selbstverständlich der Dampf auf kürzestem Wege den Heizkörpern zuzuführen. Um eine größere Sicherheit des Betriebes bezüglich eintretender Undichtheiten zu besitzen, wird die Dampfverteilungsleitung mitunter in Form eines Rundstrangs, d. h. eines in sich zurückkehrenden Rohres von gleicher Weite hergestellt, so daß der gesamte Dampf entweder von der einen oder andern Seite oder auch von beiden Seiten in die Verteilungsleitung eingeführt werden kann. Aus ökonomischen Gründen ist diese Anordnung nicht zu empfehlen.

Alle Rohrstränge, die Wärme nicht abzugeben haben, sind vor Wärmeverlusten auf das beste zu schützen (s. S. 183).

Das Niederschlagswasser ist zu sammeln und womöglich mit eigenem Gefälle nach einem Gefäße zu leiten, von wo aus es als Speisewasser in die Kessel gedrückt wird.

Ein derartiges Gefäß, am besten aus Eisen (emailliertes Gußeisen) hergestellt, erhält einen Überlauf, Wasserstandszeiger und wird mit einem beliebig zu benutzenden unmittelbaren Wasserzulaufe versehen.

Hat das Gefäß auch noch das Niederschlagswasser des Abdampfes von Maschinen aufzunehmen, so ist vorher das im Dampf bzw. Wasser mitgeführte Öl durch entsprechende Apparate auszuscheiden (s. Tafel 22).

IV. Die Dampfkessel einer Hochdruck-Dampfheizung.

Der Dampfverbrauch einer Heizungsanlage schwankt je nach den Tagesstunden und je nach der Außentemperatur in weiten Grenzen. Beim täglichen Anlassen einer Heizung ist im Vergleiche zum Beharrungszustande eine bedeutend gesteigerte Dampfmenge erforderlich. Damit die Dampfkessel diesen Schwankungen möglichst folgen können, ist ihnen ein ausreichender Wasserinhalt zu geben. Kessel mit geringem Wasserinhalte eignen sich für Hochdruck-Dampfheizungen somit weniger als solche mit großem Wasserinhalte.

Als Maßstab der Güte einer Kesselanlage ist ihre Verdampfungsfähigkeit anzusehen, d. h. die Fähigkeit, mit 1 kg Brennmaterial eine gewisse Anzahl kg Wasser von 0° in Dampf von 100° zu verwandeln. Eine mittelgute Anlage muß ergeben für Torf eine 3—4fache, für Braunkohle eine 4—5fache, für Steinkohle eine 6,5—8fache Verdampfung. Die Verdampfungsfähigkeit ist vom Lieferanten zu gewährleisten. Da die Gesamtwärme in 1 kg 100° warmen Dampfes 637 WE beträgt, so müssen bei 8facher Verdampfung $637 \times 8 = 5195$ WE aus 1 kg Brennstoff geliefert werden. Man sieht hieraus, daß die Verdampfungsfähigkeit sehr bald eine nicht zu überschreitende Grenze erreicht, da keinesfalls mehr Wärme aus dem Brennmateriale gewonnen werden kann, als beim Verbrennen nutzbar erzeugt wird.

Die Fähigkeit einer Kesselanlage, Wärme den Heizgasen zu entziehen, hängt im wesentlichen von der Beschaffenheit der Heizfläche und von dem Unterschiede zwischen der Temperatur der Heizgase und des Kesselwassers ab. Durch Steigerung der Bewegung des Kesselwassers wird auch die Wärmeüberführung gesteigert. Es gibt in der Praxis verschiedene Konstruktionen, die eine Förderung der Bewegung des Kesselwassers bezwecken.

V e r d a m p f u n g und W ä r m e ü b e r f ü h r u n g stehen naturgemäß in Wechselwirkung; je heißer die Heizgase sind, desto mehr Wärme wird überführt. Mit der Steigerung der Temperatur der in den Schornstein entweichenden Heizgase wächst die Wärmeüberführung, vermindert sich bei gleichen Verhältnissen die Verdampfungsfähigkeit. Die Steigerung der letzteren soll niemals auf Kosten der Wärmeüberführung stattfinden. Für den ökonomischen Betrieb ist es daher ratsam, die Heizgase mit nicht zu hoher Temperatur (s. S. 162) nach dem Schornsteine zu entlassen, durch zweckentsprechende Konstruktion der Heizflächen, unter Umständen auch durch Anwendung geeigneter Apparate, den Wasserumlauf zu fördern und dadurch die Verdampfungsfähigkeit zu steigern.

Auf Trockenheit des Dampfes bei seinem Eintritt in die Dampfleitung ist zu achten, da sonst ökonomische und andere Nachteile entstehen. Durch lebhaften Umlauf des Wassers im Kessel, auch durch hohe Dampfspannung wächst an und für sich die Möglichkeit des Mitreißens von Kesselwasser; geeignete Konstruktionen zur Verhütung dieses Übelstandes sind alsdann erforderlich. Vielfach, besonders bei Fernheizungsanlagen, empfiehlt es sich, für eine mäßige Überhitzung des Dampfes vor seinem Eintritte in die Rohrleitung Vorsorge zu treffen, um dadurch Sicherheit zu gewinnen, daß trotz aller Vorsichtsmaßregeln etwa mitgerissenes Kesselwasser noch nachträglich in Dampf übergeführt wird. Als Grenze der Dampftemperatur ist im Hinblicke auf Wärmeverluste, Ausdehnung der Rohrleitung durch die Wärme usw., besonders aber auch wegen der Haltbarkeit der Messing- und Bronzeteile der Ventile höchstens 200° anzunehmen. Zur Überhitzung finden zweckmäßig die abziehenden Verbrennungsgase Verwendung.

Mitunter wird es vorkommen, daß die Raumverhältnisse für die Aufstellung der Kessel beschränkt sind, somit möglichst kleine Heizflächen gewählt und die Heizgase mit höherer Temperatur als aus ökonomischen Gründen erwünscht, in den Schornstein entlassen werden müssen, oder daß infolge hoher Dampfspannung die abziehenden Rauchgase eine höhere Temperatur, als für den Schornsteinzug erforderlich, besitzen. In solchen Fällen empfiehlt es sich, Anordnungen (Economiser) vorzusehen, die den Zweck haben, entweder das Kesselspeisewasser vorzuwärmen oder auch Gebrauchswasser für Bäder usw. zu erwärmen, somit die abziehenden Heizgase auf die für den Schornsteinzug erforderliche Temperatur abzukühlen, den in ihnen enthaltenen überschießenden Teil an Wärme aber auszunutzen.

Die Dampfkessel werden nur selten von Fabriken, die Heizungsanlagen auszuführen haben, gefertigt, daher soll, weil auch über den Rahmen dieses Werkes hinausgehend, hier nicht auf die Konstruktion und die verschiedenen Arten der Dampfkessel und deren Ausrüstung, sowie auf die gesetzlichen Bestimmungen, denen sie zu genügen haben (Druckprobe usw.), eingegangen und muß in dieser Beziehung auf die Sonderwerke verwiesen werden.

V. Die Heizkörper einer Hochdruck-Dampfheizung.

1. Konstruktion und Ausrüstung der Heizkörper.

Die Heizkörper einer Hochdruck-Dampfheizung sind nach Konstruktion und Gestalt nahezu die gleichen wie die einer Warmwasserheizung, nur ist bei ihnen besonders darauf zu achten, daß beim Anlassen des Dampfes die Luft rasch entweichen kann. Mischt sich die Luft mit dem Dampfe, so kann das Gemisch nicht so viel Wärme abgeben als reiner Dampf. Die einfache Rohrleitung ist also die beste Form eines Heizkörpers, da sich in ihr der Dampf und die auszutreibende Luft nur in einer kleinen Fläche berühren, somit wenig Gelegenheit finden, sich zu mischen, Heizkörper in Form von Säulenöfen sind dagegen bei Dampfheizung nicht anzuwenden.

Der Dampf ist, da leichter als Luft, von oben in die Heizkörper einzuführen. (S. auch S. 315.)

Wenn Heizkörper von kleinem Dampfraume mit getrennter Leitung für Dampf und Niederschlagswasser versehen werden (s. Fig. 78), so entweicht die Luft meist anstandslos, wenn dagegen ein gemeinsamer Strang für Dampf und Niederschlagswasser vorhanden ist (s. Fig. 80), so müssen die Heizkörper Entlüftungsvorrichtungen erhalten. Diese bestehen entweder in einfachen beliebig zu öffnenden Hähnen, Luftschrauben usw. und bedingen unliebsame Bedienung, oder in Ventilen, die selbsttätig durch die ungleiche Ausdehnung zweier Körper geöffnet oder geschlossen werden, je nachdem eine niedrige oder hohe Temperatur (Luft oder Dampf) im Heizkörper herrscht. Empfehlenswert sind auch die letzteren nicht, da sie ihren Dienst versagen können und alsdann Dampf entströmt.

Beim Abstellen eines Heizkörpers vom Dampfzuflusse oder beim Einstellen des Heizbetriebs tritt ein Vakuum ein, das ein Einströmen der Luft zur Folge hat, auch wenn der Luft unmittelbarer Zutritt nicht gegeben wird, nur daß im letzteren Falle etwas mehr Zeit vergeht, bis die Anlage mit Luft erfüllt ist. Heizkörper, die infolge ihres Materials und ihrer Gestaltung dem äußeren Luftdrucke nicht zu widerstehen vermögen, müssen mit selbsttätig wirkenden Lufteinlaßventilen versehen werden.

Bezüglich Aufstellung der Heizkörper usw. muß auf das S. 163 Gesagte verwiesen werden.

2. Regelung der Heizkörper.

Die Regelung der Wärmeabgabe der Heizkörper ist auf verschiedene Weise angestrebt worden, doch muß in der Unzulänglichkeit der zu erreichenden Wirkung ein Hauptgrund gesucht werden, daß die Hochdruck-Dampfheizung zur unmittelbaren Erwärmung von Räumen nicht empfehlenswert erscheint.

Die Wärmeregelung durch Regelung des Dampfzuflusses mittels Ventilen oder Hähnen ist nur in weiteren Grenzen möglich, insofern der Zufluß des Dampfes von dem Druckunterschiede vor und hinter dem Ventile abhängt. Wird das Ventil gedrosselt, so daß also an sich weniger Dampf in den Heizkörper strömen kann, so kondensiert dieser um so schneller, da er sich auf der für den vollen Dampf berechneten Heizfläche ausbreitet. Die Folge davon ist eine Steigerung des Druckunterschieds und das Nachströmen größerer Dampfmengen, als bei gleichbleibendem Druckunterschiede der Einstellung des Ventils entsprechen würde. Bei Vorhandensein nur eines gemeinsamen Stranges für Dampf und Niederschlagswasser tritt außerdem noch Dampf durch den Abfluß des Niederschlagswassers ein und macht auch hierdurch die Regelung hinfällig, aber auch bei getrennter Dampf- und Kondensleitung findet häufig das gleiche statt, da die letztere meist auch mit Dampf erfüllt ist. Um letzterem Übelstande wenigstens vorzubeugen, hat man häufig für den Abfluß des Niederschlagswassers statt der gewöhnlichen Ventile Rückschlagsventile angewendet, die sich nur bei einem gewissen, bei manchen Konstruktionen beliebig einzustellenden Überdrucke im Heizkörper öffnen. Der erforderliche Überdruck wird durch eine bestimmte Menge des in dem Heizkörper sich ansammelnden Niederschlagswassers bewirkt. Diese Rückschlagsventile verursachen beim Abfließen des Wassers Geräusch und sind daher auch nicht empfehlenswert. Aus allen diesen Gründen werden auch automatische Wärmeregler (s. auch S. 163), die periodisch bei Überschreiten einer gewünschten Raumtemperatur den Dampfzufluß abschließen, keine zufriedenstellende Wirkung hervorrufen.

Eine weitere Regelung der Wärmeabgabe der Heizkörper hat man versucht durch Ausschaltung von Heizfläche infolge Anstauens des Niederschlagswassers. Dieses wird durch entsprechende Einstellung des Abflußventils bewirkt, erfordert aber sorgfältige Bedienung und dauernde Aufsicht und bringt nur eine sehr allmähliche Verminderung der Wärmeabgabe des Heizkörpers hervor.

Die Regelung endlich durch Isoliermäntel, die nach Bedarf ganz oder teilweise geöffnet werden, leisten ebenfalls nur in weiteren Grenzen Befriedigendes. Von dieser Regelung ist nahezu das gleiche zu sagen wie von der durch Ventile, da mit fortschreitendem Schließen der Isoliermäntel die Temperatur der eingeschlossenen Luft steigt, somit ein größerer Auftrieb der Luft vorhanden ist und infolgedessen ein vermehrter Luftaustritt erfolgt. Auch vom hygienischen Standpunkte sind die Isoliermäntel nicht zu empfehlen.

Alles in allem ist von der Wärmeregelung bei Hochdruck-Dampfheizkörper zu sagen, daß sie zurzeit zu befriedigenden Ergebnissen nicht geführt hat und daß die Regelung der Temperatur in den zu erwärmenden Räumen nur durch Anwendung einer Anzahl Heizkörper, die dem Bedarfe entsprechend Ausschaltung finden, allenfalls zufriedenstellend erfolgen kann.

VI. Die Rohrleitungen einer Hochdruck-Dampfheizung und deren Ausrüstung.

1. Anordnung der Dampfleitungen.

Über die Grundsätze, die bei der Führung der Rohrleitung in Frage zu kommen haben, ist bereits auf S. 314 das Erforderliche gesagt worden.

Vom Dampfkessel bzw. vom Dampfsammler der Dampfkessel wird, sofern Dampf nach verschiedenen Verbrauchsorten und zu verschiedenen Zwecken geliefert werden muß, was bei Hochdruck-Dampfheizung fast immer der Fall ist, der Dampf zunächst einem Ventilstocke (Dampfverteiler) zugeführt, von dem die betreffenden Einzeldampfleitungen abzweigen.

Fast immer, besonders aber bei einer ausgedehnten Anlage ist darauf zu achten, daß die Hauptdampfleitung einer erforderlichen Reparatur unterworfen werden kann, ohne den Betrieb der Anlage einstellen zu müssen. Es sind daher Ersatzleitungen ratsam, deren Bemessung ganz besonderer Überlegung zu empfehlen ist. In den seltensten Fällen ist es angezeigt, die für den größten Wärmebedarf erforderlich werdende Rohrleitung doppelt auszuführen, da eine solche Anordnung teuer in der Anlage und infolge der nie zu vermeidenden Wärmeverluste auch teuer im

Betriebe sich stellen würde. Die Rohrleitungen müssen sich im Betriebe ergänzen, z. B. können zwei Rohrleitungen von gleichem bzw. ungleichem Durchmesser angelegt werden, die zusammen benutzt für den größten Wärmebedarf bei normaler Dampfspannung ausreichen, von denen aber eine ebenfalls für den größten Wärmebedarf unter Steigerung der Dampfspannung bzw. unter Einschränkung des Lüftungsbetriebs usw. genügt. Bei Krankenhäusern, bei denen Warmwasserbedarf, sowie ein mäßiger Dampfbedarf (Küchen, Dampfbäder, Sterilisation der Instrumente, Desinfektion usw.) auch im Sommer vorhanden ist, muß für die zweckmäßigste Wahl der Anzahl und Durchmesser der Rohrleitungen der Winter- und Sommerbedarf unter dem Gesichtspunkte unbedingter Sicherheit gegen Betriebsstörungen und größter Ökonomie für den Betrieb in Rücksicht gezogen werden. Dies geschieht in der Praxis noch viel zu wenig und daher werden häufig Klagen über zu teuren Betrieb der zentralen Wärmeversorgung anstatt der unrichtigen Ausführung zur Last gelegt. Für die Wirtschaftlichkeit einer Fernheizung kommt hauptsächlich die Größe der Wärmeverluste in Frage, diese hängt aber wesentlich von der Anlage für den Wärmetransport ab. Richtige Wahl der Dampfleitungen nach Anzahl und Durchmesser, gute Umhüllung mit den besten Wärmeschutzmitteln und möglichst hohe Dampfspannungen sind daher von größter Wichtigkeit.

Die Rohrleitungen mit hochgespannten Dämpfen sind stets zugänglich zu verlegen. Bei Fernheizungen sind daher — zum mindesten, wenn Flanschröhren in Frage kommen — begehbare (nicht nur beschlupfbare) vor Abkühlung, vor Grund- und Tagewasser gut geschützte Kanäle anzuordnen, die durch Tageslicht oder elektrische Beleuchtung — ausgeführt mit streckenweiser Anfangs- und Endschaltung — erhellt werden müssen. Sie sollen, wenn irgend angängig, so geführt werden, daß die Bedienung bei ihrem täglichen Durchwandern alle an die Anlage angeschlossenen Gebäude berühren muß. In den Kanälen sollen tunlichst keinerlei Apparate Aufstellung finden, die einer Aufsicht und Wartung zu unterliegen haben, die Kanäle sollen nur für den Durchgang, nicht aber zum Aufenthalt dienen; erforderliche Niederschlagswasserableiter für die Dampfleitungen sind daher möglichst in die Gebäude zu verlegen und durch entsprechende Rohrleitungen mit den Dampfleitungen zu verbinden. Die Kanäle müssen ab und zu eine Verbindung mit außen erhalten, damit bei einem eintretenden Defekt an der Rohrleitung ein schnelles Entweichen ermöglicht wird.

Für eine Be- und Entlüftung der Terrainkanäle ist Vorsorge zu treffen.

2. Ausführung der Dampfleitungen.

Im allgemeinen gilt bezüglich des Materials und der Ausführung das gleiche, wie das bei der Warmwasserheizung Gesagte (s. diese), nur ist folgendes noch hinzuzufügen.

Bei Dichtung mittels Flanschen sind diese entweder als lose oder feste Flanschen auszuführen. Im ersten Falle sind die erforderlichen

Bunde auf die Röhren aufzuschweißen, im zweiten Falle können die Flanschen entweder aufgeschweißt oder in kaltem Zustand aufgedrillt werden. Harte Lötung der Bunde oder Flanschen ist nur bei niedriger Dampfspannung zuzulassen. Gegen das Herausfliegen des Dichtmaterials oder sein Eindringen in das Rohrinnere sowie für die leichte Herausnahme eines Rohres in Reparaturfällen ohne wesentliches Auseinanderziehen der angrenzenden Leitungen ist durch geeignete Konstruktion der Flanschen bzw. Bunde Vorsorge zu treffen. Zur Dichtung muß ein Material Verwendung finden, das zwar eine gewisse Elastizität besitzt, aber bei der Temperatur des Dampfes eine Veränderung nicht erfährt.

In neuerer Zeit ist die Verbindung der Rohre ohne Flanschen durch autogene Schweißung in Aufnahme gekommen. Eine derartig hergestellte Rohranlage besitzt ein elegantes Aussehen und den Vorteil, daß durch Wegfall von Flanschverbindungen geringere Wärmeverluste eintreten und sich bei sorgfältiger Ausführung die Zahl der Stellen für den Eintritt von Undichtheiten verringert. Zweckmäßig ist aber auch bei autogener Schweißung zur Vornahme oder Erleichterung von erforderlichen Reparaturen in nicht zu weiten Abständen Flanschverbindungen zu belassen.

Der Ausdehnung der Rohre — da diese beim Anlassen des Dampfes sehr schnell erfolgt — ist besondere Sorgfalt zu widmen. Bei Erwärmung eines Rohres von 0° auf 100° dehnt es sich auf das laufende Meter um etwa 1,2—1,3 mm aus. Dem durch die Ausdehnung bedingten Schube ist durch Anordnung die Bewegung nicht hemmender Stützpunkte Rechnung zu tragen. Bei horizontalen Leitungen, die hierbei vorwiegend in Frage kommen, lagert man daher die Rohre entweder in Schlingen oder auf Rollen bzw. beweglichen Schlitten. Können die Schlingen nicht lang genug gemacht werden, so empfiehlt es sich, damit beim horizontalen Schube des Rohres nicht gleichzeitig ein Heben eintritt, die Schlingen an ihrem Ende nicht fest zu legen, sondern mit einer auf einer Schiene laufenden Rolle zu versehen. Rollen zur unmittelbaren Lagerung horizontaler Rohrleitungen sind nicht sonderlich zu empfehlen, da an der Auflagestelle die Rohrleitung mit Wärmeschutzmitteln nicht umhüllt werden kann; vorzuziehen sind Schlitten, die fest mit dem Rohre verbunden sind, also auch eine Umhüllung des Rohres gestatten und Rollen- oder Kugellagerung erhalten.

Der Schub einer Rohrleitung infolge ihrer Erwärmung muß ausgeglichen werden. Bei fortlaufenden horizontalen Leitungen bewirkt man durch Festlegen einzelner Punkte (Festpunkte), daß der Schub nur nach einer bestimmten Richtung erfolgen kann und gleicht ihn durch besondere Ausdehnungsvorrichtungen (Kompensatoren) aus. Die Kompensatoren bilden jederzeit einen wichtigen Bestandteil der Rohrleitung, da ein Versagen zu Rohrbrüchen führen kann. Die besten Kompensatoren sind an und für sich die, die der Bewegung des Dampfes keinen Widerstand entgegensetzen, die keiner Wartung und besonderer Aufsicht bedürfen und bei denen Reparaturen möglichst ausgeschlossen bleiben. Es gibt zurzeit noch keine Konstruktionen, die diesen Anforderungen unbedingt genügen. Die sogenannten „Stopfbuchsenkompensatoren" erfüllen zwar die erste, nicht aber die zweite Bedingung; sie setzen sich leicht fest, besonders im Sommer, also im Ruhezustande der Anlage, müssen alsdann neu verpackt werden, was meist nicht geschieht; sie sind daher für Heizungszwecke nicht sonderlich zu empfehlen. „Gelenkkompensatoren" erfüllen sämtliche Bedingungen ebenfalls nicht vollkommen, sie geben leicht zu Undichtheiten Veranlassung und man kann sich auf sie nur bei sorgfältiger Überwachung verlassen. Kupferne „Linsenkompensatoren" werden nur noch selten verwendet, sie sind teuer und werden leicht brüchig. Metallrohre aus gezogenen nahtlosen Röhren, biegsam gemacht durch Einwalzen von Wulsten nach Art der Wellblechrohre (Deutsche Waffen- und Munitionsfabrik, Karlsruhe), sowie Metallschläuche (Metallschlauch-Fabrik, Pforzheim), sind an sich die vollkommensten Ausgleicher für die Ausdehnung der Rohre; wenn sie sich als haltbar und jederzeit als dicht erweisen — ein abgeschlossenes Urteil ist noch nicht zu fällen — verdienen sie entschieden große Beachtung. Am gebräuchlichsten sind zurzeit noch Kompensatoren in Gestalt gebogener Kupfer- oder Eisenröhren. Diese Röhren bilden einen Teil der Dampfrohrleitung und werden entweder derartig in sie eingefügt, daß die ganze Leitung eine Art Schlangenlinie erhält (Rietschel & Henneberg, Fernheizwerk Dresden), so daß bei der Ausdehnung die mit großem Durchmesser versehenen Bogen sich weiter durchbiegen, der Radius des Bogens sich also verkleinert, oder man gibt ihnen Schleifenform bzw. die Gestalt eines Posthornrohres (s. Tafel 20). Beim Einsetzen dieser Kompensatoren in die Rohrleitung sind sie etwa um die Hälfte des Schubes, den sie auszugleichen haben, zu strecken, damit beim Ausdehnen der Leitung nur die halbe Schublänge auf ihre Durchbiegung zur Verwendung kommt. Die Wirkung dieser Kompensatoren ist eine gute, ihre Schwäche besteht bei Verwendung von Kupfer in dem Umstande, daß dieses, wenn die Kompensatoren nicht reichlich groß bemessen werden, infolge der sich vielfach wiederholenden Durchbiegungen mit der Zeit spröde und brüchig wird. Die Kompensatoren in Schleifenform oder in Gestalt eines Posthornrohres bedingen, ebenso wie die eisernen Kompensatoren, eine jeweilige oftmals nicht angenehme seitliche Verbreiterung des Rohrkanals. Bei ganz geringen Dampfspannungen — aber auch nur bei diesen — kann dem infolge des wiederholten Durchbiegens eintretenden Sprödewerden des Kupfers durch Ausglühen des Kompensators begegnet werden, da dadurch die Elastizität, also auch die Neigung zum Brüchigwerden verloren geht — jedenfalls nimmt aber auch die Festigkeit ab. Da die Festigkeit des Kupfers in hoher Temperatur abnimmt, so empfiehlt sich bei größeren Dampfspannungen kupferne Kompensatoren möglichst nicht anzuwenden.

Als ein großer Vorzug der Anordnung einer Dampfrohrleitung ist es jedenfalls zu bezeichnen, wenn Kompensatoren entbehrlich werden. Bei langen fortlaufenden Horizontalleitungen ist dies niemals zu erzielen, wohl aber bei einem leicht beweglich gelagerten Rohrnetze, das mehrfache längere rechtwinklige Abbiegungen erfahren kann. Die Rohrleitungen werden alsdann durch die auf sie wirkenden Schübe seitlich aus ihrer Lage verschoben, bilden also selbst die Kompensatoren, was bei der Elastizität der Rohre zu Bedenken keine Veranlassung gibt. Natürlich muß die ganze Anordnung sorgfältig durchdacht sein, damit an den vorhandenen und unvermeidlichen Festpunkten der Anlage (senkrechte Abzweige, Heizkörper usw.) Spannungen im Materiale oder in den Verbindungen nicht entstehen können. Die Möglichkeit einer derartigen Anordnung beweisen die Fernheizanlage der Heilstätte in Beelitz, die Heizungsanlage des Reichstagsgebäudes und andere.

Die Gefahr eines Defekts durch die Ausdehnung der Rohrleitung ist hauptsächlich bei zu schnellem Anlassen der Anlage zu gewärtigen. Es empfiehlt sich daher, bei jeder größeren Hochdruckheizung ein kleines Umgehungsventil anzuordnen, das vom Heizer für die erstmalige Durchwärmung der Rohranlage zu benutzen ist.

Trotz sorgfältigster Anordnung und Ausführung einer unter hochgespanntem Dampfe stehenden Leitung ist mit der wenn auch nicht sehr nahe liegenden Möglichkeit eines Defekts usw. zu rechnen und daher bei langen Leitungen und der Gefahr, die für die Bedienungsmannschaften, besonders in engen Kanälen entstehen kann, auf Sicherheitsvorrichtungen Bedacht zu nehmen. Als solche werden häufig die „Selbstschlußventile“ angeführt, d. h. Ventile, die bei plötzlich hinter ihnen eintretender starker Druckverminderung einen selbsttätigen Abschluß des Dampfes bewirken. Bei Dampfheizungen sind diese nicht zu empfehlen, da, wenn sie den gewünschten Grad der Empfindlichkeit besitzen, sie auch leicht beim plötzlichen Anlassen eines an die Dampfleitung angeschlossenen Gebäudes in unerwünschte Tätigkeit treten werden. Empfehlenswert sind nur „Schnellschlußventile“, die nicht selbsttätig wirken, sondern von jeder Stelle der Dampfleitung aus beliebig betätigt werden können (s. Tafel 22).

Um in einer Dampfleitung einen plötzlichen aber jederzeit trotz eines wechselnden Dampfverbrauchs gleichbleibenden Spannungsabfall zu erzielen, sind selbsttätige Apparate zum Vermindern des Dampfdrucks, sogenannte „Dampfdruckreduzierventile, Druckregler“ in Verwendung. Ihre Wirkung beruht auf der selbsttätig nach Maßgabe der gewünschten Spannung sich regelnden Einstellung eines Dampfdurchlaßventils. Es gibt sehr empfindliche und auch bei großen Spannungsabfällen noch sicher wirkende Apparate (Kaeferle, Nachtigall & Jacoby, Salzmann u. a.), doch ist es immer ratsam, bei Abfall von einer hohen auf eine sehr niedrige Spannung der Sicherheit halber zwei Apparate hintereinander zu schalten und jedem nur einen Teil des Spannungsabfalls zu überlassen.

Über den Schutz der Dampfleitungen vor Wärmeverlusten s. S. 183.

Nach Fertigstellung der Anlage empfiehlt es sich, sie in kaltem Zustande unter dem doppelten Betriebsdrucke, mindestens aber unter einem

Drucke zu probieren, der einer Dampfspannung von 4—5 at gleichkommt. Bei großen Fernheizanlagen müssen die Einzelanlagen der Gebäude für sich, die Rohrlängen der Hauptverteilungsleitungen aber vor dem Verlegen geprüft werden.

3. Anordnung und Ausführung der Niederschlagswasserleitungen.

Die Rohrleitungen für Niederschlagswasser unterliegen bezüglich der Anordnung und Ausführung im allgemeinen den gleichen Bedingungen wie die Dampfleitungen (s. diese), nur kommt ihrer Ausführung zugute, daß sie bedeutend geringere Durchmesser zu erhalten haben.

Da aus einer Niederschlagswasserleitung nur Wasser, nicht aber Dampf austreten darf, so muß an irgendeiner passenden Stelle eine Verschlußvorrichtung eingeschaltet werden, die so zu regeln ist, daß eben nur Wasser entweichen kann. Als solche läßt sich ein gewöhnliches Ventil verwenden, erfordert dann aber fortwährende Beaufsichtigung, da das Ventil eine dem jeweiligen Wärmebedarfe entsprechende Einstellung erhalten muß. Wird es zu weit geöffnet, entweicht Dampf, wird es zu sehr gedrosselt, staut sich das Niederschlagswasser in der Anlage und setzt die Heizkörper außer Wirksamkeit. Um diese Nachteile zu mindern, kann man zunächst einen kleinen Kessel mit der Niederschlagswasserleitung verbinden, also ein geschlossenes Sammelgefäß anordnen, aus dem man periodisch das Wasser abfließen läßt. Um der Bedienung möglichst zu entgehen, verwendet man meist sogenannte selbsttätige Niederschlagswasserableiter, deren es in der Praxis eine sehr große Anzahl verschiedener Konstruktionen und verschiedener Brauchbarkeit gibt. Unter Brauchbarkeit ist nicht nur zu verstehen, daß die Apparate in ihrer Tätigkeit nicht versagen, sondern daß sie tatsächlich nur Niederschlagswasser und nicht auch periodisch Dampf entweichen lassen, also Verluste bedingen. Grundsätzlich sind zwei verschiedene Arten zu unterscheiden. Die eine Art wird in ihrer Tätigkeit durch die sich bildende Wassermenge, die andere durch die Dampfwärme geregelt.

Bei Regelung durch die Wassermenge kann nur Wasser aus den Ableitern austreten, bei Regelung durch die Wärme auch — wie bei den obenerwähnten einfachen Ventilen — die in der Anlage vor dem Anlassen befindliche Luft. Da beim Anlassen des Dampfes stets für Entfernung von Luft Sorge zu tragen ist, sind die letzteren Ableiter für Heizzwecke bei sonst gleich guter Konstruktion an und für sich vorzuziehen. Bei Anwendung der ersteren müssen besondere Entlüftungen der Anlage vorgesehen werden.

Die Niederschlagswasserableiter sind sehr empfindlich gegen Unreinigkeiten, d. h. sie lassen bei der geringsten Beeinträchtigung des fleißigen Schlusses ihrer Ventile Dampf austreten; sie müssen daher eine Nachhilfe auch ohne Beeinträchtigung des Betriebs der Anlage gestatten. Zu diesem Zwecke sind sie mit einer unabhängig durch Ventile ein- bzw. auszuschaltenden Umgehung in die Rohrleitung einzufügen, die während der Zeit einer erforderlichen Reinigung oder Reparatur den nötigen Wasserabfluß gestattet.

In neuester Zeit ist eine Konstruktion unter dem Namen „Kreuzstrom-Niederschlagswasserableiter“ (Westfälische Apparate-Vertriebsgesellschaft, s. Tafel 20) in den Handel gekommen, bei der Ventile nicht vorhanden sind und trotzdem innerhalb bestimmter Grenzen nur Niederschlagswasser austreten lassen*).

Wie bereits erwähnt, ist das Niederschlagswasser möglichst mit natürlichem Gefälle dem Kesselhause zur Speisung der Kessel zuzuführen. Man unterscheidet nasse und trockene Kondensleitungen. Bei den nassen Leitungen muß das Wasser vor seinem Ausfluß gehoben werden, d. h. die Anlage stellt zwei in größerer Entfernung voneinander liegende kommunizierende Röhren dar, so daß die Verbindungsleitung stets unter Wasser steht. Für die Luftentfernung muß beim Anlassen der Heizanlage eine besondere Vorrichtung vorgesehen werden. Bei der trockenen Kondensleitung fließt das Wasser vom höchsten Punkte mit Gefälle frei ab, so daß durch die Leitung beim Anlassen der Heizanlage auch die Luft entweichen kann.

Wenn mit natürlichem Gefälle das Niederschlagswasser nicht dem Kesselhause zugeführt werden kann, so muß das Wasser durch Dampfpumpen oder Pumpen mit elektrischem Antriebe oder durch andere geeignete Vorrichtungen dorthin befördert werden; die Pumpen saugen alsdann aus einem an zentraler Sammelstelle angebrachten Gefäße. Am besten wird alsdann der Antrieb der Pumpen nicht durch Hand, sondern durch den Stand des Wassers in diesem Gefäße mit Hilfe eines Schwimmers betätigt. Sind mehrere Gebäude vorhanden, so ist aus Gründen vereinfachter und billigerer Anlage die Vereinigung der einzelnen Kondensleitungen zu einer Hauptleitung anzustreben. Leitungen, in denen das Wasser mit natürlichem Gefälle zurückfließt, sind jedoch der ungleichen Druckverhältnisse halber nicht mit Pumpenleitungen zu verbinden. In Fällen also, in denen Pumpen Aufstellung finden müssen, bei denen gleichwohl aber das Zurückfließen des Niederschlagswassers durch natürliches Gefälle erwünscht ist, stellt man in entsprechender Höhe Gefäße auf, in die das Wasser gedrückt wird und von denen es mit natürlichem Gefälle in die vereinigte Leitung abfließen kann (Fernheizwerk Dresden). Die in den verschiedenen Gebäuden befindlichen Gefäße ordnet man dann am besten in einer Horizontalebene an, damit für den Fall eines Verstopfens der vereinigten Leitung nicht das Niederschlagswasser eines Gebäudes in ein anderes Gebäude durch das niedriger stehende Gefäß sich ergießen kann.

Strömender Dampf schützt eiserne Röhren vor dem Rosten, Dampfröhren besitzen daher meist eine lange Lebensdauer, bei den Röhren für Niederschlagswasser dagegen, sofern sie nicht als „nasse Kondensleitungen“ ausgeführt sind (s. oben), macht man vielfach die Erfahrung schneller Zerstörung. Das Rosten findet bei eingestelltem Betriebe, hauptsächlich also im Sommer statt, da die Röhren sich an ihren inneren Wandungen lange Zeit naß erhalten. Die erste Bedingung ist, Kupfer als Dichtmaterial aus-

*) Über Untersuchungen verschiedener Niederschlagswasserableiter siehe Heft 2 der Mitteilungen der „Prüfungsanstalt“.

zuschließen, weil besonders an den Dichtstellen horizontaler Leitungen kleine Wasseransammlungen bestehen bleiben und dann voraussichtlich eintretende elektrische Ströme (Eisen, Kupfer, Wasser) rasche Zerstörung herbeiführen können. Wahrscheinlich hängt das Rosten auch von der Beschaffenheit des Kesselspeisewassers ab. Wenn auch jederzeit das Niederschlagswasser zum Speisen der Kessel benutzt werden soll, so muß doch immer eine zeitweilige Ergänzung des Wassers stattfinden, und wenn auch das Niederschlagswasser an und für sich frei von Beimengungen ist, so kommt doch jederzeit durch mechanisches Mitreißen Kesselwasser in die Leitung. Behufs sicheren Vermeidens rascher Zerstörung durch Rost verwendet man in der Praxis daher für die Niederschlagswasserleitungen, soweit sie nach ihrer Anordnung nicht auch im Sommer mit Wasser gefüllt bleiben (nasse Kondensleitungen), häufig Kupfer, auch verzinktes Eisen, oder man trifft Einrichtungen, die im Sommer ein Füllen der Anlage mit abgekochtem Wasser gestatten. Bei Anwendung verzinkter eiserner Röhren ist eine tadellose Verzinkung erforderlich, da andernfalls eine um so schnellere Zerstörung eintritt.

B. Berechnung der Hochdruck-Dampfheizung.

I. Berechnung der Dampfkessel.

Die Berechnung der Kessel erfolgt nach den Gleichungen für die Stromfläche (s. S. 166 u. 181); die Wärmedurchgangszahl k ist infolge der durch Dampfbildung erzeugten raschen Bewegung der einzelnen Wasserteilchen größer als bei Warmwasserheizung zu nehmen. Er schwankt innerhalb weiter Grenzen, wenn besondere Einrichtungen zur Erzeugung lebhaften Umlaufs des Wassers vorgesehen werden. Da die Lieferanten von Kesseln die betreffenden Angaben zu machen und für die Einhaltung aufzukommen haben, so soll hier von solchen Abstand genommen und nur für Neuanlagen, um für alle Fälle sicher zu gehen und keine zu kleinen Kessel zu erhalten, empfohlen werden, für Rauchrohr- und ähnliche Kessel eine Dampfbildung von 15—16 kg/qm (bzw. eine Wärmeübertragung von rund 10 000 WE/qm), für Röhrenkessel eine solche von 12—13 kg/qm (bzw. eine Wärmeübertragung von rund 8000 WE/qm) anzunehmen.

Bei erforderlicher genauer Berechnung siehe „Hütte“, 1912.

Der Dampfkessel einer Heizungsanlage hat die größte Wärmemenge während des Anheizens zu liefern, d. h. in der Zeit, da die Räume und die Anlage selbst in den Beharrungszustand der Wärme überzuführen sind. Für die Überführung der Räume in den Beharrungszustand der Erwärmung ist für die Stunde der Anheizdauer nach früherem (s. S. 153) der erforderliche Wärmebedarf im Beharrungszustande (W), vermehrt um die Zuschläge für das Anheizen (Z) zu rechnen, für die Überführung der Heizungsanlage in den Beharrungszustand kommt dagegen die Erwärmung des Eisens usw. in Frage. Um auch die Verluste des Mauerwerks des

Kessels und sonstige der Berechnung sich entziehende andere Verluste zu decken, empfiehlt sich, die auf die angegebene Weise ermittelte Wärmemenge noch um 10% zu erhöhen. Bezeichnet also:

W_1 die gesamte (nicht stündliche) bis zum Beharrungszustande in den Räumen (vom Anlassen der Heizung, nicht vom Anheizen des Kessels ab gerechnet) erforderliche Wärmemenge, d. h. $W_1 = (W + Z)\,z$, wobei W die stündlich verlorengehende Wärmemenge, Z den Zuschlag für das Anheizen (s. S. 153) bedeutet (W_1 in dem Ausdrucke für Z auf S. 153 ist nicht mit dem vorstehenden W_1 zu verwechseln),

W_2 die Wärmemenge, die 1 qm Kesselheizfläche in der Stunde an das Wasser überführt,

B das Gewicht des Eisens der gesamten Anlage in kg,

ϑ die Temperatur, bis auf die sich die Anlage über Nacht abgekühlt hat,

t_1 die mittlere Temperatur der Anlage im Beharrungszustande,

z die Dauer des Anheizens bis zum Eintritte des Beharrungszustandes der Wärme in den Räumen,

so setze man die Heizfläche, d. h. die Feuer berührte Kesselfläche in qm:

$$F = \frac{1{,}1\,\{W_1 + 0{,}12\,B(t_1 - \vartheta)\}}{W_2\,z}. \tag{174}$$

Für ϑ ist gewöhnlich die Raumtemperatur, für t_1 die Dampftemperatur, für W_2 bei Neuanlagen zweckentsprechend der bereits angeführte Wert (10 000 WE bei Rauchrohr- und ähnlichen Kesseln, 8000 WE bei Röhrenkesseln) anzunehmen.

Die stündlich erforderliche Menge an Brennmaterial in kg kann alsdann gesetzt werden:

$$p = \frac{5\,W_2\,F}{3\,C}, \tag{175}$$

sofern C die aus 1 kg Brennmateriale beim Verbrennen theoretisch erzeugte Wärmemenge bedeutet (s. Aufstellung S. 123).

Über Bestimmung der Rostgröße s. S. 126.

II. Berechnung der Heizkörper.

Die Berechnung der Heizkörper hat bereits auf S. 170 und 181 Erörterung gefunden. Es ist zu setzen:

$$F = \frac{W}{k\left(\frac{t' + t''}{2} - t_z\right)},$$

worin bedeutet:

F die wärmeabgebende Fläche des Heizkörpers in qm,

W die von dem Heizkörper stündlich zu liefernde Wärmemenge in WE,

t' bzw. t'' die Ein- bzw. Austrittstemperatur des Dampfes,

t_z die Temperatur der zuströmenden Luft,

k die Wärmedurchgangszahl (aus Tabelle 15 unter Berücksichtigung des auf S. 172 u. f. Gesagten zu entnehmen).

III. Berechnung der Dampfleitungen.

A. Theorie.

Bei der Warmwasserheizung konnte die Geschwindigkeit in einer Teilstrecke des Rohrsystems als gleichbleibend angenommen werden, bei der Dampfheizung ist dies nicht zulässig, da zufolge der unvermeidlichen Wärmeverluste und der der Bewegung des Dampfes entgegenstehenden Widerstände durch Reibung, Richtungsänderungen usf. die Spannung und somit auch die Dichtigkeit des Dampfes sich beständig ändern.

Es bezeichne:

W die Wärmemenge, die stündlich durch eine gleichweite Rohrleitung gefördert werden soll, in WE,

W' die Wärmemenge, die stündlich durch Wärmeabgabe der Rohrleitung verloren geht, in WE,

Q die Dampfmenge, die stündlich am Ende der Rohrleitung verlangt wird, in kg,

Q' die Dampfmenge, die stündlich durch die Wärmeverluste in dieser Rohrleitung aufgebraucht wird, in kg,

p_1 bzw. $p_2 = p_2' + p_2''$ den absoluten Druck des Dampfes am Ende bzw. am Anfange der Teilstrecke (vom Kessel ab gerechnet) in kg/qm,

p_2' den erforderlichen absoluten Druck des Dampfes am Anfange der Teilstrecke ohne Berücksichtigung der Einzelwiderstände ($\Sigma\zeta$) in kg/qm,

p_2'' den Druck, um den p_2' vergrößert werden muß bei Berücksichtigung der Einzelwiderstände in kg/qm,

l die Länge der Rohrleitung in m,

d bzw. D den inneren bzw. äußeren Durchmesser der Rohrleitung in m,

t_m die Temperatur der mittleren Spannung des Dampfes in der Rohrleitung,

t_z die Temperatur der zu dem Rohre strömenden äußeren Luft,

λ_m die latente Wärme der mittleren Spannung des Dampfes in dem Rohre,

k die Wärmedurchgangszahl, bezogen auf die äußere Fläche des Dampfleitungsrohres (auch bei umhülltem Rohre).

Um die in der Zeiteinheit (Stunde) für die Wärmelieferung benötigte Dampfmenge durch ein Rohr zu fördern, ist eine bestimmte Geschwindigkeit erforderlich. Dieser muß die nach Maßgabe der Dampfspannung, des gewählten Durchmessers und aller übrigen Verhältnisse erreichbare Geschwindigkeit mindestens gleich sein.

α) **Erforderliche Geschwindigkeit.** Die Dampfmenge in kg, die in einer Entfernung x vom Ende des Rohres kondensiert ist, kann gesetzt werden:

$$\frac{D\pi(t_m - t_z)\,k\,x}{\lambda_m}$$

und somit die erforderliche sekundliche Geschwindigkeit v, die an dieser Stelle herrschen muß, wenn γ das entsprechende Gewicht eines cbm Dampf bezeichnet:

$$v = \frac{Q + \frac{D\pi(t_m - t_z)\,k\,x}{\lambda_m}}{3600\,\gamma\,\frac{d^2\pi}{4}}\,. \tag{176}$$

β) **Erreichbare Geschwindigkeit.** Durch die der Bewegung des Dampfes entgegenstehenden Widerstände wird ein Teil der zur Verfügung stehenden Dampfspannung aufgebraucht. Wird zunächst nur die Reibung des Dampfes an der Rohrwandung in Rücksicht gezogen, so läßt sich, anschließend an die für die Luft- oder Wasserbewegung benutzten Ausdrücke, die in einem unendlich kleinen Teilchen dx (nach dem Anfange zu gerechnet) erforderliche Differenz der Spannungen bestimmen durch die Gleichung:

$$dp = \frac{v^2}{2g}\,\gamma\,\frac{\varrho}{d}\,dx\,, \tag{177}$$

sofern außer den bereits bekannten Größen:

p die Spannung des Dampfes in der Entfernung x vom Ende,
ϱ den Reibungskoeffizienten

bedeutet.

Führt man in diesen Ausdruck für v die erforderliche Geschwindigkeit [Gl. (176)] ein, so geht er über in den andern:

$$dp = \frac{\left(Q + \frac{D\pi(t_m - t_z)\,k\,x}{\lambda_m}\right)^2 \gamma\,\varrho}{2g\left(3600\,\gamma\,\frac{d^2\pi}{4}\right)^2 d}\,dx\,.$$

Setzt man zur Abkürzung:

$$\frac{4^2\,\varrho}{2g\cdot 3600^2\,\pi^2} = A\,, \tag{178}$$

$$\frac{\pi(t_m - t_z)\,k}{\lambda_m} = B\,, \tag{179}$$

so erhält man:

$$dp\,\gamma = \frac{A}{d^5}(Q + DBx)^2\,dx\,. \tag{180}$$

Die vorstehende Entwicklung ist im wesentlichen die von H. Fischer*) gegebene. In der weiteren Behandlung nimmt Fischer für γ den Navierschen Ausdruck an, der zu einer Gleichung für $p < 36000$ kg und zu einer anderen für $p > 36\,000$ kg führt.

Einfacher für die Berechnung ist es, einen bestimmten Ausdruck für γ einzuführen. Zeuner setzt:

$$\gamma = \alpha\,p^\beta\,, \tag{181}$$

in dem

$\alpha = 0{,}00010797$ für p in kg/qm (0,6061 für p in Atm.)

ist.

Verfasser benutzt zur weiteren Vereinfachung der Berechnung einen linearen Ausdruck und setzt:

$$\gamma = a + b\,p\,, \tag{182}$$

in dem für 2—12 at absolut, wenn sich p wieder auf kg/qm bezieht:

$$\left.\begin{aligned} a &= 0{,}1521\,,\\ b &= 0{,}000049769 \end{aligned}\right\} \tag{183}$$

ergibt.

Die größte Abweichung gegen die nach Zeuner berechneten Werte liegt hierbei bei einer Dampfspannung von 2 at und beträgt 1,5%. Die Fehler sind also so gering, daß sie gegenüber anderen Annahmen, z. B. der Annahme eines bei jeder Dampfgeschwindigkeit gleichbleibenden Reibungskoeffizienten, zu vernachlässigen sind.

Den Ausdruck für γ in die Gl. (180) eingesetzt, erhält man:

$$(a + b\,p)\,dp = \frac{A}{d^5}(Q + DBx)^2\,dx\,. \tag{184}$$

Bisher hatte Verfasser in dem Ausdruck für A den Wert von $\frac{\varrho}{2g}$ nach Fischer zu 0,0015 angenommen. Die hiermit berechneten Rohrdurchmesser haben sich nach den gemachten Erfahrungen als etwas zu reichlich ergeben. Es stimmt dies durchaus mit den Arbeiten von Eberle**) überein, nach denen man $\frac{\varrho}{2g} = 0{,}00105$ zu setzen hat. Diesen Wert angenommen, geht nach Integration und nach Einführung der übrigen Zahlenwerte in A, a und b, und wenn man die durch den Wärmeverlust bedingte Dampfmenge $BDl = Q'$ setzt, die vorstehende Gleichung in die andere über:

$$p_2' = \sqrt{\frac{17\,610\,l}{(100\,d)^5}\{3\,Q^2 + Q'(3\,Q + Q')\} + (p_1 + 3060)^2} - 3060\,, \tag{185}$$

*) S. Handbuch der Architektur. III. 4. (3. Aufl.).

**) Zeitschrift des Vereins deutscher Ingenieure 1908, S. 663.

sofern die Spannung p_2' am Anfang des Rohres sich lediglich auf Berücksichtigung der Reibungswiderstände und der Wärmeverluste, also **ohne** Berücksichtigung der Einzelwiderstände bezieht.

Der Verbrauch an Spannung durch die Einzelwiderstände (körperliche Hindernisse, Richtungsänderungen usw.) läßt sich für jeden Einzelwiderstand ζ bestimmen durch $\frac{v^2}{2g}\gamma\zeta$. Es sind dann für v und γ die Geschwindigkeit und Dichtigkeit des Dampfes einzuführen, die an der betreffenden Stelle herrschen, wo der Widerstand sich befindet. Da diese Rechnung viel zu umständlich ist und die einmaligen Widerstände gegenüber der Reibung jederzeit nur einen verhältnismäßig geringen Spannungsverbrauch bedingen, so bringe man, um für alle Fälle sicher zu sein, die Geschwindigkeit am Anfange des Rohres, die Dichtigkeit des Dampfes am Ende des Rohres vom Kessel ab gerechnet, in Ansatz. Alsdann ergibt sich der Betrag, um den der Anfangsdruck größer sein muß, damit der vorgeschriebene Enddruck sicher eintritt und die einmaligen Widerstände überwunden werden können, zu:

$$p_2'' = \frac{v_a^2}{2g}\gamma\Sigma\zeta\,, \tag{186}$$

wenn bedeutet:

v_a die am Anfange des Rohres herrschende sekundliche Geschwindigkeit in m,

γ das Gewicht von einem cbm Dampf am Ende des Rohres nach Maßgabe des Druckes p_1,

$\Sigma\zeta$ die Summe der Werte aller Einzelwiderstände.

Für v_a ist dann zu setzen:

$$v_a = \frac{Q+Q'}{3600\,\gamma\,\frac{d^2\pi}{4}}\,,$$

somit wird:

$$p_2'' = \frac{(Q+Q')^2\Sigma\zeta}{156\,854\,070\,\gamma\,d^4} = \frac{(Q+Q')^2\Sigma\zeta}{(111{,}9\,d)^4\,\gamma}\,. \tag{187}$$

ζ ist zurzeit noch anzunehmen für:*)

eine rechtwinklige Ablenkung (Knie) . .	1,
einen Bogen	0,3 bis 0,5,
ein geöffnetes Ventil	0,5 bis 1,
einen geöffneten Hahn	0,3 bis 1,
Bogen von mehr als dem fünffachen Rohrdurchmesser	0.

*) Versuche über Einzelwiderstände bei Dampfleitungen liegen zurzeit noch nicht vor. Voraussichtlich werden durch diese die angegebenen Werte wie bei den Warmwasserleitungen eine Änderung erfahren. Nach den Mitteilungen, die von verschiedenen Seiten dem Verfasser geworden sind, haben sich die mit Hilfe der gesamten obigen Berechnungsweise ermittelten Rohrdurchmesser stets als genügend groß erwiesen.

Der Anfangsdruck des Dampfes unter Berücksichtigung der Wärmeverluste, der Reibung und der Einzelwiderstände ergibt sich alsdann zu:

$$p_2 = p_2' + p_2'' = \left.\begin{array}{l} \sqrt{\frac{17610\,l}{(100\,d)^5}\{3\,Q^2 + Q'(3\,Q + Q')\} + (p_1 + 3060)^2} - \\ \qquad 3060 + \frac{(Q + Q')^2 \Sigma \zeta}{(111{,}9\,d)^4 \gamma}\,. \end{array}\right\} \quad (188)$$

Für die meisten Fälle der Praxis lassen sich noch Vereinfachungen dieser Gleichung herbeiführen.

Sofern der Wert von Q' gegen Q klein ist, was fast immer stattfindet, so kann er gegen $3\,Q$ in der Klammer unter dem Wurzelzeichen vernachlässigt werden; alsdann erhält man aus Gl. (188) die andere:

$$p_2 = p_2' + p_2'' = \left.\begin{array}{l} \sqrt{\frac{52830\,l}{(100\,d)^5}\{Q(Q + Q')\} + (p_1 + 3060)^2} - 3060 + \\ \qquad + \frac{(Q + Q')^2 \Sigma \zeta}{(111{,}9\,d)^4 \gamma}\,. \end{array}\right\} \quad (189)$$

Die Rohrleitungen, die für Wärmeabgabe nicht bestimmt sind, wird man jederzeit vor Zutritt kalter Luft schützen und sie bei Fernheizungen in Kanäle betten. Bei begehbaren geschlossenen Kanälen kann man bei guter Umhüllung des Rohres die zuströmende Luft erfahrungsgemäß zu etwa 30° annehmen; bei nicht umkleideten Röhren ist sie natürlich wesentlich höher. Rechnet man der Sicherheit halber nur mit 20°, so kann man für eine Dampfspannung bis zu etwa 5 at abs.

$$Q' = m\,D\,l\,, \quad (190)$$

und in diesem Ausdruck bei einem vor Wärmeabgabe

nicht geschützten Rohre: $m = 10$,

gut „ „ $m = 2{,}1$

setzen.

Ist nur die stündlich erforderliche Wärmemenge W gegeben, die der Dampf zu liefern hat, ist also:

$$W' = D\,\pi\,l\,k(t_m - t_z)\,, \quad (191)$$

$$Q = \frac{W}{\lambda} \quad (192)$$

und

$$Q' = \frac{W'}{\lambda_m}\,, \quad (193)$$

dann geht die Gl. (189) unter Annahme einer mittleren latenten Wärme in die andere über:

$$\left.\begin{aligned} p_2 = p_2' + p_2'' = \sqrt{\frac{0{,}195\,l}{(100\,d)^5}\{W(W + m\,D\,l)\} + (p_1 + 3060)^2} \\ - 3060 + \frac{(W + m\,D\,l)^2\,\Sigma\zeta}{(2550\,d)^4\,\gamma}, \end{aligned}\right\} \quad (194)$$

worin bei einem vor Wärmeabgabe

nicht geschützten Rohre: $m = 5200$,

gut „ „ $m = 1100$

angenommen werden kann.

B. Anwendung der Theorie in der Praxis.

In der Praxis ist bei einer Anlage die Spannung des Dampfes am Anfang und in den Ausläufern der Rohrleitung entweder vorgeschrieben oder den Verhältnissen entsprechend zu wählen. Dem Ausführenden bleibt es stets vorbehalten, den gesamten Spannungsabfall auf die einzelnen Teilstrecken in richtiger Weise zu verteilen. Ist somit die Spannung in den Treffpunkten der einzelnen Teilstrecken bestimmt, so sind alsdann die Rohrdurchmesser zu berechnen. Muß ein berechneter Durchmesser, da er kein Handelsmaß hat, auf ein solches aufgerundet werden, so verringert sich die tatsächliche Spannung beim Eintritt des Dampfes in die Teilstrecke gegen die Annahme. Will man die Differenz der nächsten Teilstrecke zugute kommen lassen, so ist eine Korrektur der Spannung durch Rückrechnung vorzunehmen, d. h. es ist mit dem aufgerundeten Durchmesser die alsdann tatsächlich herrschende Spannung zu berechnen und erst dann mit dieser der Durchmesser der nächsten Teilstrecke zu bestimmen.

Die Einzelwiderstände haben — wenn sie nicht in größerer Anzahl vorhanden sind — nur einen geringen Einfluß auf den Durchmesser und können, wenn ein berechneter Durchmesser auf Handelsmaß aufgerundet werden muß, sofern die Rechnung mit der ursprünglich vorgesehenen Spannungsannahme fortgesetzt wird, vernachlässigt werden. Trotz dieser Vernachlässigung wird sich, wenn eine Anlage aus einer größeren Anzahl Teilstrecken besteht, deren Durchmesser auf Handelsmaß aufgerundet werden müssen, die Spannung am Anfang der Rohrleitung noch geringer als nach der Annahme ergeben. Bei Fernheizungen sind aber jedenfalls die angedeuteten Rückrechnungen, d. h. die Bestimmung der tatsächlichen Spannungen in den Treffpunkten der einzelnen Teilstrecken aus ökonomischen Gründen zu empfehlen.

Bei den meisten Rechnungen sind also bei einer Teilstrecke p_1 und p_2 gegeben und die Rohrdurchmesser zu bestimmen, in manchen Fällen sind aber der Rohrdurchmesser und die Endspannung p_1 gegeben und p_2 zu berechnen.

Zur Berechnung der Spannung p_2 sind die unter A entwickelten Gl. (188), (189), (194) den Verhältnissen entsprechend zu benutzen.

Zur Bestimmung des Rohrdurchmessers sind zwei Verfahren möglich. Das erste besteht darin, die Einzelwiderstände zu vernachlässigen und sie lediglich durch Aufrundung des so berechneten Durchmessers auf Handelsmaß als gedeckt anzusehen, was, wie bereits erwähnt, angängig ist, wenn die Anzahl der Einzelwiderstände nicht bedeutend ist und es auf genaue Einhaltung der der Rechnung zugrunde gelegten Druckverhältnisse nicht ankommt. Das zweite Verfahren besteht darin, die Einzelwiderstände nicht zu vernachlässigen, was bei einer größeren Anzahl sowie bei allen ausgedehnten Anlagen und bei Einhaltung bestimmter Druckverhältnisse nötig erscheint.

Ohne Berücksichtigung der Einzelwiderstände berechnet sich der Durchmesser nach Gl. (188) zu

$$d = 0{,}0707 \sqrt[5]{\frac{l\{3\,Q^2 + Q'(3\,Q + Q')\}}{(p_2 - p_1)\,(p_2 + p_1 + 6120)}}\,, \tag{195}$$

nach Gl. (189) mit fast gleicher Genauigkeit zu

$$d = 0{,}088 \sqrt[5]{\frac{l\,Q(Q + Q')}{(p_2 - p_1)\,(p_2 + p_1 + 6120)}}\,. \tag{196}$$

Bis zu etwa 5 at kann in vorstehenden Gleichungen für Q' der Wert des Ausdrucks (190) genommen werden. Ist W gegeben, so kann gemäß Gl. (194) gesetzt werden:

$$d = 0{,}0072 \sqrt[5]{\frac{l\,W(W + m\,D\,l)}{(p_2 - p_1)\,(p_2 + p_1 + 6120)}}\,. \tag{197}$$

Da in der rechten Seite der Gl. (195) bis (197) der äußere Durchmesser D enthalten ist, der vom gesuchten Durchmesser d abhängt, so muß zunächst eine Schätzung von d Platz greifen. Wenn der geschätzte Durchmesser von dem wirklichen alsdann um ein Handelsmaß abweichen sollte und der berechnete Durchmesser auf Handelsmaß abgerundet werden muß, so kann der Fehler als gedeckt angesehen werden.

Bei Berücksichtigung der Einzelwiderstände sind die im vorigen Abschnitt entwickelten Gleichungen für Bestimmung des Rohrdurchmessers nicht bequem, so daß Vereinfachungen angestellt werden müssen. Sie werden dadurch erreicht, daß man zunächst den Druck (p_2'') bestimmt, den die Einzelwiderstände aufbrauchen, diesen von dem gegebenen Gesamtdrucke am Anfange des Rohres abzieht und alsdann den Durchmesser des Rohres aus den Gl. (195) bis (197) statt mit p_2, mit $p_2 - p_2''$ berechnet. Nach Gl. (187) ist:

$$p_2'' = \frac{(Q + Q')^2\,\Sigma\,\zeta}{(111{,}9\,d)^4\,\gamma}\,, \tag{198}$$

ferner ist also in den Gl. (195) bis (197) zu setzen:

$$p_2 = \text{Gesamtdruck} - p_2'' . \qquad (199)$$

Die weitere Behandlung, also auch die schätzungsweise Annahme von D hat in gleicher Weise zu erfolgen, als wenn die einmaligen Widerstände unberücksichtigt bleiben.

Nachdem bei einer Anlage der Spannungsabfall festgelegt worden ist, für den es sich aus ökonomischen Gründen stets empfiehlt, ihn nach dem Kessel wachsen zu lassen, dimensioniert man für den Anschlag nach Tabelle 28 die gesamte Rohrleitung. Für die Ausführung behält man die gewählten Durchmesser bei bis auf einen (am besten den der letzten Teilstrecke) der Hauptleitung, und bis auf einen (am besten den der ersten Teilstrecke von der Hauptleitung gerechnet) jeder Zweigleitung. Man beginnt mit der Berechnung stets von dem Ende der Anlage ab und schreitet mit ihr allmählich derartig vor, daß vor Berechnung der nächsten Teilstrecke der Hauptleitung die im Treffpunkte der berechneten und der neuen Teilstrecke vorhandenen Zweigleitungen Erledigung finden.

Jede größere Anlage ist unbedingt genau zu berechnen, bei kleinen Anlagen ist dies auch zu empfehlen, doch sofern nicht besonders viel einmalige Widerstände vorhanden sind und die Größe der Endspannung des Dampfes nicht genau eingehalten werden muß, bedarf es eigentlich gar keiner Berechnung. Es können unter Annahme des Druckabfalls nach Maßgabe der zu fördernden Wärmemenge die Rohrdurchmesser für Anschlag und Ausführung der Tabelle 28 entnommen werden, besonders wenn man der Sicherheit halber den der zu fördernden Wärmemenge zunächst liegenden größeren Durchmesser wählt.

Alles weitere zeigen die Beispiele.

C. Beispiele zur Berechnung einer Hochdruckdampfleitung.

Beispiel 1. Aufgabe. Die Verteilungsleitung eines Fernheizwerks ist zu berechnen (s. Fig. 82). Bei A, B', C' und D' liegen Gebäude, in die der Dampf mit einer Spannung von 2,5 at abs. einzutreten hat, bei E liegt der Dampfverteiler,

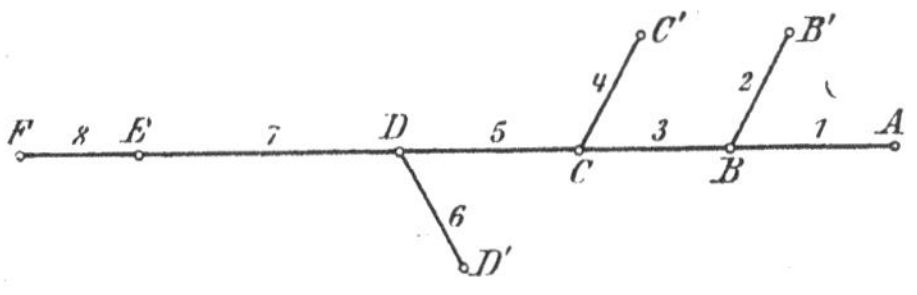

Fig. 82.

bei F der Kessel. Die Dampfspannung im Verteiler soll nicht mehr als 8,0 at abs., in den Kesseln 8,5 at abs. betragen. Die Rohrleitungen liegen in begehbaren Kanälen und sind vor Wärmeabgabe durch Seidenumhüllung geschützt. Die stündlich in den einzelnen Teilstrecken zu fördernden Wärmemengen, die Längen der einzelnen Teilstrecken und die Summe der Einzelwiderstände (s. S. 331) gehen aus der folgenden Aufstellung hervor.

Teilstrecke Nr.	Stündlich zu fördernde Wärme in WE	Länge der Rohrleitung in m	Summe der einmaligen Widerstände ($\Sigma\zeta$)
1	750 000	200	6
2	1 050 000	70	3
3	1 800 000	88	4
4	800 000	90	7
5	2 600 000	156	6
6	1 100 000	110	5
7	3 700 000	210	8,5
8	3 700 000	50	5

Lösung der Aufgabe. **a) Annahme der Rohrweiten.** Für den Kostenanschlag und zur Unterlage für die genaue Berechnung ist zunächst das gesamte Rohrnetz nach Tabelle 28 zu dimensionieren. Bei sehr ausgedehnten Rohrnetzen — jedoch nur bei diesen — sind auch die angenäherten Wärmeverluste aller Teilstrecken zu bestimmen, da die näher dem Kessel liegenden die Wärmeverluste der entfernteren Teilstrecken zu decken, also entsprechend mehr Wärme, als nutzbar gefordert wird, zu liefern haben. Die Bestimmung der angenäherten Wärmeverluste eines vor Wärmeabgabe gut geschützten Rohres kann für eine Summe aus Anfangs- und Enddruck des Dampfes

bis 70 000 kg nach dem Ausdrucke: $W' = 1000\, D\, l$,

über 70 000 „ „ „ „ $W' = 1100\, D\, l$

erfolgen.

Da der Preis der Rohre nicht proportional mit dem Durchmesser, sondern schneller wächst, da auch mit der Weite der Rohre der Preis und die Schwierigkeit der Lagerungen, Kompensationen und der Montage zunehmen, dagegen die Sicherheit gegen Undichtheiten usw. sich vermindert, so wird man, wie bereits erwähnt, meist gut tun, die Druckzunahme für das laufende Meter nach dem Kessel hin ansteigen zu lassen.

Der Druck im Verteiler bei E soll (8,0 at abs.) 80000 kg/qm (s. Tabelle 27), der Druck bei A, B', C' und D' (2,5 at abs.) 25000 kg/qm betragen. Es möge der Druckabfall für das laufende Meter angenommen werden für die:

Teilstrecke 7: 125 kg, somit ein Druck in D: $80\,000 - 210 \cdot 125 = 53\,740$ kg/qm,
„ 5: 100 „ „ „ „ „ C: $53\,740 - 156 \cdot 100 = 38\,140$ kg/qm,
„ 3: 60 „ „ „ „ „ B: $38\,140 - 88 \cdot 60 = 32\,860$ kg/qm.

Es bleibt somit ein Druckabfall für das laufende Meter übrig für:

$$\text{Teilstrecke 1: } \frac{32\,860 - 25\,000}{200} = 39{,}3 \text{ kg/qm,}$$

$$\text{„ 2: } \frac{32\,860 - 25\,000}{70} = 112{,}0 \text{ „}$$

$$\text{„ 4: } \frac{38\,140 - 25\,000}{90} = 146{,}0 \text{ „}$$

$$\text{„ 6: } \frac{53\,740 - 25\,000}{110} = 261{,}0 \text{ „}$$

Für die Aufsuchung der Rohrdurchmesser in Tabelle 28 dient dann die folgende Aufstellung.

Teil-strecke Nr.	Zu fördernde Wärme. (Nutzbar geforderte + Verluste der weiter vom Kessel entfernten Teilstrecken)	Summe aus Anfang- und Enddruck des Dampfes	Druck-abfall auf d. lauf. Meter	Rohrdurchmesser in m (nach Tab. 28)		Wärme-verlust (angenähert)
	WE	kg/qm	kg/qm	innerer	äußerer	WE
1	750 000	57 860	39,3	0,088	0,095	19 000
2	1 050 000	57 860	112,0	0,082	0,089	6 230
3	1 800 000 } 25 230 }	71 000	60,0	0,113	0,121	11 720
4	800 000	63 140	146,0	0,070	0,076	6 840
5	2 600 000 } 43 790 }	91 880	100,0	0,113	0,121	20 764
6	1 100 000	78 740	261,0	0,070	0,076	9 196
7	3 700 000 } 73 750 }	133 740	125,0	0,119	0,127	29 337
8	3 700 000 } 103 087 }	165 000	100,0	0,119	0,127	6 985

Die Rechnung hat nun zu erweisen, inwieweit die nach Tabelle 28 angenommenen Rohrdurchmesser beibehalten werden können oder geändert werden müssen, gleichzeitig also auch, welcher Wert der Tabelle 28 beizumessen ist.

b) Berechnung der Rohrweiten. Teilstrecke 1. (Die Bedeutung der Buchstaben s. S. 328.)

Bei dieser ist der Aufgabe entsprechend zu setzen:

$W = 750\,000$,

$p_1 = 25\,000$,

p_2 zu berechnen,

d (angenommen und beizubehalten) $= 0{,}088$,

$D = 0{,}095$,

$t_m \left(\text{für } \frac{25\,000 + 32\,860}{2} \text{ kg/qm Druck}\right) = 132$ (als Anfangsdruck p_2 für Bestimmung von t_m ist der bei Wahl der Rohrdurchmesser nach Tabelle 28 angenommene in Betracht gezogen, s. obige Zusammenstellung),

$\lambda_m = 518$,

$\lambda = 522$,

$\frac{1}{\gamma} = 0{,}73$,

$l = 200$,

$\Sigma\zeta = 6$,

k (bei Seidenumhüllung ist bei genügender Stärke 80% an Wärmeverlust gegenüber dem unbekleideten Rohre zu sparen) $= \frac{14(100-80)}{100} = 2{,}8$.

Zur Anwendung kommt Gl. (188), für die vorherige Betimmung von Q und Q' dienen die Gl. (191), (192) und (193).

Nach Gl. (192) ist:

$$Q = \frac{W}{\lambda} = \frac{750\,000}{522} \sim 1437 \text{ kg},$$

nach Gl. (191) der Wärmeverlust in der Teilstrecke:

$$W' = 0{,}095 \cdot 3{,}14 \cdot 200 \cdot 2{,}8\,(132 - 25) = 17\,870 \text{ WE},$$

sofern die Temperatur im Rohrkanale zu

$$t_z = 25^\circ$$

angenommen wird.

Ferner ist nach Gl. (193):

$$Q' = \frac{W'}{\lambda_m} = \frac{17\,870}{518} = 34{,}5 \text{ kg}.$$

Es ergibt sich dann nach Gl. (188):

$$p_2 = \sqrt{\frac{17\,610 \cdot 200}{(100 \cdot 0{,}088)^5} \{3 \cdot 1437^2 + 34{,}5(3 \cdot 1437 + 34{,}5\} + (25\,000 + 3060)^2 -}$$
$$- 3060 + \frac{(1437 + 34{,}5)^2 \cdot 6 \cdot 0{,}73}{(111{,}9 \cdot 0{,}088)^4} = 32\,745 \text{ kg/qm}.$$

Teilstrecke 2.

$W = 1\,050\,000$,
$p_1 = 25\,000$,
$p_2 = 32\,745$ (der durch Teilstrecke 1 festgestellte Druck in B),
d (angenommen, durch die Berechnung jedoch festzustellen) $= 0{,}082$,

$D = 0{,}089$,
$t_m = \left(\text{für } \frac{25\,000 + 32\,745}{2} \text{ kg/qm Druck}\right) = 132$,
$\lambda_m = 518$,
$\lambda = 522$,

$\frac{1}{\gamma} = 0{,}73$,
$l = 70$,
$\Sigma\zeta = 3$,
$k = 2{,}8$ (wie bei Teilstrecke 1),
$t_z = 25$ (wie bei Teilstrecke 1).

Es ist nach Gl. (192):

$$Q = \frac{1\,050\,000}{522} = 2013 \text{ kg},$$

nach Gl. (191):

$$W' = 0{,}089 \cdot 3{,}14 \cdot 70 \cdot 2{,}8\,(132 - 25) = 5860 \text{ WE},$$

nach Gl. (193):

$$Q' = \frac{5860}{518} = 11{,}3 \text{ kg}.$$

Ohne Berücksichtigung der Einzelwiderstände ist nach Gl. (195):

$$d = 0{,}0707 \sqrt[5]{\frac{70\,\{3 \cdot 2013^2 + 11{,}3(3 \cdot 2013 + 11{,}3)\}}{(32\,745 - 25\,000)\,(32\,745 + 25\,000 + 6120)}} = 0{,}0789 \text{ m},$$

oder nach Gl. (196):

$$d = 0{,}088 \sqrt[5]{\frac{70 \cdot 2013(2013 + 11{,}3)}{(32\,745 - 25\,000)\,(32\,745 + 25\,000 + 6120)}} = 0{,}0786 \text{ m}.$$

Der Unterschied der Ergebnisse dieser beiden Gleichungen ist so gering, daß in der Folge nur die einfachere Gl. (196) in Anwendung kommen soll.

Bei Berücksichtigung der Einzelwiderstände ist zunächst nach Gl. (198):

$$p_2'' = \frac{(2013 + 11{,}3)^2 \cdot 3 \cdot 0{,}73}{(111{,}9 \cdot 0{,}082)^4} = 1266 \text{ kg/qm},$$

ferner nach Gl. (199):

$$p_2 = 32\,745 - 1266 = 31\,479$$

und somit nach Gl. (196):

$$d = 0{,}088 \sqrt[5]{\frac{70 \cdot 2013(2013 + 11{,}3)}{(31\,479 - 25\,000)(31\,479 + 25\,000 + 6120)}} = 0{,}0822 \text{ m.}$$

Teilstrecke 3. (Berechnung wie Teilstrecke 1.)

$W = 1\,800\,000 +$ (Wärmeverlust von Teilstr. 1 und 2) $17\,870 + 5860 = 1\,823\,730$,

$p_1 = 32\,745$,	
p_2 (zu berechnen),	$\lambda = 516$,
d (angenommen und beizubehalten) $= 0{,}113$,	$\frac{1}{\gamma} = 0{,}6$,
$D = 0{,}121$,	$l = 88$,
$t_m\left(\text{für } \frac{32\,745 + 38\,140}{2} \text{ kg/qm Druck}\right) = 138{,}0$,	$\Sigma\zeta = 4$,
$\lambda_m = 515$,	$k = 2{,}8$,
	$t_z = 25$.

Es ist:

$$Q = \frac{1\,823\,730}{516} = 3536 \text{ kg,}$$

$$W' = 0{,}121 \cdot 3{,}14 \cdot 88 \cdot 2{,}8\,(138 - 25) = 10\,580 \text{ WE,}$$

$$Q' = \frac{10\,580}{515} = 20{,}6,$$

$$p_2 = \sqrt{\frac{17\,610 \cdot 88}{(100 \cdot 0{,}113)^5}\{3 \cdot 3536^2 + 20{,}6(3 \cdot 3536 + 20{,}6)\} + (32\,745 + 3060)^2} - 3060 + \\ + \frac{(3536 + 20{,}6)^2 \cdot 4 \cdot 0{,}6}{(111{,}9 \cdot 0{,}113)^4} = 38\,120 \text{ kg/qm.}$$

Teilstrecke 4. (Berechnung wie Teilstrecke 2.)

$W = 800\,000$,	
$p_1 = 25\,000$,	$\lambda = 522$,
$p_2 = 38\,120$,	$\frac{1}{\gamma} = 0{,}73$,
d (gewählt, durch Rechnung zu prüfen) $= 0{,}070$,	$l = 90$,
$D = 0{,}076$,	$\Sigma\zeta = 7$,
$t_m\left(\text{für } \frac{25\,000 + 38\,120}{2} \text{ kg/qm Druck}\right) = 135$,	$k = 2{,}8$,
$\lambda_m = 517$,	$t_z = 25$.

Es ist:

$$Q = \frac{800\,000}{522} = 1533 \text{ kg,}$$

$$W' = 0{,}076 \cdot 3{,}14 \cdot 90 \cdot 2{,}8\,(135 - 25) = 6620 \text{ WE,}$$

$$Q' = \frac{6620}{517} = 12{,}8 \text{ kg.}$$

Bei Berücksichtigung der Einzelwiderstände:

$$p_2'' = \frac{(1533 + 12{,}8)^2 \cdot 7 \cdot 0{,}73}{(111{,}9 \cdot 0{,}070)^4} = 3237 \text{ kg/qm,}$$

$$p_2' = 38\,120 - 3237 = 34\,883 \text{ kg/qm,}$$

$$d = 0{,}088 \sqrt[5]{\frac{90 \cdot 1533(1533 + 12{,}8)}{(34\,883 - 25\,000)(34\,883 + 25\,000 + 6120)}} = 0{,}0703 \text{ m.}$$

Teilstrecke 5. (Berechnung wie Teilstrecke 1 und 3.)

$$W = 2\,600\,000 + \text{(Wärmeverluste der Teilstrecken 1 bis 4) } 40\,930 = 2\,640\,930,$$

$p_1 = 38\,120,$	$\lambda = 512,$
p_2 (zu berechnen),	$\frac{1}{\gamma} = 0{,}50,$
d (angenommen und beizubehalten) $= 0{,}113,$	$l = 156,$
$D = 0{,}121$	$\Sigma\zeta = 6,$
$t_m \left(\text{für } \frac{38\,120 + 53\,740}{2} \text{ kg/qm Druck}\right) = 148,$	$k = 2{,}8,$
$\lambda_m = 508,$	$t_z = 25.$

Es ist:

$$Q = \frac{2\,640\,930}{512} = 5160 \text{ kg},$$

$$W' = 0{,}121 \cdot 3{,}14 \cdot 156 \cdot 2{,}8\,(148 - 25) = 20\,042 \text{ WE},$$

$$Q' = \frac{20\,042}{508} = 40{,}2 \text{ kg},$$

$$p_2 = \sqrt{\frac{17\,610 \cdot 156}{(100 \cdot 0{,}113)^5}\{3 \cdot 5160^2 + 40(3 \cdot 5160 + 40{,}3)\} + (38\,120 + 3060)^2} - 3060 + $$
$$+ \frac{(5160 + 40{,}3)^2 \cdot 6 \cdot 0{,}50}{(111{,}9 \cdot 0{,}113)^4} = 53\,930 \text{ kg/qm}.$$

Teilstrecke 6. (Berechnung wie Teilstrecke 2 und 4.)

$W = 1\,100\,000,$	$\lambda = 522,$
$p_1 = 25\,000,$	$\frac{1}{\gamma} = 0{,}73,$
$p_2 = 53\,930,$	$l = 110,$
d = (gewählt, durch Rechnung zu prüfen) $= 0{,}070,$	
$D = 0{,}076,$	$\Sigma\zeta = 5,$
$t_m = 143,$	$k = 2{,}8,$
$\lambda_m = 511,$	$t_z = 25.$

Es ist:

$$Q = \frac{1\,100\,000}{522} = 2110 \text{ kg},$$

$$W' = 0{,}076 \cdot 3{,}14 \cdot 110 \cdot 2{,}8\,(143 - 25) = 8670 \text{ WE},$$

$$Q' = \frac{8670}{511} = 17 \text{ kg}.$$

Bei Berücksichtigung der Einzelwiderstände:

$$p_2'' = \frac{(2110 + 17)^2 \cdot 5 \cdot 0{,}73}{(111{,}9 \cdot 0{,}070)^4} = 4386 \text{ kg/qm},$$

$$p_2' = 53\,930 - 4386 = 49\,544 \text{ kg/qm},$$

$$d = 0{,}088\sqrt[5]{\frac{110 \cdot 2110\,(2110 + 17)}{(49\,544 - 25\,000)\,(49\,544 + 25\,000 + 6120)}} = 0{,}067 \text{ m}.$$

Teilstrecke 7. (Berechnung wie Teilstrecke 2, 4 und 6, da im Verteiler ein bestimmter Druck nicht überschritten werden darf.)

$W = 3\,700\,000 +$ (Wärmeverluste der Teilstrecken 1 bis 6) $69\,642 = 3\,769\,642$,

$p_1 = 53\,930$,

p_2 (zu berechnen, darf 8,0 at. = 80 000 kg/qm nicht überschreiten),

d (angenommen) $= 0{,}119$,

$D = 0{,}127$,

$t_m\left(\text{für } \frac{53\,930 + 80\,000}{2}\right) = 161$,

$\lambda_m = 498$,

$\lambda = 503$,

$\frac{1}{\gamma} = 0{,}36$,

$l = 210$,

$\Sigma\zeta = 8{,}5$,

$k = 2{,}8$,

$t_z = 25$.

Es ist:

$$Q = \frac{3\,769\,642}{503} = 7490 \text{ kg},$$

$$W' = 0{,}127 \cdot 3{,}14 \cdot 210 \cdot 2{,}8\,(161 - 25) = 31\,905 \text{ WE},$$

$$Q' = \frac{31\,905}{498} = 64 \text{ kg}.$$

Bei Berücksichtigung der Einzelwiderstände:

$$p_2'' = \frac{(7490 + 64)^2 \cdot 8{,}5 \cdot 0{,}35}{(111{,}9 \cdot 0{,}119)^4} = 5390 \text{ kg/qm},$$

$$p_2' = 80\,000 - 5390 = 74\,610 \text{ kg/qm},$$

$$d = 0{,}088 \sqrt[5]{\frac{210 \cdot 7490\,(7490 + 64)}{(74\,610 - 53\,930)\,(74\,610 + 53\,930 + 6120)}} = 0{,}119 \text{ m}.$$

Da der vorgeschriebene Druck von 80 000 kg/qm einen Rohrdurchmesser ergeben hat, der Handelsmaß ist und mit der Annahme übereinstimmt, so ist eine Rückrechnung nicht erforderlich.

Teilstrecke 8. (Berechnung wie Teilstrecke 2, 4 und 6.)

$W = 3\,700\,000 +$ (Wärmeverluste aller früheren Teilstrecken) $101\,547 = 3\,801\,547$ WE,

$p_1 = 80\,000$,

$p_2 = 85\,000$,

d (gewählt, durch Rechnung zu prüfen) $= 0{,}119$,

$D = 0{,}127$,

$t_m\left(\text{für } \frac{80\,000 + 85\,000}{2}\right) = 171$,

$\lambda_m = 491$,

$\lambda = 492$,

$\frac{1}{\gamma} = 0{,}25$,

$l = 50$,

$\Sigma\zeta = 5$,

$k = 2{,}8$,

$t_z = 25$.

Es ist:

$$Q = \frac{3\,801\,547}{492} = 7740 \text{ kg},$$

$$W' = 0{,}127 \cdot 3{,}14 \cdot 50 \cdot 2{,}8\,(171 - 25) = 8145 \text{ WE},$$

$$Q' = \frac{8145}{491} = 16{,}6 \text{ kg}.$$

Bei Berücksichtigung der Einzelwiderstände:

$$p_2'' = \frac{(7740 + 16{,}6)^2 \cdot 5 \cdot 0{,}25}{(111{,}9 \cdot 0{,}119)^4} = 2392 \text{ kg/qm},$$

$$p_2' = 85\,000 - 2392 = 82\,608,$$

$$d = 0{,}088 \sqrt[5]{\frac{50 \cdot 7740\,(7740 + 16{,}6)}{(82\,608 - 80\,000)\,(82\,608 + 80\,000 + 6120)}} = 0{,}1302 \text{ m}.$$

Durch dieses Beispiel ist der Wert der Tabelle 28 für die Praxis erwiesen, sie hat für ziemlich ausgedehnte Rohrleitungen ausschließlich der letzten Teilstrecke genau mit der Berechnung übereinstimmende Werte ergeben. Würden die einmaligen Widerstände jedoch wesentlich größer gewesen sein, so hätten vielleicht zwei Teilstrecken größer im Durchmesser bemessen werden müssen; auch für sonstige andere Verhältnisse (geringwertigere Isolierung usw.) können Unterschiede in den Durchmessern nach der Tabelle 28 und nach der Berechnung sich ergeben, so daß stets eine genaue Berechnung bei großen Anlagen geboten ist. Die Tabelle soll einen Anhalt bei der Berechnung geben, sie kann aber unter keinen Umständen die Berechnung ersetzen. Hierauf wird seitens des Verfassers nochmals ausdrücklich hingewiesen.

Die gesamten in dem Rohrnetze stündlich eintretenden Wärmeverluste betrugen nach angenäherter Berechnung 110 072 WE, nach genauer Berechnung 110 527 WE, die Werte sind also fast übereinstimmend. Diese Wärmeverluste sind in der Wirklichkeit noch etwas größer, als berechnet, da die Flanschen der Röhren und sonstigen Apparate ebenfalls noch Wärme abgeben, die bei der Berechnung nicht berücksichtigt worden sind. Diese Wärmeverluste werden durch die Aufrundung der berechneten Durchmesser der Zweigleitungen auf Handelsmaß reichlich gedeckt und können somit für die Berechnung des Rohrnetzes und der Kesselgröße um so mehr außer Betracht bleiben, als man in der Praxis gewohnt ist, bereits dem berechneten Wärmebedarf der gesamten Anlage reichliche Zuschläge zu geben. Nutzbar zu fördern waren in dem Beispiele 3 700 000 WE, die berechneten Wärmeverluste machen somit rund 3% aus.

Beispiel 2. Aufgabe. Von einem Dampfverteiler ist eine Dampfmaschine mit Dampf zu versorgen. Die Spannung im Verteiler beträgt 7,5 at abs., die Maschine benötigt eine Spannung von 7 at abs. und stündlich 1000 kg Dampf. Die Länge der Rohrleitung beträgt 52 m, letztere ist vor Wärmeabgabe gut geschützt.

Lösung der Aufgabe. Der Druck im Verteiler beträgt bei 7,5 at abs. nach Tabelle 27: 75 000 kg/qm, an der Maschine: 70 000 kg/qm, der Druckabfall somit 5000 kg/qm im ganzen und rund 100 kg/qm auf das laufende Meter. Nach Tabelle 28 ist daher, da die Summe des Anfangs- und Enddrucks 145 000 kg/qm, die latente Wärme des Dampfes (nach Tabelle 27) an der Maschine 496 WE, somit bei 1000 kg Dampf die im Dampfe enthaltene Wärmemenge 496 000 WE beträgt, ein Rohrdurchmesser von 0,057 m zu wählen.

Es ist also zu setzen:

$Q = 1000,$

$p_1 = 70\,000,$

$p_2 = 75\,000,$

d (probeweise) $= 0{,}057,$

$D = 0{,}063,$

$t_m\left(\text{für } \frac{70\,000 + 75\,000}{2}\right) = 165,$

$\lambda_m = 495,$

$\lambda = 496,$

$\frac{1}{\gamma} = 0{,}28,$

$l = 52,$

$\Sigma\zeta = 10,$

$k = 2{,}8$ (wie im Beispiele 1),

$t_z = 20.$

Es ergibt sich:

$$W' = 0{,}063 \cdot 3{,}14 \cdot 52 \cdot 2{,}8\,(165 - 20) = 4170 \text{ WE},$$

$$Q' = \frac{4170}{495} \sim 8{,}4 \text{ kg},$$

$$p_2'' = \frac{(1000 + 8{,}4)^2 \cdot 10 \cdot 0{,}28}{(111{,}9 \cdot 0{,}057)^4} = 1720 \text{ kg/qm},$$

$$p_2' = 75\,000 - 1720 = 73\,280 \text{ kg/qm},$$

und unter Berücksichtigung der Einzelwiderstände:

$$d = 0{,}088 \sqrt[5]{\frac{52 \cdot 1000(1000 + 8{,}4)}{(73\,280 - 70\,000)(73\,280 + 70\,000 + 6120)}} = 0{,}0563 \text{ m.}$$

Der nach Tabelle 28 angenommene Durchmesser stimmt also mit dem berechneten überein.

Beispiel 3. Aufgabe. Von dem Verteiler der Heizungsanlage innerhalb eines Gebäudes soll Dampf von 3 at abs. Anfangsspannung nach einer Heizkammer geleitet werden. Der Heizkörper erfordert Dampf von 2 at abs. und soll 50000 WE abgeben. Die Länge der gut vor Wärmeabgabe geschützten Rohrleitung beträgt 70 m, die einmaligen Widerstände $\Sigma\zeta = 3$.

Lösung der Aufgabe. Für die Berechnung des Rohrdurchmessers kann Gl. (197) benutzt werden. Nach Tabelle 28 ergibt sich bei einem Anfangsdrucke (3 at abs.) von 30 000 kg/qm und einem Enddrucke (2 at abs.) von 20 000 kg/qm, also einem Spannungsabfalle von $\frac{30\,000 - 20\,000}{70} \sim 143$ kg/qm für das laufende Meter und einer Summe aus Anfangs- und Enddruck von 50 000 kg/qm für 50 000 WE ein Rohrdurchmesser von 0,025 m.

Es ist also zu setzen:

$W = 50\,000$,

$p_1 = 20\,000$,

$p_2 = 30\,000$,

d (probeweise) $= 0{,}025$,

$D = 0{,}033$,

$t_m \left(\text{für } \frac{20\,000 + 30\,000}{2}\right) = 127$,

$\lambda_m = 522$,

$\lambda = 527$,

$\frac{1}{\gamma} = 0{,}9$,

$l = 70$,

$\Sigma\zeta = 3$.

Es ergibt sich ohne Berücksichtigung der Einzelwiderstände:

$$d = 0{,}0072 \sqrt[5]{\frac{50\,000 \cdot 70(50\,000 + 1100 \cdot 0{,}033 \cdot 70)}{(30\,000 - 20\,000)(30\,000 + 20\,000 + 6120)}} = 0{,}02293 \text{ m,}$$

mit Berücksichtigung der einmaligen Widerstände:

$$p_2'' = \frac{(50\,000 + 1100 \cdot 0{,}033 \cdot 70)^2 \cdot 3 \cdot 0{,}9}{(2550 \cdot 0{,}025)^4} = 452 \text{ kg/qm,}$$

$$p_2' = 30\,000 - 452 = 29\,548 \text{ kg/qm,}$$

und

$$d = 0{,}0072 \sqrt[5]{\frac{50\,000 \cdot 70(50\,000 + 1100 \cdot 0{,}033 \cdot 70)}{(29\,548 - 20\,000)(29\,548 + 20\,000 + 6120)}} = 0{,}02318 \text{ m.}$$

Der Durchmesser ist in beiden Fällen auf 0,025 m aufzurunden, die Annahme der Tabelle 28 war also gerechtfertigt.

Wären die einmaligen Widerstände sehr bedeutende gewesen, so hätte die Tabelle wahrscheinlich einen zu kleinen Durchmesser ergeben; es ist also in allen solchen Fällen, d. h. bei großen einmaligen Widerständen und geringen Spannungsabfällen gut, von Haus aus dann das nächst größere Handelsmaß als das der Tabelle entnommene in Ansatz zu bringen.

IV. Berechnung der Niederschlagswasserleitungen.

1 cbm Dampf von 100° wiegt 0,6059 kg, 1 cbm Wasser von 100° wiegt 958 kg, der Dampf von 100° nimmt also 1581 mal soviel Raum ein als Wasser von der gleichen Temperatur.

Trotz dieser bedeutenden Unterschiede können die Durchmesser der Rohrleitung nicht entsprechend klein gewählt werden, da für Bestimmung der Dampfleitung stillschweigend angenommen worden ist, daß das Niederschlagswasser von selbst abfließt, also der Bewegung des Dampfes keinen Widerstand entgegensetzt.

Von dieser Annahme ausgehend, müßten die Durchmesser berechnet werden, indes geschieht dies in der Praxis nicht, ist auch nicht erforderlich, da die Durchmesser der trocknen Niederschlagswasserleitungen schon aus dem Grunde schneller Entlüftung größer gemacht werden müssen, als zur Ableitung des Niederschlagswassers allein erforderlich wäre.

Nach praktischen Erfahrungen ist die Tabelle 31 aufgestellt worden, auf die hierdurch verwiesen wird.

Bei mehreren Gebäuden, in denen das Niederschlagswasser zunächst nach besonderen Gefäßen gehoben wird, um von diesen durch natürliches Gefälle einer gemeinsamen Rückleitung nach dem Kesselhause zuzufließen, ist es, wie bereits auf S. 325 betont, erwünscht, die Aufstellung der Gefäße der verschiedenen Gebäude in einer gemeinsamen Horizontalebene zu bewirken, um bei einer Störung in der gemeinsamen Leitung nicht ein Überlaufen des Wassers aus einem niedriger stehenden Gefäße befürchten zu müssen. Die Berechnung der Rohrleitungen für die Rückführung des Wassers nach dem Kesselhause hat dann wie eine einfache Wasserleitung zu erfolgen und kann genau in der gleichen Weise wie bei der Wasserheizung Erledigung finden. Es ist alsdann, wenn h die durch die Höhenlage der Gefäße bedingte Druckhöhe bedeutet:

$$h = \Sigma(l R + Z)$$

zu setzen und die erforderliche Geschwindigkeit aus der Gleichung:

$$v = \frac{V}{3600 f}$$

zu bestimmen, wenn V die zu fördernde stündliche Wassermenge in cbm, f den lichten Querschnitt der betreffenden Teilstrecke der Rohrleitung in qm bedeutet. In dem Vereinigungspunkte zweier Wasserläufe muß von jedem der gleiche Druck hervorgebracht werden, d. h. es muß der Unterschied zwischen der statischen Druckhöhe, vermindert um die bis zu dem Vereinigungspunkte bestehenden Widerstandshöhen, bei beiden Wasserläufen gleich groß sein. In den beiden Gleichungen sind die Dichtigkeiten des Wassers unberücksichtigt geblieben, was in Anbetracht der verschiedenen Möglichkeiten der Anordnung und Ausführung der Rohrleitung und in Anbetracht der jederzeit nötigen Erhöhung des berechneten Durchmessers auf Handelsmaß erfolgt ist und bei der Kleinheit des hierdurch gemachten Fehlers als zulässig erachtet werden kann.

Vierzehntes Kapitel.

Niederdruck-Dampfheizung.

(Siehe Tafel 23—26.)

A. Anordnung und Ausführung der Niederdruck-Dampfheizung.

I. Anwendungsgebiet der Niederdruck-Dampfheizung und Wahl der Spannung des Dampfes.

Wie bereits aus der Bezeichnung „Niederdruck-Dampfheizung" abgeleitet werden kann, kommt für dieses Heizsystem Dampf von geringer Spannung in Anwendung. Dieser kann entweder aus Hochdruckdampf durch Verminderung der Spannung erhalten oder unmittelbar als solcher erzeugt werden.

Im ersten Falle ist die Wahl der Dampfspannung von gesetzlichen Bestimmungen unabhängig, nicht aber die Kesselanlage, im andern Falle ist die Kesselanlage der behördlichen Genehmigung nicht unterworfen, sofern durch besondere Einrichtungen (s. unter III) die höchste zulässige Spannung nicht mehr als 0,5 at, der Druck also nicht mehr als 1,5 kg/qcm abs. betragen kann.

Wenn die Umwandlung von Hochdruckdampf in Niederdruckdampf dadurch erzielt wird, daß der erstere zunächst zur Arbeitsleistung einer Maschine Verwendung findet und als Niederdruckdampf der Heizanlage erst in Gestalt des Abdampfes zuströmt, so belegt man letztere gewöhnlich mit dem Namen „Abdampfheizung", wenn dagegen die Heizanlage mit einer Spannung betrieben wird, die unter der Atmosphärenspannung liegt, so spricht man von „Vakuumheizung".

Niederdruckdampf aus Hochdruckdampf zu gewinnen ist nur dann vorteilhaft, wenn letzterer auch für andere Zwecke (Maschinenbetrieb) benötigt wird, oder wenn eine Ferndampfheizung angezeigt erscheint, bei der behufs Beförderung des Dampfes nach den einzelnen Bedarfsstellen Hochdruckdampf Verwendung findet.

Die Niederdruck-Dampfheizung — die als selbständiges System eingeführt zu haben, ein Verdienst der Firma Bechem & Post ist — besitzt nicht die der Hochdruck-Dampfheizung als unmittelbares Beheizungssystem anhaftenden schweren Nachteile, sie tritt daher in Wettbewerb mit der Warmwasserheizung. Beide Systeme haben ihre Vorzüge und

Nachteile, die für ihre Anwendung ausschlaggebend sind. Die Niederdruck-Dampfheizung hat den Vorzug schnellerer Erwärmung der Heizkörper bei fast gleich sicherer Regelung der Wärmeabgabe, sofern alle Heizkörper im Betriebe stehen. Ist letzteres nicht der Fall, so gestaltet sich hierdurch die Rohrleitung für die übrigen Heizkörper zu weit und es tritt dann leicht, sofern nicht besondere Apparate dagegen angeordnet worden sind, das sogenannte „Durchschlagen" des Dampfes, d. h. Eintreten des Dampfes durch einzelne Heizkörper in die Niederschlagswasserleitung und somit eine Störung in der Regelbarkeit ein. (Näheres siehe unter IV.)

Die Niederdruck-Dampfheizung zeichnet sich ferner vor der Warmwasserheizung durch größere Billigkeit aus, dagegen steht sie ihr zunächst nach durch das bei nicht unbedingt richtiger Berechnung und bei nicht sorgfältigster Ausführung eintretende Geräusch des strömenden Dampfes, besonders während der Anheizperiode, und durch den Umstand, daß der Dampf jederzeit mindestens 100° warm ist. Auch daß die Regelung der Wärmeabgabe der Heizkörper nur durch örtliche Regelung des Dampfzuflusses und nicht einheitlich durch Regelung der Dampfspannung — wie bei Warmwasserheizung durch die Temperatur des Kesselwassers — erfolgen kann, ist als ein Nachteil der Niederdruck-Dampfheizung gegenüber der Wasserheizung anzuführen. Die generelle Regelung der Wärmeabgabe der Heizkörper ist zwar theoretisch auch bei der Niederdruck-Dampfheizung insofern möglich, als der Zuströmung von weniger Dampf auch eine geringere Wärmelieferung entspricht. Praktisch ist aber die generelle Regelung als ausgeschlossen zu betrachten, da zu ihrer Erzielung ganz kleine, aber nicht zu erzielende Druckschwankungen des Dampfes erforderlich sein würden. Die Erhöhung oder Verminderung des Dampfdruckes um 1 kg/qm entspricht einer Spannung von nur 0,0001 at; derartige oder noch kleinere Intervalle werden im Betrieb wohl niemals erreicht werden können.

Da der Dampf leichter als Luft ist, so sind bei Einführung des Dampfes von oben in die Heizkörper, diese nur bei vollem Betriebe durchweg warm, bei Verminderung des Dampfzuflusses wird von unten ab die Heizfläche außer Wirksamkeit gesetzt. Bei geringem Wärmebedarfe ist also nur der obere Teil der Heizkörper warm, was bezüglich der Gleichmäßigkeit der Wärmeverteilung in den Räumen an sich nicht als günstig bezeichnet werden kann. Infolge dieses Umstandes sind hohe Heizkörper bei der Niederdruck-Dampfheizung nicht anzuwenden. Durch Einführung des Dampfes von unten in die Heizkörper anstatt von oben ist durch geeignete Vorrichtungen ein Mischen des Dampfes mit der zunächst in ihnen befindlichen Luft und ein Umlauf des Gemisches möglich, wodurch eine gleichmäßigere und entsprechend niedrigere Erwärmung der ganzen Wärmeflächen erzielt wird (Gebr. Körting), doch setzen die Heizkörper dann wieder eine solche Form voraus, daß die erwähnten Einrichtungen überhaupt möglich sind. Ein ähnlicher Erfolg kann vielleicht erzielt werden, wenn generell dem in die Heizkörper einzuführenden Dampf

Luft zugemischt wird. (Patentanmeld. Gebr. Körting.) Wie weit bei einer solchen Anordnung die Sicherheit des Erfolges geht und wie sich die Betriebskosten stellen, muß die Erfahrung lehren.

Da die Hygiene fordert, daß die Heizkörperoberfläche keine höhere Temperatur als 80° besitzen soll, weil sonst der mit ihr in Berührung kommende organische Staub eine Zersetzung erfährt, so muß bei beabsichtigter Luftzumischung zum Dampf diese in einem Umfange erfolgen, daß die Temperatur von 80° auch bei dem größten Wärmebedarf nicht überschritten wird. Die Heizkörper müssen alsdann fast die gleiche Größe wie die einer Warmwasserheizung erhalten, wodurch natürlich auch die Kosten der Anlage sich wieder denen einer Warmwasserheizung bedeutend nähern.

Immerhin ist das Bestreben, die Wärmeregelung und -abgabe der der Warmwasserheizung ähnlich zu gestalten, freudig zu begrüßen und von besonderer Bedeutung; zurzeit ist die Vollkommenheit wie bei der Warmwasserheizung noch nicht erreicht.

Die Möglichkeit des Einfrierens der Warmwasserheizung ist insofern bei der Niederdruck-Dampfheizung als ausgeschlossen zu betrachten, als der Dampf selbst nicht einfrieren kann. Wohl ist dies aber bei dem Niederschlagswasser möglich und steht leicht, außer bei dem bereits erwähnten Falle, bei Anlagen zu erwarten, die sich während der Betriebsunterbrechung unter 0° abkühlen können (Luftheizungen, Kirchenheizungen usw.). Das Einfrieren findet dann während des Anlassens der Anlage statt, weil der einströmende Dampf schnell kondensiert, das Niederschlagswasser aber in der abgekühlten Anlage nach kurzem Wege zum Gefrieren kommt.

Die Rohrleitung der Warmwasserheizung hat eine fast unbegrenzte Haltbarkeit, bei der Dampfheizung ist, wie bereits auf S. 325 mitgeteilt worden ist, die Gefahr des Rostens der Niederschlagswasserleitung vorhanden. Die ungünstigen Erfahrungen in dieser Beziehung haben bei der Niederdruck-Dampfheizung seinerzeit zu den sogenannten „sauerstoffarmen“ Anlagen geführt, d. h. zu Anlagen, bei denen beim Anlassen die Luft nicht nach außen entweichen kann, sondern nach einem Sammelgefäße geführt wird, von dem sie bei Einstellung bzw. Verminderung des Betriebes ganz bzw. teilweise in die Rohrleitung und Heizkörper zurücktritt (System Käuffer). Man hoffte hierdurch den baldigen Verbrauch des Sauerstoffs der Luft infolge Oxydation des Eisens herbeizuführen und dadurch das fortschreitende Rosten des Eisens zu verhindern. Untersuchungen haben jedoch gezeigt, daß der Zweck hierdurch nicht erreicht wird, da besonders während des Sommers ein Austausch mit der Außenluft nicht zu vermeiden ist. Will man vor dem Verrosten der Niederschlagswasserleitung sicher sein, so muß man sie entweder aus Kupfer herstellen, wodurch allerdings der Vorteil größerer Billigkeit der Anlage gegenüber einer Warmwasserheizung verschwindet, oder die Anlage nach Beendigung des winterlichen Betriebes mit abgekochtem Wasser füllen.

Infolge der geringen Dampfspannungen läßt sich bei der Niederdruck-Dampfheizung das Niederschlagswasser unmittelbar, d. h. ohne

Zwischenapparate notwendig zu machen, dem Kessel wieder zuführen. Da nur Wasser in der Niederschlagswasserleitung stehen, also sämtlicher Dampf vorher kondensiert sein soll, so muß das Wasser unterhalb des Dampfraumes in den Kessel eintreten. Naturgemäß steht dann, dem Dampfdrucke im Kessel entsprechend, das Wasser in der Niederschlagswasserleitung höher als im Kessel; je größer die Dampfspannung, je höher ist die Wassersäule in dieser Leitung. Die Wassersäule darf selbstverständlich nicht bis in die Heizkörper hineinragen, infolgedessen muß die einzuhaltende Dampfspannung um so geringer sein, je geringer der senkrechte Abstand des Kessels von den ihm zugehörigen Heizkörpern ist.

Dieser Umstand, sowie die weiter unten zu erörternde bessere Regelungsfähigkeit der Wärmeabgabe der Heizkörper bei geringer Dampfspannung und das durch diese außerdem bedingte geräuschlosere Arbeiten der Anlage führt dahin, die Dampfspannung möglichst gering zu wählen. Man ist allmählich mit ihr immer mehr heruntergegangen, d. h. bis auf 0,05 at und darunter. Empfehlenswert ist eine möglichst geringe Spannung jedenfalls immer vor den Ventilen der Heizkörper, während in den Hauptleitungen eher eine etwas höhere Spannung herrschen kann. Das Geräusch des strömenden Dampfes tritt hauptsächlich bei plötzlich stattfindendem Spannungsabfalle ein, also bei Eintreten des Dampfes in die Heizkörper. Je größer die Dampfspannung vor den Ventilen der Heizkörper ist, je kleiner muß der freie Durchgang der Ventile sein, um so größer stellt sich der Spannungsabfall.

Das Anwendungsgebiet der Niederdruck-Dampfheizung ist ein sehr umfängliches. Wenn sie auch nach dem bereits Gesagten zur Erwärmung von Wohn- und ähnlichen Räumen der Warmwasserheizung nicht unbedeutend nachsteht, so ist sie überall da in Betracht zu ziehen, wo es sich um schnelle Erwärmung handelt und wo nach Einstellen des Betriebes rasche Abkühlung gestattet oder erwünscht ist. So eignet sie sich z. B. für Theater, Versammlungs- und Festsäle, Hotels mit häufig wechselnder Besetzung der Gastzimmer, Kirchen usw., nicht minder zur zentralen Lufterwärmung, besonders bei Pulsionsanlagen, da alsdann infolge der großen Geschwindigkeit, mit der die Luft an den Heizflächen entlang strömt, der Staub nicht die zur Zersetzung nötige Zeit findet.

II. Allgemeine Anordnung einer Niederdruck-Dampfheizung.

Die gebräuchlichsten Anordnungen einer Niederdruck-Dampfheizung zeigt Fig. 83. Bei ihnen findet die Verteilung des Dampfes unterhalb der Heizkörper statt, das Niederschlagswasser jedoch wird auf der rechten Seite der Darstellung oberhalb, auf der linken Seite unterhalb des Kessels gesammelt. Im ersten Falle tritt auch die aus den Heizkörpern und Rohrsträngen durch den Dampf verdrängte Luft in die Niederschlagswasserleitung ein, um bei *a* zu entweichen („trockene Niederschlagswasserleitung"), im zweiten Falle, in dem die Niederschlagswasserleitung zum größten Teile stets mit Wasser gefüllt ist („nasse Niederschlagswasserleitung"), macht sich eine über dem Kessel liegende besondere Luftleitung von geringem Querschnitt für die Stränge nötig, aus der die Luft ebenfalls bei *a* entweicht. Trockene Niederschlagswasserleitungen stellen die häufigste Ausführung dar, nasse werden in der Praxis besonders dann angewendet, wenn für die Rohrleitungen nicht genügender Platz vorhanden ist und nur die verhältnismäßig dünne Luftleitung über dem Kessel untergebracht werden kann. Nasse Niederschlagswasserleitungen haben aber den Vorzug geringerer Rostgefahr.

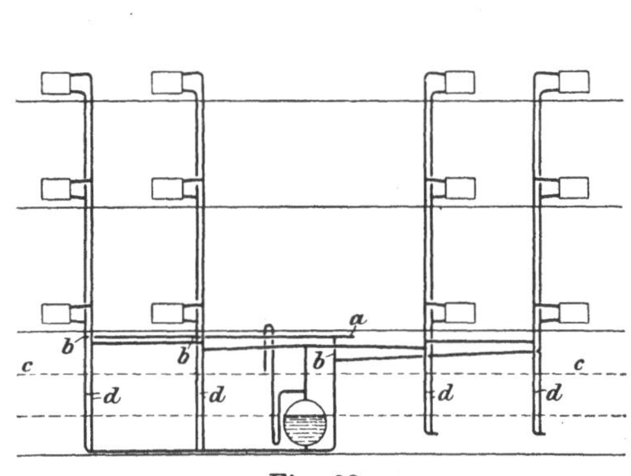

Fig. 83.

Die Dampfleitung kann selbstverständlich — und wegen des sichereren Vermeidens von Geräuschen während des Betriebes durchaus vorteilhaft — auch zunächst nach dem Dachboden geleitet, daselbst nach den einzelnen Strängen geführt und mit diesen verbunden werden. Die Anordnung der Dampfleitung ist alsdann genau die gleiche wie die des Vorlaufs einer Warmwasserheizung mit oberer Verteilung, so daß auf Fig. 47 verwiesen werden kann.

Der Anschluß der Leitungen, der zur Entfernung der Luft dient (*b*), muß jederzeit über dem im Betrieb der Anlage in der Niederschlagswasserleitung eintretenden höchsten Wasserstand (*c*) liegen.

Die Dampfstränge sollen jederzeit das sich in ihnen bildende Wasser der Niederschlagswasserleitung zuführen. Zu diesem Zwecke werden Verbindungen (*d*) mit der Niederschlagswasserleitung hergestellt, diese bei trockener Niederschlagswasserleitung aber, damit nicht der Dampf in die letztere übertreten kann, in Form von einem senkrechten auf- und absteigenden Rohre (Wasserschleife) hergestellt. Die Höhe dieser Wasserschleifen muß so groß sein, daß, wenn der Dampf in die eine Seite eintritt und das Wasser verdrängt, die Wassersäule der anderen Seite genügt, um den Durchgang des Dampfes zu verhindern.

III. Die Dampfkessel einer Niederdruck-Dampfheizung und deren Ausrüstung.

(Siehe Tafel 23—26.)

Die Dampfkessel einer Niederdruck-Dampfheizung müssen, um nicht wie die Hochdruckdampfkessel konzessionspflichtig zu sein und der fortgesetzten Überwachung durch die Behörde zu unterliegen, dem Gesetze entsprechend „mit einem unverschließbaren in den Wasserraum hinabreichenden Standrohre von nicht über 5 m Höhe und nicht über 8 cm Weite oder durch eine andere von der Zentralbehörde des Bundesstaates genehmigte Sicherheitsvorrichtung“ verbunden sein. Aus der ersteren Bedingung folgt, daß die Dampfspannung höchstens 0,5 at betragen kann, d. h. daß bei ihrem Überschreiten das Kesselwasser aus dem Standrohre herausgedrückt wird. Für Preußen gilt noch eine Bestimmung, die besagt, „daß bei Kochkesseln, in denen Dampf aus Wasser durch Einwirkung von Feuer erzeugt wird, an Stelle des 5 m hohen, 8 cm weiten, in den Wasserraum reichenden Standrohres allgemein gestattet werde, vom Dampfraum ausgehende, nicht abschließbare Rohre in Heberform oder mit mehreren auf- und absteigenden Schenkeln anzuwenden, deren aufsteigende Äste zusammen bei Wasserfüllung nicht über 5 m, bei Quecksilberfüllung nicht über 0,37 m Höhe heben dürfen, während der lichte Durchmesser runder Rohre überall bei einer wasserberührten Heizfläche

bis zu	1	qm	mindestens	25 mm
„ „	2	„	„	30 „
„ „	3	„	„	35 „
„ „	4	„	„	40 „
„ „	5	„	„	45 „
„ „	6	„	„	50 „
„ „	7,5	„	„	55 „
„ „	8,5	„	„	60 „
„ „	10	„	„	65 „
„ „	11,5	„	„	70 „
„ „	13	„	„	75 „
über	13	„	„	80 „

betragen muß.

Hat das Standrohr oder ein Teil desselben einen anderen als runden Querschnitt, so ist eine Querschnittsgröße maßgebend, die der Kreisfläche mit dem angegebenen Durchmesser gleichkommt.“

Die Kessel einer Niederdruck-Dampfheizung weichen in ihrer Gestaltung von denen einer Warmwasserheizung nicht wesentlich ab, nur müssen sie selbstverständlich den nötigen, von den Heizgasen nicht berührten Dampfraum besitzen. Alle Kessel, bei denen nach ihrer Gestaltung zu erwarten ist, daß der Dampf auch Wasser mechanisch mit fortreißen wird, sind mit Dampfsammlern zu verbinden, in denen sich das mitgerissene Wasser vor Eintritt des Dampfes in die Rohrleitung ausscheiden und dem Kessel wieder zufließen kann.

Die zufriedenstellende Wirkung einer Niederdruck-Dampfheizung hängt wesentlich von der Einhaltung einer möglichst gleichmäßigen Dampfspannung im Kessel ab. Da bei einer Heizungsanlage der Wärmebedarf großen und oftmals fast plötzlichen Schwankungen unterworfen ist, so muß bei einer Niederdruck-Dampfheizung die Dampferzeugung diesen Schwankungen zwar möglichst schnell folgen, ohne aber eine wesentliche Steigerung oder Verminderung der Dampfspannung zu bedingen. Die hierfür notwendige feine Regelung des Verbrennungsvorganges kann durch Hand nicht erzielt werden; infolgedessen sind selbsttätig wirkende Verbrennungsregler erforderlich. Diese bilden somit einen wichtigen Bestandteil einer Niederdruck-Dampfheizung und beruhen auf der Nutzbarmachung jeder Abweichung von der geforderten Dampfspannung zur Steigerung oder Verminderung des Verbrennungsvorganges, d. h. zur Regelung des Luftzutrittes zu dem Brennmateriale. Diese Regelung kann entweder unmittelbar oder mittelbar durch Regelung des Abzugs der Verbrennungsgase erfolgen, und zwar in letzterem Falle entweder durch entsprechende Drosselung des Querschnittes des Rauchkanals oder durch Veränderung der Zugkraft des Schornsteins infolge Einlassens entsprechender Mengen von Luft in ihn. Bei der unmittelbaren Regelung des Luftzutritts zum Brennmateriale kann die gewünschte Wirkung durch Undichtheiten des Kesselmauerwerkes, auch bei sehr weiten Schornsteinen durch Strömungen kalter, von außen eintretender Luft, beeinträchtigt werden, bei der Regelung des Abzugs der Verbrennungsgase dagegen kann bei plötzlich starker Verminderung des Wärmebedarfs ein Austreten der Rauchgase nach dem Heizraume erfolgen, auch wenn — was stets bei der Ausführung zu beobachten ist — ein gänzlicher Abschluß des Rauchabzugkanals durch den Verbrennungsregler nicht möglich ist.

Zumeist werden die betreffenden Apparate derartig konstruiert, daß sie gleichzeitig den Zutritt der Luft zu dem Brennmateriale und den Abzug der Rauchgase regeln, und zwar in der Weise, daß die zuerst genannte Regelung eine Voreilung gegen die andere besitzt.

Die Betätigung der bisher bekannten Verbrennungsregler beruht teils auf einer infolge Steigerung des Dampfdrucks herbeigeführten Ausdehnung einer Membrane (meistens Gummi), teils auf dem durch Steigerung des Dampfdrucks bewirkten Verdrängen einer Flüssigkeit. Bei Anwendung einer Membrane wirkt diese infolge ihrer Ausdehnung auf eine Stellvorrichtung (Klappe usw.), bei Verdrängen einer Flüssigkeit (Wasser, Quecksilber usw.) kann diese durch Gewichtsverschiebung oder durch Heben eines Schwimmers zur Betätigung eines Bewegungsmechanismus in Wirkung treten. Auch das Kesselwasser selbst wird unmittelbar als Sperrflüssigkeit für den betreffenden Luft- oder Rauchkanal benutzt (Käuffer). Mehrfach findet auch in der Praxis das beim Überschreiten der zulässigen Spannung aus dem Standrohre herausgeworfene Wasser zum endgültigen Absperren der Verbrennungsluft Verwendung, so daß beim Versagen des Verbrennungsreglers, z. B. während der Nacht, das Feuer schließlich zum Verlöschen gebracht und dadurch der Kessel vor dem Verbrennen geschützt wird.

Die Verbrennungsregler sollen derartig konstruiert sein, daß sie die Schwankungen des äußeren Luftdrucks in ihrem Einflusse auf das Zuströmen des Dampfes zu den Heizkörpern, sofern deren Regelung mit Hilfe des äußeren Luftdrucks erfolgt, ausgleichen, und als beste von diesen sind die Konstruktionen anzusehen, die die wenigsten beweglichen Teile besitzen. Bewegliche Teile schließen häufig nicht die Möglichkeit rascher Abnutzung oder des Versagens aus.

Ein Verbrennungsregler kann selbstverständlich seine Aufgabe nicht erfüllen, wenn nicht für gleichmäßige Zufuhr des Brennmaterials nach Maßgabe der Verbrennung Sorge getragen wird. Infolgedessen sind alle Feuerungen einer Niederdruck-Dampfheizung mit einem entsprechend großen Vorrate von Brennmaterial auszustatten, d. h. also in der Regel als Schüttfeuerungen auszubilden.

Die Schüttfeuerung gestattet auch Nachtbetrieb, sofern die Kessel die genügende Menge Brennmaterial aufzunehmen vermögen. Ist Dauerbetrieb vorgeschrieben, so hat der ausführende Ingenieur auf die Erfüllung dieser Bedingung, d. h. darauf zu achten, daß ein Nachfüllen der Kessel während der Nacht, also innerhalb der Zeit von mindestens 7 Stunden, bei niedrigster Außentemperatur nicht nötig wird. Hierauf wird vielfach nicht genügend geachtet.

Die Anordnung eines Verbrennungsreglers bedingt die Ausstattung des Kessels mit hermetisch schließender Feuer- oder Aschtür. Außerdem ist noch jeder Kessel mit einem Wasserstandsanzeiger, einem Manometer, den erforderlichen Zeichen des höchsten und niedrigsten Wasserstandes und tunlichst auch mit einer Alarmpfeife auszustatten, deren Betätigung bei Unterschreiten des niedrigsten Wasserstandes stattzufinden hat.

Auf die Lieferung möglichst trockenen Dampfes ist, wie bereits angedeutet, Rücksicht zu nehmen, gebotenenfalls sind außer den Dampfsammlern noch Wasserabscheider anzubringen.

IV. Die Heizkörper einer Niederdruck-Dampfheizung.

(Siehe Tafel 14—16.)

Die Konstruktion der Heizkörper ist im wesentlichen die gleiche der bei Hochdruck-Dampfheizung bzw. Warmwasserheizung verwendeten Heizkörper, so daß auf das an betreffenden Stellen Gesagte verwiesen werden muß.

Die Regelung der Wärmeabgabe kann im Gegensatz zu der Hochdruck-Dampfheizung, bei der dies in zufriedenstellender Weise nicht möglich ist (s. S. 318), durch Ventile erzielt werden. Nötig ist hierfür die Schaffung eines vom Dampf bei seinem Eintritt in die Heizkörper zu überwindenden Gegendrucks von möglichst gleichbleibender Größe. Der Gegendruck ist durch eine Flüssigkeit (Wasser) oder durch Luft zu bewirken, die aus dem Heizkörper bei Eintritt des Dampfes dem Drucke entsprechend verdrängt werden. Bei voll geöffnetem Ventile muß die Dampfspannung gerade genügen, um aus dem Heizkörper die gesamte Flüssigkeit zu verdrängen; bei einer Drosselung des Ventils tritt alsdann, da der Dampf mit der gleichen Spannung den Heizkörper nicht mehr erfüllen kann, die Flüssigkeit der Drosselung entsprechend bis zu einer bestimmten Höhe in den Heizkörper zurück und bewirkt somit das Ausschalten eines Teiles der Niederschlagsfläche.

Wasser eignet sich als Verdrängungsflüssigkeit nicht besonders, da es während des Betriebes aus den Heizkörpern nach einem anderen Gefäße abfließen und in diesem angestaut werden muß, der Gegendruck also eine veränderliche Größe erhält und Wassergefäße erforderlich werden, die der Einfriergefahr unterworfen sind.

Bei Verwendung von Luft zur Erzeugung des Gegendrucks in den Heizkörpern kann diese nach einzelnen oder nach einem gemeinsamen Sammelgefäße oder auch einfach ins Freie geführt werden. Gefäße gestatten in Gestalt von Schwimmerglocken (Käuffer) eine beliebige Annahme des Gegendrucks.

Bei dem Entlassen der Luft ins Freie bedingt der atmosphärische Druck die Größe des Gegendrucks. Dieser ändert sich naturgemäß nach Maßgabe des jeweiligen Barometerstandes und ist daher nicht ohne Einfluß auf die Gleichmäßigkeit der in die Heizkörper einströmenden Dampfmenge, also auch auf die Gleichmäßigkeit der Wärmeregelung. Da die Verschiebung der Luft nach Gefäßen besonders den Zweck verfolgt, die gleiche Luft wieder den Heizkörpern zuzuführen, um dadurch die bereits früher erwähnten „sauerstoffarmen" Anlagen zu schaffen, dieser Zweck aber nicht voll erreichbar ist (s. S. 347), so wird gegenwärtig wohl ausschließlich das unmittelbare Entlüften der Heizkörper in Anwendung gebracht.

Die Wärmeregelung durch Verdrängen der Luft setzt eine möglichst geringe Berührungsfläche zwischen dem Dampfe und der Luft im Heizkörper voraus, da sonst ein Mischen dieser beiden Gase erfolgen wird, sie hat aber gegenüber der Benutzung des Wassers zur Erzielung des Gegendruckes den Vorteil, daß die erzeugte Dampfspannung gänzlich aufgebraucht werden kann. Es sind alsdann die Regelungsventile derartig einzustellen, daß bei voller Öffnung der Dampf zwar möglichst den ganzen Heizkörper erfüllt, aber nur Niederschlagswasser entweichen kann.

Die Regelungsventile erfordern somit für jeden Heizkörper je nach der Größe und der Dampfspannung einen bestimmten Durchgang bei größtem Hube. Dieser Bedingung gerecht zu werden, sind in der Praxis verschiedenartige Konstruktionen entstanden. Bei vielen ist außer einem gewöhnlichen Ventile von bestimmtem Hube noch eine Schraube oder sonstige Vorrichtung, d. h. mit anderen Worten, eine einstellbare Verengung des Rohrquerschnittes vor dem Ventile vorhanden, die den Dampfzufluß festlegt. Hierdurch wird also lediglich ein Teil des Ventilwegs bzw. Ventilhubs außer Einfluß und somit die äußere Bezeichnung für den Stand des Ventils in Widerspruch mit der Wirkung gesetzt. Bei anderen Konstruktionen wird der Weg bzw. Hub des Ventils durch einen an der erforderlichen Stelle einzuschaltenden Widerstand (Anschlag usw.) begrenzt. Sie verfallen somit sinngemäß dem gleichen Fehler. Ein richtig konstruiertes Ventil soll jederzeit die gleiche wirkungsvolle Handhabung nach Maßgabe der äußerlich angebrachten Regelungsmarken gestatten, gleichwohl aber nur die erforderliche Dampfmenge den Heizkörpern zuführen, es soll also eine beliebige einmalige Einstellung des Dampfdurchlasses bei voller Öffnung gestatten, trotzdem aber bei stets gleichem äußeren Bewegungsumfange den Dampfdurchlaß möglichst proportional der äußeren Stellung regeln (s. Tafel 17).

Wenn eine Anzahl Heizkörper bei einer Anlage vom Dampfzuflusse ausgeschaltet werden, oder wenn die Dampfspannung im Kessel über die, bei der der Dampfdurchlaß der Ventile geregelt worden ist, steigt, so sind alsdann für die im Betriebe befindlichen Heizkörper die Rohrdurchmesser zu groß und wird sich die Dampfspannung vor dem Regelungsventile über die normale stellen. Es kann somit der in die Heizkörper einströmende Dampf nicht mehr voll zur Kondensation gebracht werden und wird, wie bereits auf S. 346 erwähnt, in die Niederschlagswasserleitung treten (sogenanntes „Durchschlagen der Heizkörper"), was unter Umständen zu einer Störung des Effektes durch Beeinträchtigung des Luft- und Wasserabflusses aus den anderen Heizkörpern führen kann. Es sollten daher zweckmäßig die Heizkörper etwas größer als sonst nötig ausgeführt und die Ventile bezüglich des Dampfdurchlasses derartig geregelt werden, daß der Dampf nur bei einer höheren als der normalen Dampfspannung das untere Ende der Heizkörper erreichen kann.

Um der durch vorstehend gekennzeichnete Regelungsweise bedingten Verteuerung der Anlage zu entgehen, hat man sogenannte „Rückstauvorrichtungen" oder „Dampfstauer" konstruiert (Poensgen, Kaeferle, Meyer, Westf. Apparate Vertriebsgesellschaft u. a.), die bei den Heizkörpern ein störendes Austreten von Dampf durch die Niederschlagswasserleitung unmöglich machen, ohne der Luft den Ein- und Austritt zu verwehren. Wird dies in zufriedenstellender Weise erreicht, dann verbinden diese Vorrichtungen noch den weiteren Vorteil, die erwähnten Einstellvorrichtungen der Regelungsventile überflüssig zu machen, weil alsdann die Dampfspannung am Fuße der Heizkörper bei voll geöffneten Ventilen nicht aufgebraucht werden muß, um ein Durchschlagen des Dampfes zu vermeiden. Dem Vorteile steht allerdings, wenn bei Außerbetriebsetzen der Heizkörper aus den Stauern das Niederschlagswasser nicht vollkommen abfließen kann, der Nachteil gegenüber, daß bei nur seltener erwärmten Räumen ein Einfrieren dieses Wassers möglich ist.

Die Regelung der Wärmeabgabe der Heizkörper ist auch wie bei der Warmwasserheizung (s. S. 233) durch selbsttätig wirkende Regler möglich und hat die Anordnung derartiger Apparate, da bei Niederdruck-

Dampfheizung die generelle Regelung als ausgeschlossen zu betrachten ist, besondere Bedeutung. Während bei der Warmwasserheizung vorwiegend solche Regler zu empfehlen sind, die proportional der Zu- oder Abnahme der Raumtemperatur die Ventile schließen oder öffnen, sind bei der Dampfheizung, da die Heizkörper nur verhältnismäßig wenig Wärme aufspeichern, auch solche Konstruktionen als gleichwertig zu betrachten, die nur jeweils ein volles Schließen oder Öffnen zulassen (Johnson, Kaeferle).

V. Die Rohrleitungen einer Niederdruck-Dampfheizung.

Die Anordnung der Rohrleitungen hat bereits im Abschnitte II, S. 348 Erledigung gefunden; bezüglich der Ausführung dagegen ist im wesentlichen auf die Angaben bei der Hochdruck-Dampfheizung zu verweisen. Alle Bedingungen, die eine Rohrleitung bei der Hochdruck-Dampfheizung in Rücksicht auf die Wärme zu erfüllen hat (Ausdehnung, Schutz vor Wärmeverlusten usw.), gelten auch für die Rohrleitung einer Niederdruck-Dampfheizung, nur soweit die Dampfspannung in Frage kommt, müssen die früher gestellten Forderungen sinngemäße Anwendung erfahren. Niederdruck-Dampfheizungen gestatten infolge der geringen Dampfspannungen fast immer unmittelbare Zurückführung des Niederschlagswassers nach dem Kessel, doch kann es selbstverständlich durch Lageverhältnisse auch vorkommen, daß das Wasser durch besondere Vorrichtungen zurückgeführt werden muß. Letzteres gilt besonders auch für Abdampf- und Vakuumheizungen.

Nach Fertigstellung einer Anlage ist sie auf Dichtheit der Kessel, Rohrleitungen usw. zu prüfen. Es genügt hierfür, die Anlage unter der höchsten zulässigen Dampfspannung (0,5 Atm.) mehrere Stunden in Betrieb zu halten. Noch sicherer ist es, falls, wie meist, die Anlage eigene Kessel besitzt, diese vorher allein in kaltem Zustande einem Druck von 2,0 kg/qcm abs. zu unterwerfen. Ist Dichtheit vorhanden, bzw. durch Nachziehen der Verbindungen erreicht, so können die mittels Muffen vereinigten Rohrstränge, besonders wenn Dauerbetrieb vorgesehen ist, wie bei der Warmwasserheizung auch hohl vermauert, d. h. es können die Schlitzkanäle, in denen sie liegen, geschlossen werden; Flanschröhren dagegen sollen stets unmittelbar zugänglich bleiben.

Nach der Abnahme der Anlage sind die Rohrleitungen mit den erforderlichen Wärmeschutzmaterialien zu umhüllen (s. S. 185), vorher aber tunlichst mit einem Mennigeanstrich zu versehen. Bei der Wahl der Wärmeschutzmaterialien lasse man sich, wenn irgend möglich, nicht vom Preis, sondern von der Isolierkraft leiten, da die Wärmeverluste eine dauernde Erhöhung der Betriebskosten bedingen.

B. Berechnung der Niederdruck-Dampfheizung.

I. Berechnung der Dampfkessel.

Die Berechnung der Dampfkessel einer Niederdruck-Dampfheizung ist von der für eine Hochdruck-Dampfheizung [s. Gl. (174)] nicht verschieden, sofern während des Nachts der Betrieb unterbrochen wird. Bei Dauerbetrieb dagegen bleibt das Hochheizen außer Betracht und kann man dann die feuerberührte Kesselfläche setzen:

$$F = \frac{1{,}1\, W}{W_2}\,; \qquad (200)$$

sofern dann W die Wärme bedeutet, die bei der niedrigsten Außentemperatur den Räumen zu liefern ist und W_2 wiederum die Wärmemenge, die ein Quadratmeter Kesselheizfläche in der Stunde an das Wasser überführt. Da bei Niederdruck-Dampfheizung Schüttfeuerung in Anwendung kommt, so könnte für den Teil der Heizfläche, der mit dem glühenden Brennmateriale in unmittelbarer Berührung steht, W_2 zu 20 000 angenommen werden. Da sich aber die wirksame Kontaktheizfläche je nach dem Abbrand und ihre Wirkung je nach der Asche- und Schlackenbildung ändern, so empfiehlt es sich, die Wärmeaufnahme, d. h. W_2 nicht mehr als 8000 WE anzunehmen.

Die stündlich erforderliche Menge Brennmaterial in kg ist alsdann zu setzen:

$$p = \frac{5\, W_2\, F}{3\, C}\,, \qquad (201)$$

sofern C die aus einem kg Brennmateriale beim Verbrennen theoretisch erzeugte Wärmemenge bedeutet (s. Aufstellung S. 123).

Über Bestimmung der Rostgröße s. S. 126.

II. Berechnung der Heizkörper.

Die Berechnung der Heizkörper erfolgt wie auf S. 181 angegeben. Es ist somit gemäß Gl. (118) zu setzen:

$$F = \frac{W}{k\left(\frac{t' + t''}{2} - t_z\right)}\,, \qquad (202)$$

worin bedeutet:

F die wärmeabgebende Fläche der Heizkörper in qm,
W die stündlich von dem Heizkörper zu liefernde Wärmemenge in WE,
t' bzw. t'' die Temperatur des Dampfes bei Eintritt in den Heizkörper bzw. bei Austritt aus dem Heizkörper. Da der Dampf

im Heizkörper aufgebraucht werden soll, so ist bei der gewöhnlichen Niederdruckheizung $t'' = 100°$ zu setzen. Bei einer Vakuumheizung sind für t' und t'' die dem anzunehmenden Gefälle der Dampfspannung entsprechenden Temperaturen anzunehmen,

t_z die Temperatur der zuströmenden Luft,

k die Wärmedurchgangszahl. (Aus Tabelle 15 zu entnehmen, unter Berücksichtigung des auf S. 171 u. f. Gesagten.) Bei einer Vakuumheizung stellen sich die Wärmedurchgangszahlen etwas niedriger. Da genügende Versuchswerte noch nicht vorliegen, so nehme man für k die entsprechenden Werte für Warmwasserheizkörper an.

III. Berechnung der Rohrleitung.

A. Theorie.

Die Berechnung der Rohrleitungen ist an und für sich in nichts von der einer Hochdruck-Dampfheizung verschieden, nur sind bei der Niederdruck-Dampfheizung infolge der geringen bei ihr in Frage kommenden Dampfspannung wesentliche Vereinfachungen möglich.

Es bezeichne wieder:

W die stündlich am Ende eines Rohres geforderte Wärmemenge in WE,

W' die stündlichen durch Wärmeabgabe des Rohres bedingten Wärmeverluste in WE,

Q die Dampfmenge, die stündlich am Ende der Rohrleitung verlangt wird, in kg,

Q' die Dampfmenge, die stündlich durch die Wärmeverluste in dieser Rohrleitung aufgebraucht wird, in kg,

p_2 bzw. p_1 den Anfangs- bzw. Enddruck des Dampfes (vom Kessel aus gerechnet) im Rohre in kg/qm,

d bzw. D den inneren bzw. äußeren Durchmesser des Rohres in m,

l die Länge des Rohres in m,

$\Sigma\zeta$ die Summe der Einzelwiderstände im Rohre,

γ das Gewicht von einem cbm Dampfe am Ende des Rohres,

t_m die Temperatur der mittleren Spannung des Dampfes in der Rohrleitung,

λ_m die latente Wärme der mittleren Spannung des Dampfes in der Rohrleitung,

k die Wärmedurchgangszahl, bezogen auf die äußere Fläche der Rohrleitung (auch bei umhülltem Rohre),

ϱ die Reibungszahl.

Ohne Berücksichtigung der Einzelwiderstände lautete die Grundgleichung für Berechnung der Rohrdurchmesser einer Hochdruck-Dampfheizung [s. S. 330 und Gl. (180)]:

$$d p \gamma = \frac{A}{d^5} (Q + D B x)^2 d x ,$$

in welchem Ausdruck als Abkürzung

$$A = \frac{4^2 \varrho}{2 g \, 3600^2 \pi^2} \qquad \text{und} \qquad B = \frac{\pi k (t_m - t_z)}{\lambda_m}$$

bedeutete.

Bei Niederdruck-Dampfheizung ist es, da bei dieser nur kleine Spannungsunterschiede in Frage kommen, nicht erforderlich, in obiger Gleichung der Veränderlichkeit von γ Rechnung zu tragen, sondern man kann es unter Annahme eines Mittelwertes als Konstante betrachten.

Nach Integration erhält man alsdann:

$$p_2 - p_1 = \frac{A l}{3 d^5 \gamma} \{3 Q^2 + B D l (3 Q + B D l)\} .$$

In dieser Gleichung ist $BDl = Q'$ zu setzen und in dem Ausdruck für A — entgegen den neueren Annahmen bei Hochdruck-Dampfheizung (s. S. 330) — der in der früheren Auflage dieses Werkes angezogene Wert für

$$\frac{\varrho}{2 g} = 0{,}0015$$

nach den gemachten Erfahrungen entschieden beizubehalten. Nach Ausrechnung des Wertes von A erhält man somit:

$$p_2 - p_1 = \frac{0{,}626 \, l}{(100 \, d)^5 \gamma} \{3 Q^2 + Q'(3 Q + Q')\} . \tag{203}$$

Da Q' gegen $3 Q$, als sehr klein wiederum vernachlässigt werden kann, erhält man alsdann die Gleichung:

$$p_2 - p_1 = \frac{1{,}878 \, l}{(100 \, d)^5 \gamma} Q (Q + Q') . \tag{204}$$

Bei Berechnung einer Heizungsanlage ist jederzeit der Wärmebedarf in Wärmeeinheiten gegeben. Führt man daher statt Q bzw. Q' in der Gl. (204) W bzw. W' und nimmt entsprechend dem oben Gesagten für 1 und nahezu 1,2 kg/qcm ein mittleres γ und somit auch eine mittlere latente Wärme λ an, so erhält man, da

$$Q = \frac{W}{\lambda} \qquad \text{und} \qquad Q' = \frac{W'}{\lambda}$$

ist, für die Differenz zwischen dem Anfangs- und Enddruck den einfachen Ausdruck:

$$p_2 - p_1 = \frac{l W (W + W')}{(1000 \, d)^5} . \tag{205}$$

Sind Einzelwiderstände zu berücksichtigen, dann wird $p_2 = p_2' + p_2''$, in welchem Ausdruck p_2' als Anfangsdruck ohne Berücksichtigung der Einzelwiderstände den Wert von p_2 in Gl. (205) hat und p_2'' als Vergrößerung des Anfangsdrucks infolge der Einzelwiderstände nach Gl. (187) unter der gleichen Annahme von γ und λ, wie bei Gl. (205), zu setzen ist:

$$p_2'' = \frac{(W + W')^2 \Sigma \zeta}{(2330\, d)^4} \,. \tag{206}$$

Die Werte von ζ sind die gleichen wie bei der Hochdruck-Dampfheizung (s. S. 331).

Die Differenz zwischen dem Anfangs- und Enddruck des Dampfes unter Berücksichtigung der Wärmeverluste, der Reibung und der Einzelwiderstände ergibt sich somit zu:

$$p_2 - p_1 = \frac{l\, W(W + W')}{(1000\, d)^5} + \frac{(W + W')^2 \Sigma \zeta}{(2330\, d)^4} \,. \tag{207}$$

Nur in den seltensten Fällen, d. h. nur wenn es darauf ankommt, genau die Druckverhältnisse am Anfange oder Ende eines Dampfrohres zu kennen (s. weiter unten und auch Dampf-Warmwasserheizung), werden die Einzelwiderstände zu berücksichtigen sein, da diese durch Aufrundung der berechneten Durchmesser auf Handelsmaß reichlich gedeckt werden. Für gewöhnlich kommt daher bei Berechnung einer Anlage die Gl. (207) für $p_2'' = 0$, also Gl. (205) in Frage, sofern bei gegebenem Durchmesser die erforderliche Zunahme des Druckes nach dem Kessel zu bestimmt werden muß.

Sind die Rohrdurchmesser zu berechnen, ist also die Differenz zwischen dem Anfangs- und Enddruck, mit anderen Worten die Druckzunahme nach dem Kessel zu gegeben, so folgt, wenn die Einzelwiderstände vernachlässigt werden können, nach Gl. (205) bzw. Gl. (207) für $p_2'' = 0$:

$$d = 0{,}001 \sqrt[5]{\frac{l\, W(W + W')}{p_2 - p_1}} \text{ m.} \tag{208}$$

Bei Berücksichtigung der Einzelwiderstände ist zunächst p_2'' nach Gl. (206) unter Einsetzung eines Schätzungswertes für d zu berechnen, von p_2 abzuziehen und der übrigbleibende Wert für p_2 in die Gl. (208) einzusetzen. Ein Fehler in der Schätzung um ein Handelsmaß wird einen Einfluß auf das Ergebnis aus Gl. (208) nur bei Vorhandensein einer größeren Anzahl Einzelwiderstände ausüben.

Der Wärmeverlust eines Rohres von der Länge l, dem äußeren Durchmesser D, bei einer mittleren Temperatur des Dampfes t_m, der Temperatur der das Rohr umgebenden Luft t_z und einer Wärmedurchgangszahl k ist:

$$W' = D \pi l k (t_m - t_z) \,. \tag{209}$$

k ist der Tabelle 15 zu entnehmen.

In den meisten Fällen wird es jedoch genügen, für $\pi k (t_m - t_z)$ bei

gut umhüllten Rohren den Wert: 1000,

nicht umhüllten Rohren den Wert: 3000

in Rechnung zu stellen.

B. Anwendung der Theorie in der Praxis.

In der Praxis ist bei einer Anlage die Dampfspannung am Anfang der Rohrleitung (Kessel) entweder vorgeschrieben oder frei zu wählen, in den Heizkörpern soll sie aufgebraucht werden, also an deren unterem Ende dem Atmosphärendruck entsprechen. Nur bei der Vakuumheizung herrscht am Ende der Heizkörper gegenüber der Atmosphäre ein Unterdruck.

Es muß als ein vielfach in der Praxis verbreiteter Fehler bezeichnet werden, das Dampfzuflußrohr zum Heizkörper im Querschnitte größer als erforderlich zu nehmen und dafür ein kleines Ventil einzuschalten oder den Dampfdurchlaß stark zu drosseln, da hierauf hauptsächlich das störende Geräusch bei Eintritt des Dampfes in den Heizkörper zurückzuführen ist (s. S. 346). Durch die richtige Wahl des Druckabfalles in der Rohrleitung und des Dampfdruckes unmittelbar vor dem Heizkörper läßt sich das Geräusch auf das geringste Maß zurückführen, sogar fast ganz vermeiden. Die an den Ventilen anzuordnenden Regelungsvorrichtungen zu einmaliger Einstellung sollten also ihre Wirkung stets nur darauf zu beschränken haben, die notwendige Aufrundung des berechneten Rohrquerschnittes auf Handelsmaß auszugleichen.

Was den Druckabfall betrifft, so hängt dieser von dem gewählten Überdrucke im Kessel und von der Länge der Rohrleitungen ab. Man wähle dem Gesagten zufolge die Kesselspannung nicht unnötig hoch, besonders wenn bereits in der Nähe des Kessels Zweigleitungen endigen, und man verlege, soweit dies nach Maßgabe der Ausdehnung der Anlage möglich ist, den hauptsächlichsten Druckabfall in die an den Kessel sich zunächst anschließenden Teilstrecken der Hauptverteilungsleitung. Man wird gut tun, den Überdruck im Kessel nicht größer anzunehmen als zu

500 kg, bei Anlagen, bei denen der Dampf nicht über 100 m,
1000 „ „ „ „ „ „ „ „ „ 200 m,
1500 „ „ „ „ „ „ „ „ „ 300 m,
2000 „ „ „ „ „ „ „ bis zu 500 m

zu leiten ist.

Was dagegen den Dampfdruck unmittelbar vor den Heizkörpern betrifft, so ist dieser, wie bereits erwähnt, von dem Gesichtspunkte aus zu bestimmen, daß bei Niederdruck-Dampfheizung der gesamte, einem Heizkörper zuströmende Dampf in ihm niedergeschlagen werden soll. Es ist die Einhaltung dieser Forderung der Wärmeregelung halber nötig, auch tritt andernfalls, wenn nicht dagegen besondere Apparate angewendet werden, das „Durchschlagen" des Dampfes ein. Zur Beantwortung der Frage, welcher Druck am Ende einer Rohrleitung, d. h. also am Anfange eines Heizkörpers anzunehmen ist, dient die Fundamentalgleichung (184). Diese lautete:

$$(a + b\,p)\,d\,p = \frac{A}{d^5}(Q + D\,B\,x)^2\,d\,x\,.$$

Aus dieser Gleichung ergab sich alsdann für Niederdruck-Dampfheizung, wenn von Einzelwiderständen abgesehen wird, die Gl. (203):

$$p_2 - p_1 = \frac{0{,}626\,l}{(100\,d)^5\,\gamma}\{3\,Q^2 + Q'(3\,Q + Q')\}\,,$$

die auch für einen Heizkörper, wenigstens einem aus glattem Rohr gebildeten, Gültigkeit haben muß.

Da im Heizkörper am Ende der Dampf aufgebraucht sein soll, ist in der Gleichung $Q = 0$ zu setzen. Q' bedeutet die durch Wärmeverluste verloren gehende, also in diesem Fall die der Wärmeabgabe der Heizkörper entsprechende Dampfmenge. Bezeichnet man diese mit Q_H, so ergibt sich der am Anfang des Heizkörpers erforderliche Überdruck gegen die Atmosphäre zu:

$$p_2 - p_1 = \frac{0{,}626\,l \cdot Q_H^2}{(100\,d)^5\,\gamma}\,.$$

Ist die erforderliche Wärmeabgabe des Heizkörpers W_H, also $Q_H = \frac{W_H}{\lambda_m}$ und nimmt man, um sicher zu rechnen, die latente Wärme des Dampfes für 1,1 kg/qcm abs., also zu 538,1 WE, und entsprechend die Dampfdichte zu 0,635, so erhält man den Überdruck vor dem Heizkörper:

$$p_2 - p_1 = \frac{0{,}34\,l\,W_H^2}{d^5}\,, \tag{210}$$

sofern d in Millimeter eingeführt wird.

Bei einer Rohrspirale als Heizkörper, einer Raumtemperatur von 20° gibt 1 qm Heizfläche rund 1000 WE ab, es ist also dann

$$l\,D\,\pi = W_H\,, \qquad \text{mithin:} \quad l = \frac{W_H}{D\,\pi}\,,$$

wenn D ebenfalls in Millimeter eingeführt wird.

Somit erhält man für einen solchen Heizkörper den Anfangsdruck:

$$p_2 - p_1 = \frac{0{,}34\,W_H^3}{d^5\,D\,\pi}\,. \tag{211}$$

Für verschiedene Durchmesser von d ergibt sich alsdann folgende Aufstellung für den Überdruck in kg/qm gegen die Atmosphäre am Eintritt des Dampfes in den Heizkörper:

d	$W_H =$											
m	1000	2000	3000	4000	5000	6000	7000	8000	9000	10000	12500	15000
0,014	10	80	272	644	1257	2172	3450	5150	7330	10060	19645	33960
0,020	1	10	35	83	163	281	447	666	947	1300	2540	4389
0,025	—	3	9	22	42	73	115	172	245	335	656	1133
0,034	—	—	1	4	7	12	20	29	41	57	110	191
0,039	—	—	—	1	3	5	8	12	19	25	48	84
0,043	—	—	—	1	2	3	5	7	10	13	28	47
0,049	—	—	—	—	—	1	2	3	5	6	12	22
0,057	—	—	—	—	—	—	1	1	2	3	5	9
0,064	—	—	—	—	—	—	—	—	1	1	3	5

Vorstehende Tabelle gilt für Rohrheizkörper, bei denen die vorhandenen Bogen einen so großen Halbmesser besitzen, daß der Widerstand in ihnen vernachlässigt werden kann. Für gußeiserne Heizkörper wird der Schluß angängig sein, daß der Anfangsdruck zu 10 kg/qm angenommen, genügende Sicherheit bietet.

Für die erstmalige Annahme der Rohrdurchmesser sind die Tabellen 29 berechnet worden. Diese können, wenn lediglich die Sicherheit des Betriebes bezüglich Lieferung genügender Dampfmengen in Frage kommt, nicht nur für den Anschlag, sondern auch für die Ausführung benutzt werden, sie machen also dann die genaue Berechnung entbehrlich.

Empfohlen soll indessen die Ausführung lediglich nach den Tabellen keinesfalls werden. Es wird zwar — wenn sonst keine Fehler in der Rohrführung vorliegen — mit den gewählten Durchmessern der Dampf bis in die entferntesten Heizkörper geführt werden können, aber meist wird sich, da für die Aufstellung der Tabellen bestimmte Rohrlängen vorausgesetzt werden mußten, der wirklich eintretende Spannungsabfall anders gestalten als der für die Wahl der Durchmesser richtig befundene und angenommene. Infolgedessen hätten auch die Rohrdurchmesser entsprechend anders gewählt sein müssen, und da das nicht der Fall ist, wird vielfach, vielleicht nur wegen eines einzigen Heizkörpers, der Dampfdruck im Kessel höher als vorgesehen einzuhalten sein. Da das geräuschlose Arbeiten einer Anlage wesentlich von der richtigen Bemessung der Rohrdurchmesser abhängt, aber nur durch die Berechnung sichergestellt werden kann, so ist letztere stets und unbedingt zu empfehlen. Leider werden in der Praxis die Durchmesser der Niederdruck-Dampfheizungen viel zu wenig berechnet, und daher gibt es auch so viele geräuschvoll arbeitende Anlagen.

Mit der Dampfspannung im Kessel sollte in der Praxis über 0,2 at Überdruck keinesfalls hinausgegangen werden, infolgedessen sind 4 Tabellen, d. h. für einen Überdruck im Kessel von 500, 1000, 1500 und 2000 kg/qm zur Aufstellung gekommen.

Was die Benutzung der Tabellen 29 zur Bestimmung der Rohrdurchmesser betrifft, so kann diese in zweierlei Weise stattfinden, d. h. es können der Wahl der Durchmesser die von den Heizkörpern zu liefernden Wärmemengen entweder ohne oder mit Berücksichtigung der Wärmeverluste der Rohrleitungen zugrunde gelegt werden. Die erste Art der Handhabung der Tabellen ist nur für sehr kleine Anlagen zu empfehlen, sie macht aber die geringste Mühe. Bei der zweiten Art müssen von der ersten Teilstrecke beginnend und fortschreitend bis zur letzten nach dem Kessel führenden für eine jede die Wärmeverluste nach den Angaben auf S. 360 berechnet und den von der nächsten Teilstrecke zu liefernden Wärmemengen zugeschlagen werden. In diesem Falle gilt die Tabelle 29 nicht nur — wie bei ihr angegeben — für gut geschützte, sondern auch für unbekleidete, freiliegende Rohre. Die Bestimmung der Wärmeverluste ist ohne besondere Mühe auszuführen, sie sichert bei größeren Anlagen für den Anschlag eine nicht zu kleine Bemessung der Rohrdurchmesser und ist auch später bei der genauen Berechnung zum Teil, d. h. solange die gewählten Rohrdurchmesser beibehalten werden können, wieder zu benutzen.

Da in den Heizkörpern sämtlicher Dampf niedergeschlagen werden soll, der Überdruck gegen die Außenluft also dann ausgeglichen ist, so konnte für die Tabellen mit einem ganz bestimmten Druckabfalle vom Kessel gerechnet werden. Will man beispielsweise im Kessel mit einem Überdrucke gegen die Außenluft von 1000 kg/qm, also von 0,1 at arbeiten, so muß diese am Ende eines jeden Heizkörpers aufgebraucht sein. Muß man die Spannung des Dampfes bei Eintritt in den vom Kessel entferntest gelegenen Heizkörper — die Entfernung betrage l — mit m kg in Ansatz bringen, so ist bei einem gleichmäßigen Druckabfalle für diesen Heizkörper $\frac{1000 - m}{l}$ der in der betreffenden Tabelle aufzusuchende Druckabfall. Nach Maßgabe der in den einzelnen Strecken dieser Rohrleitung zu fördernden Wärmemengen bestimmt sich dann sofort der Durchmesser. An den einzelnen Abzweigen dieser Rohrleitung ist entsprechend der Entfernung l_1 vom Kessel die herrschende Dampfspannung sofort zu bestimmen, d. h. sie ist $\frac{(1000 - m)\, l_1}{l}$. Wird die Länge des Abzweigs bis zu dessen Endheizkörper mit l_2 bezeichnet, so ergibt sich der Druckabfall in der Abzweigleitung zu $\frac{(1000 - m)\, l_1}{l\, l_2}$ und ist dann für die Bestimmung der Rohrdurchmesser der Abzweigleitung die diesem Werte entsprechende Spalte der gleichen Tabelle zu benutzen. Die Einzelwiderstände sind zu vernachlässigen, sie werden, wenn ihre Zahl nicht eine ungewöhnlich große ist, durch die ungünstigen Annahmen und die unvermeidlichen Sprünge in der Tabelle gedeckt werden, sofern man nicht über die in ihr für einen bestimmten Durchmesser angegebenen Wärmemengen hinausgeht. Um ein ruhiges Arbeiten der Anlage zu sichern, ist es aber unbedingt nötig, bei aufsteigenden Strängen, in denen also das Niederschlagswasser dem Dampfe entgegenfließt, sehr geringe Druckgefälle anzunehmen und für die sichere Entwässerung der Stränge Vorsorge zu treffen (s. S. 349).

Es könnte auffallend erscheinen, daß in den Tabellen die durch ein Rohr stündlich zu sendende Wärmemenge kleiner wird, wenn der Überdruck im Kessel wächst. Der scheinbare Widerspruch der Tabellen mit der Tatsache, daß bei einem Rohr naturgemäß die geförderte Dampfmenge mit wachsendem Kesseldrucke zunimmt, findet darin seine Erklärung, daß in den Tabellen für höhere Dampfdrucke auch größere Rohrlängen angenommen worden sind. Beträgt z. B. der Druckabfall 4 kg auf das laufende Meter, so kann ein Rohr von 0,011 m Durchmesser bei einem Kesselüberdrucke von 500 kg nach Tabelle 29 etwa 240 WE auf 125 m Entfernung liefern, bei einem Kesseldrucke von 1000 kg nur 130 WE aber auf 250 m Entfernung. Beträgt jedoch die Länge des Rohres in beiden Fällen nur 50 m, so würde es bei 500 kg Kesselüberdruck, also 10 kg Druckabfall auf das laufende Meter, 840 WE liefern können, bei 1000 kg dagegen, also bei 20 kg Druckabfall, 1300 WE.

Bei der genauen Berechnung einer Niederdruck-Dampfheizung, die bei größeren Anlagen jederzeit erforderlich ist, sind die Wärmeverluste der Rohrleitung (W') gebührend in Rücksicht zu ziehen.

Sollen die einmaligen Widerstände bei der Berechnung ebenfalls in Rücksicht gezogen werden, was bei vorgeschriebener und einzuhaltender Anfangsspannung des Dampfes oder bei einer sehr bedeutenden Anzahl einmaliger Widerstände notwendig erscheint, so dient zur Erleichterung der Berechnung Tabelle 30.

C. Beispiel für Bestimmung der Rohrleitung einer Niederdruck-Dampfheizung.

Aufgabe. Die durch Fig. 84 gekennzeichnete Anlage einer Niederdruck-Dampfheizung ist zu berechnen, d. h. es sind zunächst die Rohrdurchmesser lediglich mit Hilfe der Tabelle 29, alsdann die des längsten Rohrzugs, also der Teilstrecken 1, 3, 10, 14 und 18 durch genaue Rechnung festzustellen. Der Überdruck im Kessel soll 500 kg/qm betragen. Bezüglich der von den einzelnen Heizkörpern abzugebenden Wärmemengen, sowie der Längen der Teilstrecken wird zur Vermeidung von Wiederholungen auf die in der „Lösung der Aufgabe“ enthaltene Zusammenstellung verwiesen, dagegen möge hier angeführt werden, daß die Summen der Einzelwiderstände für Teilstrecke 1: $\Sigma\zeta_1 = 2{,}5$, Teilstrecke 3: $\Sigma\zeta_3 = 2$, Teilstrecke 10: $\Sigma\zeta_{10} = 0$, Teilstrecke 14: $\Sigma\zeta_{14} = 0$, Teilstrecke 18: $\Sigma\zeta_{18} = 4{,}5$ betragen. Die Rohrleitung ist vor Wärmeabgabe gut geschützt. Als Heizkörper sind Radiatoren anzunehmen.

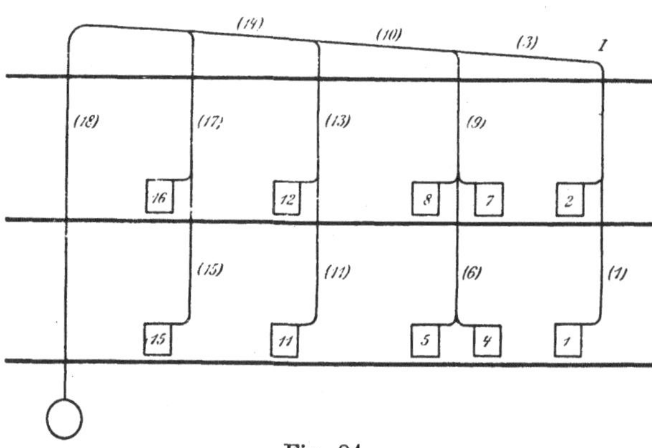

Fig. 84.

Lösung der Aufgabe. Wie bereits auf S. 360 hervorgehoben, ist es jederzeit ratsam, den Druckabfall in den Teilstrecken unmittelbar vor den Heizkörpern möglichst klein anzunehmen. Bei der Bestimmung der Rohrdurchmesser sowohl durch Annahme nach Tabelle 29 als durch genaue Berechnung ist immer mit der vom Kessel entferntest liegenden Teilstrecke zu beginnen und nach dem Kessel fortschreitend, die anschließende Verteilungsleitung zu dimensionieren, alsdann erst die Durchmesser der übrigen Teilstrecken zu bestimmen und bei jedem Abzweig von der Verteilungsleitung wieder mit seiner letzten Teilstrecke anzufangen.

a) Annahme der Rohrdurchmesser nach Tabelle 29.

Nach dem auf S. 362 Gesagten möge der Druck am Eintritt des Dampfes in die Heizkörper mit 10 kg/qm vorgesehen werden. Da der Druck im Kessel 500 kg/qm betragen soll, ist somit bis zu jedem Heizkörper ein Druck von 490 kg/qm aufzubrauchen. Die Druckzunahme in der letzten Teilstrecke (1) vom Heizkörper nach dem Kessel zu gerechnet, sowie die in der Verteilungsleitung bis zu der dem Kessel angehörenden Teilstrecke (18) werden möglichst gering, d. h. zu 4 kg/qm für 1 m Weglänge angenommen, die Druckzunahme in der Teilstrecke 18 bis zum Kessel ergibt sich alsdann aus dem noch nicht aufgebrauchten Druck von 490 kg/qm.

Die Wärmeverluste der als gut geschützt anzunehmenden Rohrleitung sollen bei der Annahme der Rohrdurchmesser nach der Tabelle 29 Berücksichtigung finden.

Es ergibt sich nun dem Gesagten zufolge nachstehende Aufstellung.

Teilstrecke Nr.	Wärmemengen: der von der Teilstrecke zu versorgenden Heizkörper	Wärmemengen: Verluste der vorhergehenden Teilstrecken	Wärmemengen: Summe der Spalten b u. c (b+c)	Wärmemengen: Verluste der Teilstrecke	Länge l m	Druckzunahme nach dem Kessel: angenommen kg/qm	Druckzunahme nach dem Kessel: erforderlich kg/qm	Überdruck am Ende kg/qm	Überdruck am Anfang kg/qm	Durchmesser d nach Tabelle 29 m
a	b	c	d	e	f	g	h	i	k	l
1*	4000	—	4000	231	7	4	—	10	38	0,025
2	4500	—	4500	52	2	—	14	10	38	0,020
3*	8500	283	8783	504	12	4	—	38	86	0,034
4	4000	—	4000	66	2	4	—	10	18	0,025
5	3500	—	3500	66	2	4	—	10	18	0,025
6	7500	132	7632	210	5	4	—	18	38	0,034
7	4200	—	4200	52	2	—	14	10	38	0,020
8	4500	—	4500	52	2	—	14	10	38	0,020
9	16200	446	16646	210	5	—	9,6	38	86	0,034
10*	24700	1443	26143	590	10	4	—	86	126	0,049
11	4000	—	4000	231	7	4	—	10	38	0,025
12	5200	—	5200	52	2	—	14	10	38	0,020
13	9200	283	9483	172	5,2	—	17	38	126	0,025
14*	33900	2488	36388	567	9	4	—	126	162	0,057
15	3800	—	3800	231	7	4	—	10	38	0,025
16	4600	—	4600	52	2	—	14	10	38	0,020
17	8400	283	8683	264	8	—	15,5	38	162	0,025
18*	42300	3602	45902	1534	26	—	13	162	500	0,049

Summe: 47436

Die mit * bezeichneten Teilstrecken sind die des Rohrzugs vom entferntesten Heizkörper bis zum Kessel, deren Durchmesser bei der Berechnung zuerst festzustellen sind.

Über Berücksichtigung der Spalten b bis e bei der Wahl der Durchmesser nach Tabelle 29 siehe S. 363.

b) Berechnung der Rohrdurchmesser.

Bei der Berechnung der Rohrdurchmesser ist, wie bereits erwähnt, vom Ende der vom Kessel entferntesten Teilstrecke, somit im vorliegenden Fall am Ende der Teilstrecke 1 auszugehen und zunächst die anschließende Verteilungsleitung des Dampfes bis zum Kessel zu dimensionieren. Am besten werden hierbei die nach Tabelle 29 gewählten Rohrdurchmesser bis auf den der letzten Teilstrecke belassen und die Ungenauigkeiten der Tabelle durch Berechnung des Durchmessers dieser einen Teilstrecke ausgeglichen. Es ist alsdann nur bis dahin die Druckdifferenz $p_2 - p_1$ für jede Teilstrecke, d. h. also die Druckzunahme nach dem Kessel zu berechnen.

Die Druckzunahme ist bei gegebenem Enddruck — das ist der Druck des Dampfes am Eintritt in die Heizkörper — und gegebenem Durchmesser, sowie bei Nichtberücksichtigung der Einzelwiderstände nach Gl. (205), bei Berücksichtigung nach Gl. (207), die Rohrdurchmesser sind dagegen bei gegebenem End- und Anfangsdruck nach Gl. (208) bzw. nach der auf S. 359 angegebenen Benutzung der Gl. (208) zu berechnen.

Im vorliegenden Beispiele sollen, um gleichzeitig die Sicherheit und den Wert der Tabelle 29 klarzustellen, die Einzelwiderstände berücksichtigt werden.

Teilstrecke 1.

Es ist:

$W_1 = 4000$ WE,
d_1 (angenommen nach Tab. 29 und beizubehalten) $= 0{,}025$ m,
$D_1 = 0{,}033$ m,
$l_1 = 7$ m, $\Sigma\zeta_1 = 2{,}5$.

Nach Gl. (207) ist, da die Rohre vor Wärmeabgabe geschützt sind nach dem auf S. 360 Gesagten bzw. nach der Aufstellung S. 365,

$$W_1' = 1000 \cdot 0{,}033 \cdot 7 = 231 \text{ WE},$$

somit die Druckzunahme bis zum Treffpunkt mit der Teilstrecke 3:

$$p_2 - p_1 = \frac{7 \cdot 4000\,(4000 + 231)}{(1000 \cdot 0{,}025)^5} + \frac{(4000 + 231)^2 \cdot 2{,}5}{(2330 \cdot 0{,}025)^4} = 12{,}1 + 3{,}9 = 16{,}0 \text{ kg/qm}.$$

(Zur Erleichterung der Berechnung siehe auch Tabelle 30.)

Da der Druck des Dampfes am Eintritt in den Heizkörper bei mittlerem Barometerstand zu 10 kg/qm angenommen werden soll, so stellt sich somit der Druck im Treffpunkt der Teilstrecken 1 und 3 zu : $10000 + 10 + 16 = 10026$ kg/qm, der Überdruck gegenüber dem Atmosphärendruck am Anfang der Teilstrecke 1 nicht wie nach der Annahme für die Rohrdurchmesser zu 38, sondern zu $16 + 10 = 26$ kg/qm.

Teilstrecke 3.

Bei Teilstrecke 3 sind den Wärmemengen, die für die Heizkörper 1 und 2 zu fördern sind, die Wärmeverluste der Teilstrecken 1 und 2 hinzuzufügen. Teilstrecke 2 hat bei dem vorgesehenen Durchmesser von $d_2 = 0{,}020$ m einen Wärmeverlust von $1000 \cdot 0{,}026 \cdot 2 = 52$ WE, also ist zu setzen:

$W_3 = 8500 + 231 + 52 = 8783$ WE,
d_3 (angenommen und beizubehalten) $= 0{,}034$ m,
$D_3 = 0{,}042$ m,
$l_3 = 12$ m, $\Sigma\zeta_3 = 3$.

Somit ist, da sich, wie auch in der Aufstellung S. 365 enthalten,

$$W_3' = 1000 \cdot 0{,}042 \cdot 12 = 504 \text{ WE}$$

ergibt, die Druckzunahme vom Ende bis zum Anfange der Teilstrecke:

$$p_2 - p_1 = \frac{12 \cdot 8783\,(8783 + 504)}{(1000 \cdot 0{,}034)^5} + \frac{(8783 + 504)^2 \cdot 3}{(2330 \cdot 0{,}034)^4} = 21{,}5 + 6{,}6 = 28{,}1 \text{ kg/qm},$$

also vom Heizkörper 1 (einschließlich) ab gerechnet zu 26 + 28,1 = 54,1 kg/qm, anstatt wie nach der Annahme zu 86 kg/qm.

Teilstrecke 10.

Bei Teilstrecke 10, die den Dampf für die Heizkörper 1, 2, 4, 5, 7 und 8 zu fördern hat, sind den diesen entsprechenden Wärmemengen die Wärmeverluste der Teilstrecken 1 bis 9 hinzuzufügen. Sie berechnen sich in gleicher Weise wie bisher zu 1443 WE. Somit ist:

$W_{10} = 24700 + 1443 = 26143$ WE,
d_{10} (angenommen und beibehalten) $= 0{,}049$ m,
$D_{10} = 0{,}059$ m,
$l_{10} = 10$, $\Sigma\zeta_{10} = 0$.
$W_{10}' = 1000 \cdot 0{,}059 \cdot 10 = 590$ WE, und die Druckzunahme bis zum Anfang der Teilstrecke:

$$p_2 - p_1 = \frac{10 \cdot 26143\,(26143 + 590)}{(1000 \cdot 0{,}049)^5} + 0 = 24{,}7 \text{ kg/qm}.$$

Die Druckzunahme vom Heizkörper 1 (einschließlich) ab gerechnet, beträgt somit nicht wie die Annahme 126 kg/qm, sondern nur 54,1 + 24,7 = 78,8 kg/qm.

Teilstrecke 14.

Teilstrecke 14 hat den Dampf für die Heizkörper 1, 2, 4, 5, 7, 8, 11 und 12 zu fördern, zu den entsprechenden Wärmemengen treten somit die Wärmeverluste der Teilstrecken 1 bis 13 hinzu, die sich zu 2488 WE berechnen. Somit ist:

$W_{14} = 33\,900 + 2488 = 36\,388$ WE,
d_{14} (angenommen und beibehalten) $= 0{,}057$ m,
$D_{14} = 0{,}063$ m,
$l_{14} = 9$ m, $\Sigma\zeta_{14} = 0$,
$W_{14}' = 1000 \cdot 0{,}063 \cdot 9 = 567$ WE und die Druckzunahme bis zum Anfang der Teilstrecke:

$$p_2 - p_1 = \frac{9 \cdot 36388\,(36388 + 567)}{(1000 \cdot 0{,}057)^5} + 0 = 20{,}0 \text{ kg/qm}.$$

Teilstrecke 18.

Die Druckzunahme vom Heizkörper 1 (einschließlich) ab gerechnet, beträgt somit nicht wie die Annahme 162 kg/qm, sondern 78,8 + 20,0 = 98,8 kg/qm. Da bei Eintritt des Dampfes in die Heizkörper ein Druck von 10 kg/qm, im Kessel ein solcher von 500 kg/qm vorgeschrieben ist, so ist nunmehr für Teilstrecke 18, insofern der bisher aufgebrauchte Druck mit der Annahme nicht übereinstimmt, der Durchmesser zu berechnen.

Es ist:

W_{18} (einschließlich der sich zu 3602 WE berechnenden Wärmeverluste der Teilstrecken 1 bis 17) $= 42\,300 + 3602 = 45\,902$ WE,
$d_{18} =$ (angenommen, aber auf die Richtigkeit zu prüfen) $= 0{,}049$ m,
$D_{18} = 0{,}059$ m,
$l_{18} = 26$ m, $\Sigma\zeta_{18} = 4{,}5$.
W_{18}' (für den angenommenen, vorläufig beizubehaltenden Durchmesser) $= 1000 \cdot 0{,}059 \cdot 26 = 1534$ WE.

Für die Einzelwiderstände werden nach Gl. (206) aufgebraucht:

$$p_2'' = \frac{(45902 + 1534)^2 \cdot 4{,}5}{(2330 \cdot 0{,}049)^4} = 59{,}5 \text{ kg/qm}.$$

Durch die Reibungswiderstände und die Wärmeverluste ist somit, da für die bereits behandelten Teilstrecken einschließlich der Heizkörper vom Kesseldruck 98,8 kg/qm übrigbleiben muß, ein Druck von

$$p_2 - p_1 = 500 - 98{,}8 - 59{,}5 = 341{,}7 \text{ kg/qm}$$

aufzubrauchen.

Nach Gl. (208) ist alsdann:

$$d_{18} = 0{,}001 \sqrt[5]{\frac{26 \cdot 45902\,(45902 + 1534)}{341{,}7}} = 0{,}044 \text{ m}.$$

Nach der Annahme ist der Durchmesser 0,049 m, so daß dieser beibehalten werden kann. Wäre die Anzahl der Einzelwiderstände in der Anlage eine sehr bedeutende gewesen, so würde sich der Durchmesser vielleicht über 0,049 m ergeben haben. Hätte man alsdann keine Nachrechnung vorgenommen, so könnte man den vorgeschriebenen Druck im Kessel nicht ganz einhalten und müßte ihn etwas erhöhen.

Nachdem die Rohrdurchmesser im Zug vom letzten Heizkörper bis zum Kessel Erledigung gefunden haben, sind die Durchmesser der übrigen Teilstrecken zu bestimmen. Für diese wird, wenn ein ordnungsmäßiger und geräuschloser Betrieb der Anlage gesichert bleiben soll, eine Berechnung um so weniger zu umgehen sein, da, wie das Beispiel ergibt, die Druckverhältnisse in den Teilstrecken der Verteilungsleitung gegenüber der Annahme sich wesentlich ändern, also nunmehr auch die noch übrigen angenommenen Durchmesser eine Änderung zu erfahren haben. Wird keine Berechnung vorgenommen, so kann, wie bereits auf S. 362 erwähnt, der Fall eintreten, daß, um nach den Heizkörpern, die eine Vergrößerung des Durchmessers der zugehörigen Teilstrecken bedingen, die genügende Dampfmenge zu führen, der Kesseldruck eine nicht unwesentliche Erhöhung erfahren muß, somit in die anderen Heizkörper der Dampf mit einem höheren Druck als erwünscht eintritt und dadurch — wie so oft in der Praxis beobachtet — unliebsame und störende Geräusche hervorgerufen werden.

Teilstrecke 2.

Im Treffpunkt der Teilstrecken 1 und 2 hat sich nach der Berechnung ein Druck von 26 kg/qm ergeben. Dieser Druck ist in Teilstrecke 2 bis auf 10 kg/qm, d. h. auf den Druck, mit dem der Dampf in den Heizkörper eintreten soll, aufzubrauchen. Es ist nun:

$W_2 = 4500$ WE,
d_2 (angenommen, aber auf seine Richtigkeit zu prüfen) $= 0{,}020$ m,
$D_2 = 0{,}026$ m,
$l_2 = 2$ m, $\Sigma\zeta_2 = 2{,}5$,
W_2' (für den angenommenen, vorläufig beizubehaltenden Durchmesser, wie bereits in der Aufstellung S. 365 enthalten) $= 1000 \cdot 0{,}026 \cdot 2 = 52$ WE.

Für die Einzelwiderstände werden nach Gl. (206) aufgebraucht:

$$p_2'' = \frac{(4500 + 52)^2 \cdot 2{,}5}{(2330 \cdot 0{,}020)^4} = 4{,}3 \text{ kg/qm},$$

somit ist in die Gl. (208) für $p_2 - p_1 = (26 - 4{,}3) - 10 = 11{,}7$ kg/qm zu setzen. Es ergibt sich alsdann:

$$d_2 = 0{,}001 \sqrt[5]{\frac{2 \cdot 4500\,(4500 + 52)}{11{,}7}} = 0{,}020 \text{ m}.$$

Für die Teilstrecke 2 stimmt somit die Berechnung mit der nach Tabelle 29 gemachten Annahme noch überein.

Die Berechnung der übrigen Teilstrecken erfolgt in der gleichen Weise, so daß eine weitere Durchführung hier nicht nötig erscheint. Zum Vergleich der Ergebnisse der Berechnung für alle Teilstrecken mit der zuerst gemachten Annahme der Durchmesser dient nachfolgende Zusammenstellung.

Teilstrecke Nr.	Nach Tab. 29 angenommener Rohrdurchmesser	Berechneter Rohrdurchmesser	Teilstrecke Nr.	Nach Tab. 29 angenommener Rohrdurchmesser	Berechneter Rohrdurchmesser
1	0,025	0,025	10	0,049	0,049
2	0,020	0,020	11	0,025	0,025
3	0,034	0,034	12	0,020	**0,025**
4	0,025	0,025	13	0,025	0,025
5	0,025	0,025	14	0,057	0,057
6	0,034	0,034	15	0,025	0,025
7	0,020	**0,025**	16	0,020	**0,025**
8	0,020	**0,025**	17	0,025	0,025
9	0,034	**0,039**	18	0,049	0,049

Man ersieht aus der Zusammenstellung, daß die Durchmesser der Teilstrecken 7, 8, 9, 12 und 16 durch die Berechnung eine Änderung erfahren haben, wodurch die Wichtigkeit der Berechnung erwiesen ist.

Das vorstehende Beispiel ergibt nach Maßgabe der gewählten Druckabfälle für den vom Kessel abgehenden Hauptstrang (18) einen kleineren Durchmesser als für die sich anschließende Teilstrecke (14), trotzdem sich vor Beginn dieser eine Leitung abgezweigt hat. Es wird dies in der Praxis bei nicht zu ausgedehnten Anlagen häufig eintreten, sofern die Druckabfälle — wie in dem Beispiele — absichtlich groß in der an den Kessel anschließenden Teilstrecke, klein in den übrigen Teilstrecken gewählt werden. Der Praktiker möge alsdann die Anlage getrost so ausführen, weil nach dem früher Gesagten (s. S. 349) die Druckabfälle in den Leitungen zu den Heizkörpern möglichst klein gemacht werden sollen.

Fünfzehntes Kapitel.

A. Dampf-Warmwasserheizung.

(Siehe Tafel 27.)

I. Allgemeine Anordnung und Anwendungsgebiet.

Die Dampf-Warmwasserheizung ist eine gewöhnliche Warmwasserheizung, bei der das Wasser im Heizkessel nicht durch die Einwirkung direkten Feuers, sondern durch Dampf Erwärmung findet. Die Anlage zerfällt somit in eine Warmwasserheizung und eine Dampfheizung, die jede für sich in der früher besprochenen Weise anzuordnen und zu berechnen ist.

Die Erwärmung des Wassers durch Dampf soll zur Vermeidung verschiedenartiger Störungen nicht durch unmittelbare Einführung, sondern mittelbar durch Dampfheizflächen erfolgen. Da die Übertragung der Wärme des Dampfes an Wasser eine sehr schnelle ist, sind nur verhältnismäßig kleine Heizflächen und somit auch kleine Heizkessel für die Warmwasserheizung erforderlich. Die Dampfheizflächen kommen meistens in Form von Röhren in Anwendung, die durch den Warmwasserheizkessel geführt werden.

Vielfach verwendet man überhaupt keine Kessel, sondern schaltet in die Rohrleitung nur eine Art Erweiterungskörper ein, der eine größere Anzahl gleichgerichteter Kupferröhren enthält, durch die der Dampf und um die in entgegengesetzter Richtung das Wasser strömt (Schaffstädt, Hoffmann u. a. s. Tafel 27).

Die gewünschte dem Wärmebedarf entsprechende Wassertemperatur wird alsdann meist mit Hilfe automatisch gesteuerter Ventile durch Bemessung der Menge des in die Röhren eingeführten Dampfes erzielt und zwar entweder unmittelbar durch Regelung des Dampfzuflusses oder mittelbar durch Stauen des Niederschlagswassers, so daß also ein entsprechender Teil der vom Wasser berührten Heizfläche dem Dampfzutritt entzogen wird. Da die zuzuführende Dampfmenge dem jeweiligen Wärmebedarf entsprechen muß, die Tätigkeit der Ventile also bei sehr verschiedenen Wassertemperaturen einzusetzen hat, es aber zurzeit noch keine Apparate gibt, die auch dieses Einsetzen selbsttätig steuern, so ist für eine bestimmte einzuhaltende Wassertemperatur auch eine bestimmte durch Hand zu bewirkende Einstellung für den Eintritt der Ventilregelung erforderlich.

Im allgemeinen ist die Einhaltung einer bestimmten Wassertemperatur durch die Regelung des eintretenden Dampfes in völlig befriedigender Weise nicht möglich, da bei Niederdruckdampf schon eine kleine Änderung der Ventilstellung einen nicht unbedeutenden Einfluß auf die einströmende Dampfmenge ausübt, bei Hochdruckdampf aber die zuverlässige Regelung durch Ventile überhaupt kaum möglich ist (s. S. 318). Bei Warmwasserkesseln mit einliegenden Dampfröhren wird daher — um für die Überschreitung der gewünschten Wassertemperatur engere Grenzen zu erhalten — die Heizfläche gewöhnlich in zwei oder mehrere unabhängig voneinander arbeitende Teile zerlegt. Trotzdem ist, da der Dampf stets über 100° warm ist, bei einer Warmwasser-Niederdruckheizung aber das Wasser nicht höher als bis auf 80° oder 90° erwärmt werden soll, Vorsicht bezüglich einer Überwärmung des Wassers geboten. Zweckmäßig sind daher außer den selbsttätigen Reglern Alarmvorrichtungen, die in Tätigkeit treten, sobald die zulässige Temperatur überschritten wird; am einfachsten eignen sich für letztere elektrische Thermometer in Verbindung mit einem Läutewerke.

Eine bessere als die vorbeschriebene — leider in der Praxis noch nicht allseitig genug angewendete — Regelung der Wassertemperatur erzielt man, wenn ein Teil des Wassers in einem kleinen Kessel stets auf die der Dampftemperatur entsprechende Maximaltemperatur gehalten und von ihm so viel dem Rücklaufwasser der Warmwasserheizung zugemischt wird, daß dieses wieder mit der erforderlichen Temperatur in den Vorlauf eintritt. Natürlich macht diese Anordnung selbsttätig gesteuerte Apparate für die richtige Beimischung des Wassers nicht entbehrlich, es ist aber jederzeit leichter, Wassermengen als Dampfmengen durch Ventile zu regeln und eine konstante Wassertemperatur durch Beimischung höher erwärmten Wassers zu dem abgekühlten, als durch Wiedererwärmung des abgekühlten Wassers an Dampfheizflächen zu erzielen, besonders wenn das Zuwasser eine stets gleichbleibende Temperatur besitzt.

Das Anwendungsgebiet der Dampf-Warmwasserheizung ist ein ziemlich ausgedehntes, da in allen Fällen, in denen Dampf für andere Zwecke benötigt wird, auch die Möglichkeit vorliegt, das Wasser einer Wasserheizung durch Dampf zu erwärmen. Besonders bei einer größeren Anzahl mit Warmwasserheizung zu versehender Gebäude, die von einer Zentralstelle aus mit Wärme versorgt werden sollen und wenn Dampf auch noch für andere Zwecke (Maschinenbetrieb, Waschen, Baden, Kochen, Desinfizieren, Sterilisieren usw.) benötigt wird, kommt Dampf-Warmwasserheizung — neuerdings meist im Wettbewerb mit einer Fern-Warmwasserheizung — in Frage. Aber auch bei großen einzelnen Gebäuden ist häufig schon zur Vermeidung verschiedener Feuerstellen eine Dampf-Warmwasserheizung angezeigt; geboten erscheint sie, wenn in dem Gebäude einzelne Räume durch Warmwasserheizung, andere durch Dampf Erwärmung finden sollen und mit der Heizung eine umfangreiche Lüftungsanlage zu verbinden ist.

Für manche Fälle (z. B. Gebäude, die wochentags Dampf von einer Fabrik erhalten können), empfiehlt sich die Dampf-Warmwasserheizung auch für kleinere Anlagen, alsdann aber in der Form, daß das Kesselwasser sowohl durch Dampf als durch direktes Feuer erwärmt werden kann.

II. Berechnung der Dampf-Warmwasserheizung.

Die Berechnung einer gewöhnlichen Dampf-Warmwasserheizung bietet, mit Ausnahme des Apparates zur Wassererwärmung, nichts Neues. Die Wärme, die von Dampf an Wasser durch eine dünne Metallwand stündlich überführt werden kann, ist eine sehr große und eine sehr verschiedene. Sie hängt naturgemäß von dem Unterschied zwischen der Temperatur des Dampfes und des Wassers, ganz besonders aber auch von der Geschwindigkeit und Richtung der Bewegung der die Dampfheizfläche berührenden Wasserteilchen ab. Die Wärmedurchgangszahl k, bezogen auf 1 qm Heizfläche, 1° C Temperaturunterschied zwischen Dampf und mittlerer Wassertemperatur und 1 Stunde kann gesetzt werden*)

$$k = 300 + 1800 \sqrt{v}\,, \tag{212}$$

*) Taschenbuch der „Hütte“.

worin v die zwischen 0,05 und 2,0 m/sek betragende Wassergeschwindigkeit bedeutet. Bei gut konstruierten Gegenstromapparaten ist v unschwer zu bestimmen, bei größeren Kesseln mit einliegenden Dampfröhren dagegen nur schätzungsweise anzunehmen. Im letzteren Fall rechnet man in der Praxis gewöhnlich mit stündlich 1000 bis höchstens 1500 WE für 1 qm wasser- und dampfberührter Fläche und für 1° Temperaturunterschied. Auf sichere Austreibung der Luft aus dem vom Wasser umspülten Heizkörper ist jederzeit zu achten, es empfiehlt sich daher am meisten die Anwendung glatten schmiedeeisernen Rohres.

Wichtig ist es, besonders bei Niederdruck-Dampfheizung, wie bereits auf S. 361 hervorgehoben, den erforderlichen Anfangsdruck des Dampfes bei Eintritt in das zur Erwärmung des Wassers dienende Rohr und den Durchmesser dieses Rohres genau zu berechnen, um sicher zu sein, den gewünschten Effekt mit der im Dampfkessel angenommenen Spannung zu erzielen. Hierzu dienen die Gl. (207) bzw. (194) und (210). Ein Beispiel, dessen Schlußbemerkung der Beachtung besonders empfohlen werden soll, wird dies noch weiter klarlegen.

Beispiel. Aufgabe. Zur Erwärmung des Wassers einer Dampfwarmwasserheizung sind stündlich 100 000 WE erforderlich; die Erwärmung des Wassers erfolgt von 70° auf 90° durch schmiedeeiserne Röhren. Der Dampfkessel, der bei hohem Barometerstande mit einem Überdrucke von nicht mehr als 500 kg/qm zu betreiben ist, liegt von dem Wasserkessel 50 m entfernt. Die Einzelwiderstände in der Dampfleitung bis zum Wasserkessel betragen $\Sigma\zeta = 6$.

Lösung der Aufgabe. Der Überdruck im Kessel soll der Aufgabe gemäß 500 kg/qm betragen. Es empfiehlt sich, um einen möglichst großen Druck bei Eintritt des Dampfes in die Wasserheizröhren zu besitzen, einen geringen Spannungsabfall bis zu dem Wasserkessel anzunehmen. Wird ein solcher von 4 kg für das laufende Meter gewählt, so ist der Endüberdruck, also der zur Verfügung stehende Anfangsüberdruck für den Wasserkessel $500 - 50 \cdot 4 = 300$ kg/qm. Nach Tabelle 29 ergibt sich für die Dampfleitung bis zum Wasserkessel somit ein Durchmesser von 0,082 m. Um eine Kontrolle zu haben, ob bei diesem Durchmesser auch wirklich der Endüberdruck noch 300 kg/qm beträgt, die Tabelle 29 also ein richtiges Ergebnis geliefert hat, möge zunächst die Berechnung des Drucks am Wasserkessel erfolgen und zwar unter Berücksichtigung der Einzelwiderstände.

Nach Gl. (207) ist, wenn W' nach dem gewählten Durchmesser mit $1000 \cdot 0{,}089 \cdot 50 = 4450$ WE eingesetzt wird:

$$p_2 - p_1 = \frac{50 \cdot 100000\,(100000 + 4450)}{(1000 \cdot 0{,}082)^5} + \frac{(100000 + 4450)^2 \cdot 6}{(2330 \cdot 0{,}082)^4}$$
$$= 140{,}5 + 49{,}0 = 189{,}5\,.$$

Der Überdruck des Dampfes bei Eintritt in den Wasserkessel ist also $500 - 189{,}5 = 310{,}5$ kg/qm, was fast genau mit der Annahme (300) und somit auch mit der Tabelle 29 übereinstimmt. Eine Berechnung hätte in diesem Falle also entbehrt werden können, keinesfalls aber die weiter folgende des Durchmessers der Heizröhren im Wasserkessel.

Nimmt man die stündliche Wärmeabgabe von 1 qm Rohrspirale bei 1° Temperaturunterschied zwischen Dampf und Wasser zu 1000 WE an (s. oben) und setzt ferner die Dampftemperatur $\backsim 100°$, die mittlere Temperatur des Wassers der Aufgabe gemäß 80°, so ist:

$$W = D\,\pi\,l \cdot (100 - 80) \text{ WE},$$

sofern D den äußeren Durchmesser der Rohrspirale in Millimeter, l ihre Länge in Meter bedeutet. Aus dieser Gleichung ergibt sich:

$$l = \frac{W}{20 \cdot D\pi} \text{ m.}$$

Gemäß Gl. (210) ist der Überdruck am Anfang der Rohrspirale

$$p_2 - p_1 = \frac{0{,}34\, l\, W^2}{d^5} \cdot$$

Setzt man in diese Gleichung den gefundenen Wert für l ein, so ist:

$$p_2 - p_1 = \frac{0{,}34\, W^3}{d^5\, D\, \pi\, 20}$$

und somit:

$$W = \sqrt[3]{185\, d^5\, D\, (p_2 - p_1)}\,.$$

Der Aufgabe entsprechend ist $p_2 - p_1 = 310{,}5$, so daß sich W berechnet für

d =	0,025	0,034	0,039	0,049	0,065
D =	0,033	0,042	0,048	0,059	0,076
W =	26 763	47 800	62 830	98 470	171 550

Es würde also mit einer Rohrspirale von einem lichten Durchmesser von $d = 0{,}049$ m im vorliegenden Fall noch nicht ganz auszukommen, dagegen ein solcher von $d = 0{,}065$ m zu reichlich bemessen sein. Da es sich nach dem auf S. 370 Gesagten zur besseren Regelung der jeweilig erforderlichen Wassertemperatur empfiehlt, 2 oder 3 voneinander unabhängig wirkende Rohrzüge anzuwenden, so ersieht man, daß eine Rohrspirale von 0,034 m, in Gemeinschaft mit einer solchen von 0,039 m Durchmesser oder bei 3 Rohrzügen zwei Spiralen von je 0,025 m und eine von 0,034 m Durchmesser genügen würden. Voraussetzung ist hierbei natürlich, daß die Rohrspiralen für schnellen Abfluß des Niederschlagswassers genügendes Gefälle haben, andernfalls wird man entsprechend größere Durchmesser zu wählen haben. Die vorstehende Betrachtung soll auch vorwiegend dafür dienen, daß nicht unnötig große, aber vor allem auch nicht zu kleine Durchmesser gewählt werden, da bei letzteren der Effekt nicht erreicht werden kann, wenn auch die Länge der Rohrspiralen nach der Größe der erforderlichen Heizfläche richtig bemessen worden ist.

B. Dampf-Wasserheizung.

(Siehe Tafel 28.)

Dampf-Wasserheizung kann in Frage kommen, wenn bei großen Gebäuden nur eine Feuerstelle wünschenswert erscheint, die Räume besonders schnelle Erwärmung erfahren müssen und doch nach Einstellen des Betriebes Wärmequellen in den Räumen verbleiben sollen.

Zu diesem Zwecke sind zwei Arten von Heizkörpern in Anwendung. Die Heizkörper der ersten Art sind zum Teil mit Wasser gefüllt; über diesem tritt der Dampf ein. Es befinden sich in jedem Heizkörper ein oder mehrere Überlaufe zur Ableitung des sich bildenden Niederschlagswassers, in die gleichzeitig der Dampf eintritt und auf diese Weise eine rasche Erwärmung des Wasserinhaltes hervorruft.

Die Heizkörper der zweiten Art sind ebenfalls ganz oder zum Teil mit Wasser gefüllt, ihre Erwärmung erfolgt aber nur durch Dampfheizflächen, gewöhnlich in Form von Röhren. Für die Möglichkeit eines zeitweiligen Nachfüllens von Wasser ist alsdann Sorge zu tragen, ebenso, daß bei hoch oder ganz gefüllten Heizkörpern ein der Ausdehnung entsprechendes Volumen Wasser austreten kann. Entweder ordnet man zu diesem Zwecke auf jedem Heizkörper einen Windkessel an, oder verbindet alle Heizkörper mit einem gemeinschaftlichen Windkessel bzw. Ausdehnungsgefäße auf dem Dachboden.

Bis zum Beharrungszustande arbeiten die Heizkörper meist mit Geräusch, ganz besonders die mit unmittelbarem Dampfeintritte. Es besteht ferner der Nachteil, daß, wenn das Wasser in den Heizkörpern sich erwärmt hat, eine Wärmeregelung nicht mehr möglich und daß die gewünschte Wärmeaufspeicherung nur eine verhältnismäßig geringe ist. Während vor etwa 25 Jahren die Dampf-Wasserheizung sehr beliebt war, wird sie gegenwärtig der angeführten Mängel halber selten angewendet. Sie vereinigt eigentlich so ziemlich alle Fehler der Dampf- und der Wasserheizung, ohne deren Vorzüge zu besitzen.

Die Berechnung ist die einer Dampfheizung, nur müssen die Wärmemengen, die zur Erwärmung des Wassers beim Anheizen nötig sind, ebenfalls bei der Größenbestimmung der Dampfkessel berücksichtigt werden.

Sechzehntes Kapitel.

Luftheizung.

(Siehe Tafel 28—33.)

Mit dem Namen Luftheizung wird eine Heizungsanlage bezeichnet, bei der die Erwärmung der Räume lediglich durch eingeführte warme Luft erfolgt.

Befindet sich in oder neben einem Raume der zur Erwärmung erforderliche Heizkörper, so wird durch seine Umkleidung mit einem festen Mantel und Hindurchführen der Raumluft durch diesen Mantel an dem Heizkörper vorbei eine lokale Luftheizung geschaffen, befindet sich der Heizkörper in einem tiefer gelegenen Geschosse, so spricht man von zentraler Luftheizung oder kurzweg von „Luftheizung". Das Nachfolgende bezieht sich auf die letztere Ausführung.

Wie bereits auf S. 189 angeführt, unterscheidet man Feuer-Luftheizung und Wasser- bzw. Dampf-Luftheizung. Da der Unterschied lediglich der Art der Heizkörper entstammt, in denen die Luft Erwärmung findet, kann eine gemeinsame Besprechung dieser Systeme stattfinden.

A. Anordnung und Ausführung der Luftheizung.

I. Allgemeines und Anwendungsgebiet der Luftheizung.

Die Anordnung und Ausführung einer Luftheizung unterscheiden sich, sofern die Anlage eine Erneuerung der Luft in den Räumen bedingt, in keiner Weise von der einer Lüftungsanlage, so daß in dieser Beziehung auf den Abschnitt „Lüftung" verwiesen werden kann.

Insofern eine Erneuerung der Raumluft nicht mit der Luftheizung verbunden sein soll, unterscheidet sie sich von einer Lüftungsanlage lediglich durch die Rückleitung der Abluft nach dem Heizapparate behufs erneuter Erwärmung und durch die Einführung in die Räume. Eine derartige Luftheizung wird mit dem Namen „Zirkulations-" oder „Umluftheizung" bezeichnet. Sie ist aus hygienischen Gründen nicht zu empfehlen und sollte daher in der Praxis nur für das Anheizen größerer Räume (Säle, Kirchen usw.) behufs Ersparnis von Betriebskosten angeordnet und benutzt werden.

Das Anwendungsgebiet einer Luftheizung geht aus den nachstehenden Betrachtungen hervor.

Da die Erwärmung eines Raumes durch Einführung warmer Luft nur dann möglich ist, wenn gleichzeitig eine Ableitung von Luft erfolgt, so verbindet die Luftheizung — sofern von Umlaufluftheizung abgesehen wird — die Erwärmung mit der Lüftung. Diese Eigenschaft kann ein Vorteil, unter Umständen aber auch ein Nachteil sein, denn da ein Raum zu seiner Erwärmung bei vorgeschriebener Temperatur der einströmenden Luft einen ganz bestimmten Luftwechsel bedingt, so wird bei einem großen Wärmebedarfe zur Erzielung der gewünschten Temperatur und bei geringer Benutzung oder Besetzung des Raumes ein unnötig großer Luftwechsel erforderlich und durch diesen somit die Ökonomie des Betriebes ungünstig beeinflußt.

Sollen eine Anzahl Räume durch einen gemeinschaftlichen Heizkörper Erwärmung finden, die einen bestimmten Lüftungsbedarf besitzen (Schulen usw.), dem die Anlage gerecht werden muß, so erfordert jeder Raum eine bestimmte dem Wärmebedarfe entsprechende Einströmungstemperatur der Luft. Da am gemeinschaftlichen Heizkörper die Luft nur auf eine Temperatur erwärmt werden kann, so muß für jeden Raum die Mischung eines entsprechenden Teiles der erwärmten Luft mit unerwärmter Luft vorgesehen werden, was naturgemäß eine Erschwernis der Bedienung um so mehr zur Folge hat, als bei gleichbleibender Besetzung der Räume der Luftwechsel eine Änderung nicht erfahren soll, gleichwohl das Wärmebedürfnis je nach der Außentemperatur oft großen Schwankungen unterworfen ist. Viele Klagen bei Luftheizungen sind auf diesen Umstand zurückzuführen.

Endlich ist darauf hinzuweisen, daß für die Bewegung der Luft bei Luftheizungen ohne Ventilatorenbetrieb eine nur verhältnismäßig geringe Kraft zur Verfügung steht und daher, wenn das Gebäude dem Windanfalle ausgesetzt ist, die Erwärmung der Räume störenden Einflüssen unterworfen ist. Wenn man sich ab und zu auch mit einem geringeren als dem geforderten Luftwechsel abzufinden in der Lage wäre, so wird man doch keinesfalls mit unzulänglichen Temperaturgraden sich begnügen können.

Aus dem Gesagten geht hervor, daß für Gebäude, die dem Windanfalle in besonderem Maße ausgesetzt sind (Villen usw.), Luftheizung nicht anzuwenden ist, daß sie ferner nicht zu empfehlen ist für Räume, die einen großen Wärmebedarf, aber nur einen geringen Lüftungsbedarf besitzen und daß bei der Ausführung einer Luftheizung tunlichst ein jeder Raum, in dem ein bestimmter Luftwechsel einzuhalten ist, einen besonderen Heizkörper erhalten sollte.

Da die Erfüllung der letzten Bedingung bei direkt geheizten Heizkörpern (Feuerluftheizung) die Anlagekosten erhöht, die Bedienung erschwert und ökonomische Nachteile bedingt, eignet sich für Räume mit vorgeschriebenem Luftwechsel hauptsächlich die Wasser- bzw. Dampf-Luftheizung.

In richtiger Weise angewendet und ausgeführt, kann in vielen Fällen die Luftheizung nicht nur am Platze sein, sondern zu dem allein richtigen und in Frage kommenden Heizsysteme werden, vor allen Dingen dann, wenn sich eine große Anzahl Personen in einem Raume zu versammeln haben, so daß die Anlage vor Benutzung des Raumes hauptsächlich zur Erwärmung, während der Benutzung hauptsächlich zur Lüftung bzw. auch zur Kühlung Verwendung finden muß (Theater, eingebaute Sitzungssäle usw.).

Die Vorwürfe, die man oftmals gegen die Luftheizung erhebt, daß sie die Luft „austrockne", sind nach dem auf S. 37 Gesagten unrichtige, dagegen ist nicht zu leugnen, daß durch den oftmals erforderlichen großen Luftwechsel eine austrocknende Wirkung bei den von der Luft berührten Gegenständen hervorgerufen werden kann, wenn nicht für eine genügende Befeuchtung der Luft Vorsorge getragen wird. Fehlerhafte Ausführungen von Luftheizungen haben häufig fälschlicherweise dahin geführt, der Luftheizung als solcher den Krieg zu erklären. Es ist überhaupt bedauerlich, daß häufig der Besitz einer Lüftungs- und Heizungsanlage den Laien dahin führt, sich als Sachverständiger zu fühlen und allgemeine, meist gänzlich unrichtige Urteile abzugeben.

Da die Feuer-Luftheizungen bei weitem die billigsten Zentralheizungen sind, so werden sie mitunter für Gebäude, *für die sie gänzlich ungeeignet erscheinen*, dem Bauherrn aus Unkenntnis oder Gewissenlosigkeit empfohlen und von diesem ohne Prüfung, ob die Ausführung den hygienischen, technischen und ökonomischen Voraussetzungen entspricht, angenommen.

Luftheizungen, bei denen die Heizapparate nicht zugänglich sind und in ihrer Beschaffenheit nicht kontrolliert, vom Staub nicht leicht oder gar nicht gereinigt werden können, die zur Erzielung der erforderlichen Wärme über Gebühr angestrengt werden müssen, so daß die Heizflächen anfangen rotwarm zu werden, bei denen die Luft mit hoher Temperatur (s. später) in die Räume eintreten muß usw., sind unbedingt zurückzuweisen. Luftheizungen haben von allen Heizsystemen auf die baulichen Verhältnisse eines Gebäudes den bedeutendsten Einfluß und sind daher später erforderliche Änderungen an ihnen nur unter den schwierigsten Verhältnissen durchzuführen. Es muß daher gerade vor mangelhaften Luftheizungen auf das Entschiedenste gewarnt werden.

II. Die Heizapparate einer Luftheizung.

a) **Feuer-Luftheizung.** Ein jeder Ofen ist befähigt, als Heizapparat einer Feuer-Luftheizung zu dienen. Da indessen meist mehrere Räume gleichzeitig von einer Heizkammer erwärmt werden sollen, so müssen die Feuer-Luftheizapparate eine größere als die gewöhnliche Form erhalten und werden daher besonders für diesen Zweck konstruiert. Die Größe der Heizapparate ist an und für sich unbegrenzt, doch ist zu empfehlen, die Heizfläche nicht größer als zu etwa 30 qm anzunehmen und lieber mehrere Heizapparate nebeneinander aufzustellen, da durch zu große Heizapparate bei einem jeweilig geringen Wärmebedarfe der ökonomische Betrieb beeinträchtigt wird.

Die Konstruktion der Heizapparate (auch „Kalorifere" genannt) ist eine sehr mannigfaltige, das Material meistens Gußeisen, selten Schmiedeeisen oder Mauerwerk. Eisen besitzt ein geringes Vermögen zur Wärmeaufspeicherung; da letztere bei Luftheizung häufig angebracht ist, wäre es somit erwünscht, wenn bei Konstruktion der Luftheizapparate auf Wärmeaufspeicherung, in Gestalt von reichlich bemessener Schüttfeuerung, mehr Rücksicht als bisher genommen würde.

Die älteste Form der eisernen Heizapparate bestand in glatten, zu einem horizontalen oder senkrechten Bündel vereinigten gußeisernen Röhren, durch die die Feuergase kurzerhand hindurchgeführt wurden. Diese Apparate ergaben eine schlechte Ausnutzung des Brennmaterials, leichtes Glühen und Undichtheit in den Fugen. Zur besseren Ausnutzung des Brennmaterials wurden die Heizapparate alsdann in Form von horizontalen übereinanderliegenden Rohrzügen ausgebildet und, um das Glühen zu vermeiden, mit Schamotteausfütterung oder äußeren Rippen versehen.

Das Springen der Rohrzüge suchte man durch eine lose Verbindung der einzelnen Rohrzüge, das Undichtwerden durch horizontale nicht fest aufeinander geschraubte, aber gehobelte Flanschen oder dadurch zu vermeiden, daß man die Verbindungsstellen der Rohrzüge in geeigneter Weise durch Sand abdeckte, der gleichzeitig eine Beweglichkeit der Rohrzüge zuließ. Derartige Apparate sind neben anderen Formen vielfach in

Anwendung. Fast alle Konstruktionen zeigen das Bestreben, die Apparate aus einer Summe von Elementen zusammenzustellen, um je nach Bedarf und zur Vermeidung von Modellkosten eine größere oder geringere Heizfläche in Anwendung bringen zu können.

Die Bedingungen für einen sachgemäß konstruierten Apparat sind, abgesehen von der Billigkeit:

> Zusammengedrängte Form; Ausbreitung der Wärme über große Flächen; gleichmäßige Verteilung der Wärme im Heizapparate und der abgegebenen Wärme in der Heizkammer; gutes Umspülen aller Heizflächen von der Luft; Ausdehnungsfähigkeit der einzelnen Teile; geringe Anzahl von Fugen; bequemes Beseitigen des Staubes; leichtes Reinigen von Ruß und Asche — letzteres darf nur von außerhalb der Heizkammer möglich sein.

Die Regelung der Verbrennung erfolgt am besten durch Öffnungen in der dicht schließenden Aschfalltür, die durch Schieber beliebig abdeckbar sind und durch Rauchschieber, die höchstens $^9/_{10}$ des Rauchkanalquerschnittes abzuschließen vermögen. Voll abschließende Rauchschieber sollten ihrer Gefährlichkeit halber, geradeso wie dies bereits bezüglich der früher vielfach angewendeten Ofenklappen geschehen ist, behördlich verboten werden.

Um Unregelmäßigkeiten des Betriebes soweit wie angängig auszugleichen, ist die Verbindung der Apparate mit Schüttfeuerung tunlichst auch mit einem selbsttätigen Verbrennungsregler zu empfehlen.

Jeder Apparat muß leicht zugänglich sein, die Heizkammer ist daher mit einer entsprechend großen — und zur Vermeidung von Wärmeverlusten — eisernen Doppeltür auszustatten und müssen sich wenigstens an den zwei Längsseiten des Heizapparates genügend (etwa 1 m) breite Gänge befinden. Kann man von einer Seite zur andern nur durch unbequemes Übersteigen des Apparates gelangen, so ist die Anordnung zweier Doppeltüren zur Heizkammer zu empfehlen.

Wünschenswert ist die Erhellung der Heizkammer durch Tageslicht mittels eingesetzter doppelter Glasscheiben oder durch künstliche Beleuchtung. Bei Anwendung von Gas hierfür ist Sorge zu tragen, daß weder Gas noch dessen Verbrennungsprodukte in die Heizkammer treten können, d. h. daß das Licht nur durch ein Fenster in die Heizkammer gelangen kann. Bezüglich der sonstigen Ausführung der Heizkammer ist auf den Abschnitt „Lüftung“ S. 74 zu verweisen.

b) Wasser- bzw. Dampf-Luftheizung. Die Konstruktion der Heizapparate ist im wesentlichen nicht abweichend von der bereits früher bei der Warmwasserheizung bzw. Dampfheizung besprochenen, nur werden die Apparate ebenfalls umfangreicher und ohne Rücksicht auf das Aussehen angefertigt. Die Regelung der Wärme kann durch Drosseln bzw. Ausschalten eines Teiles der Heizfläche in zufriedenstellendem Maße erzielt werden. Die Ausnutzung der Wärme ist eine um so größere, je geringere Höhe die Heizkörper besitzen. Die beste Form der letzteren ist die von

Rohrspiralen, jedoch sind deren Windungen so anzuordnen, daß eine leichte Reinigung von Staub stattfinden kann und die Luft der Röhren gut umspülen muß. Ein großer Vorzug der Wasser- bzw. Dampf-Luftheizung gegenüber der Feuer-Luftheizung besteht darin, daß man ohne besondere Schwierigkeit einem jeden Raume seine eigenen Heizkörper und seine eigene kleine Heizkammer geben, somit unter Wegfall von Mischvorrichtungen beliebige Luftmengen mit der erforderlichen Temperatur zuführen kann. Am besten ist es dann, die betreffenden Heizkörper am Fuße der aufsteigenden Kanäle anzuordnen, sie mit einem unten und nach der Kanalmündung offenen und behufs ihres leichten Reinigens wegen aufklappbaren Mantel aus Eisen, oder auch Holzrahmen mit Glasscheibeneinsatz zu umgeben, und um im Betrieb keine erforderliche Regelung an den Heizkörpern durch Ventile vornehmen zu brauchen, von einer Zentralstelle aus den Heizkörpern angewärmte Luft von stets gleichbleibender Temperatur zuzuführen (s. auch S. 95).

Wasser-Luftheizung ist mit gewisser Vorsicht anzulegen, da die Gefahr des Einfrierens des Wassers, sofern Außenluft an den Heizkörpern erwärmt werden muß, bei sorgloser Bedienung möglich ist. Allerdings sind dem Verfasser noch keine Fälle vorgekommen, bei denen die auf seine Empfehlung bewirkte Ausführung einer Wasser-Luftheizung zu derartigen Störungen geführt hat. Auch bei Dampf-Luftheizung ist ein Einfrieren der Heizkörper nicht ausgeschlossen, sofern, wie bei Niederdruck-Dampfheizung, der Dampfzutritt bzw. die Wärmeabgabe durch Ventile geregelt wird und der Dampf nicht immer den Heizkörper erfüllt. Zweckmäßig ist es alsdann, zwei Heizkörper übereinanderzulegen, den unteren nur so groß zu machen, daß er immer unter Volldampf gehalten werden kann, und den oberen Heizkörper allein zur Wärmeregelung nach dem jeweiligen Wärmebedarfe zu benützen. Alsdann tritt jederzeit an den oberen Heizkörper erwärmte Luft, die ein Einfrieren des Niederschlagswassers verhindert.

Bei Pulsionsluftheizungen (natürlich auch bei Pulsionslüftungsanlagen) ist für die zentrale Erwärmung der Luft die bereits bei der Warmwasserheizung besprochene Anordnung und Ausführung der Heizkörper sehr zu empfehlen. Es ist dieserhalb auf S. 230 zu verweisen.

III. Die Kanalanlage einer Luftheizung.

Die Anordnung der Kanäle einer Luftheizung unterscheidet sich in nichts von der einer nur Lüftungszwecken dienenden Anlage, weshalb auf das unter „Lüftung“ Gesagte verwiesen werden muß. Da die Kanäle höhere als auf Raumtemperatur erwärmte Luft zu führen haben, so muß auf einen guten Schutz vor Abkühlung Rücksicht genommen werden. Die Ausdehnung der Kanäle in horizontaler Beziehung ist, sofern die Bewegung der Luft nur mittels Temperaturunterschiedes erfolgt, eine verhältnismäßig sehr begrenzte; dieser Punkt hat ebenfalls bei den Lüftungsanlagen

Erörterung gefunden. Wenn Ventilatorbetrieb (Pulsionsluftheizung) angenommen wird, so kann die Luft auf weite horizontale Strecken geführt werden, es gewinnt aber dann die Frage der Abkühlung der Kanäle erhöhte Bedeutung (s. S. 95).

B. Berechnung der Luftheizung.

I. Berechnung der Heizapparate.

a) Wärmemenge, die der Heizapparat zu liefern hat. Der Heizapparat einer Luftheizung hat sowohl die Wärmemenge, die zur Erwärmung der Luft, als die, die zur Verdunstung des zur Befeuchtung der Luft erforderlichen Wassers nötig ist, zu erzeugen. Wird ein besonderer Heizkörper für die Verdunstung des Wassers vorgesehen, so entfällt natürlich die diesbezügliche Bestimmung des Heizapparates.

Die Wärmemenge, die ein Heizapparat zu liefern hat, ist somit:

$$W_H = W' + W'', \tag{213}$$

wenn:

W' die zur Erwärmung der Luft,
W'' die zur Verdunstung des Wassers erforderliche Wärmemenge in WE bedeutet.

Die Wärmemenge zur Erwärmung der Luft W' ergibt sich nach Gl. (16) ohne weiteres:

$$W' = \frac{0{,}306\,\Sigma L_H}{1 + \alpha\, t_0}(t_H - t_0)\,, \tag{214}$$

sofern bezeichnet:

ΣL_H die gesamte Luftmenge von der niedrigsten Außentemperatur, die dem Heizapparate behufs Erwärmung zuzuführen ist, in cbm,
t_0 die niedrigste Außentemperatur,
t_H die Temperatur, auf die die Luft am Heizapparate zu erwärmen ist.

t_H ist während der Benutzung der Räume zu höchstens 35° bis 40° (s. S. 45) anzunehmen, wobei sich die untere Grenze auf Wasser- bzw. Dampf-Luftheizung, die obere auf Feuer-Luftheizung bezieht. Vor Be nutzung der Räume darf bei der letzteren die Temperatur allenfalls bis auf 50° gesteigert werden, bei Wasser- bzw. Dampf-Luftheizung ist eine Steigerung nicht zu empfehlen, da alsdann auch die Heizkörper größer gemacht werden müssen, die Anlage in der Herstellung also teurer wird.

Die Wärmemenge zur Verdunstung des Wassers W'' hängt ab einesteils von der erforderlichen Wassermenge und von der Temperatur des Wassers vor der Erwärmung, andernteils von der Temperatur, unter der die Dampfbildung stattfinden muß.

Die Wassermenge in kg berechnet sich nach der Gl. (27):

$$A = \frac{\Sigma L}{100}\left(p\,g - \frac{1+\alpha\,t_0}{1+\alpha\,t}\,p_0\,g_0\right),$$

worin bedeutet:

ΣL den gesamten in den Räumen bei der niedrigsten Außentemperatur t_0 erforderlichen Luftwechsel gegeben in cbm und t°,

p bzw. p_0 den Prozentgehalt der Innenluft bzw. der von außen entnommenen Luft (in der Regel zu setzen: $p = 50$, $p_0 = 80$),

g bzw. g_0 die Wassermenge in kg, die in einem cbm Luft von der Temperatur t bzw. t_0 bei voller Sättigung enthalten ist (Tabelle 1).

(Der Wert für A kann nach Tabelle 8 berechnet werden.)

Die Wärmemenge zur Verdunstung des Wassers ist dann:

$$W'' = A\,Q, \tag{215}$$

worin Q die Summe der Wärmemengen bedeutet, die zur Erwärmung von 1 kg Wasser von der Anfangstemperatur bis auf die Verdampfungstemperatur und zur Verdampfung selbst (s. Tabelle 26) erforderlich sind.

b) Größe des Heizapparates. α) Feuer-Luftheizung. Die Temperatur der in die Räume einströmenden Luft soll, wie bereits erwähnt, nicht über 40° (bzw. 50°) hinausgehen. Diese Vorschrift allein gibt noch nicht die Gewähr, daß die Staubteilchen in der Luft vor Versengen an den Heizflächen bewahrt bleiben und somit die Luft keine Güteverminderung erfährt. Ein kleiner stark angestrengter Heizapparat kann ebenso eine gewisse Luftmenge in ihrer Gesamtheit auf die gleiche Temperatur bringen, als ein großer geschonter Apparat. Nach Fodor soll die Temperatur der Heizfläche möglichst nicht über 100°, nach der neueren Ansicht der Hygieniker nicht über 70 bis 80° betragen. Die letzteren Temperaturen werden freilich nur schwer einzuhalten sein, doch sollte jedenfalls, um nicht zu angestrengte Heizapparate zu bekommen und um einen möglichst ökonomischen Betrieb zu sichern, jedem Auftragnehmer die höchste zulässige Temperatur der abziehenden Rauchgase vorgeschrieben werden. Dies würde dahin führen, daß jeder Fabrikant Versuche über die Wärmeabgabe seiner Heizapparate anstellen müßte.

Für den Beharrungszustand sind für die Rauchgase bei niedrigster Außentemperatur etwa 150° bis 200°, für die Anheizdauer 250° bis 300° zu gestatten.

Die Wärmeabgabe eines Heizapparates bei Feuer-Luftheizung ist eine in weiten Grenzen schwankende, sofern der Heizapparat kräftig oder nur mäßig betrieben werden muß. Um keine zu hohe Erwärmung der Luft bei normalem Betriebe herbeizuführen und geschonte Apparate zu erhalten, nehme man die Wärmeabgabe eines Quadratmeters

glatter Heizfläche zu 1500 bis höchstens 2000 WE,
gerippter „ „ 1200 „ „ 1500 WE an.

β) Wasser- und Dampf-Luftheizung. Die Heizfläche ist wie bei einem jeden anderen Wasser- oder Dampf-Heizkörper zu berechnen, nur unter Benutzung der entsprechenden Wärmedurchgangszahl. Bedeutet also:

F die Heizfläche des Heizapparates in qm,
t_m die mittlere Temperatur des im Heizkörper befindlichen Wassers bzw. Dampfes,
t_{m_0} die mittlere Temperatur der am Heizkörper erwärmten Luft,
k die Wärmedurchgangszahl (der Tabelle 15 zu entnehmen),
so ist zu setzen:

$$F = \frac{W_H}{k\,(t_m - t_{m_0})}\,.$$

Bei Benutzung der Tabelle 15 sind die Bemerkungen auf S. 171 u. f. zu beachten, ebenso Beispiel 3 auf S. 182 für Bestimmung der Heizflächen.

II. Berechnung der Wärmeverluste eines Kanals.

Die Wärmemenge, die die Luft auf ihrem Wege in einem Kanale verliert, muß im Beharrungszustande gleich der Wärmemenge sein, die der Kanal an die ihn umgebende Luft überträgt.

Ist also:

G die stündlich zu fördernde Luftmenge in kg,
F die äußere, wärmeabgebende Fläche des Kanals in qm,
t_1 die Anfangstemperatur der Luft im Kanale,
t_2 die Endtemperatur der Luft im Kanale,
t_z die Temperatur der den Kanal umgebenden, d. h. ihm zuströmenden Luft,
c die spezifische Wärme der Luft = 0,237,
k die Wärmedurchgangszahl der Kanalwand (s. Tab. 15),

so muß sein:

$$G\,c\,(t_1 - t_2) = F\,k\left(\frac{t_1 + t_2}{2} - t_z\right), \tag{216}$$

woraus sich ergibt:

$$t_1 = \frac{(2\,G\,c + F\,k)\,t_2 - 2\,F\,k\,t_z}{2\,G\,c - F\,k}\,. \tag{217}$$

III. Berechnung der Kanalquerschnitte und der erforderlichen Luftmenge.

Da sich eine Luftheizung von einer lediglich Lüftungszwecken dienenden Anlage nur durch die höhere Temperatur der Zuluft unterscheidet, so bleibt die Berechnung der Kanalquerschnitte an sich die gleiche und ist in dieser Beziehung somit auf das bei den Lüftungsanlagen Gesagte zu verweisen. Ehe jedoch an die Berechnung der Kanalquerschnitte herangetreten werden kann, hat eine Ermittelung der in Frage kommenden Luftmengen und Temperaturen zu erfolgen. Hierbei sind zwei Fälle zu unterscheiden, d. h. der Luftwechsel in den zu erwärmenden Räumen ist entweder nicht vorgeschrieben, alsdann hat er sich nach der zu liefernden Wärmemenge und der anzunehmenden Temperatur der Zuluft zu richten, oder er ist vorgeschrieben, alsdann kann die Temperatur der Zuluft nicht mehr gewählt werden.

Fall 1. Der Luftwechsel in den zu erwärmenden Räumen ist nicht vorgeschrieben.

a) Erforderlicher Luftwechsel zur Erwärmung eines Raumes. Bedeutet:

L den stündlichen zur Erwärmung eines Raumes erforderlichen Luftwechsel in cbm,

W den stündlichen Wärmebedarf eines Raumes bei der niedrigsten Außentemperatur in WE,

t die Temperatur des zu erwärmenden Raumes,

t' die Temperatur der Zuluft,

so ist gemäß der Gl. (16) (S. 16):

$$L = \frac{W(1 + \alpha t)}{0{,}306\,(t' - t)}\,. \tag{218}$$

b) Luftmenge, die bei der niedrigsten Außentemperatur von außen zu entnehmen ist. Diese stellt sich nach Gl. (3) zu:

$$L_0 = \frac{L\,(1 + \alpha t_0)}{1 + \alpha t}\ \text{cbm}. \tag{219}$$

Sind mehrere Räume durch einen Heizapparat zu erwärmen, so ist naturgemäß die gesamte von außen mit t_0 zu entnehmende Luft:

$$\Sigma L_0 = \frac{\Sigma L\,(1 + \alpha t_0)}{1 + \alpha t}\ \text{cbm}. \tag{220}$$

c) Luftmenge, die am Heizapparate zu erwärmen ist. Bezeichnet L_H die am Heizapparate von t_0 zu erwärmende Luft, so ist diese im vorliegenden Falle:

$$L_H = L_0 \quad \text{bzw.} \quad \Sigma L_H = \Sigma L_0\,.$$

d) Luftmenge, die der Berechnung der Kanalquerschnitte zugrunde zu legen ist. In der Praxis wird meist die nach der Gl. (218) berechnete Luftmenge L auch der Bestimmung der Kanalquerschnitte zugrunde gelegt, alsdann unter Einsetzung des betreffenden Wertes von W für die höchste Außentemperatur, bei der noch der Betrieb der Heizung anzunehmen ist (etwa $+10°$), aus dieser die Einströmungstemperatur bestimmt und mit letzterer die Berechnung der Kanalquerschnitte vorgenommen. Dieses Verfahren ist ein unrichtiges, man erhält mit ihm wesentlich zu weite und daher oftmals den Effekt beeinträchtigende Querschnitte. Die Gl. (218) kann ohne weiteres nicht zu dem angegebenen Zwecke Verwendung finden, da für eine höhere Außentemperatur sowohl L als t' Unbekannte sind.

Da der gleiche Kanal zur Zuführung der Luft bei der niedrigsten wie bei der höchsten Außentemperatur zu dienen hat, so muß naturgemäß für die letztere gemäß Gl. (218) der Ausdruck gelten:

$$L_1 = \frac{W_1 (1 + \alpha t)}{0{,}306 (t_1' - t)}, \tag{221}$$

sofern die Buchstaben sinngemäß die gleiche Bedeutung haben.

Bezeichnet:

h die Höhe des Zuluftkanals in m,

v_0 bzw. v_1 die Geschwindigkeit der Luft in dem Kanale bei der niedrigsten bzw. höchsten Außentemperatur in m,

Z die für den Kanal stets gleichbleibenden Widerstände,

t_0 bzw. t_1 die niedrigste bzw. höchste Außentemperatur, bei der zu heizen ist,

so gelten nach früherem [s. Gl. (52)] die Gleichungen:

$$v_0 = \sqrt{\frac{2 g h \alpha (t' - t_0)}{(1 + \alpha t_0)(1 + Z)}} \quad \text{und} \quad v_1 = \sqrt{\frac{2 g h \alpha (t_1' - t_1)}{(1 + \alpha t_1)(1 + Z)}},$$

somit:

$$\frac{v_1}{v_0} = \sqrt{\frac{(t_1' - t_1)(1 + \alpha t_0)}{(t' - t_0)(1 + \alpha t_1)}}.$$

Es muß sich aber auch für den Kanal bei gleichbleibender Raumtemperatur verhalten, da

$$L_1 = \frac{W_1 (1 + \alpha t)}{0{,}306 (t_1' - t)} \quad \text{und} \quad L = \frac{W (1 + \alpha t)}{0{,}306 (t' - t)}$$

ist:

$$\frac{v_1}{v_0} = \frac{L_1}{L} = \frac{W_1 (t' - t)}{W (t_1' - t)}, \tag{222}$$

und somit ist:

$$\frac{W_1 (t' - t)}{W (t_1' - t)} = \sqrt{\frac{(t_1' - t_1)(1 + \alpha t_0)}{(t' - t_0)(1 + \alpha t_1)}}. \tag{223}$$

Aus dieser Gleichung läßt sich t_1' berechnen. Um W_1 nicht durch umständliche Rechnung zunächst bestimmen zu müssen, läßt sich ohne wesentlichen Fehler der jeweilige Wärmebedarf eines Raumes proportional dem Unterschiede zwischen der Innen- und Außentemperatur, also:

$$\frac{W_1}{W} = \frac{t - t_1}{t - t_0} \tag{224}$$

setzen.

Ist t_1' bestimmt, so berechnet sich aus Gl. (221) auch L_1, das neben t_1' der Berechnung der Kanalanlage zugrunde gelegt werden muß. L_1 bezieht sich wie L auf die Temperatur t des Raumes.

Auf absolute Genauigkeit können allerdings die Ergebnisse keinen Anspruch machen, da nur ein aufsteigender Kanal angenommen und jede Widerstandshöhe bis zum Eintritt der Luft in ihn nicht berücksichtigt worden ist. Indes kann der Fehler vernachlässigt werden, weil eher ein wenig zu weite als zu enge Kanäle sich ergeben.

Zum praktischen Gebrauche ist nach dem Vorstehenden für die gebräuchlichsten Temperaturen die folgende Tabelle berechnet worden.

Erforderliche Einströmungstemperatur (t') der Luft zur Deckung der Wärmeverluste bei —20° Außentemperatur	Raumtemperatur $t = +20°$			Raumtemperatur $t = +15°$		
	Höchste, der Berechnung der Kanalanlage zugrunde zu legende Außentemperatur					
	$t_1 = \pm 0°$	$+5°$	$+10°$	$\pm 0°$	$+5°$	$+10°$
30°	$\frac{L_1}{L} = 0{,}704$	0,615	0,521	0,676	0,564	0,429
35°	„ = 0,714	0,625	0,528	0,680	0,570	0,433
40°	„ = 0,725	0,638	0,538	0,687	0,581	0,441
50°	„ = 0,733	0,650	0,547	0,698	0,592	0,452

Der Gebrauch der Tabelle geht bereits aus dem Gesagten hervor. Gegeben, d. h. durch Rechnung bestimmt ist jederzeit der Luftwechsel L bei der niedrigsten Außentemperatur. Anzunehmen ist die höchste Außentemperatur t_1, bei der noch ein Heizbetrieb stattfinden muß — in der Regel wird dies $+10°$ sein. Hat man dann für diese der Tabelle den Wert für $\frac{L_1}{L}$ entnommen, so ist die Luftmenge in der Temperatur t, die der Berechnung der Kanalanlage zugrunde gelegt werden muß, d. h. L_1, bekannt.

e) Temperaturen, die der Berechnung der Kanalquerschnitte zugrunde zu legen sind. α) Außentemperatur. Als Außentemperatur ist die bereits für L_1 angenommene, d. h. die höchste, bei der noch der Heizbetrieb stattfinden wird (etwa $+10°$), in Ansatz zu bringen.

β) Temperatur der Zuluft. Die Temperatur der Zuluft, die der Berechnung der Kanalquerschnitte zugrunde zu legen ist, folgt unmittelbar aus Gl. (221).

$$t_1' = t + \frac{W_1(1 + \alpha t)}{0{,}306 L_1}, \tag{225}$$

worin also W_1 bzw. L_1 den Wärmebedarf bzw. die bereits unter b) bestimmte Menge der einzuführenden Luft bei der höchsten Außentemperatur t_1, bei der der Heizbetrieb stattfinden wird, bedeutet.

Fall 2. Der Luftwechsel in den zu erwärmenden Räumen ist vorgeschrieben.

In diesem Falle soll also gleichzeitig eine bestimmte Wärme- und eine bestimmte Luftmenge den Räumen zugeführt werden.

a) Bestimmung der Einströmungstemperatur der Zuluft für den größten Wärmebedarf unter Annahme des vorgeschriebenen Luftwechsels, bzw. Feststellung des erforderlichen Luftwechsels bei der niedrigsten Außentemperatur. Bedeutet:

L_v den vorgeschriebenen stündlichen Luftwechsel eines Raumes, gegeben in cbm bei der Raumtemperatur t,

L_e den stündlichen nur zur Erwärmung des Raumes erforderlichen Luftwechsel in cbm,

W den stündlichen Wärmebedarf des Raumes bei der niedrigsten Außentemperatur,

t die Temperatur des Raumes,

t' die Temperatur der Zuluft,

so muß nach Gl. (218) sein:

$$L_v = \frac{W(1+\alpha t)}{0{,}306\,(t'-t)},$$

somit

$$t' = t + \frac{W(1+\alpha t)}{0{,}306\,L_v}. \tag{226}$$

Ist t' größer als die höchste zulässige Temperatur, so muß der Luftwechsel zu Zwecken der genügenden Erwärmung des Raumes bei der niedrigsten Außentemperatur größer als vorgeschrieben angenommen werden, d. h. es muß für die niedrigste Außentemperatur der Luftwechsel wie bei Fall 1 gesetzt werden:

$$L_e = \frac{W(1+\alpha t)}{0{,}306\,(t'-t)}, \tag{227}$$

wobei dann t' die höchste zulässige Temperatur der Zuluft bedeutet.

Aus dem Gesagten geht hervor, daß das Vorschreiben eines bestimmten Luftwechsels sich nur immer auf sein Mindestmaß beziehen kann.

Sind mehrere Räume durch einen Heizapparat zu erwärmen, so muß für jeden Raum die Einströmungstemperatur berechnet und die sich hierbei ergebende höchste Temperatur, bzw. bei Überschreiten der zulässigen höchsten, diese unter entsprechender Vergrößerung des Luftwechsels für die Erwärmung der Gesamtluft am Heizapparate beibehalten werden. Der in die übrigen Räume einzuführenden Luft muß eventuell so viel ungewärmte Luft beigemischt werden, daß die berechneten Einströmungstemperaturen erreicht werden.

b) Luftmenge, die bei der niedrigsten Außentemperatur von außen zu entnehmen ist. Diese stellt sich nach Gl. (219), wenn der in der Raumtemperatur t vorgeschriebene Luftwechsel L_v zur Erwärmung des Raumes ausreicht, zu:

$$L_0 = \frac{L_v (1 + \alpha t_0)}{1 + \alpha t} \text{ cbm,} \tag{228}$$

wenn der vorgeschriebene Luftwechsel zu Zwecken der Erwärmung des Raumes vergrößert werden muß, zu:

$$L_0 = \frac{L_e (1 + \alpha t_0)}{1 + \alpha t} \text{ cbm.} \tag{229}$$

Sind mehrere Räume durch einen Heizapparat zu erwärmen, so sind die in Rechnung zu stellenden Luftmengen der einzelnen Räume zu addieren. Wird deren Summe mit ΣL bezeichnet, so ist die gesamte von außen mit der Temperatur t_0 zu entnehmende Luftmenge:

$$\Sigma L_0 = \frac{\Sigma L (1 + \alpha t_0)}{1 + \alpha t} \text{ cbm.} \tag{230}$$

c) Luftmenge, die am Heizapparate zu erwärmen ist. Ist

L_0 die Luftmenge, die zur Erwärmung eines Raumes von außen bei der niedrigsten Temperatur t entnommen werden muß, in cbm,

L_H der Teil dieser Luftmenge, der am Heizapparate von der Temperatur t_0 auf die Temperatur t_H erwärmt werden muß,

t' die erforderliche Temperatur der Zuluft behufs Erwärmung des Raumes,

so muß sein:

$$\frac{0{,}306 \cdot L_H (t_H - t_0)}{1 + \alpha t_0} = \frac{0{,}306 \, L_0 (t' - t_0)}{1 + \alpha t_0},$$

somit folgt:

$$L_H = L_0 \frac{t' - t_0}{t_H - t_0}. \tag{231}$$

Bei mehreren Räumen, die von einem Heizapparate zu erwärmen sind, ist für jeden mit Hilfe dieser Gleichung das L_H unter Einführung der entsprechenden Zulufttemperatur t' zu berechnen, wobei L_0 nach der unter b) angegebenen Weise bestimmt werden muß. Alsdann stellt ΣL_H die am Heizapparate von t_0 auf t_H zu erwärmende Luftmenge dar.

d) Luftmenge, die der Berechnung der Kanalquerschnitte zugrunde zu legen ist. Das in Fall 1 unter d) Gesagte hat auch in diesem Falle Anwendung zu finden, wenn der bei der niedrigsten Außentemperatur zur Erwärmung der Räume nötige Luftwechsel größer ist als der geforderte. Bezeichnet also wiederum:

L_v den vorgeschriebenen Luftwechsel in cbm,

L_1 den lediglich nach Maßgabe der Erwärmung der Räume bei der höchsten Außentemperatur (bis zu der der geforderte Luftwechsel erzielt werden soll) nötigen Luftwechsel, so muß $L_1 > L_v$ sein, wenn L_1 für die Berechnung der Kanalquerschnitte zugrunde gelegt werden soll, andernfalls ist L_v anzunehmen.

Für die Bestimmung von L_1 ist das bei Fall 1 Gesagte maßgebend; für den praktischen Gebrauch kann somit auch wieder die Tabelle auf S. 385 Benutzung finden. Aus ihr geht das Verhältnis $\frac{L_1}{L}$ hervor, in dem L wieder wie bei Fall 1 den zur Erwärmung der Räume bei der niedrigsten Außentemperatur erforderlichen Luftwechsel bezeichnet.

e) Temperaturen, die der Berechnung der Kanalquerschnitte zugrunde zu legen sind. α) Außentemperatur. Als Außentemperatur ist die höchste, bei der noch der volle Luftwechsel erzielt werden soll und für die auch das L_1 berechnet worden ist, anzunehmen.

β) Temperatur der Zuluft. Die Temperatur der Zuluft ergibt sich aus den Gleichungen wie bei Fall 1:

$$t_1' = t + \frac{W(1 + \alpha t)}{0{,}306\, L_1} \frac{t - t_1}{t - t_0} \quad \text{bzw.} \quad t_1' = t + \frac{W(1 + \alpha t)}{0{,}306\, L_v} \frac{t - t_1}{t - t_0}, \qquad (232)$$

je nachdem L_1 oder L_v nach dem unter d) Gesagten für die Berechnung der Kanalquerschnitte angenommen werden muß, t_1 ist hierbei stets die auf L_1 bzw. L_v bezughabende äußere Temperatur.

C. Beispiele für Berechnung einer Luftheizung.

Berechnung der Wärmeverluste eines Kanals.

Beispiel 1. Aufgabe. In einem Blechrohre von 1 mm Wandstärke sind stündlich 100 kg Luft zu fördern, die in das Rohr mit 50° eintreten und das Rohr mit einer Temperatur nicht unter 40° verlassen sollen. Die das Rohr umgebende Luft hat eine Temperatur von 15°. Es ist anzugeben, welchen Durchmesser das Rohr haben muß und welche Länge es erhalten kann, wenn die sekundliche Geschwindigkeit der geförderten Luft 2, 4, 6, 8 oder 10 m beträgt. Die Angaben haben sich sowohl auf ein Rohr zu erstrecken, das vor Wärmeabgabe nicht und das vor Wärmeabgabe durch Seidenumhüllung gut geschützt ist.

Lösung der Aufgabe. Gemäß der Aufgabe ist: $G = 100$, $t_1 = 50$, $t_2 = 40$, $t_z = 15$ und somit nach Gl. (216):

$$100 \cdot 0{,}237\,(50 - 40) = F\,k\left(\frac{50 + 40}{2} - 15\right),$$

also:

$$F\,k = 7{,}9\,.$$

Bezeichnet d den inneren Durchmesser des Rohres in m, so ist gemäß der Aufgabe der äußere Durchmesser $d + 0{,}002$ m und somit $F = (d + 0{,}002)\,\pi\,l$, also:

$$(d + 0{,}002)\,\pi\,l\,k = 7{,}9,$$

wenn l die Länge des Kanals bedeutet.

Die mittlere Temperatur der zu fördernden Luft beträgt $\frac{40 + 50}{2} = 45°$, die mittlere zu fördernde Luftmenge in cbm also, da 1 cbm von 45° nach Tabelle 1: 1,11 kg wiegt, 90 cbm in der Stunde oder 0,025 cbm in der Sekunde. Es ergibt sich somit für die verschiedenen Geschwindigkeiten der Luft folgende Zusammenstellung. Die Wärmedurchgangszahl k ist der Tabelle 15 entnommen.

Geschwindigkeit der Luft im Rohre in m	Durchmesser des Rohres in m		Äußerer Umfang des Rohres in m	k	Länge des Rohres in m, wenn vor Wärmeabgabe	
	innen	außen			nicht geschützt	gut geschützt
2	0,126	0,128	0,402	3,7	5,3	26,5
4	0,089	0,091	0,286	4,7	5,9	29,5
6	0,073	0,075	0,236	5,3	6,4	32,0
8	0,063	0,065	0,204	5,7	6,8	34,0
10	0,057	0,059	0,185	5,9	7,2	36,0

Aus dem Beispiele geht hervor, daß die Abkühlung der Luft bei Leitung in dünnwandigen eisernen Kanälen ziemlich bedeutend ist, auch wenn die Kanäle vor Wärmeabgabe gut geschützt werden, ferner zeigt sich, daß, trotzdem der Transmissionskoeffizient mit wachsender Geschwindigkeit der Luft zunimmt, es ratsam ist, die Geschwindigkeit der Luft nicht zu klein zu wählen.

Berechnung einer Luftheizung.

Fall 1. Der Luftwechsel in den zu erwärmenden Räumen ist nicht vorgeschrieben, er hat sich nur nach dem Wärmebedarfe zu richten.

Beispiel 2. Aufgabe. Es sollen 4 Räume mittels Feuer-Luftheizung auf $+20^\circ$ erwärmt werden. Bei der für die Größenbestimmung des Heizapparates in Rechnung zu stellenden niedrigsten Außentemperatur von -20° betrage der stündliche Wärmeverlust des 1. Raumes 4100, des 2. Raumes 4350, des 3. Raumes 3800, des 4. Raumes 3650 WE; ingesamt also $\Sigma W = 15000$ WE. Die Einströmungstemperatur der Luft darf auch während des Anheizens $+40^\circ$ nicht übersteigen. Der Besuch der Räume ist ein wechselnder; die Wärmeabgabe der die Räume benutzenden Personen bleibt somit außer Berücksichtigung. Die Luft in den Räumen soll bei -20° Außentemperatur auf 50% gesättigt sein. Die Wärmeverluste der Kanäle können unberücksichtigt bleiben. Ein jeder Raum hat einen Kubikinhalt von 168 cbm.

Lösung der Aufgabe. **a) Erforderlicher Luftwechsel zur Erwärmung der Räume.** Bei der niedrigsten Außentemperatur von -20° darf die Temperatur der in die Räume strömenden Luft $+40^\circ$ nicht überschreiten. Der Luftwechsel beträgt daher [nach Gl. (218)] ausgedrückt in einer Temperatur von 20° für den

$$1.\ \text{Raum}\quad L = \frac{4100\,(1 + \alpha \cdot 20)}{0{,}306\,(40 - 20)} = 719 \text{ cbm},$$

$$2.\ \text{,,}\quad L = \frac{4350\,(1 + \alpha \cdot 20)}{0{,}306\,(40 - 20)} = 763 \text{ ,,}$$

$$3.\ \text{,,}\quad L = \frac{3800\,(1 + \alpha \cdot 20)}{0{,}306\,(40 - 20)} = 666 \text{ ,,}$$

$$4.\ \text{,,}\quad L = \frac{3650\,(1 + \alpha \cdot 20)}{0{,}306\,(40 - 20)} = 640 \text{ ,,}$$

Sa. 2788 cbm.

Für den 2. Raum, der den größten Wärmebedarf zeigt, ist ein $\frac{763}{168} \backsim 4{,}5$facher, also einhaltbarer Luftwechsel erforderlich. [Würde der Luftwechsel nicht einhaltbar sich ergeben haben (s. S. 21), so hätte die Einströmungstemperatur höher angenommen werden müssen.]

Der Luftwechsel sämtlicher Räume beträgt daher

$$\Sigma L = 2788 \text{ cbm von } 20°.$$

b) und c) Luftmenge, die bei der niedrigsten Außentemperatur von —20° von außen zu entnehmen und am Heizapparate auf 40° zu erwärmen ist. Diese Luftmenge ist gemäß Gl. (220):

$$\Sigma L_0 = \frac{2788\,(1 - \alpha\,20)}{1 + \alpha\,20} = 2406 \text{ cbm}.$$

d) Luftmenge, die der Berechnung der Kanalquerschnitte zugrunde zu legen ist. Da ein bestimmter Luftwechsel nicht gefordert wird, er sich also nur nach dem Wärmebedarfe zu richten hat, für Berechnung der Kanalquerschnitte aber die höchste Außentemperatur, bei der noch der Heizbetrieb stattfinden wird, sowie der bei diesem erforderliche Luftwechsel L_1 zugrunde zu legen ist, so muß L_1 zunächst bestimmt werden. Hierfür dient die nach der früher angegebenen Berechnung gemachte Aufstellung auf S. 385.

Nimmt man an, daß der Heizbetrieb bis zu einer Außentemperatur von $+10°$ erforderlich wird, so beträgt für diese, sowie für eine Raumtemperatur von $+20°$ und eine Einströmungstemperatur der Luft von $+40°$ bei $-20°$ Außentemperatur in der Aufstellung: $\frac{L_1}{L} = 0{,}538$.

Es ergibt sich daher für den:

1. Raum $L_1 = 0{,}538 \cdot 719 = 387$ cbm
2. „ $L_1 = 0{,}538 \cdot 763 = 411$ „
3. „ $L_1 = 0{,}538 \cdot 666 = 358$ „
4. „ $L_1 = 0{,}538 \cdot 640 = 344$ „

Der Luftwechsel bei $+10°$ Außentemperatur hat also im ganzen $L_1 = 1500$ cbm zu betragen und die für diese zur Erwärmung auf $+20°$ erforderliche Wärmemenge bestimmt sich nach Gl. (224) zu:

$$W_1 = \frac{15900 \cdot 10}{40} = 3975 \text{ WE}.$$

e) Temperaturen, die der Berechnung der Kanalquerschnitte zugrunde zu legen sind. α) Außentemperatur. Die höchste Außentemperatur, d. h. die für Berechnung der Kanalquerschnitte, war bereits zur Bestimmung von L_1 zu $+10°$ angenommen worden.

β) Temperatur der Zuluft. Die Temperatur der Zuluft ist für alle Räume die gleiche, daher ist im Ausdrucke 244 für $W_1 = 3975$, $L_1 = 1500$, ferner $t = 20$, also nach Tabelle 1: $1 + \alpha\,t = 1{,}073$ zu setzen, und ergibt sich dann:

$$t_1' = 20 + \frac{3975 \cdot 1{,}073}{0{,}306 \cdot 1500} = 29{,}29 \backsim 30°.$$

f) Wärmemenge, die der Heizapparat zu liefern hat. Da eine Abkühlung der Luft in den Kanälen nicht zu berücksichtigen ist, so ist die Temperatur, auf die die von außen entnommene Luft am Heizapparate erwärmt werden muß, gleich der Temperatur der in die Räume strömenden Luft, d. h. also $t_H = t'$. Die Wärmemenge zur Erwärmung der Luft bei der niedrigsten Außentemperatur berechnet sich somit nach Gl. (214) zu:

$$W' = \frac{0{,}306 \cdot 2406}{1 - \alpha\,20}\,(40 - (-20)) = 47\,664 \text{ WE}.$$

Für die Wärmemenge zur Verdunstung des Wassers werde die Sättigung der äußeren Luft bei $-20°$ zu 80% angenommen, außerdem der Bedingung gemäß $p = 50$

gesetzt. Alsdann ist die stündlich in Dampfform der Luft beizufügende Wassermenge, da der Luftwechsel in sämtlichen Räumen bei —20°: 2788 cbm von 20° zu betragen hat, nach Gl. (27) und Tab. 1:

$$A = \frac{2788}{100}\left(50 \cdot 0{,}0172 - 80 \cdot 0{,}0011 \frac{1 - \alpha\, 20}{1 + \alpha\, 20}\right) = 21{,}86 \text{ kg.}$$

Dieser Wert ist einfacher mit Hilfe der Tabelle 8 zu bestimmen. Für 1000 cbm 20° warmer von außen mit —20° entnommener Luft beträgt bei $p = 50$, $p_0 = 80$ die zuzuführende Wassermenge 7,841 kg, somit ist:

$$A = \frac{2788}{1000} \cdot 7{,}841 = 21{,}86 \text{ kg.}$$

Nimmt man zu Zwecken der Verdampfung Wasserleitungswasser an, das eine Temperatur von 10° besitzt, so müssen 21,86 kg von 10° auf 40° erwärmt und in Dampf von 40° übergeführt werden. Dazu sind, da für die Erwärmung des Wassers 30 WE/kg erforderlich sind und die latente Wärme des Wasserdampfes bei 40° nach Tabelle 26: 573,4 WE beträgt, rund 600 WE für 1 kg erforderlich, also ist nach Gl. (215):

$$W'' = 21{,}86 \cdot 600 = 13\,100 \text{ WE,}$$

somit die Wärmemenge, die der Heizapparat zu liefern hat:

$$W_H = 47\,664 + 13\,100 \backsim 60\,760 \text{ WE.}$$

g) Größe des Heizapparates. Es ist zu setzen nach den Angaben auf S. 381 bei

$$\text{glatter Heizfläche: } F = \frac{60\,760}{1500} \backsim 41 \text{ qm,}$$

$$\text{gerippter } \;\;,, \;\; F = \frac{60\,760}{1200} \backsim 51 \text{ qm.}$$

Beispiel 3. Aufgabe. Die Aufgabe bleibt die im vorigen Beispiele gegebene, nur sollen in jedem Raume sich stets mindestens 14 Personen aufhalten, deren Wärmeabgabe von dem Wärmeverlust der Räume abgezogen werden soll. Dafür darf die Einströmungstemperatur vor Benutzung der Räume 50° betragen. Bei der angegebenen Besetzung entfällt auf die Person eine Bodenfläche von 2 qm, die Räume sind somit als „mäßig besetzte" anzusehen (s. S. 7) und für die Person eine stündliche Wärmeabgabe von 75 WE anzunehmen.

Lösung der Aufgabe. 14 Personen geben 14 × 75 = 1050 WE stündlich bei +20° umgebender Luft ab; der Wärmeverlust verringert sich daher bei jedem Raume um 1050 WE. Vor Benutzung der Räume (Anheizdauer) darf die Einströmungstemperatur zu 50° angenommen werden, somit beträgt der stündliche Luftwechsel für den 1. Raum vor Benutzung:

$$\frac{4100\,(1 + \alpha \cdot 20)}{0{,}306\,(50 - 20)} = 479 \text{ cbm.}$$

bei Benutzung:

$$\frac{(4100 - 1050)\,(1 + \alpha \cdot 20)}{0{,}306\,(40 - 20)} = 534 \text{ cbm.}$$

Der größere Luftwechsel findet in diesem Falle somit bei Benutzung der Räume statt, also ist dieser für die weitere Berechnung anzunehmen.

Die fernere Rechnung bleibt die gleiche wie im vorigen Beispiele.

Fall 2. *Der Luftwechsel in den zu erwärmenden Räumen ist vorgeschrieben.*

Beispiel 4. Aufgabe. Es sind wie im 1. Beispiele 4 Räume mit Feuer-Luftheizung auf +20° bei einer Außentemperatur von —20° zu erwärmen. Der vorgeschriebene Luftwechsel soll bei einer höchsten Außentemperatur von 0° erreicht werden. Die Einströmungstemperatur darf bei Benutzung der Räume 40° nicht übersteigen, infolgedessen ist der vorgeschriebene Luftwechsel, falls dieser zur Erwärmung der Räume bei —20° nicht ausreicht, größer anzunehmen. Die Anzahl der Anwesenden ist eine wechselnde und deren Wärmeabgabe daher unberücksichtigt zu lassen. Die Kanäle sind vor Wärmeverlusten als geschützt anzusehen. Der Wärme- und Lüftungsbedarf geht aus nachstehender Aufstellung hervor. Es bedarf der

1. Raum an Wärme:	4100 WE,	an Luftwechsel:	1000 cbm	von	20°
2. „ „ „	4350 „	„ „	700 „	„	20°
3. „ „ „	3800 „	„ „	800 „	„	20°
4. „ „ „	3650 „	„ „	700 „	„	20°
Summa:	15900 WE,	Summa:	3200 cbm	von	20°.

Lösung der Aufgabe. **a) Bestimmung der Einströmungstemperatur der Zuluft für den größten Wärmebedarf unter Annahme des vorgeschriebenen Luftwechsels, bzw. Feststellung des erforderlichen Luftwechsels bei der niedrigsten Außentemperatur.** Bei dem vorgeschriebenen Luftwechsel muß nach Gl. (226) die Einströmungstemperatur bei der niedrigsten Außentemperatur (—20°) sein für den

$$1.\ \text{Raum}:\ t' = 20 + \frac{4100\,(1+\alpha\,20)}{0{,}306\cdot 1000} = 34{,}4^\circ,$$

$$2.\ \text{„}\ :\ t' = 20 + \frac{4350\,(1+\alpha\,20)}{0{,}306\cdot 700} = 41{,}8^\circ,$$

$$3.\ \text{„}\ :\ t' = 20 + \frac{3800\,(1+\alpha\,20)}{0{,}306\cdot 800} = 36{,}6^\circ,$$

$$4.\ \text{„}\ :\ t' = 20 + \frac{3650\,(1+\alpha\,20)}{0{,}306\cdot 700} = 38{,}3^\circ.$$

Da für den 2. Raum t' größer als die höchste zulässige Temperatur (40°) ist, so muß für diesen der Luftwechsel größer als gefordert und zwar zu:

$$L_v = \frac{4350\,(1+\alpha\,20)}{0{,}306\,(40-20)} = 763\ \text{cbm}$$

angenommen werden. Auf die Temperatur von 40° muß somit auch die gesamte von außen entnommene Luft am Heizapparate erwärmt werden und dem 1., 3. und 4. Raume zu der warmen Luft ungewärmte Luft beigemischt werden.

b) Luftmenge, die bei der niedrigsten Außentemperatur (—20°) von außen zu entnehmen ist. Diese stellt sich nach Gl. (228) bzw. (229) für den

$$1.\ \text{Raum}:\ L_0 = \frac{1000\,(1-\alpha\,20)}{1+\alpha\,20} = 863\ \text{cbm von}\ -20^\circ,$$

$$2.\ \text{„}\ :\ L_0 = \frac{763\,(1-\alpha\,20)}{1+\alpha\,20} = 658\ \text{„}\ \text{„}\ -20^\circ,$$

$$3.\ \text{„}\ :\ L_0 = \frac{800\,(1-\alpha\,20)}{1+\alpha\,20} = 690\ \text{„}\ \text{„}\ -20^\circ,$$

$$4.\ \text{„}\ :\ L_0 = \frac{700\,(1-\alpha\,20)}{1+\alpha\,20} = 604\ \text{„}\ \text{„}\ -20^\circ,$$

im ganzen also: $\Sigma L_0 = 2815$ cbm von —20°.

c) Luftmenge von —20°, die am Heizapparate auf +40° zu erwärmen ist. Diese ist nach Gl. (231) für den

$$1.\ \text{Raum:}\ L_H = 863\,\frac{34{,}4 - (-20)}{40 - (-20)} = 783\ \text{cbm von } -20^\circ,$$

$$2.\ \text{„}\ :\ L_H = 658\,\frac{40 + 40}{40 + 20} = 658\ \text{„ „ } -20^\circ,$$

$$3.\ \text{„}\ :\ L_H = 690\,\frac{36{,}6 + 20}{40 + 20} = 651\ \text{„ „ } -20^\circ,$$

$$4.\ \text{„}\ :\ L_H = 604\,\frac{38{,}3 + 20}{40 + 20} = 587\ \text{„ „ } -20^\circ.$$

Im ganzen sind also am Heizapparate 2679 cbm von -20° zu erwärmen.

d) Luftmenge, die der Berechnung der Kanalquerschnitte zugrunde zu legen ist. Der vorgeschriebene Luftwechsel soll bis zu einer höchsten Außentemperatur von 0° erzielt werden, im ganzen sind $\Sigma L_v = 3200$ cbm gefordert; bei -20° aber sind zur Erwärmung nötig:

$$L = \frac{15\,900\,(1 + \alpha\,20)}{0{,}306\,(40 - 20)} = 2788\ \text{cbm}.$$

Lediglich zur Erwärmung der Räume bei 0° würde ein Luftwechsel von L_1 cbm ausreichen, die Größe von L_1 berechnet sich nach der Aufstellung auf S. 385 aus dem Verhältnisse von $\frac{L_1}{L}$, das für eine Raumtemperatur von $+20^\circ$ und eine höchste zulässige Einströmungstemperatur von $+40^\circ$ sich zu 0,725 ergibt. Es ist also:

$$L_1 = 0{,}725 \cdot 2788 \backsim 2021\ \text{cbm}.$$

Da diese Luftmenge kleiner als die vorgeschriebene von 3200 cbm ist, so muß letztere für die Berechnung der Kanalquerschnitte angenommen werden.

e) Temperaturen, die der Berechnung der Kanalquerschnitte zugrunde zu legen sind. α) Außentemperatur. Da nach d) der vorgeschriebene Luftwechsel zugrunde gelegt werden muß, so ist somit die für ihn geltende höchste Temperatur, d. h. 0°, anzunehmen.

β) Temperatur der Zuluft. Die Temperatur der Zuluft berechnet sich mit Hilfe der Gl. (232), in die, da der geforderte Luftwechsel L_v bis zur höchsten Temperatur von 0° erreicht werden soll, $t_1 = 0$ zu setzen, ferner da $t = 20$, $t_0 = -20$ ist, für den

$$1.\ \text{Raum:}\ t_1' = 20 + \frac{4100\,(1 + \alpha\,20)}{0{,}306 \cdot 1000} \cdot \frac{20 - 0}{20 - (-20)} = 27{,}2^\circ,$$

$$2.\ \text{„}\ :\ t_1' = 20 + \frac{4350\,(1 + \alpha\,20)}{0{,}306 \cdot 700} \cdot \frac{20 - 0}{20 - (-20)} = 30{,}9^\circ,$$

$$3.\ \text{„}\ :\ t_1' = 20 + \frac{3800\,(1 + \alpha\,20)}{0{,}306 \cdot 800} \cdot \frac{20 - 0}{20 - (-20)} = 28{,}3^\circ,$$

$$4.\ \text{„}\ :\ t_1' = 20 + \frac{3650\,(1 + \alpha\,20)}{0{,}306 \cdot 700} \cdot \frac{20 - 0}{20 - (-20)} = 29{,}1^\circ.$$

f) Wärmemenge, die der Heizapparat zu liefern hat. Da eine Abkühlung in den Kanälen nicht zu berücksichtigen ist und die höchste Temperatur der Zuluft (für Raum 2) 40° beträgt, so muß auf diese die gesamte am Heizapparate zu erwärmende Luft von -20° gebracht werden. Letztere betrug $\Sigma L_H = 2679$ cbm und somit ist die Wärmemenge zur Erwärmung der Luft am Heizapparate nach Gl. (214):

$$W' = \frac{0{,}306 \cdot 2679}{1 - \alpha\,20}\,(40 - (-20)) = 53072\ \text{WE}.$$

Die Wassermenge, die der Luft behufs Befeuchtung beizugeben ist, beträgt, da sich der gesamte Luftwechsel in den Räumen bei -20° Außentemperatur zu 2787 cbm stellt und da $p_0 = 80$, $p = 50$, $t = 20$ zu setzen ist, nach Gl. (27) oder einfacher nach Tabelle 8:

$$A = \frac{2788}{1000} \cdot 7{,}841 = 21{,}86 \text{ kg}$$

und somit, wenn Wasserleitungswasser von 10° zum Zwecke der Befeuchtung verwendet wird, das auf 40° zu erwärmen und in Dampfform überzuführen ist (siehe Beispiel 1), die Wärmemenge zur Verdunstung des Wassers:

$$W'' = 21{,}86 \cdot 600 = 13\,100 \text{ WE.}$$

Die Wärmemenge, die der Heizapparat zu liefern hat, stellt sich also:

$$W_H = 53\,072 + 13\,100 = 66\,170 \text{ WE.}$$

g) Größe des Heizapparates. Es ist zu setzen nach den Angaben auf S. 381 bei

$$\text{glatter Heizfläche:} \quad F = \frac{66\,170}{1500} \sim 44 \text{ qm,}$$

$$\text{gerippter} \quad „ \quad : \quad F = \frac{66\,170}{1200} \sim 55 \text{ qm.}$$

In diesem Beispiele blieb die Wärmeabgabe der Personen in den Räumen unberücksichtigt. Sofern die Anzahl der Personen eine gleichbleibende ist, kann diese von dem Wärmeverlust in Abzug gebracht und vor der Benutzung der Räume eine höhere Einströmungstemperatur der Luft (50°) in Ansatz gebracht werden. Die Rechnung ist dann in gleicher Weise wie in Beispiel 2 anzustellen, nur ist, je nachdem die Räume als mäßig oder vollbesetzte anzusehen sind, die entsprechende Wärmeabgabe der Personen (s. S. 7) in Ansatz zu bringen, im übrigen ändert sich in der weiteren Behandlung des Beispiels nichts.

Beispiel 5. Aufgabe. Die Aufgabe ist die gleiche wie in Beispiel 1, nur soll im Keller die Luft durch Einzelröhren von Eisenblech mittels eines Ventilators nach den aufsteigenden gemauerten Zuluftkanälen geführt werden. Die Temperatur des Kellers ist zu +10° anzunehmen, die Geschwindigkeit der Luft in den Kanälen bei der niedrigsten Außentemperatur zu 10 m. Die Länge des Rohrkanals für Raum 1 und 3 beträgt je 20 m, für Raum 2 und 4 je 12 m.

Lösung der Aufgabe. **a) Erforderlicher Luftwechsel zur Erwärmung der Räume.** Wie in Beispiel 1 (s. S. 389) muß erhalten der

1. Raum:	719 cbm	von 40°	= 811 kg,
2. „	763 „	„ 40°	= 861 „,
3. „	666 „	„ 40°	= 751 „,
4. „	640 „	„ 40°	= 722 „.

b) Temperaturen, mit denen die Luft in die eisernen Rohrkanäle eintreten muß. In den eisernen Rohrkanälen soll bei der niedrigsten Außentemperatur eine Geschwindigkeit von 10 m herrschen; naturgemäß muß die ganze Anlage sowie der Ventilator hierfür Berechnung gefunden haben, für die auf den Abschnitt „Lüftung“ zu verweisen ist. Unter der Annahme, daß die Rohrkanäle einen runden Querschnitt erhalten sollen, berechnet sich der lichte Durchmesser des Rohrkanals für den

$$\text{1. Raum zu:} \quad d = \sqrt{\frac{719 \cdot 4(1 + \alpha\, 40)}{10 \cdot 3600 \cdot 3{,}14(1 + \alpha\, 20)}} = 0{,}165 \text{ m,}$$

$$\text{2.} \quad „ \quad „ : \quad d = \sqrt{\frac{763 \cdot 4(1 + \alpha\, 40)}{10 \cdot 3600 \cdot 3{,}14(1 + \alpha\, 20)}} = 0{,}170 \text{ m,}$$

$$\text{3.} \quad „ \quad „ : \quad d = \sqrt{\frac{666 \cdot 4(1 + \alpha\, 40)}{10 \cdot 3600 \cdot 3{,}14(1 + \alpha\, 20)}} = 0{,}158 \text{ m,}$$

$$\text{4.} \quad „ \quad „ : \quad d = \sqrt{\frac{640 \cdot 4(1 + \alpha\, 40)}{10 \cdot 3600 \cdot 3{,}14(1 + \alpha\, 20)}} = 0{,}155 \text{ m.}$$

Erhalten die Rohrwandungen eine Stärke von 1 mm, so stellt sich die für die Abkühlung der Luft in Frage kommende Oberfläche $f = (d + 0{,}002)\,\pi\, l$ der Rohrkanäle für den

1. Raum zu: $f = 10{,}51$ qm,
2. „ „ $f = 6{,}48$ „ ,
3. „ „ $f = 10{,}06$ „ ,
4. „ „ $f = 5{,}92$ „ .

Die mittlere Temperatur der Luft in den eisernen Kanälen muß nun für Annahme der Wärmedurchgangszahl k zunächst geschätzt werden. Die Temperatur der Luft soll bei Eintritt in die aufsteigenden gemauerten Kanäle 40° betragen, nimmt man also in den Kellerkanälen, wenn diese vor Wärmeabgabe nicht geschützt sind, eine Abkühlung um 10°, wenn sie vor Wärmeabgabe geschützt sind, eine solche von 2° an, so hat man $\frac{40 + 50}{2} - 10 = 35°$ bzw. $\frac{40 + 42}{2} - 10 = 31°$ für die Wahl der Wärmedurchgangszahl nach Tabelle 15 in Ansatz zu bringen, also für eine Luftgeschwindigkeit von 10 m den Wert $k = 5{,}8$ bzw. 5,7 für nicht bekleidetes Rohr zu wählen. Nach den Mitteilungen auf S. 185 ist somit bei guter Umhüllung statt $\frac{5{,}7}{5}$ nur etwa 5,7 = 1,16 zu setzen. Es ergibt sich daher nach Gl. (217) für den

1. Raum (Rohrkanäle nicht umhüllt):	$t_1 = 51°$,	(Rohrkanäle gut umhüllt): $t_1 = 42°$,
2. „ „ „ „ :	$t_1 = 46°$,	„ „ „ $t_1 = 41°$,
3. „ „ „ „ :	$t_1 = 51°$,	„ „ „ $t_1 = 42°$,
4. „ „ „ „ :	$t_1 = 46°$,	„ „ „ $t_1 = 41°$.

Die Temperaturschätzung für die Wärmedurchgangszahl war somit eine richtige.

Bei nicht umhüllten Rohrkanälen ist also die Luft am Heizapparate auf 51° zu erwärmen, bei gut umhüllten Rohrkanälen auf 42° und für einzelne Räume der Luft ungewärmte Luft zuzumischen. Raum 4 z. B. hat zu erhalten 722 kg Luft, diese soll mit 46° in den nicht umhüllten Rohrkanal eintreten, folglich muß die Mischluft von —20°, die beizumengen ist, mit Hilfe der Gl. (8):

$$771 \cdot 46 = (771 - x)\, 51 + x\,(-20)$$

berechnet werden. Es ergibt sich alsdann die beizumengende Mischluft zu:

$$x = 54{,}3 \text{ kg} = 39 \text{ cbm von } -20°.$$

Bezüglich der Berechnung der Kanalquerschnitte usw. ist für alle Beispiele auf die bei den Lüftungsanlagen gegebene zu verweisen.

Siebzehntes Kapitel.

Verbindung von Kraft- und Heizbetrieben*) (Abwärmeverwertung).

Betrachtet man Wärmebilanzdiagramme heute bestehender Dampf- oder Verbrennungsmaschinen, so erkennt man, daß diese Maschinen 8 bis

*) S. a. Urbahn, Ermittlung der billigsten Betriebskraft für Fabriken. — Schneider, Über die Verwertung des Zwischendampfes und Abdampfes der Dampfmaschinen zu Heizzwecken. Julius Springer 1912. — Deinlein, Wärmeverwertung in Verbindung mit Dampf- und Verbrennungsmaschinen. Zeitschrift des Bayerischen Revisionsvereins 1911. — Reutlinger, Zwischendampfverwertung in Entwicklung, Theorie und Wirtschaftlichkeit. Julius Springer 1911. — Josse, Neuere Kraftanlagen. Berlin 1911. — H. Treitel, Die A.E.G.-Turbinen. A.E.G.-Zeitung, XIII. Jahrgang,

höchstens 32% der im Brennstoff enthaltenen Wärmemenge in Arbeit umsetzen, während rund 60% in Form von Dampf, Warmwasser oder heißen Rauchgasen für Heizungs- bzw. Warmwasserversorgungsanlagen ausgenutzt werden könnten. Eine Sattdampf-Auspuffmaschine von 250 effektiven Pferdestärken (PSe) stellt rund 1 200 000 WE/st, eine Heißdampf-Kondensationsmaschine in derselben Stärke rund 600 000 WE/st, ein Dieselmotor von rund 250 PSe rund 200 000 WE/st zur Verfügung, welche bedeutenden Wärmemengen in den Betrieben von Färbereien, Bleichereien, Spinnereien, Webereien, Papierfabriken, Mälzereien, Brauereien, chemischen Industrien, Kaliwerken, Schlachthöfen, Badeanstalten, Trocknungseinrichtungen, zur Heizung wie auch Warmwasserversorgung der Wohn- und Arbeitsräume nutzbar gemacht werden könnten.

1. Unmittelbare Entnahme von Dampf.

a) Abdampfverwertung. Diese ist sowohl bei Dampfmaschinen als auch bei Dampfturbinen (Gegendruckturbinen) durchführbar. Während der Turbinendampf ölfrei ist und sofort wieder verwendet werden kann, muß bei Kolbenmaschinen eine sorgfältige Entölung des Dampfes erfolgen. Für reinen Abdampfbetrieb werden Kolbenmaschinen als Einzylindermaschinen, Dampfturbinen nur mit einem Hochdruckteil gebaut und der eventuell zu entölende Abdampf einem kleinen Sammler zugeführt, der mit den erforderlichen Einrichtungen (Sicherheitsventil, Frischdampf-Abdampfzumischapparat, Umschaltungsklappen für Auspuffbetrieb) versehen ist. Werden die Heizkörper einer solchen Abdampfheizung als Oberflächenkondensatoren wirksam gemacht, so entstehen Vakuumheizungen, die sich allerdings bisher in Deutschland nicht einführen konnten.

Entspricht bei Auspuffabdampfheizungen die Abwärme der Maschinen stets dem Wärmeverbrauch der angeschlossenen Anlage, so können gegenüber Kondensationsmaschinen und Frischdampfheizung jährliche Betriebsersparnisse von nahezu 50% erzielt werden. Die Verbindung von Heiz- und Kraftbetrieben wird erst dann unwirtschaftlich, wenn etwa die Hälfte des Abdampfes dauernd ausgepufft oder mehr als die Hälfte Frischdampf zugespeist werden muß. In manchen Fällen kann die Anordnung größerer Warmwasserspeicher sowohl betriebstechnisch als auch wirtschaftlich von bedeutendem Vorteil sein.

b) Zwischendampfverwertung. Werden hohe Dampfdrücke gefordert, oder betragen die zu entnehmenden Mengen nur einen Teil des Gesamt-

---

Nr. 1 und 2. — L. Meyers, Warmwasserfernheizung unter Ausnützung der Abdampfwärme einer 100pferdigen Kondensationsmaschine. Zeitschrift des Vereins Deutscher Ingenieure 1910, S. 244f. — Hottinger, Die Abwärmeausnutzung bei Dieselmotoren. Zeitschrift des Vereins Deutscher Ingenieure 1911. — Recke, Verwendung von Abdampf aus Hochdruckmaschinen. Zeitschrift des Vereins Deutscher Ingenieure 1910, S. 1642. — Eberle, Der Einfluß des Gegendruckes und der Zwischendampfentnahme auf den Dampfverbrauch von Kolbenmaschinen. Zeitschrift des Vereins Deutscher Ingenieure 1907. — Eberle, Die neue Dampfanlage der Stuttgarter Badegesellschaft. Zeitschrift des Bayerischen Revisionsvereins 1910.

dampfverbrauchs der Maschinen, oder sollen Spitzen im Wärmebedarf einer großen Heizungsanlage ausgeglichen werden, so wird in vielen Fällen Zwischendampfverwertung vorteilhaft. Auch zur Zwischendampfentnahme lassen sich Kolbenmaschinen und Dampfturbinen verwenden, wobei der Dampf entweder dem zwischen Hoch- und Niederdruckzylinder liegenden Aufnehmer oder einer bestimmten Stufe der Dampfturbinen entnommen wird. Die Maschinen enthalten dann im allgemeinen 2 Regler, von denen der eine ihre Drehzahl, der andere unter Beeinflussung der Frischdampffüllung den Druck des Heizungsdampfes konstant hält.

2. Unmittelbare Entnahme von Warmwasser.

Hierzu können Kolbenmaschinen und Dampfturbinen, wie auch Gasmotoren, Diesel- und Benzinmaschinen usw. verwendet werden.

Die Dampfmaschinen und Turbinen erhalten für diesen Zweck Oberflächenkondensatoren, deren Konstruktion den jeweiligen Verhältnissen angepaßt werden muß. Ist es bei tiefstem Winter nötig, mit höher erhitztem Wasser zu arbeiten, so läßt sich dies durch Abschwächung des Vakuums (Einsaugen von Luft in die Auspuffleitung) oder in einfacherer Weise dadurch erreichen, daß das aus dem Kondensator kommende Wasser durch Abdampf, Zwischendampf oder Frischdampf nachgewärmt wird. Zu diesem Zwecke kann mit Vorteil der Abdampf selbständig angetriebener Kondensatpumpen verwendet werden, wobei der unter Benutzung von Turbinenantrieb ölfreie Abdampf manchmal unmittelbar in das nachzuheizende Wasser eingelassen wird.

Bei Gasmotoren, Diesel- und Benzinmaschinen usw. kann das durch nichts verunreinigte Kühlwasser ohne weiteres z. B. zu Heizzwecken Benutzung finden. Werden höhere als die normalen Wassertemperaturen gewünscht, so können diese unter Ausnutzung der Wärme der Rauchgase erreicht werden.

3. Erwärmung von Wasser durch Dampf oder Rauchgase.

Hierzu finden im allgemeinen Gegenstromapparate Verwendung, die z. B. derart mit Kesseln verbunden werden, daß letztere bei Stillstand der Fabrik die Heizung ohne weiteres übernehmen können.

In ähnlicher Weise können die Abgase von Sauggasmaschinen, Diesel- und Benzinmotoren usw. zur Wassererhitzung Verwendung finden. Während in früherer Zeit die bezüglichen Wärmeaustauschapparate aus Schmiedeeisen hergestellt wurden, kommt neuestens Gußeisen als Baumaterial in Betracht, da es imstande ist, den durch die Rauchgase verursachten Zerstörungen Widerstand zu bieten.

4. Erwärmung von Luft durch Dampf, Warmwasser oder Rauchgase.

Die bezüglichen Wärmeaustauschapparate sind die gleichen, die im Kapitel „Luftheizungen" besprochen wurden. Die Luft wird fast ausschließlich unter Verwendung von Ventilatoren an den warmen Heizflächen vorbeigeführt, so daß mit hohen Wärmedurchgangszahlen der Heizflächen gerechnet werden kann (Tabelle 15 B). Die Heizflächen werden entweder zwischen Niederdruckzylinder und Kondensator geschaltet oder als luftgekühlte Oberflächenkondensatoren verwendet oder schließlich in die Rauchgaswege eingebaut.

Eine große Anzahl von Ausführungen, bei denen Elektrizitätswerke mit Heizungs- und Warmwasserversorgungsanlagen verbunden wurden, beweisen die überlegene Wirtschaftlichkeit derartiger Betriebe, die bei richtiger Durchführung erhebliche jährliche Ersparnisse erzielen lassen.

Achtzehntes Kapitel.

Kühlung der Räume.

Die Kühlung geschlossener Räume ist im Prinzipe als eine negative Heizung aufzufassen. Die Heizung von Räumen bezweckt, Wärmeverluste zu decken, die Kühlung, Wärmeüberschüsse auszugleichen. Die Wärmeüberschüsse werden, abgesehen von besonderen Vorgängen, im wesentlichen hervorgerufen durch Wärmeüberführung (Transmission) der Umschließungskörper des Raumes von außen nach innen und durch die Wärmeabgabe der Menschen und der Beleuchtung.

Im Winter ist für Bestimmung des Wärmeverlustes der Räume die niedrigste, im Sommer für Bestimmung des Wärmegewinns der Räume die höchste Außentemperatur maßgebend. Diese ist verschieden je nach der geographischen Lage.

In Berlin betrug die höchste Temperatur in den Jahren 1892 und 1897 35° C im Schatten. Die unmittelbare Sonnenerwärmung kann bei der Heizung, da sie deren Unterstützung darstellt, unberücksichtigt bleiben, bei der Kühlung muß sie in Rechnung gezogen werden. Es ist daher für nach der Sonnenseite gelegene Räume eine höhere Außentemperatur (etwa bis +40° C) anzunehmen.

Bezüglich der Wärmeabgabe durch die Menschen und die Beleuchtung ist das früher im Abschnitte „Lüftung“ Gesagte (s. S. 7) maßgebend.

Bei der Erwärmung dehnt sich die Luft aus und wird relativ trockener, bei der Kühlung verdichtet sie sich und wird relativ feuchter. Bei Unterschreitung der Taupunktstemperatur scheidet sich Wasser aus, die Luft ist alsdann gesättigt, wenn auch absolut trockener.

Sofern die Kühlung der Räume unmittelbar durch aufgestellte Kühlkörper stattfindet, wird die relative Feuchtigkeit in den Räumen zunehmen, falls die Kühlkörper nicht eine so niedrige Temperatur besitzen, daß sich an ihnen die entsprechende Dampfmenge niederschlägt oder falls nicht eine genügende Menge entsprechend trockener Luft den Räumen zugeführt wird. Da das Überschreiten eines gewissen Maßes von Feuchtigkeit in einem Raume die Annehmlichkeit des Aufenthalts vermindert oder z. B. bei Konservierung von Nahrungsmitteln schädlich wirken kann, so wird man bei lokalen Kühlkörpern die Temperatur der Kühlflüssigkeit sehr niedrig zu halten haben. Die lokale Kühlung ist daher wohl in Gärkellern, in Räumen zur Aufbewahrung von Nahrungsmitteln usw., nicht aber in bewohnten Räumen ohne Eintreten verschiedener Unzuträglichkeiten anzuwenden; Räume, in denen sich eine größere Anzahl Menschen aufzuhalten haben, sind daher meist durch Einführung niedrig temperierter und entsprechend trockener Luft zu kühlen. Da die Luft durch Kühlung in ihrem relativen Feuchtigkeitsgehalte zunimmt, ist es alsdann nötig, zunächst behufs Ausscheidung von Wasser die Luft an niedrig temperierten außerhalb der zu kühlenden Räume liegenden Kühlflächen vorüberzuführen und sie alsdann mit ungekühlter Luft zu mischen, sie oftmals auch zur Vermeidung der Einführung in die Räume mit zu niedriger Temperatur an einem Heizapparate wieder zu erwärmen. Bei Kühlung der Räume in Verbindung mit Lüftungsanlagen kann die Forderung eines nicht zu hohen Feuchtigkeitsgehaltes erfüllt werden, und da eher eine etwas hohe Temperatur als sehr feuchte Luft ertragen wird, ist es stets zu empfehlen, den *zulässigen höchsten Feuchtigkeitsgehalt in den Räumen vorzuschreiben.* Um die Betriebskosten einer Kühlanlage möglichst zu vermindern, sollte vor Benutzung der Räume nicht unter Ableitung der Abluft ins Freie, sondern unter wiederholter Führung nach den Kühlkörpern, also mittels Umlaufs, gekühlt werden. Es ist dies für Kostenersparnisse wichtiger, als die Anwendung von Umlauf für Erwärmung von Räumen, da bei Kühlung nicht nur von den Kühlflächen die Wärme aufgenommen werden muß, die zur Abkühlung der Luft erforderlich ist, sondern auch die Wärme, die beim Niederschlagen des Wassers aus der gekühlten Luft frei wird.

Die Temperatur zu kühlender Räume wird — sofern nur für Personen ein angenehmer Aufenthalt geschaffen werden soll — zu etwa 22° bis 23° anzunehmen sein; geringere Temperaturen werden im Sommer nicht leicht ertragen.

Die Temperatur der in die Räume einzuführenden Luft darf selten niedriger als zu 17° bis 18° gewählt werden, da sonst Zugbelästigungen eintreten werden; auch bei diesen Temperaturen ist noch für *sehr vorsichtige Anordnung* der Einströmung und schnelle Verteilung der Luft im Raume in genügender Entfernung von den anwesenden Personen Sorge zu treffen.

I. Kühlmittel.

1. Wände.

Die Außenwände der Gebäude sind bei hohen Außentemperaturen an und für sich wärmer als die Innenluft. Werden die Wände eines Raumes auf irgendeine Weise abgekühlt, so sind sie alsdann als Kühlkörper anzusehen. Erzielt man schon — allerdings nur innerhalb bescheidener Grenzen — durch die reichliche Durchlüftung der Räume während der Nacht mittels einfachen Fensteröffnens eine Abkühlung der Wände und somit ein Kühlhalten der Räume am Tage, so gewinnen die Wände als Kühlkörper eine große Bedeutung, wenn ihr tieferes Abkühlen durch besondere Anlagen möglich ist.

Stehen in den Kellerräumen ausgedehnte Wandflächen zur Verfügung, so können diese für die in die Räume einzuführende Luft in wirksamer Weise zu Kühlflächen durch Berieselung mit Wasser nutzbar gemacht werden. Die Berieselung hat den Zweck durch Berührung und durch Verdunstung des Wassers den Wänden Wärme zu entziehen; die Verdunstung ist daher möglichst durch lebhafte Luftbewegung während der Berieselung zu steigern. Da naturgemäß die Luft hierbei dem Sättigungspunkt nahegerückt wird, so sind die Wände als Kühlkörper möglichst erst nach Einstellung der Berieselung zu verwenden. Es empfiehlt sich, die Aufnahmefähigkeit der Wände für Wasser durch einen undurchlässigen Anstrich aufzuheben.

Da die Temperatur der in die Räume während ihrer Benutzung einzuführenden Luft nicht viel niedriger als Raumtemperatur sein darf, so macht es sich bei den meisten Kühlanlagen nötig, die Wände als Kühlkörper mit zu benutzen, mithin vor Benutzung der Räume diesen, besonders während der Nacht, künstlich gekühlte Luft zuzuführen. Doch ist hierbei zu beachten, daß die Kühlung der Wandoberflächen nicht derartig erfolgen darf, daß sich an ihnen bei Benutzung der Räume Wasser aus der Luft des Raumes niederschlagen kann. Es ist daher ratsam, eine möglichst tiefe Schicht der Wände mäßig, anstatt eine kleine Schicht sehr kräftig abzukühlen, d. h. also der den Räumen in unbenutztem Zustande zuzuführenden Luft eine nicht zu niedrige Temperatur zu geben, dafür aber die Zeit der Wandkühlung möglichst auszudehnen.

2. Unterirdische Kanäle.

In einer gewissen Tiefe besitzt die oberste Erdschicht eine nahezu gleichmäßige Temperatur und es ist versucht worden, durch Einlegung von Kanälen in die Erde eine Kühlung der Luft herbeizuführen. Der Effekt vermindert sich indessen bei diesen Einrichtungen sehr bald, besonders wenn die Erde trocken ist und sie daher nur geringe Leitungsfähigkeit besitzt. Auch wenn die Röhren in das Grundwasser gelegt werden, ist die Wirkung den Anlagekosten nicht entsprechend.

3. Flüssigkeiten.

a) Unmittelbare Berührung mit der Luft. α) Wasser in flüssigem Zustand. Die unmittelbare Berührung der Luft mit Wasser von niedrigerer Temperatur hat eine Abkühlung der Luft und — wenn die Abkühlung eine entsprechend tiefe ist — auch ein Ausscheiden von Wasser aus der Luft zur Folge. Für Erzielung eines zufriedenstellenden Effekts ist es natürlich Bedingung, daß die den Räumen zuzuführende Luft mit einer möglichst großen Wasseroberfläche in Berührung gebracht, daß somit das Wasser in tunlichst fein verteiltem Zustand übergeführt wird und die Luft in langsame Bewegung mit allen Wasserteilchen in Berührung kommt. Am besten wird eine große Oberfläche des Wassers durch zweckmäßig angeordnetes Zerstäuben geschaffen, das z. B. durch Druckwasser — in feinen Strahlen gegen feste Flächen geführt (s. Zerstäubungsapparate, S. 39) — erzielt werden kann.

Steht Brunnenwasser von 10—12° zur Verfügung, so wird bei sachgemäßer Anordnung die Luft so tief unter Raumtemperatur gekühlt werden können, daß sich aus ihr nicht nur Wasser ausscheidet, sondern daß sie auch nach erforderlicher Wiedererwärmung, eventuell auch nur nach Mischung mit ungekühlter Luft mit einem nicht zu hohen Sättigungsgrad in die Räume geführt werden kann. Leider sind bisher Versuchsergebnisse über die Temperatur und die Menge von Wasser, die bei bestimmten Anordnungen zur Kühlung der Luft und zur Erzielung vorgeschriebener Sättigungsgrade erforderlich sind, nicht bekannt geworden. Versuche nach dieser Richtung sind daher von Bedeutung.

Die nach der Kühlung in der Luft noch schwebenden Wasserteilchen sind durch zweckentsprechende, ebenfalls durch Wasser gekühlte Filter abzufangen, da andernfalls die Luft infolge Verdunstens der Wasserteilchen eine unzulässige Zunahme ihres Wassergehalts erfahren würde.

Die vorbeschriebene Ausführung einer Kühlungsanlage gewährt noch den großen Vorteil, daß die von außen entnommene und in die Räume einzuführende Luft von dem in ihr enthaltenen Staub in bester Weise gereinigt wird.

Die Berechnung einer derartigen Anlage ist nach Feststellung der noch fehlenden Unterlagen sinngemäß die gleiche, wie eine solche, bei der die Kühlung der Luft in besonderen Kühlkörpern stattzufinden hat.

β) Wasser in gefrorenem Zustande (Eis). 1 kg schmelzendes Eis vermag 79 WE zu binden, 1 cbm Eis wiegt etwa 800 kg. Da, wo Eis billig zu haben ist, kann dieses Mittel für einzelne Räume, besonders bei seltener Benutzung, Verwendung finden. Wenn der Lüftungsbetrieb ohne Ventilator erfolgen soll, so ist das Eis über dem betreffenden Raume in einer Kühlkammer aufzustellen und die Luft muß von oben in den Raum eintreten. Ein zu hoher Feuchtigkeitsgehalt der gekühlten Luft ist bei Anwendung von Eis nicht zu befürchten, weil sich infolge der Abkühlung der Luft am Eis Wasser niederschlagen wird.

b) Mittelbare Berührung mit der Luft (Anwendung von Kühlkörpern). Zum unmittelbaren Kühlen der Kühlkörper und mittelbaren Kühlen der Luft kann verwendet werden:

α) Wasserleitungswasser. Dieses findet in der Praxis wegen seines Preises und seiner verhältnismäßig hohen Temperatur keine Verwendung. Die Wirkung der Kühlung ist eine geringe.

β) Brunnenwasser. Dieses setzt zum Heben maschinellen Betrieb voraus und erfordert, ebenso wie das Wasserleitungswasser, große Kühlkörper, die nur selten angewendet werden können, besonders wenn auch die Vorkühlung der Räume, d. h. die Kühlung vor deren Benutzung durch die Anlage erzielt werden soll.

γ) Wasser, durch Eis oder durch besondere Vorrichtungen gekühlt. Die Anwendung von Eis zur Kühlung für ganze Gebäude ist meist zu teuer.

Bei unmittelbarer Kühlung durch Eis (a, γ) ist mit ihr die in Frage stehende mittelbare Kühlung zweckentsprechend zu verbinden, indem das Schmelzwasser durch Röhren geleitet wird und so zur Abkühlung der Luft Verwendung finden kann.

Hauptsächlich werden in der Praxis besondere Kältemaschinen zur Kühlung des Wassers angewendet, und um die Temperatur des Wassers möglichst niedrig bemessen zu können, wird diesem ein für diesen Zweck geeignetes Salz zugefügt. Die in Anwendung befindlichen Kältemaschinen sind meistens sogenannte Verdunstungsmaschinen. Sie beruhen auf Bildung von Dämpfen einer geeigneten Flüssigkeit unter Druckverminderung.

Bei diesem Vorgange wird Wärme gebunden und sofern die Dampfbildung in einem von Wasser umgebenen Gefäße erfolgt, wird dem Wasser mithin Wärme entzogen.

Die Erniedrigung der Temperatur ist um so größer, je größer die Druckverminderung und je niedriger der Siedepunkt der betreffenden Flüssigkeit ist.

4. Verdichtung und Abkühlung der Luft vor Einführung in die Räume.

Sofern Luft durch Druck verdichtet und alsdann abgekühlt wird, erniedrigt sich bei der Druckentlastung, d. h. beim freien Austritte der Luft ihre Temperatur.

Diese Art der Luftkühlung ist für den in Frage stehenden Zweck infolge des hohen Preises der erforderlichen Maschinen in der Praxis kaum in Anwendung. Bei etwa weiterer Verbreitung der Druckluftanlagen gewinnt jedoch diese Art der Kühlung von Räumen im Sommer große Bedeutung.

II. Ausführung der Kühlflächen.

Das Material der Kühlflächen soll ein derartiges sein, daß es vom Niederschlagswasser nicht angegriffen wird. Da jedoch Eisen dem Rosten unterliegt, werden die eisernen Kühlflächen am besten mit einem widerstandsfähigen Überzuge versehen. Man verwendet daher in der Praxis die sogenannten inoxydierten Röhren (schmiedeeiserne Röhren, durch und um die in glühendem Zustande Wasserdampf geleitet worden ist) — in diesem Falle lassen sich die Kühlflächen im Winter auch als Heizflächen benutzen — oder emaillierte Heizkörper oder gewöhnliche Heizkörper mit einem gegen Wärme und Wasser widerstandsfähigen Anstriche.

III. Berechnung einer Kühlungsanlage.

Aus bereits mitgeteilten Gründen sollen hier nur die Anlagen behandelt werden, deren Wirksamkeit auf Einführung kühler Luft in die betreffenden Räume beruht.

Da die niedrigste Temperatur der Kühlluft nicht beliebig angenommen werden kann, der stündliche Luftwechsel aber möglichst das Fünffache des Rauminhalts unter-, keinesfalls aber überschreiten soll, ist es nur selten möglich, die stündlich zu beseitigende Wärmemenge während der Benutzung der Räume lediglich durch den Luftwechsel bewirken zu können. In allen diesen Fällen ist die Zuhilfenahme der Wände als Kühlkörper, mithin die Kühlung der Wände vor Benutzung der Räume erforderlich. Es ist bereits erwähnt worden, daß aus ökonomischen Gründen diese Kühlung durch Umlauf der Luft bewirkt wird, und ist somit die Berechnung der Größenverhältnisse in doppelter Beziehung, d. h. für die Zeit während und vor Benutzung der Räume anzustellen.

A) Bestimmung der Größenverhältnisse für die Zeit während der Benutzung der Räume.

Bei der Berechnung sollen im folgenden die Luftmengen der Einfachheit halber meist in kg statt in cbm angenommen werden.

1. Bestimmung der Temperaturen im Raume während der Benutzung.

Die Temperatur in Kopfhöhe t_0 ist jederzeit vorgeschrieben, die Temperatur unter der Decke ist gemäß Gl. (30) zu setzen:

$$t_0' = t_0 + 0{,}03\, t_0 (h - 3)\,,$$

die mittlere Temperatur im Raume beträgt $\frac{t_0 + t_0'}{2}$.

2. Bestimmung der Wärmemenge, die stündlich im Beharrungszustande beseitigt werden soll.

Die Wärmemenge zerfällt in:

a) Die stündlich durch Wärmeüberführung von außen nach innen bei einem Temperaturunterschiede von $t - t_0$ übergeführte Wärmemenge W_1, sofern t die äußere, t_0 die innere Temperatur bezeichnet.

Ihre Berechnung erfolgt nach früherem (s. S. 139 und folgende).

b) Die stündlich durch die Menschen und Beleuchtung abgegebene Wärmemenge; diese werde mit W_2 bzw. W_3 bezeichnet und ist nach den Angaben auf S. 7 zu berechnen.

Die gesamte stündlich zu beseitigende Wärmemenge ist mithin:

$$W = W_1 + W_2 + W_3.$$

3. Bestimmung des erforderlichen geringsten Luftwechsels im Raume.

Dieser ist:

$$G_0 = \frac{W}{0{,}237\left(\frac{t_0 + t_0'}{2} - t'\right)} \cdot \mathrm{kg}$$

oder

$$L_0 = \frac{W(1 + \alpha\, t_0)}{0{,}306\left(\frac{t_0 + t_0'}{2} - t'\right)}\ \mathrm{cbm}, \qquad (233)$$

wenn t' die Temperatur der einströmenden Luft bedeutet.

Der berechnete Luftwechsel darf nicht größer als der fünffache Rauminhalt sein. Ist der berechnete Luftwechsel größer, so ist höchstens der fünffache Rauminhalt für L_0 anzunehmen und G_0 danach zu bestimmen. Der alsdann nicht gedeckte Teil von W muß von den Wänden in den Räumen aufgenommen werden, vorausgesetzt, daß diese gemäß ihrer Beschaffenheit hierfür fähig sind. Sie müssen daher entsprechend vor Benutzung der Räume gekühlt werden.

4. Bestimmung der durch Menschen und Gasbeleuchtung dem Raume zugeführten Wassermenge.

Die Wassermenge, die stündlich ein Mensch abgibt, ist auf S. 9 zu ersehen.

Die beim Verbrennen von 1 cbm Gas entwickelte und an die Luft in Dampfform abgegebene Wassermenge ist nach F. Fischer*) etwa 1 kg.

Die gesamte der Raumluft stündlich zugeführte Wassermenge werde mit A in kg bezeichnet.

5. Bestimmung der Wassermenge, die in der eingeführten Luft enthalten sein darf.

Wird diese Wassermenge mit B bezeichnet und bedeutet ferner:

p_0 den vorgeschriebenen Prozentsatz der Sättigung im Raume,
g_0 die Wassermenge in kg, die bei voller Sättigung in 1 kg Luft von der Temperatur t_0 enthalten ist (s. Tabelle 1),

so darf B, vermehrt um die Wassermenge, die der Luft im Raume noch zugeführt wird (A), nicht größer sein als die im Raume gestattete, d. h. es muß sein

$$B + A = \frac{G_0 \, p_0 \, g_0}{100},$$

daraus folgt:

$$B = \frac{G_0 \, p_0 \, g_0}{100} - A. \qquad (234)$$

6. Bestimmung der Wassermenge, die die Kühlflächen stündlich aus der Luft niederzuschlagen haben.

Diese Wassermenge in kg, die mit C bezeichnet werden soll, bildet den Unterschied zwischen der Wassermenge in der von außen entnommenen und der in die Räume eingeführten Luft. Bedeutet also:

p den Prozentsatz der Sättigung der Außenluft,
g die Wassermenge in kg, die bei voller Sättigung in 1 kg Außenluft (von der Temperatur t) enthalten ist,

so muß sein, da $B = \frac{G_0 \, p \, g}{100} - C$ zu setzen ist,

$$C = \frac{G_0 \, p \, g}{100} - B. \qquad (235)$$

*) Ferd. Fischer, Feuerungsanlagen 1889.

7. Bestimmung der Temperatur t_1, auf die die einzuführende Luft gekühlt werden muß, damit sie nicht mehr als B kg Wasser enthält.

Der Vorgang der Kühlung von Luft an Kühlkörpern ist jederzeit in der Weise zu denken, daß ein Teil der Luft durch Berührung mit den Kühlflächen seine Temperatur erniedrigt, der andre Teil sich mit der gekühlten Luft mischt. Hat der erste Teil eine so niedrige Temperatur angenommen, daß er gesättigt ist, so wird die Mischluft volle Sättigung nicht mehr aufweisen. Es geht hieraus hervor, daß eine volle Sättigung der Luft durch Kühlung an Kühlkörpern, die eine geringere Temperatur als die fortgeführte Gesamtluft haben, nicht erzielt werden kann. Je mehr man durch besondere Vorrichtungen jederzeit für ein rasches Mischen der an den Kühlflächen gekühlten mit der ungekühlten Luft Sorge trägt, um so höher wird der Prozentsatz der Sättigung der abgeleiteten Mischluft sein.

Bei Lüftungsanlagen kann man nun entweder die gesamte von außen entnommene Luft oder nur einen Teil an den Kühlkörpern vorüberführen, im letzteren Falle hat alsdann nach vollendeter Kühlung ein Mischen der gekühlten mit der noch ungekühlten Luft zu erfolgen.

a) **Die gesamte Luft G_0 wird an dem Kühlkörper vorübergeführt und von $t°$ auf $t_1°$ gekühlt.** Die Temperatur t_1 ist nicht mit der Einströmungstemperatur der Luft t' zu verwechseln, denn es muß, unabhängig von der letzteren, die von außen entnommene Luft so tief gekühlt werden, daß die erforderliche Wassermenge sich ausscheidet. Nur in dem Falle, daß der Feuchtigkeitsgehalt in den Räumen unberücksichtigt bleiben soll — was jedoch nie zu empfehlen ist — würde $t_1 = t'$ sein.

Bedeutet:

p_1 den Prozentsatz der Sättigung der Luft bei $t_1°$,

g_1 die Wassermenge in kg, die bei voller Sättigung in 1 kg Luft von der Temperatur t_1 enthalten ist,

dann muß die Temperatur t_1 so gewählt werden, daß in der Luft nur die gestattete Wassermenge enthalten sein kann, die übrige sich also ausgeschieden hat. Die Feuchtigkeit, die in der Luft enthalten sein darf, war B, somit muß sein:

$$B = \frac{G_0 \, p_1 \, p_1}{100} \, . \qquad (236)$$

Hieraus folgt:

$$g_1 = \frac{100 \, B}{G_0 \, p_1} \, . \qquad (237)$$

Aus den oben angeführten Gründen, nach denen eine volle Sättigung der an Kühlkörpern gekühlten Luft nicht zu erzielen ist, möge angenommen werden, daß durch besondere Vorrichtungen ein schneller Wechsel der die Kühlflächen berührenden Luft erzielt wird und daß alsdann in Gl. (237) $p_1 = 80$ bis 90 gesetzt werden kann, bei Annahme eines Prozentsatzes der Sättigung der Außenluft zu $p = 70$ bis 80.

Nach Bestimmung von g_1 ist aus Tabelle 1 sofort die diesem zugehörige Temperatur t_1 zu entnehmen.

Durch diese Rechnung erhält man die höchste noch zulässige Kühltemperatur, dagegen auch die größte Kühlfläche. Nach der Kühltemperatur kann die Kühlflüssigkeit gewählt werden. In der Regel wird man wünschen, möglichst kleine Kühlflächen zu erhalten, muß dann allerdings Kühlkörper von niedrigerer Temperatur anwenden. Dies führt zu:

b) Ein Teil der von außen entnommenen Luft G_0 wird gekühlt und alsdann mit dem ungekühlten Teile gemischt. Bezeichnet:

G den Teil der gesamten Luft G_0 in kg, der nicht gekühlt wird,
G_1 den Teil der gesamten Luft G_0 in kg, der gekühlt wird,
t die Temperatur der Außenluft,
t_1 die Temperatur, auf die G_1 gekühlt werden muß,
t_2 die Temperatur der gesamten Luft G_0 nach erfolgter Mischung ihres gekühlten und ungekühlten Teils,
p, p_1, p_2 den Prozentsatz der Sättigung der Außenluft, bzw. der Luft G_1 bzw. der Luft G_2,
g, g_1, g_2 die Wassermenge in kg, die bei voller Sättigung in 1 kg der Außenluft, bzw. der Luft G_1 bzw. der Luft G_2 enthalten ist,

so muß die Wassermenge, die nach der Kühlung und Mischung in der gesamten Luft enthalten ist, gleich sein der, die in der von außen entnommenen Luft enthalten war, vermindert um die ausgeschiedene, d. h. es muß sein:

$$\frac{G_0 p_2 g_2}{100} = \frac{G_0 p g}{100} - C ,$$

somit:

$$g_2 = \frac{G_0 p g - 100 C}{G_0 p_2} . \tag{238}$$

p_2 kann niemals größer und wird, wenn $p = 80$ gesetzt ist, was in der Regel zu geschehen hat, niemals kleiner als 100 sein. g_2 ist somit zu berechnen, und aus diesem folgt dann mit Hilfe der Tabelle 1 die zugehörige, d. h. die Mischungstemperatur t_2.

Aus G_1 ist die Wassermenge C niederzuschlagen, folglich muß sein:

$$C = \frac{G_1 (p g - p_1 g_1)}{100} ,$$

also:

$$G_1 = \frac{100 C}{p g - p_1 g_1} . \tag{239}$$

8. Bestimmung der Wärmemenge, die die Kühlflächen stündlich aufzunehmen haben.

Die Wärmemenge setzt sich zusammen aus der, die beim Niederschlagen des Wassers frei wird, und aus der, die zur Kühlung der Luft erforderlich ist.

Wird die gesamte Luft G_0 am Kühlkörper vorübergeführt (s. 7a) und von t auf t_1 gekühlt, so ist die Wärmemenge, die die Kühlflächen aufzunehmen haben, ohne weiteres:

$$W' = QC + 0{,}237\, G_0\, (t - t_1). \tag{240}$$

Wird nur ein Teil der Luft (G_1) gekühlt und alsdann mit dem ungekühlten Teile gemischt, so stellt sich:

$$W' = QC + 0{,}237\, G_1\, (t - t_1).$$

In beiden Fällen bedeutet Q die Wärmemenge, die beim Niederschlagen von 1 kg Wasser bei der Temperatur t_1 frei wird (latente Wärme), diese ist aus Tabelle 26 zu ersehen.

9. Bestimmung der Kühlflächen.

Die Bestimmung der Kühlflächen erfolgt nach den betreffenden Gleichungen für die Stromfläche (s. S. 168); bei Kühlung ist Gegenstrom anzuwenden. Die Wärmedurchgangszahl k in diesen Gleichungen schwankt nach verschiedenen Angaben sehr bedeutend. Die Geschwindigkeit der Luft, die Trockenheit oder Feuchtigkeit der Kühlflächen durch Niederschlagswasser usw. bedingen die Verschiedenheit der erzielten Ergebnisse.

Bei Temperaturen, bei denen kein Niederschlagswasser an den Kühlflächen sich abscheidet, setze man, bis weitere Versuchsergebnisse vorliegen, $k = 12$, andernfalls $k = 15$. Diese Werte setzen nur ganz geringe Luftgeschwindigkeit voraus, mit Zunahme dieser wächst der Koeffizient, wahrscheinlich ganz ähnlich wie bei der Heizung, sehr bedeutend. So fanden Gebr. Körting bei einer Luftgeschwindigkeit von 7 m/Sek. $k = 53$. Es gibt dieser Wert und die angegebenen Werte einen gewissen Anhalt bei erforderlichen Schätzungen.

Ist ϑ die Anfangstemperatur, ϑ_1 die Endtemperatur der Kühlflüssigkeit, so ist bei Gegenstrom (s. S. 168) die Kühlfläche:

$$F = \frac{W'}{k\{t - \vartheta_1 - (t_1 - \vartheta)\}} \ln \frac{t - \vartheta_1}{t_1 - \vartheta}.$$

B) Bestimmung der Größenverhältnisse für die Zeit vor Benutzung der Räume.

1. Bestimmung der Wärmemenge, die aus den Räumen wegzuschaffen ist.

Zum Kühlhalten der Räume wird selten Dauerbetrieb angewendet werden, infolgedessen ist vor Benutzung der Räume die Abkühlung der Luft erforderlich. Wenn während der Benutzung die geforderte Temperatur durch Einführung kühler Luft durch einen höchstens fünffachen Luftwechsel in der Stunde nicht erzielt werden kann, so wird, wie bereits erwähnt (S. 400), erforderlich, die Wände als Kühlkörper mit zu benutzen, d. h. ihnen vorher so viel Wärme zu entziehen, daß durch deren Wiederaufnahme während der Benutzung die gewünschte Temperatur in den Räumen sich einstellt.

Da die Kühlung als umgekehrte Heizung aufzufassen ist, so können die früher angegebenen Ausdrücke (s. S. 154) für das Anheizen abgekühlter Räume auch für die Bestimmung der den Wänden zu entziehenden Wärmer mengen zu Zwecken der Kühlung Verwendung finden. Für große, selten benutzte Räume ist somit die stündliche Wärmemenge bei Umlauf zu setzen:

$$W_1 = \frac{F\,k_1\,(t - t_0)}{2} + F_1\left(23 + \frac{5\,(t_0' - t_0)}{z}\right), \qquad (241)$$

worin bedeutet:

F die Fensterfläche in qm,
F_1 die Wandflächen in qm,
t_0 die geforderte Temperatur in dem Raume bei Beginn der Benutzung,
t die Außentemperatur,
t_0' die Anfangstemperatur im Raume,
z die Kühldauer in Stunden,
k die Wärmedurchgangszahl für Fensterfläche.

Bezeichnet ferner W_2 die Wärmemenge, die den Wänden im ganzen zu entziehen ist, damit der fünffache Luftwechsel bei Einführung nicht zu niedrig temperierter Luft nicht überschritten zu werden braucht, so ist stündlich an Wärme zu beseitigen:

$$W = W_1 + \frac{W_2}{z}. \qquad (242)$$

2. Bestimmung des stündlichen Luftwechsels, der zur Kühlung des Raumes erforderlich ist.

Zu Beginn des Kühlungsbetriebes herrscht im Raume die Temperatur t_0', am Ende die Temperatur t_0; für die ganze Periode wird man somit die mittlere Temperatur im Raume, also $\frac{t_0' + t_0}{2} = t_0''$ in Ansatz bringen können. Alsdann beträgt der Luftwechsel, wenn t' die Eintrittstemperatur der Luft bezeichnet und wenn die Kühlung durch Umlauf der Luft erfolgen soll:

$$G_0' = \frac{W}{0{,}237\,(t_0'' - t')}. \qquad (243)$$

t' soll nicht zu niedrig sein, damit nicht eine kleine Wandschicht sehr tief, sondern eine möglichst dicke Wandschicht mäßig gekühlt zu werden braucht. Bei einer zu geringen Temperatur der Wandoberfläche besteht die Gefahr des Niederschlagens von Wasser an ihr während der Benutzung des Raumes, auch wird eine sehr niedrige Temperatur der Wand von den in ihrer Nähe sich aufhaltenden Personen unangenehm empfunden werden. Der Luftwechsel G_0' dagegen soll keinesfalls größer, aber möglichst gleich dem sein, der während der Benutzung des Raumes erforderlich ist (G_0), damit der Betrieb der maschinellen Anlage (Ventilator) nahezu der gleiche bleiben kann. Es stehen G_0', W und t' in Abhängigkeit, die richtige Wahl von t' und der Kühldauer z sind daher von Wichtigkeit.

Soll $G_0' = G_0$ sein, so ist t' zu bestimmen, d. h. es muß sein:

$$t' = t_0'' - \frac{W}{0{,}237\, G_0}\,. \tag{244}$$

3. Bestimmung der Wassermenge, die der Luft stündlich im Mittel zu entziehen ist.

Bezeichnet:

J den Inhalt des Raumes in cbm,

p_0' den Prozentsatz der Sättigung der Luft, der während der Benutzung des Raumes nicht überschritten werden soll,

p_0 den Prozentsatz der Sättigung der Luft im Raume bei Beginn der Kühlung (gewöhnlich gleich dem der Außenluft, d. h. $= p$ zu setzen),

g_0'' die Wassermenge in kg, die bei voller Sättigung in 1 cbm Luft von der mittleren Raumtemperatur t_0'' enthalten ist,

so muß während der Kühlungsperiode an Wasser:

$$\frac{J\, g_0''}{100}(p_0' - p_0)$$

ausgeschieden werden. Die stündliche Ausscheidung von Wasser beträgt somit im Mittel:

$$C = \frac{J\, g_0''(p_0' - p_0)}{100\, z}\,. \tag{245}$$

4. Bestimmung der Kühlflächen.

Die Kühlflächen sind genau wie unter A) zu bestimmen, so daß ohne weiteres zu setzen ist, da die Endtemperatur nach dem Kühlungsvorgange gleich der Einströmungstemperatur der Luft anzunehmen ist:

$$F = \frac{W + Q\,C}{k\{t_0'' - \vartheta'' - (t' - \vartheta')\}} \ln \frac{t_0'' - \vartheta''}{t' - \vartheta'}\,, \tag{246}$$

sofern außer den bereits bekannten Größen bedeutet:

Q die Wärmemenge, die beim Niederschlagen von 1 kg Wasser bei der Temperatur $\frac{t_0'' + t'}{2}$ frei wird, vermehrt um die, die bei der Abkühlung des Niederschlagswassers von dieser mittleren Temperatur auf die Temperatur t' erforderlich ist,

ϑ' und ϑ'' die Anfangs- und Endtemperatur der Kühlflüssigkeit,

k die Wärmedurchgangszahl.

Die Temperaturen ϑ' und ϑ'' sind möglichst so zu wählen, daß F so groß wie das bei Benutzung des Raumes erforderliche wird, oder es ist anzunehmen, daß ein Teil der Kühlflächen bei der Vorkühlung ausgeschaltet werden muß. Keinesfalls soll dieses F größer als das andere sich stellen, es ist dann in einem solchen Falle z größer anzunehmen.

IV. Beispiel zur Berechnung einer Kühlungsanlage.

Aufgabe. Ein mit elektrischer Deckenbeleuchtung erhellter Saal von 20 m Länge, 12 m Breite und 10 m Höhe soll monatlich einmal von 200 Personen benutzt werden. Während der Benutzung, deren Dauer auf 3 Stunden zu bemessen ist, soll die Temperatur nicht über 22° ansteigen. Als höchste Außentemperatur sind 30°, als niedrigste Einströmungstemperatur der Luft 17° anzunehmen. Der Feuchtigkeitsgehalt im Saale darf, sofern der der Außenluft 80% absoluter Sättigung beträgt, 50% nicht übersteigen. Vor Beginn der Kühlung ist die Temperatur im Saale zu 26° anzunehmen. Die stündliche Wärmeüberführung von außen nach innen bei einem Temperaturunterschiede von 30 — 22 = 8° berechne sich zu 11000 WE. Der Luftwechsel für die Person und Stunde darf 40 cbm nicht übersteigen. Die Kühlung des Saales vor seiner Benutzung ist durch Luftumlauf zu bewirken.

Lösung der Aufgabe.

A) Bestimmung der Größenverhältnisse für die Zeit während der Benutzung der Räume.

1. Bestimmung der Temperaturen im Saale während der Benutzung.

Die Temperatur in Kopfhöhe beträgt der Aufgabe gemäß $t_0 = 22°$. Die Temperatur unter der Decke ist gemäß Gl. (30) zu $t_0' = 22 + 0{,}03 \cdot 22\,(10 - 3) \sim 27°$, die mittlere Temperatur im Saale somit zu $\frac{22 + 27}{2} \sim 25°$ anzunehmen.

2. Bestimmung der Wärmemenge, die stündlich im Beharrungszustande beseitigt werden muß.

a) Die stündliche Wärmeüberführung beträgt (gemäß der Aufgabe) $W_1 = 9600$ WE.

b) Die stündlich bei 22° durch die Menschen abgegebene Wärme ist nach S. 7 zu setzen: $W_2 = 200 \cdot 50 = 10\,000$ WE.

c) Die stündlich durch die Beleuchtung abgegebene Wärmemenge kann, da elektrische Deckenbeleuchtung vorgesehen ist, vernachlässigt werden.

Die gesamte im Beharrungszustande stündlich zu beseitigende Wärmemenge ist somit gemäß Gl. (15):

$$W = W_1 + W_2 = 11\,000 + 10\,000 = 21\,000 \text{ WE}.$$

3. Bestimmung des erforderlichen geringsten Luftwechsels im Raume.

Nach Gl. (233) beträgt der erforderliche Luftwechsel:

$$G_0 = \frac{21\,000}{0{,}237\,(25 - 17)} = 11\,080 \text{ kg}$$

oder

$$L_0 = \frac{21\,000\,(1 + \alpha \cdot 25)}{0{,}306\,(25 - 17)} = 9380 \text{ cbm}.$$

Es würde somit ein Luftwechsel von $\frac{9380}{200} \sim 47$ cbm auf die Person kommen. Da 40 cbm nur gestattet sind, darf der gesamte Luftwechsel höchstens 8000 cbm von 22° C = 8576 kg betragen; er möge somit zu

$$G_0 = 8500 \text{ kg}$$

angenommen werden.

Mit Hilfe dieses Luftwechsels können stündlich nur

$$8500 \cdot 0{,}237\,(25 - 17) \sim 16\,000 \text{ WE}$$

beseitigt werden. 21 000 WE sind zu beseitigen, somit müssen stündlich 21 000 — 16 000 = 5000 WE durch die Wände aufgenommen, diese also vor Benutzung des Saales entsprechend gekühlt werden.

4. Bestimmung der durch Menschen und Beleuchtung dem Saale zugeführten Wassermenge.

Da elektrisches Bogenlicht vorhanden, kommt nur die Feuchtigkeitsabgabe der Personen in Frage; diese beträgt (s. S. 9):

$$A = 0{,}080 \cdot 200 = 16 \text{ kg}.$$

5. Bestimmung der Wassermenge, die in der eingeführten Luft enthalten sein darf.

Für die Bestimmung der Wassermenge ist Gl. (234) zu benutzen. Im vorliegenden Falle ist $G_0 = 8500$, p_0 (vorgeschrieben) $= 50$, g_0 (für die zulässige Temperatur in Kopfhöhe von 22° nach Tabelle 1) $= 0{,}0161$, somit die zulässige Wassermenge:

$$B = \frac{8500 \cdot 50 \cdot 0{,}0161}{100} - 16 = 52{,}5 \text{ kg}.$$

6. Bestimmung der Wassermenge, die die Kühlflächen aus der Luft niederzuschlagen haben.

Die Wassermenge stellt sich nach Gl. (235), da in 1 kg gesättigter 30° warmer Luft 0,0259 kg Wasser enthalten ist (s. Tabelle 1):

$$C = \frac{8500 \cdot 80 \cdot 0{,}0259}{100} - 52{,}5 = 123{,}5 \text{ kg}.$$

7. Bestimmung der Temperatur, auf die die einzuführende Luft gekühlt werden muß, damit sie nicht mehr als 52,5 kg Wasser enthält.

Es sind zwei Fälle zu unterscheiden: **a) Die gesamte Luft von 8500 kg wird an dem Kühlkörper vorübergeführt und von 30° auf t_1° gekühlt.** Alsdann muß nach Gl. (237) sein, wenn (nach früher Gesagtem) $p_1 = 90$ gesetzt wird:

$$g_1 = \frac{100 \cdot 52{,}5}{8500 \cdot 90} = 0{,}00686\,.$$

Diesem Werte von g_1 entspricht nach Tabelle 1 eine Temperatur rd. 9°, so daß $t_1 = 9$° C gesetzt werden soll.

b) Ein Teil der von außen entnommenen Luft von 8500 kg wird gekühlt und alsdann mit dem ungekühlten Teile gemischt. Zunächst ist die Mischtemperatur zu bestimmen. Nach Gl. (238) stellt sich, da für die Außenluft $p = 80$, $g = 0{,}0259$ und $p_2 = 100$ anzunehmen ist:

$$g_2 = \frac{8500 \cdot 80 \cdot 0{,}0259 - 100 \cdot 123{,}5}{8500 \cdot 100} = 0{,}0062\,.$$

Aus Tabelle 1 folgt somit $t_2 = 7$° C.

Die Luftmenge G_1, die zu kühlen ist, berechnet sich, wenn die Temperatur $t_1 = 0$° angenommen wird, gemäß Gl. (239), da für die Temperatur 0 aus Tabelle 1 der Wert für g_1 sich zu 0,0038 ergibt und nach Gesagtem $p_1 = 90$ gesetzt werden soll:

$$G_1 = \frac{100 \cdot 123{,}5}{80 \cdot 0{,}0259 - 90 \cdot 0{,}0038} = 7130 \text{ kg}.$$

8. Bestimmung der Wärmemenge, die die Kühlflächen stündlich aufzunehmen haben.

Wird die gesamte Luft von 30° auf 9° gekühlt, so ist nach Gl. (240), da die latente Wärmemenge des Wasserdampfes bei 9° zu rund 590 (s. Tabelle 26) angenommen werden kann, 123,5 kg Wasser niederzuschlagen sind:

$$W' = 590 \cdot 123{,}5 + 0{,}237 \cdot 8500\,(30 - 9) \backsim 115\,000 \text{ WE.}$$

Werden nur 7130 kg Luft auf 0° gekühlt, so ist:

$$W' = 595 \cdot 123{,}5 + 0{,}237 \cdot 7130\,(30 - 0) \backsim 124\,000 \text{ WE.}$$

9. Bestimmung der Kühlflächen.

Da Wasser niederzuschlagen ist, kann $k = 15$ gesetzt werden. Nimmt man, sofern die 8500 kg von 30° auf 9° gekühlt werden sollen, die Anfangstemperatur der Kühlflüssigkeit $\vartheta = 7°$, die Endtemperatur $\vartheta_1 = 12$ an, sofern nur 7130 kg von 30° auf 0° gekühlt werden sollen, $\vartheta = -10°$, $\vartheta_1 = 0°$ an, so ist bei Anwendung von Gegenstrom nach S. 168 im ersten Falle:

$$F = \frac{115\,000}{15[30 - 12 - (9 - 7)]} \ln \frac{30 - 12}{9 - 7} = 1052 \text{ qm},$$

im zweiten Falle:

$$F = \frac{124\,000}{15[30 - 0 - (0 + 10)]} \ln \frac{30 - 0}{0 + 10} = 454 \text{ qm}.$$

B) Bestimmung der Größenverhältnisse für die Zeit vor Benutzung der Räume.

1. Bestimmung der Wärmemenge, die aus den Räumen wegzuschaffen ist.

Es möge der Saal 1000 qm Wandfläche, 94 qm Fensterfläche haben, die Außentemperatur ist 30°, die geforderte in Kopfhöhe 22°, die Anfangstemperatur vor der Kühlung 26°, alsdann ist nach Gl. (241):

$$W_1 = \frac{94 \cdot 5{,}3\,(30 - 22)}{2} + 1000\left(23 + \frac{5\,(26 - 22)}{z}\right) = 25\,000 + \frac{20\,000}{z}\,.$$

Die Wärmemenge, die den Wänden vor der Benutzung des Saales zu entziehen ist, beträgt 5000 WE stündlich, bei einer Benutzungsdauer des Saales von 3 Stunden somit 15 000 WE. Während der Kühldauer z ist somit [nach Gl. (242)] an Wärme wegzuschaffen:

$$W = W_1 + \frac{W_2}{z} = 25\,000 + \frac{20\,000}{z} + \frac{15\,000}{z} = 25\,000 + \frac{35\,000}{z}\,.$$

Nimmt man 8 Stunden Kühldauer an, also $z = 8$, so ergibt sich die stündlich fortzuschaffende Wärme zu 29 370 WE.

2. Bestimmung des stündlichen Luftwechsels, der zur Kühlung des Raumes erforderlich ist.

Die mittlere Saaltemperatur während der Kühldauer ist:

$$t_0'' = \frac{26 + 22}{2} = 24°,$$

somit beträgt nach Gl. (243) der erforderliche Luftwechsel, Umlauf der Luft vorausgesetzt:

$$G_0' = \frac{39\,370}{0{,}237\,(24 - t')}\,.$$

Setzt man jedoch zum Zwecke des gleichmäßigen maschinellen Betriebs die Menge der einströmenden Luft während des Betriebes gleich der vor der Benutzung, also $G_0' = G_0 = 8500$ kg, so ist nach Gl. (244):

$$t' = 24 - \frac{29\,370}{0{,}237 \cdot 8500} \sim 10^\circ.$$

Diese Temperatur muß als angemessen bezeichnet werden, da bei ihr die Luft selbst im gesättigten Zustande nicht mehr Wasser enthalten kann, als bei der Saaltemperatur von 22° einer Sättigung von 50% entspricht.

3. Bestimmung der Wassermenge, die der Luft im Mittel stündlich zu entziehen ist.

Der Inhalt des Saales sei $J = 2400$ cbm, die Wassermenge, die bei voller Sättigung in 1 cbm Luft von 24° enthalten sein kann, ist $g_0'' = 0{,}0216$ kg, der Prozentsatz der Sättigung der Luft im Raume bei Beginn der Kühlung sei gleich der der Außenluft, also 80, der Prozentsatz der Sättigung der Luft, der während der Benutzung des Saales nicht überschritten werden soll, beträgt 50, somit ist die Wassermenge, die der Luft stündlich zu entziehen ist, nach Gl. (245):

$$C = \frac{2400 \cdot 0{,}0216\,(80 - 50)}{100 \cdot 8} = 1{,}94 \text{ kg}.$$

4. Bestimmung der Kühlflächen.

Die Temperaturen der Kühlflächen sind so zu wählen, daß für sie möglichst die gleichen Kühlflächen sich ergeben, wie die bei Benutzung des Saales erforderlichen; keinesfalls dürfen die Kühlflächen für die Vorkühlung des Saales größer werden. Bei Benutzung des Saales hatte sich für den Fall, daß ein Teil der Luft gekühlt wird, eine Kühlfläche von 454 qm ergeben, somit muß sein:

$$454 \geqq F.$$

Da die Temperatur, auf die die Luft gekühlt werden muß, 10°, die latente Wärme des Wasserdampfes bei 9° rund 590 WE (s. Tabelle 26) beträgt und 1,94 kg Wasser stündlich niederzuschlagen sind, so ergibt sich für $\vartheta' = 8^\circ$ und $\vartheta'' = 15^\circ$ nach Gl. (246)

$$F = \frac{29\,370 + 590 \cdot 1{,}94}{15\,[24 - 15 - (10 - 8)]} \ln \frac{24 - 15}{10 - 8} = 435 \text{ qm},$$

also ist durch diese Wahl der Temperaturen der Kühlflüssigkeit mit 454 qm genügende Übereinstimmung vorhanden.

Neunzehntes Kapitel.

Vergebung von Lüftungs- und Heizungsanlagen.

Die Vergebung einer Lüftungs- und Heizungsanlage erfolgt zurzeit in der Praxis entweder freihändig oder auf Grund einer Submission an den Mindestfordernden oder nach dem Ausfalle eines eigentlichen Wettbewerbs.

Die freihändige Vergebung ist lediglich eine Sache des Vertrauens und daher hier nicht weiter zu behandeln.

Die Vergebung auf Grund einer beschränkten oder öffentlichen Submission an den Mindestfordernden setzt voraus, daß ein nicht bei der Ausführung Beteiligter den Entwurf bzw. auch den Kostenanschlag aufgestellt hat. In den seltensten Fällen, wenigstens soweit größere, individuell zu behandelnde Anlagen in Frage kommen, wird hierdurch etwas Ordentliches erreicht, da für das Gelingen der Anlage außer den erzielten meist gedrückten Preisen für die Ausführung sowohl die Tüchtigkeit des Verfertigers des Entwurfs als auch die des Ausführenden in Frage kommen.

Bei den Verwaltungen größerer Städte hat häufig der von ihnen angestellte Heizungsingenieur für die Submission den Entwurf zu fertigen. Selbst wenn der Verfertiger auf voller Höhe steht, kann er doch nur einen Entwurf liefern, den er für den besten hält. Steht nun aber der Verfertiger nicht auf der Höhe, dann wird durch dieses Vorgehen jeder Fortschritt gehemmt.

Und nun die Submission selbst! Der Billigste erhält die Ausführung. Submission ist angezeigt bei Massenartikeln, bei Gegenständen, bei denen sofort die Fehler sichtbar zutage treten, sich also nicht der Beurteilung entziehen, nicht aber bei Arbeiten, von denen eine jede individuelle Behandlung erfordert und erfordern soll.

Eine Behörde hat ja selbstverständlich die Pflicht, ihre Anlagen mit dem Aufwand geringster Mittel zu erstellen, in erster Linie aber hat sie die Aufgabe, gute Anlagen, die allen wirtschaftlichen und hygienischen Anforderungen entsprechen, zu schaffen. Das ist aber nicht möglich, wenn die Fortschritte gehemmt, die Preise ungebührlich gedrückt werden.

In dem Verfahren einer Submission muß somit meist eine Schädigung der materiellen Interessen des Auftraggebers und Auftragnehmers und eine Hinderung gedeihlichen Fortschrittes, immer aber eine Schädigung der geistigen Interessen des Auftragnehmers, eine Geringschätzung seines Wissens, häufig auch eine Herabsetzung seines Standes erblickt werden, mit einem Worte: eine Submission mit Vergebung an den Mindestfordernden ist geradezu als ein Krebsschaden für die gesunde Entwicklung des Faches zu bezeichnen, der nicht kräftig genug bekämpft werden kann. Die ausführenden Ingenieure sollten sich im Interesse ihres Faches an einer derartigen Ausschreibung nicht beteiligen, die Ingenieure, die veranlaßt werden, Entwürfe und Kostenanschläge für genannten Zweck zu verfertigen, sollten dies ablehnen. Nur durch Förderung und Entfaltung der geistigen Kräfte können Fortschritte erzielt werden, und kein Ingenieur sollte sich dazu hergeben, ein Hemmschuh dieser Fortschritte zu werden.

Im vollen Gegensatz zu der vorbezeichneten Arbeitsvergebung, die leider noch vielfach bei Stadtverwaltungen, aber nicht zu deren Nutzen, üblich ist, steht der freie Wettbewerb. Dieser kann ohne jede Vorschrift für die Ausführung freilich auch nicht empfohlen werden, da hierdurch den Sonderinteressen der Ausführenden zu weiter Spielraum gelassen wird. Das Richtige liegt in der Mitte — die Vergebung einer jeden Anlage, soweit diese nicht durch besonderes Vertrauen freihändig erfolgen soll, hat aus einem auf Grund eines eingehenden und durchdachten Programms ausgeschriebenen Wettbewerbe hervorzugehen. Derjenige Ingenieur soll mit der Ausführung betraut werden, der das annehmbarste Angebot gemacht hat. Selbstverständlich muß bei einem solchen die Güte des Entwurfs und die Angemessenheit der Preise Hand in Hand gehen. Ein Wettbewerb sichert meist, daß die Einzelpreise einen wesentlichen Unterschied nicht aufweisen. Bedeutende Unterschiede in den Endsummen der Kostenanschläge werden bei einem richtig geleiteten Wettbewerbe vorwiegend durch die mehr oder weniger sorgfältige Durcharbeitung und Berechnung der Entwürfe bedingt. Allerdings führt die flüchtige Behandlung einer Aufgabe ebenso leicht zu einem billigen Angebote als eine eingehende Berechnung der einzelnen Teile — infolgedessen dürfen eben niemals für Vergebung der Arbeiten lediglich die Kosten ausschlaggebend sein.

Wenn die in amtlicher Stellung befindlichen Ingenieure ihre Tätigkeit auf die Aufstellung der Programme, auf die Leitung der Wettbewerbe, auf die Überwachung der Ausführung und auf Beobachtungen und Versuche mit fertigen Anlagen beschränken wollten und könnten, so würden sie in hohem Maße den Interessen ihrer Behörde und den Interessen ihres Faches dienen.

Das gleiche sollten alle Ingenieure einhalten, die als sogenannte „konsultierende Ingenieure" tätig sein wollen. Bei der Zuziehung eines konsultierenden Ingenieurs zur Ausführung einer Anlage sollte vorsichtig darauf geachtet werden, daß diesem die erforderliche wissenschaftliche Befähigung und genügende praktische Erfahrungen zur Seite stehen. Es ist zweifellos, daß es eine Reihe „konsultierender Ingenieure" gibt, die ihrer Aufgabe gewachsen sind, ebenso zweifellos ist es aber, daß mancher, der sich konsultierender Ingenieur nennt, besser täte, eine bescheidene Stelle bei einer ausführenden Firma einzunehmen, als sich als Beirat für die Ausführung anzubieten.

I. Programm für die Ausführung von Lüftungs- und Heizungsanlagen.

Das Programm einer Anlage bildet die Grundlage für die Ausführung und somit auch die für die Sicherheit der Erzielung des geforderten Effekts und ist mithin für das Gelingen der Anlage von einschneidender Bedeutung. Das Programm für einen Wettbewerb muß den Ausführenden zwar den Weg vorschreiben, den sie zur sachgemäßen Lösung der Aufgabe einzuhalten haben, ihnen aber volle Entfaltung ihres Könnens und ihrer Erfahrungen gewähren. Es ist hauptsächlich dazu da, die Forderungen genau zu bezeichnen, die die Anlage erfüllen soll, und die Arbeit der Bewerber in richtiger Weise bewerten zu können. Das Programm darf z. B. — falls nicht nur ein Ideenwettbewerb beabsichtigt ist — die Bewerber nicht im Zweifel lassen, welches Heizsystem zu wählen ist. Es muß als ein Fehler bezeichnet werden, wenn bei einem Wettbewerbe von einer Firma eine Anzahl Entwürfe zur Auswahl gestellt wird. Ein Entwurf kann nur der empfehlenswerteste sein; diesen soll die betreffende Firma anbieten. Ein richtiges Programm hat derartig unsichere Angebote auszuschließen.

Da die Berechnung des Wärmebedarfs einer größeren Gebäudeanlage eine zwar einfache, aber sehr zeitraubende Arbeit ist, so empfiehlt es sich, in einem Wettbewerb diesen Wärmebedarf bauseitig aufzustellen und abschriftlich einer jeden beteiligten Firma auszuhändigen. Es würde hierdurch den Firmen nicht nur ein bedeutender Aufwand an Zeit und Kosten erspart, sondern auch die bei einem Wettbewerb erforderliche gleiche Grundlage für alle Entwürfe geschaffen.

Im folgenden werden die Punkte Aufnahme finden, die zum mindesten ein Programm enthalten sollte, sofern ein Wettbewerb beabsichtigt wird. Selbstverständlich sind, dem besonderen Falle entsprechend, noch Ergänzungen hinzuzufügen.

Jedem Programme sind zunächst Angaben über die Lage des Gebäudes nach Himmelsgegend und Umgebung, über den höchsten Grundwasserstand und den Einfluß von Wetter und Wind, sowie über den Zweck und die Art und Dauer der täglichen Benutzung der Räume voranzustellen, alsdann haben die Einzelangaben für die verschiedenen Ausführungssysteme zu folgen. Diese ergeben sich — ergänzende, dem Sonderfall angepaßte Bestimmungen vorbehalten — aus der nachstehenden Zusammenstellung.

1. Für sämtliche Lüftungsanlagen.

a) Geringster, für die einzelnen Räume erforderlicher Luftwechsel. Dieser kann mit Hilfe der Tabellen 4, 5, 6, 7 berechnet werden, übersteigt er jedoch die Größe des fünffachen Rauminhalts, so ist nur diese vorzuschreiben (S. 20).

Über den fünffachen Luftwechsel wird zur sicheren Vermeidung von Zugerscheinungen der Auftragnehmer unter gewöhnlichen Verhältnissen nur selten hinausgehen dürfen, bis zu einem solchen den vorgeschriebenen zu steigern, muß ihm indessen gestattet werden, sofern dies nach den weiter zu stellenden Bedingungen erforderlich ist. Er hat jedoch die notwendige Steigerung durch Rechnung zu belegen, und sofern er auch mit dem fünffachen Luftwechsel die gestellten Bedingungen nicht erfüllen kann, deren vorzunehmende Änderung anzugeben oder nachzuweisen, daß auch ein größerer Luftwechsel unbedenklich genehmigt werden kann.

b) Voraussichtlich größte Anzahl von Personen, die sich in den einzelnen zu lüftenden Räumen aufhalten werden.

c) Art und Weise der Beleuchtung der Räume; bei Gasbeleuchtung außerdem die Anzahl der Flammen und ihre Anordnung. Diese Angaben sind nur erforderlich, sofern eine bestimmte Temperatur in den Räumen nicht überschritten werden darf.

d) Erforderliche geringste Temperatur in den einzelnen Räumen.

e) Die höchste zulässige Temperatur in den Räumen. Diese ist nur vorzuschreiben, wenn die Temperatur in den Räumen infolge der Anwesenheit einer großen Anzahl von Personen oder der Anordnung einer umfangreichen Beleuchtung eine zu bedeutende Höhe erreichen würde.

f) **Höchste und niedrigste Temperatur der äußeren Luft,** bei der noch der erforderliche Luftwechsel erzielt werden soll.

g) **Entnahmestellen für frische Luft.**

h) **Angabe, ob die von außen entnommene Luft einer Reinigung unterzogen werden muß.**

i) **Höhe des zu erzielenden Feuchtigkeitsgehalts** in den zu lüftenden Räumen vor deren Benutzung.

k) **Druckverhältnisse in den zu lüftenden Räumen** (Über- oder Unterdruck bzw. Lage des Gleichgewichts mit der äußeren Luft. Neutrale Zone).

l) **Angabe über die Räume, die im Kellergeschosse für die Anlage zur Verfügung gestellt werden können.** Die Angabe soll eine derartige sein, daß, sofern der Bewerber auch nicht alle Räume benutzen darf, er doch eine freie Auswahl unter ihnen treffen kann.

2. Für sämtliche Heizungsanlagen.

a) **Temperatur, die in den einzelnen Räumen herrschen soll.**

b) **Niedrigste äußere Temperatur,** bei der noch die in den Räumen geforderte Temperatur erzielt werden soll.

c) **Feuerungsanlagen:**

α) Brennmaterial, das in Anwendung kommen, wenn möglich auch die betreffende Zeche, von der das Brennmaterial bezogen werden soll.

β) Temperatur, mit der die Verbrennungsgase in den Schornstein treten dürfen.

γ) Forderung rauchfreier Verbrennung während des Beharrungszustandes. (In der Regel ist ein leichter durchsichtiger Rauch zu gestatten.)

δ) Angabe über Räume, die für die Anlagen zur Verfügung gestellt werden können.

ε) Die Art des Betriebes (Dauerbetrieb oder unterbrochener Betrieb).

3. Für Warmwasserheizung.

a) **Feuerungsanlage.**

α) Dauer des täglichen Anheizens, falls nicht Dauerbetrieb anzunehmen ist.

β) Bedingte Annahme eines Ersatzkessels.

γ) Apparate, die zur Kontrolle oder Erleichterung des Betriebes erwünscht erscheinen. (Fernthermometer, Fernmanometer usw.)

δ) Größenverhältnisse der Heizkessel — sofern deren mehrere vorhanden sind — zueinander.

ε) Bedingung, daß bei ununterbrochenem Betriebe Nachtbedienung ausgeschlossen bleiben muß.

ζ) Angabe, ob Pumpenbetrieb in Anwendung kommen soll.

η) Angabe bei Pumpenbetrieb, innerhalb welcher Zeit das Wasser den vom Kessel entferntesten Heizkörper erreichen soll.

ϑ) Angabe, ob elektrische Energie zur Verfügung steht, eventuell ein eigenes Elektrizitätswerk errichtet werden soll.

ι) Angabe über den Umfang der Beleuchtung und Bedarf an elektrischer Energie für andere Zwecke, falls ein eigenes Elektrizitätswerk errichtet werden soll.

$\varkappa$) Angaben über Ausnutzung des Abdampfes der Maschinen des Elektrizitätswerkes.

λ) Entwässerung und Speisung der Anlage.

b) Heizkörper.

α) Temperaturgefälle des Wassers, für die die Heizkörper zunächst zu berechnen sind.

β) Art der Heizkörper.

γ) Regelung der Wärmeabgabe.

δ) Allgemeine Anordnung der Heizkörper in den Räumen.

c) Die Rohrleitung.

α) Anordnung der Rohrleitung, Angabe bei Terrainleitungen, ob diese in begehbaren oder nicht begehbaren Kanälen unterzubringen sind, bei Gebäudeleitungen, ob die senkrechten Röhren frei oder in Wandschlitzen liegen und ob letztere hohl vermauert oder mit Platten verkleidet werden sollen.

β) Herstellung der Rohrleitung.

γ) Sicherung der Wanddurchgänge mittels einzumauernder Hülsen.

δ) Lagerung bzw. Befestigung der Röhren.

ε) Anstrich und Schutz der Röhren gegen Wärmeabgabe.

d) Prüfung der Anlage unter Druck.

4. Für Heißwasserheizung.

a) Höchste zulässige Temperatur des Wassers.

b) Kuppelung der Systeme.

c) Umkleidung der Röhren, die nicht Wärme abgeben sollen.

d) Allgemeine Anordnung der Wärmeröhren in den einzelnen Räumen.

e) Ausschaltung einzelner Räume von der Erwärmung.

(Im allgemeinen sind die Ausschaltungen zu vermeiden.)

f) Anordnung von Ausdehnungsgefäßen oder Ausdehnungsröhren.

g) Prüfung der Anlage unter Druck.

5. Für Hochdruck-Dampfheizung.

a) Feuerungsanlagen.

α) Dampfspannung im Kessel, sowie die Dauer des täglichen Anheizens vom Anlassen des Dampfes bis zum Eintritte der geforderten Wärme in den Räumen bei der niedrigsten Außentemperatur.

β) Bedingte Annahme eines Ersatzkessels.

γ) Speisung der Kessel. In dieser Beziehung ist eine Angabe über die Beschaffenheit des Wassers, das zu Speisezwecken dienen soll, zu machen und eventuell vorzuschreiben, daß das Niederschlagswasser zur Speisung zu verwenden ist.

γ, δ, ϑ, ι, ϰ der Warmwasserheizung.

b) Heizkörper.

α) Höchste zulässige Spannung des Dampfes in dem vom Kessel am entferntesten gelegenen Heizkörper.

β) Art der Heizkörper.

γ) Regelung der Wärmeabgabe.

δ) Allgemeine Anordnung der Heizkörper in den Räumen.

c) Rohrleitung.

α bis ε wie bei Warmwasserheizung.

ζ) Zulässige Dampfspannung in den verschiedenen Strecken der Rohrleitung.

ϑ) Angabe, ob die Niederschlagswasserleitung aus Eisen oder Kupfer herzustellen ist.

d) Prüfung der Anlage.

6. Für Niederdruck-Dampfheizung.

a) Feuerungsanlage.

α) Zulässige höchste Dampfspannung und die Dauer des täglichen Heizbetriebes (unter- oder ununterbrochener Betrieb).

β) Bedingte Annahme eines Ersatzkessels.

γ) Bedingung, daß bei ununterbrochenem Betriebe Nachtbedienung ausgeschlossen bleiben muß.

b) Heizkörper.

α) Forderung eines geräuschlosen Betriebes.

β, γ und δ der Hochdruck-Dampfheizung.

c) Rohrleitung.

α bis ε der Warmwasserheizung.

ϑ der Hochdruck-Dampfheizung.

d) Prüfung der Anlage.

7. Für Dampf-Warmwasserheizung.

Es sind die betreffenden Angaben von 3 und 5 zu machen.

8. Für Dampf-Wasserheizung.

Es sind die betreffenden Angaben von 5 zu machen und außerdem die Betriebsdauer bei der niedrigsten Außentemperatur zu bestimmen.

9. Für Feuer-Luftheizung.

a) **Höchste zulässige Temperatur der in die Räume strömenden Luft** während und vor Benutzung der Räume.

b) **Entnahmestellen der frischen Luft.**

c) **Angabe, ob eine Reinigung der von außen entnommenen Luft erforderlich ist.**

d) **Der zu erzielende Feuchtigkeitsgehalt** in den zu lüftenden Räumen vor ihrer Benutzung.

e) **Bedingungen für die Güte des Heizapparates,** insonderheit das Vermeiden von Glühendwerden und die Möglichkeit des bequemen Reinigens seiner einzelnen Teile.

f) **Die weiteren bei Lüftungsanlagen zu machenden Angaben,** sofern bei der Luftheizung nicht nur auf Erwärmung der Räume, sondern auch auf eine bestimmte Lüftung Wert gelegt werden muß.

10. Für Wasser- bzw. Dampf-Luftheizung.

Es sind die betreffenden Bedingungen von 3 oder 4 und 9 bzw. 5 und 8 maßgebend.

11. Für Kühlungsanlagen.

a) **Niedrigste zulässige Temperatur der einzuführenden Luft.**

b) **Höchste Temperatur der Außenluft.**

c) **Höchste zulässige Temperatur in den Räumen** bei ihrer Benutzung.

d) **Höchster zulässiger Feuchtigkeitsgehalt** in den zu lüftenden Räumen.

12. Für Anlagen zur Warmwasserbereitung.

a) **Erforderlicher Warmwasserbedarf** an den einzelnen Gebrauchsstellen. (Bei Waschküchen genügt auch nur die Angabe der täglich benötigten Wäsche, bei Bädern die Angabe der größten Anzahl der an einer bestimmten Stunde des Tages zu verabfolgenden Bäder.)

b) **Temperatur des warmen Wassers.**

c) **Verrichtungen, die zur Erwärmung des Wassers** in Aussicht genommen werden können.

d) **Angabe, ob bei Vorhandensein mehrerer Gebäude** das erforderliche Wasser in jedem einzelnen Gebäude oder für alle Gebäude gemeinsam erwärmt werden soll.

Verfasser fügt vorstehenden Angaben, sofern er bei größeren Anlagen an der Programmaufstellung beteiligt ist, meistens noch einen Fragebogen bei, der bei einem Wettbewerb zu beantworten ist. Es hat sich dieser Vorgang für die eingehende und gerechte Prüfung der Entwürfe als sehr nützlich erwiesen, da oft die Entwürfe und die diesen beigefügten Erläuterungsberichte nicht über alles das, was dem Prüfenden zu wissen nötig erscheint, den erforderlichen Aufschluß geben.

Zum Anhalt für die Aufstellung eines Fragebogens möge das Schema eines solchen für die Ferndampfheizung eines größeren Krankenhauses, dessen Einzelgebäude zum Teil durch Warmwasser-, zum Teil durch Niederdruck-Dampfheizung Erwärmung finden sollen, folgen.

Fragebogen.

(Die Beantwortung der Fragen hat, soweit Klarstellung erforderlich, unter Angabe ihrer Begründung zu erfolgen. Berechnungen sind in Beispielen zu geben.)

I. Lüftung der Gebäude.

1. Wie groß ist der stündliche Luftwechsel, der Wärmebedarf und die Anzahl der Vorwärmkammern in den einzelnen Gebäuden. (Zur Beantwortung ist nachstehende Tabelle zu benutzen.)

Nr. des Gebäudes	Stündl. Luftwechsel in cbm	Stündl. Luftmenge, die bei -10° von außen zu entnehmen ist	Wärmebedarf in WE für		Anzahl der Vorwärmekammern im Gebäude
			Erwärmung der Luft	Befeuchtung der Luft	

2. Wie ist der Wärmebedarf für die Erwärmung der Luft bestimmt worden?
3. Wie ist der Wärmebedarf für die Befeuchtung der Luft bestimmt worden?
4. Auf welche Weise soll die von außen entnommene Luft von Staub gereinigt werden?
5. Auf welche Weise soll die Befeuchtung der Luft erfolgen?
6. Wie sind die Kanalquerschnitte der Lüftungsanlage bestimmt worden, bzw. wie sollen sie für die Ausführung bestimmt werden?
7. Sind besondere Vorrichtungen zur Sicherung des Lüftungseffektes erforderlich und vorgesehen worden, eventuell welche und für welche Räume?
8. Wie soll in den Räumen, in denen nach dem Programm Unterdruck zu herrschen hat, dieser erzielt werden?
9. Ist für diese Räume Zuluft vorgesehen worden?

II. Erwärmung der Gebäude.

10. Nach welchen Gesichtspunkten ist die Größe der Dampf-Warmwasserkessel bestimmt worden?
11. Wie groß ist die Wärmeüberführung von Dampf an Wasser angenommen worden?
12. Welche Sicherheitsvorrichtungen erhalten die Wasserkessel gegen zu hohe Erwärmung des Wassers?
13. Wie sind die Verbindungen der Rohrleitung in den Gebäuden?
14. Wie ist die Lagerung der Rohrleitung in den Gebäuden?

15. Welche Wärmeschutzmittel und in welcher Ausführung sollen Verwendung finden?
16. Welcher Prozentsatz an Wärme wird durch diese Umhüllung gewährleistet?
17. Welche Anordnungen sind zur Verminderung des Dampfdruckes nach Eintritt des Dampfes in die Gebäude vorgesehen worden?
18. Wie groß ist die Wärmeabgabe der Heizkörper (Radiatoren) angenommen worden bei der:

    Warmwasserheizung?

    Niederdruck-Dampfheizung zur Erwärmung der Räume?

    Niederdruck-Dampfheizung zur Erwärmung der Luft im Kellergeschoß?
19. Sollen die Heizkörper der Warmwasserheizung je ein oder je zwei Ventile erhalten und auch mit automatischen Wärmereglern versehen werden?
20. Wo sollen die Heizkörper in den Gebäuden vorwiegend Aufstellung finden?

III. Warmwasserbereitung, Wäscherei und Kocherei.

21. Wie groß ist der gesamte stündliche Wärmebedarf der Warmwasserbereitung?
22. Wie ist die Anordnung für die Versorgung der Gebäude mit warmem Wasser?
23. Welches Verhältnis besteht zwischen dem Inhalte der Warmwasserkessel und dem stündlichen Bedarf an warmem Wasser?
24. Welche Sicherheitsvorrichtungen erhalten die Wasserkessel gegen zu hohe Erwärmung?
25. Welcher stündliche Wasserverbrauch ist für die Waschküche vorgesehen worden?
26. Wie groß ist der gesamte stündliche Wärmebedarf für die Waschküche ausschließlich der Erwärmung der Räume?
27. Wie groß ist der gesamte stündliche Wärmebedarf für die Kochküche ausschließlich der Erwärmung der Räume?

IV. Fernheizwerk.

28. Wie groß ist der gesamte größte stündliche Wärmebedarf für Lüftung, Heizung und Befeuchtung der Luft
    a) für das Anheizen?
    b) im Beharrungszustand?
29. Wie groß ist die erforderliche größte stündliche Dampfmenge fü
    a) die Erwärmung der Gebäude
        α) beim Anheizen?
        β) im Beharrungszustand?
    b) die Lüftung der Gebäude und Befeuchtung der Luft bei der für diese angenommenen niedrigsten Außentemperatur?
    c) die Wäscherei und Kocherei?
    d) die Warmwasserbereitung?
30. Wie groß ist die gesamte erforderliche größte Dampfmenge im Beharrungszustande und wie ist diese bestimmt worden?
31. Wie groß ist die Dampfmenge, die der Berechnung der Hauptdampfrohrleitungen zugrunde gelegt worden ist?
32. Wie ist diese Dampfmenge ermittelt worden?
33. Welche Anfangsdampfspannung ist der Hauptdampfrohrleitung zugrunde gelegt worden?
34. Welche Gründe waren für die Wahl dieser Dampfspannung maßgebend?
35. Wie groß ist die gesamte erforderliche Kesselheizfläche der I. Bauperiode?
36. Wieviel Dampfkessel sind angenommen worden und warum ist diese Anzahl gewählt worden?

37. Wie viele Hauptdampfrohrleitungen sind angewandt worden, welchen Zwecken dienen sie und welche Anfangsdurchmesser erhalten sie?
38. Welche Gründe waren für die Wahl der Hauptdampfrohrleitungen maßgebend?
39. Welche Wärmeaufnahme pro qm Heizfläche ist bei den Dampfkesseln angenommen worden?
40. Ist eine Überhitzung des Dampfes in Aussicht genommen worden, eventuell warum und auf welche Temperatur?
41. Wie ist die Verbindung der Hauptdampfrohrleitungen?
42. Wie ist die Lagerung der Hauptdampfrohrleitungen?
43. Was für Vorrichtungen und Konstruktionen sind für die Ausdehnung der Hauptdampfrohrleitungen vorgesehen worden?
44. Mit was und in welcher Ausführung sollen die Hauptdampfrohrleitungen vor Wärmeabgabe geschützt werden?
45. Welcher Prozentsatz an Wärme wird durch die vorgesehene Umhüllung gespart?
46. Sind selbsttätige Kondenswasserableiter für die Hauptdampfrohrleitungen vorgesehen worden und wo sollen sie Aufstellung finden?
47. Was für Druckverminderer sollen in Anwendung gebracht werden und wie ist deren Anordnung gedacht?
48. Sind besondere Sicherheitsvorkehrungen bei den Hauptdampfrohrleitungen vorgesehen worden im Falle eines Rohrbruchs, eventuell wie ist deren Wirkungsweise?
49. Sind besondere Vorkehrungen für den Verkehr zwischen Kesselhaus und den Gebäuden angeordnet worden, eventuell welche?
50. Auf welche Weise wird das Niederschlagswasser nach dem Kesselhause zurückgeführt?
51. Aus welchem Material besteht die Niederschlagswasserleitung?
52. Wird die Niederschlagswasserleitung vor Wärmeabgabe geschützt eventuell durch was und in welcher Ausführung?
53. Wie ist die Lagerung der Niederschlagswasserleitung?

V. Allgemeines.

54. Wieviel Personen werden für die Bedienung der Anlagen sich als nötig erweisen?
55. Wie hoch werden sich die Betriebskosten stellen bei einer durchschnittlichen Wintertemperatur von 0°?
56. Welche Punkte verdienen in den Entwürfen des Bewerbers nach dessen Ansicht besondere Beachtung bei der Prüfung?
57. Werden Vorschläge für Änderung des Programms gemacht und welche?
58. Können bei Änderung des Programms noch Ersparnisse in der Ausführung der Anlage gemacht werden, ohne deren Güte zu vermindern?

II. Prüfung der Entwürfe von Lüftungs- und Heizungsanlagen.

Die gerechte Prüfung und der vorurteilsfreie Vergleich der aus dem Wettbewerbe hervorgegangenen Arbeiten ist nur möglich, wenn ihnen ein Programm in dem bereits besprochenen Sinne zugrunde gelegen hat. Ist das nicht der Fall, so wird häufig seitens der Bewerber eine große Arbeit ganz unnötig geleistet, denn wenn z. B. der Beurteiler einzig und allein eine Niederdruck-Dampfheizung zulassen will, von fünf Entwürfen aber nur zwei dieses System angewendet haben, so sind drei vollkommen nutzlos geliefert und die Entschädigungen für diese ohne Vorteil für die Ausführung geleistet worden.

Die Prüfung von Entwürfen, die auf Grund eines richtig aufgestellten Programms entstanden sind, kann in gerechter Weise nur von einem Sachverständigen ausgeübt werden. Sie ist nicht einfach, weil ein Entwurf sich aus einer großen Anzahl Teilen zusammensetzt, die meist in Abhängigkeit voneinander stehen. Eine gute Lösung eines Teiles kann eine minderwertige eines andern Teils bedingen. Die Vorzüge und Nachteile müssen daher einander gegenübergestellt werden, und ein jeder Teil ist in das richtige Verhältnis zur gesamten Anlage zu bringen. Eine Durchsicht und ein einfacher Vergleich der Entwürfe können häufig zu Ungerechtigkeiten führen, da es kaum möglich ist, im Geiste alle die Vorzüge und Nachteile gegenwärtig zu behalten und miteinander abzuwägen.

Der Verfasser wendet daher, um jedes Übersehen und Versehen auszuschließen, und auch anderen — dem Bauherrn und den Bewerbern — einen Einblick über die Art der Beurteilung und die Wertschätzung der einzelnen gebotenen Lösungen zu verschaffen, meist folgendes Verfahren an.

Nach Maßgabe des Programms und nach Art der Aufgabe wird zunächst die ganze Anlage in einzelne Teile zerlegt und jeder Teil mit einer Ziffer bezeichnet, die seinen Wert zur gesamten Anlage angibt. Die durch die Bewerber gelieferten Lösungen eines jeden Teiles erhalten ebenfalls eine Wertziffer. Beide Ziffern werden miteinander multipliziert und sämtliche Produkte für jeden Bewerber gesondert addiert. Der Vergleich der so erhaltenen Summe läßt sofort die Arbeit erkennen, die den Anschauungen des Beurteilers am meisten entspricht. Sind mehrere Gebäude vorhanden, die als gleichwertig nicht anzusehen sind, so wird auch die Anlage eines jeden noch mit einer Wertziffer belegt und mit dieser die betreffende für das Gebäude erhaltene Summe multipliziert. Alsdann ergibt die Gesamtsumme der Produkte die beste Arbeit.

Ein Beispiel wird dieses Verfahren am besten klarstellen.

Es stehe eine Kirchenheizung und die Beheizung eines Pfarrhauses zum Wettbewerbe. Für die Erwärmung der Kirche ist Dauerbetrieb erforderlich, die Kesselanlage liegt auf dem Pfarrhausgrundstücke. Die Kirchenheizung stelle dem Heiztechniker eine ziemlich schwierige Aufgabe, während die Beheizung des Pfarrhauses keinerlei Schwierigkeit darbiete. Die Wertziffer für die Kirchenheizung werde daher von dem Beurteiler mit 10, die der Pfarrhausheizung mit 1 in Ansatz gebracht.

Ein eingehendes Programm schreibe vor, daß für die Kirche und für das Pfarrhaus Niederdruck-Dampfheizung gewählt und die Kesselanlage für beide Gebäude eine gemeinschaftliche werden solle.

Nach Maßgabe der im Programme gestellten Forderungen und nach Maßgabe der eigenartigen Ausführung einer Niederdruck-Dampfheizung hat nun der Beurteiler die Aufstellung der wichtigsten Teile der Anlagen zu bewirken und die Wertziffer für einen jeden zu bestimmen. Alle feststehenden Forderungen, wie z. B. die höchste zulässige Dampfspannung in den Kesseln, die Temperaturen in den Räumen usw. entfallen bei der Aufstellung, nur die Erzielung der Forderungen kommt in Betracht, so daß eine jede Anlage eine eigenartige Aufstellung nötig macht. Es sollen an dem vorliegenden Wettbewerbe die drei Firmen A, B und C beteiligt sein. Alles übrige geht aus der folgenden Aufstellung hervor.

Aufstellung

über die Wertschätzung der aus dem Wettbewerbe über die Heizungsanlage für die Kirche und das Pfarrhaus zu .... hervorgegangenen Angaben.

Von den Einzelzensuren bedeutet:

0 unbrauchbar oder nicht vorhanden, 1 und 2 kaum genügend, 3 und 4 genügend, 5 und 6 ziemlich gut, 7 und 8 gut, 9 recht gut, 10 vorzüglich.

Nr.	Gegenstand der Beurteilung	Wertziffer des Gegenstands	Einzelzensur A	Einzelzensur B	Einzelzensur C	Gesamtzensur A	Gesamtzensur B	Gesamtzensur C
	A. Heizungsanlage der Kirche.							
1	Kesselanlage							
	Konstruktion in bezug auf:							
	Sicherheit und Haltbarkeit . . .	8	5	7	8	40	56	64
	Bedienung	4	6	5	7	24	20	28
	Ausnützung des Brennmaterials .	7	3	5	6	21	35	42
	Anzahl der Kessel unter Berücksichtigung der Ökonomie	6	0	8	5	0	48	30
	Anordnung der Kessel	3	7	5	8	21	15	24
	Konstruktion der Verbrennungsregler .	4	7	5	6	28	20	24
2	Rohrleitung							
	Anordnung	8	1	5	7	8	40	56
	Ausführung	6	5	7	8	30	42	48
	Schutz vor Wärmeverlusten	4	8	7	9	32	28	36
3	Heizkörper							
	Konstruktion der gewählten Heizkörper	6	4	7	8	24	42	48
	Regelung der Wärmeabgabe der einzelnen Heizkörper	4	5	8	7	20	32	28
	Gruppenweise Betriebsausschaltung der Heizkörper	5	0	2	8	0	10	40
	Anordnung der Heizkörper in bezug auf Sicherheit und Gleichmäßigkeit der Erwärmung der Kirche in horizontaler und vertikaler Beziehung	6	4	5	9	24	30	54
	Vermeidung von Zugerscheinungen von den Fenstern und Wänden	8	5	7	8	40	56	64
4	Vorkehrungen zur Sicherheit gegen Zugerscheinungen beim Öffnen der Kirchentüren	8	0	4	9	0	32	72
5	Berechnung der Anlage	8	2	6	8	16	48	64
			Summa . .			328	554	722
	B. Heizung des Pfarrhauses.							
1	Rohrleitung							
	Anordnung	4	5	7	6	20	28	24
	Ausführung	6	7	8	7	42	48	42
	Schutz vor Wärmeverlusten	2	8	7	9	16	14	18
2	Heizkörper							
	Anordnung	5	6	7	5	30	35	25
	Wärmeregelung	5	5	8	7	25	40	35
3	Berechnung der Anlage	8	2	6	8	16	48	64
			Summa . .			149	213	208

Die Wertschätzung der Kirchenheizung hat die Zahlen 328, 544, 722, die der Pfarrhausheizung die Zahlen 149, 213, 208 ergeben, da, wie bereits erwähnt, die Wichtigkeit und Schwierigkeit der Anlagen wie 10 : 1 anzunehmen ist, so ergibt sich als Endergebnis für die

Firma A: $10 \times 328 + 149 = 3429$,

Firma B: $10 \times 544 + 213 = 5653$,

Firma C: $10 \times 722 + 208 = 7428$,

somit hat die letzte Firma die beste Arbeit geliefert und ist mit der Ausführung zu betrauen.

III. Vergebung der Ausführung von Anlagen.

Nachdem bei einem Wettbewerb durch Prüfung der Entwürfe der für die Ausführung geeignetste erkannt worden ist, hat die Übertragung der Erstellung an die betreffende Firma auf Grund eines Vertrages zu erfolgen. Der „Verband deutscher Centralheizungs-Industrieller" hat Vertragsmuster für Lieferung heiztechnischer Anlagen aufgestellt, die um so mehr Beachtung und Annahme finden sollten, als sie — unter dem Vorsitz des Verfassers — aus den eingehenden Beratungen einer Kommission hervorgegangen sind, der teils führende staatliche und kommunale Beamten, teils Vertreter der Industrie angehört haben. Es möge daher an dieser Stelle das Vertragsmuster, das hauptsächlich für Private in Betracht kommen dürfte, hier folgen*).

Zwischen

....

(genaue Bezeichnung des Auftraggebers: Firma oder Privatmann, Name, Wohnsitz)

und

....

(genaue Bezeichnung des Auftragnehmers: Firma, Wohnsitz usw.)

wird am heutigen Tage folgender

Werkvertrag

rechtsverbindlich abgeschlossen.

1. Gegenstand und Umfang des Auftrages.

a) Der genannte Auftraggeber überträgt der ebenfalls genannten Firma und letztere übernimmt die betriebsfertige Lieferung und Herstellung einer.................... Anlage in dem Grundstücke...zu..............................

b) Die Ausführung hat nach Maßgabe der vereinbarten Entwurfs- und Einzelzeichnungen und Vorschriften, sowie des Kostenanschlages und Erläuterungsberichtes vom..und der nachstehenden Bedingungen zu der $\frac{\text{vorläufig}}{\text{fest}}$ auf.....................Mark berechneten Gesamtsumme zu erfolgen.

---

*) Vertragsformulare können von dem „Verband deutscher Centralheizungs-Industrieller" (Berlin) bezogen werden.

c) Der Auftrag umfaßt die Gesamtlieferung frei .... sowie die gesamte betriebsfertige Herstellung der Anlagen, einschließlich der im Anschlage bezeichneten und aufgeführten Zubehörteile und Leistungen.

d) Sämtliche Erd-, Maurer-, Zimmerer-, Stemm-, Tischler-, Putz- und Malerarbeiten, die Herstellung der Kesselfundamente und der Rauchfüchse, die Frostschutzumkleidung des Ausdehnungsgefäßes, das Aufbringen und Befestigen der Saug- und Schutzhauben und Lüftungsklappen sind durch den Besteller auf seine Kosten zu leisten.

Die hierzu nötigen Angaben und Zeichnungen hat die ausführende Firma rechtzeitig kostenlos zu liefern und haftet für etwaige Folgen, die aus Unterlassung dieser Obliegenheiten entstehen, wogegen die Verantwortung für richtige Ausführung der gemachten Angaben durch den Besteller übernommen wird.

e) In den vereinbarten Preisen sind die etwaigen Entschädigungen für Patente und Musterschutz einbegriffen.

f) Die ausführende Firma hat für die gesetzlich vorgeschriebenen Versicherungen ihrer Arbeiter aufzukommen.

Der Bau muß bei Beginn der Montage den Vorschriften der zuständigen Berufsgenossen entsprechen.

g) Für die von Behörden geforderten Anzeigen oder Genehmigungsanträge liefert die ausführende Firma die nötigen Unterlagen gegen eine Entschädigung von .... Mark.

h) Der ausführenden Firma wird ausreichender, heller und verschließbarer, möglichst heizbarer Raum für Lager- und Arbeitsplatz kostenlos zur Verfügung gestellt. Der Besteller übernimmt es, die ihm zufallenden baulichen Arbeiten rechtzeitig fertigzustellen, für rechtzeitigen Anschluß an Wasserleitung und Entwässerung zu sorgen, sowie das Wasser zum Füllen der Anlage und das Brennmaterial für das Probieren, Einregulieren und Isolieren zu liefern.

i) Wegen der Mitbenutzung der Rüst- und Hebezeuge hat eine Vereinbarung unter Vermittlung des Bestellers mit dem betreffenden Bauunternehmer stattzufinden, falls dieser sie nicht ohne weiteres gestatten sollte.

k) Tragung der Gefahr von Einflüssen elementarer Gewalt auf die auf der Baustelle lagernden oder mit dem Bau bereits verbundenen Teile erfolgt durch den Besteller, ebenso hat dieser für Bewachung der Baustelle außerhalb der Arbeitszeit zu sorgen.

2. Lieferzeit.

a) Die ausführende Firma verpflichtet sich, die Montage nach Beendigung des Innenputzes, und zwar .... Tage nach erhaltener schriftlicher Aufforderung, also voraussichtlich am .... zu beginnen und die Arbeiten so zu fördern, daß sie mit Ausnahme der Isolierungsarbeiten binnen .... Wochen, also voraussichtlich am .... beendet sind.

Die Isolierungsarbeiten sind vorzunehmen, nachdem die Prüfung der Heizanlage unter Wärme vollzogen ist.

b) Höhere Gewalt entbindet von der Einhaltung der Lieferfristen. Dasselbe gilt rücksichtlich zeitweiliger, ohne Verschulden der ausführenden Firma entstandener Arbeitsausstände, die ihrem Umfange nach geeignet sind, die rechtzeitige Durchführung der Lieferung und Herstellung zu hindern. In beiden Fällen sind alle Ansprüche aus verspäteter Lieferung und Herstellung ausgeschlossen.

Die ausführende Firma hat, sobald sich aus Behinderungen genannter Art eine notwendige Verzögerung ihrer Leistungen ergibt, die Anzeige hiervon innerhalb .... Tagen zu machen und haftet andernfalls für den aus verzögerter oder unterlassener Anzeige entstehenden Schaden. Desgleichen ist die Beseitigung der Behinderung innerhalb .... Tagen bei Vermeidung der Schadenersatzpflicht dem Besteller anzuzeigen.

Wird infolge eines Ausstandes und der dadurch bedingten Verzögerung die rechtzeitige Fertigstellung des ganzen Baues in Frage gestellt, so kann, wenn zwischen den Mitteilungen über Beginn und Ende des Ausstandes mehr als .... Wochen liegen, der Besteller vom Vertrage zurücktreten oder die rückständigen Arbeiten und Lieferungen der Heizungsfirma beschaffen. Die etwa entstehenden Mehrkosten gehen in solchen Fällen zu Lasten des Bestellers.

3. Zahlung und Abrechnung.

a) Der für die betriebsfertige Anlage vereinbarte Preis wird wie folgt bezahlt:

I. 25% der Vertragssumme bei Bestellung,
II. 25% nach Anlieferung der hauptsächlichsten Materialien und Beginn der Montage,
III. 40% bei der probeweisen Inbetriebsetzung,
IV. der Rest 6 Wochen nach Einreichung der Schlußrechnung.

b) Die Zahlung zu III ist auch dann fällig, wenn die Anlage zur probeweisen Inbetriebsetzung fertiggestellt ist, aber letztere wegen des Bauzustandes des Gebäudes, wegen Frostes oder mangels des vom Besteller zu beschaffenden Wasseranschlusses nicht stattfinden kann, oder der Besteller trotz rechtzeitiger Benachrichtigung unterläßt, der probeweisen Inbetriebsetzung beizuwohnen oder sich dabei vertreten zu lassen.

c) Falls die Zahlungen nicht rechtzeitig geleistet werden, darf die ausführende Firma vom Vertrage zurücktreten oder bis zur Zahlung der geschuldeten Rate die Durchführung der Lieferung einstellen, unter Vorbehalt einer etwaigen Schadenersatzforderung.

d) Die Abrechnung erfolgt

nach Aufmaß unter Zugrundelegung der Einzelpreise des Anschlages,
―――――
zu einer festen Summe ohne Aufmaß.

e) Das Aufmessen geschieht im Beisein des Bestellers oder dessen Beauftragten innerhalb .... Tagen nach Antrag der ausführenden Firma. Beteiligt sich der Besteller oder dessen Beauftragter an dem Aufmaß nicht, so erkennt er damit das Aufmaß der Firma als richtig an. Bogenförmig verlegte Leitungen werden am äußeren Bogen gemessen, Formstücke werden nur eingemessen, wenn sie nicht nach Stück und Preis im Anschlage besonders eingestellt sind, eine Zulage für Rohrverschnitt wird nicht eingerechnet.

f) Mehrleistungen infolge Änderungen des Entwurfes werden voll vergütet, Mehrleistungen bei Verrechnung nach Aufmaß, die zur Erreichung der vereinbarten Wirkung der Anlage notwendig sind, nur bis zu 3% Überschreitung der Schlußsumme des Kostenanschlages.

g) Alle Änderungen und deren Kosten sind vor der Ausführung zu vereinbaren.

h) Bei etwaigen Meinungsverschiedenheiten in der Abrechnung sollen die hiervon unberührten Beträge dem Ersteller nicht vorenthalten werden.

i) Etwaige Stempelkosten dieses Vertrages werden von beiden Parteien je zur Hälfte getragen.

4. Gewährleistung und Haftung.

a) Die ausführende Firma hat für Erfüllung der unter 1b ausbedungenen Leistungen aufzukommen.

b) Die Firma verpflichtet sich, während der Montage bzw. bei der probeweisen Inbetriebsetzung eine von dem Besteller bezeichnete Person in der Bedienung der Anlage zu unterweisen und eine Bedienungsvorschrift zu liefern.

c) Der Nachweis der Erfüllung der vorstehenden Bedingungen ist durch den regelmäßigen Betrieb während der ersten Heizperiode nach erfolgter Übergabe zu erbringen. Im Zweifelfalle entscheidet eine Probeheizung unter Leitung der ausführenden Firma innerhalb der Gewährfrist.

d) Vom Tage der probeweisen Inbetriebsetzung an leistet die ausführende Firma bis .... in der Weise Gewähr für die Güte, Heizwirkung und Dauerhaftigkeit ihrer Arbeiten und die Dichtigkeit der einzelnen Teile, daß sie auf ihre Kosten zur Beseitigung aller Mängel verpflichtet ist, die sich während dieser Zeit infolge fehlerhafter Berechnung, mangelhafter Bauart und Ausführung oder fehlerhaften Materials oder ungenügend erteilter Bedienungsvorschriften ergeben. Weitere Ansprüche oder Entschädigungsforderungen des Bestellers aus etwaigen Mängeln der Anlage oder aus den Folgen solcher Mängel sind ausgeschlossen, insbesondere ist die bei ordnungsmäßigem Betriebe eintretende naturgemäße Abnutzung der Roststäbe, des Kesselmauerwerkes, der Stopfbuchsenpackungen von dieser Haftung ausgeschlossen.

e) Falls die ausführende Firma innerhalb der Gewährfrist trotz rechtzeitig ergangener Aufforderung sich nicht von dem Vorhandensein etwa gerügter Mängel überzeugt und binnen .... Tagen nicht für deren Beseitigung sorgt, so steht dem Besteller das Recht zu, die erforderlichen Arbeiten durch einen Dritten auf Kosten der Firma ausführen zu lassen.

f) Alle Ansprüche des Bestellers gegen den Ersteller aus diesem Vertrage und aus der Gewährleistung verjähren mit Ablauf der Gewährfrist.

5. Übernahme.

a) Nach Beendigung der Montage ist im Beisein des Bestellers oder eines von ihm bezeichneten Vertreters die Anlage

bei Niederdruck-Warmwasserheizung auf einen Druck, der den am tiefsten Punkt vorhandenen Druck um 2 kg/qcm übersteigt,
bei Mitteldruck-Warmwasserheizung auf 5 kg/qcm,
bei Heißwasserheizung auf 150 kg/qcm

in kaltem Zustande auf ihre Dichtheit zu prüfen.

Bei Niederdruck-Dampfheizungen werden die Kessel auf 2 kg/qcm kalt gedrückt und die Anlage selbst durch Überkochen geprüft.

Dampfheizungen, die mit Druckminderung arbeiten und kein offenes Standrohr besitzen, sind mit Dampf unter Kesseldruck zu prüfen.

b) Nach Dichtbefund der Anlage findet eine probeweise Inbetriebsetzung statt, gleichgültig bei welcher Außentemperatur. Sie dient zur Feststellung des ordnungsmäßigen Arbeitens der Anlage, nicht aber zum Nachweise der bedungenen Heizwirkung.

Ergeben sich hierbei keine Mängel, so hat der Besteller die weitere Pflege der Anlage zu übernehmen. Bei Eingang der unter 3a III festgesetzten Abschlagszahlung geht die Anlage in das Eigentum des Bestellers über.

6. Probeheizung.

a) Falls Zweifel über die ausbedungene Heizwirkung entstehen, kann innerhalb der Gewährfrist von seiten des Bestellers eine Probeheizung unter Leitung der Firma, d. h. eine probeweise Heizung der Räume bei einer möglichst niedrigen Außentemperatur auf die gewährleistete Temperatur verlangt werden.

b) Bei dieser Probeheizung müssen sämtliche Türen und Fenster verschließbar eingesetzt, letztere mit der endgültigen Verglasung versehen, auch das Mauerwerk soweit ausgetrocknet sein, daß die Räume nach den ortsüblichen Vorschriften in Benutzung genommen werden dürfen.

c) Befindet sich die Anlage zur Zeit der Probeheizung nicht in regelmäßigem, täglichem Betriebe, so steht der liefernden Firma das Recht zu, an drei Tagen unmittelbar vor der Probe ordnungsmäßige Heizung der Räume zu verlangen oder gegen Berechnung zu bewirken.

d) Bei der Probeheizung sind die Thermometer in der Regel mitten im Raum und etwa 1,5 m über Fußboden aufzuhängen.

e) Die Kosten für das zur Probeheizung gebrauchte Brennmaterial, welches das für den regelmäßigen Betrieb bestimmte sein soll, trägt der Besteller.

7. Änderungen des Werkes.

a) Weicht die Bauausführung von den Entwurfs-Unterlagen ab, so werden diese Änderungen der ausführenden Firma ungesäumt mitgeteilt. Dies gilt beispielsweise auch für den Fall, daß an Stelle von Doppelfenstern einfache Fenster, Spiegelscheiben oder Bleiverglasungen treten, oder daß nachträglich Rolläden angeordnet werden.

b) Werden durch solche Abweichungen Kostenänderungen veranlaßt, so hat diese die ausführende Firma ungesäumt schriftlich dem Besteller oder dessen Beauftragten anzugeben. Hierfür gelten im allgemeinen die Einheitspreise des Kostenanschlages, sofern nicht durch die besonderen Umstände eine Preisänderung gerechtfertigt ist.

c) Sind sauber und richtig montierte Teile der Anlage auf Verlangen des Bauleitenden vorübergehend zu entfernen oder abzuändern, so wird der Firma außer dem Mehrverbrauche an Material vergütet:

für 1 Monteurstunde, einschließlich Werkzeug usw. .... M.
„ 1 Gehilfenstunde, „ „ „ .... M.

d) Die Tagelohnzettel sind wöchentlich dem Besteller oder seinem Beauftragten zur Anerkennung vorzulegen.

8. Allgemeines.

a) Ohne Genehmigung des Bestellers darf die ausführende Firma die vertragsmäßigen Verpflichtungen nicht auf andere übertragen, unbeschadet ihres Rechts, sich unter eigener Verantwortlichkeit für Teilleistungen fremder Hilfe zu bedienen.

b) Verfällt eine der den Vertrag schließenden Parteien oder deren Rechtsnachfolger in Konkurs, so steht der Gegenpartei das Recht zu, ohne Kündigung und unter Vorbehalt einer etwaigen Schadenersatzforderung vom Vertrage zurückzutreten.

c) Bei Meinungsverschiedenheiten über den Inhalt oder die Ausführung des Vertrages steht es jedem der Vertragschließenden frei, den ordentlichen Rechtsweg zu beschreiten. Wenn die betreibende Partei anstatt dessen die Einsetzung eines Schiedsgerichts wünscht, so hat sie den anderen Vertragschließenden vor Beschreitung des ordentlichen Rechtsweges von der beabsichtigten Berufung eines Schiedsgerichts in Kenntnis zu setzen und ihn unter Benennung des von ihr erwählten Schiedsrichters aufzufordern, binnen einer Frist von einer Woche ein Gleiches zu tun oder aber der Bestellung eines Schiedsgerichts zu widersprechen. Wenn die andere Vertragspartei innerhalb dieser Frist einen Schiedsrichter benannt und die betreibende Partei die Anzeige darüber erhalten hat, so unterwerfen sich damit beide Parteien rücksichtlich aller zwischen ihnen zurzeit schwebenden Streitigkeiten unter Ausschluß des Rechtsweges endgültig der Entscheidung des Schiedsgerichts.

d) Die beiderseits ernannten Schiedsrichter haben nach Annahme des Amtes einen Obmann zu bestellen. Können sich die Schiedsrichter über die Ernennung eines Obmannes nicht einigen, so erfolgt die Ernennung durch ....

e) Der Schiedsspruch hat unter den Parteien die Wirkung eines rechtskräftigen gerichtlichen Urteils. Hinsichtlich der Ernennung und Abberufung der Schiedsrichter, sowie hinsichtlich des gesamten schiedsgerichtlichen Verfahrens kommen im übrigen die §§ 1025 bis 1048 der deutschen Zivilprozeß-Ordnung zur Anwendung.

9. Vertragsausfertigung.

Dieser Vertrag ist in zwei gleichlautenden Exemplaren ausgefertigt, von den beiden Vertragschließenden zum Zeichen der Anerkennung unterschrieben und jeder Partei in je einem Exemplar ausgehändigt worden.

Zwanzigstes Kapitel.

Prüfung von Anlagen.

I. Lüftungsanlagen.

Die Prüfung von Lüftungsanlagen erstreckt sich der Hauptsache nach auf Bestimmung des Kohlensäuregehalts der Luft in den gelüfteten Räumen, auf Messung der Luftgeschwindigkeit in den Kanälen, auf Feststellung der Temperaturen in den Räumen, sofern eine höchste zulässige Temperatur vorgeschrieben worden ist, und auf Untersuchung des Feuchtigkeitsgehalts.

a) Bestimmung des Kohlensäuregehalts. Für diese gibt es eine ganze Anzahl von Methoden, von denen die Pettenkofersche und für schnellere Bestimmung die Lungesche zu empfehlen ist. Auf die Beschreibung dieser und der anderen Methoden soll hier nicht näher eingegangen und kann diesbezüglich auf die Abhandlung von Bitter, Zeitschrift für Hygiene, Bd. IX, 1890 verwiesen werden.

Es ist wünschenswert, wenn nach etwa einjähriger Benutzung eines mit einer Lüftungsanlage versehenen Gebäudes eine einmalige Prüfung des Lüftungseffektes durch Kohlensäurebestimmung bei vorschriftsmäßiger Besetzung der Räume stattfindet. Für gering besetzte Räume genügt im allgemeinen die Feststellung des stündlichen Luftwechsels.

b) Messung der Luftgeschwindigkeit. Da es meist nicht auf die Bestimmung der Luftmenge für das ganze Gebäude, sondern auf die für einen jeden einzelnen Raum ankommt, so sind die Messungen in den einzelnen Zu- und Ablaufkanälen, oder da dies meist schwer angängig ist, an den Mündungen dieser Kanäle in den betreffenden Räumen vorzunehmen. Die Messungen zur Abnahme von Anlagen werden in der Praxis meist der Einfachheit halber mit Hilfe von Anemometern, d. h. mittels eines durch den Luftstrom in Bewegung gesetzten Flügelrädchens bewirkt, bei Anlagen, bei denen eine dauernde Kontrolle der geförderten Luftmenge vorgesehen werden soll, wird die Luftgeschwindigkeit, somit auch die Luftmenge nach Recknagel*) durch den Unterschied des von der bewegten Luft

*) S. Handbuch der Hygiene von v. Pettenkofer und v. Ziemssen: Die Wohnung 1894.

O. Krell sen., Hydrostatische Meßinstrumente.

O. Krell jun., Über Messung von dynamischem und statischem Druck bewegter Luft.

Rietschel, Versuche über den Widerstand bei Bewegung der Luft in Rohrleitungen. Festnummer des Gesundheits-Ingenieur 1905.

auf die Mitte der Vorder- und Rückseite einer kleinen Scheibe (Stauscheibe) ausgeübten Druckes mittels eines Differentialmanometers (Diff.-Manometer von Recknagel, Pneumometer von Krell, Volumeter von Brabbée-Fueß u. a.) bestimmt.

Die Geschwindigkeit der Luft in dem Querschnitte eines Kanals ist eine nicht durchweg gleichmäßige, und besonders ist sie bei einer um einen rechten Winkel zur Kanalachse liegenden Ein- oder Austrittsöffnung eine sehr verschiedene. Um die mittlere Geschwindigkeit der Luft mit Hilfe der Anemometer festzustellen, müßte man eigentlich zu gleicher Zeit an einer größeren Anzahl Stellen des Querschnittes oder der Mündung des Kanals Messungen anstellen, doch würde dies sehr umständlich sein und nicht zu unterschätzende Widerstände für die Luftbewegung hervorrufen.

Am besten ist es, mit einem Anemometer unter gleichmäßiger beständiger oder in gewissen kurzen und gleichen Zeitabschnitten bewirkten Verschiebung des Instruments in dem Kanalquerschnitte oder an den Mündungen die Messungen zu bewirken.

Die an den Mündungen der Kanäle befindlichen Gitter sind bei den Messungen nicht zu beseitigen.

Die Anemometer müssen in Zeitabschnitten auf ihre Richtigkeit entweder unmittelbar vor oder nach den Versuchen geprüft und die Ergebnisse mit Hilfe der durch die Prüfung gefundenen Gleichung bestimmt werden.

Meistens findet die Prüfung der Anemometer in einem freien Luftstrome statt und sind sie auch dann nur für einen solchen zu verwenden. Werden sie in ein Rohr eingesetzt, das gerade das Flügelrad begrenzt, so zeigen sie andere Werte. Es ist auf diesen Umstand besonders aufmerksam zu machen.

Da die Anemometer natürlich niemals in der Weise geprüft werden, wie sie bei Bestimmung der Luftgeschwindigkeit an den mit Gitter versehenen Ausströmungsöffnungen Benutzung finden, so muß man auch bei den Ergebnissen mit Fehlern rechnen. Eine gewisse Kontrolle hat man, wenn die Möglichkeit vorliegt, die in die einzelnen Räume einströmenden Luftmengen und alsdann die Gesamtluftmenge im Hauptluftkanal messen und letztere mit der Summe der Teilmessungen vergleichen zu können.

Bei den Messungen mit Stauscheiben ist es erforderlich, letztere in einem möglichst gleichmäßig bewegten Luftstrom und derartig anzuordnen, daß an der Stelle, von der aus die Druckmessung erfolgen soll, die mittlere Luftgeschwindigkeit im Kanal herrscht.

Um die Luftbewegung im Raume sichtbar zu machen, ist das Verbrennen von Schießpulver am Fuße des Zuluftkanals zu empfehlen. Zugerscheinungen, die durch unliebsame Richtungsänderung der Luft infolge Anprall an irgendeinen Körper (Unterzug usw.) leicht hervorgebracht werden können, finden hierdurch häufig die gewünschte Erklärung und durch Ablenkung der einströmenden Luft meist die erforderliche Beseitigung.

c) Feststellung der Temperatur in den Räumen. Die gewöhnlichen Zimmerthermometer sind im allgemeinen für Messungen nicht zu empfehlen. Stehen keine anderen zur Verfügung, so muß man vor oder nach ihrer Benutzung ihre Fehler durch Vergleich mit einem Normalthermometer in einem großen Gefäße mit Wasser von der Temperatur des Raumes feststellen.

Der Ort, wo die Thermometer aufgehängt werden, ist von großer Wichtigkeit. Am besten ist es, eine Anzahl Thermometer anzuwenden, doch genügt im allgemeinen bei Abnahme von Anlagen, die Temperatur 1,5 m vom Fußboden in der Mitte des Raumes durch ein von der Decke herabhängendes Thermometer zu messen. Ist dies nicht angängig, dann muß das Thermometer in der Mitte einer Scheidewand, deren andere Seite von einem beheizten Raume begrenzt wird, mit etwa 1 bis 2 cm Abstand aufgehängt werden. Naturgemäß ist das Thermometer vor der strahlenden Wärme eines etwa vorhandenen Heizkörpers zu schützen.

Bei genauen Messungen der Temperaturverhältnisse in einem Raume empfiehlt sich die Anordnung einer größeren Anzahl Thermometer, von denen immer eines über Fußboden, eines in Kopfhöhe und eines unter der Decke in senkrechter Richtung sich befinden soll. Für mittelgroße Räume sind alsdann schon etwa 9 derartige Anordnungen, also 27 Thermometer erforderlich.

d) Untersuchung des Feuchtigkeitsgehalts. Besteht die Vorschrift über Einhaltung eines bestimmten Feuchtigkeitsgehaltes in den Räumen, so hat diese den Zweck, die Anwesenden vor zu großer Feuchtigkeitsentziehung zu schützen. Da die Anwesenden um so mehr Feuchtigkeit abgeben, je größer das Sättigungsdefizit der sie umgebenden Luft ist, so zeigen in der Regel die Meßinstrumente bei voller Besetzung der Räume einen genügenden Feuchtigkeitsgehalt. Es ist daher bei der Untersuchung des Feuchtigkeitsgehaltes, den die Anlage hervorzurufen hat, angezeigt, in unbenutztem Zustande der Räume bei voller Lüftung die Messungen vorzunehmen.

Die in der Praxis angewandten Hygrometer, von denen das von Saussure mit Koppescher Justierung am meisten zu empfehlen ist, bedürfen alle für ihre jeweilige Einstellung einer gewissen Zeit und außerdem öfterer Justierung; Psychrometer, in einfachster Form Schleuder-Psychrometer, sind daher als geeignetere Instrumente für Prüfungszwecke zu empfehlen.

II. Heizungsanlagen.

Die Prüfung der Heizungsanlagen in der Praxis beschränkt sich — abgesehen von der gesamten technischen Ausführung — hauptsächlich nur auf die Erzielung der vorgeschriebenen Temperaturen und, soweit eine Luftheizung in Frage steht, noch auf die Bestimmung des Feuchtigkeitsgehaltes. In bezug auf diese Untersuchungen ist auf das bei den Lüftungsanlagen Gesagte zu verweisen.

Dringend wünschenswert ist es jedoch, die Prüfung auch auf die Temperatur der abziehenden Rauchgase auszudehnen.

Vielfach muß in der Praxis der Auftragnehmer für den Brennmaterialverbrauch der von ihm gelieferten Heizungsanlage Gewähr übernehmen — eine Zumutung, die auf einer durchaus unrichtigen Anschauungsweise beruht. Einmal sind die Temperaturverhältnisse in jedem Jahre andere, dann aber hängt der Verbrauch an Brennmaterial wesentlich mit von der Bedienung der Anlage ab.

Für die Bedienung kann der Auftragnehmer nicht aufkommen, wohl aber für die Wirkung der von ihm gelieferten Feuerungsanlagen, d. h. für die Temperatur der abziehenden Verbrennungsgase bei dem höchsten Wärmeerfordernisse.

Bei kleinen Heizapparaten müssen die Heizgase mit hoher Temperatur entweichen, damit die erforderliche Wärmeaufnahme stattfindet, bei großen Heizapparaten, die freilich teurer sind, findet eine bessere Ausnutzung des Brennmaterials statt. Es sollte daher jederzeit die höchste zulässige Temperatur der abziehenden Verbrennungsgase vorgeschrieben und später durch Messung festgestellt werden.

Zu dieser Bestimmung ist ein hochgradiges Thermometer mit Stickstoffüllung zu verwenden, das durch eine bei jeder Feuerungsanlage vorzusehende eingemauerte und verschließbare Hülse in den Schornstein bzw. Fuchs eingelassen werden kann. Im allgemeinen wird im Beharrungszustande die Temperatur der abziehenden Verbrennungsgase, sofern der Schornstein in nächster Nähe der Feuerungsanlage sich befindet, etwa 100° C höher als die Temperatur der erwärmten Flüssigkeit anzunehmen sein. Für das Anheizen, sowie bei weit abliegendem Schornsteine ist für die Temperatur der Rauchgase etwa 300° C zu gestatten.

Zum Nachweise, daß der geforderte Effekt einer Anlage erreicht werden wird, findet in der Regel eine Probeheizung statt. Selten wird bei dieser die niedrigste Außentemperatur herrschen, die der Berechnung der Anlage zugrunde gelegt worden ist, man wird somit berechtigt sein, bei der Probeheizung eine der herrschenden Außentemperatur entsprechende höhere Temperatur in den erwärmten Räumen zu fordern. Fehlerhaft würde es jedoch sein, die Temperatur in den Räumen um die gleiche Anzahl Grade höher zu verlangen, als die jeweilige Außentemperatur über der niedrigsten Außentemperatur gelegen ist.

Bezeichnet man mit $\Sigma(F\,k)$ die Wärmemenge, die durch die Umflächen eines Raumes stündlich für einen Grad Temperaturunterschied zwischen innen und außen verloren geht, mit $\Sigma(F_1\,k_1)$ die Wärmemenge, die der Heizkörper abgibt, so muß sein, wenn t die Innentemperatur, t_0 die Außentemperatur, t_m die mittlere Temperatur des Heizkörpers während der Probeheizung bedeutet:

$$\Sigma(F\,k)\,(t - t_0) = \Sigma(F_1\,k_1)\,(t_m - t)\ .$$

Man kann, ohne einen einflußreichen Fehler zu begehen, annehmen, daß $F\,k$ und zunächst $F_1\,k_1$ konstante Größen sind, so daß also aus vorstehendem Ausdrucke t berechnet werden kann. Es ergibt sich aus ihm:

$$t = \frac{\Sigma(F_1 k_1)\,t_m + \Sigma(F\,k)\,t_0}{\Sigma(F\,k) + \Sigma(F_1\,k_1)}.$$

Da nun k_1 entsprechend der Tabelle 15 mit Abnahme der Temperaturunterschiede zwischen Heizkörper und Luft ebenfalls abnimmt, so erniedrigt sich, wenigstens bei einigermaßen hoher Außentemperatur, die berechnete Raumtemperatur. Man hat also für die herrschende Außentemperatur alsdann unter Annahme der berechneten Raumtemperatur $\Sigma(F_1\,k_1)$ zu bestimmen und die Rechnung zu wiederholen. Ein Beispiel wird dies noch näher erläutern.

Beispiel. Es soll die Abnahme einer Warmwasserheizung bei einer Außentemperatur von $+0°$ stattfinden. Die Heizkörper der Anlage sind Radiatoren, die Temperatur des Wassers bei Eintritt in diese beträgt 90°, bei Austritt 70°, die mittlere Temperatur somit 80°. Da alle Heizkörper die gleiche Konstruktion aufweisen, so kann zur Bestimmung der Temperatur, auf die die Räume erwärmt werden müssen, ein einzelner Raum herausgegriffen werden. Dieser Raum verliert bei einer Innentemperatur von +20°, einer Außentemperatur von −20° eine Wärmemenge von 6000 WE stündlich, somit muß sein:

$$\Sigma(F\,k) = \frac{6000}{20-(-20)} = 150 \quad \text{und} \quad \Sigma(F_1\,k_1) = \frac{6000}{\frac{90+70}{2} - 20} = 100\,.$$

Da bei 80° mittlerer Wassertemperatur und 20° Lufttemperatur die Wärmedurchgangszahl für Radiatoren nach Tabelle 15 : $k_1 = 6{,}5$ beträgt, muß $F_1 = \frac{100}{6{,}5} = 15{,}38$ qm groß sein.

Es berechnet sich also die Raumtemperatur zu:

$$t = \frac{100 \cdot 80 + 150\,t_0}{150 + 100},$$

und da für die Probeheizung $t_0 = 0°$ sein soll:

$$t = \frac{8000 + 0}{250} = 32°.$$

Die Heizkörpertemperatur beträgt 80°, der Unterschied zwischen dieser und der Lufttemperatur 80 — 32 = 48°; für diese stellt sich nach Tabelle 15 der Koeffizient $k_1 = 6$. Da $F_1 = 15{,}38$ qm ist, so wird somit tatsächlich:

$$F_1\,k_1 = 15{,}38 \cdot 6 = 92{,}28$$

und ergibt sich dann unter Einsetzung des Wertes:

$$t = \frac{92{,}28 \cdot 80 + 0}{150 + 92{,}28} \sim 30°.$$

Der Temperaturunterschied zwischen innen und außen ist also in diesem Falle zu 30°, anstatt wie bei der niedrigsten Außentemperatur zu 40° anzunehmen. Selbstverständlich setzt die Berechnungsweise den Beharrungszustand voraus, es dürfte somit, um diesen zu erreichen, nötig sein, die Probeheizung mindestens auf 3 Tage auszudehnen. Bei Neubauten wird man sich außerdem mit einer Temperatur, die mindestens um 10 bis 15% niedriger als die vorgeschriebene anzunehmen ist, begnügen müssen, da die Wände noch bedeutende Mengen Feuchtigkeit enthalten, auch vielfach die gesamte Mobiliareinrichtung der Räume noch fehlt. Selbstverständlich sind auch bei der Probeheizung sämtliche Räume zu erwärmen, d. h. geradeso, wie dies bei der späteren Benutzung erfolgen soll. Sind die Räume noch nicht ganz fertiggestellt und in ihnen noch Handwerker beschäftigt, so kann aus einer Probeheizung ein zuverlässiger Schluß auf den Effekt der Anlage nicht gemacht werden.

Anhang.

Anweisung

zur Herstellung und Unterhaltung von Zentralheizungs- und Lüftungsanlagen.

(Herausgegeben mit Runderlaß vom 29. April 1909 vom Herrn Minister der öffentlichen Arbeiten.)

---

§ 1. Vorbereitungs-Arbeiten.

1. Für Gebäude, die Zentralheizungs- und Lüftungsanlagen erhalten sollen, ist schon bei Vorlage des allgemeinen Bauentwurfes im Erläuterungsberichte anzugeben, welche Heizungs- und Lüftungsart nach den örtlichen Verhältnissen und nach der Zweckbestimmung des Gebäudes am geeignetsten erscheint.

2. Bei Ausarbeitung des ausführlichen Bauentwurfes und Kostenanschlages sind die Heizungs- und Lüftungsanlagen in folgender Art zu berücksichtigen.

a) in den Grundrissen sind die Räume zu bezeichnen, die zur Unterbringung der Wärmeentwickler und der Brennstoffe verfügbar sind, sowie die Stellen anzugeben, an denen Rauchrohre und Luftkanäle angelegt werden können;

b) im Erläuterungsberichte ist die Heizungsart anzugeben und kurz zu begründen;

c) im Kostenanschlage ist der erforderliche Geldbetrag überschläglich nach dem kubischen Inhalte der zu heizenden Räume auf Grund von Erfahrungssätzen und unter Berücksichtigung der zurzeit herrschenden Preislage zu ermitteln. Hierbei ist auf etwaige besondere Lüftungsanlagen Rücksicht zu nehmen.

3. Zugleich ist für alle mit der Herstellung verbundenen Nebenarbeiten ein entsprechender Prozentsatz der überschläglich berechneten Kosten der Heizanlage in Tit. XV. einzusetzen.

4. Ferner sind in Tit. Insgemein angemessene Beträge vorzusehen:

a) für die Aufstellung der Wärmeverlustberechnung (vgl. Absatz 8);

b) für die Entschädigung von Bewerbern, deren Heizentwürfe nicht zur Ausführung gewählt werden können, jedoch sorgfältig bearbeitet sind (vgl. § 2 Absatz 8);

c) für den etwa notwendigen Betrieb der Heizanlage im Winter vor der Übergabe des Gebäudes an die nutznießende Behörde.

5. Sobald der Auftrag zur Vorbereitung der Bauausführung erteilt ist, hat die Bauverwaltung nach Anleitung der Anlage A und den Mustern der Anlage B und C — Anl. A.
das Programm und die besonderen Bedingungen aufzustellen und der vorgesetzten — Anl. B.
Behörde (vgl. § 8) vorzulegen. Gleichzeitig sind Pausen oder Abdrucke der Bau- — Anl. C.
zeichnungen einzureichen, die anschlagsmäßig zur Verfügung stehenden Mittel anzugeben und diejenigen Firmen namhaft zu machen, die zur Beteiligung am Wettbewerbe (vgl. § 2) empfohlen werden. Bei Kirchenbauten sind diese Ausarbeitungen bereits in der Vorlage der ausführlichen Entwürfe, in die bei Luftheizungen die Luftkanäle, bei Dampfheizungen die Rohrleitungen und Heizkörper einzutragen sind, mit vorzulegen.

6. Die vorgesetzte Dienstbehörde hat diese Ausarbeitungen zu prüfen und endgültig festzustellen, sowie über die am Wettbewerbe zu beteiligenden Firmen zu entscheiden, wenn die Kosten der Anlage ausschließlich der Nebenarbeiten auf nicht mehr als 15 000 Mark veranschlagt sind.

7. Bei Anlagen mit einem höheren Kostenanschlagsbetrage als 15 000 Mark sind die Ausarbeitungen sowie die Vorschläge über die am Wettbewerbe zu beteiligenden Unternehmer nach Vorprüfung mir, bei Bauten für die Gestüt-, Domänen- und Forstverwaltung dem Herrn Minister für Landwirtschaft, Domänen und Forsten, und bei Bauten, deren Kosten aus den vom Ministerium der geistlichen, Unterrichts- und Medizinalangelegenheiten verwalteten Stiftungsfonds bestritten werden, dem Herrn Minister der geistlichen, Unterrichts- und Medizinalangelegenheiten zur Genehmigung vorzulegen. Bei Kirchen, an denen der Staat wegen der Rechtsverhältnisse oder vom Standpunkte der Denkmalpflege aus ein Interesse hat, oder für die eine staatliche Baubeihilfe gewährt wird, sind die Heizprogramme unabhängig von den Kosten stets dem letztgenannten Herrn Minister vorzulegen.

8. Nach der Genehmigung des Programmes ist die Berechnung der stündlichen
Anl. D. Wärmeverluste nach dem Muster der Anlage D einer Heizungsfirma gegen Entgelt zu übertragen. Von dieser Berechnung sind die Angaben in den Spalten 1 bis 5 unter Zugrundelegung der Bauzeichnungen und des Programmes von der Bauverwaltung endgültig zu prüfen.

9. Hierauf hat letztere ungesäumt unter Beachtung der Prüfungsbemerkungen den Wettbewerb einzuleiten. Diese Maßnahmen sind so frühzeitig zu treffen, daß die Prüfung und Feststellung der Angebote noch vor Beginn der von den Heizungs- und Lüftungsanlagen abhängigen Maurerarbeiten erfolgen kann.

10. Bei der Einrichtung von Zentralheizungen in vorhandenen Gebäuden sind die durch Vorarbeiten etwa entstehenden Kosten, sofern ein Baufonds noch nicht vorhanden ist und wenn es sich um eine von der allgemeinen Bauverwaltung zu leitende Ausführung handelt, in der durch den Runderlaß vom 3. April 1905 III, 3177 vorgeschriebenen Weise bei mir rechtzeitig zu beantragen.

11. Beim Einbau von Heizungsanlagen in Kirchen, an deren Erhaltung der Staat rechtliche oder konservatorische Interessen hat, ist entsprechend dem Runderlasse vom 6. Mai 1904 betreffend die Förderung der Denkmalpflege, sowie nach den Runderlassen des Herrn Ministers der geistlichen, Unterrichts- und Medizinalangelegenheiten vom 8. Januar 1902 und 10. November 1905 zu verfahren. Nach Punkt 2 des erstgenannten Erlasses haben sich die Ortsbaubeamten und die Provinzialkonservatoren zu rechter Zeit wechselseitig und mit den beteiligten Korporationen usw. ins Benehmen zu setzen, ohne daß es zuvor einer besonderen Ermächtigung der vorgesetzten Behörde dazu bedarf.

§ 2. Verdingung der Ausführung.

a) Ausschreibung.

1. Die Verdingung soll auf Grund eines Wettbewerbes erfolgen, zu dem bei Anlagen im voraussichtlichen Kostenbetrage unter 20 000 Mark bis zu drei, bei größeren Anlagen drei bis fünf geeignete Unternehmer aufzufordern sind.

2. Als Unterlage dienen das Programm, die Zeichnungen und die Berechnung der Wärmeverluste. Außerdem sind die allgemeinen Bestimmungen, betreffend die Vergebung von Leistungen und Lieferungen vom 23. Dezember 1905, und die allgemeinen Vertragsbedingungen für die Ausführung von Staatsbauten vom 17. Januar 1900, sowie die besonderen Bedingungen zugrunde zu legen.

3. Die Zeichnungen sind den Bewerbern in doppelter Ausfertigung zu verabfolgen. Lichtpausen mit weißen Linien auf blauem Grunde und Zeichnungen mit dunkel angelegten Flächen sind unzulässig.

4. Für Anfertigung der Entwürfe sind angemessene Fristen zu setzen, insbesondere wenn es sich um umfangreiche Lüftungsanlagen handelt.

b) Prüfung der Angebote.

5. Die eingegangenen Angebote nebst den zugehörigen Berechnungen sind von der Bauverwaltung technisch und rechnerisch zu prüfen. Nachdem festgestellt ist, wie weit die einzelnen Entwürfe den Forderungen des Programmes entsprechen, bleibt zu ermitteln, welches Angebot das für die Staatsverwaltung annehmbarste ist.

6. Zu diesem Zwecke ist in einer Tabelle nach dem Muster der Anlage E das Verdingungsergebnis zusammenzustellen. Anl. E.

7. Sämtliche Unterlagen sind sodann mit dem superrevidierten Programme und einer Abschrift der die Heizung betreffenden Position des Kostenanschlages der vorgesetzten Dienstbehörde (§ 8) vorzulegen, wobei die Erteilung des Zuschlages an einen der Bewerber mit etwaigen Abänderungs- und Ergänzungsvorschlägen zu beantragen und zu begründen ist.

8. Zugleich sind für die etwa zu gewährenden Entschädigungen (§ 1) Vorschläge zu machen. Die Höhe der Entschädigung ist von der Höhe der Angebotssumme und von der größeren oder geringeren Sorgfalt abhängig zu machen, mit der die Entwürfe aufgestellt sind.

9. Nach Prüfung der Entwürfe und Berechnungen erteilt die vorgesetzte Dienstbehörde, sofern die Kosten der Anlage den Betrag von 30 000 Mark nicht erreichen, ihrerseits den Zuschlag und erstattet hierüber, sowie über die etwa gewährten Entschädigungen der Ministerialinstanz unter Einreichung der Tabelle über das Verdingungsergebnis (Anlage E) Anzeige.

10. Bei höheren Kostensummen jedoch, sowie unabhängig von den Kosten in allen Fällen, in denen besondere Schwierigkeiten vorliegen oder bisher nicht erprobte Konstruktionen zur Anwendung kommen sollen, bleibt die Entscheidung der Ministerialinstanz vorbehalten.

11. Es ist darauf zu achten, daß jede am Wettbewerbe beteiligte Firma eine vollständige Ausfertigung der ihr zugestellten Zeichnungen, also einschließlich der Schnitte zurückreicht. Bei Vorlagen an die Ministerialinstanz sind die sämtlichen Zeichnungen, und zwar in Mappen beizugeben. Ferner ist dabei anzugeben, wie weit der Bau bereits vorgeschritten ist, damit beurteilt werden kann, ob und in welchem Umfange noch Änderungen wegen des Einbaues der Heizanlage angängig sind.

c) Abschluß des Vertrages.

12. Mit dem ausgewählten Unternehmer ist zunächst der Entwurf und die Kostenberechnung für die Ausführung endgültig festzustellen und sodann ein Vertrag in doppelter Ausfertigung abzuschließen.

13. Der Hauptausfertigung des Vertrages sind beizufügen: die allgemeinen Vertragsbedingungen vom 17. Januar 1900, die besonderen Bedingungen, die Berechnung der Wärmeverluste, das Programm sowie die Zeichnungen, das Angebot und die zugehörigen Erläuterungen des Unternehmers mit den etwa erforderlich gewordenen Ergänzungen oder Abänderungen. Diese Schriftstücke und Zeichnungen sind durch beiderseitige Unterschrift als zum Vertrage gehörig anzuerkennen.

14. Für die Nebenausfertigung genügen das Programm, die besonderen Bedingungen, das Angebot und die Berechnung der Wärmeverluste.

§ 3. Ausführung und Abnahme.

Der Unternehmer hat mit der Ausführung der Heizanlage auf der Baustelle binnen der in den besonderen Bedingungen festgestellten Frist zu beginnen, sobald er von der Bauverwaltung durch eingeschriebenen Brief dazu aufgefordert ist. Von etwaigen bei der Prüfung erfolgten Änderungen des Entwurfs ist dem Unternehmer bei Erteilung des Zuschlages Kenntnis zu geben. Sobald die Ausführung beendet ist, hat die Bauverwaltung die Anlage in allen Teilen zu prüfen und festzustellen, ob die Vertragsbedingungen erfüllt, oder noch Änderungen und Nacharbeiten seitens des Unternehmers zu bewirken sind. (Vgl. IV, 1. der Anlage A.)

§ 4. Übergabe an die nutznießende Behörde.

1. Für die Übergabe des Gebäudes an die nutznießende Behörde hat der Bau-
Anl. F. beamte nach dem Muster der Anlagen F eine Beschreibung und Betriebsvorschrift auf Grund der in der Anlage A unter IV. 2. erwähnten Vorschläge des Unternehmers auszuarbeiten. Zu diesem Zwecke hat der Baubeamte diese Vorschläge zu prüfen und nötigenfalls zu ergänzen. Hierbei ist darauf zu achten, daß die Angaben über den Brennstoff, über die bei niedrigster Außentemperatur zu erzielenden Wärmegrade in den Räumen und über die Temperatur der Wärmeträger mit den in Anlage A unter III 5. A. c. und III 5. C. b. gegebenen Vorschriften, sowie mit den Bedingungen der Ausschreibung und des Angebots übereinstimmen.

2. Die ergänzte Betriebsvorschrift ist von der ausführenden Firma durch Unterschrift anzuerkennen. Auch sind von ihr die dazugehörigen, der Ausführung entsprechenden Zeichnungen der Anlage zu liefern. Bei Wasserheizungen und Dampfheizungen sind die Rohrleitungen schematisch in die Zeichnungen einzutragen.

3. Die Ausarbeitungen sind alsdann der vorgesetzten Dienstbehörde zur Prüfung und endgültigen Feststellung vorzulegen.

4. Es ist dafür Sorge zu tragen, daß die Beschreibung und Betriebsvorschrift spätestens bis zum Tage der Übergabe des Gebäudes endgültig festgestellt ist. Eine Ausfertigung ist der nutznießenden Behörde auszuhändigen, eine andere Ausfertigung ist zu den Akten des Ortsbaubeamten zu nehmen. In der Nachweisung der Anlagekosten (§ 7) ist hierüber eine Angabe zu machen.

§ 5. Eintragung in die Inventarienzeichnungen.

1. Die Heizanlage ist der Ausführung entsprechend mit den wichtigsten Einzelheiten von der Bauverwaltung in die Inventarienzeichnungen unter Beischrift kurzer Erläuterungen am Rande der Zeichnungen einzutragen. Wenn verschiedene Heizungsarten in einem Gebäude zur Anwendung kommen, sind die Raumbezeichnungen nach den Heizungsarten verschiedenfarbig zu unterstreichen. (Vgl. Anlage A I Absatz 4.)

2. Der bei dem Ortsbaubeamten verbleibenden Ausfertigung sind Einzelzeichnungen der Wärmeentwickler, Heizkörper und sonstiger wichtiger Teile der Anlage beizufügen.

§ 6. Überwachung der Heizungs- und Lüftungsanlage.

a) Überwachung durch den Baubeamten.

1. Der Baubeamte hat während jeder Heizperiode mindestens einmal die Heizungs- und Lüftungsanlage einer eingehenden Besichtigung zu unterziehen und von der Art des Betriebes Kenntnis zu nehmen.

2. Bei Besichtigungen innerhalb der Gewährleistungszeit ist festzustellen, ob die Anlage durchweg den vertragsmäßigen Anforderungen unter Berücksichtigung der Benutzungsart und etwaiger äußerer Umstände, welche die Wirkung der Heizung und Lüftung beeinflussen, entspricht oder ob etwa Änderungen und Ergänzungen auf Kosten des Unternehmers veranlaßt werden müssen. Der Befund ist in die Nachweisung über die Betriebsergebnisse der Heizanlage einzutragen.

3. Bei den Besichtigungen nach Ablauf der Gewährleistungszeit ist festzustellen, ob und welche Ausbesserungs- und Ergänzungsarbeiten im Laufe des Sommers zur Ausführung gelangen müssen, um die Anlage betriebsfähig zu erhalten.

4. Über die Besichtigungen hat der Baubeamte alljährlich am 1. Mai der vorgesetzten Dienstbehörde zu berichten. In allen dringenden Fällen, namentlich wenn Gefahr im Verzuge ist, hat der Baubeamte sofort die nötigen Anordnungen zu treffen und hiervon auch der nutznießenden Behörde Mitteilung zu machen.

5. Im übrigen hat der Baubeamte dauernd darauf zu achten, daß die Kosten des regelmäßigen Betriebes namentlich auch durch die Wahl geeigneter Brennstoffe

sich in angemessenen wirtschaftlichen Grenzen halten. Zu diesem Zwecke ist er bei der Verdingung des Bedarfes an Kohlen und sonstigen Brennstoffen insoweit mitzuwirken verpflichtet, als er auf Ersuchen der nutznießenden Behörde über die eingegangenen Lieferungsangebote nebst den vorgelegten Proben ein Gutachten abzugeben und seine Vorschläge bezüglich des annehmbarsten Angebotes der genannten Behörde mitzuteilen hat.

6. Der Baubeamte ist verpflichtet, die Befähigung und Tätigkeit der Heizer zu überwachen und im Falle von Ungehörigkeiten der nutznießenden Behörde Mitteilung zu machen.

b) Überwachung durch die nutznießende Behörde.

7. Damit die Wirkung der Heizungs- und Lüftungsanlagen mit Sicherheit beurteilt werden kann, ist es notwendig, daß die nutznießende Behörde durch ihre Beamten während der Gewährleistungszeit wöchentlich einmal vor Beginn der Dienststunden die Temperatur in allen von der Zentralheizung erwärmten Räumen und die äußere Temperatur in Graden Celsius messen und in eine Liste nach dem Muster der Anlage G eintragen läßt. Falls in den Gebäuden eine Anzahl gleichartiger und gleichliegender Räume vorhanden ist, können diese Messungen auf einzelne dieser Räume beschränkt werden. — Anl. G.

8. Der Verbrauch an Brennstoffen ist dauernd in prüfungsfähiger Weise zu buchen. Die Kosten dafür sind, unter Angabe der Einheitspreise, für die ganze Heizperiode zu ermitteln. Ferner sind zur Ermittelung der Unterhaltungskosten alle Instandsetzungs- und Erneuerungsarbeiten nach dem Muster der Anlage H zu buchen. — Anl. H.

9. Diese Aufzeichnungen und Wärmemessungen, Brennstoffverbrauch, Unterhaltungs- und Betriebskosten werden durch die nutznießende Behörde dem Baubeamten mitgeteilt.

10. Von 5 zu 5 Jahren, zum ersten Male am 1. Oktober 1910, ist seitens des Baubeamten an die vorgesetzte Behörde zu berichten, ob die Buchungen nach Anlage H bei allen Zentralheizungen ordnungsmäßig erfolgt sind.

11. Das Heizerpersonal ist zu verpflichten, dem Baubeamten jede Auskunft zu geben und nach seinen Anweisungen bei der Behandlung der Heizanlage zu verfahren. Falls ein besonderer Heizingenieur angestellt ist, hat der Baubeamte sich mit diesem ins Benehmen zu setzen.

§ 7. Statistische Nachweisungen.

1. Tunlichst unmittelbar nach Ausführung der Heizungs- und Lüftungsanlagen ist, sobald die Ausführungskosten sich mit annähernder Sicherheit übersehen lassen, nach der Anlage J eine einmalige Nachweisung durch den Baubeamten auszuarbeiten und nach Prüfung seitens der vorgesetzten Dienstbehörde mir einzureichen. — Anl. J.

2. Weiterhin ist bis zum Ablaufe der Gewährleistungszeit jährlich eine Nachweisung nach der Anlage K über die Betriebsergebnisse auszuarbeiten und nach Prüfung seitens der vorgesetzten Dienstbehörde spätestens bis zum 1. November mir einzureichen. — Anl. K.

§ 8. Geltungsbereich.

1. Die vorstehenden Bestimmungen sind bei allen Bauten, deren Ausführung oder Überwachung der Staatsbauverwaltung bestimmungsgemäß obliegt, anzuwenden, gleichviel, ob die Kosten ganz oder teilweise aus Staatsfonds gedeckt werden, desgleichen für solche Bauten, deren Kosten aus Stiftungsfonds, die unter Staatsverwaltung stehen, getragen werden.

2. Als vorgesetzte Dienstbehörden gelten bei Universitätsbauten der Kurator, bei den Domänen- und Forstbauten die Königliche Regierung, bei allen übrigen Bauten, mit Ausnahme der Bauten der Eisenbahnverwaltung, der Regierungspräsident.

3. Für Kirchen, Pfarr- und Schulbauten, zu denen aus dem Patronatsbaufonds oder dem Allerhöchsten Dispositionsfonds bei der General-Staatskasse Beiträge gewährt werden, wird die Anwendung der Bestimmungen nicht unbedingt gefordert, aber insoweit empfohlen, als die Umstände des einzelnen Falles es gestatten.

4. Mit dieser Maßgabe gelten die Bestimmungen für alle neu auszuführenden Anlagen, während die im § 6 a vorgeschriebenen regelmäßigen Besichtigungen auch bei allen älteren Anlagen vorzunehmen sind.

5. Auf die Staatseisenbahnverwaltung finden die Bestimmungen in den §§ 1 bis 7 insoweit Anwendung, als sich nicht nach der Verwaltungsordnung und den bestehenden Buchungs- und Rechnungsvorschriften Abweichungen ergeben. Im einzelnen treten folgende Änderungen ein:

a) die Aufwendungen gemäß § 1 Abs. 4 und 8 sind bei Bauausführungen zu Lasten extraordinärer Baufonds der Verwaltungskosten zu behandeln und demgemäß auf den Betriebsfonds zu verrechnen;
b) das Programm und die besonderen Bedingungen (§ 1 Abs. 7) sind mir nur für Heizungs- und Lüftungsanlagen, bei denen die Anschlagssumme mehr als 30 000 Mark beträgt, zur Genehmigung vorzulegen;
c) der im § 2 Abs. 9 vorgeschriebenen Anzeige an mich bedarf es nur bei Anlagen, deren Kosten mehr als 30 000 Mark betragen;
d) die Vorschrift im § 5 gilt mit der Maßgabe, daß die Heizanlage in die Entwurfszeichnung einzutragen ist und die angegebenen Einzelzeichnungen aufzubewahren sind;
e) die Überwachung der Anlage gemäß § 6a ist lediglich Sache des Vorstandes der Betriebsinspektion. Die Vorschriften unter a Abs. 5, 2. Satz und unter b kommen in Fortfall;
f) die im § 7 vorgeschriebenen Nachweisungen sind nur auf besondere diesseitige Anweisung aufzustellen;
g) auf Werkstattanlagen finden die Vorschriften keine Anwendung.

Berlin, den 29. April 1909.

Der Minister der öffentlichen Arbeiten
In Vertretung
von Coels.

Anlage A.

Anleitung
zum Entwerfen und Verdingen von Zentralheizungs- und Lüftungsanlagen.

(Zur Anweisung vom Jahre 1909.)

I. Ausarbeitungen der Bauverwaltung.

Als Unterlagen für den Wettbewerb sind anzufertigen: Abdrucke der Bauzeichnungen, das Programm, die besonderen Bedingungen und die Berechnung der Wärmeverluste.

In den Zeichnungen sind darzustellen:
a) die Lage des Gebäudes und seine Umgebungen unter Angabe der Nordlinie;
b) die mit Raumbezeichnungen und Nummern, sowie mit Längen- und Flächenmaßen versehenen Grundrisse aller Geschosse;
c) die wesentlichsten Durchschnitte, darunter ein Schnitt durch den Heizraum, mit Angabe des höchsten Grundwasserstandes.

Aus den Grundrissen und Schnitten muß ersichtlich sein, ob Nischen in den Fensterbrüstungen angelegt werden sollen.

Wenn verschiedene Heizungsarten in einem Gebäude zur Anwendung kommen, sind in den Grundrissen die Raumbezeichnungen in folgenden Farben zu unterstreichen: bei Luftheizung grün, bei Heißwasserheizung rot, bei Warmwasserheizung blau, bei Dampfheizung gelb. Die mit Einzelheizung zu versehenden Räume sind durch Einzeichnung der Öfen kenntlich zu machen.

Die der Berechnung der Wärmeverluste zugrunde zu legende niedrigste Ortstemperatur, bei der die vorgeschriebene Erwärmung ohne übermäßige Anspannung der Heizanlage erzielt werden muß, ist, soweit möglich, nach dem Durchschnitt der letzten 10 Jahre anzunehmen.

II. Ausarbeitungen der Bewerber.

1. Berechnungen, Erläuterungen und Zeichnungen.

In der Berechnung der Wärmeverluste sind die Spalten 6 und 7 zu prüfen und nötigenfalls zu berichtigen. Die Spalten 8 und 9 sind auszufüllen. Die Summe von Spalte 9 ist am Schlusse zu ermitteln. Durch Unterzeichnung der Wärmeverlustberechnung hat der Bewerber die Verantwortlichkeit für deren Richtigkeit zu übernehmen.

Ferner sind prüfungsfähige Berechnungen zu liefern von der Größe der Wärmeentwickler, der Rostflächen, Schornsteine, des Lüftungsbedarfes, der Luftkanäle, Heizkörper u. dgl.

In einer Erläuterung ist die Heizungs- und Lüftungsanlage eingehend zu beschreiben. Zugleich sind hierbei etwaige Bedenken gegen die Unterlagen des Wettbewerbes zum Ausdrucke zu bringen. Auch steht es dem Bewerber frei, selbständige Gegenvorschläge zu machen; doch ist für die Entwurfsbearbeitung stets das von der Bauverwaltung den Bewerbern gegebene Programm als Grundlage beizubehalten. Auch ist anzugeben, welches Bedienungspersonal zum ordnungsmäßigen Betriebe erforderlich sein wird.

In eine Ausfertigung der Zeichnungen der Bauverwaltung, und zwar nicht nur in die Grundrisse, sondern auch in die Schnitte ist der Entwurf des Wettbewerbers einzutragen. Insbesondere ist darzustellen:

Die Lage der Rauchrohre, der Luftkanäle, ihrer Ein- und Ausströmungsöffnungen sowie der Frischluftentnahmestellen, die Lage der Wärmeentwickler und der Räume für Brennstoffe, die Anordnung der Rohrleitungen unter Angabe der Ausgleichvorrichtungen, der Rohrschlitze oder Rohrkanäle, der Hauptventile und der Ausdehnungsgefäße sowie die Stellung der Heizkörper. Dabei sind folgende Farben zu wählen:

für Warmwasserheizkörper . . . . blau
„ Zuflußröhren bei Warmwasserheizung. . . . . rot
„ Rückflußröhren bei Warmwasserheizung . . . . blau
„ Dampfheizkörper . . . . grün
„ Dampfröhren . . . . gelb
„ Dampfwasserröhren . . . . grün
„ Luftleitungen . . . . braun
„ Kaltluftkanäle . . . . grün
„ Warmluftkanäle . . . . rot
„ Abluftkanäle . . . . blau

Entwürfe, zu denen nicht die von der Bauverwaltung gelieferten Zeichnungen benutzt worden sind, können von der Zuschlagserteilung von vornherein ausgeschlossen werden. Dasselbe gilt, wenn die Eintragungen der Heizanlage in die Schnitte fehlen.

Bei Luftheizungen ist die Lage der Frischluft-, Abluft- und Umlaufkanäle anzugeben und bei etwaiger Wahl von Vorrichtungen zur Mischung kalter und warmer Luft deren Wirkung und Betrieb durch Zeichnung und Beschreibung zu erläutern.

An Einzelzeichnungen sind beizufügen: Darstellung der Wärmeentwickler, Heizkörper, Rohrverbindungen, Ventile, Gitter, Lüftungsklappen, Ausgleichvorrichtungen, Ausdehnungsgefäße u. dgl. Hierzu können vorhandene Drucksachen und Pausen verwendet werden. Einzeldarstellungen und Beschreibungen der angebotenen Gegenstände sind mit der Aufschrift: Gehört zu Pos. ... des Angebots zu versehen.

2. Kostenberechnung.

Die Kosten der Anlage sind getrennt nach den etwa vorkommenden verschiedenen Arten der Heizung und Lüftung in einer ausführlichen Berechnung zu veranschlagen.

Diese Kostenberechnung soll alle zur betriebsfähigen Herstellung der Anlage erforderlichen Leistungen und Lieferungen umfassen, sofern nicht bestimmte Teile ausdrücklich ausgeschlossen sind.

Dagegen sind die Kosten für Erdarbeiten, Stemmarbeiten, Herstellung des Mauerwerkes bei Luftheizungen, Kesseln, Kanälen u. dgl., Verputzen der durch Mauern und Decken geführten Röhren, sowie für Einsetzen und Verputzen der Lüftungsklappen, Schieber, Rohrhalter u. dgl. einschließlich der dazu erforderlichen Baustoffe, auch für Tischler-, Maler- und Lackiererarbeiten sowie für Anschlüsse an Wasserleitungen und Entwässerungen nicht in die Kostenberechnung aufzunehmen.

Der Bewerber hat für die Richtigkeit der von ihm zu liefernden Zeichnungen zu denjenigen Nebenarbeiten, die vor Beginn der Montierung der Heizungsanlage zur Ausführung gelangen, die volle Verantwortung zu übernehmen, desgleichen auch für die richtige Ausführung der während der Montierung nach seinen Zeichnungen oder Angaben herzustellenden Nebenarbeiten.

Die für schmiedeeiserne Kessel und Gefäße gewählten Wandstärken sind sowohl in den Einzelzeichnungen als in der Kostenberechnung genau anzugeben.

Alle Wärmeentwickler sind nach der Heizfläche und dem Gewicht, alle Heizkörper nach der Heizfläche getrennt von den Kosten der Aufstellung in Ansatz zu bringen. Alle Rohrleitungen sind mit dem inneren und äußeren Durchmesser und einschließlich des Verlegens und des Dichtungsmaterials sowie eines Anstrichs mit Mennige aufzunehmen, die Formstücke, Lagerungs- und Befestigungsteile in einem bestimmten Verhältnisse zum Gesamtpreise der Rohrleitungen anzugeben. Die Wärmeschutzumhüllungen sind nach dem Längenmaß und dem äußeren Durchmesser der zu umhüllenden Rohre zu berechnen. Freiliegende Wärmeschutzumhüllungen sind gegen Beschädigung zu schützen und mit Ölfarbe einmal zu streichen.

Geschmiedete und gußeiserne Gitter, Drahtgitter, Klappen und Schieber, Ausdehnungsgefäße und Saugkappen für Abzugsschächte sind nach Stückzahl, Maß und Wandstärken aufzuführen.

Die Kostenberechnung ist nach folgenden Titeln zu ordnen:

Tit. I. Wärmeentwickler (Kessel, Luftheizöfen u. dgl.) mit allem Zubehör, einschließlich der zur Ausrüstung gehörigen Thermometer und der Pyrometerhülsen.

Tit. II. Heizkörper mit allem Zubehör einschließlich der Regelungsvorrichtungen für die Wärmeabgabe, jedoch ausschließlich etwaiger Verkleidungen.

Tit. III. Rohrleitungen, Mauer- und Deckenschutzhülsen, Längenausgleicher, Wärmeschutzmasse.

Tit. IV. Ausdehnungsgefäße, Wassersammler, Hauptventile, Übergangsventile.

Tit. V. Regelungsvorrichtungen für Luftkanäle nebst Gittern, Filtern, Saugkappen usw.

Tit. VI. Rohrschlitzverkleidungen, Kanalabdeckungen, Kontrollvorrichtungen u. dgl.

Tit. VII. Insgemein, Fracht, Reisekosten in Hundertteilen der Titel I bis VI.

Am Schlusse der Kostenberechnung ist überschläglich nach den Gesamtkosten der auf Lüftungsanlagen entfallende Betrag zu ermitteln.

Nachträge, in denen verschiedene Ausführungsarten zur Auswahl gestellt werden, sind zwar zulässig, doch soll das Hauptangebot diejenige Ausführungsart behandeln, welche der Bewerber für die zweckmäßigste hält.

III. Technische Vorschriften für die Bearbeitung der Programme und Entwürfe.

1. Grad der Erwärmung und Stärke des Luftwechsels in den einzelnen Räumen.

Als Wärmegrade sind in der Regel vorzuschreiben:

für Krankenzimmer	22° C
„ Säle, Hörsäle und Hafträume	18° C
„ Geschäfts- und Wohnräume	20° C
„ Sammlungs- und Ausstellungsräume, Flure, Gänge und Treppenhäuser, je nach ihrer Benutzung und dem auf ihnen stattfindenden Verkehr	10—18° C
„ Hafträume, die lediglich zum gemeinschaftlichen Schlafen der Gefangenen dienen	10° C

Schlafräume, welche auch zum Aufenthalte der Gefangenen an Sonn- und Feiertagen dienen, sind auf 18° zu heizen, aber ebenso wie die nur zum Schlafen dienenden Hafträume mit Abstellvorrichtungen zu versehen.

Der Berechnung ist in der Regel ein Luftwechsel für Kopf und Stunde zugrunde zu legen, und zwar:

in Schlafzellen für Gefangene von	10 cbm
„ Einzelzellen für Gefangene von	15—22 „
„ Räumen für gemeinschaftliche Haft von	10 „
„ Versammlungssälen und Hörsälen bis zu	20 „
„ Schulklassen, je nach dem Alter der Schüler von	10—25 „

Der Lüftungsbedarf bei Krankenräumen ist in jedem einzelnen Falle im Einvernehmen mit der nutznießenden Behörde zu ermitteln.

Für Flure und Treppenhäuser ist in der Regel stündlich ein halb- bis einmaliger Luftwechsel vorzusehen. Dienen die Flure zum zeitweiligen Aufenthalt einer größeren Anzahl von Personen, so ist stündlich ein zweimaliger Luftwechsel erforderlich.

Sämtliche angegebenen Werte gelten nur für Räume, bei denen eine Überheizung durch Wärmeabgabe der Insassen oder durch Beleuchtung nicht zu befürchten ist oder bei Erwärmung der Räume durch Luftheizung kein größerer Luftwechsel erforderlich wird. In diesen Fällen ist eine besondere Berechnung für den Luftwechsel aufzustellen.

In Aborten und anderen Räumen, in denen sich üble Gerüche oder Dünste entwickeln, ist unabhängig von der Entlüftung der übrigen Bauteile die Berechnung der Abluftkanäle tunlichst für einen fünffachen, mindestens aber für einen dreifachen Luftwechsel durchzuführen.

2. Berechnung der Wärmeverluste.

Für die Berechnung der Wärmeverluste sind folgende Temperaturen in Ansatz zu bringen:

für ungeheizte oder nicht täglich geheizte, abgeschlossene Räume im Keller und in den übrigen Geschossen	0° C
„ ungeheizte, öfter von der Außenluft bestrichene Räume, wie Durchfahrten, Vorhallen und Vorflure	— 5° C
„ ungeheizte, unter der Dachfläche liegende Räume	
bei Dachschalung	—10° C
ohne Dachschalung	—15° C

Bei Dauerbetrieb der Heizung sind die stündlichen Wärmeverluste für 1° C Temperaturunterschied und 1 qm Fläche wie folgt zu berechnen:

bei vollem Ziegelmauerwerk von	0,12 m	Stärke	2,40 WE
„ „ „ „	0,25 m	„	1,70 „
„ „ „ „	0,38 m	„	1,30 „
„ „ „ „	0,51 m	„	1,10 „
„ „ „ „	0,64 m	„	0,90 „
„ „ „ „	0,77 m	„	0,80 „
„ „ „ „	0,90 m	„	0,65 „
„ „ „ „	1,03 m	„	0,60 „
„ „ „ „	1,16 m	„	0,55 „

Bei Quaderverblendung ist für die gleiche Gesamtwandstärke den vorstehenden Werten ein Zuschlag von 15 vH. hinzuzurechnen.

Bei vollem Sandsteinmauerwerk (Quader- oder Bruchstein)

von 0,30 m	Stärke	2,20 WE
„ 0,40 m	„	1,90 „
„ 0,50 m	„	1,70 „
„ 0,60 m	„	1,55 „
„ 0,70 m	„	1,40 „
„ 0,80 m	„	1,30 „
„ 0,90 m	„	1,20 „
„ 1,00 m	„	1,10 „
„ 1,10 m	„	1,00 „
„ 1,20 m	„	0,95 „

Bei Mauerwerk aus Stampfbeton sind bis auf weiteres die Werte für Sandsteinmauerwerk anzunehmen.

Bei Kalksteinmauerwerk sind vorstehende Werte um 10 vH. zu erhöhen.

Bei Drahtputzwänden von 4 bis 6 cm Stärke . . . 3,00 WE
„ „ „ 6 bis 8 cm „ . . . 2,40 „
„ Balkenlagen mit halbem Windelboden
als Fußboden . . . . 0,35 „
als Decke . . . . 0,50 „
„ Gewölben mit massivem Fußboden . . . . . 1,00 „
„ Gewölben mit Dielung darüber
als Fußboden . . . . 0,45 „
als Decke . . . . 0,70 „
„ hölzernen, über dem Erdreich hohl verlegten Fußböden . . . . 0,80 „
„ desgl. in Asphalt verlegt . . . . 1,00 „
„ massiven Fußböden über dem Erdreich . . . 1,40 „
„ einfachen Fenstern und Glasfüllungen in Türen 5,00 „
„ einfachen Fenstern mit doppelter Verglasung . 3,50 „
„ doppelten Fenstern . . . . 2,30 „
„ einfachen Oberlichtern . . . . 5,30 „
„ doppelten „ . . . . 2,40 „
„ Türen . . . . 2,00 „
„ wagerechten Massivdecken bis auf weiteres je nach Art und Belag . . . . 1,50 bis 3,00 „

Auf den hiernach ermittelten Wärmebedarf müssen mindestens nachstehende Zuschläge gemacht werden:

a) Zuschläge für Himmelsrichtung auf Außenflächen:
Norden, Nordosten, Nordwesten, Osten . . . . 15 vH.
Westen, Südosten, Südwesten . . . . 10 „

b) Für Eckräume und solche mit einander gegenüberliegenden Außenflächen ist ein besonderer Zuschlag von 5 „ auf alle Außenflächen zu machen.

c) Zuschläge für Windanfall:
Auf Straßenansichtsflächen, die dem Windanfall ausgesetzt sind, sowie auf alle Außenflächen freistehender Gebäude . . . . 10 „

d) Zuschläge für besonders hohe Räume:
Räume von über 4,0 m Höhe erhalten für jedes Meter Mehrhöhe auf den berechneten Wärmebedarf einen Zuschlag von . . . . $2^1/_2$ „
jedoch nicht mehr als . . . . 20 „
Treppenhäuser erhalten diesen Zuschlag nicht.

e) Zuschläge für Anheizen und Betriebsunterbrechung.
Für ununterbrochenen Betrieb mit Bedienung auch bei Nacht. . . . . 5 „
Desgl. ohne Bedienung bei Nacht . . . . 10 „
Für täglich unterbrochenen 13 bis 15 stündigen Heizbetrieb einschl. des Anheizens, welches nicht unter drei Stunden anzunehmen ist . . . . 15 „
Für täglich unterbrochenen 9 bis 12 stündigen Heizbetrieb, sonst wie vor . . . . 20 „
Für den Betrieb nach längeren Unterbrechungen. . . 30 „

Die Zuschläge für Anheizen und Betriebsunterbrechung sind zu dem, einschließlich der Zuschläge für a bis d, berechneten Wärmebedarf zu machen.

Bei Berechnung des Wärmebedarfs für solche Räume, die neben höher erwärmten Zimmern oder Sälen liegen, wie z. B. für Flure und Gänge, ist der durch die Wärmeabgabe der Trennungswände entstehende Wärmegewinn von dem Wärmeverlust in Abzug zu bringen.

Bei Kirchenschiffen und ähnlich hohen, mit großen Abkühlungsflächen und starken Mauern versehenen Räumen, die nicht täglich geheizt werden, ist von der Berechnung der Wärmeverluste nach dem Muster der Anlage D Abstand zu nehmen. Es soll vielmehr bei den für solche Räume zu entwerfenden Zentralheizungen den Bewerbern überlassen bleiben, durch Erfahrungssätze nachzuweisen, daß die verlangte Erwärmung gesichert ist.

3. Berechnung des Luftwechsels.

Die höchste Außentemperatur ist im allgemeinen anzunehmen zu:

+25°, wenn der Luftwechsel durch die Anlage sowohl im Winter als im Sommer erzielt werden soll,

+10°, wenn nur während der Heizperiode die volle Lüftung verlangt wird (Krankenhäuser, Schulen, Gerichtssäle, Versammlungssäle, Kassenräume u. dgl.),

0 bis +5°, wenn im Winter die volle Lüftung nur durchschnittlich erzielt zu werden braucht (Wohnräume, gering besetzte Bureauräume u. dgl.).

Sofern die Räume nicht gleichzeitig durch die einzuführende Luft erwärmt werden, ist der Berechnung der Kanalanlage stets die höchste Außentemperatur zugrunde zu legen.

Die niedrigste Außentemperatur ist maßgebend für die Größenverhältnisse der zur Erwärmung der Zuluft bestimmten Heizkörper. Soll der volle Luftwechsel auch an den kältesten Wintertagen erzielt werden, oder wird die Erwärmung der Räume an den Luftwechsel geknüpft, so ist die Temperatur gleich der niedrigsten Außentemperatur, für welche die Heizanlage bestimmt ist, anzunehmen.

Im allgemeinen ist mit Ausnahme der Luftheizung eine Beschränkung des Luftwechsels bei starker Kälte zulässig und für die Lüftungsanlage eine niedrigste Außentemperatur von —5° anzunehmen.

Wenn keine besonderen Heizkörper für Erwärmung der Zuluft vorhanden sind, muß der Wärmebedarf für die Lüftung bei Berechnung der örtlichen Heizkörper berücksichtigt werden.

4. Allgemeine Forderungen für alle Heizungsarten.

a) Um Rauchbelästigung zu verhüten, müssen Einrichtungen zur möglichst vollständigen Verbrennung der Brennstoffe vorgesehen werden.

b) Bei der Aufstellung der Kessel und der Anlage der Heizkammern ist darauf Bedacht zu nehmen, daß sie bequem gereinigt werden können. Es sind Vorkehrungen zu treffen, durch welche die Temperatur des Wassers, der Heizluft und der Druck des Wassers oder Dampfes sicher ersehen werden kann. Um die Temperatur der abziehenden Rauchgase messen zu können, sind Hülsen zum Einsetzen von Pyrometern vorzusehen.

c) Kessel und Luftheizöfen müssen zur Vornahme von Ausbesserungen oder zur Erneuerung möglichst bequem aus der Ummantelung und aus dem Gebäude entfernt werden können.

d) Die nicht zur unmittelbaren Wärmeabgabe bestimmten Leitungsröhren sind zur Verhütung von Wärmeverlusten oder Frostschäden mit schlechten Wärmeleitern zu umkleiden. Über die Einzelheiten dieser Umkleidungen ist in den Erläuterungen und in der Kostenberechnung das Nähere anzugeben.

e) Bei Führung der Röhren durch Decken und Wände sind Vorkehrungen zu treffen, die verhüten, daß an diesen Stellen durch die Bewegung der Röhren der dichte Schluß beeinträchtigt und der anstoßende Mörtelputz gelöst wird. Verbindungsstellen dürfen nicht im Innern von Mauern oder Decken liegen.

f) Wo durch den von warmer Luft mitgeführten Staub über Ausströmungsöffnungen, Heizkörpern oder Rohrleitungen, Wände und Decken beschmutzt werden könnten, ist dafür zu sorgen, daß der Luftstrom von den Wänden und Decken abgelenkt und tunlichst verteilt wird.

5. Besondere Forderungen für die einzelnen Heizungsarten.

A. Luftheizung.

a) Bei der Konstruktion von Feuerluftheizöfen ist auf die Möglichkeit des Auswechselns einzelner Teile Wert zu legen.

Die Öfen müssen eine Heizfläche von solcher Größe erhalten und so konstruiert werden, daß bei vorschriftsmäßigem Betriebe ein Erglühen der Eisenteile nicht eintritt und ein Verbrennen der in der Luft enthaltenen Staubteile an den Heizflächen ausgeschlossen ist.

Sämtliche Verbindungsstellen müssen so dicht schließen, daß ein Austreten des Rauches oder schädlicher Gase in die Heizkammer nicht möglich ist. Ferner ist darauf zu achten, daß die Eisenteile sich unbeschadet der Dichtigkeit des Verschlusses ausdehnen können und daß die Reinigung der Heizflächen von Staub mit Leichtigkeit von der Heizkammer aus erfolgen kann. Die Reinigung der Rauchzüge muß sich dagegen von einem Raum außerhalb der Heizkammer, der mit der Zuführung frischer Luft in keinem Zusammenhange steht, bewirken lassen. Die Einsteigetür zur Heizkammer ist doppelt aus Eisen herzustellen.

b) Die Lage und Verteilung der Ausströmungsöffnungen sowie ihre Höhe über dem Fußboden ist so zu wählen, daß bei gleichmäßiger Erwärmung des Raumes eine Belästigung der Insassen durch Luftbewegungen nicht eintreten kann. In den Kanälen zur Abführung verbrauchter Luft ist je eine Öffnung in der Nähe des Fußbodens und der Decke anzulegen. Die oberen Öffnungen sind namentlich dann erforderlich, wenn Gasbeleuchtung vorgesehen, oder die Entwicklung zu hoher Wärmegrade zu befürchten ist. Für die Handhabung dieser Abluftöffnungen sind in der Betriebsvorschrift (IV. 2) besondere Bestimmungen zu treffen.

c) Die Temperatur der in die Räume eintretenden Luft darf 45° nicht überschreiten. Die Bestimmung der Geschwindigkeit und die genauere Ermittelung der Temperatur der einströmenden Luft bleibt der Berechnung des Bewerbers vorbehalten.

d) Bei der Einführung der frischen Luft in die Heizkammern sind die unterirdischen Kanäle auf möglichst geringe Längen zu beschränken. Um Störungen durch Wind vorzubeugen, empfiehlt es sich, die Luftentnahme an zwei entgegengesetzten Stellen derart anzuordnen, daß je nach der Windrichtung die Luft von der einen oder anderen Seite den Luftheizöfen zugeführt werden kann.

e) Zur Reinigung der frischen kalten Luft von Staub sind Staubkammern vorzusehen und nach Bedarf bequem zugängliche, leicht zu reinigende Filter aufzustellen.

f) Der Feuchtigkeitsgehalt der Zuluft ist bei Luftheizungs- und Lüftungsanlagen im einzelnen Falle besonders zu bestimmen.

B. Heißwasserheizung.

a) Die Heizanlage ist so zu berechnen, daß zur Erzielung der vorgeschriebenen Wirkung das Wasser nicht über 140° C erwärmt wird.

b) Die Heizöfen sind so herzustellen, daß die Feuerschlangen zur Ausbesserung oder Erneuerung ohne wesentliche Beschädigung des Mauerwerkes herausgenommen werden können.

c) Die Röhren müssen überall leicht zugänglich sein und sollen, soweit tunlich, nicht in die Fußböden verlegt werden.

d) Rohrleitungen, die zur Erwärmung kalt liegender Lüftungsschlote dienen oder sonst der Gefahr des Einfrierens ausgesetzt sind, müssen statt mit Wasser mit einer anderen geeigneten, schwer gefrierbaren Flüssigkeit gefüllt werden. Derartige

Flüssigkeiten dürfen die Rohrwandungen nicht angreifen und keine Kristalle absetzen.

e) Bei Biegung der Röhren um 180° müssen schleifenförmige Erweiterungen vorgesehen werden, wenn die parallel laufenden Röhren weniger als 8 cm voneinander entfernt sind.

f) Die ganze Anlage muß einschließlich der Feuerschlangen im kalten Zustande einen Probedruck von 150 Atmosphären aushalten können, ohne Undichtigkeiten zu zeigen.

g) Zur Beobachtung des in der Anlage auftretenden Druckes ist an einem der Vorläufe jeden Ofens nahe an der Feuerschlange ein Manometer anzubringen mit einer roten Marke bei 25 Atm.

C. Warmwasserheizung und Dampf-Warmwasserheizung.

a) Die Konstruktion der Kessel muß unter Angabe der wichtigsten Wandstärken in allen Einzelheiten durch Zeichnungen dargestellt werden, die zugleich die Einmauerung, die Anordnung des Rostes, der Feuerzüge usw. ersehen lassen.

Das Rücklaufrohr der Leitung darf an keiner Stelle von der Stichflamme der Feuerung getroffen werden.

b) Die Heizanlage ist so zu berechnen, daß zur Erzielung der vorgeschriebenen Wirkung das Wasser im Kessel bei Mitteldruckheizungen nicht über 120° C, bei Niederdruckheizungen nicht über 90° C erwärmt wird. Die Rücklauftemperaturen des Wassers sollen dabei für Mitteldruckheizung 90°, für Niederdruckheizung 70° nicht unterschreiten und müssen ebenso wie die Vorlauftemperaturen durch Thermometer erkennbar sein.

c) In den Bauzeichnungen ist die Lage der Röhren und der Ausgleichvorrichtungen anzugeben, während in besonderen Einzelzeichnungen die Verbindung der Röhren, die Konstruktion der Ausgleichstücke und Ventile, sowie die Art der Führung der Röhren durch Wände und Decken darzustellen sind.

d) Von den Heizkörpern müssen Zeichnungen beigefügt werden, aus denen unter Angabe der Materialien und der Wandstärken die Verbindungen und Anschlüsse an die Rohrleitungen ersichtlich sind.

Die Heizkörper sind so herzustellen, daß sie ohne Beschädigung der Rohrleitungen und Wände abgenommen werden können.

Die Ventile von Heizkörpern, die allgemein zugänglich sind, sollen in der Regel nicht mit festen Handrädern oder Griffen, sondern mit Aufsteckschlüsseln versehen werden.

Die Ventile von Heizkörpern, die bei zeitweiligem Abschluß der Gefahr des Einfrierens ausgesetzt werden, sind so zu konstruieren, daß eine völlige Unterbrechung des Wasserumlaufes nicht eintreten kann.

e) Die Ausdehnungsgefäße sind mit Überlaufröhren zu versehen, die mit vollem Querschnitt bis zum Heizraume gehen und dort frei ausmünden. Besondere Signalrohre sind zu vermeiden. Der Wasserstand im Ausdehnungsgefäß ist im Kesselraume durch Manometer oder eine andere geeignete Vorrichtung ersichtlich zu machen. Gefäße und Rohre sind gegen Einfrieren durch Verkleidungen zu schützen. Zur Ausfüllung zwischen den Ausdehnungsgefäßen und den Verkleidungen dürfen organische oder schwefelhaltige anorganische Stoffe nicht verwendet werden.

Unter jedem Ausdehnungsgefäß ist ein Sicherheitsboden mit Wasserableitung vorzusehen.

Fülleitungen sind niemals unmittelbar an den Kessel anzuschließen, sondern entweder am Vorlauf oder am Rücklauf.

f) In jedem Falle ist besonders zu erwägen, ob Aushelfkessel erforderlich sind. Im allgemeinen kann bei Anlage mehrerer Kessel von der Beschaffung eines Aushelfkessels abgesehen werden. Die gesamte Kesselfläche ist alsdann so zu bemessen, daß bei der Ausschaltung eines schadhaften Kessels mit den übrigen der Wärmebedarf durch Verlängerung der Heizzeit ohne Schwierigkeit erzielt werden kann. Bei Anlagen für ununterbrochenen Betrieb sind stets Aushelfkessel zu veranschlagen.

g) Die gesamte Anlage ist so herzustellen, daß sie nach der Vollendung, ohne Undichtigkeiten zu zeigen, einer Druckprobe mit kaltem Wasser unterworfen werden kann. Bei Niederdruckheizungen ist in der Regel ein Druck anzuwenden, der den im Kessel vorhandenen Druck der Wassersäule um $1^1/_2$ Atmosphären übersteigen, höchstens aber $3^1/_2$ Atmosphären betragen soll. Bei Mitteldruckheizungen ist ein Druck von 5 Atmosphären anzuwenden.

h) Verkleidungen von Heizkörpern sind tunlichst zu vermeiden.

D. Dampfheizung und Dampfwasserheizung.

a) Die Konstruktion der Kessel muß unter Angabe der wichtigsten Wandstärken in allen Einzelheiten durch Zeichnungen dargestellt werden, die zugleich die Einmauerung sowie die Anordnung der Roste und der Feuerzüge, die Vorkehrungen zur selbsttätigen Regelung der Feuerung, die Speisevorrichtungen, die Standrohre und sonstige Konstruktionsteile ersehen lassen.

b) Dampfspannungen von mehr als 2 Atmosphären sind nur in Räumen, welche in der Regel allein dem Heizpersonal zugänglich sind, zulässig, Hinter den erforderlichen Übergangsvorrichtungen sind in jedem Falle Sicherheitsventile anzuordnen, deren Belastung einer Dampfspannung entspricht, die den beabsichtigten geringeren Druck um 1 Atmosphäre übersteigt.

c) Die Heizung ist so anzulegen, daß störendes Geräusch, Pochen und Knallen in den Rohrleitungen und Heizkörpern nach Ablauf der Anheizzeit nicht vorkommt. Standrohre dürfen nicht im Heizraum ausmünden.

d) Die bei der Warmwasserheizung unter c, d, f und h aufgeführten Bestimmungen gelten auch hier mit der Abweichung, daß wegen der Gefahr des Einfrierens auf Abscheidung des Dampfwassers und dessen vollständigen Abfluß aus den Heizkörpern und Rohrleitungen besonders zu halten ist.

e) Die Anlage ist so herzustellen, daß sie nach Vollendung einer Druckprobe unterworfen werden kann, ohne Undichtigkeiten zu zeigen. Bei Niederdruckheizungen mit offenem Standrohre sind die Kessel mit 3 Atmosphären Wasserdruck, Rohrleitungen und Heizkörper im Betriebe durch abwechselndes Erwärmen und Erkalten auf Dichtigkeit zu erproben. Bei Niederdruckdampfheizungen, für die Dampf mit herabgemindertem Druck unmittelbar verwendet wird, sind die Rohrleitungen und Heizkörper mit einem Dampfdruck zu prüfen, der den Druck, für den das unter b) bezeichnete Sicherheitsventil belastet ist, um 2 Atmosphären übersteigt. Jedoch ist der für den Dampfkessel genehmigte höchste Druck nicht zu überschreiten. Bei Hochdruckheizungen gelten für die Druckprobe der Dampfkessel die gesetzlichen Bestimmungen. Zur Prüfung der übrigen Anlage ist Dampf von der höchsten zulässigen Spannung zu verwenden.

IV. Allgemeines.

1. Verfahren bei Vornahme von Druckproben und Probeheizungen.

a) Die erforderlichen Druckproben sollen im Beisein des Unternehmers oder seines Vertreters vorgenommen werden. Die hierzu nötigen Hilfskräfte, Pumpen, Manometer u. dgl. hat der Unternehmer auf seine Kosten zu beschaffen. Die Beschaffung von Druckwasser ist Sache der Bauverwaltung. Beteiligt sich der Unternehmer auf Einladung weder selbst, noch durch einen Vertreter an der Druckprobe, so begibt er sich jeden Einwandes gegen den seitens der Bauverwaltung festgestellten Befund.

b) Sobald die Heizung nach ihrem äußeren Ansehen von der Bauverwaltung für sachgemäß hergestellt erachtet wird, ist tunlichst bald festzustellen, ob die Anlage im allgemeinen den Vertragsbedingungen entspricht. Zu diesem Zwecke ist eine erste Probeheizung von genügender Dauer vorzunehmen. Zu dieser hat der Unternehmer unentgeltlich die nötigen Mannschaften zu stellen, während das zur Füllung der Kessel und der Leitungen erforderliche Wasser, sowie die Brennstoffe von der Bauverwaltung geliefert werden. Bei der ersten Probeheizung ist festzustellen, ob alle Heizkörper nahezu gleichzeitig warm werden, ob die Anlage überall dicht bleibt und ob sie geräuschlos arbeitet.

c) Mit dem Tage der ersten Probeheizung beginnt die in den besonderen Vertragsbedingungen vorzusehende, im allgemeinen nicht über drei Jahre hinaus auszudehnende Gewährleistungsfrist.

d) Um endgültig festzustellen, ob die vorgeschriebene Wirkung erzielt wird, soll innerhalb des ersten Winters, nachdem das Gebäude in regelmäßige Benutzung genommen worden ist, eine zweite, etwa drei- bis achttägige Probeheizung bei niedriger Außentemperatur vorgenommen werden. Ergibt sich bei der zweiten Probeheizung, daß die Anlage den Bedingungen des Vertrages nicht entspricht, so sind die zur Herstellung einer einwandfreien Anlage erforderlichen Nacharbeiten derart zu beschleunigen, daß noch vor Ablauf der Gewährleistungsfrist eine nochmalige Probeheizung möglich wird. Ist dies nicht zu erreichen, so verlängert sich die Gewährleistungsfrist so lange, bis der vertragsmäßige Zustand erreicht und durch eine Probeheizung nachgewiesen ist.

Bei der zweiten Probeheizung ist der Bedarf an Brennstoff im ganzen festzustellen und für 100 cbm beheizten Raumes und einen Tag umzurechnen. Das Ergebnis ist bei der Nachweisung über die Betriebsergebnisse des ersten Betriebsjahres unter Spalte 10 mitzuteilen.

2. Betriebsvorschrift.

Für die Bedienung der Heizung hat der Unternehmer im Einvernehmen mit der Bauverwaltung nach dem Muster der Anlagen F Vorschläge zu einer „Betriebsvorschrift“ auszuarbeiten. (Vgl. § 4 der Anweisung.)

Der Unternehmer hat das Bedienungspersonal mit seinen Obliegenheiten während der Probeheizungen vertraut zu machen.

Nach Feststellung der Betriebsvorschrift ist diese von dem Unternehmer durch Unterschrift anzuerkennen.

Anlage B. 1.

Programm*)

für die Zentralheizungs- und Lüftungsanlage

....

zu ....

1. Lage des Gebäude: ....

2. Entfernung vom nächsten Güterbahnhofe und Beschaffenheit des Zufuhrweges: ....

3. Vorherrschende besonders abkühlende Winde: ....

4. Beschaffenheit der Mauern: (Werksteinverblendung, Ziegelbau, Stampfbeton, Putzbau, Fachwerk.) ....

5. Beschaffenheit der Decken und Fußböden zwischen Räumen verschiedener Wärmegrade: (Balkenrichtung.) ....

6. Bedachung mit oder ohne Schalung: ....

7. Fenster und Oberlichte: (Einfach, doppelt, oder doppelt verglast. Bei den Fenstern ist die lichte Höhe der Brüstung zwischen Fußboden und Fensterbrett anzugeben.) ....

8. Höchster Grundwasser- oder Hochwasserstand, bezogen auf die Kellersohle: ....

9. Beschaffenheit des für Heizzwecke zur Verfügung stehenden Wassers in bezug auf Kesselsteinbildung oder Schlammablagerung: ....

*) Die rechtsseitigen Angaben haben sich auf das zu beschränken, was zur Aufstellung des Heizentwurfes wissenswert und auf die Preisbemessung von Einfluß ist.

10. Kann die Rohrleitung durch Anschluß an eine Wasserleitung gefüllt werden? ....

....

....

11. Können die Kessel durch Anschluß an eine Entwässerungsleitung entleert werden? ....
(Tiefenlage der Leitung, bezogen auf die Kellersohle.) ....

....

....

12. Bezugsgebiete und Preise für Brennstoffe frei Heizraum bei Bezügen in größeren Mengen. ....
50 kg Steinkohle kosten: ....
50 „ Hüttenkoks „ ....
50 „ Gaskoks „ ....
50 „ Braunkohle „ ....

....

13. Als Brennstoff soll beim Entwurf angenommen werden: ....

....

....

14. Einrichtungen zur Rauchverhütung: ....

....

....

15. Lage der Kesselräume und der Lagerräume für Brennstoffe sowie der Rauchrohre: ....

....

....

16. Lage der Heizkammern, der Luftkanäle und der Stellen zur Entnahme frischer Luft: ....

....

....

....

17. Art und Dauer der Benutzung der Räume: ....

....

....

....

18. Art und Umfang der Heizung: ....

....

....

....

19. Die Heizung ist zu entwerfen: ....
    a) für ununterbrochenen Betrieb mit Bedienung auch bei Nacht, ...
    b) desgl. ohne Bedienung bei Nacht, ...
    c) für täglich ununterbrochenen 13- bis 15stündigen Heizbetrieb, ...
    d) desgl. 9 bis 12stündigen Heizbetrieb, ...
    e) für den Betrieb nach längeren Unterbrechungen: ....

    (Das Zutreffende ist rechts zu bezeichnen.) ....

....

20. Erforderliche Raumtemperaturen bei — ....° Außentemperatur: ....

....

....

....

21. Inhalt der zu heizenden Räume im ganzen: (Nach Heizarten getrennt.) ....

....

....

22. Summe der Wärmeverluste im ganzen ohne Zuschläge. (Nach Heizarten getrennt.) ....

....

....

....

23. Heizkörper: ....

....

24. Welche Rohrleitungen sind in Mauerschlitzen mit dicht schließenden Verkleidungen zu verlegen? ....

....

....

25. Wo sind Fußboden-Rohrkanäle zulässig? ....

....

26. Größe des Luftwechsels, bezogen auf den Rauminhalt oder die Personenzahl. ....

    Angabe der niedrigsten Außentemperatur, für welche die Heizflächen zur Erwärmung der Frischluft und der höchsten Außentemperatur, für welche die Zu- und Abluftkanäle zu berechnen sind: ....

....

....

....

27. Inhalt der mit besonderen Lüftungsanlagen zu versehenden Räume im ganzen: ....

....

28. Luftbefeuchtung: ....

29. Betriebskraft für die Lüftungsanlage: ....

....

30. Beleuchtung der zu lüftenden Räume: ....

....

....

31. Spätere Erweiterung des Gebäudes und ungefährer Inhalt der im Erweiterungsbau zu heizenden Räume: ....

....

....

....

32. Wie weit ist die Heizung des Erweiterungsbaues schon jetzt zu berücksichtigen? ....

....

....

33. Sonstige Angaben, welche auf die Entwurfsbearbeitung und Ausführung von Einfluß sein könnten: ....

....

Aufgestellt: Anerkannt:

.............................., den ...., den ....

Der ....

....

Anlage B. 2.

Programm

für die Beheizung der .... Kirche

in ....

Bauart: Hallenkirche, Basilika, Zentralkirche: ....

....

Decken massiv gewölbt oder aus Holz ohne oder mit Verputz, oberer Abdeckung mit Dachpappe und Lehmschlag: ....

....

....

....

Material der Umfassungsmauern: ....

....

Fußbodenbelag: ....

Inhalt der zu heizenden Räume und zu erzielenden Temperaturen bei —...° Außentemperatur

a) Hauptkirchenraum	....	cbm	mit	10—12°	Innentemperatur
b) Sakristei	....	,,	,,	18°	,,
c) Vorhallen	....	,,	,,	12°	,,
d) Sonstige Nebenräume	....	,,	,,	........°	,,
Im ganzen	....	cbm			

Heizsystem: ....

....

Heizraum: ....

....

Lage des Schornsteins: ....

....

Grundwasserstand, bezogen auf den tiefsten Teil des Kirchenfußbodens: ....

....

....

Fensterflächen in qm: ....

....

....

Flächen sämtlicher Wände, Decken, des Fußbodens, der Säulen oder Pfeiler in der Abwicklung nach qm gemessen: ....

....

An Zeichnungen sind erforderlich ein Lageplan der Kirche und ihrer Umgebung, die Grundrisse des Kirchenschiffs und der Emporen mit dem Gestühl, die zur Veranschaulichung des Innenraums nötigen Schnitte und die Ansichten, soweit sie zur Beurteilung der Schornsteinlage nötig sind.

Aufgestellt:	Anerkannt:
........................., den	........................., den ....
Der	....
....	....

Anlage C. 1.

Besondere Bedingungen

für den Entwurf der Zentralheizungs- und Lüftungsanlage

im ....

zu ....

1. Der Ausschreibung liegen zugrunde:
   a) die allgemeinen Bestimmungen, betreffend die Vergebung von Leistungen und Lieferungen vom 23. Dezember 1905 nebst den dazugehörigen Anlagen,
   b) die allgemeinen Vertragsbedingungen für die Ausführung von Staatsbauten vom 17. Januar 1900,
   c) die Anweisung des Ministers der öffentlichen Arbeiten vom Jahre 1909 zur Herstellung und Unterhaltung von Zentralheizungs- und Lüftungsanlagen,
   d) das Heizprogramm, die Berechnung der Wärmeverluste und die Bauzeichnungen,
   e) die hier folgenden Bedingungen.
2. Es bleibt vorbehalten, von den nach 1. c veranschlagten, nur für die unter Titel I bis IV und VII enthaltenen Leistungen den Zuschlag zu erteilen.
3. Beginn der Ausführung auf der Baustelle nach erfolgter Aufforderung .... Wochen. Voraussichtlich im Monat .....
4. Fristen für Vollendung der einzelnen Leistungen und der ganzen Anlage: ....

....

....

5. Die Gewährleistungszeit dauert ..... Jahre.
6. Wenn ausländische Erzeugnisse von den Bewerbern angeboten werden, ist dies im Preisverzeichnis ausdrücklich anzugeben.
7. Die bei Tagelohnarbeiten beanspruchten Sätze sind von den Bewerbern am Schlusse des Angebotes zu bezeichnen und derart zu bemessen, daß die Überwachung der Arbeiter, die Vorhaltung und Abnutzung der Werkzeuge, die Lieferung von Licht, Holz oder Schmiedekohlen sowie von Schmieröl mit eingeschlossen ist.
8. Eine Verpflichtung zur Zahlung eines Geldbetrages (§ 1 Absatz 4 der Anweisung) an Bewerber, die den Zuschlag nicht erhalten, besteht nicht. Eine solche Zahlung ist ausgeschlossen, wenn die Beteiligung an dem Wettbewerbe auf Grund eines Gesuches des Bewerbers erfolgt ist.
9. Unvollständige Ausarbeitungen, insbesondere solche, bei denen nicht die von der Bauverwaltung gelieferten Zeichnungen, sondern beispielsweise Pausen benutzt worden sind, oder wenn Schnitte mit Eintragungen der Heizanlagen fehlen, können von der Beurteilung und Zuschlagserteilung ausgeschlossen werden.
10. Sonstige, aus den örtlichen Verhältnissen sich ergebende Bedingungen:

Aufgestellt:	Anerkannt:
......................., den	......................., den ....
Der	....
....	

Anlage C. 2.

Besondere Bedingungen

für die Ausführung der Zentralheizungs- und Lüftungsanlage

im ....

zu ....

1. Der Ausführung liegen zugrunde:
   a) die allgemeinen Vertragsbedingungen für die Ausführung von Staatsbauten vom 17. Januar 1900,
   b) die Anweisung des Ministers der öffentlichen Arbeiten vom Jahre 1909 zur Herstellung und Unterhaltung von Zentralheizungs- und Lüftungsanlagen,
   c) das Heizprogramm, die Berechnung der Wärmeverluste und die Bauzeichnungen,
   d) das Angebot, die zugehörigen Zeichnungen, Erläuterungen und Berechnungen mit etwaigen beiderseits anerkannten Änderungen.
2. Gegenstand des Vertrages sind die unter Titel I bis ..... enthaltenen Leistungen.
3. Beginn der Ausführung auf der Baustelle nach erfolgter Aufforderung ...... Wochen. Voraussichtlich im Monat .....
4. Die Gewährleistungssumme beträgt ...... Mark und ist binnen ...... Tagen nach der Erteilung des Zuschlages zu hinterlegen bei ....

....

5. Fristen für Vollendung der einzelnen Leistungen und der ganzen Anlage:

....

....

6. Verzugsstrafe:
7. Die Abrechnung ist spätestens .... Wochen nach der ersten Probeheizung einzureichen.
8. Die Gewährleistungszeit dauert .... Jahre.
9. Die Summen der Titel I bis IV dürfen bei der Abrechnung zusammen die Angebotssumme nicht überschreiten. Mehrleistungen infolge baulicher Änderungen oder Anordnungen der Bauverwaltung sind besonders in Rechnung zu stellen, dagegen sind Leistungen, welche zur Erzielung der vorgeschriebenen Wirkung und zu einem ordnungsmäßigen Betriebe notwendig, aber im Angebote gar nicht oder nicht ausreichend angegeben sind, unentgeltlich auszuführen.
10. Der ausführende Unternehmer hat rechtzeitig alle Angaben zu machen, die bei Ausführung des Mauerwerks zu berücksichtigen sind, damit Stemmarbeiten nach Möglichkeit vermieden werden.

    Für bauliche Änderungen, welche durch nicht rechtzeitige oder falsche Angaben des Unternehmers notwendig werden, hat dieser aufzukommen.

    Falls bauseitig Änderungen gegen die Vertragszeichnungen eintreten, durch welche die Leistungen des Unternehmers verändert werden könnten, wird diesem sofort Mitteilung gemacht. Der Unternehmer verliert Anspruch auf Entschädigung für Mehrleistungen, wenn er nicht innerhalb 8 Tagen die etwa entstehenden Mehrkosten angibt.

11. Die Regelung der Ventile hat auf Verlangen der Bauverwaltung zu erfolgen, sobald das Gebäude mit Türen und Fenstern vollständig geschlossen ist. Der Unternehmer kann nicht verlangen, daß sich hieran sogleich die zweite Probeheizung anschließt.
12. Die am Schlusse des Preisverzeichnisses angegebenen Tagelohnsätze sind derart bemessen, daß die Überwachung der Arbeiter, die Vorhaltung und Abnutzung der Werkzeuge, die Lieferung von Licht, Holz oder Schmiedekohlen sowie von Schmieröl mit eingeschlossen ist.
13. Sonstige aus den örtlichen Verhältnissen sich ergebende Bedingungen:

Anerkannt zum Vertrage

...., den ....

Berechnung

der

stündlichen Wärmeverluste.

1.	2.					3.								4.
	Raum					Abkühlungsfläche								
Nr.	a. Bezeichnung und Nummer des Raumes	b. Länge m	c. Breite m	d. Höhe m	e. Inhalt cbm	a. Bezeichnung	b. Himmelsrichtung	c. Länge m	d. Höhe und Breite m	e. Fläche qm	f. Anzahl	g. Abzuziehen qm	h. In Rechnung gestellt qm	Stärke der Wand m

Bemerkung:
Die Zahl in Spalte 7 wird erhalten durch Multiplikation der Zahlen in Spalte 3.h, 5.c und 6.

Beispiel
für die Ausfüllung der Spalten 1 bis 7.

Nr.	2.a.	2.b.	2.c.	2.d.	2.e.	3.a.	3.b.	3.c.	3.d.	3.e.	3.f.	3.g.	3.h.	4.
1.	Beratungszimmer (Eckzimmer) 47	5,00	6,00	4,00	120	E. F.	N.	1,4	2,1	2,94	2	—	5,88	—
						E. F.	W.	1,4	2,1	2,94	2	—	5,88	—
						J. T.	—	1,5	2,5	3,75	1	—	3,75	—
						A. W.	N.	5,0	4,3	21,50	1	5,88	15,62	51
						A. W.	W.	6,0	4,3	25,80	1	5,88	19,92	51
						J. W.	—	5,0	4,3	21,50	1	3,75	17,75	38
						F. B.	—	5,0	6,0	30,00	1	—	30,00	—
2.	Vorraum 59	5,0	2,5	4,0	50	E. F.	W.	1,4	2,1	2,94	1	—	2,94	—
						J. T.	—	1,5	2,5	3,75	1	—	3,75	—
						A. W.	W.	2,5	4,3	10,75	1	2,94	7,81	51
						J. W.	—	5,0	4,3	21,50	1	3,75	17,75	38
						J. W.	—	5,0	4,3	21,50	1	—	21,50	38
						F. B.	—	5,0	2,5	12,50	1	—	12,50	—

5. Temperatur in Grad Celsius			6.	7. Wärme-Einheiten ohne Zuschläge			8. Zuschläge für			9.	10.
a. Innen	b. Außen	c. Unterschied	Transmissionskoeffizient	a. Abgabe	b. Gewinn	c. im ganzen (a—b)	a. Himmelsrichtung	b. Windanfall	c. Betriebsunterbrechung	Gesamtsumme der Wärme-Einheiten einschl. der Zuschläge	Bemerkungen
+20	—20	+40	5,00	1176							
+20	—20	+40	5,00	1176							
+20	+12	+ 8	2,00	60							
+20	—20	+40	1,10	687							
+20	—20	+40	1,10	876							
+20	+12	+ 8	1,30	185							
+20	± 0	+20	0,35	210							
						4370					
+12	—20	+32	5,00	470	—						
+12	+20	— 8	2,00	—	60						
+12	—20	+32	1,10	275	—						
+12	+20	— 8	1,30	—	185						
+12	+20	— 8	1,30	—	224						
+12	+ 0	+12	0,35	53	—						
				798	469						
						➤ 329					

Es bedeutet:

E. F. Einfache Fenster
D. F. Doppelfenster
J. T. Innentüren
A. T. Außentüren
J. W. Innenwände
A. W. Außenwände
F. B. Fußboden
D. Decken
E. O. Einfache Oberlichter
D. O. Doppelte Oberlichter.

Für die Höhe einer senkrechten Wand ist die ganze Geschoßhöhe, zwischen den Fußböden-Oberkanten gemessen, einzusetzen.

Fenster sind nicht in der äußeren Öffnung, sondern in der inneren Leibung zu messen.

Am Schlusse der Berechnung ist die Summe der Rauminhalte und der Wärmeverluste sämtlicher Räume nach Heizarten getrennt in den Spalten 2. e, 7. c und 9. zu ermitteln. Die Summe in Spalte 9. ist den statistischen Berechnungen (Anlage J) zugrunde zu legen.

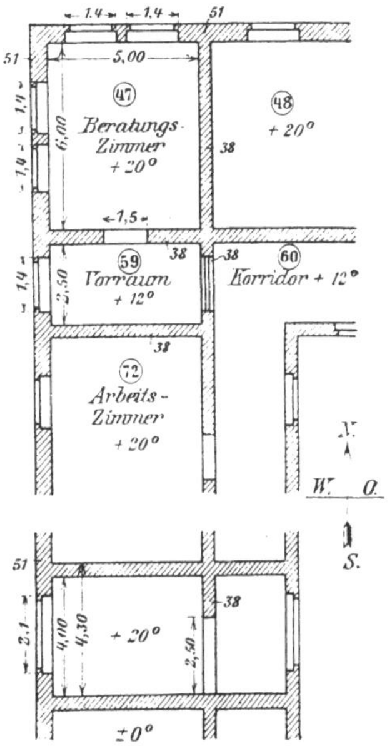

Anlage E.

Tabelle

über das Verdingungsergebnis der Heizungs- und Lüftungsanlage

im ....

zu ....

Art der Heizung: ....

Unternehmer A.

1. Summe der Wärmeeinheiten mit Zuschlägen:
2. Summe der Wärmeeinheiten, die der Berechnung der Kessel im Heizraum zugrunde gelegt ist:
3. Zahl, Bauart und Heizfläche der Kessel: (Bei Berechnung der Kesselheizfläche sind nur die einerseits von Feuergasen, anderseits von Wasser berührten Flächen, nicht aber die an Mauerwerk stoßenden Flächen in Ansatz zu bringen.)
4. Gewichte der Kessel in kg:
5. Blechstärken bei schmiedeeisernen Kesseln in mm:
6. Gewichte der Eisenteile der Feuerungsausrüstung bei schmiedeeisernen Kesseln in kg:
7. Heizflächen in den Räumen, getrennt nach Heizkörperformen, in qm:

8. Art und Größe der Heizflächen bei besonderen Lüftungseinrichtungen:

9. Material der Rohrleitungen:

10. Wärmeschutzmasse und Länge der geschützten Rohr in m:
11. Anzahl und Art der Regelungsvorrichtungen:
    a) an den Heizkesseln,
    b) für einzelne Gebäudeteile,
    c) an den Heizkörpern,
    d) an den Lüftungsanlagen.
12. (Hier sind die Summen des Hauptangebotes einzusetzen. Vgl. den Schlußsatz von Abschnitt II der Anlage A.)

Summe von Titel	I
„ „ „	II
„ „ „	III
„ „ „	IV
„ „ „	VII
Summe von Titel I bis IV u.	VII
„ „ „	V
„ „ „	VI
Gesamtsumme I bis	VII

13. Hiervon entfallen auf Lüftungsanlagen:
14. Anschlagsmäßig stehen zur Verfügung:
15. Beurteilung der Entwürfe:

16. Antrag auf Zuschlagserteilung:
17. Antrag auf Entschädigung von Bewerbern:

Unternehmer B. **Unternehmer C.**

Anlage F. 1.
Warmwasserheizung.

Beschreibung und Betriebsvorschrift der Warmwasserheizungs- und Lüftungsanlage

im ....

zu ....

A. Beschreibung der Warmwasserheizungsanlage.

1. Angabe des Unternehmers, welcher die Anlage ausgeführt hat:	....
2. Zeit der Ausführung:	....
3. Tag der ersten Probeheizung, von dem an die Gewährleistungszeit gerechnet wird:	....
4. Tag der zweiten Probeheizung:	....
5. Ende der Gewährleistungszeit: (Die Daten von 4. und 5. sind einzusetzen, sobald die zweite Probeheizung ergeben hat, daß die Anlage den Bedingungen des Vertrages entspricht.)	....
6. Art des Heizsystems: Niederdruckwarmwasserheizung. Mitteldruckwarmwasserheizung. (Das Zutreffende ist rechts zu bezeichnen.)	....
7. Höchste zulässige Wassertemperatur im Kessel.	+ ..... ° C
8. Die Heizung ist berechnet für:	— ..... ° C Außentemperatur.
9. Raumtemperaturen:	+ ..... °C in (Bezeichnung der Räume) + ... °C „ „ „ „ + ... °C „ „ „ „
10. a) Gesamtinhalt der zu heizenden Räume, nach Raumtemperaturen getrennt:	..... cbm auf + ... ° C ..... „ „ + ... ° C zus. ..... cbm
b) Gesamtinhalt der bei der Anlage bereits berücksichtigten Erweiterungsbauten, nach Raumtemperaturen getrennt:	..... cbm auf + ... ° C ..... „ „ + ... ° C
11. Stündlicher größter Wärmebedarf, nötigenfalls nach Heizgruppen getrennt:	
a) für die Heizung ohne Zuschläge:	..... WE } laut Wärmever-
b) „ „ „ mit Zuschlägen:	..... WE } lustberechnung.
c) „ „ Lüftung, soweit der Wärmebedarf durch die Kessel der Heizungsanlage zu decken ist (B. 3.):	..... WE
d) für die Anheizzeit:	..... WE
e) für Erweiterungsbauten, geschätzt auf:	..... WE
f) für die Ermittlung der Kesselheizfläche:	..... WE

12. Erforderliche wasserberührte Kesselheizfläche:
    a) ohne Erweiterungsbauten: ..... qm
    b) mit „ ..... qm

13. Vorhandene wasserberührte Kesselheizfläche: ..... qm

14. Anzahl, Einzelheizfläche und Bauart der Kessel, nötigenfalls nach Heizgruppen getrennt: ....

15. Schornsteine:
    Anzahl, Abmessungen und Höhe derselben. ....

16. Anzuwendender Brennstoff: ....

17. Wodurch soll Rauchbelästigung vermieden werden? ....

18. Sind selbsttätige Verbrennungsregler vorhanden? (Bauart und Wirkungsweise.) ....

19. Haben die Kessel Absperrvorrichtungen?
    Wo?
    Welche? ....

20. Welche Sicherheits- und Anzeigevorrichtungen sind an den Kesseln vorhanden. ....

21. Füll- und Entleerungseinrichtungen: ....

22. Anordnung des Rohrnetzes: ....

23. Wie erfolgt die Ent- und Belüftung der Heizanlage? ....

24. Welche Leitungen sind gegen Wärmeverluste geschützt und in welcher Weise? ....

25. Sind Längenausgleicher vorgesehen? Wo und welcher Art? ....

26. Sind Teile des Rohrnetzes absperrbar? Welche und wodurch? ....

27. Anzahl, Bauart und Standort der Ausdehnungsgefäße: ....

28. Welche Vorkehrungen verhüten das Einfrieren des Wassers in den Ausdehnungsgefäßen? ....

29. Wodurch ist die richtige Füllung der Anlage erkennbar? ....

30. Art und Anordnung der Heizkörper: ....

31. Gesamtheizfläche in den zu erwärmenden Räumen, nach Arten getrennt, in qm: ....

32. Wie wird die Wärmeabgabe der Heizkörper geregelt? ....

33. Besondere Eigentümlichkeiten der Heizanlage: ....

B. Beschreibung der Lüftungsanlage.

1. Größe des stündlichen Luftwechsels: ..... cbm

2. Grenzen der Außentemperatur, innerhalb welcher vorstehender Luftwechsel erfolgen soll: ....

3. Erforderliche Wärmemenge, soweit sie bei der Heizungsanlage (A. 11, Absatz c) nicht berücksichtigt ist:
   a) ohne Erweiterung: ..... WE
   b) mit „ ..... WE

4. Art und Größe der hierfür vorgesehenen Wärmeentwickler und Heizflächen, nach Gruppen getrennt: ....

5. Inwieweit ist hierbei eine spätere Erweiterung berücksichtigt? ....

6. Erfolgt die Luftbewegung durch Temperaturunterschied oder durch eine andere Betriebskraft, und welche? ....

7. Wird die Zuluft gereinigt und befeuchtet, und wie? ....

8. Anordnung der Luftzuführung: ....

9. Anordnung der Luftabführung: ....

10. Regelungsvorrichtungen: ....
   a) für die Lufttemperatur: ....
   b) „ „ Zuluftmenge: ....
   c) „ „ Abluftmenge: ....
   d) „ „ Luftbefeuchtung: ....

11. Kontrollvorrichtungen: ....

12. Besondere Eigentümlichkeiten der Lüftungsanlage: ....

C. Betriebsvorschriften.

a) Allgemeine Vorschriften.

Der Heizraum darf von fremden Personen nur in Gegenwart des Heizers betreten werden. Bei Abwesenheit des Heizers ist der Heizraum und der Brennstoffraum unter Verschluß zu halten.

Die Anlage soll dauernd, auch im Sommer, mit Wasser gefüllt sein. Wasserwechsel ist tunlichst zu vermeiden. Zur Entfernung des Schmutzes ist die Anlage jedoch einmal, und zwar kurz vor Beginn der zweiten Heizperiode zu entleeren und so lange durchzuspülen, bis das Wasser klar abfließt. Die Kessel und das Rohrsystem sind dann wieder zu füllen und langsam bis auf 90° C anzuheizen, um die im Wasser enthaltene Luft auszutreiben.

Wenn das Wasser kesselsteinhaltig ist, muß zum Füllen und Nachfüllen reines Regenwasser verwendet werden, oder die kesselsteinbildenden Stoffe müssen durch chemische Mittel ausgefällt werden.

Im Herbst vor Beginn des Heizbetriebes sind sämtliche Heizkörper, Rohrleitungen, Heizkammern, Luftkanäle, Gitter und Lüftungsklappen von Staub zu reinigen und bewegliche Teile gangbar zu machen.

Ferner hat der Heizer sich davon zu überzeugen, daß sämtliche Absperrvorrichtungen der Kessel und Rohrleitungen sowie die Regulierventile der Heizkörper geöffnet, dagegen alle zur Füllung und Entleerung dienenden Hähne geschlossen sind. Die Einstellvorrichtungen an den oberen Enden der Heizrohrstränge, welche nur zum einmaligen Abregulieren des Wasserumlaufes dienen, sollen hierbei nicht verstellt werden. Hierauf ist nötigenfalls die Wasserfüllung zu ergänzen und der Schornstein nebst Rauchkanal anzuwärmen.

Während des Betriebes ist folgendes zu beachten:

Die Heizungsanlage ist in allen Teilen sauber zu halten; Asche und Schlacke sind aus dem Heizraum täglich zu entfernen. Luftkammern und Luftkanäle dürfen zu anderen Zwecken nicht verwendet werden. Blank bearbeitete Teile sind zu putzen; kleine Undichtheiten an Rohrleitungen, Stopfbüchsen usw. sind vom Heizer sofort zu beseitigen. Schäden an der Feuerungsanlage, durch welche eine Betriebsstörung entstehen kann, sind rechtzeitig auszubessern. Es darf hiermit nicht bis zum Schluß des Heizbetriebes gewartet werden. Das Entnehmen von Wasser aus der Heizanlage ist streng untersagt. Abgesperrte oder entleerte Kessel sowie nicht richtig gefüllte Anlagen dürfen nicht angeheizt werden.

Je nach der Art des Betriebes und des verwendeten Brennstoffes sind in regelmäßigen Zwischenräumen die

Feuerzüge gründlich zu reinigen; insbesondere ist die Flugasche auf den Kesselheizflächen häufig zu beseitigen.

Das Heizen darf nie so lange unterbrochen werden, auch dürfen in Räumen, in welchen sich Heizkörper oder Röhren befinden, die Fenster, Türen oder Lüftungsklappen nie so lange offen stehen, daß die Temperatur in den Räumen bis in die Nähe des Gefrierpunktes sinkt, weil dadurch Frostschäden entstehen können.

Wenn möglich, ist die Heizung auch während der Nacht etwas in Betrieb zu erhalten, um eine zu große Abkühlung der Räume zu verhüten. Die tägliche Heizdauer soll möglichst lange ausgedehnt und dabei die Wassertemperatur möglichst niedrig erhalten werden.

War der Betrieb während der Nacht unterbrochen, so ist morgens frühzeitig mit dem Heizen zu beginnen und während der Anheizdauer die ganze vorhandene Kesselheizfläche zu benutzen.

Sparsamkeit des Betriebes ist anzustreben durch Innehaltung der vorgeschriebenen Raumtemperaturen, durch rechtzeitige Handhabung der Heizkörperventile sowie Vermeidung von unnötigem Öffnen der Fenster und der etwa vorhandenen oberen Lüftungsklappen. Die Raumtemperatur soll in der Mitte des Raumes in 1,5 m Höhe über dem Fußboden gemessen werden, auf keinen Fall in der Nähe der Fenster oder Außenwände.

Wird in einzelnen Räumen eine zu niedrige Temperatur abgelesen, so ist in der Temperaturliste zu bemerken, ob dies auf offene Fenster, Lüftungsklappen, abgesperrte Heizkörper, zeitweise nicht genügend erwärmte anstoßende Räume oder auf bauliche Mängel oder auf besonderen Wunsch der Insassen zurückzuführen ist.

Der Heizer hat dafür zu sorgen, daß die Heizkörperventile abends geöffnet und die Lüftungsklappen geschlossen werden, damit am nächsten Morgen die Zimmer sich rechtzeitig erwärmen.

Größere Mängel und Schäden, welche der Heizer nicht selbst beseitigen kann, sind sofort zur Anzeige zu bringen. Nötigenfalls ist das Feuer von den Rosten zu entfernen und hiernach die Anlage zu entleeren.

Im Frühjahr nach Schluß des Heizbetriebes sind vom Heizer sofort die Kessel durch Schließen der Rauchschieber, Regulatoren, Feuer und Aschenfalltüren von der Außenluft abzusperren.

Im Laufe des Sommers sind vorzunehmen: Reinigung der Feuerzüge, Ausbesserung des Feuerungsmauerwerks, Erneuerung oder Ausbesserung beschädigter Teile an der ganzen Heizungs- und Lüftungsanlage, insbesondere an den Eisenteilen der Feuerungsanlage und an den Rohrumhüllungen, Nachziehen der Flanschdichtungen, Beseitigung von Undichtheiten an Rohrleitungen, Stopfbüchsen und Heizkörpern; Gangbarmachen der Ventile, Hähne, Regulatoren usw., sowie Prüfung aller Anzeigevorrichtungen.

Zur Ausführung vorstehender Arbeiten empfiehlt es sich, eine Heizungsfirma heranzuziehen.

Wird wegen Ausbesserungen die Entleerung eines Teiles oder der ganzen Anlage notwendig, so ist die Zeit des Leerstehens tunlichst einzuschränken, weil sonst die Dichtungen der etwa vorhandenen Flanschen vertrocknen und zu erneuten Ausbesserungen Anlaß geben.

Vorstehende allgemeine sowie die nachfolgenden besonderen Vorschriften müssen dem Heizer genau bekannt sein und in einer Ausfertigung im Heizraum aufbewahrt werden.

b) Besondere Vorschriften.

1. Brennstoff.

Als Brennstoff ist .... in einer Stückgröße von .... mm zu verwenden.

Koks darf nur in trockenem Zustande verfeuert werden. Wenn größere Stücke unverbrannt in die Verbrennungsrückstände gelangen, sind sie mittels eines Siebes von etwa 20 mm Maschenweite herauszulesen und wieder zu verwenden.

Aschenfall, Füchse und Feuerzüge sind stets sauber zu halten. Die letzteren sind in Zwischenräumen von etwa 4 Wochen mit einer Drahtbürste zu reinigen.

2. Das Heizen.

Vor dem Anheizen eines Kessels hat der Heizer sich davon zu überzeugen, daß die im Vorlauf und Rücklauf angebrachten Absperrschieber geöffnet sind. Bei dem Anfeuern sind die Rauchschieber und Aschenfalltüren zu öffnen. Ist die gewünschte Wassertemperatur nahezu erreicht, so werden die Aschenfalltüren und Rauchschieber so weit geschlossen, daß diese Temperatur durch die selbsttätigen Verbrennungsregler erhalten bleibt. Für das Einstellen der Rauchschieber und Verbrennungsregler lassen sich Vorschriften nicht geben; es ist dies der Erfahrung des Heizers zu überlassen.

Wirkt ein Verbrennungsregler nicht zuverlässig, so ist er bis zu seiner Instandsetzung außer Betrieb zu setzen. Die Regelung der Verbrennungsluft ist so lange durch Einstellen der Aschenfalltür zu bewirken.

Vor dem Aufschütten neuen Brennstoffes ist das Feuer zu schüren und der Rost von Schlacken zu befreien.

Das Öffnen des Füllschachtes muß stets langsam erfolgen; zuvor ist der Rauchschieber ganz zu öffnen.

Vor dem Einatmen von Koksdünsten wird gewarnt.

Falls die zulässige Wassertemperatur (A 7) überschritten wird, ist die Aschenfalltür und die Regulatorklappe zu schließen und die Falltür zu öffnen, damit durch das Eintreten kühlerer Luft in die Feuerzüge der Kesselinhalt sich abkühlt. Im Notfalle ist das Feuer von den Rosten zu entfernen. Das Nachfüllen von Wasser in einen überhitzten Kessel ist verboten; ist ein Nachfüllen erforderlich, so muß damit gewartet werden, bis der Kessel abgekühlt ist.

3. Wassertemperatur.

Die einzuhaltende Wassertemperatur richtet sich nach der jeweiligen Außentemperatur derart, daß sie bei mildem Wetter nur eine geringe Höhe erreicht und bei strenger Kälte bis zu höchstens 90° C bei Niederdruckheizung und 120° C bei Mitteldruckheizung gesteigert wird.

4. Wasserstand, Füllung und Entleerung.

Der Wasserstand ist dauernd an der im Kesselhause vorhandenen Vorrichtung zu beobachten und soll nie unter die für den niedrigsten Wasserstand angebrachte Marke sinken.

Absperrhähne an Anzeigevorrichtungen dürfen nur bei erforderlichen Ausbesserungen geschlossen werden. Zur Ergänzung des Wasserinhaltes ist der Füllhahn so lange zu öffnen, bis der richtige Wasserstand wiederhergestellt ist.

Zeigt sich ein ungewöhnlicher Wasserverlust der Anlage, so ist mit dem Heizen aufzuhören und nicht eher wieder zu beginnen, als bis die Ursache erkannt und beseitigt ist.

Beim Füllen und auch beim Entleeren der Anlage sind alle Schieber, Drosselklappen und Heizkörperventile offen zu halten. Unter keinen Umständen darf ein Kessel entleert werden, solange sich auf seinem Rost noch Feuer befindet. Die Entleerung soll in der Regel nur in kaltem Zustande der Anlage stattfinden; nur im Notfall darf das Wasser heiß abgelassen werden.

5. Regelung der Raumtemperaturen.

Die Regelung der Raumtemperaturen erfolgt in erster Linie vom Kesselraum aus durch größere oder geringere Erwärmung des Wassers, ferner durch Einstellung der etwa in den Rückläufen eingebauten Drosselklappen oder Schieber und in letzter Linie erst durch die Ventile der Heizkörper.

Ist eine Raumgruppe besonders dem Winde ausgesetzt, so ist die zugehörige Drosselklappe ganz zu öffnen; während die Drosselklappen der anderen Systeme je nach Bedarf teilweise zu schließen sind.

6. Lüftung.

Etwa vorhandene obere Abluftklappen sind im Winter geschlossen zu halten. Die übrigen Abluftklappen sind nur so lange zu öffnen, als zur Lüftung der Räume erforderlich ist.

c) Überwachung der Anlage durch die nutznießende Behörde.

Damit die Wirkung der Heizungs- und Lüftungsanlagen mit Sicherheit beurteilt werden kann, ist es notwendig, daß die nutznießende Behörde durch ihre Beamten während der Gewährleistungszeit wöchentlich einmal vor Beginn der Dienststunden die Temperatur in allen von der Zentralheizung erwärmten Räumen und die äußere Temperatur in Graden Celsius messen und nach den hierfür unter C. a) gegebenen Vorschriften in eine Liste nach dem Muster der Anlage G eintragen läßt. Falls in den Gebäuden eine Anzahl gleichartiger und gleichliegender Räume vorhanden ist, können diese Messungen auf einzelne dieser Räume beschränkt werden.

1 Exemplar der Anl. G. ist der Betriebsvorschrift beizuheften

Der Verbrauch an Brennstoffen ist dauernd in prüfungsfähiger Weise zu buchen. Die Kosten dafür sind unter Angabe der Einheitspreise für die ganze Heizperiode zu ermitteln. Ferner sind zur Ermittlung der Unterhaltungskosten alle Instandsetzungs- und Erneuerungsarbeiten nach dem Muster der Anlage H zu buchen.

1 Exemplar der Anl. H. wie vor.

Diese Aufzeichnungen über Wärmemessungen, Brennstoffverbrauch, Unterhaltungs- und Betriebskosten sind dem Baubeamten mitzuteilen.

Das Heizerpersonal ist verpflichtet, dem Baubeamten jede Auskunft zu geben und nach seinen Anweisungen bei der Behandlung der Heizanlage zu verfahren.

Anlage F. 2.
Niederdruckdampfheizung.

Beschreibung und Betriebsvorschrift der Niederdruckdampfheizungs- und Lüftungsanlage

im ....

zu ....

A. Beschreibung der Dampfheizungsanlage.

1. Angabe des Unternehmers, welcher die Anlage ausgeführt hat:	....
2. Zeit der Ausführung:	....
3. Tag der ersten Probeheizung, von dem an die Gegewährleistungszeit gerechnet wird:	....
4. Tag der zweiten Probeheizung:	....
5. Ende der Gewährleistungszeit: (Die Daten von 4 und 5 sind einzusetzen, sobald die zweite Probeheizung ergeben hat, daß die Anlage den Bedingungen des Vertrages entspricht.)	....
6. Art des Heizsystems: Verwendung von Hochdruckdampf? Erzeugung niedrig gespannten Dampfes?	....
7. Gewöhnlicher Betriebsdruck im Kessel:	.... Atmosphären Überdruck
8. Die Heizung ist berechnet für:	— ......° C Außentemperatur
9. Raumtemperaturen:	+ ......° C in .... + ...° C in .... + ...° C in ....
10. a) Gesamtinhalt der zu heizenden Räume, nach Raumtemperaturen getrennt: zus.:	.....cbm auf + ...° C ..... „ „ + ...° C cbm
b) Gesamtinhalt der bei der Anlage bereits berücksichtigten Erweiterungsbauten, nach Raumtemperaturen getrennt:	.....cbm auf + ...° C ..... „ „ + ...° C
11. Stündlicher größter Wärmebedarf, nötigenfalls nach Heizgruppen getrennt:	
a) für die Heizung ohne Zuschläge:	.....WE } laut Wärmeverlustberechnung
b) „ „ „ mit Zuschlägen:	.....WE } laut Wärmeverlustberechnung
c) „ „ Lüftung, soweit der Wärmebedarf durch die Kessel der Heizungsanlage zu decken ist (B. 3):	.....WE
d) für die Anheizzeit:	.....WE
e) für die Erweiterungsbauten geschätzt auf:	.....WE
f) für die Ermittelung der Kesselheizfläche:	.....WE

12. Erforderliche **wasser**berührte Kesselheizfläche:
    a) ohne Erweiterungsbauten: .....qm
    b) mit „ .....qm

13. Vorhandene **wasser**berührte Kesselheizfläche: .....qm

14. Anzahl, Einzelheizfläche und Bauart der Kessel, nötigenfalls nach Heizgruppen getrennt: ....

15. Schornsteine:
    Anzahl, Abmessungen und Höhe derselben: ....

16. Anzuwendender Brennstoff: ....

17. Wodurch soll Rauchbelästigung vermieden werden? ....

18. Sind selbsttätige Verbrennungsregler vorhanden? (Bauart und Wirkungsweise) ....

19. Haben die Kessel Absperrvorrichtungen?
    Wo?
    Welche? ....

20. Welche Sicherheitsvorrichtungen und Anzeigevorrichtungen sind an den Kesseln vorhanden? ....

21. Füll- und Entleerungseinrichtungen: ....

22. Anordnung des Rohrnetzes: ....

23. Wie erfolgt die Ent- und Belüftung der Heizanlage: ....

24. Auf welche Weise wird das Niederschlagswasser aus den Dampfleitungen und den Heizkörpern abgeführt: ....

25. Welche Leitungen sind gegen Wärmeverluste geschützt und in welcher Weise? ....

26. Sind Längenausgleicher vorgesehen?
    Wo und welcher Art? ....

27. Sind Teile des Rohrnetzes absperrbar und wodurch? ....

28. Art und Anordnung der Heizkörper: ....

29. Gesamtheizfläche in den zu erwärmenden Räumen: .....qm ....
    (Nach Arten getrennt.) .....qm ....

30. Wie wird die Wärmeabgabe der Heizkörper geregelt? ....

31. Besondere Eigentümlichkeiten der Heizanlage: ....

B. Beschreibung der Lüftungsanlage.

1. Größe des stündlichen Luftwechsels: ..... cbm

2. Grenzen der Außentemperatur, innerhalb welcher vorstehender Luftwechsel erfolgen soll: Von + ... bis — ..... ° C

3. Erforderliche Wärmemenge soweit sie bei der Heizanlage (A. 11, Absatz c) nicht berücksichtigt ist:
   a) ohne Erweiterung: ..... WE
   b) mit „ ..... WE

4. Art und Größe der hierfür vorgesehenen Wärmeentwickler und Heizflächen, nach Gruppen getrennt:

5. Inwieweit ist hierbei eine spätere Erweiterung berücksichtigt?

6. Erfolgt die Luftbewegung durch Temperaturunterschied oder durch eine andere Betriebskraft, und welche?

7. Wird die Zuluft gereinigt und befeuchtet, und wie?

8. Anordnung der Luftzuführung:

9. Anordnung der Luftabführung:

10. Regelungsvorrichtungen:
    a) für die Lufttemperatur:
    b) „ „ Zuluftmenge:
    c) „ „ Abluftmenge:
    d) „ „ Luftbefeuchtung:

11. Kontrollvorrichtungen:

12. Besondere Eigentümlichkeiten der Anlage:

C. Betriebsvorschrift.

a) Allgemeine Vorschriften.

Der Heizraum darf von fremden Personen nur in Gegenwart des Heizers betreten werden. Bei Abwesenheit des Heizers ist der Heizraum und der Brennstoffraum unter Verschluß zu halten.

Die Erneuerung des Wasserinhaltes der Kessel ist tunlichst zu vermeiden.

Zur Entfernung des Schmutzes sind die Kessel jedoch einmal, und zwar kurz vor Beginn der zweiten Heizperiode zu entleeren und so lange durchzuspülen, bis das Wasser klar abfließt. Die Kessel sind dann wieder zu füllen und langsam bis zur Dampfentwicklung anzuheizen, um die im Wasser enthaltene Luft auszutreiben.

Im Frühjahr nach Schluß des Heizbetriebes sind durch den Heizer sofort die Kessel ganz mit Wasser zu füllen und nach Reinigung der Feuerzüge, sowie Ausbesserung des Feuerungsmauerwerks und Ergänzung der Eisenteile der Feuerungen durch Schließen der Rauchschieber, Regulatoren, Feuer- und Aschenfalltüren von der Außenluft abzusperren.

Die Füllung der Kessel hat mit Regenwasser oder abgekochtem Wasser zu erfolgen.

Ferner sind vorzunehmen:

Die Erneuerung oder Ausbesserung der beschädigten Teile der Heizungs- und Lüftungsanlage, z. B. der Rohrumhüllungen, die Beseitigung von Undichtheiten an Rohrleitungen, Stopfbüchsen und Heizkörpern, das Gangbarmachen der Ventile, Hähne, Regulatoren usw., sowie die Prüfung aller Anzeigevorrichtungen.

Zur Ausführung vorstehender Arbeiten ist nötigenfalls eine Heizungsfirma heranzuziehen.

Im Herbst vor Beginn des Heizbetriebes sind sämtliche Heizkörper, Rohrleitungen, Heizkammern, Luftkanäle, Gitter und Lüftungsklappen von Staub zu reinigen und bewegliche Teile gangbar zu machen.

Ferner hat der Heizer sich zu überzeugen, daß sämtliche Absperrvorrichtungen der Kessel und Rohrleitungen, sowie die Regulierventile der Heizkörper geöffnet, dagegen alle zur Füllung und Entleerung dienenden Ventile, Hähne oder Schieber geschlossen sind. Vorhandene Einstellvorrichtungen, welche nur zum erstmaligen Regulieren nach der Ausführung gedient haben, sollen hierbei nicht verstellt werden.

Hierauf ist die Wasserfüllung der Kessel bis zum höchsten während des Betriebes zu haltenden Wasserstande abzulassen und der Schornstein nebst Rauchkanal nötigenfalls anzuwärmen.

Während des Heizbetriebes ist folgendes zu beachten:

Die Heizungsanlage ist in allen Teilen sauber zu halten. Asche und Schlacke sind aus dem Heizraum täglich zu entfernen. Luftkammern und Luftkanäle dürfen nicht zu anderen Zwecken verwendet werden. Blank bearbeitete Teile sind durch Putzen blank zu halten; kleine Undichtheiten an Rohrleitungen, Stopfbüchsen usw. sind vom Heizer sofort zu beseitigen. Schäden an der Feuerungsanlage, durch welche eine Betriebsstörung entstehen kann, sind rechtzeitig auszubessern; es darf hiermit nicht bis zum Schluß des Heizbetriebes gewartet werden.

Je nach der Art des Betriebes und des verwendeten Brennstoffes sind die Feuerzüge in regelmäßigen Zwischenräumen gründlich zu reinigen; insbesondere ist die Flugasche auf den Kesselheizflächen häufig zu beseitigen.

Das Entnehmen von Wasser oder Dampf aus der Heizanlage ist unstatthaft. Abgesperrte oder entleerte, oder nicht richtig gefüllte Kessel dürfen nicht angeheizt werden.

Das Heizen darf nie so lange unterbrochen werden, auch dürfen in Räumen, in welchen sich Heizkörper oder Röhren befinden, Fenster, Türen oder Lüftungsklappen nie so lange offen stehen, daß die Temperatur in den Räumen bis in die Nähe des Gefrierpunktes sinkt, weil dadurch Frostschäden entstehen können. Nötigenfalls ist die Heizung auch während der Nacht sowie an Sonn- und Feiertagen in Betrieb zu erhalten.

War der Betrieb während der Nacht unterbrochen, ist morgens frühzeitig mit dem Heizen zu beginnen und während der Anheizdauer die ganze vorhandene Kesselheizfläche zu benutzen.

Sparsamkeit des Betriebes ist anzustreben durch Innehaltung der vorgeschriebenen Raumtemperaturen, durch rechtzeitige Handhabung der Heizkörperventile sowie Vermeidung von unnötigem Öffnen der Fenster und der oberen Lüftungsklappen.

Die Raumtemperatur soll in der Mitte der Räume in 1,5 m Höhe über dem Fußboden gemessen werden, nicht etwa in der Nähe der Fenster oder an Außenwänden. Wird in einzelnen Räumen eine zu niedrige Temperatur abgelesen, so ist in der Temperaturliste zu bemerken, ob dies auf offene Türen, Fenster, Lüftungsklappen, abgesperrte Heizkörper, zeitweise nicht genügend erwärmte anstoßende Räume, oder auf bauliche Mängel, oder auf Wunsch der Insassen zurückzuführen ist.

Der Heizer hat dafür zu sorgen, daß die Heizkörperventile abends geöffnet und die Lüftungsklappen geschlossen werden, damit am nächsten Morgen die Zimmer sich rechtzeitig erwärmen.

Größere Mängel und Schäden, welche der Heizer nicht selbst beseitigen kann, sind sofort zur Anzeige zu bringen. Nötigenfalls ist das Feuer von den Rosten zu entfernen und hiernach die Anlage zu entleeren.

Vorstehende allgemeine, sowie die nachfolgenden besonderen Vorschriften müssen dem Heizer genau bekannt sein und in einer Ausfertigung stets im Heizraum selbst aufbewahrt werden.

b) Besondere Vorschriften.

1. Brennstoff.

Als Brennstoff ist .... in einer Stückgröße von .... mm zu verwenden.

Koks darf nur in trockenem Zustande verfeuert werden. Wenn größere Stücke unverbrannt in die Verbrennungsrückstände gelangen, sind sie mittels eines Siebes von etwa 20 mm Maschenweite herauszulesen und wieder zu verwenden.

Aschenfall, Fuchs und Feuerzüge sind stets sauber zu erhalten; die letzteren sind in Zwischenräumen von etwa 4 Wochen mit der Drahtbürste zu reinigen.

2. Das Heizen.

Vor dem Anheizen hat der Heizer sich davon zu überzeugen, daß der Kessel ebenso wie auch der Standrohrsiphon richtig gefüllt ist und daß Wasserstandsanzeiger und Manometer in Ordnung sind.

Beim Anheizen ist der Rauchschieber und die Aschenfalltür ganz zu öffnen. Ist der vorgeschriebene Betriebsdruck erreicht, so wird die Aschenfalltür ganz und der Rauchschieber so weit geschlossen, daß dieser Druck durch den selbsttätigen Verbrennungsregler erhalten bleibt. Für das Einstellen des Rauchschiebers und des Verbrennungsreglers lassen sich Regeln nicht aufstellen; es ist dies der Erfahrung des Heizers zu überlassen.

Wirkt der Verbrennungsregler nicht zuverlässig, so ist er bis zu seiner Instandsetzung außer Betrieb zu setzen. Die Regelung der Verbrennungsluft ist so lange durch Einstellen der Aschenfallklappe zu bewirken. Der Heizer darf in diesem Falle das Kesselhaus nicht verlassen.

Ist bei Quecksilberregulatoren durch zu hohen Dampfdruck das Quecksilber aus dem Regulator herausgeworfen, so ist der vom Dampfraum zum Regulator führende kleine Absperrhahn zu schließen, um weiteres Ausströmen des Dampfes zu verhindern.

Vor dem Aufschütten neuen Brennstoffes ist das Feuer zu schüren und der Rost von Schlacken zu befreien.

Das Öffnen des Füllschachtes muß stets langsam erfolgen; zuvor ist der Rauchschieber ganz zu öffnen.

Vor dem Einatmen von Koksdünsten wird gewarnt.

Falls der zulässige Dampfdruck überschritten wird, ist die Aschenfallklappe und die Regulatorklappe zu schließen und die Fülltür zu öffnen, damit durch das Eintreten kühlerer Luft in die Feuerzüge des Kessels dessen Wasserinhalt sich abkühlt und der Dampfdruck dadurch sinkt; im Notfalle ist das Feuer von den Rosten zu entfernen. In derselben Weise ist zu verfahren, wenn durch Unachtsamkeit des Heizers der Wasserstand im Kessel so tief gesunken ist, daß ein Glühendwerden der Feuerzüge zu befürchten ist. Das Nachfüllen von Wasser in den überhitzten Kessel ist verboten; es muß damit gewartet werden, bis der Kessel abgekühlt ist.

Ein etwa vorhandener Absperrhahn der Luftleitung im Kesselraum bleibt dauernd offen.

Beim Anheizen nach längeren Unterbrechungen sind die dem Kessel zunächst gelegenen Heizkörper zuerst zu öffnen; erst nach deren Erwärmung sind auch die entfernteren gruppenweise anzustellen.

3. Füllung und Entleerung.

Der Wasserstand soll während des Betriebes die obere der hinter dem Wasserstandsglas angebrachten Marken nicht übersteigen und nicht unter die untere herabsinken. Steht der Kessel ohne Aufsicht unter Dampf, so sind die Wasserstandshähne zu schließen. Das Standrohr soll stets richtig gefüllt sein. Ist der Kessel übergekocht, d. h. durch den zu hohen Dampfdruck das Wasser aus dem Standrohr herausgeworfen, so daß der Dampf frei ausströmt, so darf das Standrohr nicht nachgefüllt werden, solange noch Dampf ausströmt, da sonst heftiges Schlagen eintritt. In diesem Falle ist das Feuer von dem Rost zu entfernen. Erst nach Abkühlung ist der Kessel und das Standrohr wieder zu füllen und zu heizen.

Weder der Kessel, noch das Standrohr dürfen entleert werden, so lange sich noch Feuer auf dem Rost befindet. Die Entleerung soll in der Regel nur in kaltem Zustande stattfinden. Nur im Notfalle darf das Wasser heiß abgelassen werden. Der Kessel und das Standrohr besitzen besondere Füll- und Entleerungshähne.

4. Dampfspannung.

Die am Manometer abzulesende Dampfspannung im Kessel soll während des Betriebes dauernd .... Atm. betragen. Ein Steigern der Spannung hat keinen Zweck und schädigt nur die Wirksamkeit der Anlage. Die größte überhaupt erreichbare Dampfspannung beträgt .... Atm.; bei dieser wird schon das Wasser aus dem Standrohr herausgeworfen und der Dampf bläst ab. (Vgl. Absatz 2 und 3.)

5. Regelung der Raumtemperaturen.

Die beliebige Regelung der Raumtemperaturen erfolgt nur durch Verstellen der Heizkörperventile zwischen den Marken „Warm“ und „Kalt“.

Die Heizkörperventile besitzen eine Vorrichtung zum Drosseln, welche derartig eingestellt ist, daß bei der Stellung auf „Warm“ nur so viel Dampf das Ventil durchströmen kann, als der Heizkörper zu kondensieren vermag. Die Kondenswasserleitung soll bei geöffnetem Ventile nur handwarm sein. Die Voreinstellung des Ventils ist nötigenfalls hiernach zu ändern.

6. Lüftung.

Etwa vorhandene obere Abluftklappen sind im Winter geschlossen zu halten. Die übrigen Abluftklappen sind nur so lange zu öffnen, als zur Lüftung der Räume erforderlich ist.

c) Überwachung der Anlage durch die nutznießende Behörde.

(Wie bei Anlage F. 1. „Betriebsvorschrift für Warmwasserheizungsanlagen".)

Anlage F. 3.
Heißwasserheizung.

Beschreibung und Betriebsvorschrift der Heißwasserheizungsanlage.

im ....

zu ....

A. Beschreibung.

1. Angabe des Unternehmers, welcher die Anlage ausgeführt hat:	....
2. Zeit der Ausführung:	....
3. Tag der ersten Probeheizung, von dem an die Gewährleistungszeit gerechnet wird:	....
4. Tag der zweiten Probeheizung:	....
5. Ende der Gewährleistungszeit: (Die Daten von 4 und 5 sind einzusetzen, sobald die zweite Probeheizung ergeben hat, daß die Anlage den Bedingungen des Vertrages entspricht.)	....
6. Höchste zulässige Wassertemperatur:	+180° C
7. Die Heizung ist berechnet für:	—.....° C Außentemperatur
8. Raumtemperaturen:	+.....° C in (Bezeichnung der Räume) +.....° C „ „ „ „ +.....° C „ „ „ „
9. a) Gesamtinhalt der zu heizenden Räume, nach Raumtemperaturen getrennt:	..... cbm auf +.....° C ..... „ „ +.....° C ..... „ „ +.....° C zus. ..... cbm
b) Gesamtinhalt der bei der Anlage bereits berücksichtigten Erweiterungsbauten, nach Raumtemperaturen getrennt:	..... cbm auf +.....° C ..... „ „ +.....° C
10. Stündlicher größter Wärmebedarf, nötigenfalls nach Heizgruppen getrennt:	
a) für die Heizung ohne Zuschläge:	..... WE } laut Wärmeverlustberechnung
b) „ „ „ mit Zuschlägen:	..... WE }
c) „ „ Lüftung, soweit der Wärmebedarf durch die Heizungsanlage zu decken ist	..... WE
d) für die Anheizzeit:	..... WE
e) „ „ Erweiterungsbauten geschätzt auf:	..... WE

11. Anzahl, Einzelheizfläche und Bauart der Öfen: ....

12. Schornsteine:
(Anzahl, Abmessungen und Höhe derselben.) ....

13. Anzuwendender Brennstoff: ....

14. Wodurch soll Rauchbelästigung vermieden werden? ....

15. Sind selbsttätige Verbrennungsregler vorhanden?
(Bauart und Wirkungsweise.) ....

16. Welche Sicherheits- und Anzeigevorrichtungen sind vorhanden? ....

17. Füll- und Entleerungseinrichtungen: ....

18. Anordnung des Rohrnetzes: ....

19. Welche Leitungen sind gegen Wärmeverluste geschützt und in welcher Weise? ....

20. Sind Teile des Rohrnetzes absperrbar? Welche und wodurch? ....

21. Welche Vorkehrungen verhüten das Einfrieren? ....

22. Art und Anordnung der Heizkörper: ....

23. Gesamtheizfläche in den zu erwärmenden Räumen, nach Arten getrennt in qm: ....

24. Wie wird die Wärmeabgabe der Heizkörper geregelt? ....

25. Besondere Eigentümlichkeiten der Heizanlage: ....

B. Betriebsvorschriften.

a) Allgemeine Vorschriften.

Der Heizraum darf von fremden Personen nur in Gegenwart des Heizers betreten werden. Bei Abwesenheit des Heizers ist der Heizraum und der Brennstoffraum unter Verschluß zu halten.

Die Anlage soll dauernd, auch im Sommer, mit Wasser gefüllt sein. Wasserwechsel ist tunlichst zu vermeiden. Wenn das Wasser kesselsteinhaltig ist, muß zum Füllen und Nachfüllen reines Regenwasser verwendet werden, oder die kesselsteinbildenden Stoffe müssen durch chemische Mittel ausgefällt werden.

Im Herbste vor Beginn des Heizbetriebes sind sämtliche Heizkörper, Rohrleitungen, Heizkammern, Luftkanäle, Gitter und Lüftungsklappen von Staub zu reinigen und bewegliche Teile gangbar zu machen, sowie etwa vorhandene Absperrhähne zu öffnen.

Hierauf ist nötigenfalls die Wasserfüllung zu ergänzen und der Schornstein nebst Rauchkanal anzuwärmen.

Während des Betriebes ist folgendes zu beachten:

Die Heizungsanlage ist in allen Teilen sauber zu halten; Asche und Schlacke sind aus dem Heizraum täglich zu entfernen. Luftkammern und Luftkanäle dürfen zu anderen Zwecken nicht verwendet werden. Blank bearbeitete Teile sind zu putzen. Schäden an der Feuerungsanlage, durch welche eine Betriebsstörung entstehen kann, sind rechtzeitig auszubessern; es darf hiermit nicht bis zum Schluß des Heizbetriebes gewartet werden. Das Entnehmen von Wasser aus der Heizanlage ist streng verboten. Entleerte, sowie nicht richtig gefüllte Anlagen dürfen nicht angeheizt werden.

Die Feuerzüge sind je nach der Art des Betriebes und des verwendeten Brennstoffes in regelmäßigen Zwischenräumen gründlich zu reinigen.

Das Heizen darf nie so lange unterbrochen werden, auch dürfen in Räumen, in welchen sich Heizkörper oder Röhren befinden, die Fenster, Türen oder Lüftungsklappen nie so lange offenstehen, daß die Temperatur in den Räumen bis in die Nähe des Gefrierpunktes sinkt, weil dadurch Frostschäden entstehen können.

Wenn nötig, ist die Heizung auch während der Nacht in Betrieb zu erhalten. Die tägliche Heizdauer soll möglichst lange ausgedehnt und dabei die Wassertemperatur möglichst niedrig gehalten werden.

War der Betrieb während der Nacht unterbrochen, so ist morgens frühzeitig mit dem Heizen zu beginnen.

Sparsamkeit des Betriebes ist anzustreben durch Innehaltung der vorgeschriebenen Raumtemperaturen, sowie Vermeidung von unnötigem Öffnen der Fenster und der etwa vorhandenen oberen Lüftungsklappen.

Die Raumtemperatur soll in der Mitte des Raumes in 1,5 m Höhe über dem Fußboden gemessen werden, auf keinen Fall in der Nähe der Fenster oder Außenwände.

Wird in einzelnen Räumen eine zu niedrige Temperatur abgelesen, so ist in der Temperaturliste zu bemerken, ob dies auf offene Fenster, Lüftungsklappen, abgesperrte Heizkörper, zeitweise nicht genügend erwärmte anstoßende Räume oder auf bauliche Mängel oder auf besonderen Wunsch der Insassen zurückzuführen ist.

Größere Mängel und Schäden, welche der Heizer nicht selbst beseitigen kann, sind sofort zur Anzeige zu bringen. Nötigenfalls ist das Feuer von den Rosten zu entfernen und hiernach die Anlage zu entleeren.

Im Frühjahr nach Schluß des Heizbetriebes sind vom Heizer sofort die Feuerschlangen durch Schließen der Rauchschieber, Regulatoren, Feuer- und Aschenfalltüren von der Außenluft abzusperren.

Im Laufe des Sommers sind vorzunehmen:

Durchpumpen des Rohrsystems, Reinigung der Feuerzüge, Ausbesserung des Feuerungsmauerwerks, Erneuerung oder Ausbesserung beschädigter Teile der Heizungs- und Lüftungsanlage, insbesondere an den Eisenteilen der Feuerungsanlage und an den Rohrumhüllungen; Beseitigung von Undichtheiten an Rohrleitungen und Heizkörpern; Gangbarmachen der Ventile, Hähne, Regulatoren usw., sowie Prüfung aller Anzeigevorrichtungen.

Zur Ausführung vorstehender Arbeiten empfiehlt es sich, eine Heizungsfirma heranzuziehen.

Vorstehende allgemeine, sowie die nachfolgenden besonderen Vorschriften müssen dem Heizer genau bekannt sein und in einer Ausfertigung im Heizraum aufbewahrt werden.

b) Besondere Vorschriften.

Bei schnellem Anheizen entstehen in den Feuerschlangen und den unteren Teilen der Steigerohre hohe Wassertemperaturen und erhebliche Spannungen, noch bevor der Wasserumlauf im Rohrsystem erfolgt. Mit derartig auftretenden Spannungserhöhungen ist zwar eine erhebliche Gefahr noch nicht verbunden, doch kann eine solche eintreten, wenn bei steigender Wassertemperatur die Spannung bleibt oder noch zunimmt. Es muß deshalb langsam angeheizt werden. Steigt die Wassertemperatur auf 140° C und darüber, so ist das Feuer zu mäßigen. Bei Spannungen von 25 kg für 1 qcm oder 180° Wassertemperatur ist das Feuer zu entfernen, weil sonst Explosionen zu befürchten sind.

Treten Spannungen von mehr als 25 kg auf oder werden die Rückläufe früher warm als die Vorläufe, oder werden Schläge in den Röhren wahrgenommen, so hat der Heizer seinen Vorgesetzten unverzüglich

Meldung zu machen. Es ist dann im Benehmen mit dem zuständigen Baubeamten eine zuverlässige Heizungsfirma sofort mit der Prüfung der Heizanlage zu beauftragen.

Diese Prüfung hat sich auf folgende Punkte zu erstrecken:

1. Ob Verstopfungen im Rohrnetz vorliegen oder Luft in ihm enthalten ist.
2. Bei geschlossenen Ausdehnungsröhren, ob der Luftraum in ihnen eine ausreichende Größe hat.
3. Bei Ausdehnungsgefäßen mit Sicherheitsventilen, ob die Ventilbelastung nicht zu groß ist und ob die Ventile gangbar sind.

Anlagen, deren Wasserfüllung mit Sprit gemischt ist, sind der Gefahr einer Explosion in erhöhtem Maße ausgesetzt und daher mit besonderer Vorsicht zu behandeln.

c) Überwachung der Anlage durch die nutznießende Behörde.

(Wie bei Anlage F. 1. „Betriebsvorschrift für Warmwasserheizungsanlagen".)

Anlage F. 4.
Hochdruckdampfkesselanlagen.

Dienstvorschriften für Kesselwärter von Hochdruckdampfkesseln.

Allgemeines.

1. Die Kesselanlage ist stets rein, gut erleuchtet und von allen nicht dahin gehörigen Gegenständen frei zu halten.

2. Der Kesselwärter darf Unbefugten den Aufenthalt in der Kesselanlage nicht gestatten.

3. Der Kesselwärter ist für die Wartung des Kessels verantwortlich; er darf den Kessel während des Betriebes nicht ohne Aufsicht lassen.

Inbetriebsetzung des Kessels.

4. Vor dem Füllen des Kessels ist festzustellen, ob er im Innern gereinigt ist und Fremdkörper aus ihm entfernt sind. Alle zu ihm gehörigen Vorrichtungen müssen gangbar und deren Zuführungen zum Kessel frei sein.

5. Das Anheizen soll langsam und erst erfolgen, nachdem der Kessel mindestens bis zur Höhe des festgesetzten niedrigsten Wasserstandes gefüllt ist.

6. Während des Anheizens ist das Dampfventil geschlossen und der Dampfraum mit der äußeren Luft in offener Verbindung zu erhalten. Auch das Nachziehen der Dichtungen hat während dieser Zeit zu erfolgen.

7. Die Wasserstandsvorrichtungen sind vor und während des Anheizens zu prüfen, das Manometer ist stetig zu beobachten.

Betrieb des Kessels.

8. Hähne und Ventile sind langsam zu öffnen und zu schließen.

9. Der Wasserstand soll möglichst gleichmäßig gehalten werden und darf nicht unter die Marke des festgesetzten niedrigsten Standes sinken.

10. Die Wasserstandsvorrichtungen sind unter Benutzung aller Hähne oder Ventile täglich recht oft zu prüfen. Unregelmäßigkeiten, insbesondere Verstopfungen sind sofort zu beseitigen.

11. Die Speisevorrichtungen sind täglich sämtlich zu benutzen und stets in brauchbarem Zustande zu erhalten.

12. Das Manometer ist zeitweise vorsichtig auf seine Gangbarkeit zu prüfen.

13. Der Dampfdruck soll die festgesetzte höchste Spannung nicht überschreiten.

14. Die Sicherheitsventile sind täglich durch vorsichtiges Anheben zu lüften. Jede Änderung der Belastung der Sicherheitsventile ist untersagt.

15. Beim jedesmaligen Öffnen der Feuertüren ist der Zug zu vermindern.

16. Vor oder während Stillstandspausen ist der Kessel aufzuspeisen und der Zug zu vermindern.

17. Beim Schichtwechsel darf der abtretende Kesselwärter sich erst dann entfernen, wenn der antretende Wärter alles in ordnungsmäßigem Zustande übernommen hat.

18. Sinkt das Wasser unter die Marke des niedrigsten Standes, so ist die Einwirkung des Feuers aufzuheben und dem Vorgesetzten unverzüglich Anzeige zu erstatten.

19. Steigt der Dampfdruck zu hoch, so ist der Kessel zu speisen und der Zug zu vermindern. Genügt dies nicht, so ist die Einwirkung des Feuers aufzuheben.

20. Bei Beendigung des Kesselbetriebes hat der Kesselwärter den Dampf tunlichst wegzuarbeiten, das Feuer allmählich zu mäßigen und eingehen zu lassen bzw. vom Kessel abzusperren, den Rauchschieber zu schließen und den Kessel aufzuspeisen.

21. Bei außergewöhnlichen Erscheinungen, Undichtheiten, Beulen, Erglühen von Kesselteilen usw. ist die Einwirkung des Feuers sofort aufzuheben und dem Vorgesetzten unverzüglich Meldung zu erstatten.

22. Das Decken (Bänken) des Feuers nach Beendigung der Arbeitszeit ist nur gestattet, wenn der Kessel unter Aufsicht bleibt. Außerdem darf der Rauchschieber nicht ganz geschlossen und der Rost nicht ganz bedeckt werden.

Außerbetriebsetzung des Kessels.

23. Das vollständige Entleeren des Kessels darf erst vorgenommen werden, nachdem das Feuer entfernt und das Mauerwerk genügend abgekühlt ist. Muß die Entleerung unter Dampfdruck erfolgen, so darf dies nur mit höchstens 1 Atmosphäre Druck geschehen.

24. Das Einlassen von kaltem Wasser in den eben entleerten, heißen Kessel ist streng untersagt.

25. Bei Frostwetter sind außer Betrieb zu setzende Kessel und deren Rohrleitungen gegen Einfrieren zu schützen.

Reinigung des Kessels.

26. Kesselstein und Schlamm sind aus dem Kessel oft und gründlich zu entfernen. Das Abklopfen des Kesselsteins darf nicht mit zu scharfen Werkzeugen ausgeführt werden.

27. Die Züge und die Kesselwandungen sind oft und gründlich von Flugasche und Rost zu reinigen.

28. Der zu befahrende Kessel muß von den mit ihm verbundenen und im Betriebe befindlichen Kesseln in allen Rohrverbindungen durch genügend starke Blindflanschen oder durch Abnehmen von Zwischenstücken sichtbar abgetrennt werden. Die Feuerungseinrichtungen sind sicher abzusperren.

29. Der Kesselwärter hat sich von der stattgehabten gründlichen Reinigung des Kessels und der Züge persönlich zu überzeugen. Dabei sind die Kesselwandungen genau zu besichtigen, und ist der Zustand des Kesselmauerwerks zu untersuchen. Unregelmäßigkeiten sind sofort zur Anzeige zu bringen und zu beseitigen.

Anlage G.

Zentralheizungs- und Lüftungsanlage in

....

Temperaturen im Betriebsjahre 19........ — 19.........

(Wöchentlich einmal vor Beginn der Dienststunden aufzunehmen in 1,50 m Höhe über dem Fußboden und entweder mitten im Zimmer oder an einer nicht kalten Wand.)

Datum	Außentemperatur C	Wind-richtung von	Bei Wasserheizungen Temperatur im Steigerohr. Bei Dampfheizungen Spannung in Atm. Bei Luftheizungen Temperatur der Heizluft	Bezeichnung der Räume und erforderliche Temperaturen + C	+ C	+ C	+ C	+ C	+ C	Bemerkungen, z. B. über Lüftung und Ursache zu geringer Erwärmung (vgl. Anlage F Allgemeine Betriebsvorschriften)
Beobachtete Temperaturen										
Beobachtete Temperaturen										
Beobachtete Temperaturen										
Beobachtete Temperaturen										
Beobachtete Temperaturen										

Anlage H.

Zentralheizungs- und Lüftungsanlage im

....

Unterhaltungs- und Betriebskosten

im Berichtsjahre 19../19.. (Vom 1. September bis 31. August.)

		Kosten
1. Zeit und Art der Ausbesserungen und Erneuerungen	....	....
	....	....
	....	....
2. Änderungen der ursprünglichen Anlage . .	....	....
	....	....
3. Art, Menge, Bezugsquelle und Einheitspreis des Brennstoffes: (Hier ist nicht die beschaffte, sondern die wirklich verbrauchte Menge anzugeben.)	....	....
	....	....
	....	....
	....	....
4. Bezeichnung des Bedienungspersonals: (Die Personen sind einzeln mit ihren Bezügen, die Heizer mit Namen anzuführen.)	....	....
	....	....
	zusammen	....

Aufgestellt

.................................., den .... 19....

(Name:) ....

(Amtsbezeichnung:) ....

Anlage J.

Nachweisung

über die Art und Anlagekosten der Zentralheizungs- und Lüftungsanlage

in ....

zu ....

Art der Heizung ....

Aufgestellt

...., den .... 19.....

(Name:) ....

(Amtsbezeichnung:) ....

Geprüft ...., den .... 19.....

Der Regierungs- und Baurat

....

1.	2.	3.	4.
Nummer	Bestimmung des Gebäudes und Ort der Ausführung	Zeit der Ausführung und Name des Unternehmers	Art der Heizung und Lüftung

Bemerkungen, betreffend die Ausfüllung der Tabelle.

Sind in einem Gebäude Zentralheizungen verschiedener Art, so ist für jede eine besondere Tabelle aufzustellen.

In Spalte 4 ist die Art der Heizung und Lüftung kurz zu beschreiben. Dabei ist anzugeben die Zahl, Bauart und feuerberührte Heizfläche der Wärmeentwickler, die Art der Heizkörper in den geheizten Räumen, die Anordnung und Beschaffenheit der Rohrleitungen, die Art der Lüftung, ob durch Temperaturunterschied oder mechanische Kräfte, die Art der Heizkörper in den Luftkammern, die Zuführung frischer und Abführung verbrauchter Luft.

In Spalte 5 ist der Inhalt der auf verschiedene Temperatur zu erwärmenden Räume getrennt anzugeben.

In Spalte 7 sind diejenigen Räume nach Inhalt und Größe des Luftwechsels zu bezeichnen, für die frische Luft in besonderen Luftkammern erwärmt wird. Die niedrigste Temperatur, für welche die Heizkörper in den Luftkammern und die höchste Temperatur, für welche die Luftkanäle berechnet sind, ist durch Bezeichnung der Grenzen, in denen der Luftwechsel stattfinden soll, anzugeben.

Z. B.: der 1400 cbm enthaltende Saal wird stündlich durch 4200 cbm Frischluft bei Außentemperaturen von —10° bis +10° C gelüftet.

5.	6.	7.	8.			9.	10.
Inhalt der zu erwärmenden Räume	Verlangte Temperaturen in den zu erwärmenden Räumen	Inhalt der zu lüftenden Räume und Größe des Luftwechsels in cbm	Anlagekosten der Heizung A im ganzen	B für 100 cbm beheizten Raumes	C für 1000 WE der für Heizung berechneten Wärmemengen	Kosten der Lüftungsanlagen	Gesamtkosten und Bemerkungen
cbm	° C		ℳ	ℳ	ℳ	ℳ	
							Gesamtkosten Spalte 8 A + 9 = ... ℳ. Von den Anlagekosten der Heizung entfallen auf a. b. c. Die Beschreibung und die Betriebsvorschriften sind der nutznießenden Behörde mit Schreiben vom .... übersandt worden. Eine Ausfertigung der Beschreibung und der Betriebsvorschriften ist am .... zu den Akten des Ortsbaubeamten genommen.

Die in Spalte 8 A aufzunehmenden Kosten sind in Spalte 10 folgendermaßen einzeln aufzuführen:

a) Die Kosten der eigentlichen Heizungsanlage,
b) Die Kosten für das Einmauern und Verputzen aller zur Heizung gehörigen Teile,
c) Die Kosten für die durch die Anlage bedingten Nebenarbeiten anderer Handwerker.

Den Angaben in den Spalten 8 B und 8 C sind nicht die Gesamtkosten, sondern nur die in Spalte 8 A eingetragenen Kosten der Heizung zugrunde zu legen. Bei 8 C ist die Gesamtsumme der Wärmeeinheiten einschl. der Zuschläge (Spalte 9 in Anlage *D*) in Rechnung zu ziehen.

In Spalte 9 sind die Kosten der Lüftungsanlage einzutragen. Wenn eine genaue Berechnung schwierig ist, genügt eine überschlägliche Ermittlung.

In Spalte 10 sind die Gesamtkosten der Anlagen, also die Summe der Anlagekosten für Heizung (Spalte 8 A) und für Lüftung (Spalte 9) einzutragen.

Ferner sind außer den gemäß nebenstehendem Vordruck zu machenden Angaben noch etwaige besondere Verhältnisse und örtliche Umstände, welche auf die Höhe der Anlagekosten von Einfluß gewesen sind, anzugeben.

Anlage K.

Nachweisung

über die Betriebsergebnisse der Zentralheizungs- und Lüftungsanlage

in ....

zu ....

im Betriebsjahre 19...../19......
(1. September—31. August.)

Art der Heizung ....

Aufgestellt

...., den .... 19.....

(Name:) ....

(Amtsbezeichnung:) ....

Geprüft ...., den .... 19.....

Der Regierungs- und Baurat

....

1.	2.	3.	4.	5.	6.	7.	
							Bezeichnung und Menge
Nummer	Bestimmung des Gebäudes und Ort	Zeit der Ausführung und Name des Unternehmers	Inhalt der zu erwärmenden Räume	Verlangte Temperatur der zu erwärmenden Räume	Anzahl der Heiztage	Kosten der Unterhaltung und Reinigung	im ganzen
			cbm	° C		ℳ	kg

Bemerkungen, betreffend die Ausfüllung der Tabelle.

Sind in einem Gebäude verschiedene Anlagen vorhanden, so ist für jede eine besondere Tabelle aufzustellen.

In Spalte 4 ist der Inhalt der auf verschiedene Temperatur zu erwärmenden Räume getrennt anzugeben.

In Spalte 7 sind sämtliche Ausgaben aufzuführen, die notwendig waren, um die Anlage in betriebsfähigem Zustande zu erhalten. Wenn eine völlige Erneuerung einzelner Teile (Kessel, Heizkörper, Rohrleitungen usw.) notwendig war, so ist dies in Spalte 10 unter Angabe der hierfür verausgabten Kosten besonders zu vermerken.

8.	9.		10.
des verbrauchten Brennstoffes	Kosten des Brennstoffes a	b	
für einen Betriebstag und 100 cbm beheizten Raumes kg	für 50 kg ℳ	im ganzen ℳ	Bemerkungen
			Gesamtkosten: (Spalte 7 + 9b) Kosten für 1 Nutzeinheit: z. B. bei Krankenhäusern oder Gefängnissen unter Annahme normaler Belegung.

In Spalte 10 sind aufzuführen:

Die Gehälter und Löhne für Maschinisten, Heizer und sonstiges Hilfspersonal.

Ferner sind Angaben zu machen über den Befund der vom Baubeamten vorgenommenen Besichtigungen, über die Temperatur der abziehenden Rauchgase sowie über etwaige Mängel, die sich herausgestellt haben, unter Mitteilung der Maßnahmen zu deren Abstellung.

Bei der Probeheizung am .... ergab sich für einen Tag und 100 cbm beheizten Raumes ein Brennstoffverbrauch von .... kg.

Literatur-Verzeichnis.

Ahrendts, Die Ventilation der bewohnten Räume. Leipzig 1885.

Austin, Über den Wärmedurchgang durch Heizflächen. Forschungsarbeiten des Vereins Deutscher Ingenieure, Heft 7.

Baginsky, Schulhygiene. Stuttgart 1883.

Bendemann, Über den Ausfluß des Wasserdampfes und über Dampfmengenmessung. Forschungsarbeiten des Vereins Deutscher Ingenieure, Heft 37.

Berger, Moderne und antike Heizungs- und Ventilationsmethoden. Berlin 1870.

Berner, Die Fortleitung überhitzten Wasserdampfes. Forschungsarbeiten des Vereins Deutscher Ingenieure, Heft 21.

Biel, Die Wirkungsweise von Kreiselpumpen und Ventilatoren. Forschungsarbeiten des Vereins Deutscher Ingenieure, Heft 42.

Biel, Über den Druckhöhenverlust bei der Fortleitung tropfbarer und gasförmiger Flüssigkeiten. Forschungsarbeiten des Vereins Deutscher Ingenieure, Heft 44.

Bitter, Über Methoden zur Bestimmung des Kohlensäuregehalts der Luft. Breslau 1890.

Buchner, Zimmeröfen und Zimmerkamine. Weimar 1868.

Bunte, Berichte der Heizversuchsstation München. München 1881.

Chauffage et industries sanitaires, Paris.

Dankwarth, Zuglüftung. Dresden 1898.

Debesson, Le chauffage des habitations. Paris 1908.

Degen, Ventilation und Heizung. München 1878.

Denecke, Über die Bestimmung der Luftfeuchtigkeit zu hygienischen Zwecken. Arbeiten aus dem hygienischen Institute Göttingen. Leipzig 1886.

Deny, Die rationelle Heizung und Lüftung. Deutsch von Haesecke. Berlin 1886.

Dietz, Ventilations- und Heizungs-Anlagen. München u. Berlin 1909.

Eberle, Versuche über den Wärme- und Spannungsverlust bei der Fortleitung gesättigten und überhitzten Wasserdampfes. Forschungsarbeiten des Vereins Deutscher Ingenieure, Heft 78.

Einbeck, Theorie der Heißwasserheizung. Stuttgart 1887.

Emmerich, Die Wohnung (siehe von Pettenkofer). Leipzig 1894.

Erismann, Gesundheitslehre. München 1878.

Fanderlick, Elemente der Lüftung und Heizung. Wien 1887.

Ferrini, Technologie der Wärme. Deutsch von Schröter. Jena 1887.

Fischer, Ferd., Feuerungsanlagen. Karlsruhe 1889.

Fischer, Herm., Heizung und Lüftung der Räume. Handbuch der Architektur. Darmstadt 1891.

Fischer, Herm., Heizung, Lüftung und Beleuchtung der Theater und sonstiger Versammlungssäle. Handbuch der Architektur, Ergänzungsheft. Darmstadt 1894.

Flügge, Grundriß der Hygiene. Leipzig 1894.

Flügge, Hygienische Untersuchungsmethoden. Leipzig 1881.

von Fodor, Das gesunde Haus und die gesunde Wohnung. Braunschweig 1878.

Fritzsche, Untersuchungen über den Strömungswiderstand der Gase in geraden zylindrischen Rohrleitungen. Forschungsarbeiten des Vereins Deutscher Ingenieure, Heft 60.

Fuchs, Der Wärmeübergang und seine Verschiedenheiten innerhalb einer Dampfkesselheizfläche. Forschungsarbeiten des Vereins Deutscher Ingenieure, Heft 22.

Gosebruch, Über die Durchlässigkeit der Baumaterialien. Inaugural-Dissertation. Berlin 1897.
Gesundheits-Ingenieur. Zeitschrift. München.
Gramberg, Heizung und Lüftung von Gebäuden. Berlin 1909.
Grashof, Theoretische Maschinenlehre. Leipzig 1875.
Grove, Ausgeführte Heizungs- und Lüftungsanlagen. (Heizungs- und Lüftungsanlage des Reichstagsgebäudes.) Berlin.
Gröber, Wärmeleitfähigkeit von Isolier- und Baustoffen. Forschungsarbeiten des Vereins Deutscher Ingenieure, Heft 104.
Gümbel, Das Problem des Oberflächenwiderstandes. Der Flüssigkeitswiderstand in Röhren, Kanälen und Flüssen. Der Widerstand von Schiffen im Wasser und in der Luft. Jahrbuch der Schiffbautechnischen Gesellschaft. Berlin 1913.
Haase, Die Feuerungsanlagen. Leipzig 1893.
Haase, Die Lüftungsanlagen. Stuttgart 1893.
Haases Zeitschrift für Lüftung und Heizung. Berlin.
Haesecke, Die Schulheizung. Berlin 1893.
Haesecke, Ventilation in Verbindung mit Heizung. Berlin 1877.
Haier, Dampfkesselfeuerungen. Berlin 1899.
Hausbrand, Das Trocknen mit Luft und Dampf. Berlin 1898.
Hausbrand, Verdampfen, Kondensieren und Kühlen. Berlin 1899.
The Heating and Ventilating Magazine, New York.
Hesgelin, Allg. Handbuch der Heizung. Stuttgart 1827.
Holborn und Dittenberger, Wärmedurchgang durch Heizflächen. Forschungsarbeiten des Vereins Deutscher Ingenieure, Heft 2.
Joly, Traité pratique du chauffage et de la Ventilation. Paris 1874.
Journal of the Royal Sanitary Institute, London.
Klinger, Kalender für Heizungs-, Lüftungs- und Badetechniker. Halle a. S.
Köhler, Die Rohrbruchventile. Untersuchungsergebnisse und Konstruktionsgrundlagen. Forschungsarbeiten des Vereins Deutscher Ingenieure, Heft 34.
Körting, Heizung und Lüftung. (Sammlung Göschen.)
Krell, Hydrostatische Meßinstrumente. Berlin 1897.
Krell, Altrömische Heizungen. München und Berlin 1901.
Krieger, Der Wert der Ventilation. Straßburg 1899.
Lang, Über natürliche Ventilation und Porosität der Baumaterialien. Stuttgart 1877.
Lasius, Warmluftheizung. Zürich 1880.
Lorenz, Neuere Kühlmaschinen. München und Leipzig 1899.
Lunge, Zur Frage der Ventilation. Zürich 1879.
Meidinger, Feuerungsstudien. Karlsruhe 1878.
Meidinger, Die Heizung von Wohnräumen. München 1897.
Meidinger, Gasheizung im Vergleiche zu anderen Einzelheizsystemen. Braunschweig 1896.
Menzel, Feuerungsanlagen. Halle 1866.
Mollier, R., Neue Tabellen und Diagramme für Wasserdampf. Berlin 1906.
Möder, Die Ventilation landwirtschaftlicher Gebäude. Weimar 1867.
Munde, Zimmerluft, Ventilation und Heizung. Leipzig 1877.
Nusselt, Die Wärmeleitfähigkeit von Isolierstoffen. Forschungsarbeiten des Vereins Deutscher Ingenieure, Heft 63 u. 64.
Nusselt, Der Wärmeübergang in Rohrleitungen. Forschungsarbeiten des Vereins Deutscher Ingenieure, Heft 89.
Paul, Heiz- und Lüftungstechnik. Wien, Pest, Leipzig 1885.
Péclet, Traité de la chaleur. Paris 1861. Deutsch von Hartmann. Leipzig 1866.
Perutz, Wärme- und Brennmaterialien. Berlin 1864.
von Pettenkofer und von Ziemssen, Handbuch der Hygiene. (Renk, Die Luft, Emmerich und Recknagel, Die Wohnung.) Leipzig 1886 und 1894.
Planat, Chauffage et ventilation de lieux habités. Paris 1880.

Pütsch, Gasfeuerungen. Berlin 1880.
Quaglio, Wassergas als Brennstoff der Zukunft. Wiesbaden 1880.
Ramdohr, Die Gasfeuerung. Halle a. S. 1875.
Rauer, Untersuchungen über die Giftigkeit der Exspirationsluft. Hygien. Inst. Breslau 1893.
Recknagel, G., Lüftung des Hauses (s. von Pettenkofer). Leipzig 1894.
Recknagel, H., Kalender für Gesundheitstechniker. München und Leipzig.
Redtenbacher, Der Maschinenbau. Mannheim 1863.
von Reiche, Dampfkessel. Leipzig 1876.
Reid, Illustrations of Ventilation. London 1844.
Renk, Die Luft (s. von Pettenkofer). Leipzig 1866.
Reyer, Die ökonomische Pumpheizung. Berlin 1880.
Rietschel, Lüftung und Heizung von Schulen. Berlin 1886.
Rietschel, Theorie und Praxis der Bestimmung der Rohrweiten von Warmwasserheizungen. München und Leipzig 1897.
Robrade, Die Heizungs-Anlagen. Weimar 1897.
Rubner, Lehrbuch der Hygiene. Leipzig und Wien 1895.
Schinz, Die Wärmemeßkunst. Stuttgart 1858.
Schinz, Heizung und Ventilation in Fabrikgebäuden. Stuttgart 1868.
Schmidt, Zuglüftung. Dresden 1898.
Schmidt, Heizung und Ventilation (s. Weyl, Handbuch der Hygiene). Jena 1896.
Schmölcke, Die Verbesserung unserer Wohnung. Wiesbaden 1881.
Scholz, Feuerungs- und Ventilations-Anlagen. Stuttgart 1881.
Schott, Über Zimmerheizung. Hannover 1854.
Schülke, Gesunde Wohnungen. Berlin 1880.
Schwartze, Heizung, Beleuchtung und Ventilation. Leipzig 1884.
Sendtner, Die Bestimmung der Dampffeuchtigkeit mit dem Drosselkalorimeter und seine Anwendung zur Prüfung von Wasserabscheidern.
Soennecken, Der Wärmeübergang von Rohrwänden an strömendes Wasser. Forschungsarbeiten des Vereins Deutscher Ingenieure, Heft 108 u. 109.
Staebe, Das zweckmäßigste Ventilationssystem. Berlin 1878.
Steinmann, Compendium der Gasfeuerung. Freiberg 1876.
Stetefeld, Die Eis- und Kräfteerzeugungs-Maschinen. Stuttgart 1901.
Valerius, Les applications de la chaleur. Paris 1879.
Wamsler, Die Wärmeabgabe geheizter Körper an Luft. Forschungsarbeiten des Vereins Deutscher Ingenieure, Heft 98 u. 99.
Weiß, Feuerungs-Anlagen. Leipzig 1862.
Weyl, Handbuch der Hygiene. Jena 1896.
Wieprecht, Entwerfen und Berechnen von Heizungs- und Lüftungsanlagen. Halle a. S. 1901.
Wolffhügel, Zur Lehre vom Luftwechsel. München 1893.
Wolpert, A., Theorie und Praxis der Ventilation und Heizung. Braunschweig 1880.
Wolpert, A., Sieben Abhandlungen aus der Wohnungshygiene. Leipzig 1887.
Wolpert, Hch., Luftprüfungsmethode auf Kohlensäure. Leipzig 1892.
Wolpert, A. u. Hch., Physikalisch-chemische Propädeutik. Leipzig 1896.
Wolpert, A. u. Hch., Die Luft und Hydrometrie. Berlin.
Wolpert, A. u. Hch., Die Ventilation. Berlin.
Wolpert, A. u. Hch., Die Heizung. Berlin.
Zeitschrift für Heizungs-, Lüftungs- und Wasserleitungstechnik, sowie für Beleuchtungswesen, Halle a. S.
Zeitschrift des österreichischen Ingenieur- u. Architektenvereins, Wien.
Zeitschrift des Vereins Deutscher Ingenieure, Berlin.

Sachregister.

Abkürzungen:

Abwärmeverwertung: Abw.Verw. — Niederdruck-Dampfheizung: Niederdr.D.H. — Hochdruck-Dampfheizung: Hochdr.D.H. — Warmwasserheizung: WarmW.H. — Fern-Warmwasserheizung: FernW.W.H. — Schnellumlauf-Warmwasserheizung: Schnelluml.W.W.H. — Dampf-Warmwasserheizung: DampfW.W.H. — Dampf-Wasserheizung: DampfW.H. — Heißwasserheizung: Heißw.H. — Luftheizung: Lufth. — Dampfluftheizung: Dampf-Lufth. — Wasserluftheizung: Wasser-Lufth.

Heizung und Lüftung von Gebäuden. Ein Lehrbuch für Architekten, Betriebsleiter und Konstrukteure. Von Professor Dr.-Ing. **Anton Gramberg**, Dozent an der Königl. Technischen Hochschule in Danzig-Langfuhr. Mit 236 Figuren im Text und auf 3 Tafeln.
In Leinwand gebunden Preis M. 12.—.

Die Schnellstrom-Warmwasserheizung, System Brückner (Brückner-Heizung). Von Ingenieur **J. Einbeck.** Preis M. 1.—.

Die Abwärmeverwertung im Kraftmaschinenbetrieb. Mit besonderer Berücksichtigung der Zwischen- und Abdampfverwertung zu Heizzwecken. Eine kraft- und wärmewirtschaftliche Studie. Von Dr.-Ing. **Ludwig Schneider,** München. Zweite, bedeutend erweiterte Auflage. Mit 118 Textfiguren und 1 Tafel.
Preis M. 5.—; in Leinwand gebunden M. 5.80.

Die Zwischendampfverwertung in Entwicklung, Theorie und Wirtschaftlichkeit. Von Dr.-Ing. **Ernst Reutlinger,** Chefingenieur des beratenden Ingenieurbureaus Bidag der Hans-Reisert-Gesellschaft m. b. H. in Köln. Mit 69 in den Text gedruckten Figuren.
Preis M. 4.—; in Leinwand gebunden M. 4.80.

Ermittelung der billigsten Betriebskraft für Fabriken unter Berücksichtigung der Heizungskosten, sowie der Abdampfverwertung. Von **Karl Urbahn,** Ingenieur. Zweite Auflage, bearbeitet von Dr.-Ing. Ernst Reutlinger. Unter der Presse.

Hilfsbuch für Wärme- und Kälteschutz. Von **F. Andersen,** Ingenieur, beim Amts- und Landgericht Dresden vereidigter Sachverständiger. Mit 3 Textfiguren.
Preis M. 3.60; in Leinwand gebunden M. 4.60.

Rohrleitungen. Herausgegeben von der Gesellschaft für Hochdruckrohrleitungen m. b. H., Berlin. Mit 182 Textfiguren, 15 Voll- und 8 Halbbildern sowie 2 Tafeln.
Mit Preis-, Gewichts- und Maßtabellen, in Halbfranz gebunden M. 10.—.
Ohne „ „ „ „ „ „ „ M. 8.—.

Formeln und Tabellen der Wärmetechnik. Zum Gebrauch bei Versuchen in Dampf-, Gas- und Hüttenbetrieben. Von **Paul Fuchs,** Ingenieur. In Leinwand gebunden Preis M. 2.—.

Das Trocknen mit Luft und Dampf. Erklärungen, Formeln und Tabellen für den praktischen Gebrauch. Von **E. Hausbrand,** Königl. Baurat, Berlin. Vierte, vermehrte Auflage. Mit Textfiguren und 4 lithographierten Tafeln. In Leinwand gebunden Preis M. 5.—.

Wärmetechnik des Gasgenerator- und Dampfkessel-Betriebes. Die Vorgänge, Untersuchungs- und Kontrollmethoden hinsichtlich Wärmeerzeugung und Wärmeverwendung im Gasgenerator- und Dampfkessel-Betrieb. Von **Paul Fuchs,** Ingenieur. Dritte, erweiterte Auflage. Mit 43 Textfiguren. In Leinwand gebunden Preis M. 5.—.

Technische Schwingungslehre. Einführung in die Untersuchung der für den Ingenieur wichtigsten periodischen Vorgänge aus der Mechanik starrer, elastischer, flüssiger und gasförmiger Körper sowie aus der Elektrizitätslehre. Von **Dr. Wilhelm Hort,** Dipl.-Ing. Mit 87 Textfiguren. Preis M. 5.60; in Leinwand gebunden M. 6.40.

Ökonomik der Wärmeenergien. Eine Studie über Kraftgewinnung und -verwendung in der Volkswirtschaft. Von Dipl.-Ing. **Dr. K. B. Schmidt.** Mit 12 Textfiguren. Preis M. 6.—.

Berechnung, Entwurf und Betrieb rationeller Kesselanlagen. Von **Max Gensch,** Ingenieur. Mit 95 Textfiguren. In Leinwand gebunden Preis M. 6.—.

Die Dampfkessel nebst ihren Zubehörteilen und Hilfseinrichtungen. Ein Hand- und Lehrbuch zum praktischen Gebrauch für Ingenieure, Kesselbesitzer und Studierende. Von **R. Spalckhaver,** Regierungsbaumeister, Kgl. Oberlehrer in Altona a. E., und **Fr. Schneiders,** Ingenieur in M.-Gladbach (Rhld.). Mit 679 Textfiguren. In Leinwand gebunden Preis M. 24.—.

Die Dampfkessel. Ein Lehr- und Handbuch für Studierende technischer Hochschulen, Schüler höherer Maschinenbauschulen und Techniken, sowie für Ingenieure und Techniker. Bearbeitet von Professor **F. Tetzner,** Oberlehrer an den Kgl. Verein. Maschinenbauschulen zu Dortmund. Vierte, verbesserte Auflage. Mit 162 Textfiguren und 45 lithogr. Tafeln. In Leinwand gebunden Preis M. 8.—.

Dampfkessel-Feuerungen zur Erzielung einer möglichst rauchfreien Verbrennung. Von **F. Haier.** Zweite Auflage. Im Auftrage des Vereins deutscher Ingenieure bearbeitet vom Verein für Feuerungsbetrieb und Rauchbekämpfung in Hamburg. Mit 375 Textfiguren, 29 Zahlentafeln und 10 lithogr. Tafeln. In Leinwand gebunden Preis M. 20.—.

Handbuch der Feuerungstechnik und des Dampfkesselbetriebes mit einem Anhange über allgemeine Wärmetechnik. Von Dr.-Ing. **Georg Herberg,** Stuttgart. Mit 54 Abbildungen und Diagrammen, 87 Tabellen, sowie 43 Rechnungsbeispielen. In Leinwand gebunden Preis M. 7.—.